기계제도

- 기계설계 및 제도에 필요한 최신 KS 규격 적용
- 폐지된 KS 규격 및 ISO 대체 규격 적용

이 봉 구 지음

도서출판 세화

머리말

인류의 문화와 과학기술이 발전하면서 인간의 욕구는 다양하고 편리하고, 우수한 제품개발에 끊임없는 노력을 하고 있습니다. 제품개발의 기초가 되는 설계도면은 정확한 도면 규칙에 따라 도면을 보는 누구에게나 같은 정보를 확실하게 전달할 수 있어야 합니다. 도면은 약속된 도법에 따라 표현되는 언어지만, 같은 도면은 같은 해석을 하자는 취지에서 규격화, 표준화를 위하여 나라마다 그 나라의 표준규격을 제정하게 되었습니다. 그러나 제도를 배우는 대부분의 사람이 CAD에 치중하다 보니 KS 규격을 기초로 표현된 도면을 해독하는 능력이 떨어지게 되면서, 도면 해독의 어려움을 겪게 되는 사람들이 많습니다.

본 교재는 이러한 사람들을 위해 도움이 되도록 지침서 역할을 담당할 것입니다. 현재 KS 규격은 국제 ISO 규격과 일치되게 개정되는 부분이 많아 별도로 배우지 않아도 되므로, 이 책을 통하여 도면을 표현하기 위한 제도의 규칙을 배우고 배운 지식을 바탕으로 CAD를 사용하여 규격화된 도면을 표현할 수 있게 될 것입니다. 이 책은 크게 두 부분으로 구성되어 있습니다. 1부 기계제도 일반에서는 도면에 사용되는 선과 문자로 이루어진 기본 도면 작성에 필요한 최신 KS 규격을 기초로 설명하였습니다. 2부에서는 1부에서 언급된 규격을 기초로 실제 기계요소 부품의 설계와 제도 규칙을 설명하였습니다. 또한 이 책에 기술된 KS 및 ISO 규격들은 최근까지 변경된 내용을 모두 포함하고 있으며, 개정이 있으면 계속 수정/보완할 것을 약속합니다.

본 교재는 제도의 규칙을 쉽게 이해하기 위해 제도의 일반적인 규칙을 열거하였고, 도면 예제와 3D 입체도형을 첨가하여 도면 해독의 이해를 돕고자 하였습니다. 또한 부록의 도면 예제를 통하여 도면 작성 및 도면 해독과 2D CAD 작업에 밑거름이 될 수 있을 것입니다.

끝으로 이 책이 나오기까지 물심양면으로 많은 지원과 조언을 해주신 모든 분께 감사드립니다.

2025년 10월 어느 날

세종사이버대학교 기계공학과 이봉구

E-mail: BongLee@sjcu.ac.kr

※ 이 책은 세종사이버대학교의 출판 지원사업으로 제작되었습니다.

차례

제1부 기계제도의 일반

제1장 기계제도의 기본개념

1. 기계제도의 기능 12
2. 도면의 종류 16
3. 도면의 크기 및 양식 19
4. 도면의 척도 22
5. 선의 용도와 종류 23
6. 도면에 사용되는 문자 29

제2장 도형의 표시방법

1. 투상법(Projection Method) 36
2. 투상도의 표시방법 39
3. 투상도를 그리는 방법 41
4. 정투상도(Orthogonal Projection Drawing)의 원리 42
5. 제3각법과 제1각법의 원리 45
6. 도형의 표시방법 52
7. 투상도의 선택방법 54
8. 필요한 투상도 56
9. 보조 투상도(Auxiliary View) 58
10. 회전 투상도 61
11. 부분 투상도 62
12. 국부 투상도 62
13. 부분 상세도(확대도) 63
14. 단면도(Sectional View) 64
15. 도형의 생략 77
16. 특별한 도시방법 82

제3장 치수 기입법

1. 치수 기입방법 96
2. 치수 기입의 구성 96
3. 치수 기입에 사용되는 단위 99
4. 치수 기입의 원칙 100

5. 치수 기입의 일반형식 100
6. 치수의 배치 104
7. 지름, 반지름, 구의 치수 기입 107
8. 키홈의 치수 기입 120
9. 부품번호 133
10. 도면의 변경 134

제4장 표면거칠기

1. 표면거칠기 138
2. 지시기호에 의한 표면의 결 도시방법 143

제5장 치수공차와 끼워맞춤

1. 치수공차와 끼워맞춤 158
2. 공차등급 · 공차역 클래스 기호 164
3. IT(International Tolerance) 기본공차 168
4. 끼워맞춤(Fitting) 170
5. 끼워맞춤 공차 적용하는 요령 187
6. 상용하는 끼워맞춤에 관한 표 189
7. 길이치수 및 각도치수의 허용한계 기입방법 189

제6장 기하공차(Geometrical Tolerance)

1. 기하공차의 도시방법 196
2. 공차역에 관한 일반사항 198
3. 공차의 도시방법 199
4. 도시방법과 공차역의 관계 202
5. 데이텀의 도시방법 204
6. 공차 적용의 한정 208
7. 이론적으로 정확한 치수의 도시방법 209
8. 돌출 공차역의 지시방법 209
9. 최대 실체공차방식의 적용을 지시하는 방법 210
10. 공차역의 정의 도시보기와 그 해석 211
11. 형상 기하공차의 종류 211

차례

제7장 재료 표시법

1. 기계재료의 표시 238

제2부 기계요소의 제도

제1장 결합용 기계요소

1. 나사 264
2. 볼트(Bolt)와 너트(Nut) 273
3. 키(Key), 키홈(Keyway) 279
4. 핀(Pin) 282
5. 멈춤링(Retaining Rings) 283
6. 코터(Cotter) 284
7. 리벳(Rivet) 285
8. 용접(Welding) 288

제2장 기어(Gear)

1. 기어의 종류 314
2. 기어의 각부 명칭 315
3. 기어 절삭 및 다듬질 316
4. 이의 크기 317
5. 스퍼 기어(평기어) 318
6. 헬리컬 기어(Helical Gear)의 제도 322
7. 내접 헬리컬 기어(Helical Gear)의 제도 324
8. 이중 헬리컬 기어(Helical Gear)의 제도 325
9. 나사 기어의 제도 326
10. 베벨 기어(Bevel Gear) 327
11. 스파이럴 베벨 기어(Spiral Bevel Gear)의 제도 329
12. 하이포이드 기어의 제도 330
13. 웜(Worm) 기어의 제도 331
14. 웜 휠(Worm Wheel)의 제도 332
15. 래크와 피니언의 도시법 335

제3장 베어링(Bearing)

1. 베어링의 종류 340
2. 구름 베어링 342
3. 구름 베어링의 호칭번호 346
4. 구름 베어링의 제도 350

제4장 V 벨트, 체인 전동장치

1. V 벨트 전동 356
2. 체인 전동 363
3. 롤러 체인용 스프로킷 365

제5장 스프링(Spring)

1. 스프링의 종류 374
2. 스프링의 제도 375

제6장 유압·공기압 도면기호

1. 적용범위 396
2. 용어의 뜻 396
3. 기본사항 397
4. 기호의 구성요소 398
5. 관로 및 접속구 401
6. 조작기구 402
7. 에너지의 변환과 저장 409
8. 에너지의 제어와 조정 413
9. 유체의 저장과 조정 421
10. 보조 기기 423
11. 회전형 에너지 변환기기 425

기계제도

제 1 부

기계제도의 일반

제 1 장

기계제도의 기본개념

1-1 기계제도의 기능

1-2 도면의 종류

1-3 도면의 크기 및 양식

1-4 도면의 척도

1-5 선의 용도와 종류

1-6 도면에 사용되는 문자

기계제도 기본개념

기계공업에 관련된 부품이나 구조물 등을 새로 제작하거나 기능을 향상시키고자 할 때는 먼저 그 기계 부품이나 구조물의 개념설계(Concept Design)를 하고 나서 도면을 만들게 된다. 이러한 기계 부품이나 구조물의 도면을 작성하는 작업을 기계제도(Drawing)라 한다. 제도는 선과 문자 및 기호로 구성되며 물품의 형태, 크기, 재료, 가공법, 구조 등을 일정한 규격에 따라서 정확 · 명확 · 간결하게 표현한 것이다. 일반 언어가 문법에 따라 표현되듯이 제도는 약속된 제도법에 따라 그림과 기호에 의하여 표현한 것이다.

제도(Drawing)는 선과 문자 및 기호에 의하여 표현된 국제언어이며, 표준화된 제도법에 따라 작성된 도면은 누구에게나, 언제, 어디서나, 같은 정보를 제공해 준다.

이러한 특성 때문에 기계제도는 기계구조물의 제작에만 필요한 것이 아니고 기계의 취급, 설치, 견적, 판매 및 공정관리 등 여러 가지 목적으로 사용된다.

1-1 기계제도의 기능

(1) 제도의 기능

① **정보의 전달**: 설계자의 의도를 도면에 표시하여 제작자에게 정확하게 전달한다.

② **정보의 보존**: 작성된 도면으로 정보를 보존하여 향후 이를 이용하여 다른 설계를 하는 데 참고가 된다.

③ **정보의 작성**: 설계자의 아이디어를 도면화하고 그 도면으로부터 다시 아이디어를 얻어서 설계자의 아이디어를 심화시키고 현실화한다.

(2) 설계와 제도의 관계

① **설계(Design)**: 기계공업에 관련된 부품이나 구조물을 제작하려면 먼저 세밀히 검토하여 확실히 제작계획을 세워야 한다. 이 계획을 실제로 종합하는 기술을 **설계(Design)**라고 한다.

② **제도(Drawing)**: 기계나 구조물이 설계대로 제작되려면 설계자의 요구사항이 도면에 의하여 각 부서 및 제작자에게 정확하게 전달되어야 한다. 기계의 모양이나 구조 등은 정해진 제도법에 따라 선으로서 제도지 상에 도형으로 표시되고, 치수는 숫자로, 재료 다듬질 정도 및 공정은 기호나 문자로 도형에 표시된다. 이와 같이 2차원의 제도용지 상에 3차원의 기계를 도형 및 기호로 표시하여 나타내는 것을 **제도(Drawing)**라고 한다.

(3) CAD와 제도의 관계

CAD(Computer Aided Drawing): 제도는 설계된 물품을 제작하기 위한 하나의 수단이라고 할 수 있다.

CAD는 제도를 하기 위한 수단이라고 할 수 있다. 즉, 도형, 기호, 문자 등을 작성하는 작업에 컴퓨터를 이용하는 것이 흔히 쓰이고 있는 CAD의 의미이다. (물론 여기서 Computer Aided Design의 의미를 지닌 CAD라고 많이 불리워지는 설계수단) 제도에서 정한 약속을 모르고 CAD를 한다면 마치 어린아이가 멋진 화판과 물감을 가지고 자유롭게 그린 그림과 동일한 것이라고 말할 수 있다.

(4) 제도의 규격

제작된 도면을 보고 제작하는 경우, 설계자가 말로 설명을 하지 않더라도 각 작업자가 의문을 일으키거나 오독 없이 설계자의 의사를 완전히 이해하도록 하기 위해서는 제도에 관한 제도규격이 필요하다. 기계공업의 운영을 원만히 하고 기술을 향상시키기 위하여 공업제품의 종류, 모양, 재질, 시험방법 등에 관한 규격의 표준화 사업이 각국에서 이루어져 국가규격으로 만들어졌다. 각 나라에서 제정된 규격과 명칭은 아래와 같으며 점차 국제표준화 기구(ISO)로 통합되어 전 세계 모든 국가에서 표준화된 제도법을 사용하게 되었다.

[표 1-1] 세계 각국의 규격

국가별 공업규격 기호			
국 가	규격약자	규격기호	인증마크
영 국	BS: British Standards	BS	
독 일	DIN: Deutsches Institut fur Normung	DIN	
프랑스	AFNOR: Association Francaise de Normalisation	NF	
미 국	ANSI: American National Standards Institute	ANSI	
일 본	JISC: Japanese Industrial Standards Committee	JIS	
국 제	ISO: International Organization for Standardization	ISO	
한 국	KS: Korean Agency for Technology and Standards	KS	
중 국	SAC: Standarization Administration of China	GB	

기계에 관한 KS 규격은 B 계열로 정하였으며, [표 1-2]는 KS 분야별 분류이다.

[표 1-2] KS 규격에 의한 부문별 분류

분류기호	부 문	분류기호	부 문
KS A	기 본	KS K	섬 유
KS B	기 계	KS L	요 업
KS C	전기, 전자	KS M	화 학
KS D	금 속	KS P	의 료
KS E	광 산	KS Q	품질경영
KS F	건 설	KS R	수송기계
KS G	일 용 품	KS S	서 비 스
KS H	식 품	KS T	물 류
KS I	환 경	KS V	조 선
KS J	생 물	KS W	항 공

공업제도에 관한 한국산업표준은 [표 1-3]과 같고 기계제도에 관한 일반 표준 규격은 [표 1-4]와 같다.

[표 1-3] 공업제도의 한국산업표준

규 격 번 호	분 류	규 격 번 호	분 류
KS A 0005	제도 통칙	KS A ISO 10578	자세 및 위치의 공차 표시방법
KS A 0106	도면의 크기 및 양식	KS A ISO 128-21	CAD에 사용되는 선
KS A 0107	제도에 사용되는 문자	KS A ISO 128-22	지시선과 기입선의 기본규정 및 적용
KS A 0108	길이, 각도치수의 허용한계 기입방법	KS A ISO 128-23	건설제도에 사용되는 선
KS A 0109	제도에 사용되는 선의 기본사항	KS A ISO 128-24	기계제도에 사용되는 선
KS A 0110	제도에 사용되는 척도	KS A ISO 128-25	조선제도에 사용되는 선
KS A 0111	제도에 사용되는 투영법	KS A ISO 3098-3	그리스 문자
KS A 0111-1	제도-투상법(개요)	KS A ISO 3098-4	라틴 문자의 특수 표기
KS A 0111-2	제도-투상법(직각투상)	KS A ISO 3098-5	CAD용 문자, 숫자 및 기호
KS A 0111-3	제도-평행투상에 의한 3차원표시	KS A ISO 4069	건축과 토목공학 도면(단면과 투시도)
KS A 0111-4	제도-투상법(중심투상)	KS A ISO 5261	봉과 종단면도의 간략 표시방법
KS A 0112	제도-도형의 표시방법	KS A ISO 6433	제도(부품번호)
KS A 0113	제도-치수 기입방법	KS A ISO 7083	제도(기하공차 기호)
KS A 3007	제도 용어	KS A ISO 7200	표제란
KS A ISO 10135	주조, 단조의 단순화 표현	KS A ISO 7573	부품란

[표 1-4] 기계제도의 한국산업표준

규격번호	분류	규격번호	분류
KS B 0001	기계제도	KS B 0161	표면거칠기 정의 및 표시
KS B 0002	기어제도	KS B 0162	표면 및 거칠기 매개변수
KS B ISO 6410-1 (변경전 KS B 0003-1)	나사 및 나사 부품-1: 통칙	KS ISO 2692 (폐지전 KS B 0242)	최대 실체 공차방식
KS B ISO 6410-2 (변경전 KS B 0003-2)	나사 및 나사 부품-2: 나사 인서트	KS B 0243	기하공차를 위한 데이텀
KS B ISO 6410-3 (변경전 KS B 0003-3)	나사 및 나사 부품-3: 간략 도시방법	KS B 0401	치수공차 및 끼워맞춤
KS B 0004-1	구름 베어링제도 1: 일반적인 간략도시방법	KS B ISO 2768-1 (폐지전 KS B 0412)	개별적 지시가 없는 길이치수, 각도공차
KS B 0004-2	구름 베어링제도 2: 상세한 간략도시방법	KS B 0425	기하편차의 정의 및 표시
KS B 0005	스프링 제도	KS B 0608	기하공차의 도시방법
KS B ISO 6412-1 (변경전 KS B 0006-1)	배관의 간략도시방법(통칙 및 정투영도)	KS B 0610	표면 파상도의 정의와 표시
KS B ISO 6412-2 (변경전 KS B 0006-2)	배관의 간략도시방법(등각 투영도)	KS B 0617	제도 표면의 결 도시방법
KS B ISO 6412-3 (변경전 KS B 0006-3)	배관의 간략도시방법(환기계 및 배수계)	KS B 6081	제도기계
KS B ISO 10579 (변경전 KS B 0007)	치수 및 공차의 표시방법-비강성 부품	KS B 6082	제도기계용 스케일
KS B ISO 6413 (변경전 KS B 0008)	스플라인 및 세레이션의 표시방법	KS B 7090	CAD 용어
KS B ISO 286-1 (변경전 KS B 0008-1)	공차, 치수공차 및 끼워맞춤의 기초	KS B 7091	CAD 제도
KS B ISO 286-2 (변경전 KS B 0008-2)	구멍 및 축의 공차 등급과 치수 허용차	KS A ISO 5845-1	체결부품의 조립간략표시(일반원칙)
KS B ISO 3098-0 (변경전 KS B 0009)	제도 문자(통칙)	KS A ISO 5845-2	체결부품(항공용 장치의 리벳)
KS B 0009-1	로마자, 숫자 및 기호	KS A ISO 6411-1	센터구멍의 간략도시방법
KS B 0009-2	그리스 문자	KS A ISO 8015	공차 표시방식의 기본원칙

1-2 도면의 종류

기계제도에서 흔히 작성하는 도면은, 기계부품이나 구조물의 구성을 나타내는 **조립도**와 제품을 제작하기 위하여 부품을 하나하나 개별로 분리하여 작성한 **부품도**가 대부분이다.

(1) 용도에 따른 분류

[표 1-5] 용도에 따른 도면

도면종류	설 명
계획도	물품의 전체적인 계획을 나타낸 도면, 제작도의 기초
제작도	물품제작에 관한 모든 사항을 담은 도면
주문도	주문자(발주자)가 제작자에게 제시하는 도면
승인도	발주자의 승인을 얻기 위한 도면
견적도	견적을 위한 도면
설명도	물품의 기능, 구조, 원리, 취급법 등을 표시한 도면

(2) 성격에 따른 분류(현재는 대부분 CAD로 작성하기 때문에 이 분류는 거의 사용하지 않음)

[표 1-6] 성격에 따른 도면

도면종류	설 명
스케치도	물체를 보고 원도(Original Drawing)를 그리기 위하여 물체의 모양을 프리핸드(Free Hand)로 그리는 그림
원 도	제도지 위에 연필로 직접 그리거나 컴퓨터로 작성한 최초의 도면으로, 기본이 되는 도면
트레이스도	원도 위에 트레이싱지(Tracing Paper)를 놓고 연필 또는 잉크로 그린 도면, 즉 다수의 도면을 복사하기 위하여 만드는 도면
복사도	트레이스도를 원도로 하여 감광지에 복사한 도면으로, 공장 관계자에게 배포되며, 여러 가지 계획과 작업이 이것에 의하여 진행된다. 청사진(Blue Print)이라 함

(3) 내용에 따른 분류

[표 1-7] 내용에 따른 도면

도면종류	설 명
조립도	기계 전체의 구조를 명시하는 도면
부분조립도	복잡한 기구의 일부분의 구조를 명시하는 도면
부품도	장치를 구성하는 각 구성 부품을 자세히 그린 도면
공정도	제작 공정의 상태를 명시하는 계통도

[표 1-7] 내용에 따른 도면(계속)

도면종류	설 명
상세도	특정 부분의 상세한 사항을 나타내는 도면
접속도	전기기기의 내부, 상호간의 접속상태를 나타낸 도면
배선도	전기기기를 설치하기 위한 도면
배관도	배관작업을 하기 위한 도면
계통도	물, 기름, 전기 등의 접속과 작동을 나타내는 도면
기초도	기계를 설치하기 위하여 콘크리트, 철강작업 등을 위한 도면
설치도	물품을 설치하기 위한 도면
배치도	물품의 배치를 나타내는 도면
장치도	플랜트 등 장치산업에 쓰이는 도면
전개도	판금 등 구조물의 펼친 그림
외형도	물품의 전체 외형을 나타낸 도면
구조선도	구조물의 선도를 나타내는 도면
곡면선도	차체, 항공기, 선박 등의 곡면을 단면 곡선으로 나타낸 도면

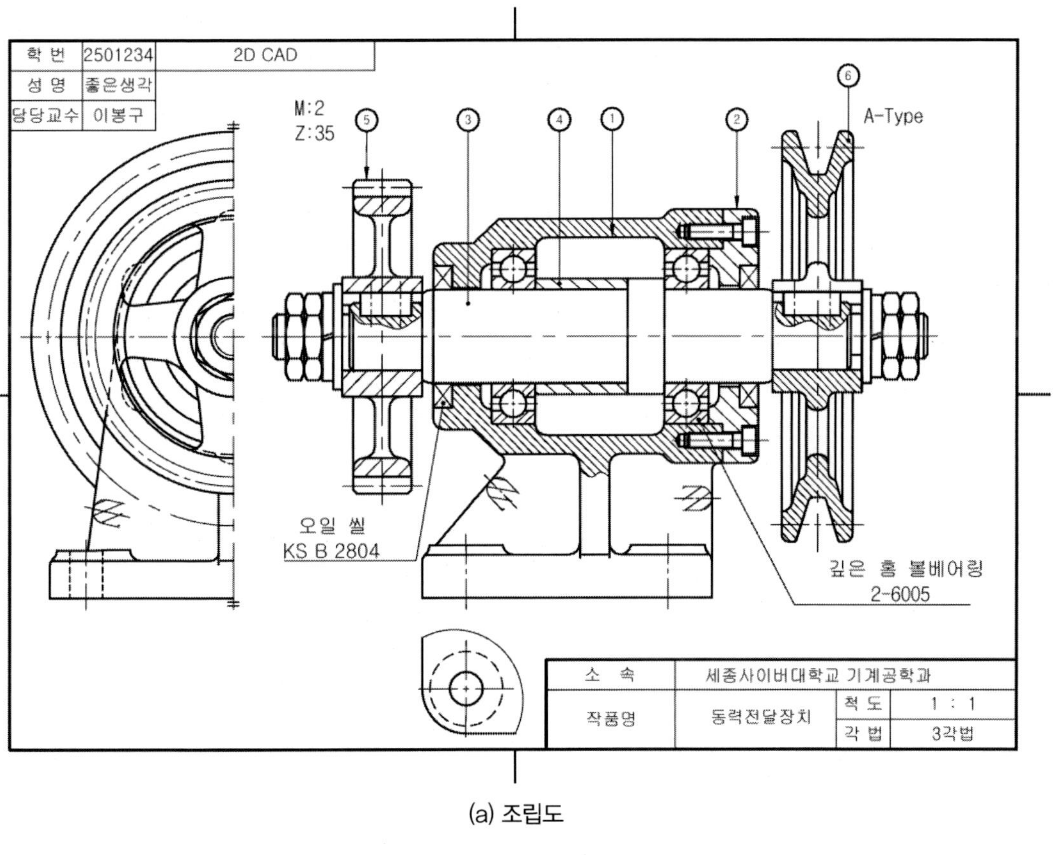

(a) 조립도

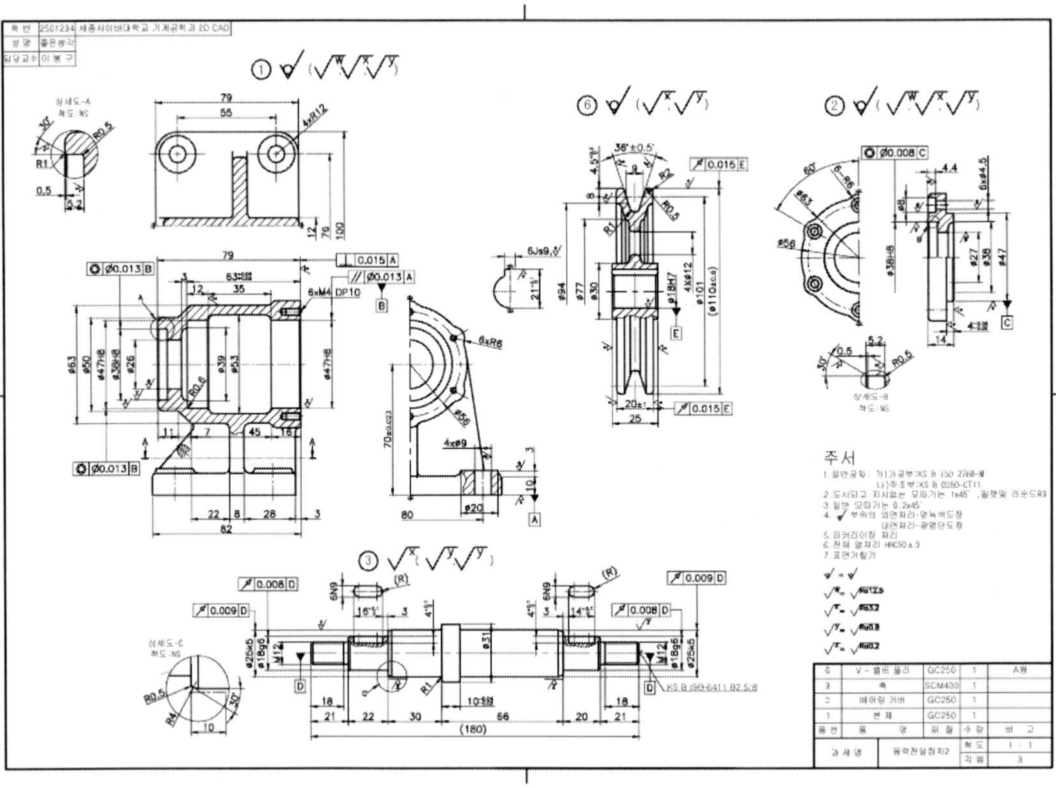

(b) 부품도

[그림 1-1] 도면의 종류

1-3 도면의 크기 및 양식(KS B ISO 5457)

(1) 도면의 크기

도면의 크기는 제도가 완성된 치수로서 일반적으로 A열 사이즈를 사용하고, 특히 연장하는 경우에는 연장 사이즈를 사용한다. 복사한 도면을 접을 때는 그 크기를 원칙적으로 A4로 한다.

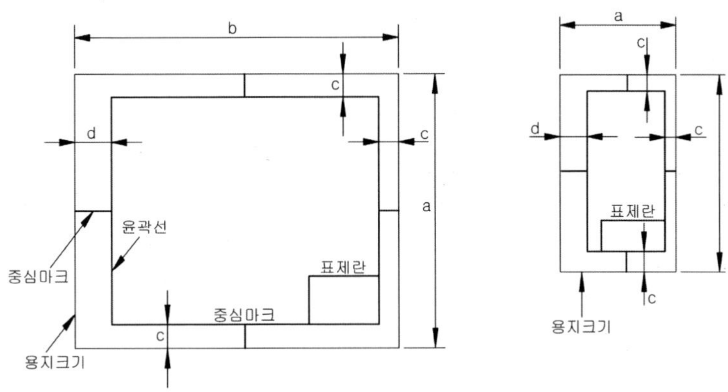

[그림 1-2] 도면의 크기 및 위치

[표 1-7] 도면의 호칭 및 크기

<table>
<tr><th colspan="5">A열 사이즈</th><th colspan="5">연장 사이즈</th></tr>
<tr><th rowspan="2">호칭 방법</th><th rowspan="2">치수 (a×b)</th><th rowspan="2">c (최소)</th><th colspan="2">d(최소)</th><th rowspan="2">호칭 방법</th><th rowspan="2">치수 (a×b)</th><th rowspan="2">c (최소)</th><th colspan="2">d(최소)</th></tr>
<tr><th>철하지 않을 때</th><th>철할 때</th><th>철하지 않을 때</th><th>철할 때</th></tr>
<tr><td>–</td><td>–</td><td>–</td><td>–</td><td>–</td><td>A0×2</td><td>1189×1682</td><td rowspan="3">20</td><td rowspan="3">20</td><td rowspan="3">25</td></tr>
<tr><td>A0</td><td>841×1189</td><td rowspan="2">20</td><td rowspan="2">25</td><td rowspan="2">25</td><td>A1×3</td><td>841×1783</td></tr>
<tr><td>A1</td><td>594×841</td><td>A2×3
A2×4</td><td>594×1261
594×1682</td></tr>
<tr><td>A2</td><td>420×594</td><td rowspan="3">10</td><td rowspan="3">10</td><td rowspan="3">25</td><td>A3×3
A3×4</td><td>420×891
420×1189</td><td rowspan="2">10</td><td rowspan="2">10</td><td rowspan="2">25</td></tr>
<tr><td>A3</td><td>297×420</td><td>A4×3
A4×4
A4×5</td><td>297×630
297×841
297×1051</td></tr>
<tr><td>A4</td><td>210×297</td><td>–</td><td>–</td><td>–</td><td>–</td><td>–</td></tr>
</table>

(2) 도면의 형식

① **도면윤곽**: 윤곽선을 그을시 0.8~1mm의 굵기의 **굵은 실선**으로 긋는다.

② **표제란**: 도면번호, 명칭, 척도, 투상법, 제도회사, 작성연월일, 설계자, 검도자, 승인란 등을 기입한다.

③ **부품란**: 도면에 그려진 전 부품의 번호 혹은 사양과 명칭, 재질, 수량, 공정, 중량, 비고 등을 기입하며, 위치는 표제란 위에 연결하여 그리며, 공간이 부족하면 우측상단에 그린다. 부품번호 기입순서는 표제란 위에 있는 경우에는 아래에서 위로, 우측상단에 있는 경우에는 위에서 아래로 기입한다.

④ **중심마크**: 도면의 마이크로 필름, 촬영, 복사 등의 편의를 도모하기 위하여 작성한다.

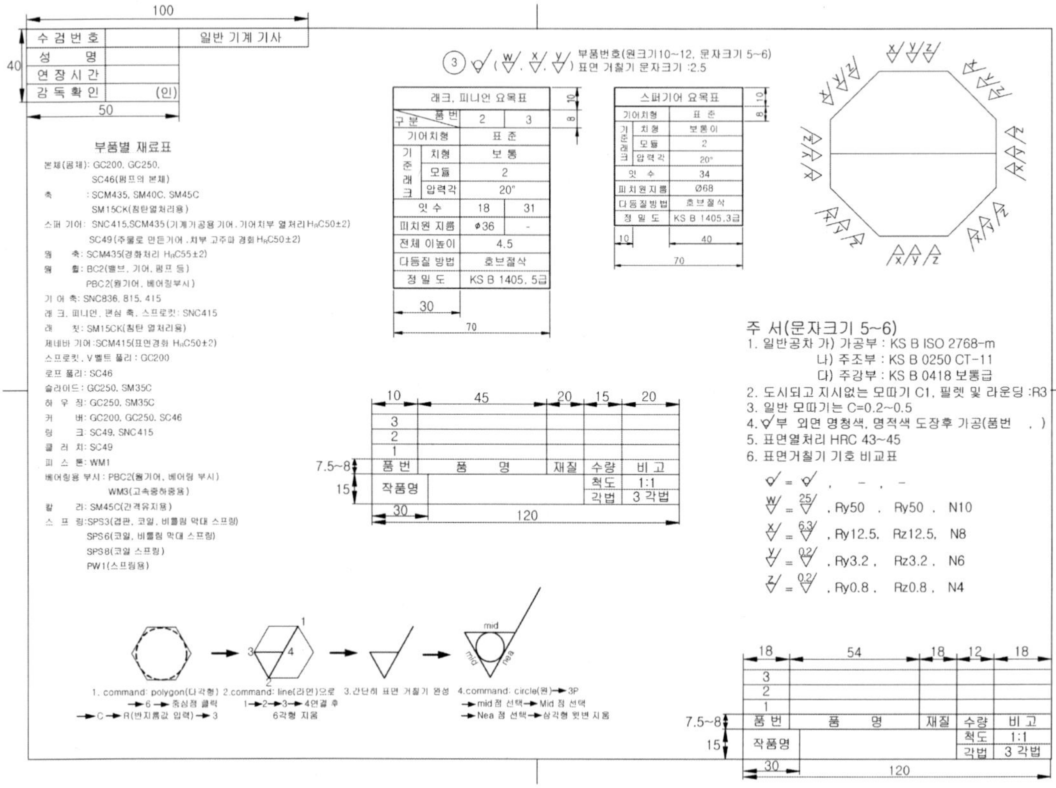

[그림 1-3] 도면의 형식

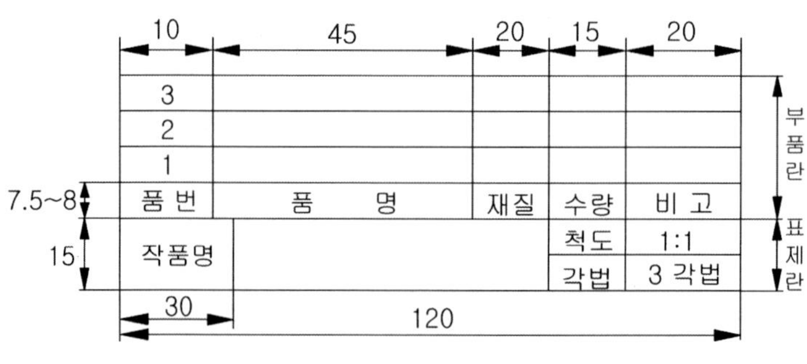

[그림 1-4] 표제란과 부품란 작성 예(국가기술검정 기준)

(3) 도면의 표시사항

① **방향마크**: 용지의 방향을 나타내기 위하여 제도용지의 긴변과 짧은변에 각각 1개씩, 2개의 방향마크를 그리는 것이 좋다. 방향마크는 중심마크에 일치시켜 윤곽선을 가로로 그린다.

② **비교눈금**: 도면을 축소 또는 확대, 복사할 때 편리하도록 비교눈금을 마련하는 것이 바람직하다. 비교눈금의 눈금간격은 10mm, 전체길이는 100mm 이상, 눈금선의 길이는 5mm 이하로 하며 굵기 0.5mm 이상의 **실선**으로 그린다.

③ **도면구역**: 도면에 특정 부분의 위치를 지시할 때에는 그림과 같이 도면의 긴변 및 짧은변에 구역을 표시하는 것이 좋다. 구역의 수는 2의 배수가 되도록 하고, 구역 사이의 간격은 도면의 크기에 따라 25~75mm 정도로 한다. 구역표시에 사용하는 선은 굵기 0.5mm 이상의 **실선**이다.

④ **재단마크**: 복사한 도면을 재단할 때 편리하도록 도면의 네 구석에 재단마크를 마련하는 것이 좋다. 재단마크는 두 변의 길이가 약 10mm인 **직각 이등변 삼각형**으로 하거나, 굵기 2mm인 **두 개의 짧은 실선**으로 그린다.

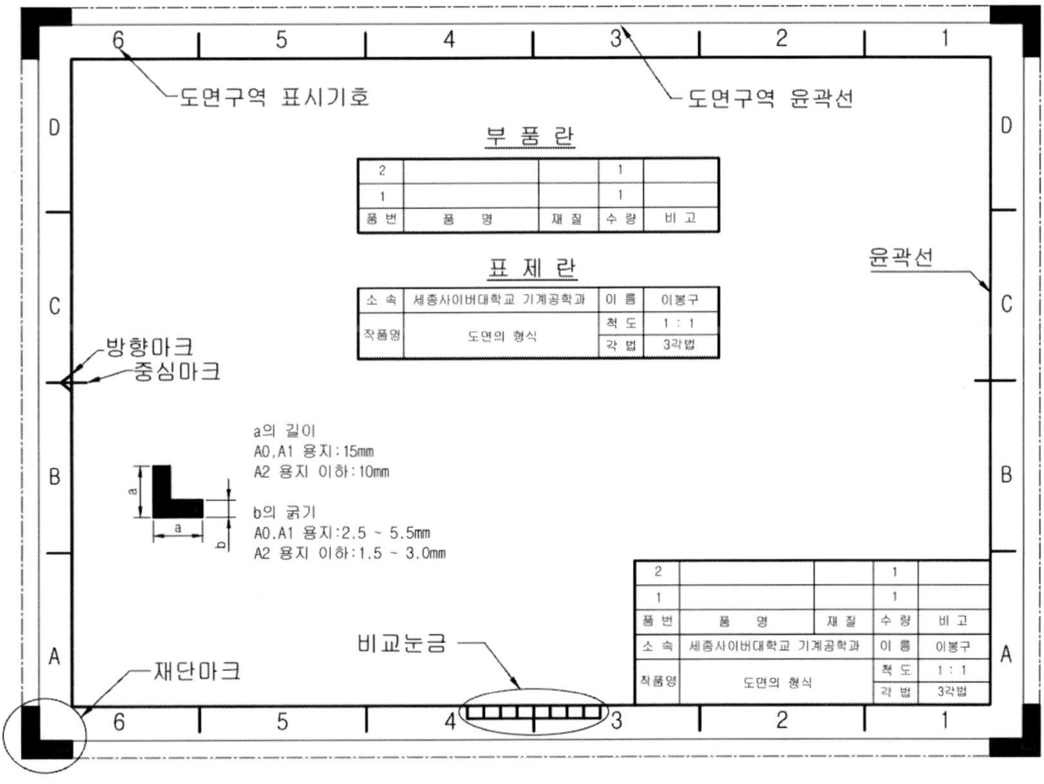

[그림 1-5] 도면의 형식

1-4 도면의 척도(KS A ISO 5455)

도면의 척도는 '대상물의 실제치수'에 대한 '도면에 표시하는 대상물'의 비를 의미한다. 척도는 도면화할 대상물의 표현 목적에 알맞게 선택하고, 모든 경우에 나타낼 수 있는 정보를 용이하게 잘 이해할 수 있는 크기의 척도를 선택해야만 한다. 즉, 도면의 크기는 척도와 대상물 크기에 의해 정해진다.

[표 1-8] 도면의 척도

척 도	척도는 (A : B)로 표시한다. 이때 A: **도면에서의 크기** B: **물체의 실제크기**
축 척	도면상의 물체크기를 실제물체의 크기보다 작게 그릴 경우의 척도 [1 : 2], [1 : 5], [1 : 10], [1 : 20], [1 : 50], [1 : 100], [1 : 200]
현 척	도면상의 물체크기와 실제물체 크기를 같게 그리는 척도 가장 보편적으로 사용되며 독도시 치수나 모양에 대한 오차가 적음 [1 : 1]
배 척	도면상의 물체크기를 실제물체 크기보다 크게 그릴 경우의 척도 작고 복잡한 부품의 제도시 사용 [2 : 1], [5 : 1], [10 : 1], [20 : 1], [50 : 1], [100 : 1]

– 축척 또는 배척을 하였더라도 도면의 치수는 실제치수를 기입한다.
– 도면이 치수에 비례하지 않을 때에는 도면의 적당한 장소에 **"비례척도가 아님"** 또는 "NS"(Not to Scale)로 표시하여 그 이유를 명기한다.

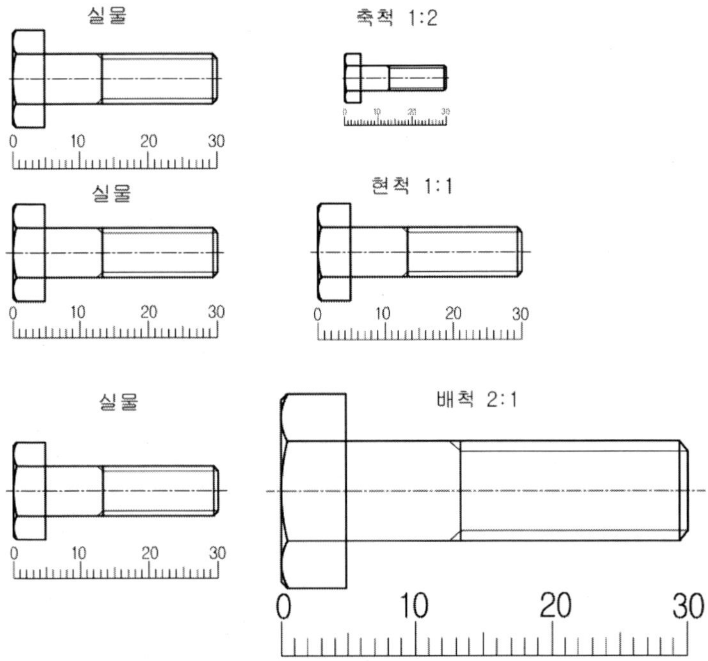

[그림 1-6] 축척, 현척, 배척의 예시

1-5 선의 용도와 종류(KS A 0112)

(1) 모양에 의한 선의 종류(KS B 0001)

[표 1-8] 모양에 의한 선의 종류

선의 종류	모 양	설 명
실 선(Continuous Line)	――――――	연속적으로 그려진 선
파 선(Dashed Line)	– – – – –	짧은 선이 일정한 간격으로 반복되는 선, 실선의 약 1/2
1점 쇄선(Dashed Dotted Line)	—-—-—	길고 짧은 선이 반복되는 선
2점 쇄선(Dashed Double-dotted Line)	—--—--—	짧은 선과 2개의 점이 서로 섞여 규칙적으로 반복

(2) 굵기에 의한 선의 종류(도면에 따라 적당히 가감한다)

선의 굵기에는 **가는선**, **굵은선**의 두 종류가 사용되고 있다. **굵은선과 가는선 굵기의 비율은 각각 2 : 1 이상**이어야 한다. 아주 굵은선을 사용하는 경우에는 **굵은선 2배의 굵기**로 한다.

Tip

이 규정은 한 도면 안에서 사용하는 선 굵기의 선택을 두 가지의 선 굵기로 사용하라는 의미가 아니며, 다만 두 종류 선 굵기의 비를 언급한 것이다. 따라서 **대상물의 윤곽선을 나타내는** 외형선은 굵은선을 적용하고, 숨은선은 중간선의 굵기 비를 적용하며, 중심선, 치수선, 치수 보조선, 해칭선, 자유실선, 지그재그선 등은 중간선과 가는선의 굵기비를 적용하는 것이 좋다. 즉 중간선과 가는선의 비는 1.4 : 1로 하는 것이 좋다. ISO 128(Techanical drawings)에서는 굵은선과 가는선의 굵기 비(2 : 1)만을 규정하고 있다.

선 굵기는 도면의 크기 및 종류에 따라 다음의 굵기에서 선택하는 것이 좋다. 같은 도면에 있어서는 선의 종류마다 굵기를 같이해야 한다. 0.18, 0.25, 0.35, 0.5, 0.7, 1, 1.4, 2mm로 한다.

➡ 0.18 mm 선은 도면을 복제, 복사하였을 때 보기 힘든 경우가 있으므로 되도록 사용하지 않는 것이 좋다.

(3) 선의 종류와 용도

[표 1-9] 선의 용도에 따른 분류(KS B 0001)

용도에 따른 명칭	선의 종류		용 도	그림 1-8 선사용 예
외형선	굵은 실선		대상물의 보이는 부분의 모양을 표시하는 선	1.1
치수선	가는 실선		치수를 기입하기 위한 선	2.1
치수 보조선			치수를 기입하기 위하여 도형으로부터 끌어내는 선	2.2
지시선			기술·기호 등을 표시하기 위하여 끌어내는 선	2.3
회전 단면선			도형 내에 끊은 곳을 90° 회전하여 표시하는 선	2.4
중심선			도형의 중심선 (4.1)을 간략하게 표시하는 선	2.5
수준면 선(1)			수면, 유면 등의 위치를 표시하는 선	2.6
숨은선	가는 파선 또는 굵은 파선		대상물의 보이지 않는 부분의 모양을 표시하는 선	3.1
중심선	가는 1점 쇄선		(1) 도형의 중심을 표시하는 선 (2) 중심이 이동한 중심궤적을 표시하는 선	4.1 4.2
기준선			특히 위치 결정의 근거가 되는 것을 명시할 때 쓰는 선	4.3
피치선			되풀이하는 도형의 피치를 취하는 기준을 표시하는 선	4.4
특수 지정선	굵은 1점 쇄선		특수한 가공을 하는 부분 등 특별한 요구사항을 적용할 수 있는 범위를 표시하는 선	5.1

[표 1-9] 선의 용도에 따른 분류(KS B 0001)(계속)

용도에 따른 명칭	선의 종류		용도	그림 1-8 선사용 예
가상선[(2)]	가는 2점 쇄선	—··—··—	(1) 인접부분을 참고로 표시하는 선 (2) 공구, 지그 등의 위치를 참고로 나타내는 선 (3) 가동부분을 이동 중의 특정한 위치 또는 이동한계의 위치로 표시하는 선 (4) 가공 전 또는 가공 후의 모양을 표시하는 선 (5) 되풀이하는 것을 나타내는 선 (6) 도시된 단면의 앞쪽에 있는 부분을 표시하는 선	6.1 6.2 6.3 6.4 6.5 6.6
무게 중심선			단면의 무게 중심을 연결한 선을 표시하는 선	6.7
파단선	불규칙한 파형의 가는 실선 또는 지그재그선	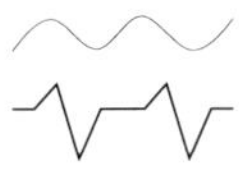	대상물의 일부를 파단한 경계 또는 일부를 떼어낸 경계를 표시하는 선	7.1
절단선	가는 1점 쇄선으로 끝부분 및 방향이 변하는 부분을 굵게 한 것[(3)]		단면도를 그리는 경우, 그 절단 위치를 대응하는 그림에 표시하는 선	8.1
해 칭	가는 실선으로 규칙적으로 줄을 늘어놓은 것	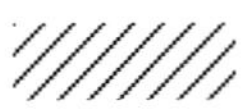	도형의 한정된 특정 부분을 다른 부분과 구별하는 데 사용한다. 보기를 들면 단면도의 절단된 부분을 나타낸다.	9.1
특수한 용도의 선	가는 실선		(1) 외형선 및 숨은선의 연장을 표시하는 선 (2) 평면이란 것을 나타내는 선 (3) 위치를 명시하는 선	10.1 10.2 10.3
	아주 굵은 실선		얇은 부분의 단선 도시를 명시하는 선	11.1

【주】 (1) ISO 128(Technical drawings–General principles of presentation)에는 규정되어 있지 않다.
(2) 가상선은 투상법상에서 도형에 나타나지 않으나, 편의상 필요한 모양을 나타내는 데 사용한다. 또 기능상·공작상의 이해를 돕기 위하여 도형을 보조적으로 나타내기 위해서도 사용한다.
(3) 다른 용도와 혼용할 염려가 없을 때는 끝 부분 및 방향이 변하는 부분을 굵게 할 필요는 없다.

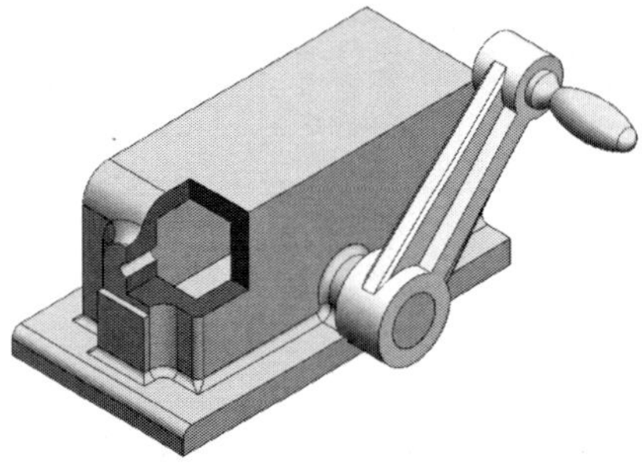

[그림 1-7] 선의 종류 및 용도 적용 3D 입체도

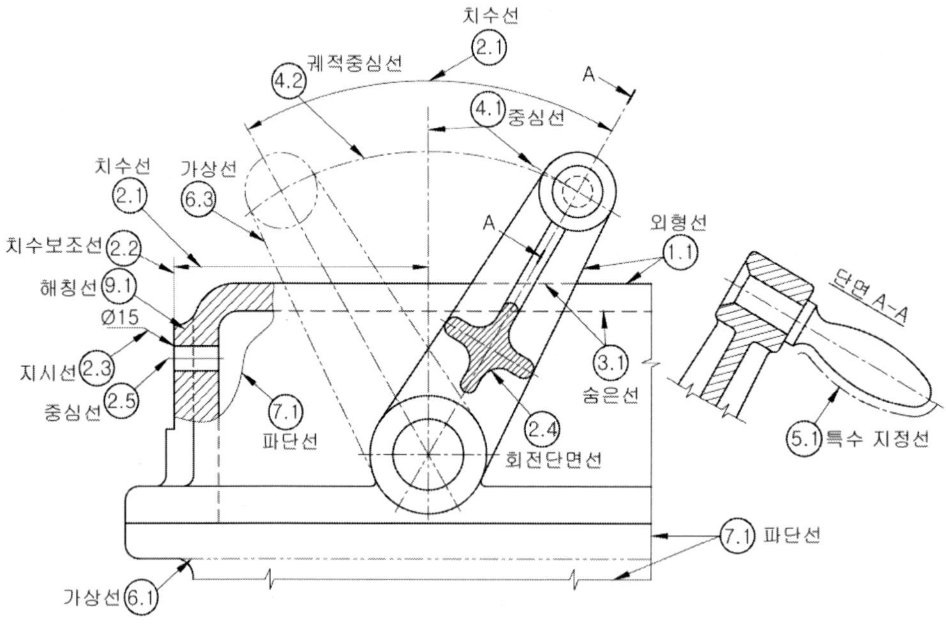

보기 1

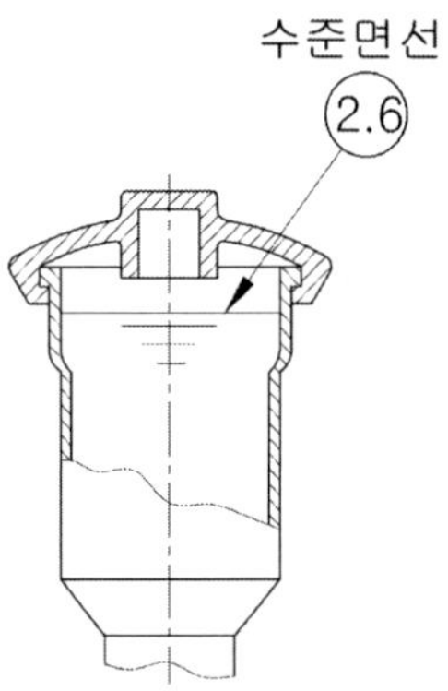

보기 2

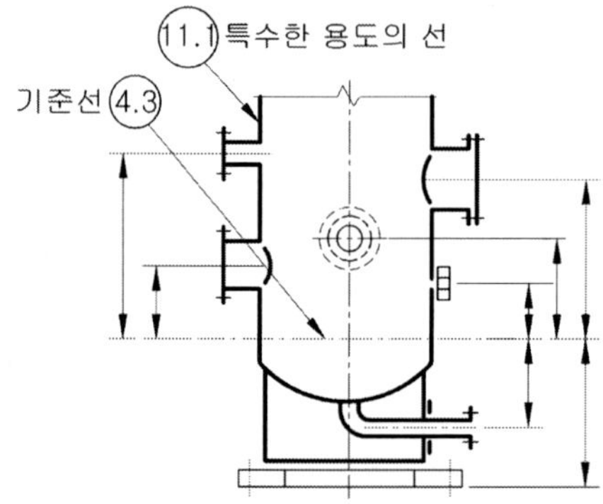

보기 3

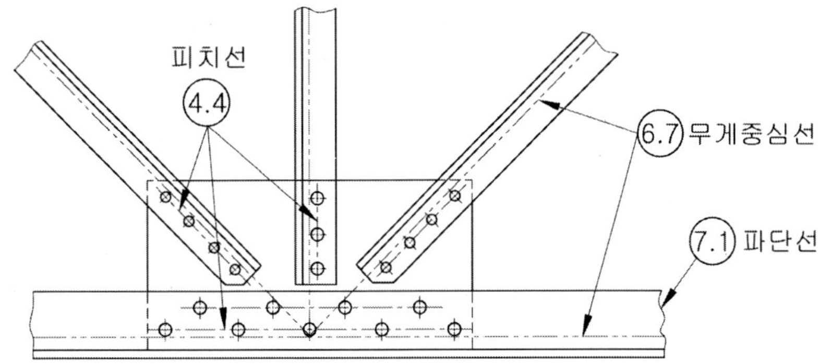

보기 4

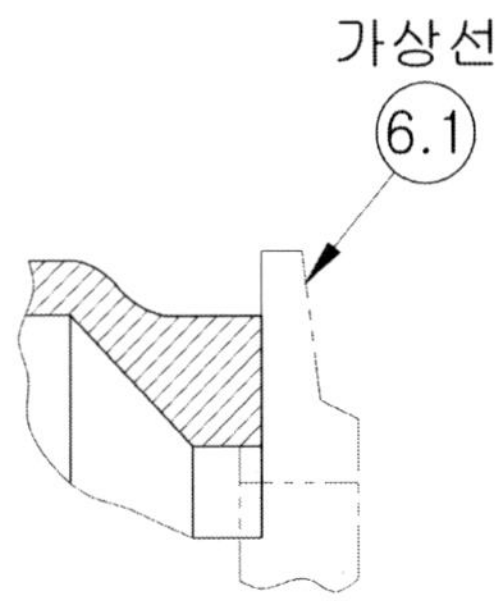

보기 5

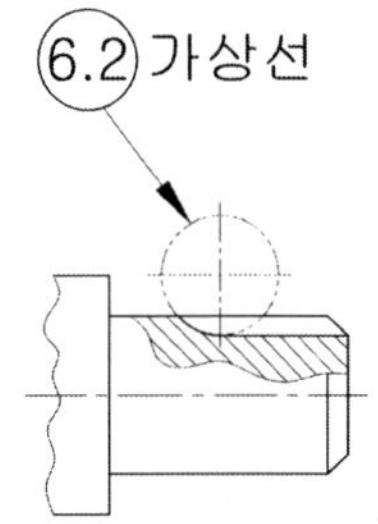

보기 6

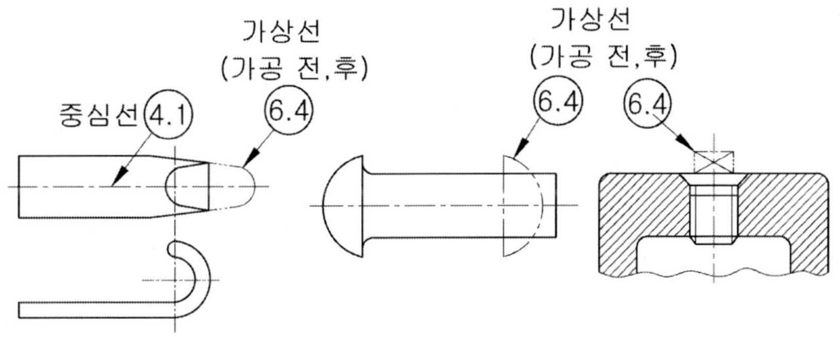

보기 7

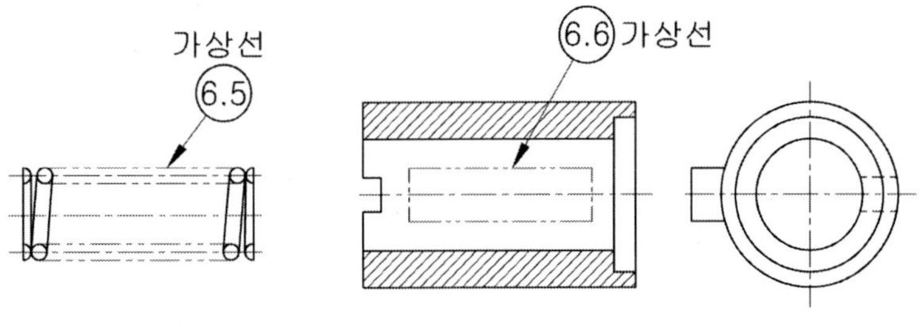

보기 8

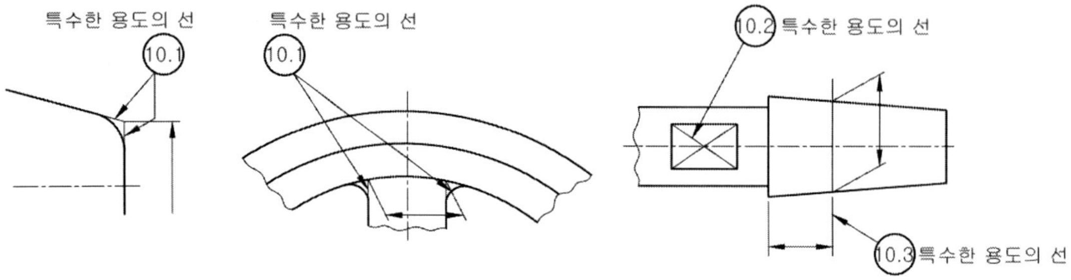

보기 9

[그림 1-8] 선의 종류 및 적용 예

(4) 선의 우선순위

도면에서 두 종류 이상의 선이 같은 장소에 겹치게 될 경우에는 다음에 나타낸 순서에 따라 우선되는 종류의 선으로 그린다. **[그림 1-9 참고]**.

① 외형선 → ② 숨은선 → ③ 절단선 → ④ 중심선 → ⑤ 무게중심선 → ⑥ 치수 보조선

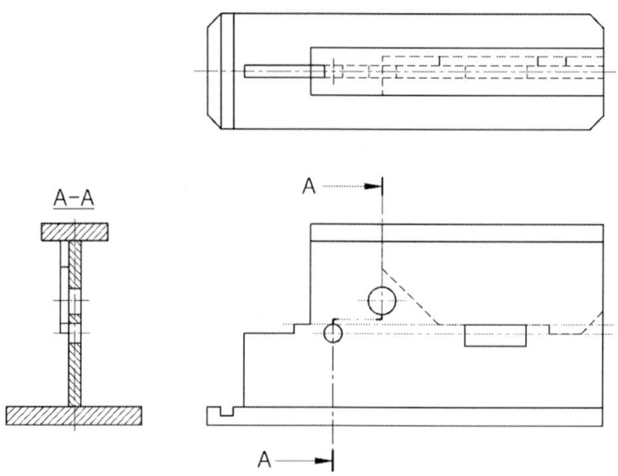

[그림 1-9] 겹치는 선의 우선순위

1-6 도면에 사용되는 문자(KS A 0107)

도면에 도형을 그린 후 글자를 사용하여 치수, 재료, 정밀도, 가공법 등을 기입하여야 한다. 도면에 사용되는 글자는 한글, 한자, 숫자, 영자의 4종류를 주로 사용하며, 이들 글자들은 혼동되지 않고 명확히 읽을 수 있도록 쓰여져야 한다. 최근의 CAD 시스템의 보급으로 인하여 글자를 쓰는 기능을 익힐 필요성은 없으므로 주로 글자의 크기 등에 대해 설명한다.

① **읽기 쉬울 것:** 문자는 한 글자 한 글자를 정확히 읽을 수 있도록 명확하게 쓴다. 연필로 쓰는 문자는 도형을 표시한 선의 농도에 맞추어 쓴다.

② **균일할 것:** 같은 크기의 문자는 그 선의 굵기를 되도록 맞춘다.

③ **도면의 마이크로 필름 촬영에 적합한 것:** 도면이 마이크로 필름에 촬영되어 이용하는 경우, 분명히 읽힐 수 있도록 문자와 문자 사이의 간격[**그림 1-10의 a**]는 문자 굵기의 3배 이상[**그림 1-10의 b**]로 한다. 다만, 인접한 문자의 굵기가 서로 다른 경우에는 굵은 쪽의 문자 굵기의 3배 이상으로 한다.

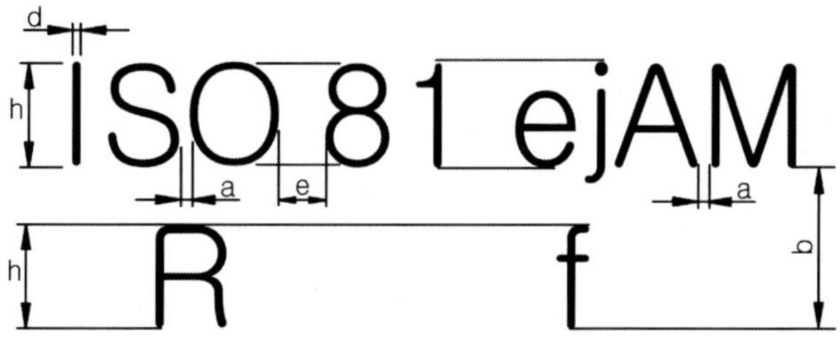

[그림 1-10] 문자의 간격

(1) 한자

글자체 한자의 서체는 KS A 0202(**기계조작용 표준서체**)에 준하며, 일반적으로 획수가 16 이상인 복잡한 한자는 가능하면 한글로 쓴다. **글자의 크기는** 3.15, 4.5, 6.3, 9, 12.5, 18mm의 6종으로 한다.

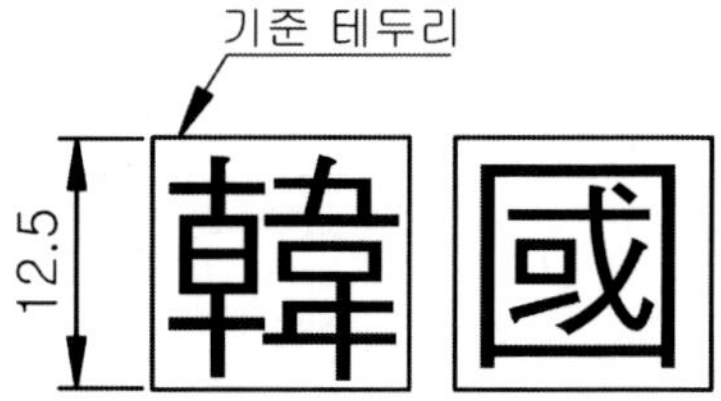

[그림 1-11] KS A 0202의 서체에 의한 한자

(2) 한글 · 숫자 · 영자

한글의 서체는 고딕체 또는 활자체에 준하는 것이 좋으며, **숫자**는 주로 **아라비아 숫자**를, **영자**는 주로 **로마자의 대문자**를 사용한다. 다만, 기호나 그 밖에 특별히 필요한 경우에는 소문자를 사용해도 좋다. 숫자 · 영자의 서체는 **J형 사체, B형 사체, B형 입체** 중 어느 한 가지를 사용하며 혼용하지 않는다. **글자의 크기** 2.24, 3.15, 4.5, 6.3, 9, 12.5, 18mm의 7종으로 하며, 필요한 경우에는 다른 치수를 사용하여도 좋다.

비고 J 형 **사체** 및 B 형 **사체**는 수직에 대하여 오른쪽으로 약 15° 기울인다.

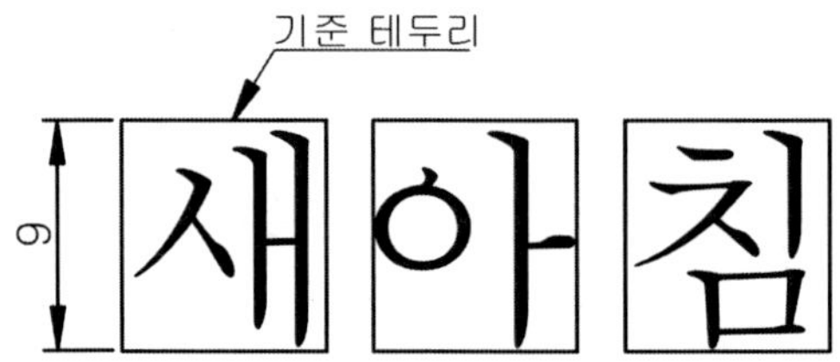

[그림 1-12] KS A 0202의 **활자체**에 의한 한글

(3) 문자 크기의 표시방법

문자의 크기는 원칙적으로 다음에 표시하는 높이에 의한 호칭에 따라 표시한다. **한자**는 KS A 0202에 규정하는 기준 테두리의 높이[**그림 1-11 참조**]로 하며, **숫자**, **영자**는 문자의 선 굵기의 중심에 있어서의 문자의 기준높이 [**그림 1-13의 H**]로 한다.

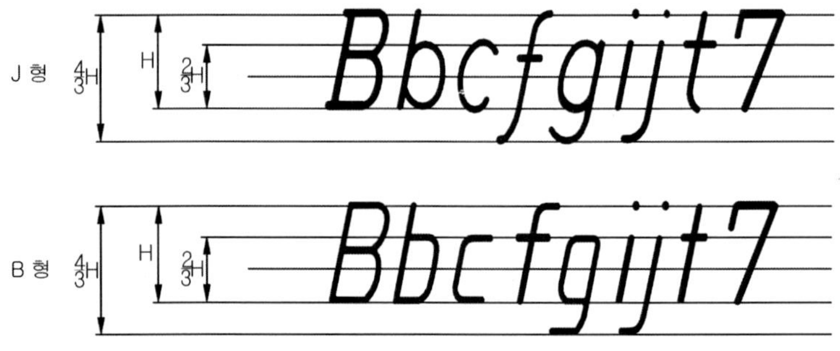

비고 J 형, B 형 모두 문자 높이의 비율은 기본적으로 같다.

[그림 1-13] 숫자, 영자의 기준높이

도면 중 일련의 기술에 사용되는 문자크기 비율은 다음과 같이 하는 것이 바람직하다.

한자 : 한글·숫자·영자 = 1.4 : 1.0

문자 선 굵기는 문자크기 호칭에 대하여 다음 값으로 하는 것이 바람직하다.

한자 : 1/12.5, 한글·숫자·영자 : 1/9

[그림 1-14] J형 사체의 숫자·영자의 서체

[그림 1-15] B형 사체의 숫자·영자의 서체

크기 9mm 1234567890

크기 4.5mm 1234567890

크기 6.3mm ABCDEFGHIJ

KLMNOPQR

STUVWXYZ

abcdefghijklm

nopqrstuvwxyz

[그림 1-16] B형 입체의 숫자·영자의 서체

memo

제 2 장

도형의 표시방법

2-1 투상법
2-2 투상도의 표시방법
2-3 투상도를 그리는 방법
2-4 정투상도의 원리
2-5 제3각법과 제1각법의 원리
2-6 도형의 표시방법
2-7 투상도의 선택방법
2-8 필요한 투상도
2-9 보조 투상도
2-10 회전 투상도
2-11 부분 투상도
2-12 국부 투상도
2-13 부분 상세도(확대도)
2-14 단면도
2-15 도형의 생략
2-16 특별한 도시방법

도형의 표시방법

도형의 표시법은 공간에 있는 입체를 평면에 도시하거나, 평면상에 그려진 도형을 보고 입체를 상상하여 그리는 방법을 말한다. 제작도(물품제작을 위하여 사용되는 도면)에는 반드시 다음의 2가지가 명시되어야 한다.

(1) 제품 각 부의 실제모양

(2) 제품의 가로(W)×세로(L)×높이(H) 세 방향의 치수

위와 같은 조건을 만족시키는 제작도를 평면인 종이 위에 제품의 크기나 모양을 완전히 나타내는 일은 쉽지 않지만 투상법은 앞의 두 조건을 만족시키므로 공업제도에 널리 이용되고 있다.(KS B 0001)

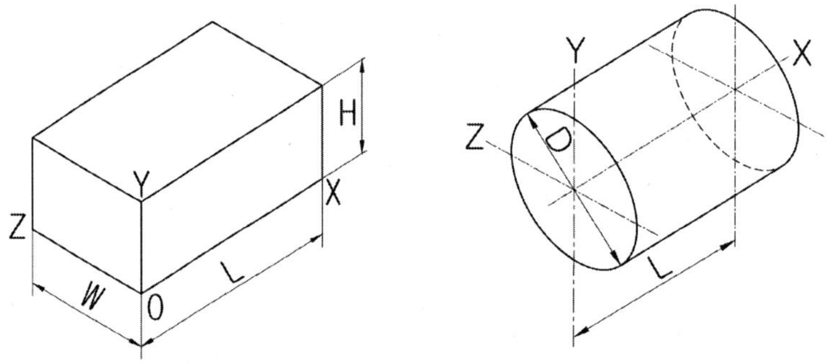

[그림 2-1] 물체의 각 방향의 크기

2-1 투상법(Projection Method)

하나의 평면에 광선을 비춰 그 평면에 찍혀지는 물체 그림자로써 그 형상을 표시하는 화법을 **투상법**(Projection)이라 한다. 이때 광선을 지나는 선을 **투사선**(Projection Line), 그림이 투영되는 평면을 **투상면**(Plane of Projection), 그려진 그림을 **투상도**(Projection Drawing)라 한다. 투상도는 눈과 물체의 위치나 놓는 방법에 따라 형태나 크기가 달라진다.

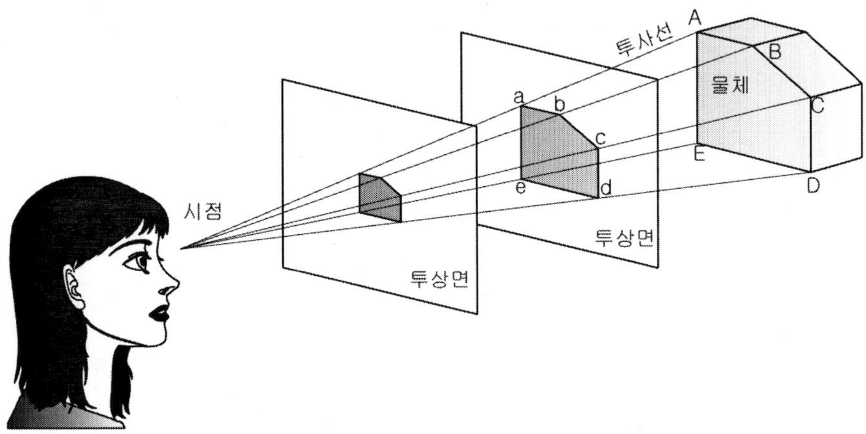

[그림 2-2] 투시 투상법

[그림 2-2]의 경우 물체로부터 나온 **투사선**(Projection Line)은 모두 시점에 모아진다. 따라서 **투상면**이 물체부터 멀어지면 투상도의 크기도 점점 작아진다.

(1) 정투상법(Orthographic Projection)

정투상법에서는 [그림 2-3]처럼 물체로부터 나온 **투사선이 투상면에 수직이며 서로 평행**한 것으로 가정한다. 투상면이 어느 위치에 있든지 투상도의 크기는 항상 일정하다. **정투상법**(Orthographic Projection)은 서로 다른 방향에서 투상된 몇 개의 투상도를 조합하여 3차원의 물체를 2차원의 평면 위에 정확하게 표현하는 방법이다. [그림 2-3]에서 보는 것처럼 정투상법에서 가상의 투상면은 항상 물체와 평행하고, 투사선은 항상 투상면에 수직하고, 정투상법으로 그려진 투상도를 **정투상도**(Orthographic View)라 한다.

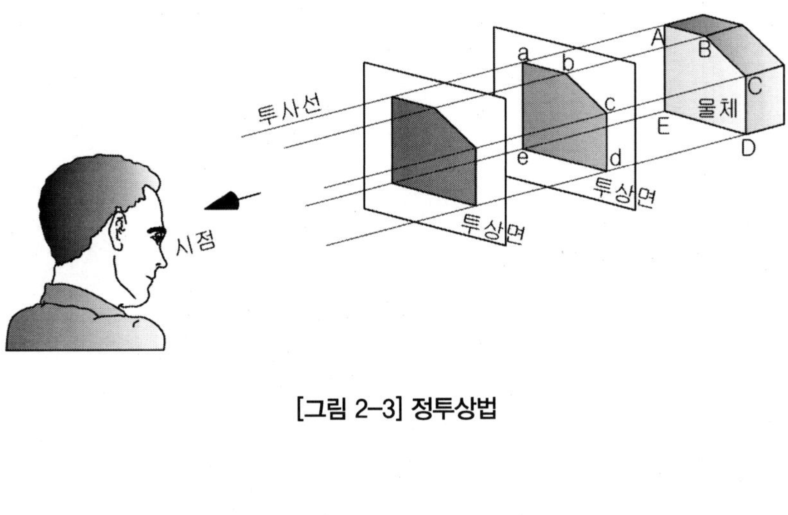

[그림 2-3] 정투상법

(2) 등각투상도(Isometric Projection Drawing)

[그림 2-4(a)] 와 같이 물체를 들어 올려 왼쪽, 오른쪽 또는 앞쪽, 뒤쪽으로 기울여서 두 개의 모서리가 수평선과 30°가 되게 하여 무한대의 수평시선으로 얻은 물체의 윤곽을 투상법의 원리에 따라 그리게 되면, **[그림 2-4(b)]**와 같이 모든 모서리는 120°의 등각을 이루는 그림을 그릴 수 있다. 이렇게 등각을 이루는 그림을 얻을 수 있다고 하여 **등각투상도**(Isometric Projection Drawing)라고 한다.

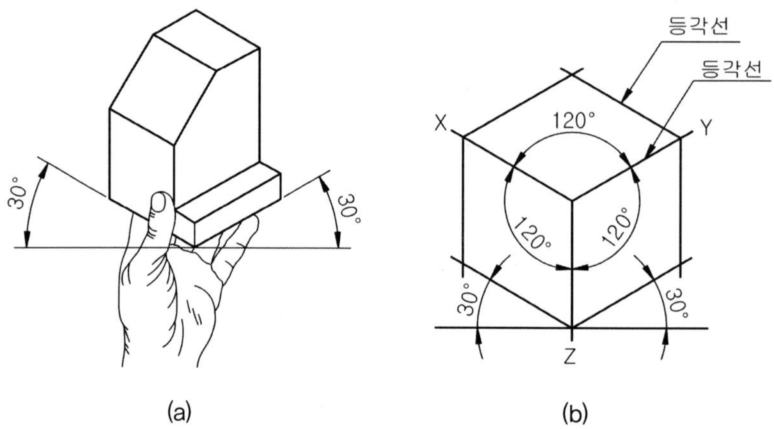

[그림 2-4] 등각투상도

2-2 투상도의 표시방법

투상도로 물체의 모양을 표시하는 데는 **외형선, 숨은선** 및 **중심선**이 사용된다.

(1) 외형선(굵은 실선: Continuous)

물체의 겉에서 보이는 모양을 표시하는 선[**그림 2 -5**]

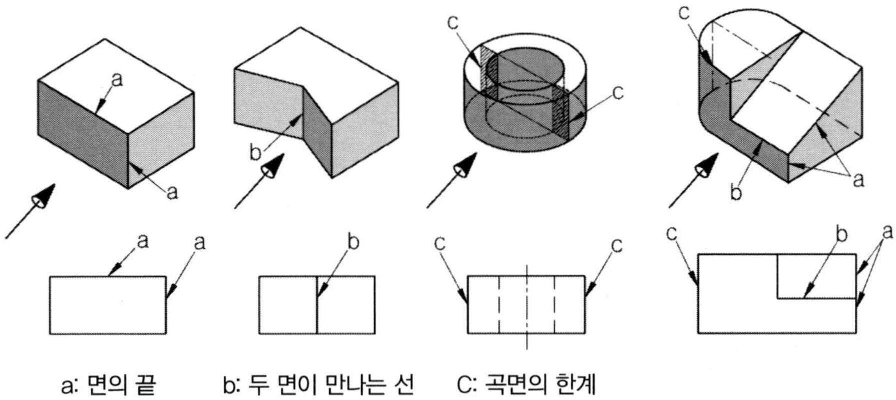

[그림 2-5] 외형선 사용의 예

(2) 숨은선(파선: Hidden 2)

물체의 구멍이나 홈과 같이 겉에서 보이지 않는 부분의 모양을 표시한다. 숨은선은 정확하게 그리지 않으면 그림이 보기에 나쁠 뿐만 아니라 잘못 판독하기 쉽다. 숨은선을 그을 때는 다음 점들에 주의하는 것이 좋다([**그림 2-6**], ○표는 옳은 것, ×표는 틀린 것을 나타낸다).

① 숨은선이 외형선에서 끝나는 경우에는 간격을 두지 않는다 [**그림 2-6(1)**].
② 숨은선이 외형선에 접속할 때에는 간격을 둔다 [**그림 2-6(2)**].
③ 다른 숨은선과의 교점에서는 간격을 두지 않는다 [**그림 2-6(3)**].
④ 숨은선과 외형선과의 교점에는 간격을 둔다 [**그림 2-6(4)**].
⑤ 숨은선의 호와 직선 또는 호가 접속할 때에는 접점에 간격을 둔다 [**그림 2-6(5)**].
⑥ 근접하고 있는 평행한 숨은선은 띄운 부분의 위치를 서로 엇갈리게 한다 [**그림 2-6(6)**].
⑦ 두 선 사이의 거리가 작은 부분에 있어서는 숨은선의 끊는 길이를 다르게 한다 [**그림 2-6(7)**].

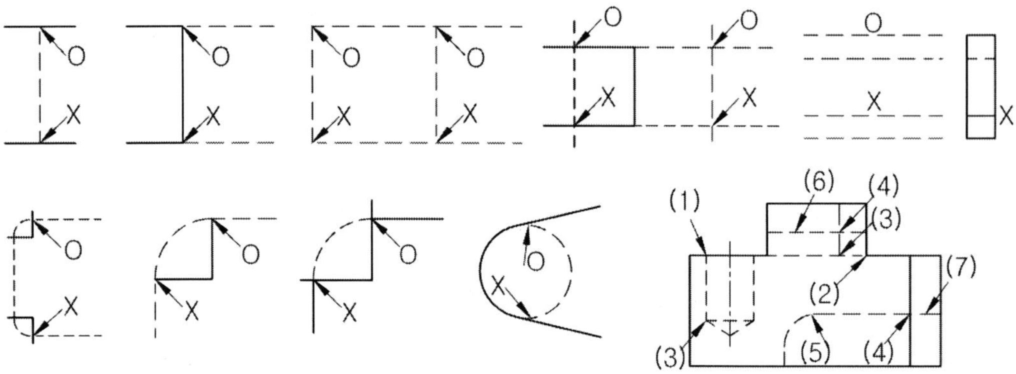

[그림 2-6] 숨은선 사용의 예

(3) 중심선(1점 쇄선: Center 2)

중심선은 원, 원호, 구의 중심선 및 원통, 원뿔 등의 대칭축을 표시한다.

① 대칭축을 가진 물체를 그릴 때는 반드시 중심선을 그린다.

② 원, 구는 직교하는 두 중심선의 교점을 중심으로 하여 그린다.

③ 중심선은 외형선으로부터 약간(약 2~3mm) 그림 밖으로 연장한다.

비고 투상도를 그릴 경우 **외형선, 숨은선, 중심선**이 겹칠 경우 ① **외형선** ② **숨은선** ③ **중심선**의 순서에 따라 한 선만 그린다[표 1-13].

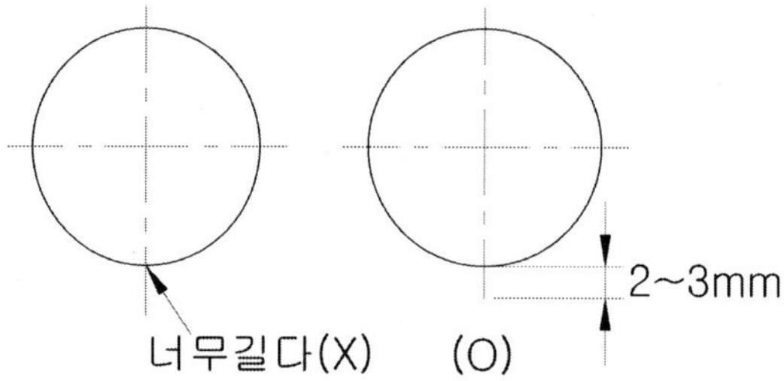

[그림 2-7] 중심선 사용의 예

2-3 투상도를 그리는 방법

입체적인 물체를 평면 위에 각 부분의 모양이나 실제길이를 정확히 표시하기란 그리 쉬운 일이 아니다.

[그림 2-8]은 입체적인 물체를 여러 방향으로 돌려가면서 본 모양들이다. 여기서 (A)는 물체를 정면에서 본 모양으로 **정면도**(Front View)라 하며 **물체의 폭(너비)과 높이의 실제길이**가 표시된다. (C)는 물체를 오른쪽에서 본 모양으로 **우측면도**(Right Side View)라 하며 **물체의 깊이와 높이**가 표시되며, 그림 (B)는 물체를 위에서 본 모양으로 **평면도**(Top View)라 하며 **물체의 깊이와 폭(너비)**로 표시된다. 그림에서 화살표는 물체를 바라본 방향을 나타낸다.

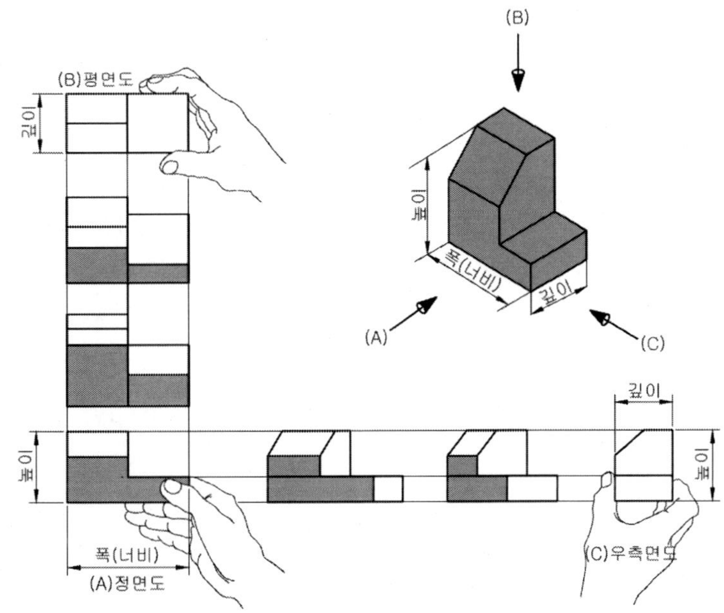

[그림 2-8] 투상도 각 방향에서 본 물체의 모양

2-4 정투상도(Orthogonal Projection Drawing)의 원리

(1) 정투상도의 원리

정투상도는 [그림 2-9], [그림 2-10]과 같이 물체의 각 면과 바라보는 위치에서 시선을 평행하게 연결하면, 실제크기의 투상도를 물체 사이에 설치해 놓은 투상면에서 얻게 되는 원리이다.

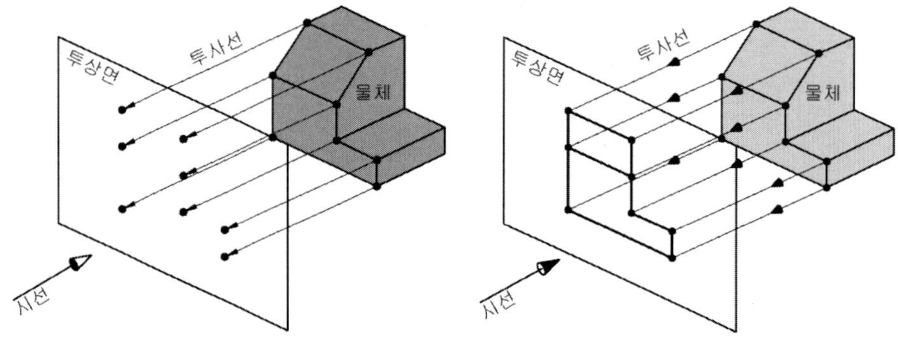

① 투영할 물체의 투상면을 정한다.
② 투영면을 투영할 면의 물체와 평행하게 놓는다.
③ 투영면과 직교하는 투사선을 긋는다.
④ 투사선과 투영면에 접한 곳에 점을 찍는다.
⑤ 찍힌 점을 선으로 연결한다.

[그림 2-9] 정투상도의 원리

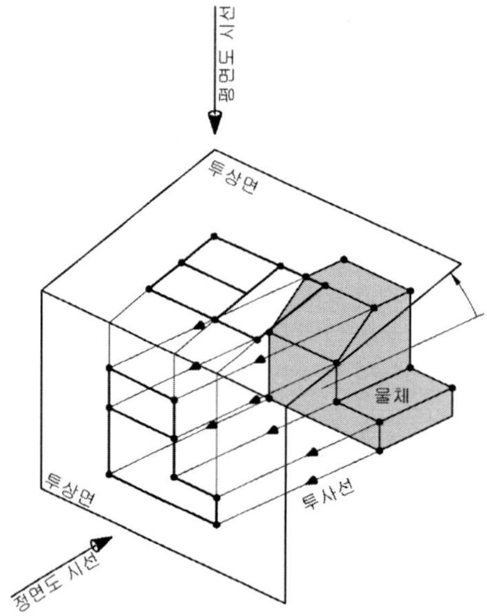

[그림 2-10] 2개(정면, 평면)의 기본 투영면

(2) 투상면의 설치원리

물체의 특징에 따라 도면을 그리기에 충분한 투상도의 수를 얻기 위해서 **[그림 2-11]** 같이 필요한 만큼의 투상면을 설치하고 각각의 평면에 정투상법의 원리를 적용하여 투상도를 그리고 펼치는 그림이다. **물체의 특징을 가장 잘 나타내는 쪽을 정면으**로 하고 물체를 충분하게 나타낼 수 있는 차례대로 투상면을 설치한다.

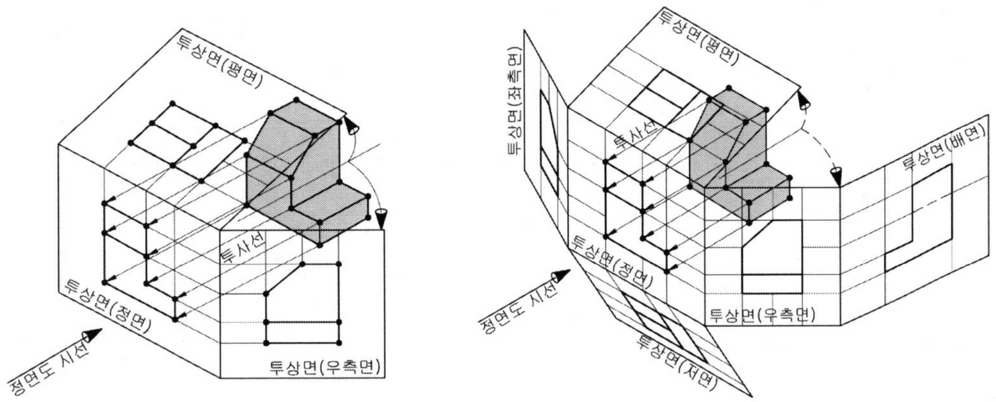

(a) 3개(정면, 평면, 우측)의 면에 설치한 투영면　　(b) 6개의 면에 설치한 투영면

[그림 2-11] 투상면의 설치원리

(3) 3개의 기본 투상면 설치

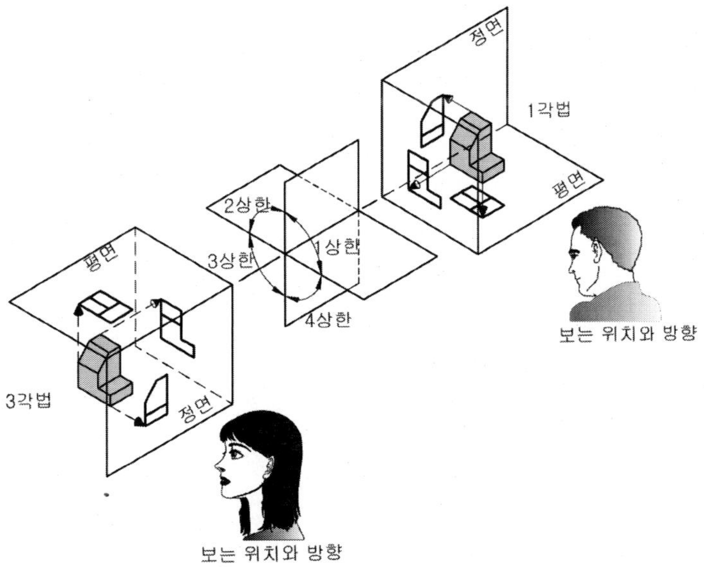

[그림 2-12] 3개의 기본 투상면 설치와 보는 위치 및 방향

(4) 투상면 펼치기와 투상도 배열

각각의 방향에 설치된 투상면에 물체의 투상도를 배열하기 위해서는 그림과 같이 바라 본 정면에서 설치한 투상면을 기준으로 하여 **[그림 2-13(a)]** 같이 상자를 펼치는 원리를 이용한다. 모두 한 면으로 펴지도록 하여 투상도를 그리면 **[그림 2-13(b)]** 같이 배치할 수 있다.

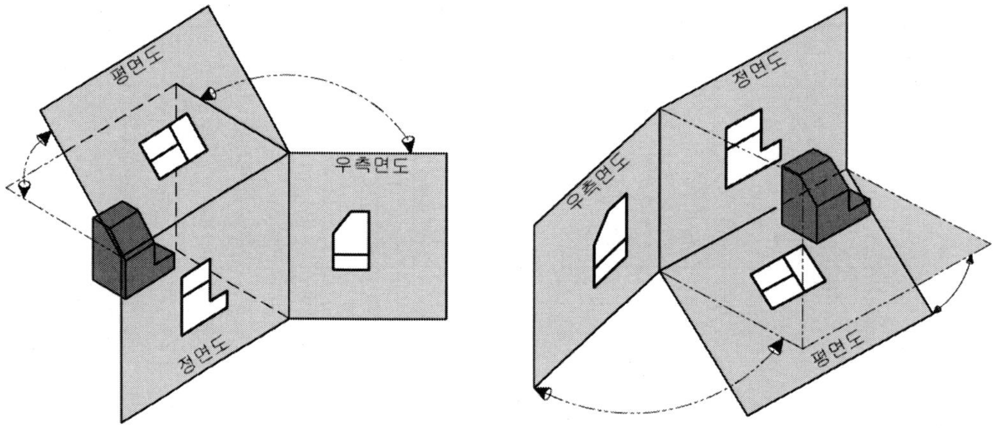

(a) 제3각법의 경우 (b) 제1각법의 경우

[그림 2-13] 투상도를 얻은 투상면의 펼치기 원리

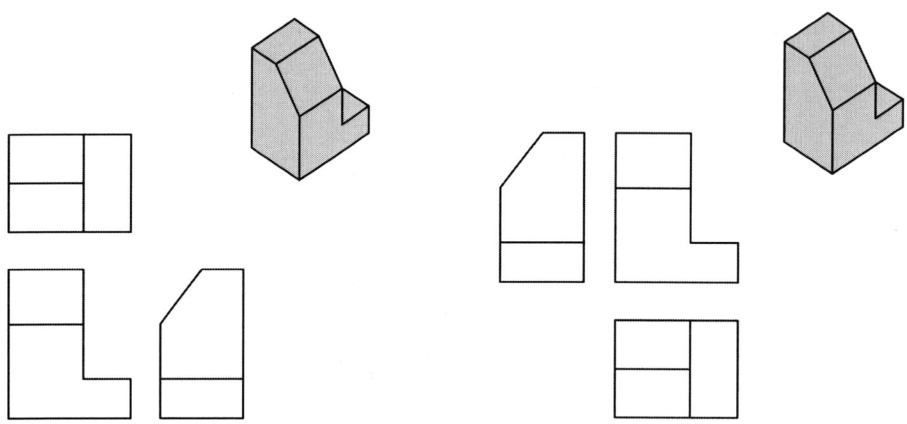

(a) 제3각법의 경우 (b) 제1각법의 경우

[그림 2-14] 투상면의 펼치기로 얻은 투상도의 위치

2-5 제3각법과 제1각법의 원리

[**그림 2-15(a)**]와 같이 2개의 투상 평면이 서로 직각으로 교차시켰을 때 각각 독립된 제1상한, 제2상한, 제3상한, 제4상한으로 4개의 투영 공간을 만들 수 있으며, (b)는 4개로 각각 분리된 투영 공간 위에 직육면체가 만들어지도록 모두 평면으로 덮으면 각각의 면각에 독립된 **4개의 직육면체 공간**을 얻을 수 있다.

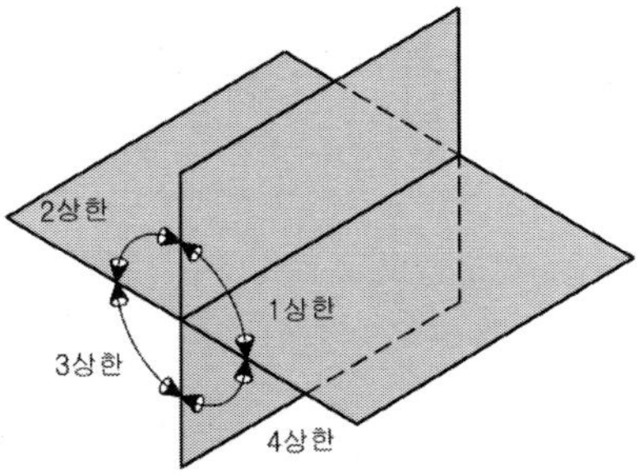

(a) 4개의 상한구성

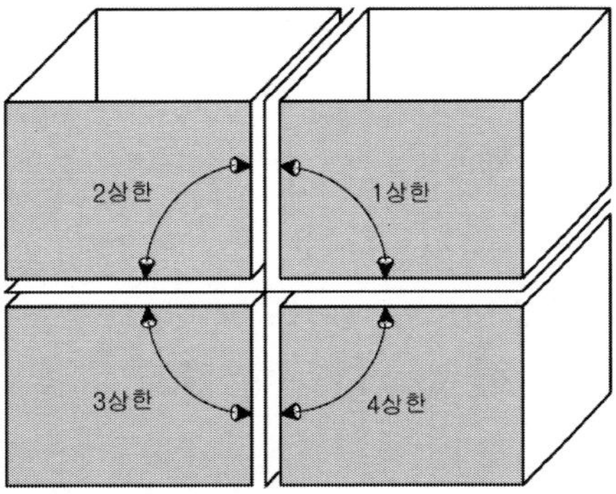

(b) 4개의 상한에 설치된 6면체의 측면모습

[그림 2-15] 4개의 직육면체 투상면 공간 설치

(1) 제1각법(First Angle Projection)

[**그림 2-16**]과 같이 4개의 상한 중에서 제1상한에 설치한 직육면체는 각각 6개의 투영면으로 만들어진 공간이다. 이 직육면체의 공간을 [**그림 2-16(a)**] 같이 떼어내고, [**그림 2-16(b)**] 같이 직육면체의 투영 공간 안에 투상을 하고자 하는 물체를 각각의 투영면에 수직인 상태로 중앙에 놓고 '**보는 위치와 방향**'에서 물체 뒷면 투상면에 비춰지도록 한다. 처음 본 것은 **정면도**라 하고, 각 방향으로 돌아가며 비추어진 투상도를 얻는 방법을 **제1각법**이라 한다. 제4상한에 설치한 투영 공간도 제1각법의 원리와 같다.

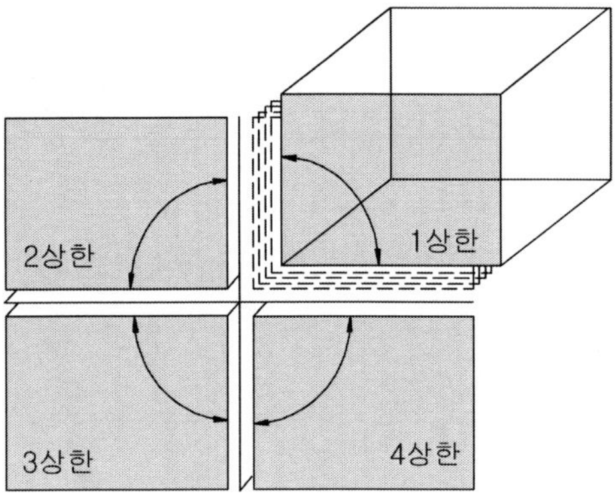

(a) 제1상한에 투영 공간 분리모습

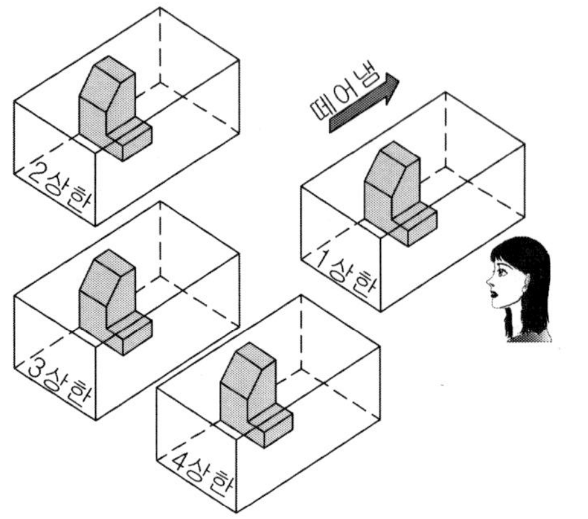

(b) 제1상한에 설치된 직육면체 공간의 분리모습

[그림 2-16] 제1각법의 원리

(2) 제1각법으로 투상도를 얻는 원리

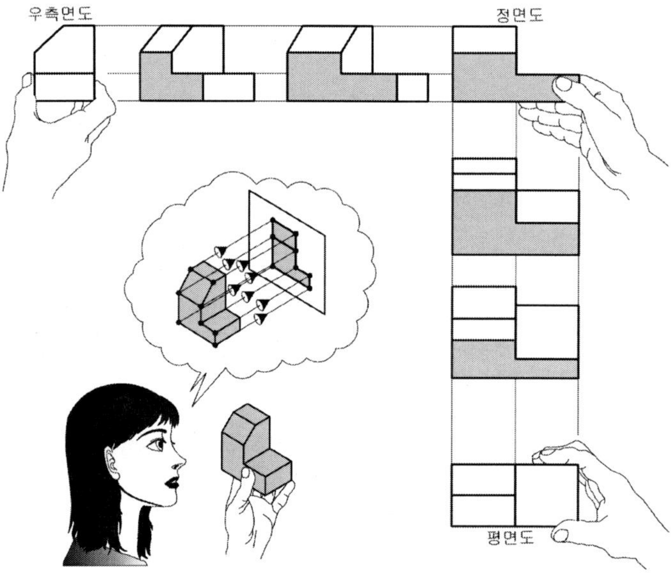

제1각법의 투상 공식: 눈 ☞ 물체 ☞ 투상면

[그림 2-17] 제1각법으로 투상도를 얻는 원리

(3) 제3각법(Third Angle Projection)

[**그림** 2-18]과 같이 4개의 상한 중에서 제3상한에 설치한 직육면체는 6개의 투상면으로 만들어진 투영 공간이다. 이 직육면체의 공간을 [**그림** 2-18(a)] 같이 떼어내고, [**그림** 2-18(b)]에서와 같이 직육면체의 공간 안에 투상을 하고자 하는 물체를 각각의 면에 수직인 상태로 중앙에 놓고 '**보는 위치**'에서 물체 앞면의 투상면에 반사되도록 하면, 처음 본 것을 정면도라 하고 각 방향으로 돌아가며 보면서 반사되도록 하여 투상도를 얻는 방법을 **제3각법**이라 하며, 제2상한에 설치한 투영 공간도 제3각법의 원리와 같다.

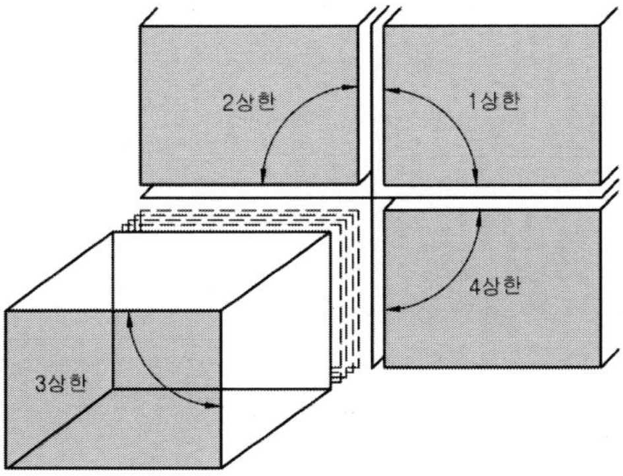

(a) 제3상한에 투영 공간 분리

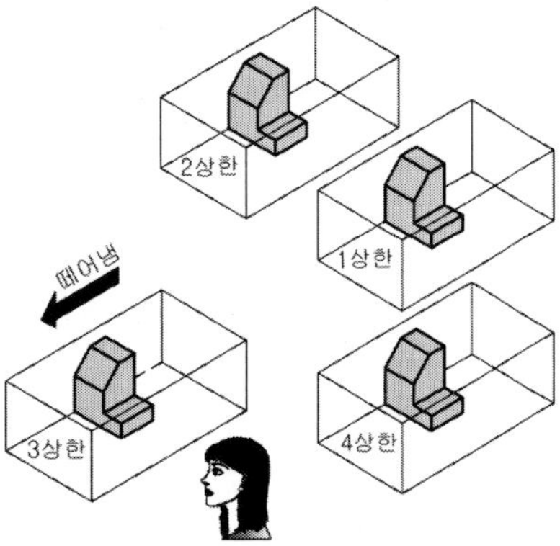

(b) 제3상한에 직육면체 투영 공간의 분리모습

[그림 2-18] 제3각법의 원리

(4) 제3각법으로 투상도를 얻는 원리

제3각법의 투상 공식: 눈 ☞ 투상면 ☞ 물체

[그림 2-19] 제3각법으로 투상도를 얻는 원리

(5) 투상법의 혼용

KS 제도규격 투상법은 제3각법을 원칙으로 하기 때문에 같은 도면에서 제1각법과 제3각법을 같이 사용해서는 안 된다. 그러나 제도용지 여백이 충분하지 못하여 투상도를 제3각법에 의해 정확한 위치에 그리지 못하는 경우, 또는 그림의 일부가 제3각법에 의한 위치에 그리면 도리어 도형을 이해하기 곤란한 경우에는 상호 관계를 화살표와 문자를 사용하여 표시하고 그 글자는 투상의 방향과 관계없이 전부 위 방향으로 명백하게 쓴다.

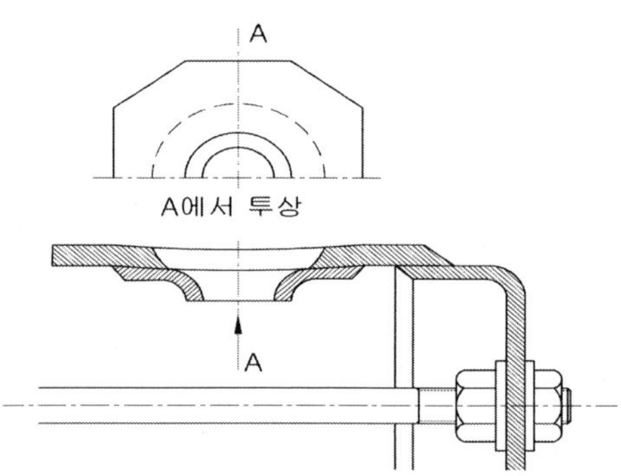

[그림 2-20] 제3각법에 제1각법을 혼용한 경우

(6) 투상법 기호

투상도의 배열에 사용된 각법을 '**제1각법**', 또는 '**제3각법**' 문자를 표제란에 기입하거나, **[그림 2-21]** 같은 투상법의 대표기호를 표제란 안이나 그 가까운 곳에 표시한다. 주로 **한국, 미국, 캐나다, 일본 등은 제3각법**을 사용하고 **독일, 프랑스, 스위스 등은 제1각법**을 사용하고 있다.

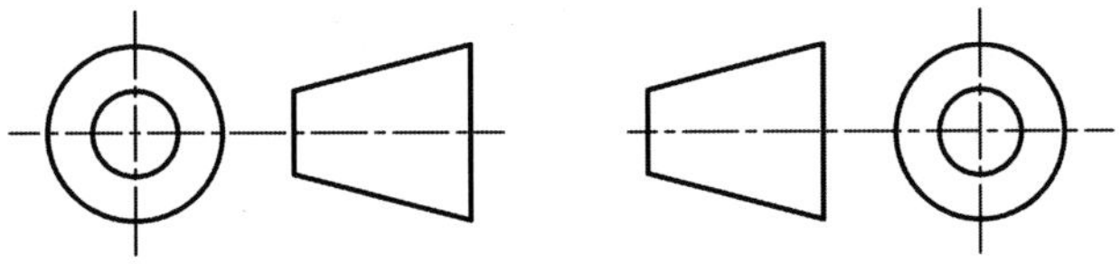

(a) 제3각법 기호　　(b) 제1각법 기호

[그림 2-21] 투상법의 대표기호

(7) 투상도 배열위치

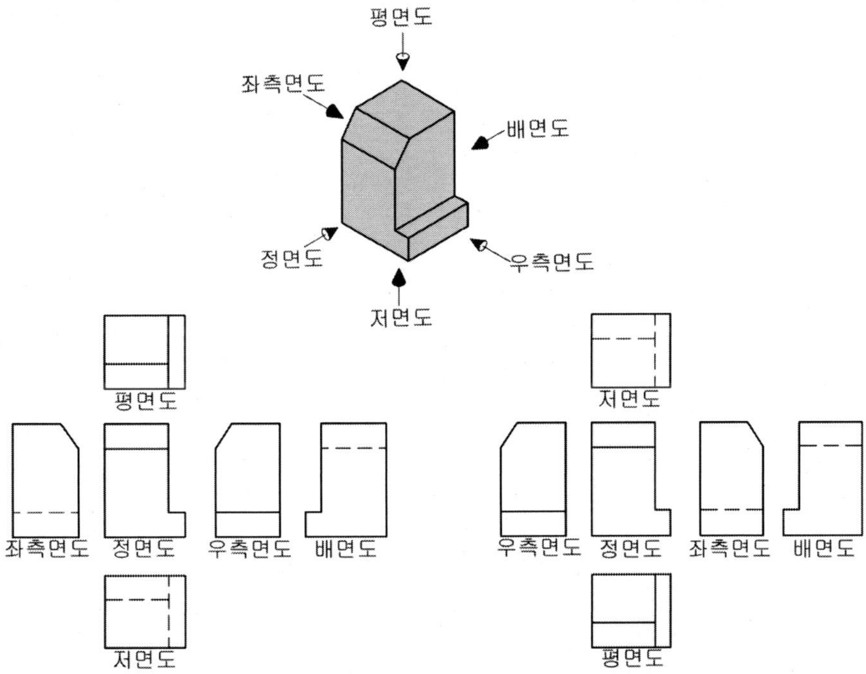

[그림 2-22] 제3각법과 제1각법의 투상도 배열위치

(8) 제3각법의 투상면 설치와 펼치기 원리

[그림 2-23]과 같이 6개의 투명한 투상면으로 구성된 직육면체 투영 공간 안에 그 투상면과 각각 수직으로 하여 투영 공간의 중앙에 물체를 놓았다고 가정한다. 그 물체의 특징을 가장 잘 나타내는 쪽의 투상면을 기준으로 하여 정면도로 하고, 각각의 방향에서 물체로부터 반사되게 하여 얻은 투상도를 **[그림 2-23]** 같이 정면의 투상면을 기준으로 앞쪽으로 펼친다. 정면에서 얻은 정면도, 우측면에서 얻은 우측면도, 좌측면에서 얻은 좌측면도, 위에서 얻은 평면도, 아래에서 얻은 저면도, 뒤에서 얻은 배면도를 **[그림 2-24]** 같이 투상도를 배열하여 그린다.

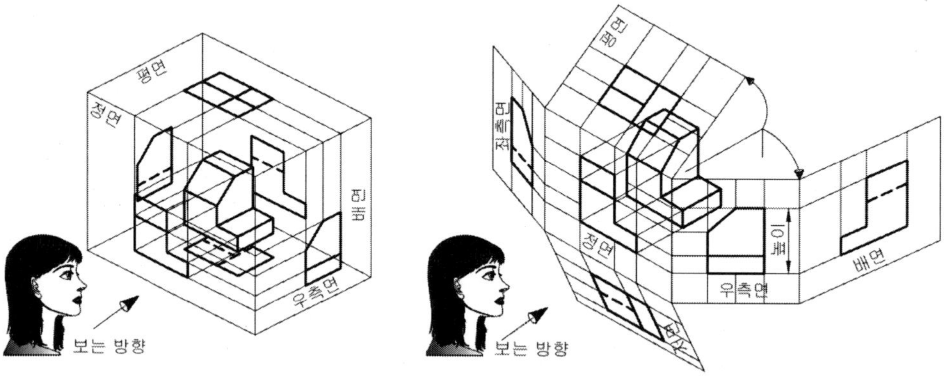

[그림 2-23] 제3각법의 6개의 투상면 설치 및 펼치기

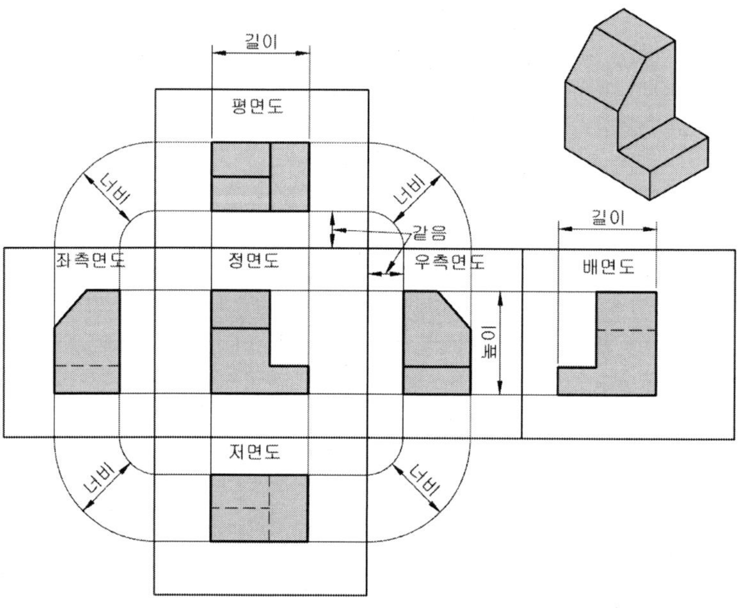

[그림 2-24] 제3각법의 6개의 투상도의 배열

(9) 제1각법의 투상면 설치와 펼치기 원리

[그림 2-25] 같이 6개의 투명한 투상면으로 구성된 직육면체 투영 공간 안에 그 투상면과 각각 수직으로 하여 공간의 중앙에 물체를 놓았다고 가정한다. 그 물체의 특징을 가장 잘 나타내는 쪽의 투상면을 기준으로 하여 비추어진 물체의 모양을 정면도로 하고, 각각의 방향에서 보고 물체로부터 투상면에 투영된 투상도를 **[그림 2-26]**과 같이 물체의 정면이 그림자와 같이 비추어진 뒷면의 투상면을 기준으로 뒤쪽에 펼친다. 정면에서 얻은 정면도, 우측면에서 얻은 우측면도, 좌측면에서 얻은 좌측면도, 위에서 얻은 평면도, 아래에서 얻은 저면도, 뒤에서 얻은 배면도를 **[그림 2-26]** 같이 투상도를 배열하여 그린다.

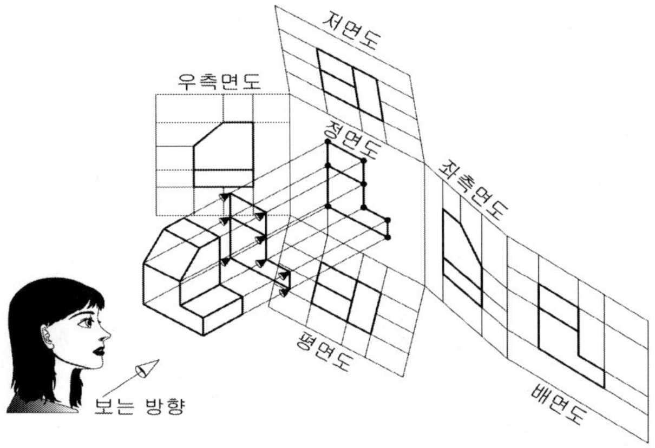

[그림 2-25] 제1각법의 6개의 투상면 설치 및 펼치기

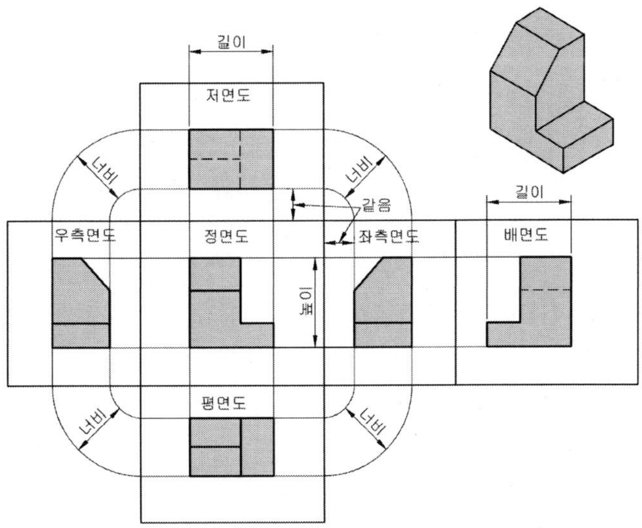

[그림 2-26] 제1각법의 6개의 투상면 설치 및 펼치기

2-6 도형의 표시방법

물체의 모양을 가장 간결하고 정확하게 표현하기 위해 설계자는 6개의 투상도 중 몇 개를 선택하여 표현할 것인가? 도면 배치는 어떻게 해야 할 것인가?를 결정해야 하며 이 장에서는 이러한 법칙들에 대해 알아본다.

(1) 도형의 표시 법칙

도면을 보는 사람이 알기 쉽게, 작업이 쉽게, 제도자에게는 간단하게 표현한다.

① 물체는 될 수 있는 대로 자연, 안정, 사용의 상태로 표시한다.

② 물체의 중요한 면은 될 수 있는 대로 투상면에 나란하거나 수직이 되도록 표시한다.

③ 물체의 모양이나 특징을 가장 뚜렷이 나타내는 면을 **정면도**로 선택하고, 이것을 기본으로 하여 **평면도, 우측면도, 좌측면도** 등을 그린다[**그림** 2–27].

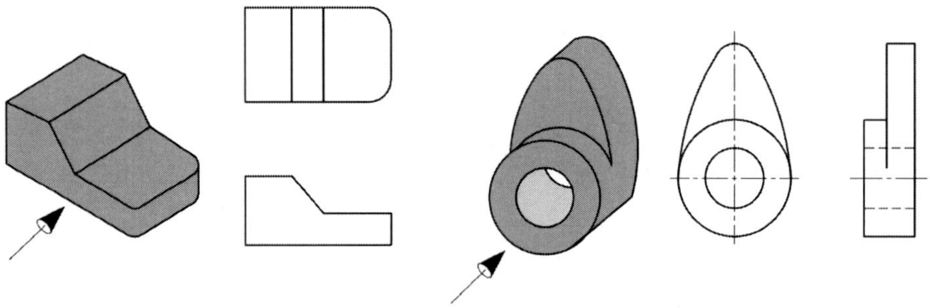

[그림 2–27] 정면도

④ 서로 관련되는 그림의 배치는 되도록 숨은선을 쓰지 않도록 한다. 다만 비교 대조하기 불편한 경우는 예외로 한다 [**그림** 2–28, 2–29, 2–30].

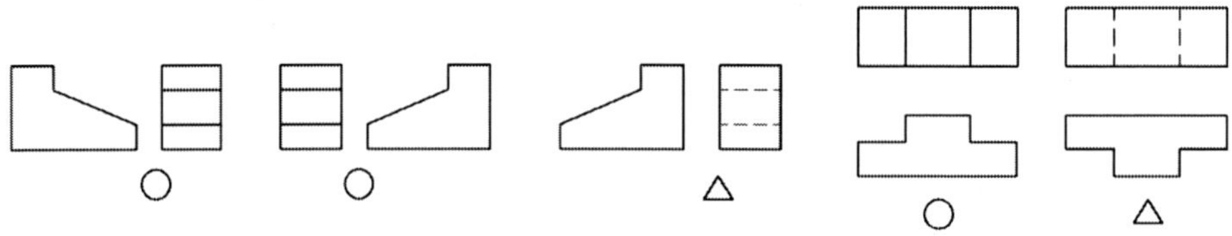

[그림 2–28] 관계도의 배치(숨은선)

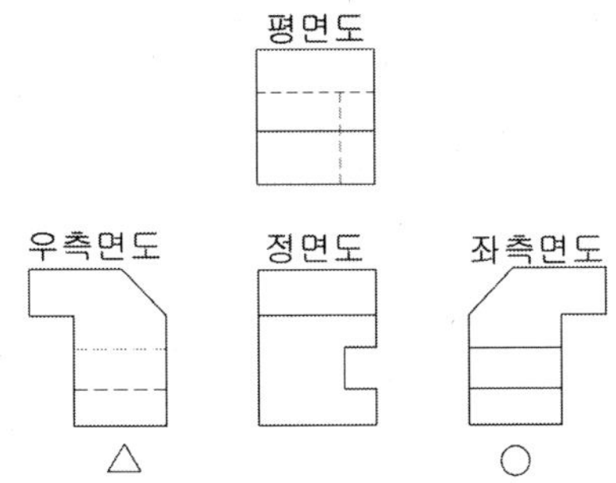

[그림 2-29] 관계도의 배치(숨은선)

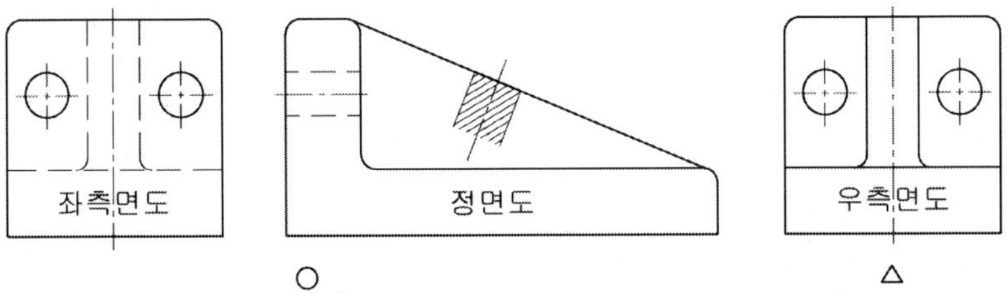

[그림 2-30] 관계도의 배치(대조의 편리)

⑤ 부품도 등 가공하기 위한 도면에서는 가장 가공량이 많은 공정을 기준으로 가공할 때 놓는 상태와 같은 방향으로 물체를 놓고 그리는 것이 좋다. **[그림 2-31(a)]**와 같이 **원통절삭**인 경우에는 그 중심선을 수평으로 하고, 작업의 중심이 오른쪽으로 위치하도록 한다. **[그림 2-31(b)]**와 같이 **평면절삭**인 경우에는 그 길이 방향을 수평으로 하고 가공면이 그림의 표면에 나타나게 그리는 것이 좋다.

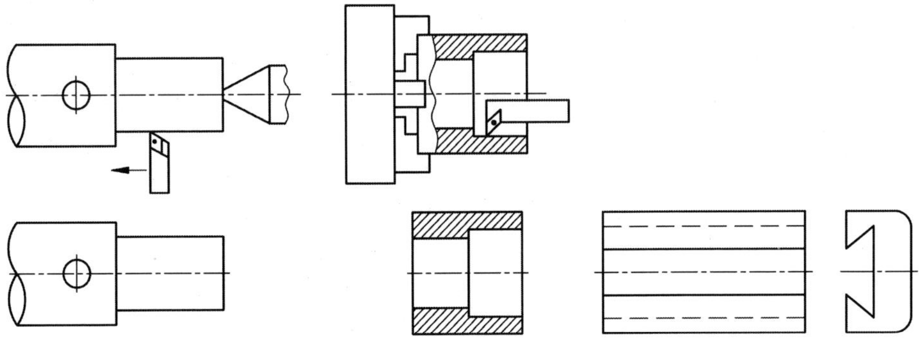

(a) 원통절삭 (b) 평면절삭

[그림 2-31] 가공공정 기준에 의한 배열

⑥ 일부분의 모양만을 도시하여도 충분한 경우에는 그 필요한 부분만을 그려도 좋다[**그림 2-32**]

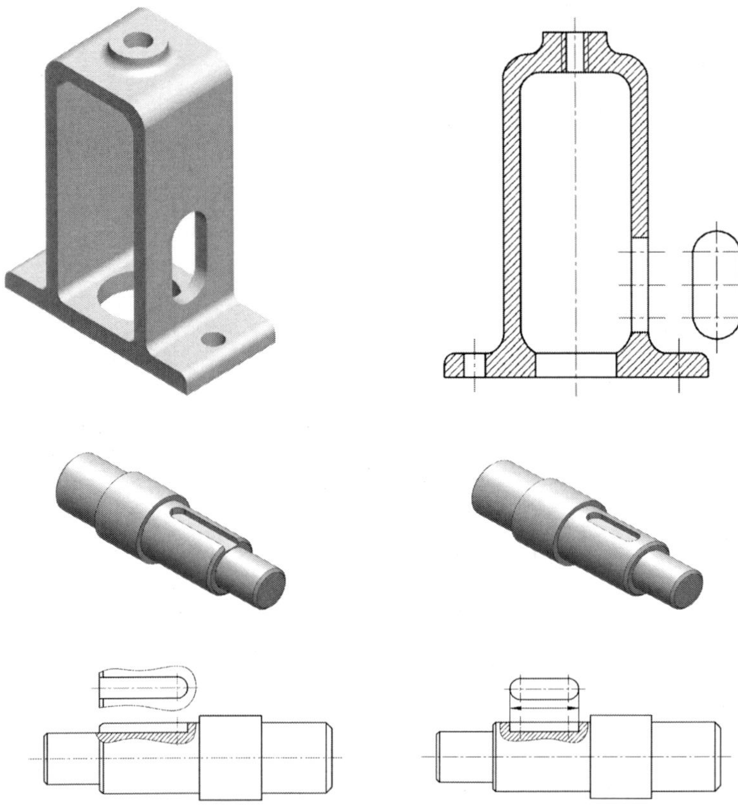

[그림 2-32] 필요한 부분만 그린 도면 예(국부 투상도)

2-7 투상도의 선택방법(KS B 0001: 2008 확인)

물체의 투상도는 완전히 나타내면 전부 6개로 나타낼 수 있다. 그러나 물체를 완전히 표시한다 하더라도 6개의 투상면이 필요한 것은 아니며 물체의 형상에 따라 어떤 투상 그림은 생략해도 무방하다.

(1) 정면도

① 물체의 특징을 가장 잘 표시하는 그림

② 물체의 모양을 판단하기 쉬운 그림

③ **숨은선(파선)**이 적은 그림[**그림 2-33**]

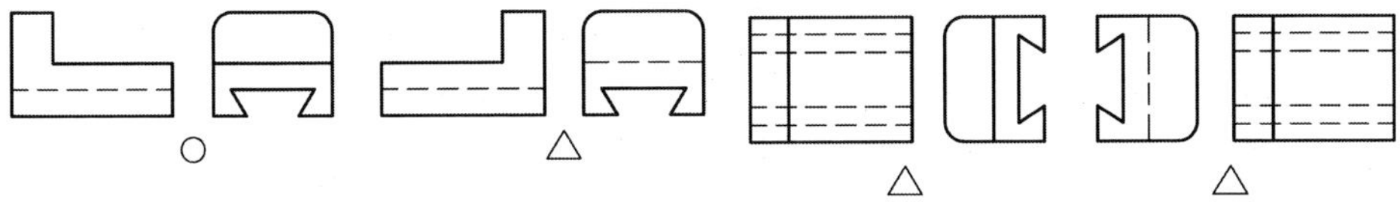

[그림 2-33] 숨은선이 적은 그림

(2) 보충도

좌측면도, 우측면도, 평면도, 저면도(바닥면에서 투상도) 등의 보충도에 있어서는

① 숨은선이 적은 그림

② 원칙적으로 정면도의 위쪽 그림(평면도), 또는 오른쪽의 그림(우측면도)[**그림 2-34, 2-35**]

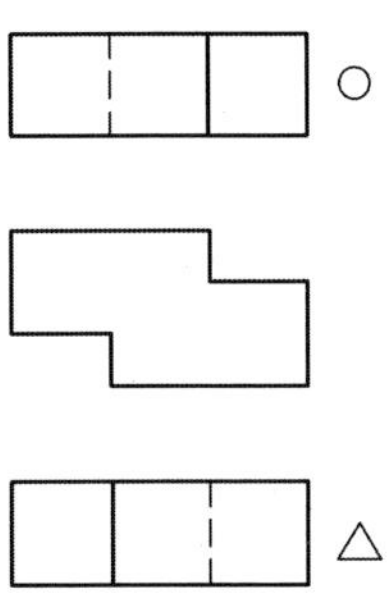

[그림 2-34] 위에서 본 그림(평면도)

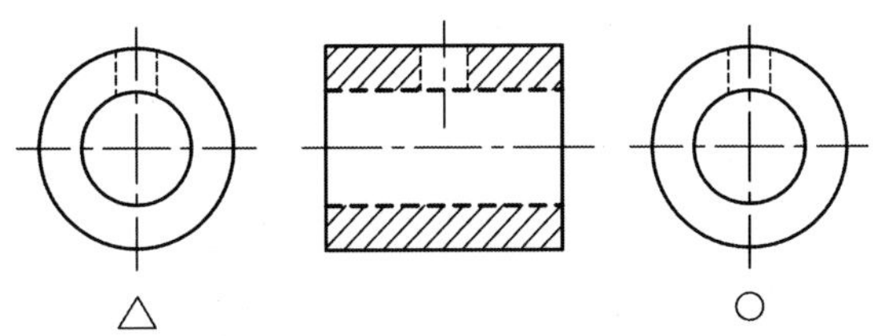

[그림 2-35] 우측의 그림(우측면도)

(3) 원형투상도

벨트차, 롤링베어링, 기어 등의 **원형투상도(축방향에서 본 그림)**는 특수한 경우를 제외하고 정면도로 선택하지 않는다[**그림 2-36**].

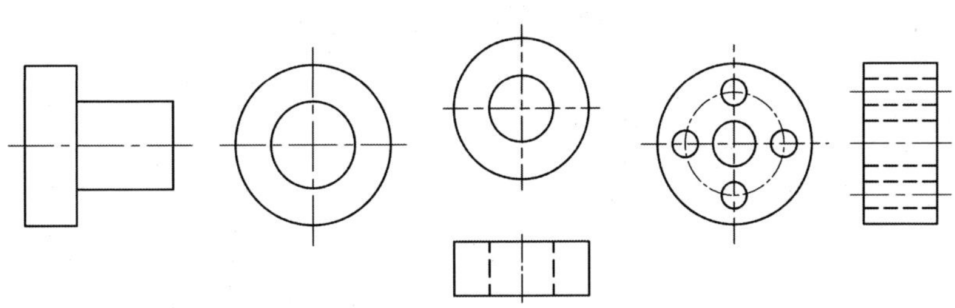

(a) (b) (c) 특별한 경우

[그림 2-36] 원형투상도의 배열

2-8 필요한 투상도

물체를 완전히 표시하는 데 필요한 투상도의 수는 물체의 모양에 따라 다르다. 일반적으로는 3개의 투상도 이하로서 충분한 경우가 많으며, 평면도, 우측면도, 좌측면도, 저면도 등 보충도의 수는 가능한 적게 한다.

(1) 1면도(정면도)

원통, 각기둥, 평판 등과 같이 **단면 모양이 균일한 모양으로 된 물체는 보충도를 그리지 않고 정면도 하나만으로 치수 문자에 모양기호를 붙여 한 투상도로 표시될 수 있는 것이 많다**[그림 2-37]. [표 2-1]은 일반적으로 쓰이는 모양기호를 표시하였다. 이들 기호는 치수 숫자 앞에 치수 숫자와 같은 크기로 표시한다.

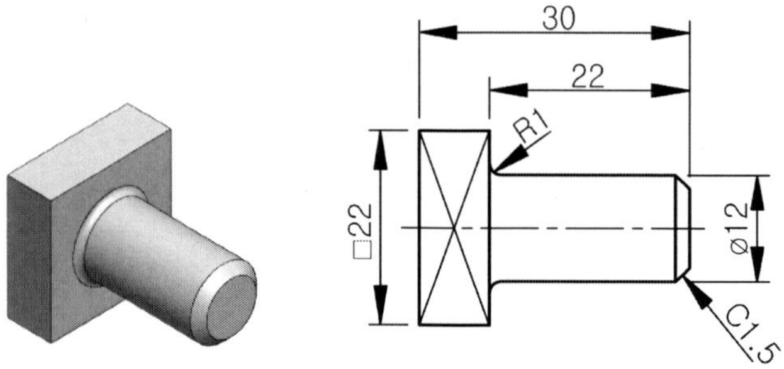

[그림 2-37] 1면도 투상

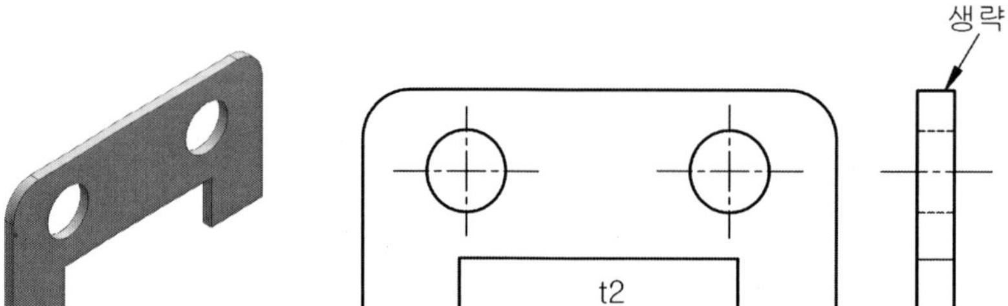

[그림 2-38] 균일한 두께의 물체의 투상

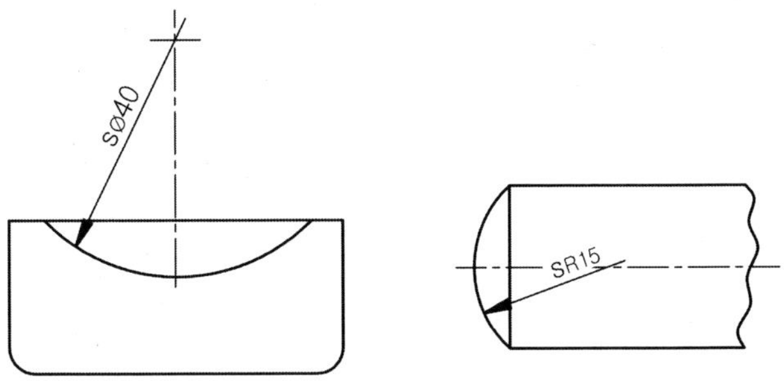

[그림 2-39] 구면기호

[표 2-1] 모양기호

모양기호		적용예	모양기호		적용예
직경	ø	ø50	반지름	R	R25
정사각형	□	□25	구의 지름	Sø	Sø20
두께	t	t8	구의 반지름	SR	SR15

(2) 2면도(정면도, 평면도, 측면도)

평면형 또는 원통형 등의 간단한 물품은 일반적으로 **정면도와 평면도(또는 저면도)** 또는 **정면도와 우측면도(또는 좌측면도)** 2개의 투상 그림으로 표시되는 것이 많다[**그림 2-40**].

[2면도 투상의 입체 모델]

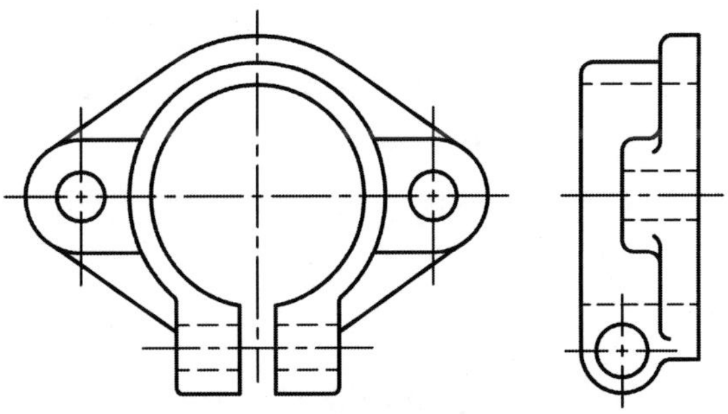

[그림 2-40] 2면도 투상(정면도, 평면도)

(3) 3면도(정면도, 평면도, 측면도)

3개의 투상도로 도시할 수 있는 것을 3면도라 하며, 일반적으로 **정면도, 평면도(또는 저면도) 및 우측면도(또는 좌측면도)를 선택**한다.

[3면도 투상의 입체 모델]

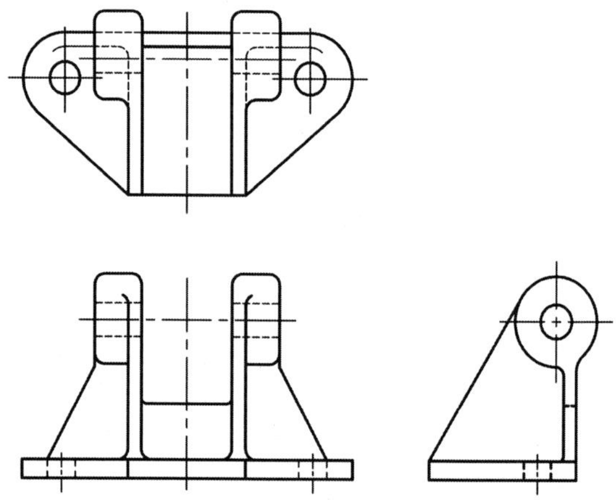

[그림 2-41] 3면도 투상(정면도, 평면도, 우측면도)

2-9 보조 투상도(Auxiliary View)

경사면의 경우에는 물체의 길이와 면이 단축되고 변형되어 실제의 길이와 모양이 나타나지 않는다. 경사면이 있는 대상물에서 그 경사면의 실제모양을 표시할 필요가 있는 경우 경사면에 나란한 별도의 투상면을 설치하여 투상하면 물체의 실제모양이 그려진다. 이와 같이 별도로 추가한 투상면을 **보조 투상면(보조면)** 투상도를 **보조 투상도(보조도)**라 한다. 물체는 모양에 따라 여러 형태의 보조투상도가 생길 수 있다.

(1) 대상물 경사면의 실제모양을 도시할 필요가 있을 경우

경사면과 맞서는 위치에 그림과 같이 **보조 투상도**로 표시한다[**그림** 2-42]. 이 경우 필요한 부분만을 **부분 투상도** 또는 **국부 투상도**로 그리는 것이 좋다.

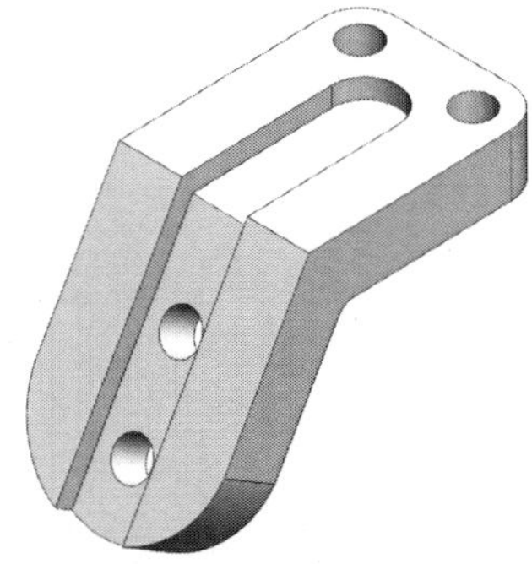

[보조 투상도 모델]

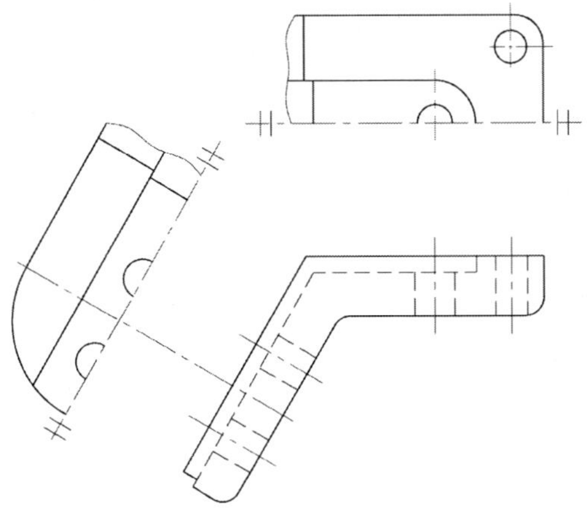

[그림 2-42] 보조 투상도

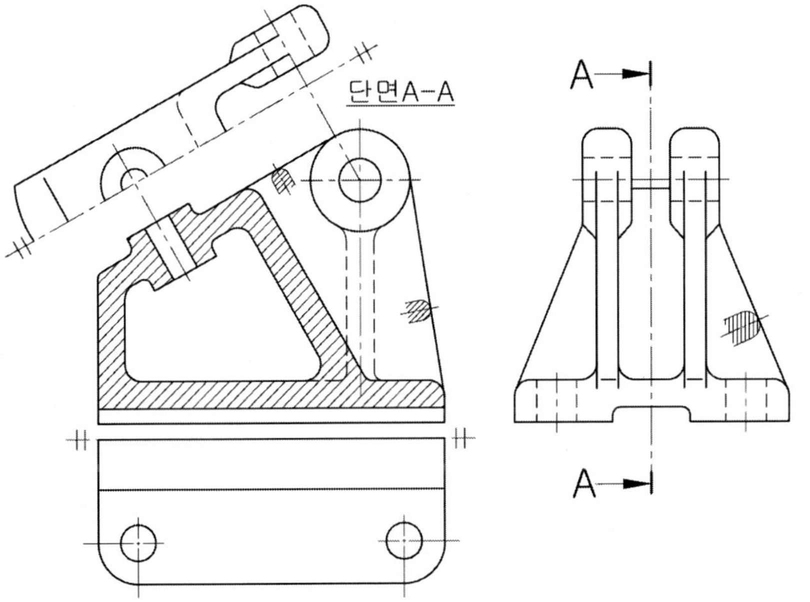

[그림 2-43] 보조 투상도(계속)

(2) 보조 투상도를 경사면에 맞서는 위치에 배치할 수 없는 경우

지면의 관계 등으로 보조 투상도를 경사면에 맞서는 위치에 배치할 수 없는 경우에는 [그림 2-44(a)] 같이 그 의미를 화살표와 영자의 대문자나 한글로 나타내고, [그림 2-44(b)] 같이 구부린 중심선에서 연결하여 투상관계를 나타내면 좋다.

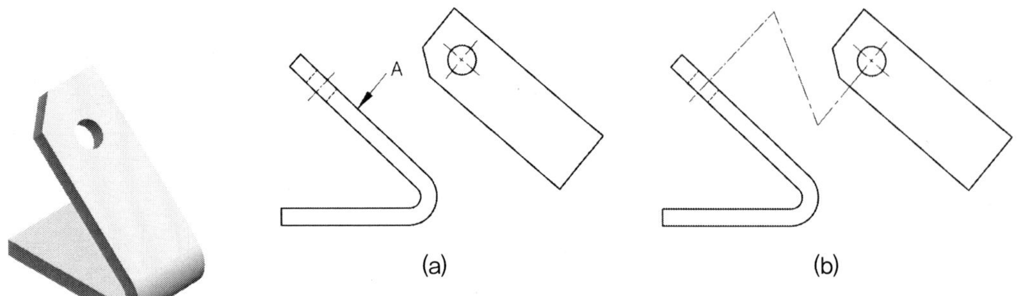

[그림 2-44] 좁은 곳의 보조 투상도

(3) 보조 투상도의 배치 관계가 분명치 않을 경우

[그림 2-45] 같이 표시한 문자기호 각각에 상대방 위치의 도면구역을 표시한 구분기호를 괄호로 사용하여 기입한다.

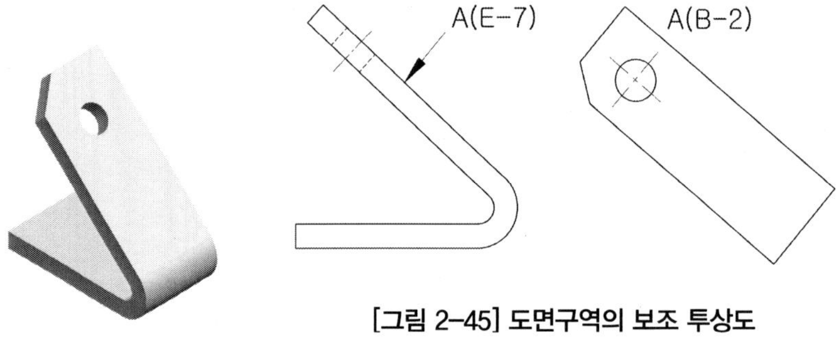

[그림 2-45] 도면구역의 보조 투상도

- 구분기호(E-7)은 보조 투상도가 그려진 도면의 구역을 나타내고, 구분기호(B-2)는 화살표가 그려진 도면의 구역을 나타낸다.

2-10 회전 투상도

[그림 2-46] 같이 투상면이 각도를 가지고 있기 때문에 그 실제모양을 도면에 표시하지 못할 때에는 그 부분을 회전하여 그 실제모양을 도시할 수 있다. 그러나 잘못 해독할 우려가 있을 경우 작도에 사용한 선(가는 실선)을 [그림 2-47] 같이 남긴다.

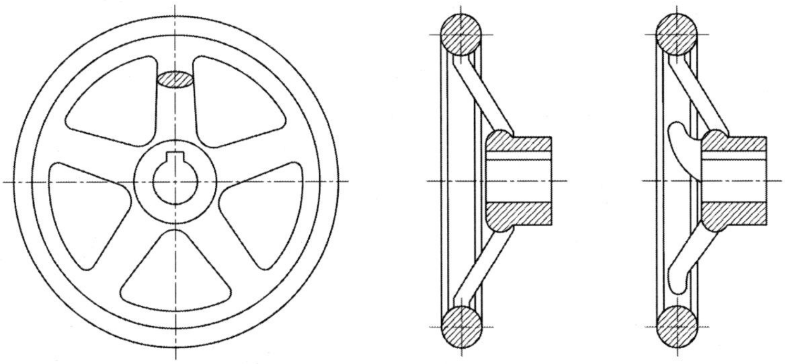

(a) (b) ○ (c) ×

[그림 2-46] 회전 투상도

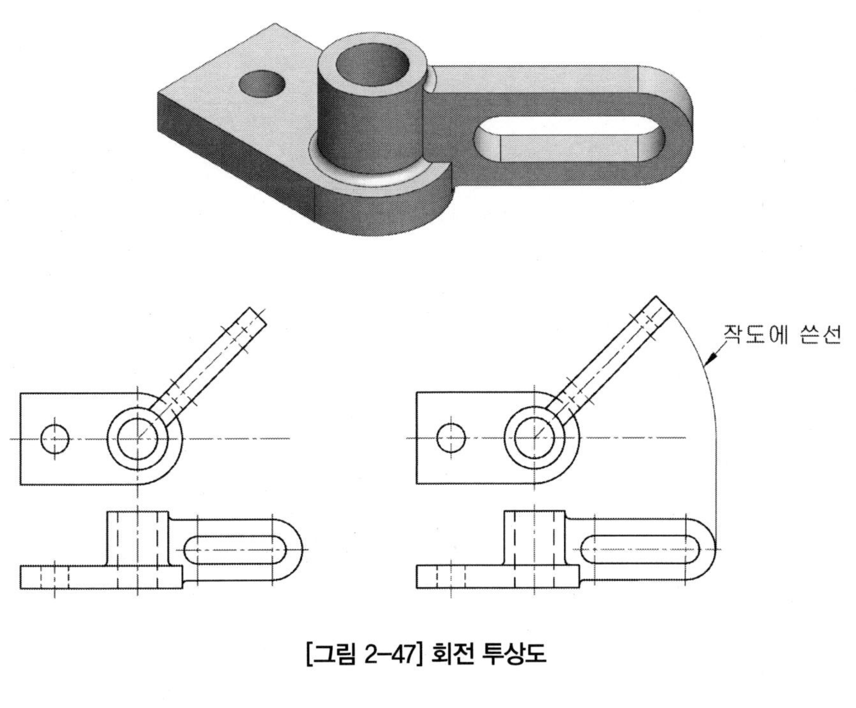

[그림 2-47] 회전 투상도

2-11 부분 투상도

물체의 일부분만을 도시하는 것으로 충분한 경우에는 그 필요한 부분만을 **부분 투상도**로서 표시한다. 이 경우에는 생략한 부분과 경계를 **[그림 2-48]** 같이 **파단선(가는 실선)**으로 나타낸다. 다만 명확한 경우에는 파단선을 생략하여도 좋다.

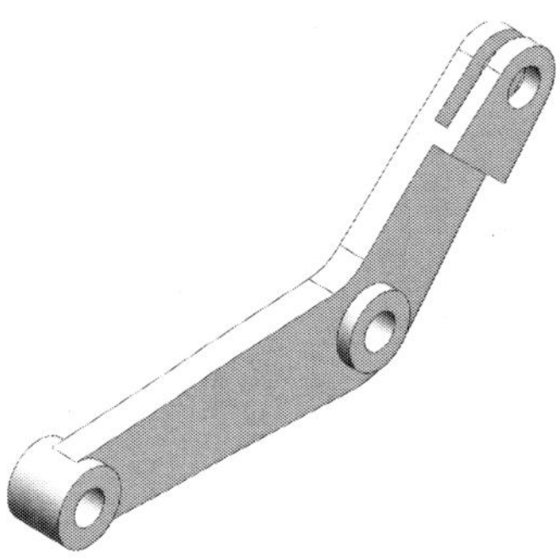

[부분 투상도 모델]

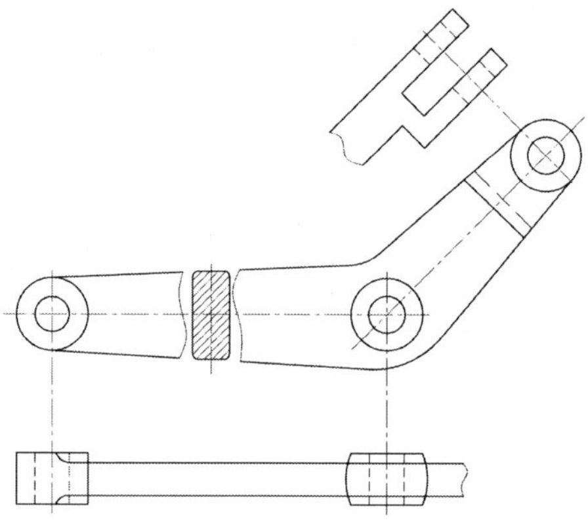

[그림 2-48] 부분 투상도

2-12 국부 투상도

대상물의 **구멍, 홈** 등 한 부분만의 모양을 표시할 수 있도록 그 필요 부분을 **국부 투상도**로 나타낸다. 투상 관계를 나타내기 위하여 원칙적으로 주된 그림에 **중심선, 기준선, 치수 보조선 등으로 연결한다**[그림 2-49].

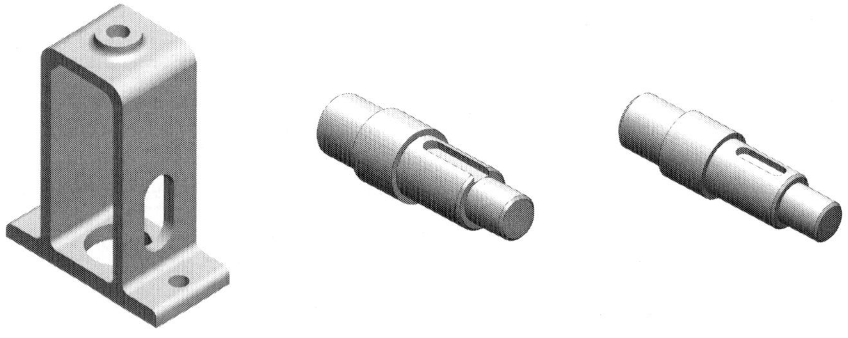

[국부 투상도 입체 모델]

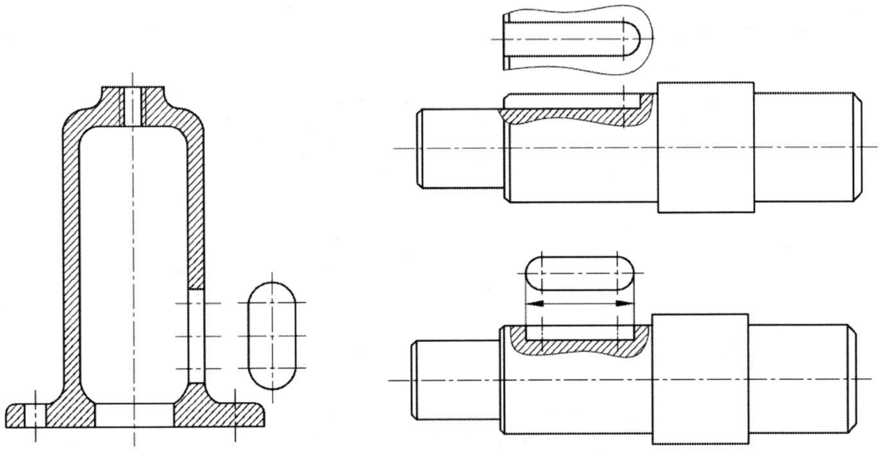

[그림 2-49] 국부 투상도

2-13 부분 상세도(확대도)

특정 부분의 도형이 작아서 그 부분의 상세한 도시나 치수 기입을 할 수 없을 때 그 부분을 원(가는 실선)으로 에워싸고 영문의 대문자로 표시하면, 동시에 그 해당 부분을 다른 장소에 확대하여 그리고 표시하는 글자 및 척도로 표기한다. 그러나 확대한 그림의 척도를 나타낼 필요가 없는 경우에는 척도 대신 **'확대도'** 또는 **'상세도(Detail View)'**라고 표기해도 좋다.

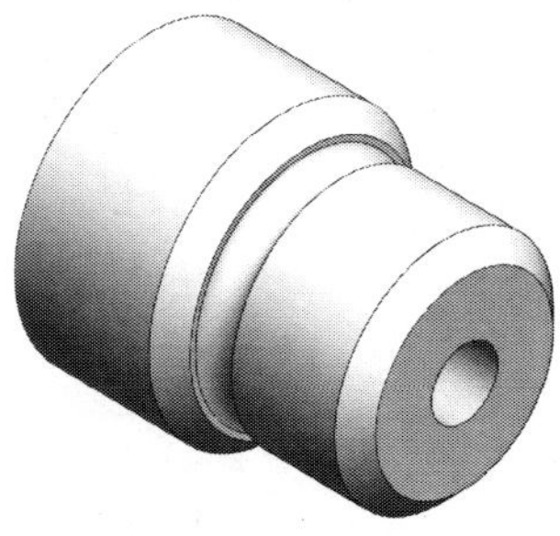

[부분 상세도 입체 모델]

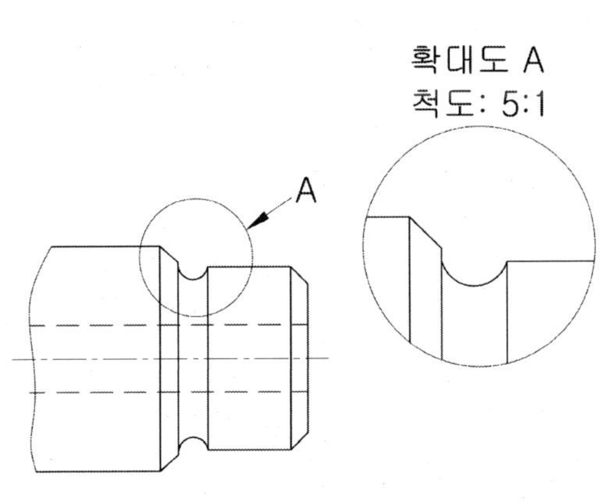

[그림 2-50] 부분 상세도

2-14 단면도(Sectional View)

물체를 좀 더 명확하게 표시할 필요가 있는 곳에서 **절단** 또는 **파단**하였다고 가상하고 물체 내부가 보이는 것과 같이 표시하여서 대부분의 **숨은선(파선)**이 생략되고, 필요한 부분은 **외형선(실선)**으로 도시하는 것이다. 물체의 내부 모양이나, 구조가 복잡한 경우에는 숨은선(파선)이 많으므로 혼동을 일으켜 단면을 정확하게 읽기가 어려울 경우에도 나타낸다.

(1) 단면도 표시법

① 단면은 원칙적으로 기본 중심선(1점 쇄선)에서 절단한 면으로 표시한다. 이때 절단선은 기입하지 않는다.

② 단면은 필요한 경우에 기본 중심선이 아닌 곳에서 절단한 면으로 표시해도 좋다. 단, 이때에는 절단위치를 표시해 놓아야 한다.

③ 물체가 절단평면에 의해 절단되었을 때에는 **반드시 그 절단면을 단면하지 않은 면과의 구별을 위하여 해칭선(가는 실선)으로 45°로, 등간격(2~3mm)으로 표시한다.**

④ 숨은선(파선)은 되도록 단면에 기입하지 않는다. 관련도는 단면을 그리기 위하여 제거했다고 가정한 부분도 그린다.

(2) 전단면도(온단면도: Full Section View)

물체를 두 개로 절단하여 투상도 전체를 단면으로 표시한 것을 **전단면도(또는 온단면도)**라 한다. 이때 절단면은 투상도에 평행하고 **기본 중심선(1점 쇄선)**을 지나는 것이 원칙이지만, 모양에 따라 반드시 기본 중심선을 지나지 않아도 된다.

① 단면이 기본 중심선을 지나는 경우에는 절단선을 생략한다.

② 숨은선은 필요한 것만을 기입한다.

③ 절단면 앞쪽으로 보이는 선은 이해에 도움이 되지 않는 경우는 생략한다.

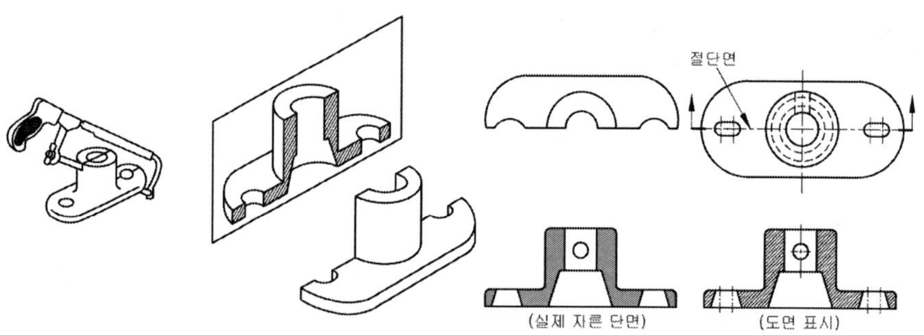

[그림 2-51] 기본 중심선의 전단면도

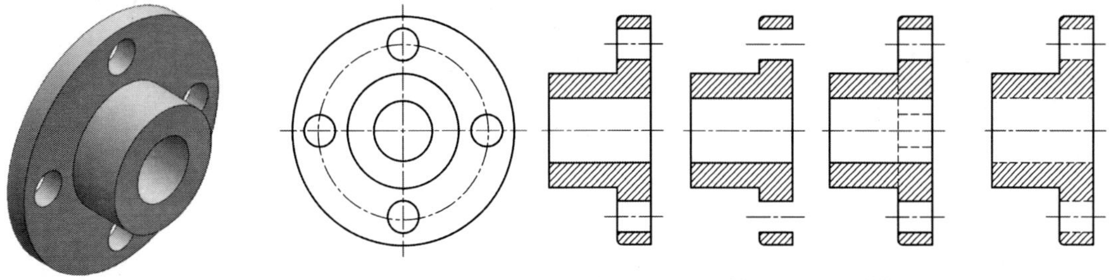

(a) (b) ○ (c) × (d) × (e) ×

[그림 2-52] 전단면도의 선의 사용법

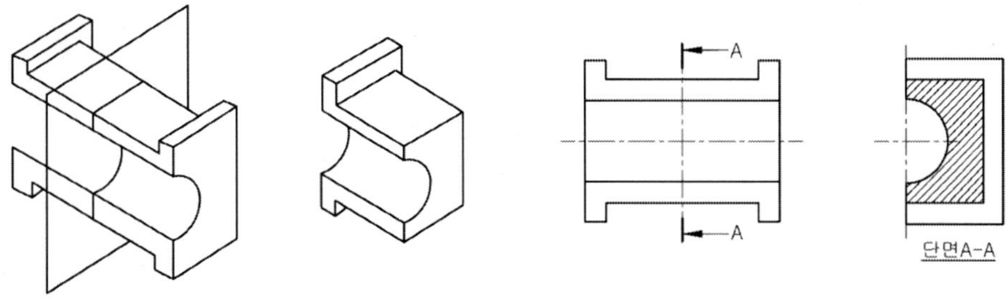

[그림 2-53] 중심선 이외의 전단면도

필요한 경우에는 특정 부위의 모양을 잘 표시할 수 있도록 절단면을 정하여 도시하는 것이 좋다. 이때 절단면의 위치와 투상면을 **[그림 2-54]** 같이 정확히 표시하여야 한다.

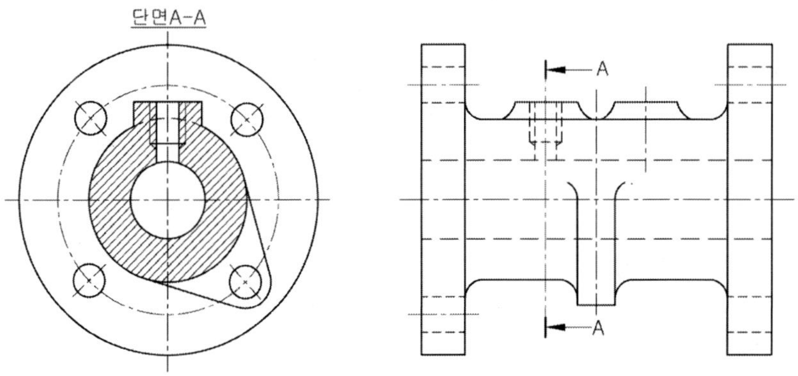

[그림 2-54] 특정 부위의 전단면도

(3) 한쪽 단면도(반단면도: Half Section View)

상하 또는 좌우가 대칭인 물체의 1/4을 절단하여 반은 외형도, 반은 전단면도를 그려서 동시에 표시한 것을 **한쪽 단면도** 또는 **반단면도**라고 한다.

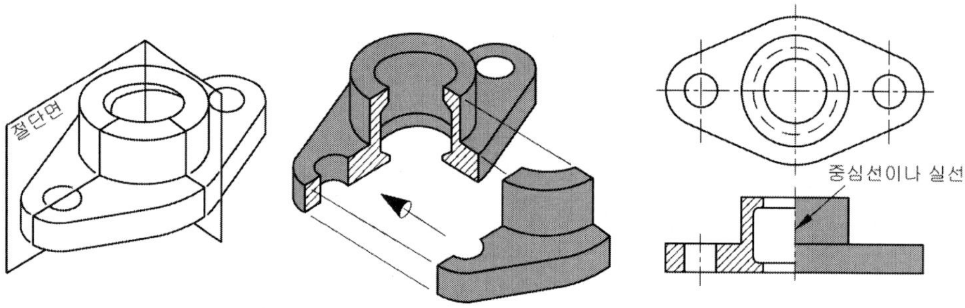

(a) (b) (c)

[그림 2-55] 한쪽 단면도

(4) 부분 단면도(Local Section)

물체에서 단면을 필요로 하는 임의의 부분에서 일부만을 떼어내어 나타낼 수가 있다. 이것을 **부분 단면도**라고 한다. 이때 파단한 곳은 **파단선(가는 실선)**으로 표시하고 프리핸드로 그린다.

① 단면으로 표시할 범위가 작은 경우[**그림** 2-57(a)]

② 키, 핀, 나사 등과 같이 길이 방향으로 절단하지 않는 것을 특별히 표시하는 경우[**그림** 2-57(b), (d)]

③ 단면의 경계가 혼동되기 쉬운 경우[**그림** 2-57(e), (f)]

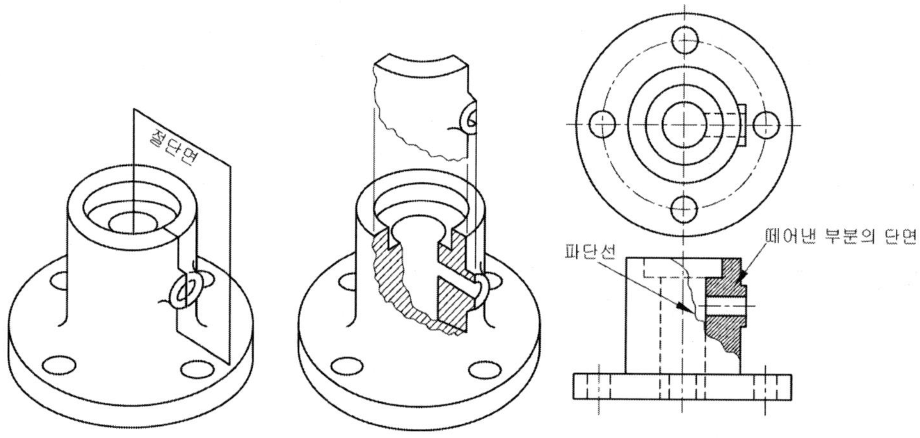

[그림 2-56] 부분 단면도

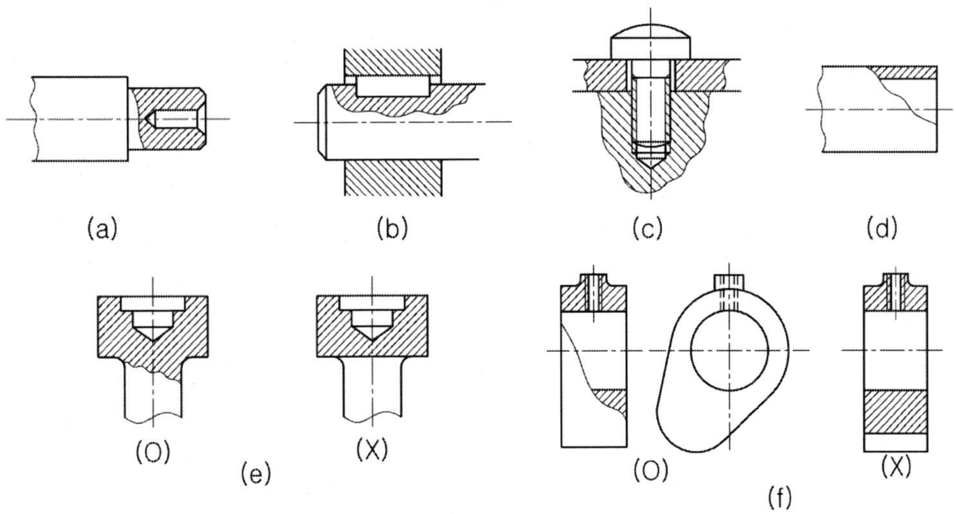

[그림 2-57] 부분 단면도 적용 예

(5) 계단 단면(Offset Section)

절단면이 투상면에 평행 또는 수직하게 계단 형태로 절단된 것을 **계단 단면도**라 한다.

① 수직 절단면 선은 표시하지 않는다.

② 해칭은 한 절단면으로 절단한 것과 같이 온단면에 대하여 구별없이 같게 한다.

③ 절단한 위치는 절단선으로 표시하고 처음과 끝 그리고 방향이 바뀌는 곳에 굵은선을 붙여 단면도 쪽에 표시한다.

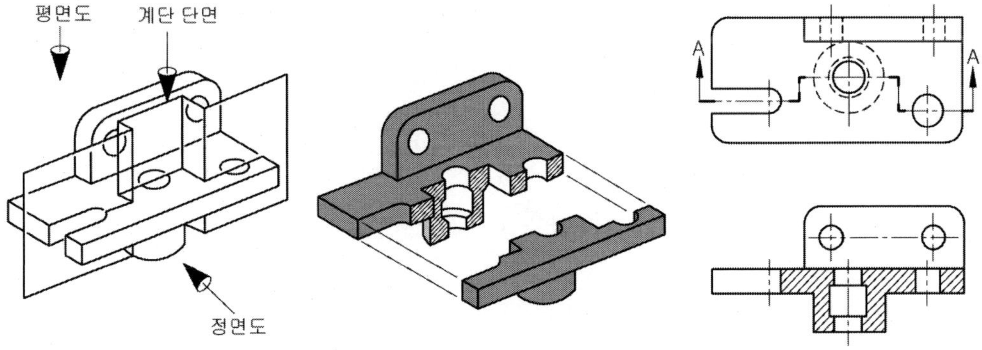

[그림 2-58] 계단 단면도

(6) 회전 단면(Revolved Section)

핸들(Handle)이나 바퀴의 암(Arm), 리브(Rib), 훅(Hook), 축(Shaft) 등의 단면은 일반 투상법으로 표시하기 어렵다. 이러한 경우는 물체를 축에 수직한 단면으로 절단하여 이면에 그려진 그림을 90° 회전하여 그린다. 이것을 회전 단면도라고 한다. 회전 단면도를 그리는 방법은 다음과 같은 경우 세 가지 방법을 보여주고 있다. 회전 단면도를 외형도 내에 그릴 때에는 [**그림 2-59(b)**]와 같이 **가는 실선**으로 그린다. 외형도를 파단선으로 자르고 그 사이에 그릴 때에는 [**그림 2-59(c)**] 같이 **굵은 실선**으로 그린다. 절단선의 연장선 위에 그릴 때에는 [**그림 2-59(a)**] 같이 **굵은 실선**으로 그린다.

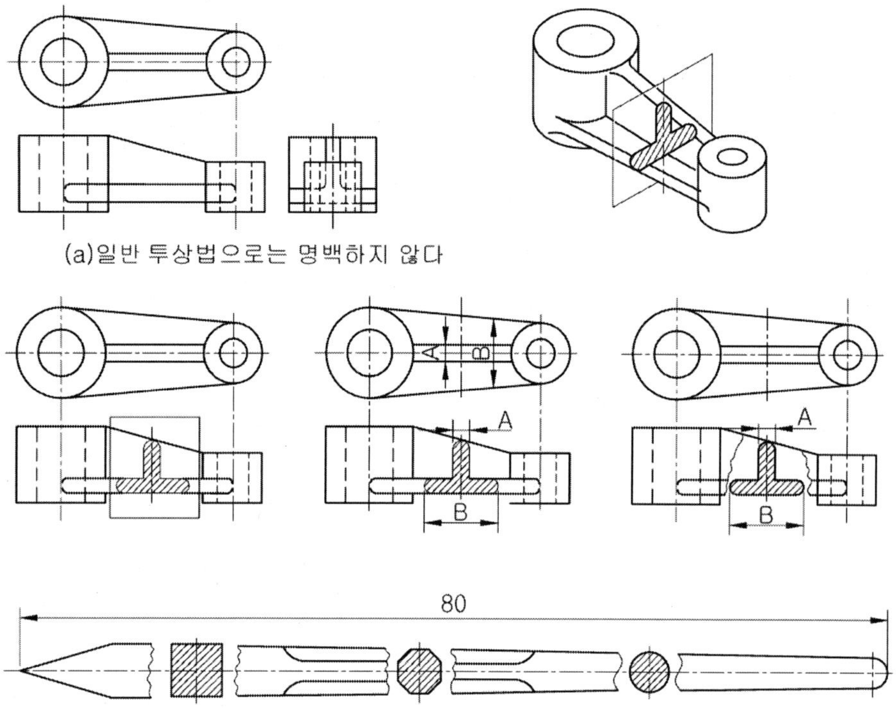

[그림 2-59] 회전 단면도

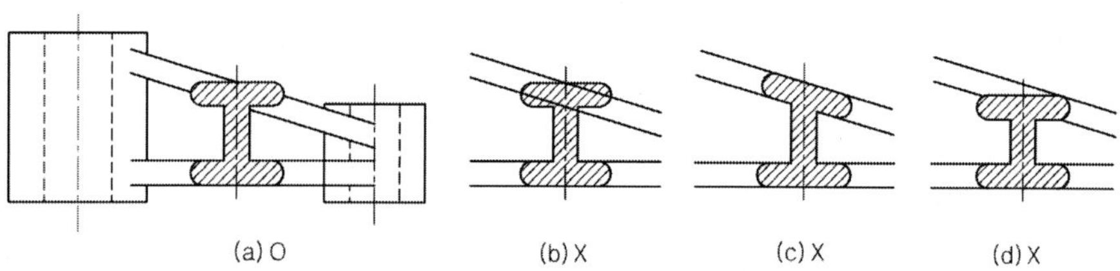

[그림 2-60] 회전 단면도의 바른 표기

(7) 인출 회전 단면도

단면의 모양이 여러 개로 표시되어 도면 내에 회전 단면을 그릴 여유가 없는 경우에는 절단선과 연장선상이나 임의의 위치에 단면 모양을 빼내어 그린다. 이것을 **인출 회전 단면도**라 한다. 임의의 위치에 도시하는 경우에는 절단위치를 **절단선**으로 표시하고 기호를 **'단면 A-A'** 와 같이 기입한다. 이 도면은 주도면과 다른 척도로 도시할 수도 있다.

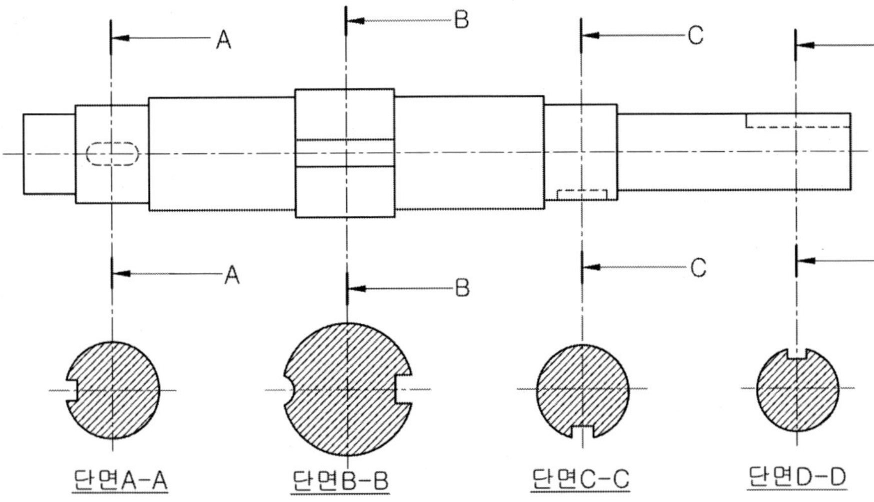

[그림 2-61] 인출 회전 단면도

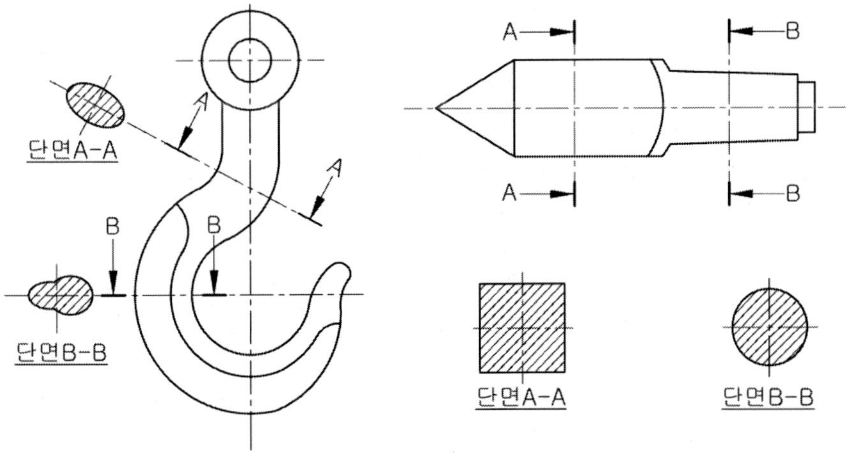

[그림 2-62] 인출 회전 단면도

(8) 얇은 두께 부분의 단면도

패킹, 얇은 판, 형강 등과 같이 절단면이 얇은 경우에는 다음에 따라 표시한다.

① 절단면을 검게 칠한다[**그림** 2-63(a), (b)].

② 실제 치수와 관계없이 1개의 극히 굵은 실선으로 표시한다[**그림** 2-63(c), (d)]. 또한, 어떤 경우라도 이들의 단면이 인접되어 있을 경우에는 그것을 표시하는 도형 사이(다른 부분을 표시하는 도형과의 사이도 포함됨)에 약간의 간격을 둔다. 이 간격은 0.7mm 이상으로 한다.

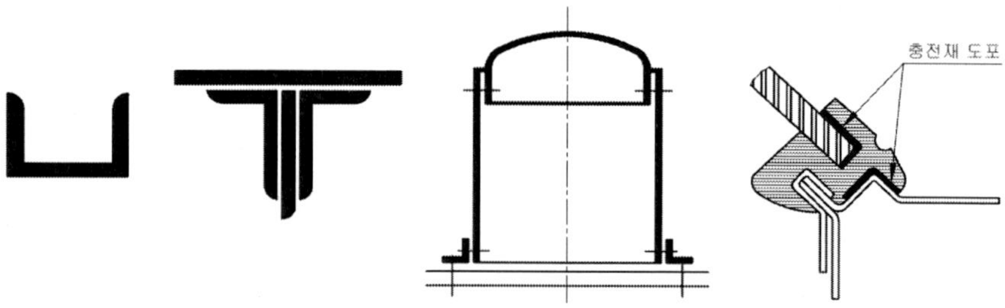

(a) (b) (c) (d)

[그림 2-63] 얇은 재질의 단면도

(9) 길이 방향으로 절단하지 않는 부품

축, 핀, 볼트, 너트, 와셔, 작은 나사, 리벳, 키, 테이퍼핀, 볼베어링의 볼, 리브, 웨브, 바퀴의 암, 기어의 이 등의 부품은 절단하여 표시하면 오히려 오독하기 쉬우므로 원칙적으로 길이 방향으로 [**그림** 2-64, 2-65] 같이 절단하지 않는다.

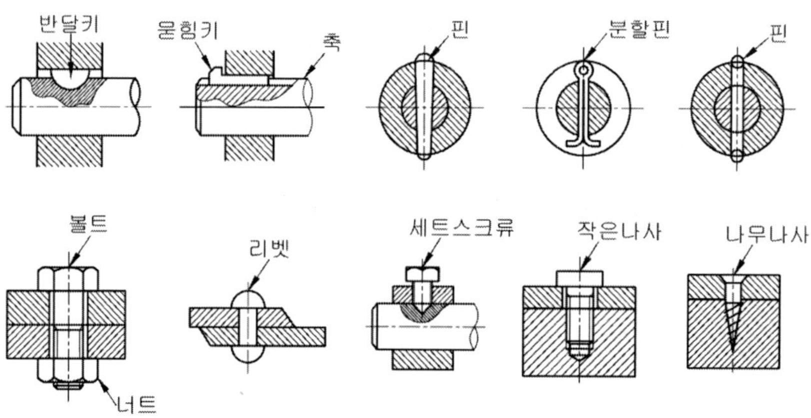

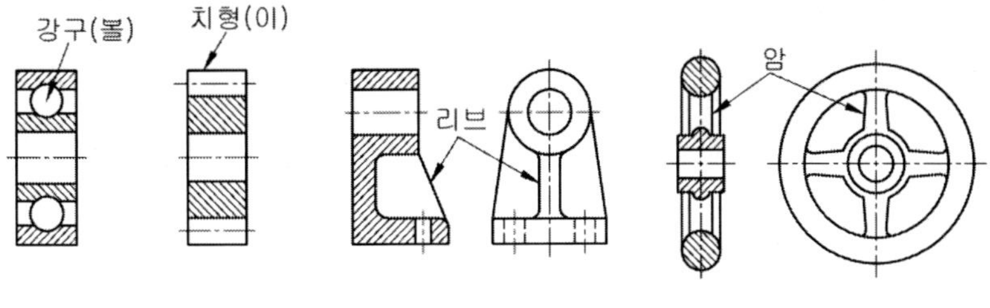

[그림 2-64] 길이 방향으로 절단하지 않는 부품

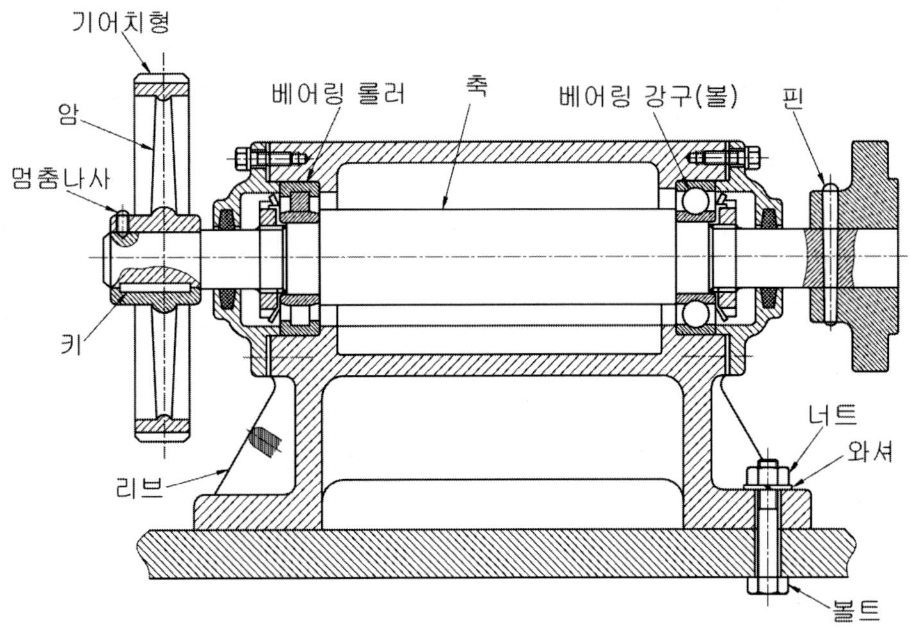

[그림 2-65] 길이 방향으로 절단하지 않는 부품의 예

(10) 특수한 경우의 단면 표시법

리브, 웨브, 스포크 암 등의 부품은 절단하게 되면 형상이 불명확하게 되거나 오독할 염려가 있어서 **[그림 2-64]** 리브는 (e)와 같이 절단하면 본체의 두께가 분명하게 나타나지 않으므로 리브는 절단하지 않는다.

[리브 입체 모델]

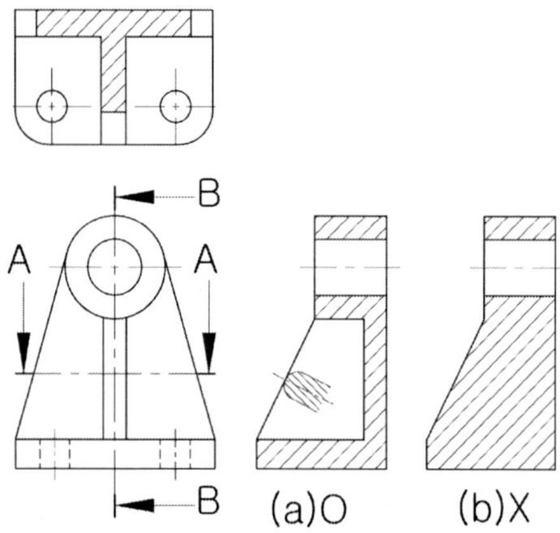

[그림 2-66] 리브의 단면 표시법

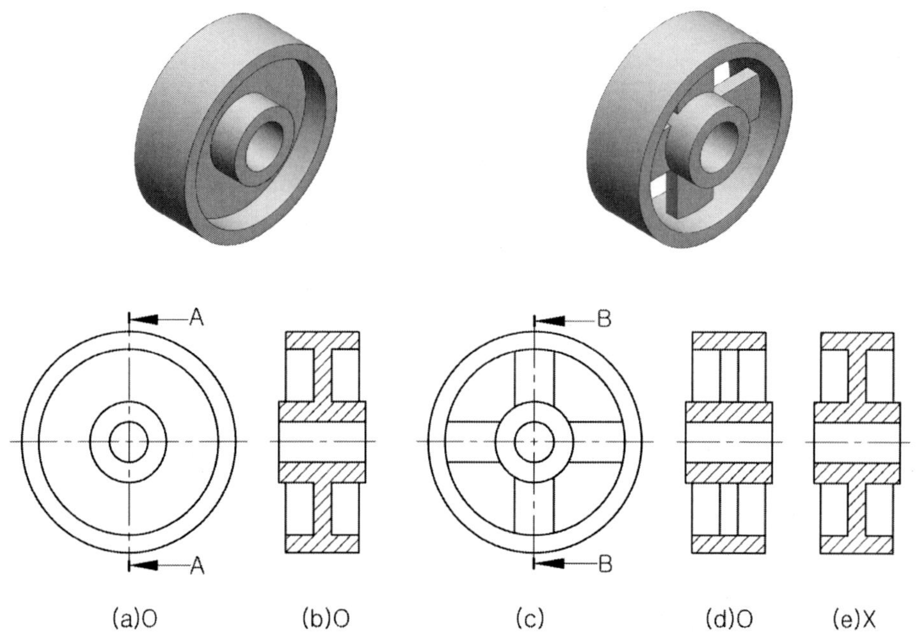

[그림 2-67] 웨브와 스포크 암의 단면법 비교

[그림 2-68] 같이 플랜지(Flange)에 슬롯(Slot), 리브(Rib), 키홈 등 여러 가지가 복합적으로 표시된 도면은 한 방향으로 절단하면 그 형상을 다 나타낼 수가 없다. 이 경우에는 부분적으로 회전 절단법을 이용하면 명확히 표시할 수가 있다. (c)는 플랜지에 세 개의 볼트구멍, 키홈 등을 포함하고 있다. 이것을 AA 단면으로 절단하면 리브와 볼트구멍은 하나씩 표시되지만 키홈은 표시할 수가 없으므로 (d)와 같이 표시하면 된다.

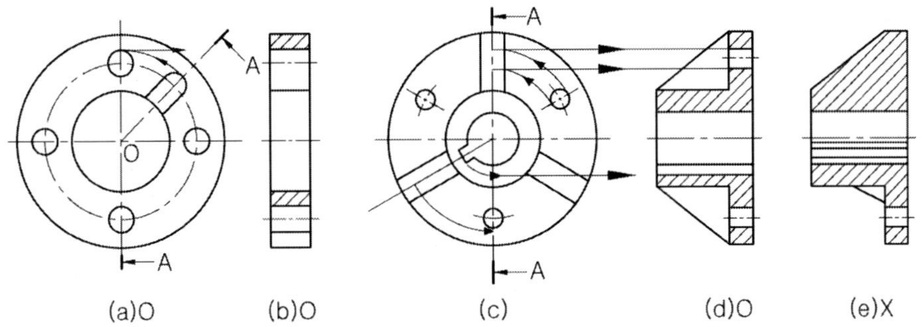

[그림 2-68] 회전 단면법을 이용한 특수한 형상의 단면도

(11) 조합에 의한 단면 표시법(2개 이상의 절단면에 의한 단면도를 조합하여 도시하는 방법)

① 대칭모양 또는 이와 비슷한 물체에 대해서는 대칭 중심선을 경계로 하여 그 한쪽을 투상면에 평행하게 절단하고, 다른쪽은 투상면과 어느 각도든 이루는 방향으로 절단할 수 있다. 이 경우에 후자의 단면은 그 각도만큼 투상면 쪽으로 회전시켜 도시한다[그림 2-69].

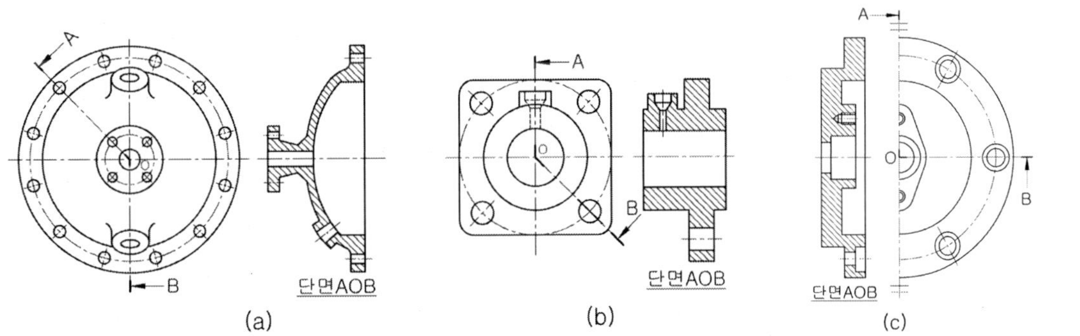

[그림 2-69] 조합에 의한 단면도 표시법

② 단면도는 평행한 2개 이상의 평면에서 절단한 단면도의 필요 부분만을 합성시켜 나타낼 수 있다. 이 경우, 절단선에 따라 절단의 위치를 나타내고 조합에 의한 단면도라는 것을 나타내기 위하여 2개의 절단선을 임의의 위치에서 이어지게 한다[**그림 2-70**].

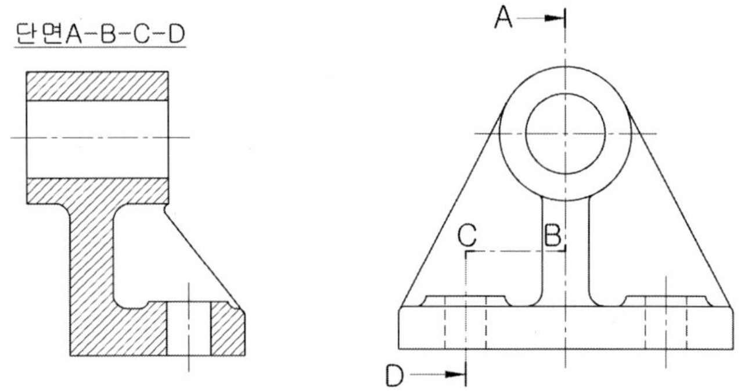

[그림 2-70] 조합에 의한 단면도 표시법

③ 곡관 등의 단면을 표시하는 경우에는 그 구부러진 중심선에 따라 절단하고, 그대로 투상할 수 있다.

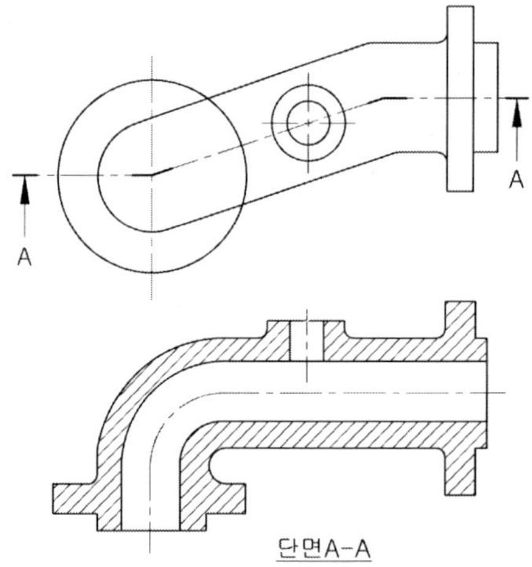

[그림 2-71] 곡관의 단면 표시법

④ 단면도는 필요에 따라 ①~③의 방법을 조합하여 표시하여도 좋다[**그림 2-72**].

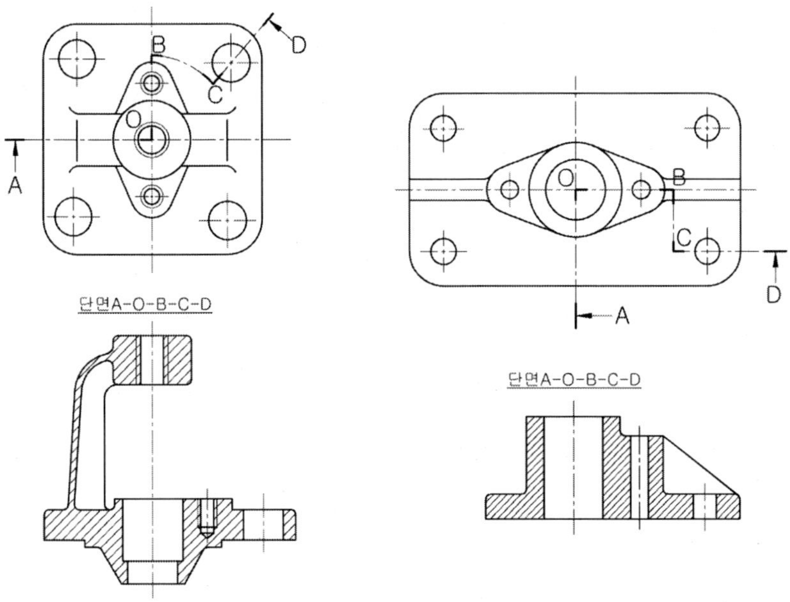

[그림 2-72] 필요에 따른 단면 표시법

(12) 다수의 단면도에 의한 단면 도시방법

복잡한 모양의 대상물을 표시하는 경우, 필요에 따라 다수의 단면도를 그려도 좋다[그림 2-73].

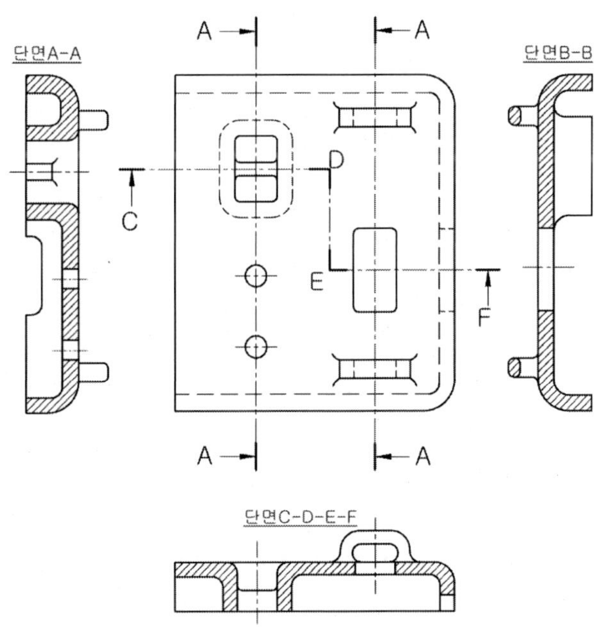

[그림 2-73] 다수의 단면도에 따른 단면 표시법

(13) 단면의 해칭 표시방법

① 기본 중심선에 대하여 **45°(또는 30°, 60°)의 가는 실선을 같은 간격**(2~3mm)으로 그린다. 또한 단면의 면적이 넓은 경우에는 외형선을 따라 그 주변만 해칭한다[**그림** 2 –74].

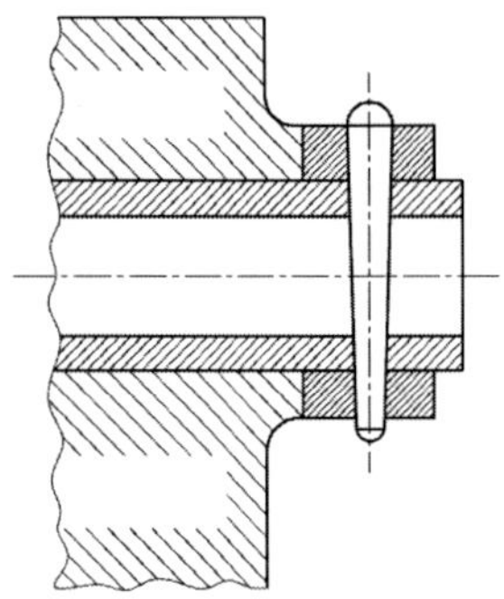

[넓은 면적의 해칭]

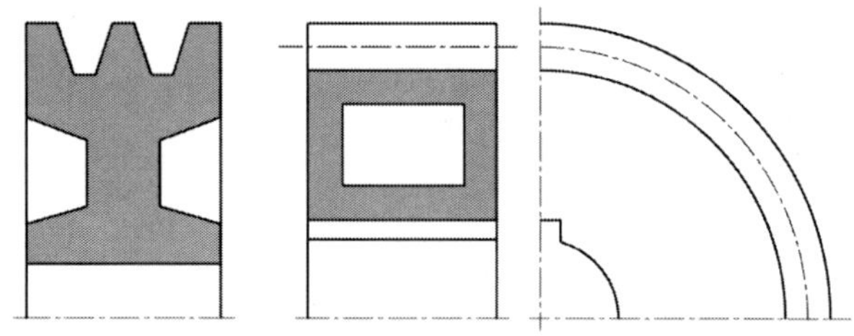

[단면의 스머징]

[그림 2–74] 단면의 해칭

② 서로 인접하는 다른 단면의 해칭은 선의 방향 또는 각도를 바꾸거나 해칭선의 간격을 바꾸어 구별한다.

③ 동일한 부품의 단면은 떨어져 있어도 해칭의 각도와 간격을 일정하게 한다.

④ 필요에 따라 해칭을 하지 않고 전체 면 또는 해칭할 면의 가장자리만을 종이 뒷면에서 채색할 수 있다. 이것을 **스머징**(Smudging)이라 한다[**그림** 2 –74].

⑤ 해칭한 곳에 치수를 기입하기 위하여 필요한 경우에는 부분적으로 해칭을 중단한다 [**그림** 2 –75].

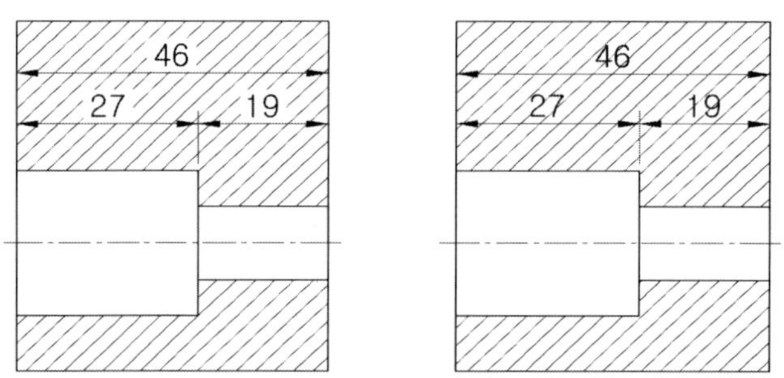

[그림 2–75] 해칭단면의 치수 기입

2-15 도형의 생략

(1) 대칭 도형의 생략

① 대칭 중심선의 한쪽 도형만을 그리고, 그 대칭 중심선의 양끝 부분(외형선으로부터 밖으로 약 3mm되는 지점)에 짧은 2개의 나란한 가는 실선(약 3mm 간격으로 나란한 가는선(대칭 그림기호))을 그린다.

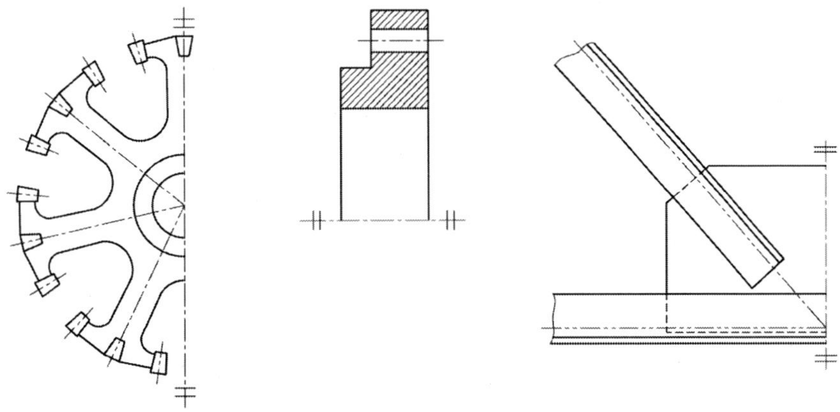

[그림 2-76] 대칭도형의 표시법

② 대칭 중심선 한쪽 도형을 대칭 중심선 조금 넘은 부분까지 그린다. 이때에는 대칭 그림기호를 생략할 수 있다[그림 2-77].

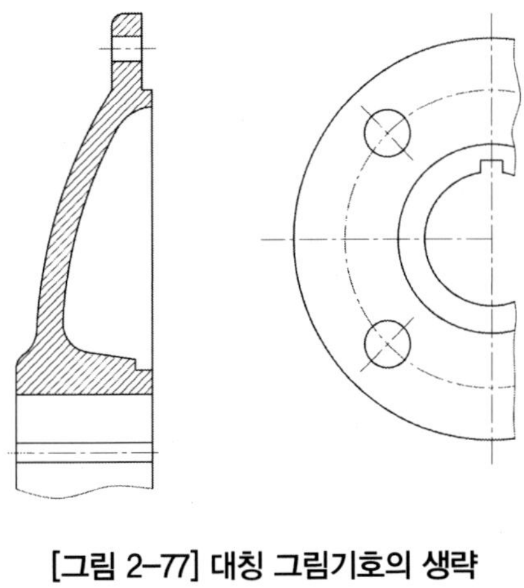

[그림 2-77] 대칭 그림기호의 생략

(2) 반복 도형의 생략

같은 종류 또는 같은 모양이 반복되어 규칙적으로 있는 경우에는 다음에 따라 도형을 생략할 수 있으나, 그림기호를 생략할 경우에는 그 뜻을 알기 쉬운 위치에 기입하거나, 지시선을 사용하여 기입한다.

① 실형 대신 그림기호를 피치선과 중심선과의 교점에 기입한다[**그림 2-78**].

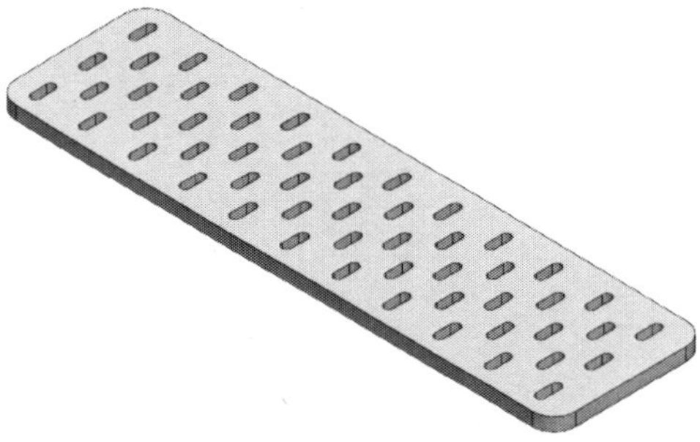

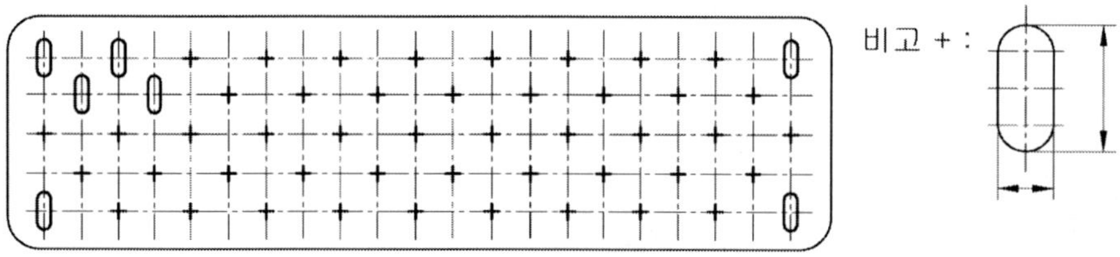

[그림 2-78] 반복 도형의 생략

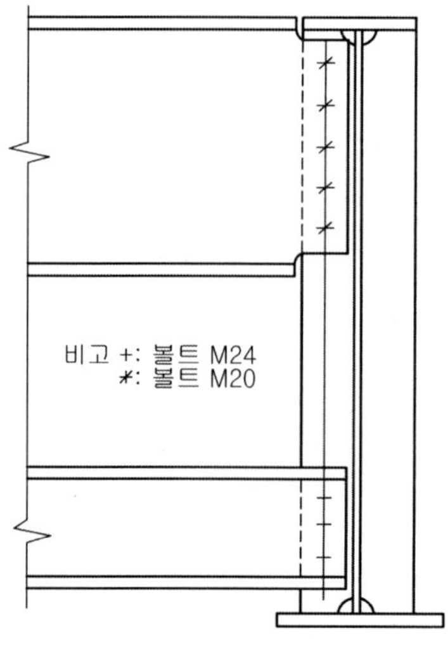

[그림 2-79] 반복 도형의 생략

② 잘못 볼 우려가 있을 경우에는 양끝 부분, 또는 요점만을 실형 또는 도면기호로 나타내고 다른 쪽은 피치선과의 교점으로 나타낸다[**그림 2-80**]. 다만 치수 기입에 의하여 교점의 위치가 명확할 때는 피치선에 교차되는 중심선을 생략하여도 좋다[**그림 2-81**]. 또 이 경우에는 반복 부분의 수를 치수 기입 또는 주기에 의하여 지시하여야 한다.

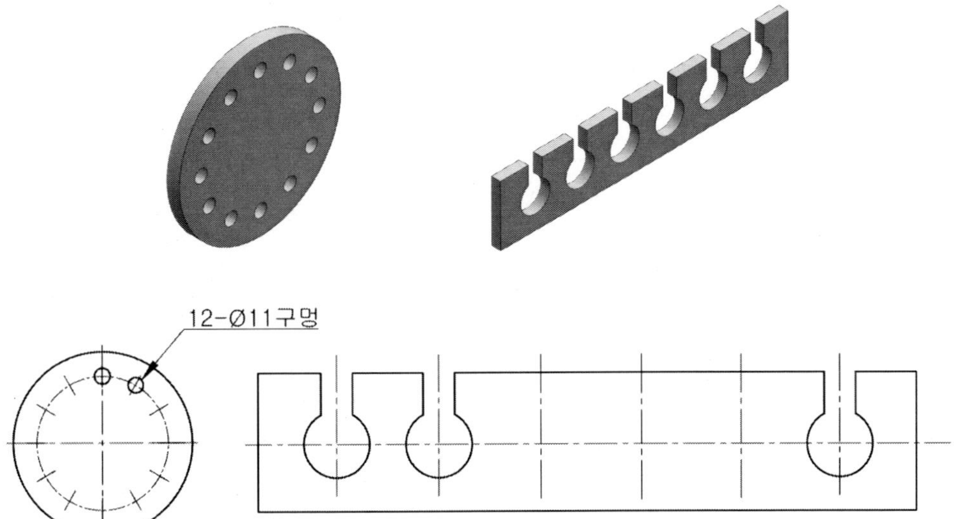

[그림 2-80] 반복 도형(피치선과 교점의 표시)의 생략

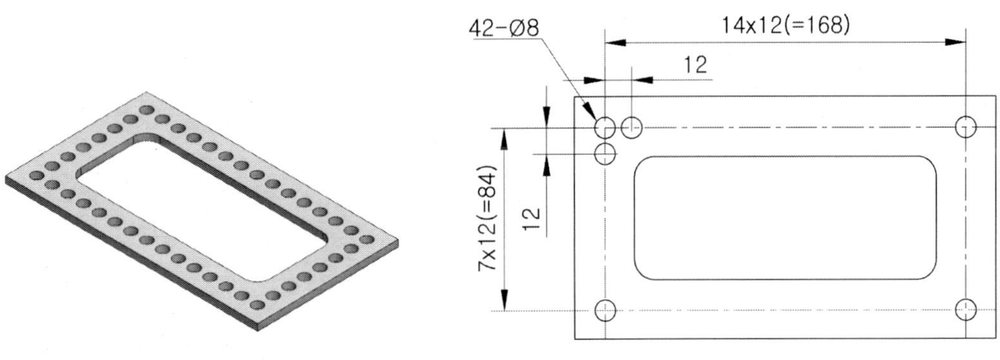

[그림 2-81] 반복 도형(피치선에 교차되는 중심선)의 생략

(3) 중간 부분의 도형의 생략

축, 막대, 관, 형강, 테이퍼 축 등과 같이 일정한 단면 모양의 부분 또는 테이퍼 부분이 긴 경우에는 그 중간 부분을 절단하여 짧게 도시한다. 이때 절단한 끝 부분은 **파단선(가는 실선)**으로 표시하고 필요할 경우에는 단면의 모양을 표시한다[**그림** 2-82, 2-83].

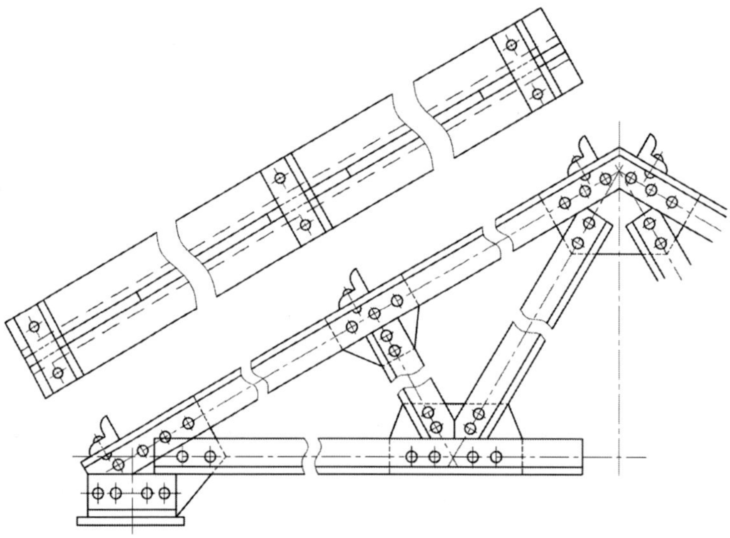

[그림 2-82] 형강 구조물의 중간 부분 생략

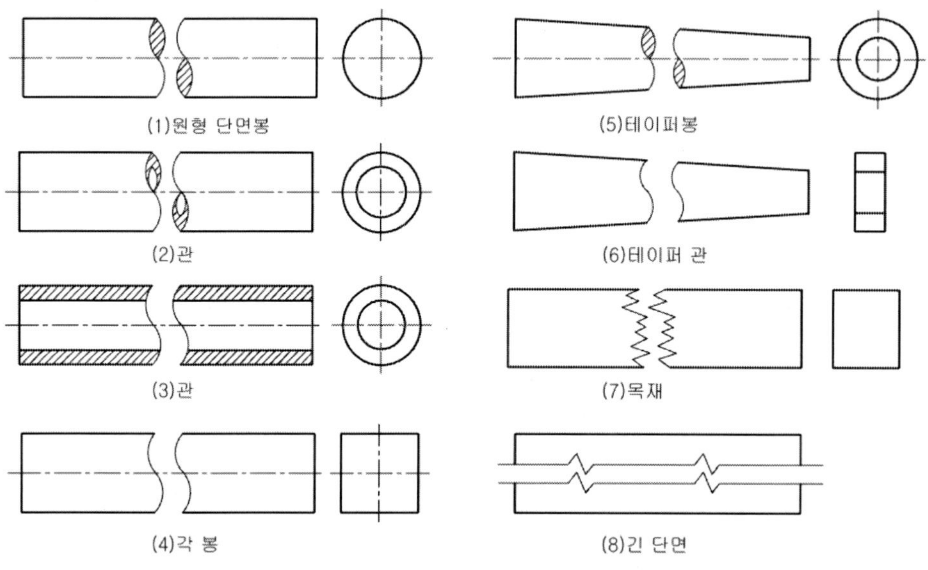

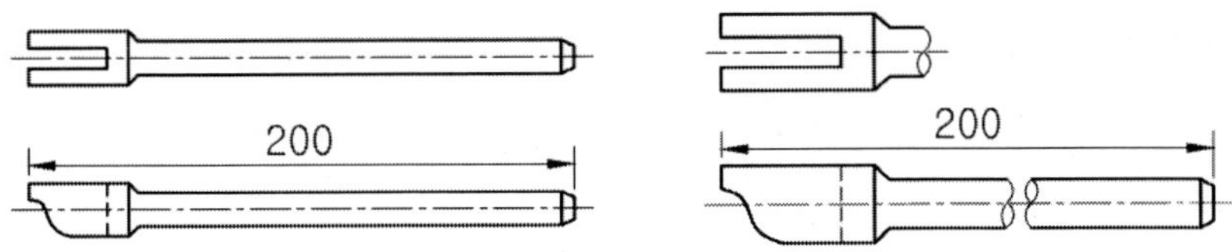

(a)일반도시 (b)단축도시

[그림 2-83] 단축 도시 단면의 모양

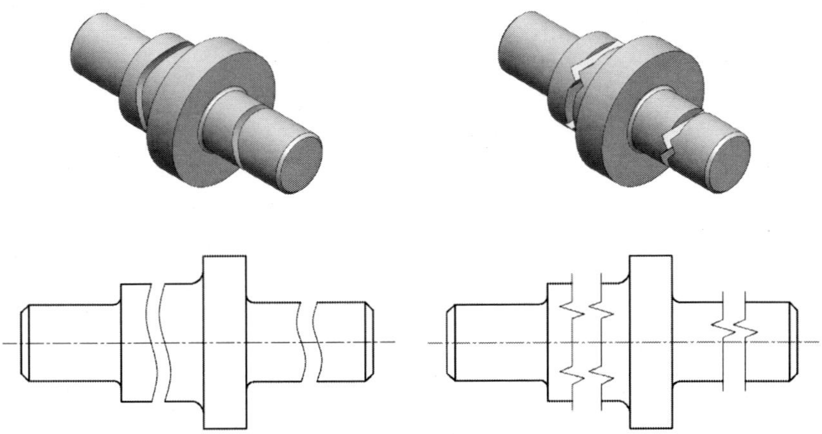

[그림 2-84] 중간 부분의 생략

긴 테이퍼 부분, 또는 기울기 부분을 잘라낸 도시에서는 경사가 완만한 것은 실제의 각도로 도시하지 않아도 좋다[**그림** 2-85].

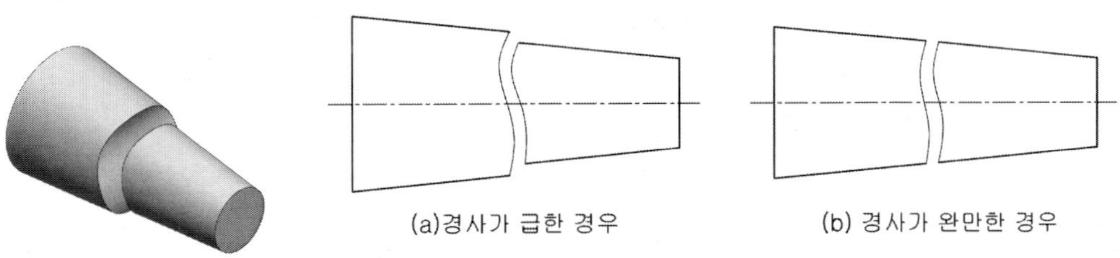

(a)경사가 급한 경우 (b) 경사가 완만한 경우

[그림 2-85] 테이퍼 부분의 단축 도시

2-16 특별한 도시방법

(1) 전개도의 표시법

판을 구부려서 만드는 대상물이나 면으로 구성되는 대상물의 전개한 모양을 나타낼 필요가 있을 경우에는 전개도로 나타낸다. 이 경우 전개도 위쪽 또는 아래쪽 어느 곳에나 통일해서 '전개도'라고 기입하는 것이 좋다.

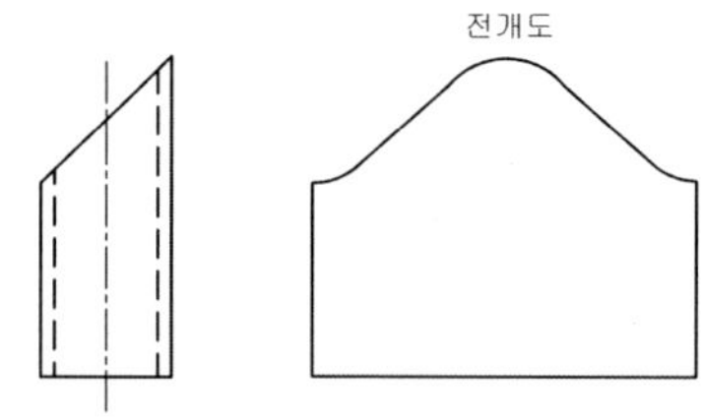

[그림 2-86] 전개도의 표시법

(2) 간결한 도시법

도면을 오독한 염려가 없는 범위에서 필요한 부분을 알기 쉽게 하기 위하여 간결하게 표시하는 것이 좋다.

① 숨은선이 없어도 이해할 수 있는 경우에는 이것을 생략하여도 좋다.

② 투상도에 보이는 부분을 전부 그리게 되어 **[그림 2-87(a)]**를 이해하기 어렵게 될 경우에는 부분 투상도**[그림 2-87, 2-88(a)]** 또는 보조 투상도**[그림 2-88(b)]**를 배치하면 물체의 모양을 파악하기에 용이하다.

[부분 투상도의 모델]

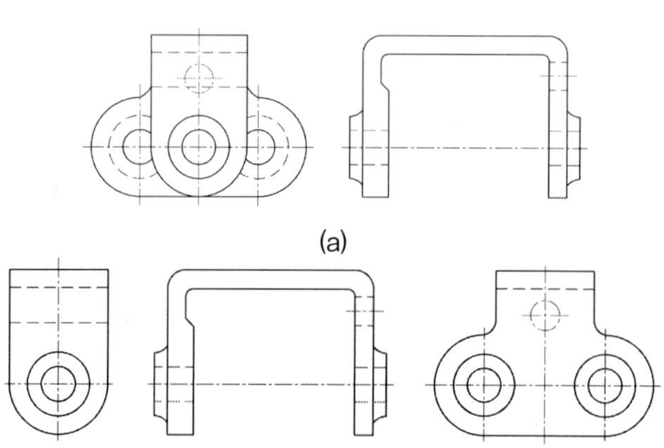

(a)

(b)

[그림 2-87] 부분 투상도의 도면

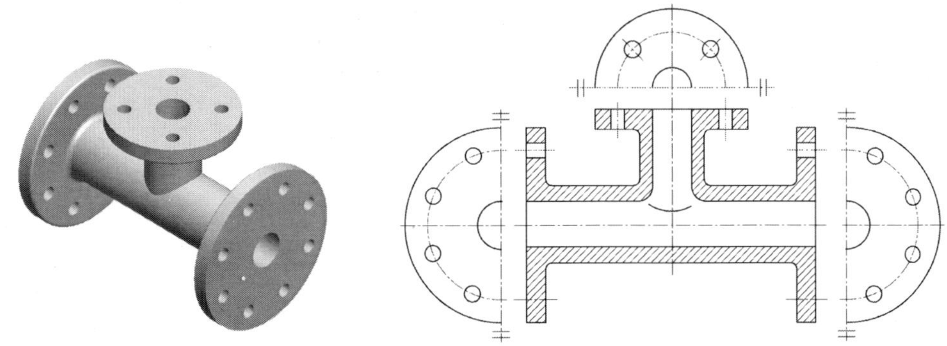

(a) 플랜지(국부 투상도)

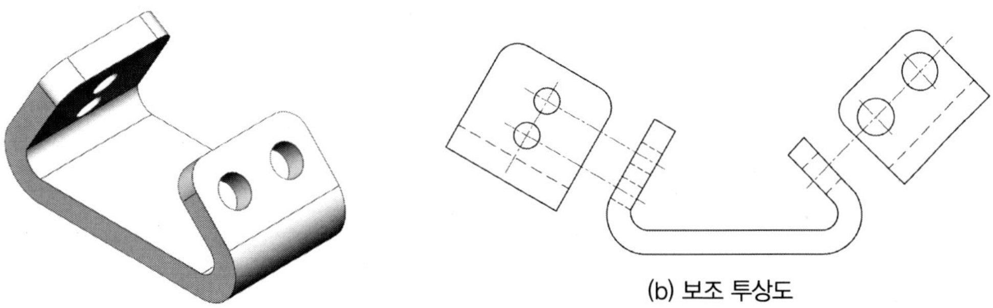

(b) 보조 투상도

[그림 2-88] 이음관(플랜지) 및 보조 투상도를 이용한 도시

③ 절단면의 앞쪽에 보이는 선[**그림 2-89(a)**]이 없어도 이해할 수 있는 경우에는 생략 가능하다. [**그림 2-89(b)**] 같이 절단면 앞의 선을 생략하여도 좋다.

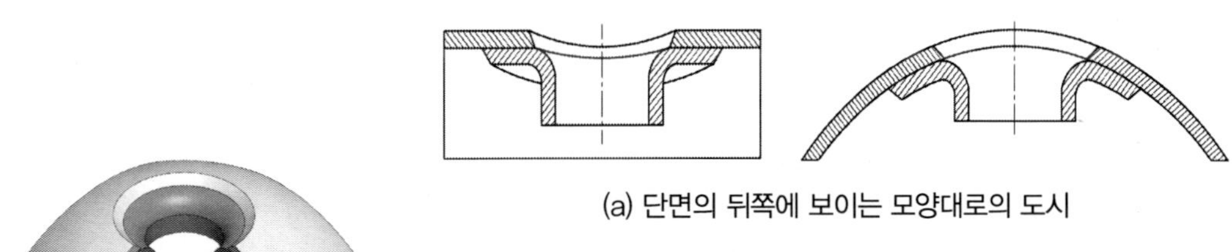

(a) 단면의 뒤쪽에 보이는 모양대로의 도시

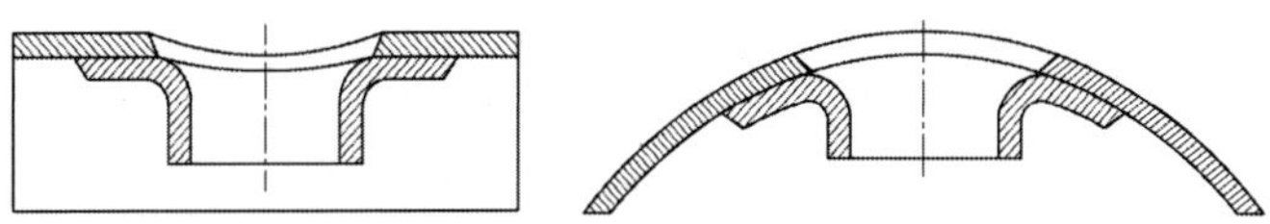

(b) 단면의 뒤쪽에 보이는 모양대로의 도시 생략

[그림 2-89] 절단면 앞에 보이는 선의 생략

④ **특정 모양 부분의 표시법**: 일부분에 특정한 모양을 갖는 물체는 될 수 있는 대로 그 부분이 도면의 위쪽에 표시되도록 **[그림 2-90]**과 같이 도시한다. 축의 키홈이 평삭인 것은 **[그림 2-90(3)]**의 (b)와 같이 표시하여도 좋다. 특히 작은나사, 목나사 등의 홈은 (4),(5)와 같이 45° 방향으로 표시한다.

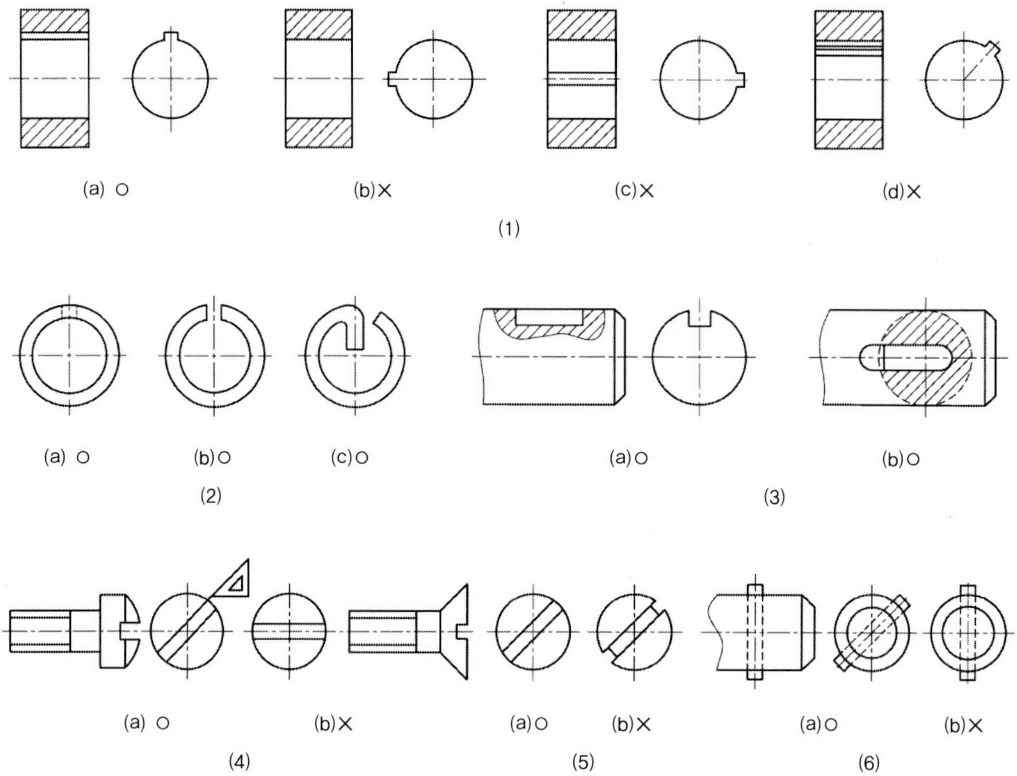

[그림 2-90] 특정 모양 부분의 도시

⑤ 피치원이 배치하는 구멍 등은 측면 투상도(단면도 포함)에서 피치원이 만드는 원통을 표시한 가는1점 쇄선과 그 한쪽에만 1개의 구멍을 도시(투상 관계에 불구하고)하고, 다른 구멍의 도시는 생략할 수 있다[**그림 2-91**]

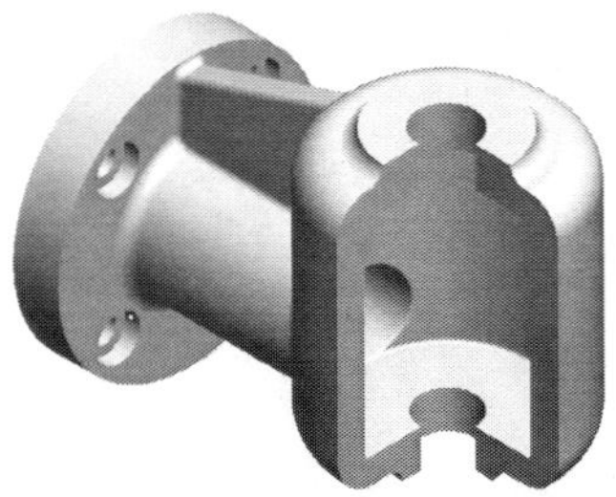

[피치원에 배치되는 구멍 모델]

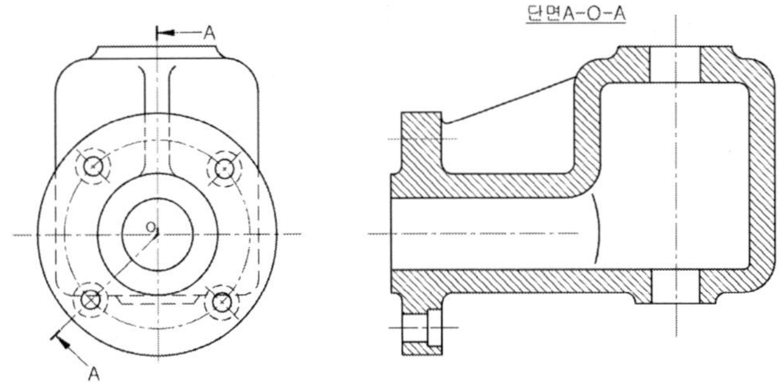

[그림 2-91] 피치원에 배치되는 구멍

(3) 2개 면의 교차 부분의 도시법

① 부품의 교차부가 라운드를 가질 때에는 이 부분은 투상도 선상에 표시되지 않는다. 그러나 도면에 이 라운드 부분을 표시할 필요가 있을 경우에는 [**그림 2-92**]와 같이 라운드가 있다고 가정했을 때의 교차선의 위치에 굵은 실선으로 표시한다.

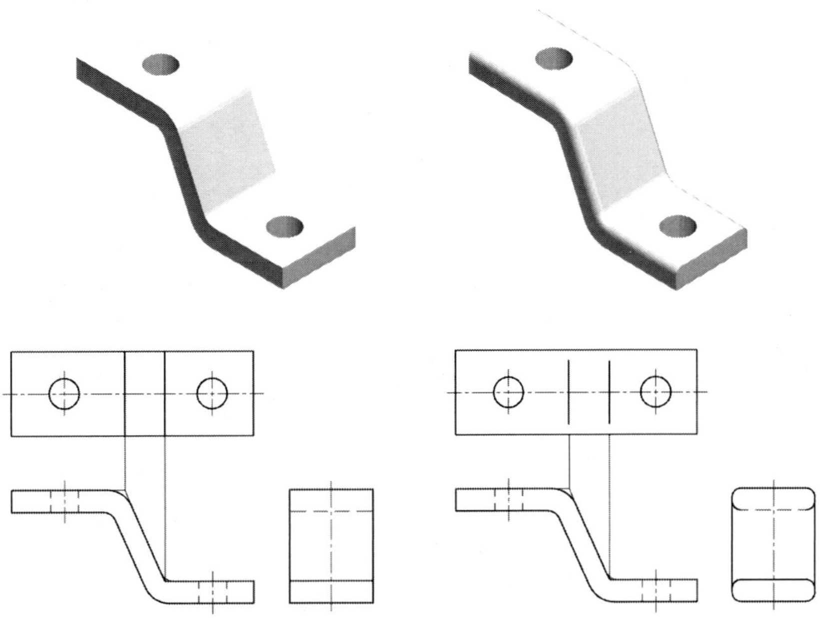

(a) 둥글기가 없는 경우 (b) 둥글기가 있는 경우

[그림 2-92] 두 면의 교차 부분의 도시

[**그림 2 - 93**]과 같이 두 면이 둥글게 교차된 부분의 투상선은 반지름이 크면 진투상도에는 (2),(3),(4)의 (a)와 같이 나타나지 않는다. 그러나 이들의 평면도는 잘못 읽기 쉬우므로 관습상 (2),(3),(4)의 (b)와 같이 a, b선을 그린다.

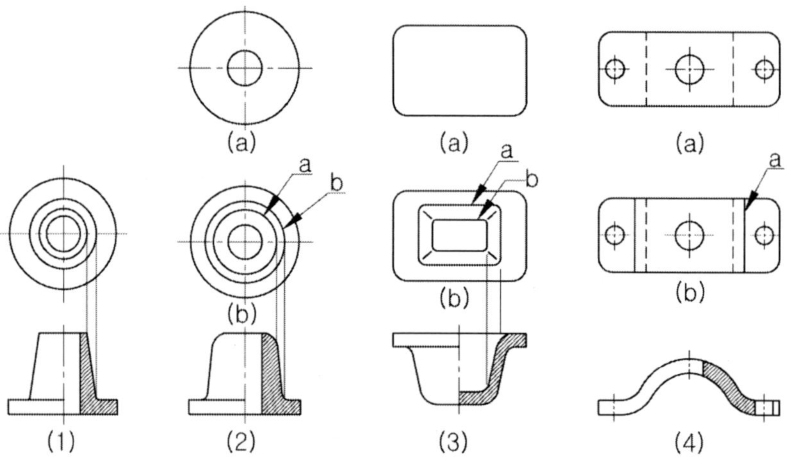

[그림 2-93] 두 면의 교차 부분의 도시

② **리브(Rib)가 평면과 교차되는 부분의 도시법**: 리브 등을 표시하는 선 끝 부분은 [**그림 2-94(a)**]와 같이 직선 그대로 멈추게 한다. 또한, 관련 있는 둥글기의 반지름이 현저하게 다를 경우에는 끝 부분을 [**그림 2-94**]의 **(b)**나, **(c)**처럼 안쪽 또는 바깥쪽으로 구부려서 멈추게 해도 좋다.

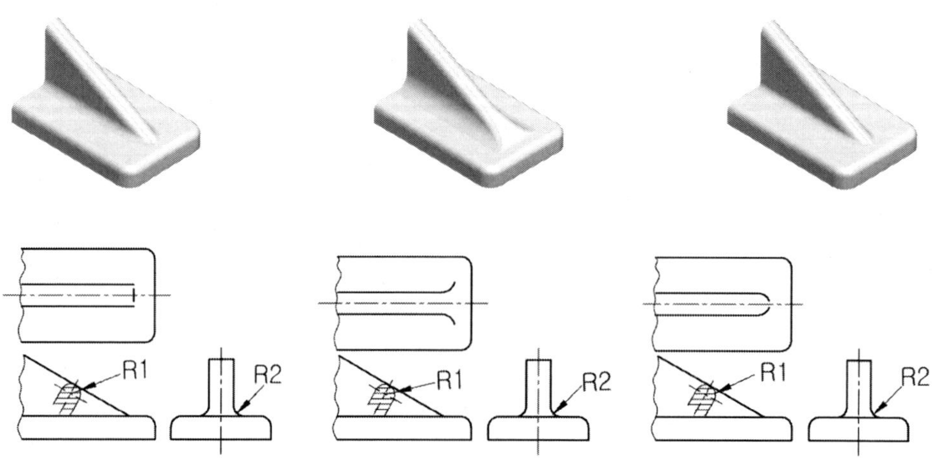

(a) 일반의 경우(R1 = R2) (b) R1 < R2의 경우 (c) R1 > R2의 경우

[그림 2-94] 리브(보강대)의 도시

③ **상관선의 도시**: 곡면 상호 또는 곡면과 평면이 교차하는 부분의 선(상관선)은 직선으로 표시하든가[**그림 2-95(a), (b), (c), (d), (e), (f)**], 올바른 투상에 가깝게 한 원호로 표시한다[**그림 2-95(g), (h), (i)**].

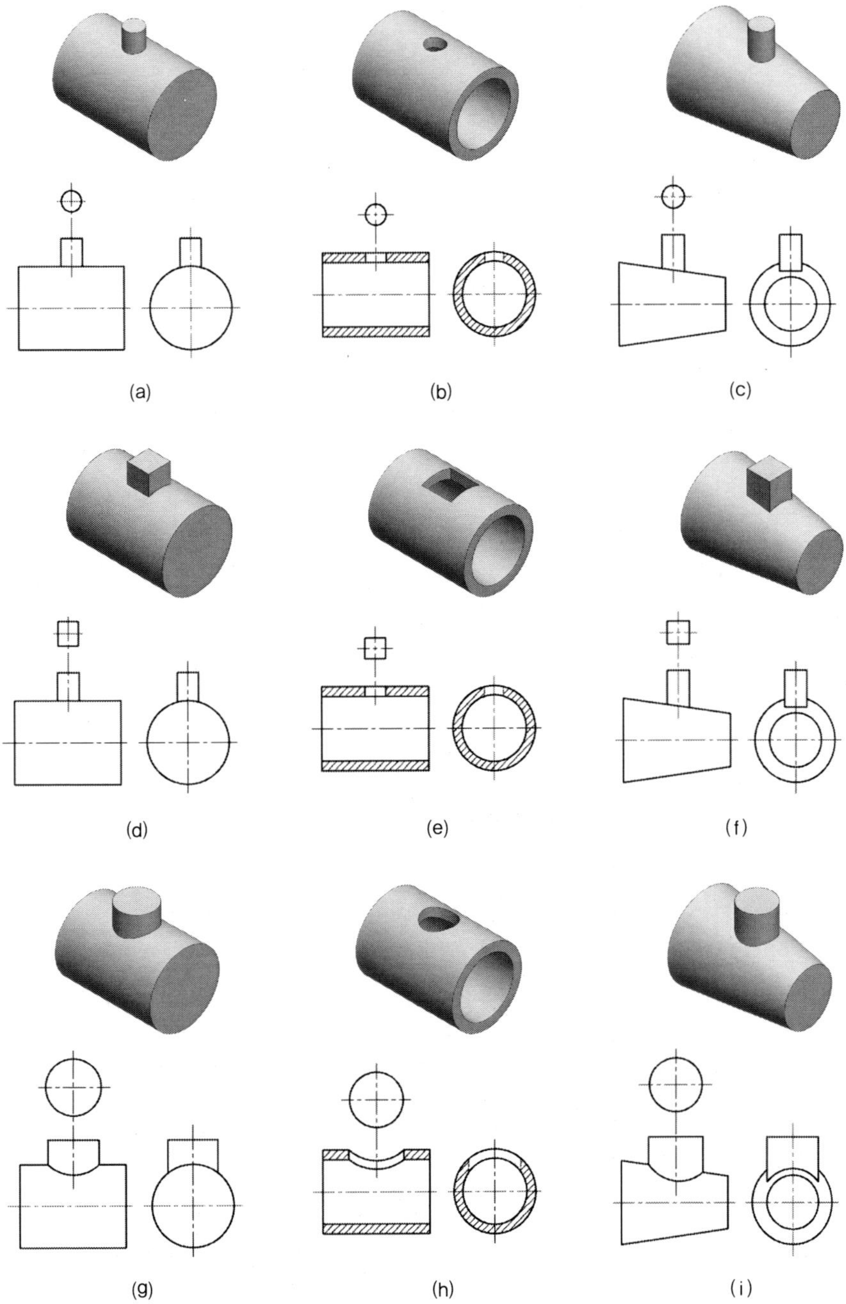

[그림 2-95] 상관선의 도시

(4) 평면의 도시법

도형 내의 특정한 부분이 평면이란 것을 도시할 필요가 있을 경우에는 그림과 같이 가는 실선으로 대각선을 그려 평면(ㅁ)임을 표시한다[그림 2-96].

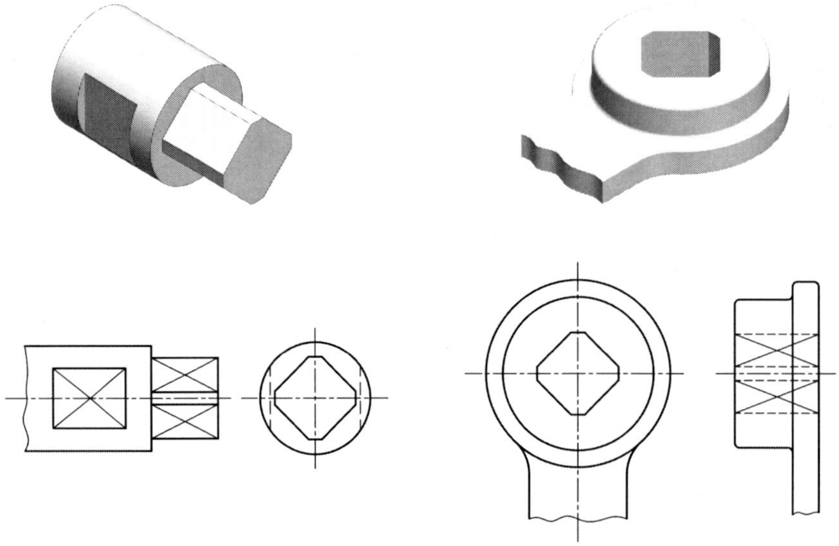

[그림 2-96] 평면의 도시

(5) 가상선도 표시법

가상선도는 될 수 있는 대로 간단한 도면으로 상세하게 도시하기 위하여 사용하는 도법으로 다음과 같은 경우에 사용한다[**그림** 2 – 97].

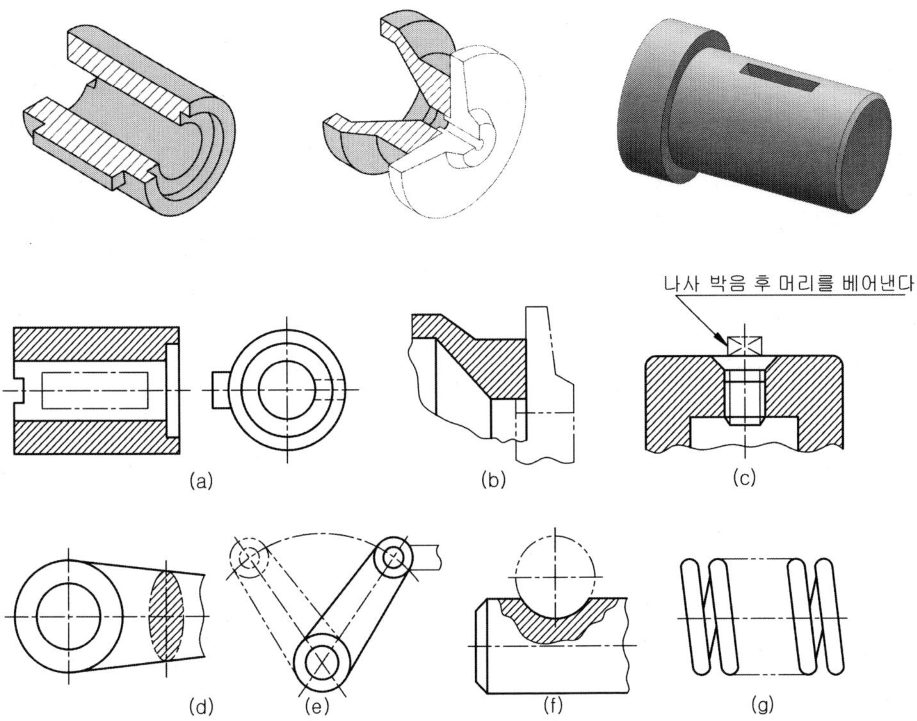

[그림 2-97] 가상선도 표시법

① 도시된 단면 앞쪽에 있는 부분을 표시하는 도면[**그림 2-97(a)**]
② 인접한 부분을 참고로 표시하는 도면 [**그림 2-97(b)**]
③ 가공 전 또는 가공 후의 모양을 표시하는 도면[**그림 2-97(c)**]
④ 도형 속에서 그 부분의 단면 모양을 90° 회전하여 표시하는 도면 [**그림 2-97(d)**]
⑤ 이동하는 부분을 이동한 곳에 표시하는 도면 [**그림 2-97(e)**]
⑥ 공구, 지그 등의 위치를 참고로 표시하는 도면 [**그림 2-97(f)**]
⑦ 반복된 모양을 표시하는 도면 [**그림 2-97(g)**]

(6) 가공 전후의 표시

부품을 구부리거나 조립 후에 가공을 하게 될 때의 투상도는 그림과 같이 가는 2점 쇄선으로 가공 전의 모양을 그린다. 가공 전의 모양을 표시하는 경우에는 **가는 2점 쇄선**으로 도시한다[**그림** 2-98(a), (b)]. 가공 후의 모양, 보기를 들면 조립 후의 모양을 표시하는 경우에는 **가는 2점 쇄선**으로 도시한다[**그림 2-98(c)**].

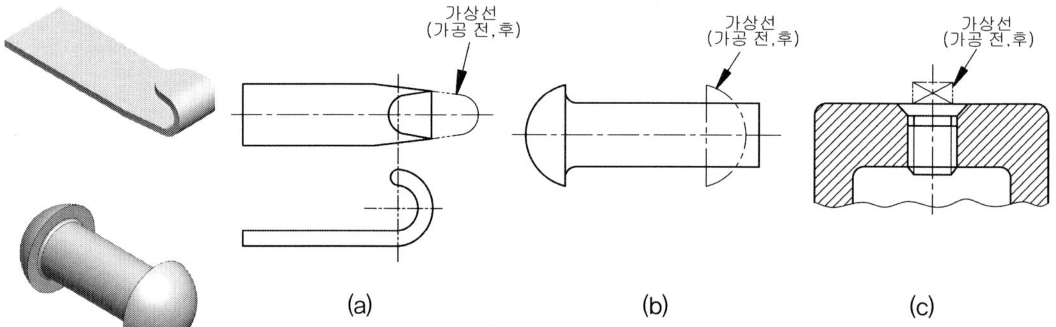

[그림 2-98] 가공 전후의 도시

(7) 가공에 사용되는 공구, 지그(Jig) 등의 모양을 투상

가공에 사용되는 공구, 지그 등의 모양을 참고로 하여 도시할 필요가 있는 경우에는 가는 2점 쇄선으로 도시한다.

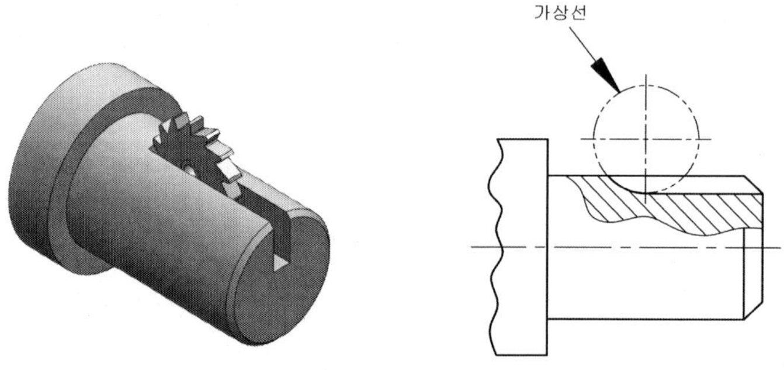

[그림 2-99] 공구 모양의 도시

(8) 특수한 가공부분의 표시

대상물의 일부분에 특수한 가공을 하는 경우에는 그림과 같이 그 범위를 **외형선과 평행하게** 약간(약 0.5mm 정도) 띄어서 **굵은 1점 쇄선**으로 도시한다[**그림** 2-100, 2-101(a)]. 또한, 도형 중 특정 범위를 지시할 필요가 있을 경우에는 그 범위를 **굵은 1점 쇄선**으로 둘러싸고, 특수한 가공에 관한 필요사항을 지시한다[**그림** 2-101(b)].

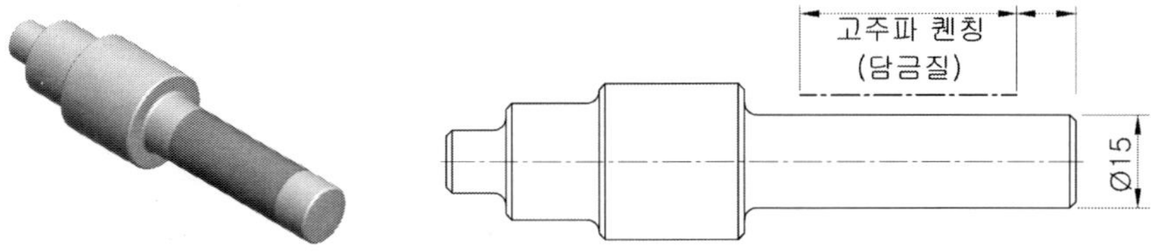

(a) 온둘레의 경우

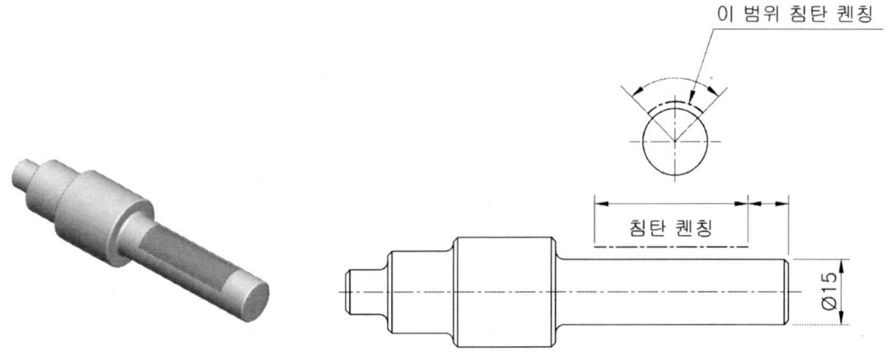

(b) 부분의 경우

[그림 2-100] 특수한 가공방법의 표시

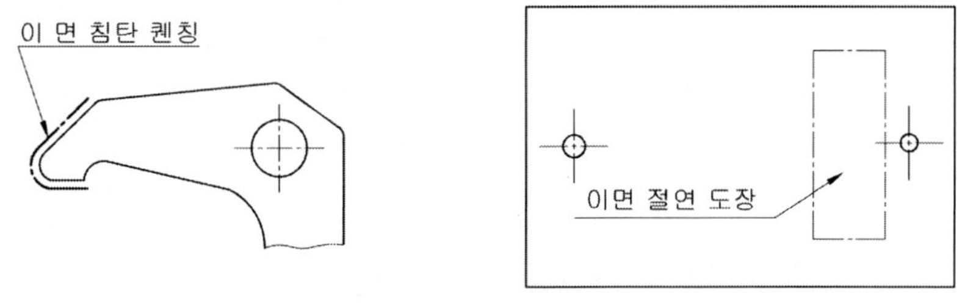

[그림 2-101] 특수한 가공방법의 표시

(9) 특수한 가공부분의 표시

용접부품의 용접부분을 참고로 표시할 필요가 있는 경우에는 다음 보기에 따른다.

① 용접 구성품의 용접비드 크기만을 표시하는 경우[**그림** 2-102(a)]

② 용접 구성부재의 겹침 관계 및 용접의 종류와 크기를 표시하는 경우[**그림** 2-102(b)]

③ 용접 구성부재의 겹침 관계를 표시하는 경우[**그림** 2-102(c)]

④ 용접 구성부재의 겹침 관계 및 용접비드의 크기를 표시하지 않아도 좋은 경우[**그림** 2-102(d)]

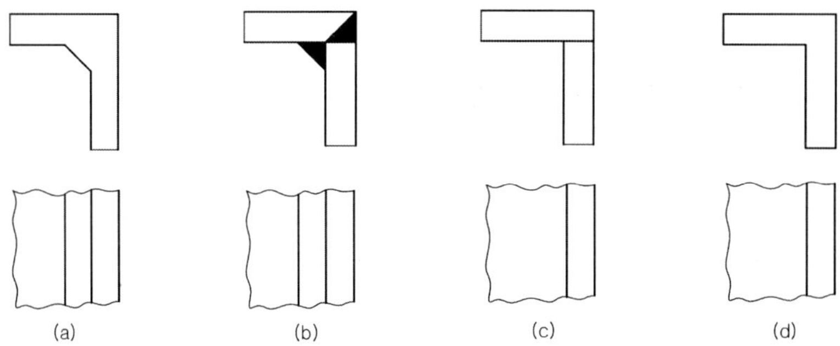

[그림 2-102] 필렛 용접과 그루브 용접의 보기

(10) 무늬 표시

널링 가공부분, 철망, 줄무늬 있는 장판 등의 특징은 외형의 일부분에 그려서 표시한다.

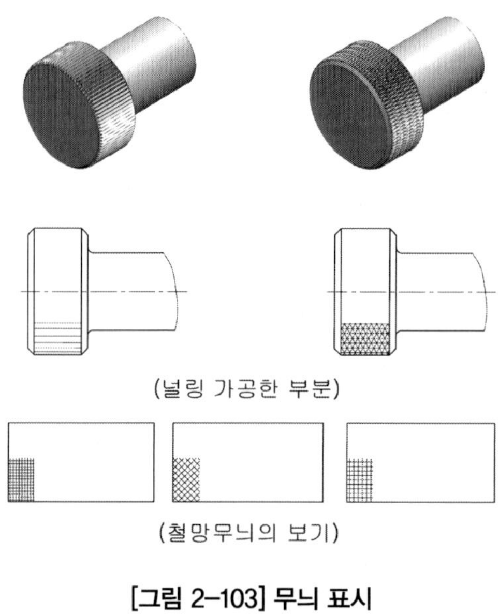

[그림 2-103] 무늬 표시

(11) 비금속 재료 표시

비금속 재료의 단면으로 특별히 재질을 명시할 필요가 있을 경우에는 원칙적으로 **[그림 2-104]**와 같이 재료별 표시하거나, 해당 표준의 표시방법에 따른다. 이 경우 부품도에 별도로 재질을 기입한다. 겉모양을 나타낼 경우도, 단면을 할 경우도 이에 따르는 것이 좋다.

유 리	목 재	콘크리트	액 체
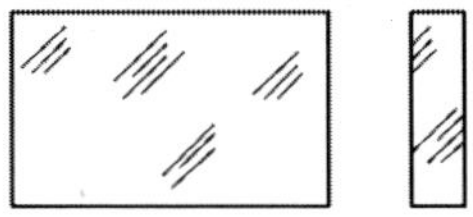	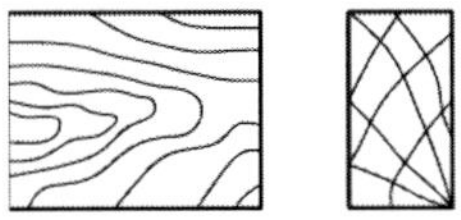	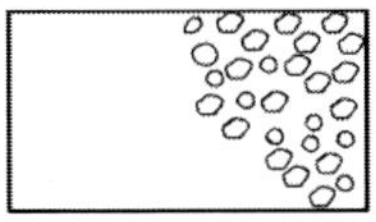	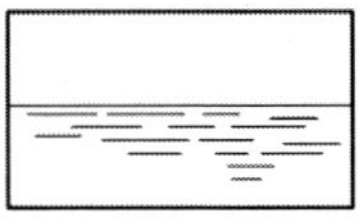

[그림 2-104] 비금속 재료의 재질 표시

제 3 장

치수 기입법

3-1 치수 기입방법

3-2 치수 기입의 구성

3-3 치수 기입에 사용되는 단위

3-4 치수 기입의 원칙

3-5 치수 기입의 일반형식

3-6 치수의 배치

3-7 지름, 반지름, 구의 치수 기입

3-8 키홈의 치수 기입

3-9 부품번호

3-10 도면의 변경

치수 기입법

3-1 치수 기입방법

도면에 표시된 것 중에 가장 중요한 것으로 치수 기입이 잘못되면 도형이 올바르게 그려져도 완전한 제품을 만들 수 없다. 즉, 치수 기입은 단순히 물체의 치수만을 표시하는 것이 아니고 가공법, 재료 등에도 관계되기 때문에 올바르지 못한 치수 기입은 작업능률을 저하시키며 제품을 잘못 만드는 원인이 되기도 한다.

3-2 치수 기입의 구성

치수선, 치수 보조선, 화살표, 치수 보조기호 등을 사용하여 **치수 수치**와 함께 나타낸다.

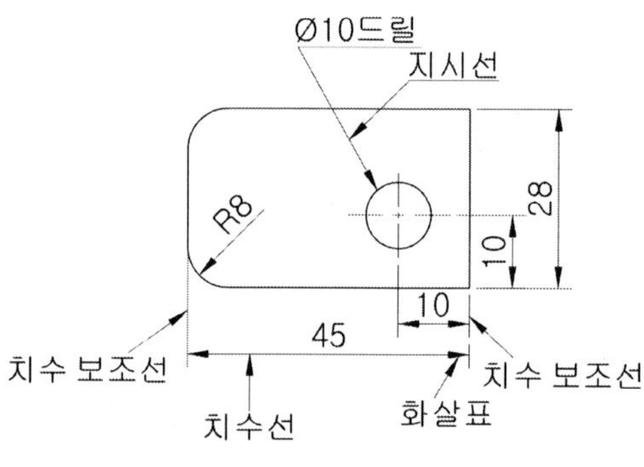

[그림 3-1] 치수 기입의 구성

(1) 치수 보조선 및 치수선(화살표)

치수 기입에 사용되는 선은 치수선과 치수 보조선이 같이 쓰이며, 모두 **가는 실선**으로 하여 **외형선(굵은 실선)**과는 선명하게 구별되도록 한다. 치수선의 양끝에는 **[그림 3-2]**와 같이 화살표 기호를 붙인다. 그러나 한 장의 도면상에 특별한 경우를 제외하고는 **[그림 3-2]** (a), (b), (c)를 같이 사용하지 않는다.

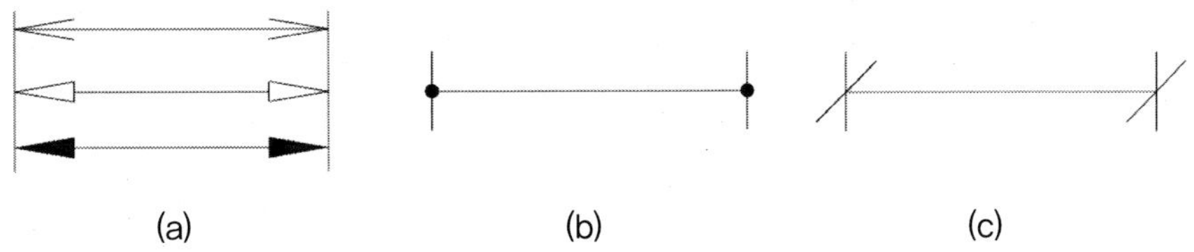

[그림 3-2] 치수 보조선 및 치수선(화살표)

(2) 치수 보조선(가는 실선)

치수선에 직각으로 약간(2~3mm) 넘을 때까지 연장하여 그린다. 그러나 치수선이 외형선과 근접하여 구별하기 어려운 경우(테이퍼 부분 등)나 치수 기입의 관계로 필요한 경우에는 치수선에 대하여 적당한 각도(될 수 있는 대로 치수와 60°방향)로 **[그림 3-3(5)]**와 같이 그릴 수 있다. **치수 보조선(가는 실선)**은 중심선까지의 거리를 표시하는 경우나 치수를 도면 내에 기입할 때 **중심선(1점 쇄선)**과 **외형선(굵은 실선)**을 가지고 대체할 수 있다.

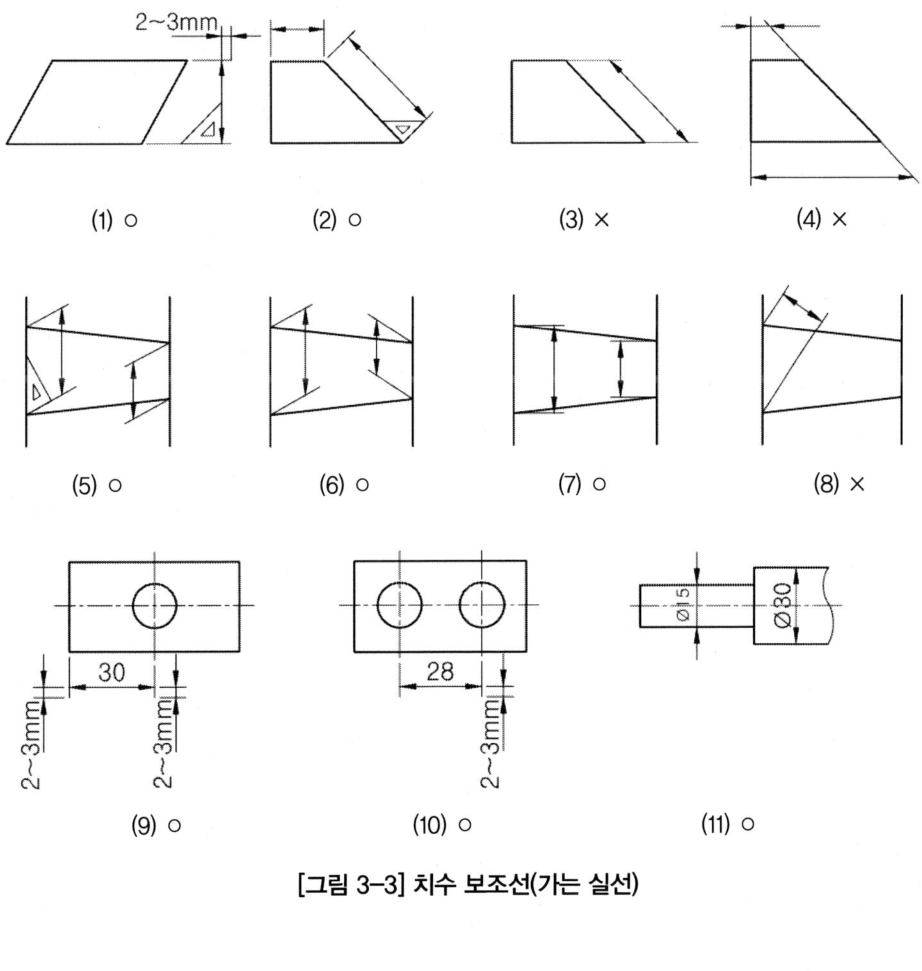

[그림 3-3] 치수 보조선(가는 실선)

(3) 치수선(화살표)

치수선 양쪽 끝에 붙여 그 한계를 명시하는 끝부분 기호로 **화살표**가 많이 쓰인다.

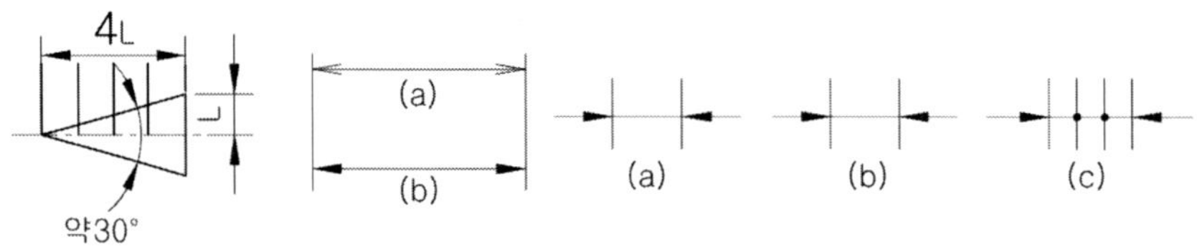

(1) 열림 (2) 일반 (3) 좁은 화살표

[그림 3-4] 화살표 모양 및 사용 예

- 도면의 크기에 따라 화살표의 크기는 약간씩 다르게 그릴 수 있으나 같은 도면 내에서는 같은 크기로 그리는 것을 원칙으로 한다. 화살표의 각도는 약 30°의 직선으로 하며 길이는 치수 숫자 높이 정도(2.5~4mm)로, 칠하는 것과 칠하지 않는 것의 두 가지 방식이 있다. 그러나 치수 보조선의 사이가 좁아서 화살표를 붙일 여유가 없을 때에는 화살표를 안쪽으로 향하도록 하거나 화살표 대신 작은 흑점을 사용하여도 좋다.

(4) 지시선(가는 실선)

치수, 가공법, 주기, 부품번호 등을 기입하기 위하여 사용하는 지시선은 수평선에 대하여 60°나 45° 등의 직선으로 인출하여 수평선을 붙여 그리며, 이 수평선의 위쪽에 치수, 가공법 등 기타 필요한 사항을 기입한다. 원으로부터 나오는 지시선은 **[그림 3-5]**처럼 중심을 향하게 그리며 화살표는 원주에 붙인다. 형상선 내부에서 끌어내는 경우에는 **[그림 3-6]**처럼 흑점을 끌어내는 쪽에 기입한다.

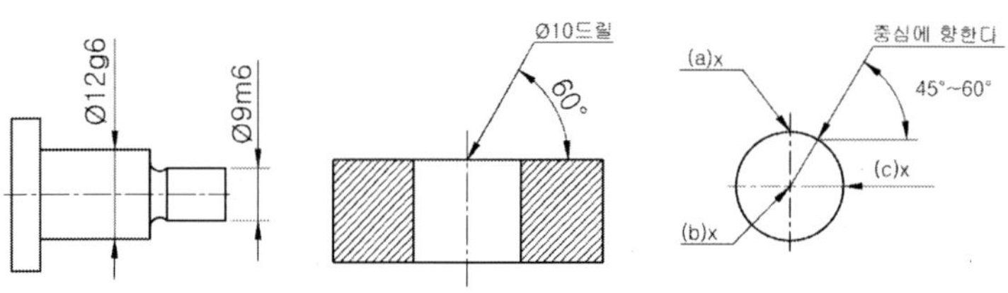

[그림 3-5] 지시선

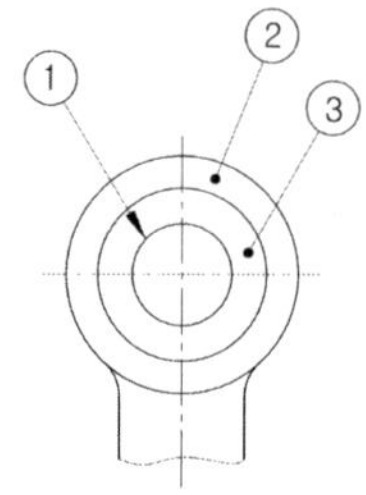

[그림 3-6] 흑점

(5) 치수 숫자

치수 숫자는 정자로 치수선의 중앙 위쪽 치수선과 약간 띄워 평행하게 표시한다. 즉 수평 치수선에 대해서는 숫자의 머리가 위쪽으로 가도록 하고 수직 치수선에 대해서는 숫자의 머리가 왼쪽으로 향하도록 표시해야 한다.

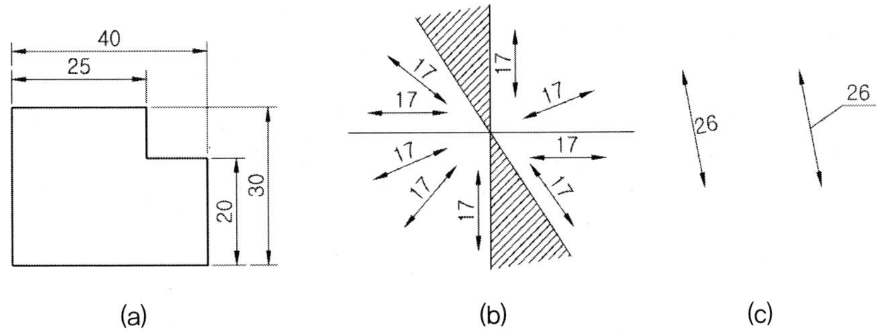

[그림 3-7] 치수 숫자의 방향

치수를 기울여 표시할 필요가 있을 때에는 [그림 3-7]과 같이 표시한다. 단 치수선이 수직선에 대하여 좌측 위로부터 우측 아래로 향하여 30° 이하의 각도를 이루는 방향 **[그림 3-7(a)]의 해칭부**에 대해서는 될 수 있는 대로 치수의 기입을 피해야 하지만 부득이한 경우에는 그 장소에 따라 혼동하지 않게 한다[**그림 3-7(b), (c)**].

3-3 치수 기입에 사용되는 단위

(1) 길이 치수의 단위

길이의 치수는 모두 mm 단위로 기입하고 단위기호는 별도로 쓰지 않는다. 그러나 단위가 mm가 아닌 때에는 이것을 명시하여야 한다. 소수점은 아래쪽 숫자를 적당하게 떼어서 그 중간에 약간 크게 아래쪽에 찍는다. 그러나, 치수 숫자의 자리수가 많은 경우에도 3자리마다 콤마(comma)를 찍지 않을 수도 있다.

보기 12.125, 12.00, 123570

(2) 각도의 단위

각도는 보통 도(°)로 표시하고 필요할 때에는 분(′) 및 초(″)를 같이 쓸 수 있다. 도(°), 분(′), 초(″)를 표시할 때에는 숫자의 오른쪽 위에 °, ′, ″ 를 기입한다. 또한, 각도의 치수 수치를 라디안 단위로 기입하는 경우에는 그 단위기호 rad를 기입한다.

보기 90 °, 22.5 °, 5°20′15″ 0.52 rad, π/3 rad

3-4 치수 기입의 원칙

(1) 대상물의 기능·제작·조립 등을 고려하여, 꼭 필요한 치수를 분명하게 도면에 기입한다.
(2) 치수는 대상물의 크기, 자세 및 위치를 가장 명확하게 표시할 수 있도록 기입한다.
(3) 도면에 나타내는 치수는 특별히 명시하지 않는 한, 다듬질 치수를 표시한다.
(4) 치수에는 기능상 필요한 경우 KS A 0108(치수의 허용한계 치수 기입법)에 따라 치수의 허용한계를 지시한다. 다만, 이론적으로 정확한 치수는 제외한다.
(5) 치수는 가능하면 주 투상도에 집중한다.
(6) 치수는 중복 기입을 피한다.
(7) 치수는 가능하면 계산해서 구할 필요가 없도록 기입한다.
(8) 치수는 필요에 따라 기준으로 하는 점, 선 또는 면을 기준으로 하여 기입한다.
(9) 관련되는 치수는 가능하면 한 곳에 모아서 기입한다.
(10) 치수는 가능하면 공정마다 배열을 분리하여 기입한다.
(11) 치수 중 참고 치수에 대하여는 치수 수치에 괄호를 붙인다.

3-5 치수 기입의 일반형식

(1) 치수는 치수선·치수 보조선·치수 보조기호 등을 사용하여 치수 수치에 따라 나타낸다.
(2) 치수선은 원칙적으로 지시하는 길이 또는 각도를 측정하는 방향에 **[그림 3-8]**처럼 평행하게 긋고, 선의 양끝부분 기호를 붙인다(**[그림 3-2]** 치수선 참조).

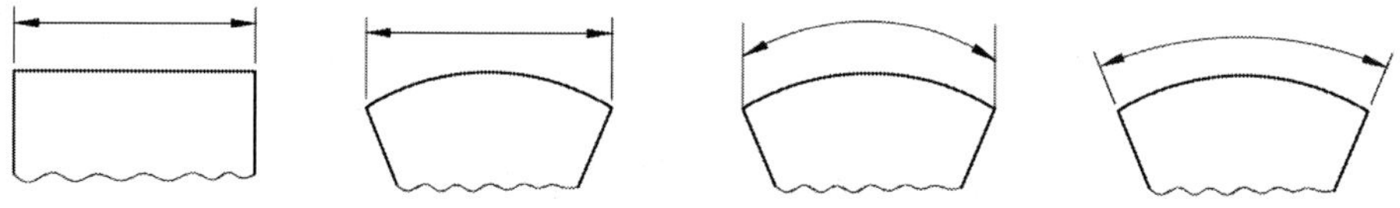

(a) 변의 길이치수　(b) 현의 길이치수　(c) 호의 길이치수　(d) 각도치수

[그림 3-8] 치수선의 표시

(3) 치수선은 원칙적으로 치수 보조선을 사용하여 [**그림** 3-9(a)]와 같이 기입한다. 그러나 보조선을 그려서 그림을 혼동하기 쉬울 때에는 [**그림** 3-9(b)]와 같이 기입한다.

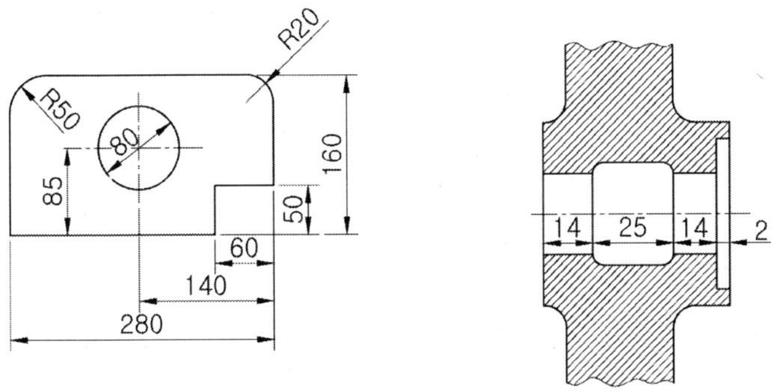

(a) 치수선과 치수 보조선　　(b) 치수 보조선이 없는 치수 기입

[그림 3-9] 치수 기입의 일반 형식

(4) 각도를 기입하는 치수선은 각도를 구성하는 두 변 또는 그 연장선(치수 보조선)의 교점을 중심으로 하여 양변 또는 그 연장선 사이에 그린 원호로 [**그림** 3-10]과 같이 표시한다.

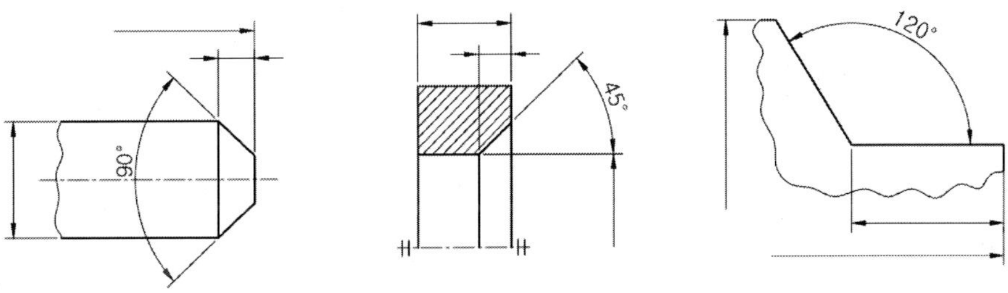

(a)　(b)　(c)

[그림 3-10] 각도의 표시법

(5) 치수 숫자를 기입하는 위치 및 방향은 특별히 정한 경우를 제외하고는 두 가지 방법 중 어느 하나에 따른다. **일반적으로 (a)의 방법이 많이 쓰인다.**

(a)의 방법: 수치를 기입할 때 치수선을 중단하지 않고 쓰는 방법[**그림** 3-11(a)]

(b)의 방법: 수치를 기입할 때 수평방향 이외의 치수선은 중단하여 기입하는 방법[**그림** 3-11(b)]

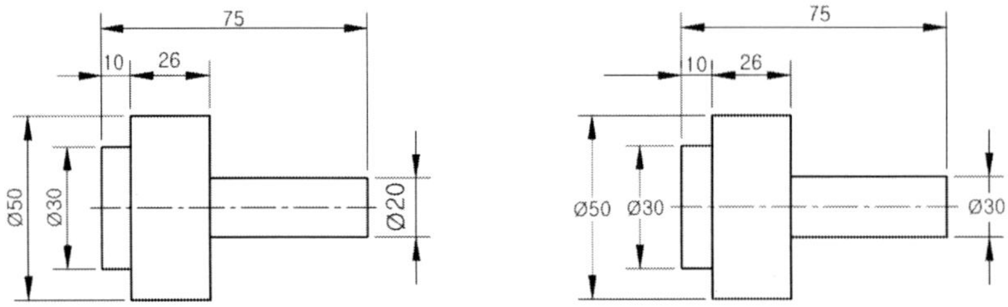

(a)의 방법　　　　(b)의 방법

[그림 3-11] 치수 수치의 기입법

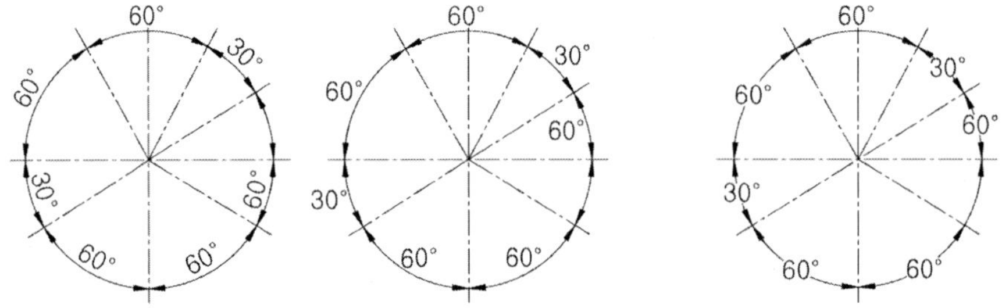

(a)　　　　(b)

[그림 3-12] 각도 수치의 기입법

◯ 두 가지 방법은 같은 도면 내에서는 혼용하면 안 된다. 또, 일련의 도면에 있어서도 혼용하지 않는 것이 좋다.

수직선에 대하여 좌상(左上)에서 우하(右下)로 향하여 약 30° 이하의 각도를 이루는 방향에는 치수선의 기입을 피한다[**그림 3-13(a)**]. 다만 도형의 관계로 기입하지 않으면 안 될 경우에는, 그 장소에 따라 혼동하지 않도록 기입한다[**그림 3-13(b), (c)**].

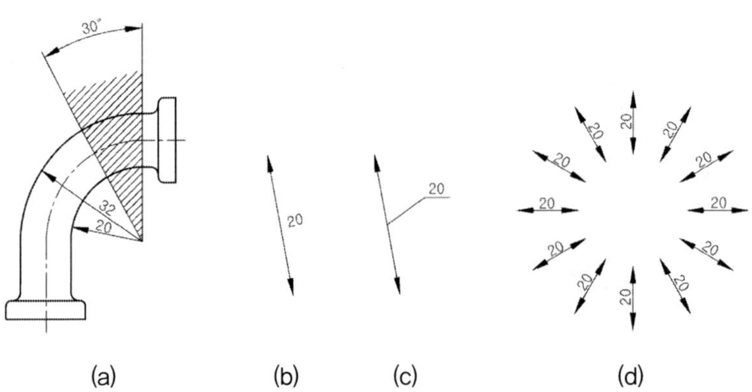

(a)　　(b)　　(c)　　(d)

[그림 3-13] 수직선의 치수 기입법

(6) 치수 보조선의 사이가 좁아서 일반적인 방법으로 치수 숫자의 기입이 불가능할 때에는 치수선을 연장하여 그 위쪽[**그림 3-14(a)**] 또는 그 바깥쪽 [**그림 3-14(b)**]에 기입하여도 좋다. 여기서 [**그림 3-14(a)**]는 (a)의 방법이며, [**그림 3-14(b)**]는 (b)의 방법이다.

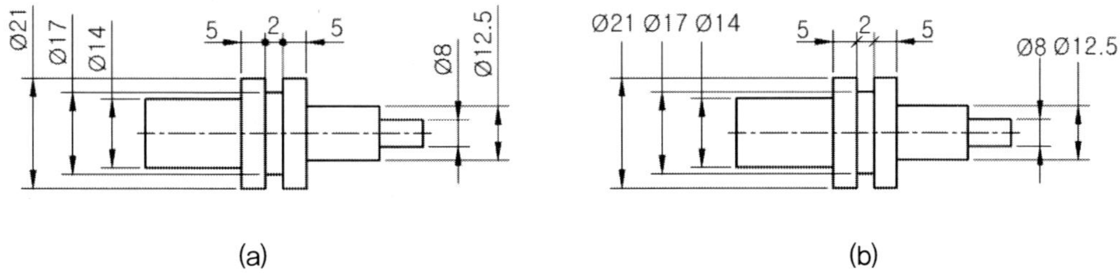

[그림 3-14] 좁은 곳의 치수 기입법

또한, 지시선을 치수선에서 경사방향으로 끌어내어 그 끝을 수평으로 구부린 후 그 위쪽에 치수를 기입한다.

이 경우 지시선을 끌어내는 쪽 끝에는 아무것도 붙이지 않는다[**그림 3-15(a)**]. 좁은 부분이 연속될 때에는 [**그림 3-15(b)**]와 같이 치수선의 위와 아래에 치수를 교대로 기입한다. 또한 [**그림 3-15(c)**]와 같이 사이가 아주 좁을 때에는 그 부분을 [**그림 3-15(d)**]와 같이 확대하여 상세도로 나타내어도 좋다.

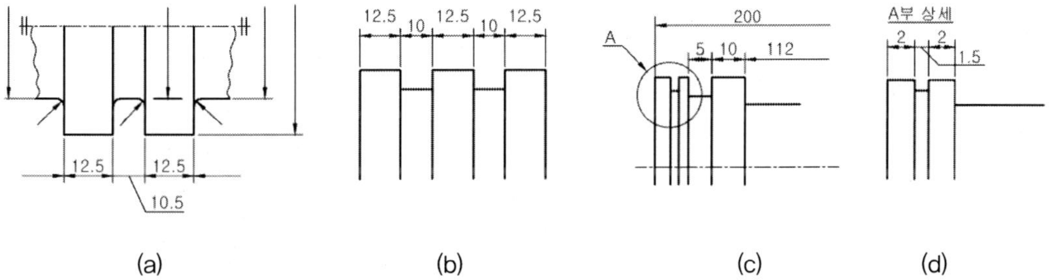

[그림 3-15] 좁은 곳의 치수 기입법

3-6 치수의 배치

(1) 직렬치수 기입법

직렬로 나란히 치수를 기입하는 방법으로, 나란히 연결된 각각의 치수에 주어진 치수공차가 점차로 누적되어도 좋은 경우에 사용한다.

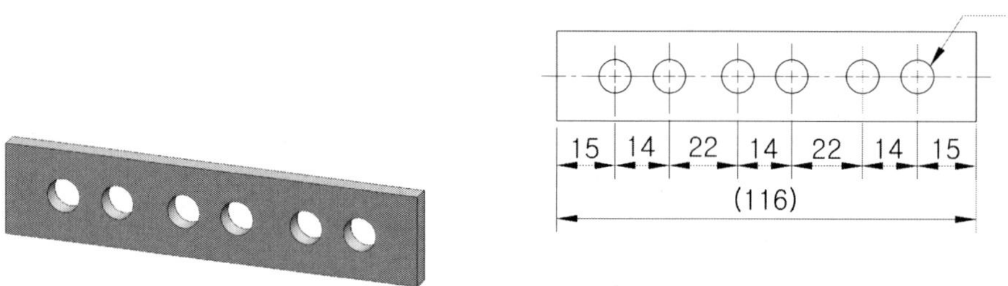

[그림 3-16] 직렬치수 기입법

(2) 병렬치수 기입법

한 곳을 중심으로 치수를 기입하는 방법으로, 각각의 치수공차는 다른 치수의 공차에 영향을 주지 않는다. 이 경우 공통이 되는 쪽의 치수 보조선의 위치는 기능, 가공 등의 조건을 고려하여 적절히 선택한다.

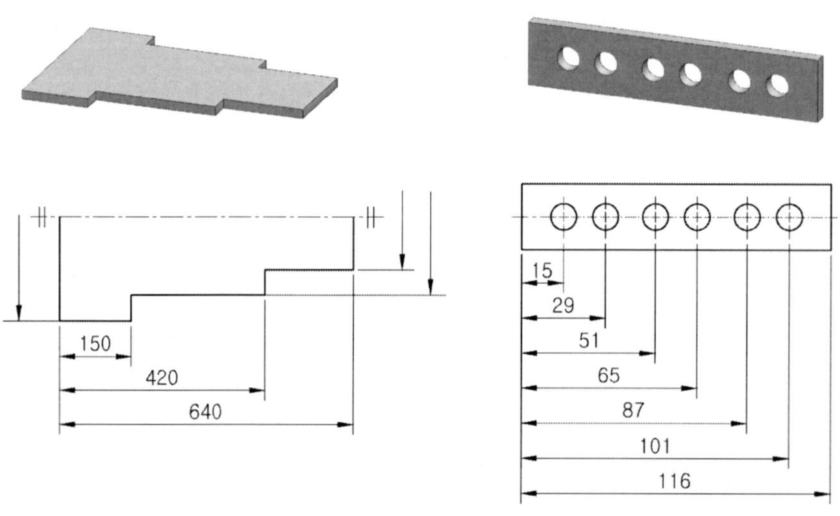

[그림 3-17] 병렬치수 기입법

(3) 누진치수 기입법

한 개의 연속된 치수선으로 간편하게 표시하는 방법으로, 이 방법에 따르면 치수공차에 관해서 병렬치수 기입법과 같은 의미를 가진다. 이때 치수기점의 위치는 기점기호(○)로 나타내고, 치수선의 다른 끝은 화살표로 나타낸다. 치수 수치는 치수 보조선에 **[그림 3-18(a), (c), (d), (e)]**와 같이 나란히 기입하거나, **[그림 3-18(b)]**처럼 치수선의 위쪽으로 화살표 가까운 곳에 기입한다. 또한, 한 곳을 중심으로 양쪽 방향으로의 **[그림 3-18(d)]**처럼 기입도 가능하다.

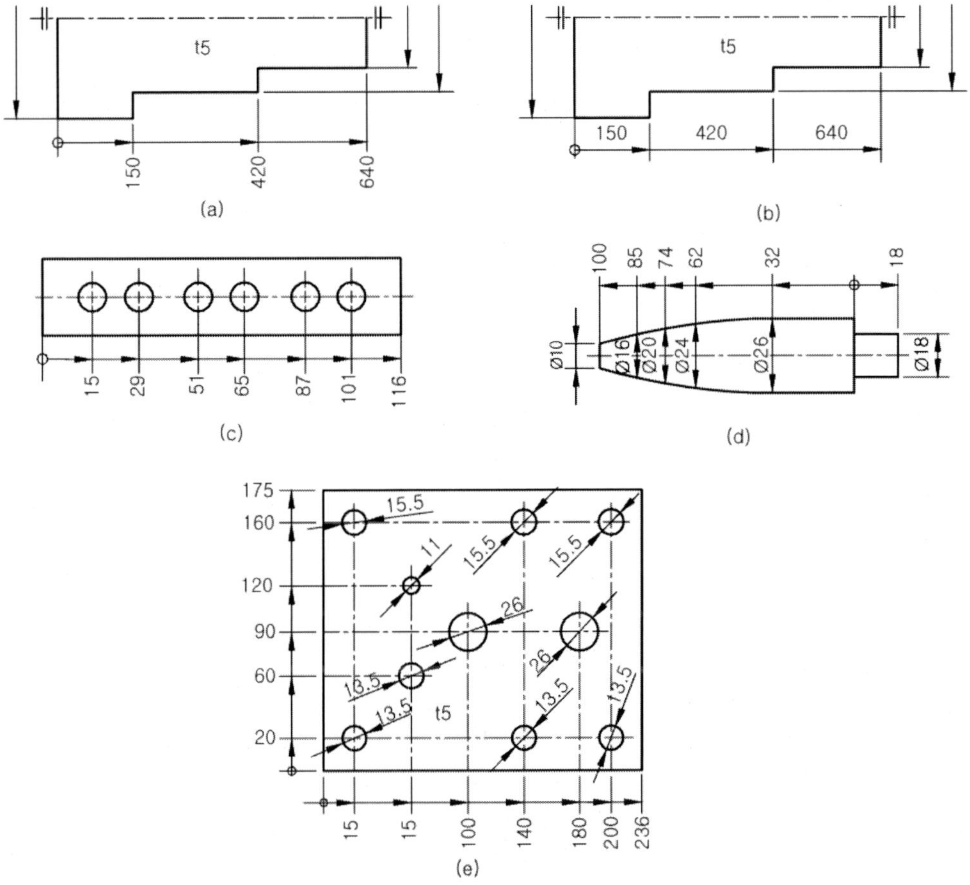

[그림 3-18] 누진치수 기입법

(4) 좌표치수 기입법

구멍의 위치나 크기 등의 치수는 좌표를 사용하여 별도 표로 **[그림 3-19]**로 나타내면 좋다. 이 경우 표에 나타낸 X, Y, β 등의 수치는 기점에서의 수치이며, 이 기점은 기능 또는 가공조건 등을 고려하여 적절히 선택한다.

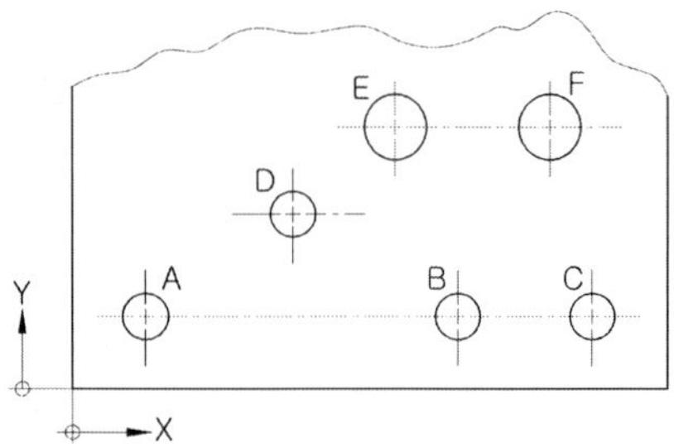

	X	Y	ø
A	20	20	13.5
B	140	20	13.5
C	200	20	13.5
D	60	60	13.5
E	100	90	26
F	180	90	26

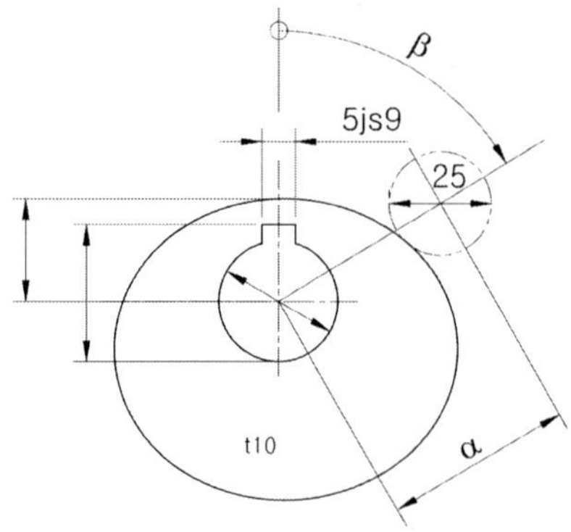

α	0°	20°	40°	60°	80°	100°	120~210°	230°	260°	280°	300°	320°	340°
β	50	52.5	57	63.5	70	74.5	76	75	70	65	59.5	55	52

[그림 3-19] 좌표치수 기입법

3-7 지름, 반지름, 구의 치수 기입

(1) 지름의 치수 기입

그 모양을 도면에 표시하지 않고 원형인 것을 나타내는 경우에는 지름의 기호(∅)를 치수 수치의 앞에 치수 숫자와 같은 크기로 기입하여 표시한다. 그러나 원형의 그림 내에 지름의 치수를 기입할 때는, 지름 기호(∅)는 생략한다. 다만, 원형의 일부를 그리지 않은 도형의 경우는 반지름 치수와 혼동되지 않도록 지름의 치수 수치 앞에 (∅)를 **[그림 3-20]**처럼 기입한다. 지름의 치수를 기입할 여유가 없을 때에는 **[그림 3-21]**과 같이, 한쪽에 써야 할 치수선의 연장선과 화살표를 그린 후, 지름의 기호(∅)와 치수 수치를 기입한다.

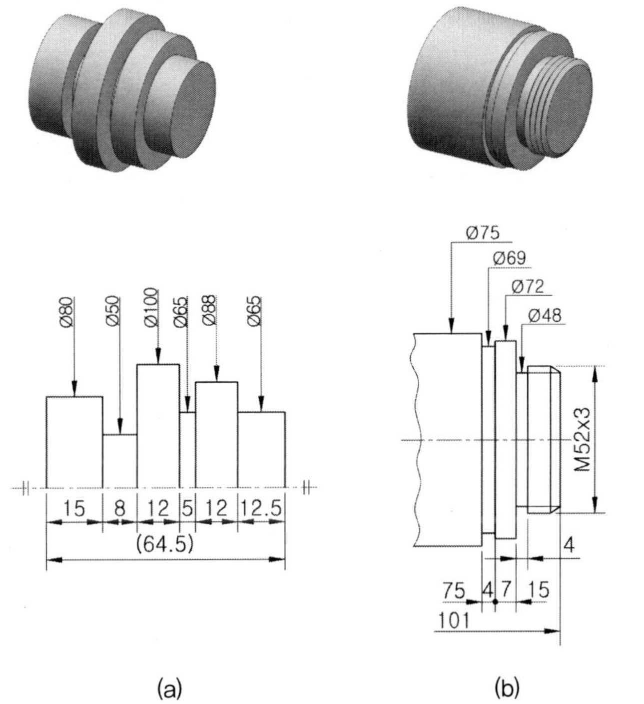

[그림 3-21] 좁은 경우 지름의 치수 기입

(2) 반지름의 치수 기입

반지름의 치수는 반지름의 기호 R을 치수 수치 앞에 치수 숫자와 같은 크기로 기입하여 [그림 3-22(a)]와 같이 표시한다. 그러나 반지름을 나타내는 치수선을 원호의 중심까지 긋는 경우에는 [그림 3-22(b)]처럼 이 기호를 생략해도 좋다. 치수선은 호에만 화살표를 붙이고 중심은 화살표를 붙이지 않는다. 또한 화살표나 치수 수치를 기입할 좁은 곳에서는 [그림 3-23]과 같이 표시할 수 있다.

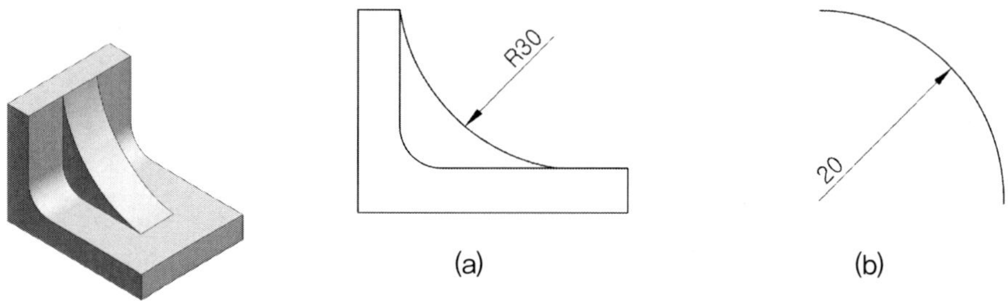

[그림 3-22] 반지름의 치수 기입

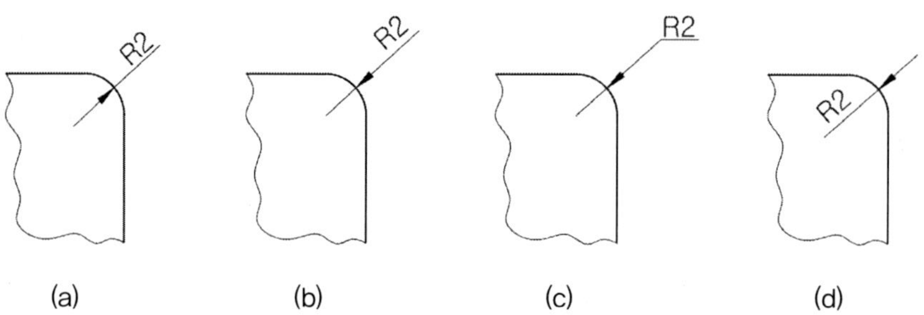

[그림 3-23] 좁은 경우의 반지름의 치수 기입

원호의 중심위치를 표시할 필요가 있을 때에는 (+)자 또는 검은 둥근점으로 그 위치를 나타낸다. 그러나 원호의 반지름이 커서 그 중심의 위치를 표시하기가 곤란한 경우에는 그 치수선을 중간에서 끊거나 (Z)자형으로 굽혀 표시한다. 이때 치수선의 방향은 실제의 중심선과 만나는 방향을 향하여 그어야 하며 **[그림 3-24(a)]** 같이 반드시 R의 기호를 붙여야 한다. 같은 중심을 가진 반지름은 길이치수와 같이 누진치수 기입법을 **[그림 3-24(b)]**처럼 R을 사용하여 표시할 수 있다.

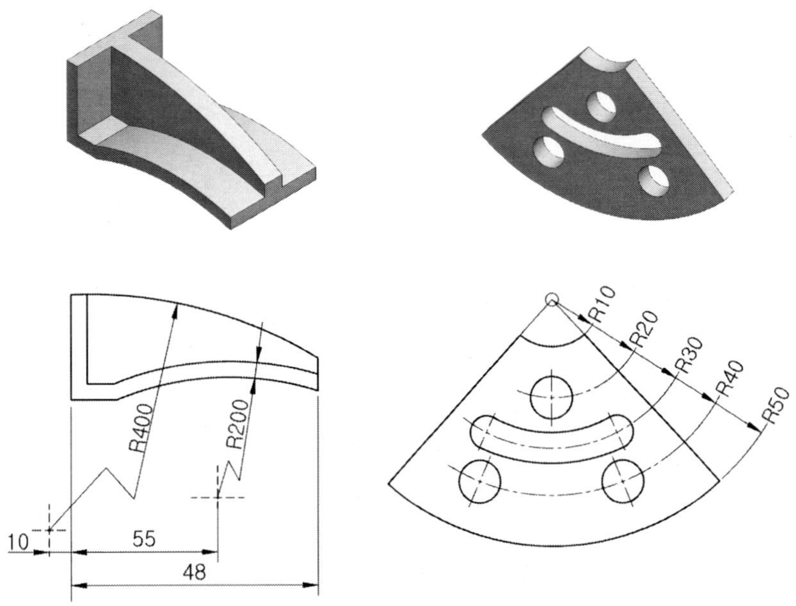

(a) 지름이 큰 경우의 반지름 (b) 누진 치수 기입법을 활용한 반지름 치수

[그림 3-24] 반지름의 치수 기입

실형을 나타내지 않는 투상도형에 실제의 반지름 또는 전개한 상태의 반지름을 지시하는 경우에는 치수 수치 앞에 **'실 R'** 또는 **'전개 R'**의 글자기호를 **[그림 3-25]**와 같이 기입한다.

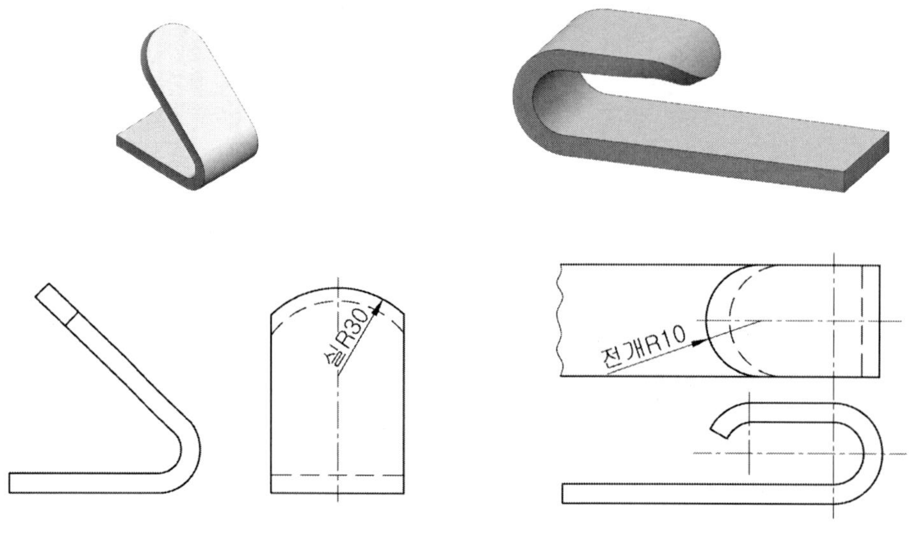

(a) '실제 R' 치수 기입 (b) '전개 R'의 치수 기입

[그림 3-25] 실제 반지름 및 전개한 상태의 반지름 치수 기입

구의 지름 또는 반지름의 치수는 그 치수 수치의 앞에 치수 숫자와 같은 크기로 **구의 기호** S 또는 **구의 반지름** SR을 기입하여 **[그림 3-26]**처럼 표시한다.

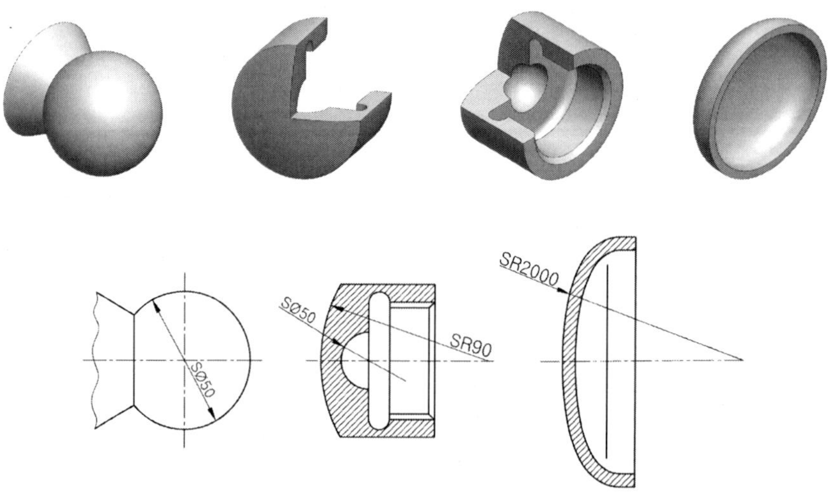

(a) (b) (c)

[그림 3-26] 구의 지름, 반지름 치수 기입

(4) 정사각형의 치수 기입

대상으로 하는 부분의 단면이 정사각형일 때, 그 변의 길이를 표시하는 치수 수치 앞에 치수 숫자와 같은 크기로 정사각형 기호(□)을 [그림 3-27]과 같이 기입한다. 그러나 기호을 붙이지 않아도 도형이 명백할 때에는 생략해도 좋다.

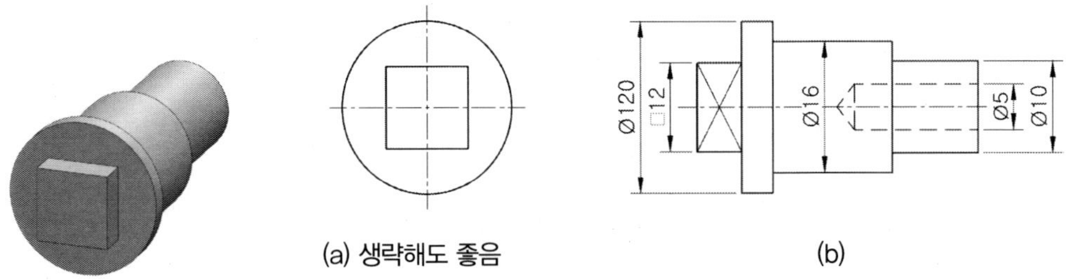

(a) 생략해도 좋음　(b)

[그림 3-27] 정사각형 단면의 치수 기입

(5) 두께의 치수 기입

판의 주 투상도에 그 두께의 치수를 표시하는 경우에는 [그림 3-28]과 같이 그 도면의 부근 또는 그림에 보기 쉬운 곳에 두께를 표시하는 치수 수치 앞에 치수 숫자와 같은 크기로 기호 t를 기입한다.

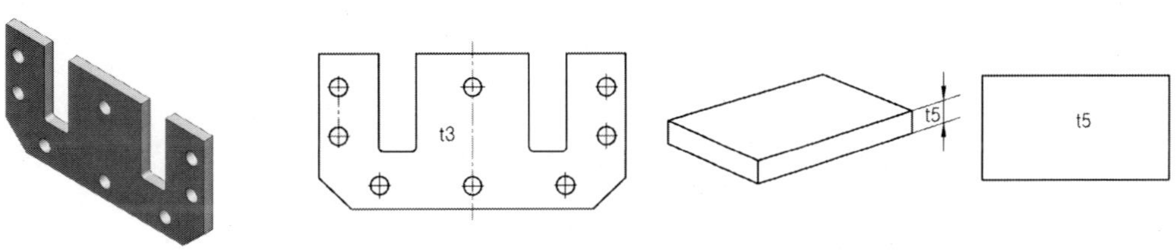

[그림 3-28] 얇은 판의 두께 기입법

(6) 현, 호의 치수 기입

호의 길이는 호에 직각으로 치수 보조선을 긋고 그 원호와 동심의 원호를 치수선으로 하고 치수 수치 위에 원호 길이의 기호를 **[그림 3-29(a)]**처럼 붙인다. 현의 길이를 표시하는 치수선은 현에 직각으로 치수 보조선을 긋고, 현에 평행한 치수선을 사용하여 **[그림 3-29(b)]**와 같이 표시한다.

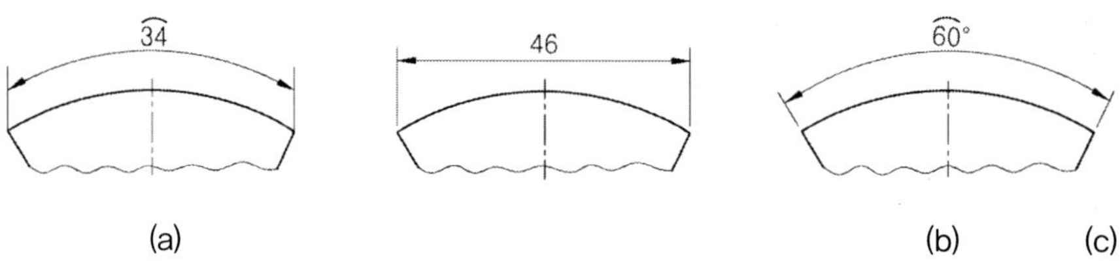

[그림 3-29] 현과 호의 치수 기입 및 각도의 표시법

특히 현과 구별하여 호라는 것을 명시할 필요가 있을 때에는 치수 숫자 위에 '⌒'의 기호를 **[그림 3-30]**과 같이 기입한다. 또 치수 숫자 앞에 **'현'** 또는 **'호'** 자를 같이 **[그림 3-30(b)]** 표기해도 좋다. 특히 두 개 이상의 같은 중심의 호 중에서 한 개의 호 길이를 특별히 명시할 필요가 있을 경우에는 지시선을 그어 **[그림 3-30(c)]**와 같이 분명히 표시한다.

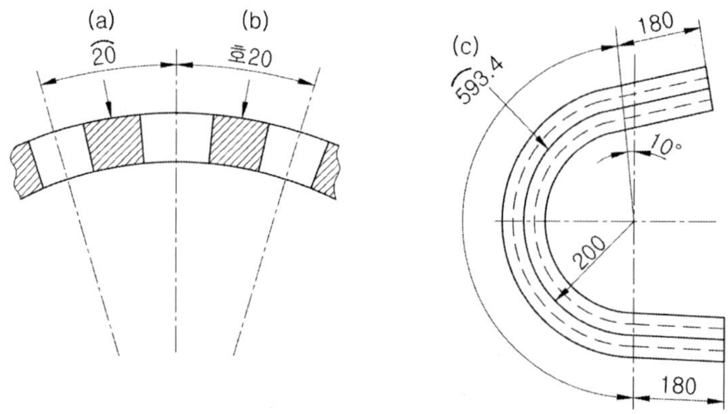

[그림 3-30] 두 개 이상의 현과 호의 치수 기입법

원호를 구성하는 각도가 클 때나[**그림 3-31(a)**], 연속적으로 원호의 치수를 기입할 때[**그림 3-31(b)**]는 원호의 중심으로부터 방사형으로 그린 치수 보조선에 치수선을 맞추어도 좋다. 이 경우 2개 이상의 동심 원호 중 1개의 원호 길이를 명시할 필요가 있을 때에는 다음 중 하나에 따른다.

① 원호의 치수 수치에 대하여 지시선을 긋고 끌어낸 원호쪽에 화살표를 그린다[**그림 3-31(a), (b)**].

② 원호의 길이 치수 수치 뒤에 원호의 반지름을 괄호에 넣어서 나타낸다. 이 경우에는 원호의 길이 기호를 붙이지 않는다[**그림 3-31(c)**].

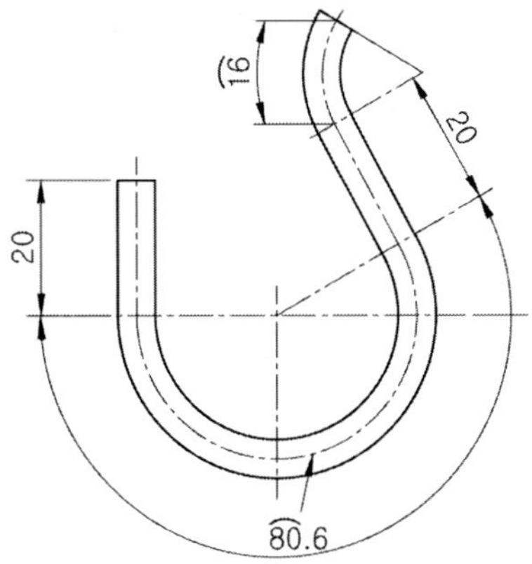

(a)

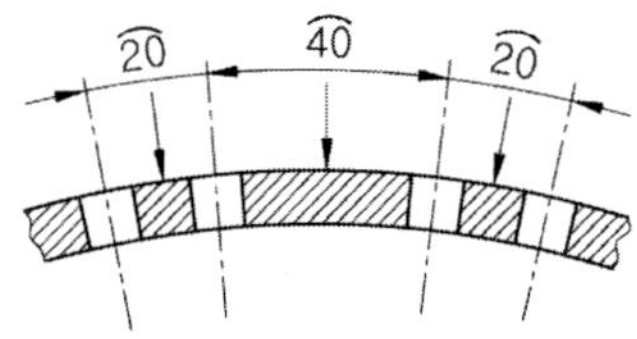

(b)

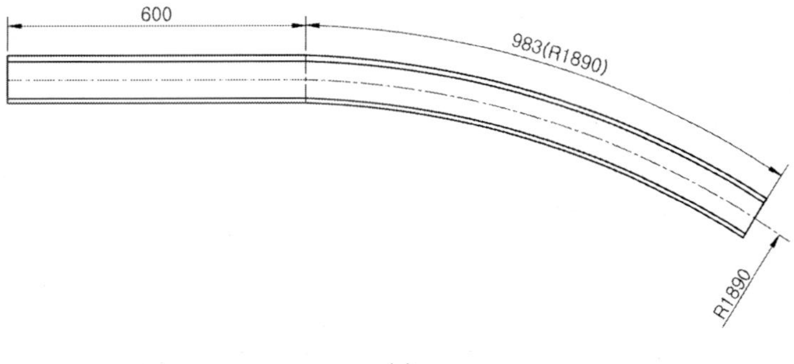

(c)

[그림 3-31] 원호의 치수 기입법

[**그림 3-32(a)**]와 같이 치수선을 나타내는 위치에서 두 개의 치수 보조선을 그어 도면이 복잡해질 때는 [**그림 3-32(b)**]와 같이 그려도 좋다.

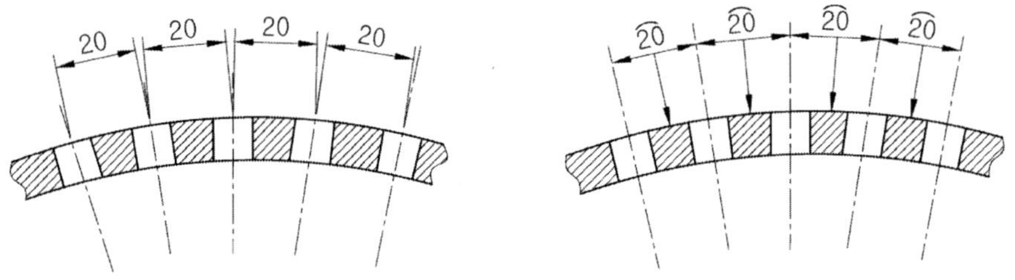

(a) 치수 보조선을 사용할 경우 (b) 치수 보조선을 사용하지 않을 경우

[그림 3-32] 호를 연속해서 기입하는 방법

(7) 곡선의 치수 기입

원호로 구성되는 곡선의 치수는 일반적으로 이들 원호의 반지름과 그 중심 또는 원호의 접선의 위치로 [**그림 3-33**]과 같이 표시한다.

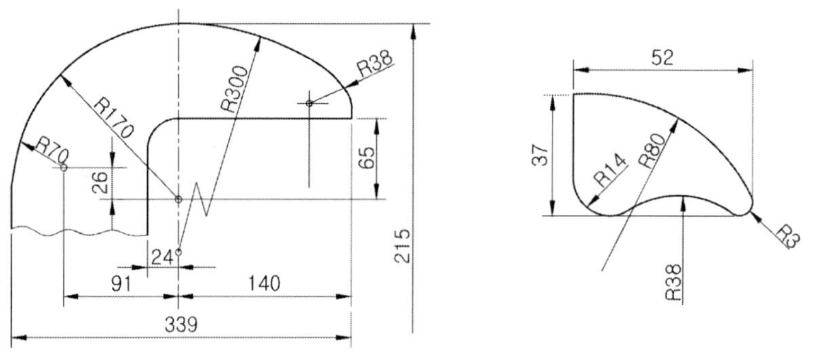

(a) (b)

[그림 3-33] 곡선의 치수 기입

또한 원호가 아닌 곡선의 치수는 곡선상 임의 점 좌표치수로 [**그림 3-34(a)**]처럼 표시한다. [**그림 3-34(a)**]와 같이 표시하는 것이 편리할 때에는 이 방법을 사용한다.

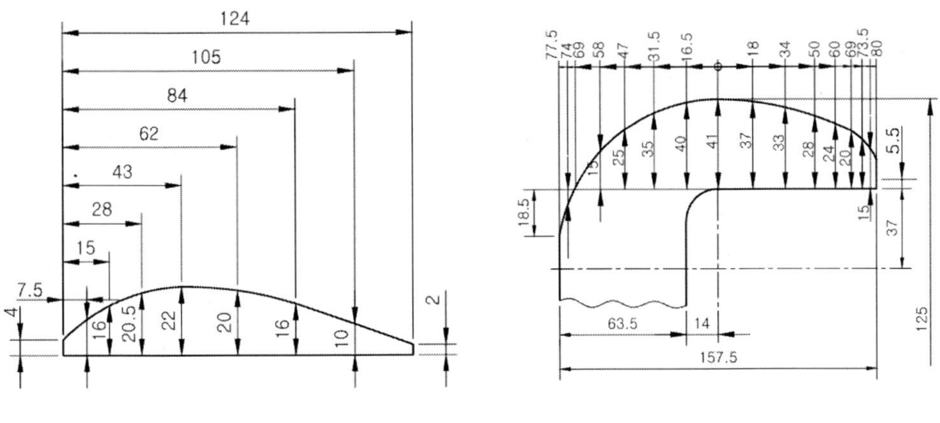

(a) (b)

[그림 3-34] 좌표 치수로 곡선을 표시한 경우

(8) 모떼기의 표시방법

부품의 모서리 등을 각지게 깎아내는 것을 **모떼기**(chamfering)라 한다. 일반적인 모떼기는 보통 치수 기입방법에 따라 모떼기의 길이와 각도를 [그림 3-35]와 같이 표시한다. 그러나 45° 모떼기의 경우에는 [그림 3-35(a)]와 같이 '**치수 수치×45°**' 또는 **기호 C**를 치수 수치 앞에 치수 숫자와 같은 크기로 기입하여 [그림 3-35(b)]와 같이 표시한다.

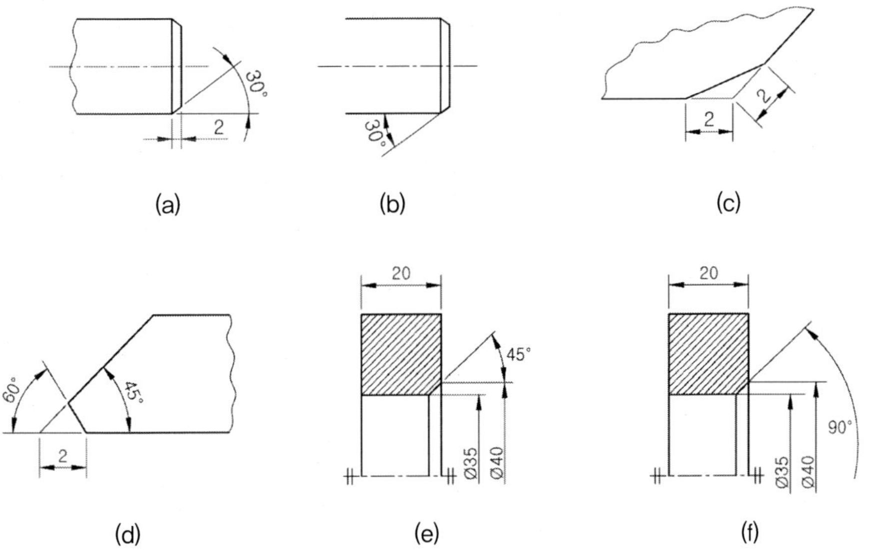

(a) (b) (c)

(d) (e) (f)

[그림 3-35] 모떼기의 도시방법

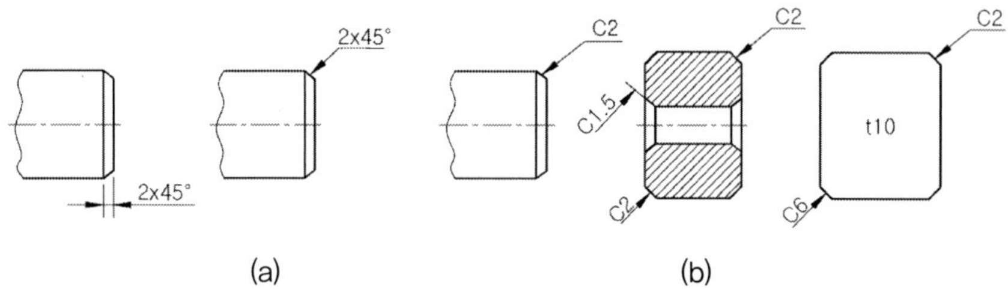

[그림 3-35] 모떼기의 표시방법

(9) 구멍의 치수 기입

드릴, 펀칭 코어로 가공된 구멍의 가공방법을 구별하여 나타낼 필요가 있는 경우에는 공구의 호칭치수 또는 기준치수를 나타내고, 그 뒤에 가공방법의 구별은 가공방법 용어를 규정하고 있는 한국산업표준에 정해진 용어에 따라 지시한다[그림 3-36]. 다만, [표 3-1]에 표시하는 것에 대해서는 이 표의 간략 지시에 따를 수 있다.

[표 3-1] 가공방법의 간략 지시

가공방법	간략 지시
주소한 대로	코 어
프레스 펀칭	펀 칭
드릴로 구멍뚫기	드 릴
리머 다듬질	리 머

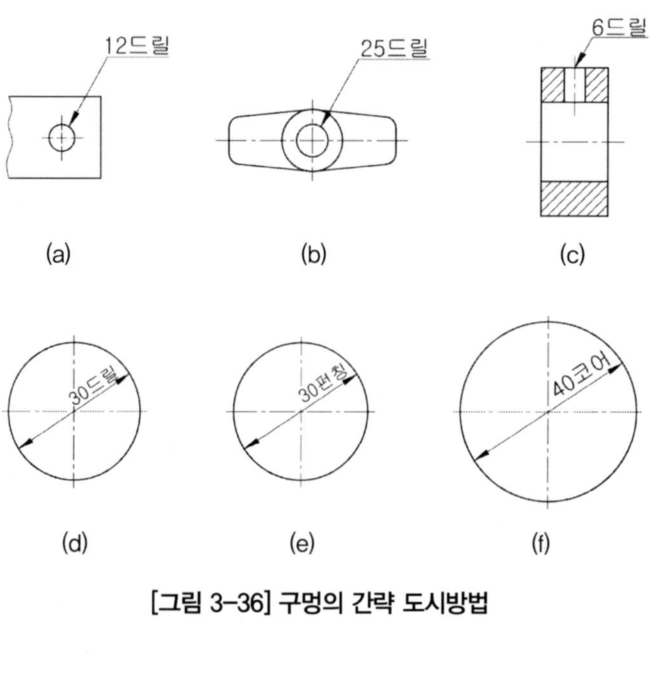

[그림 3-36] 구멍의 간략 도시방법

구멍의 깊이를 지시할 때는 구멍의 지름을 나타내는 치수 다음에 **'깊이'**라고 쓰고 그 숫자를 기입한다. 그러나 관통된 구멍일 때는 구멍깊이를 기입하지 않는다. 여기서 구멍의 깊이란 드릴 앞끝의 원추부, 리머 앞 끝의 모떼기부 등을 포함하지 않은 원통부의 깊이[**그림3-37(b)의** H]를 말한다. 볼트, 너트 등의 자리를 좋게 하기 위하여 자리파기를 한 경우에는 자리파기의 지름을 나타내는 치수 다음에 **'자리파기'**라 쓴다. 이것은 **흑피(주물의 거친면)**를 깎은 정도이므로 자리파기의 깊이는 지시하지 않으며 자리파기를 표시하는 도형도 [**그림** 3-37(g)]처럼 그리지 않는다.

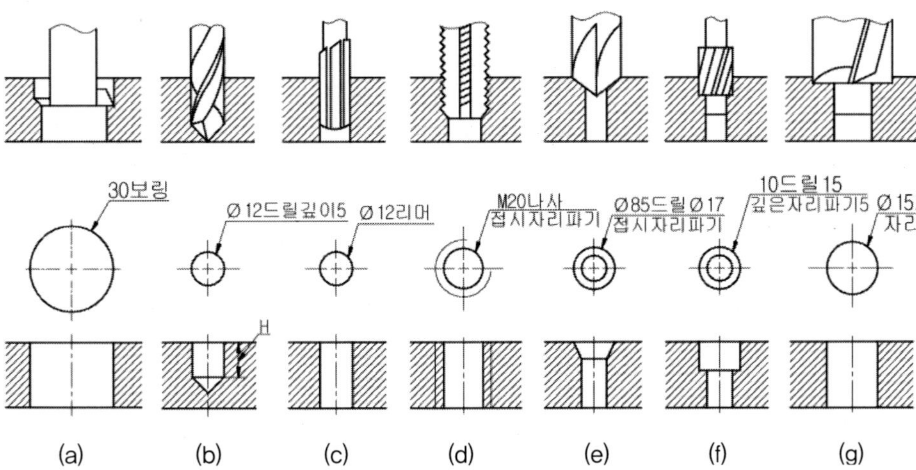

[그림 3-37] 구멍의 치수 기입

볼트 머리를 잠기게 하는 경우에 사용하는 깊은 자리파기의 표시방법은 깊은 자리파기의 지름을 나타내는 치수 다음에 **'깊은 자리파기'**라고 쓰고 그 다음에 [**그림** 3-38(a), (b)]처럼 깊이를 표시한다. 그러나 깊은 자리파기의 아래 위치를 반대쪽 면으로부터 치수를 지시할 필요가 있을 때는 치수선을 사용하여 [**그림** 3-38(c), (d)]처럼 표시한다.

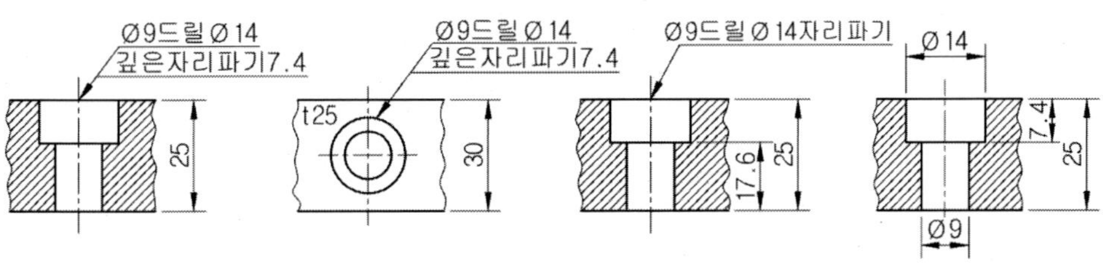

[그림 3-38] 깊은 자리파기의 치수 기입

경사진 구멍의 깊이는 구멍 중심선 상의 깊이로 표시하거나 [그림 3-39(a)] 치수선을 이용하여 [그림 3-39(b), (c), (d)]와 같이 표시한다.

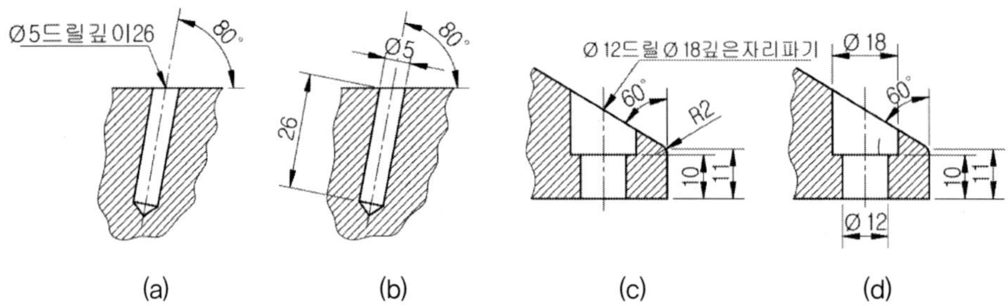

[그림 3-39] 경사진 구멍의 치수 기입

긴 원의 구멍은 구멍의 기능 또는 가공방법에 따라 [그림 3-40]과 같이 표시할 수 있다.

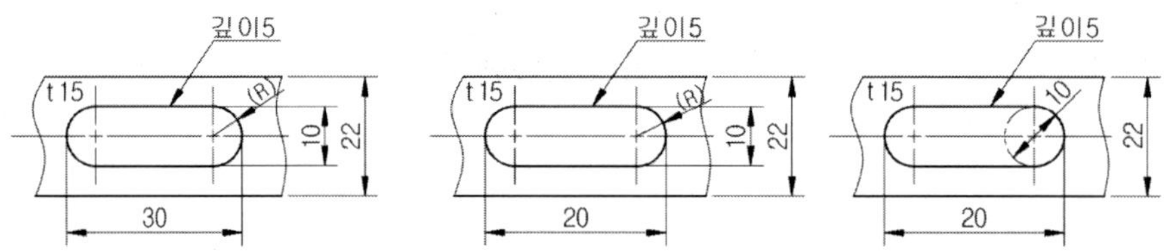

[그림 3-40] 긴 원의 구멍 치수 기입

두 개 이상의 같은 치수 구멍들을 많이 그려야 되는 경우에는 하나만 그리고 다른 구멍들은 중심 위치만을 그리며 개수 및 치수, 위치 등을 [그림 3-41]처럼 기입한다. 또한, 동일 치수의 구멍들이 같은 간격으로 배치되어 있을 때에는 [그림 3-41(b), (c)] 같이 간단하게 그린다. 즉, **(간격의 수)×(간격의 치수)=(합계 치수)**로 표시한다.

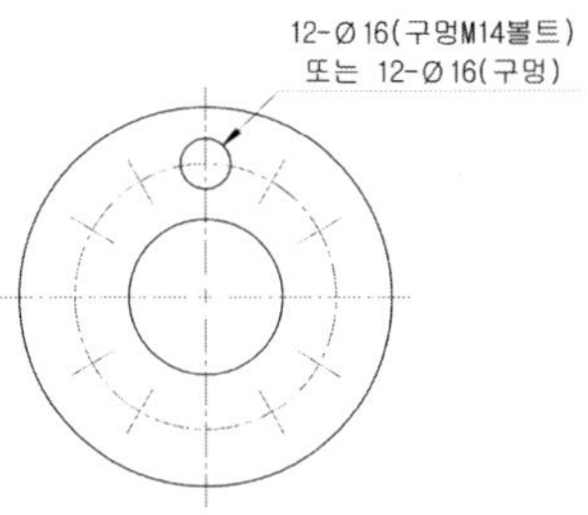

[다수 같은 구멍의 치수 표기]

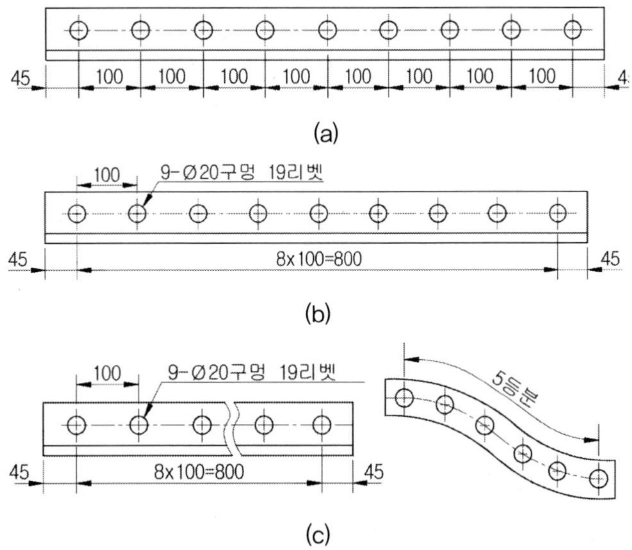

[그림 3-41] 동일 구멍이 연속될 때의 치수 기입

3-8 키홈의 치수 기입

(1) 축의 키홈 치수

① 키홈 치수는 **키홈의 폭(너비), 깊이, 길이 위치 및 끝부분을 표시하는 치수**에 따른다[그림 3-42(a),(b),(c)].

② 키홈의 끝 부분을 밀링커터 등에 의하여 절삭하는 경우에는 **기준 위치에서 공구의 중심까지의 거리**와 **공구의 지름**을 [그림 3-42(c)]와 같이 표시한다.

③ 키홈의 깊이는 키홈과 반대쪽의 축지름 면으로부터 키홈의 바닥까지 치수로 표시한다[그림 3-42]. 이외에도 필요한 경우에는 키홈의 중심면 위에서 축지름 면으로부터 키홈 바닥까지 치수(절삭깊이)로 표시하여도 좋다[그림3-43].

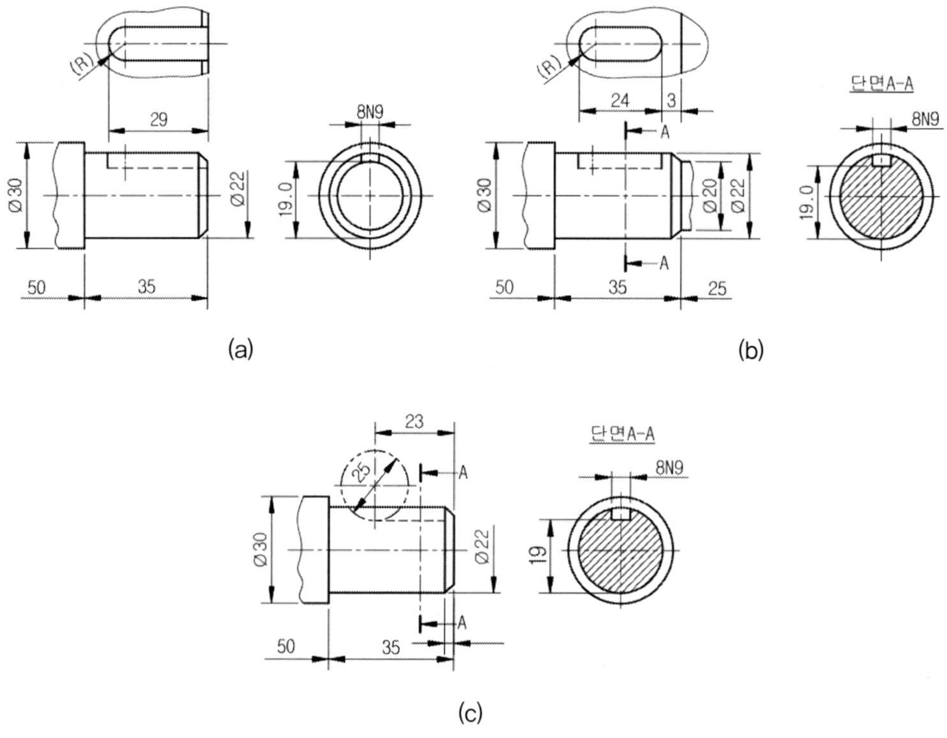

[그림 3-42] 축의 키홈 표시법

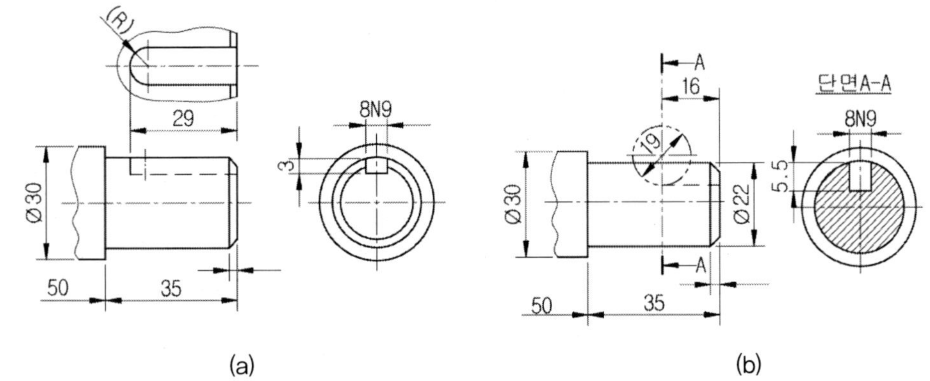

[그림 3-43] 축의 키홈 표시법

(2) 구멍의 키홈 치수

① 구멍의 키홈 치수는 **키홈의 너비 및 깊이**를 표시하는 치수에 [**그림** 3-44(a)]와 같이 표기한다.

② 키홈의 깊이는 키홈과 반대쪽의 **구멍 지름면으로부터 키홈 바닥까지의 치수**로 [**그림** 3-44(a)]표시한다. 필요한 경우에는 키홈 중심면 상에서의 구멍지름면으로부터 키홈의 바닥까지의 치수로 [**그림**3-44(b)]처럼 표시하여도 좋다.

③ 경사키용의 보스 키홈 깊이는 키홈의 깊은 쪽에서 표시한다[**그림** 3-44(c)].

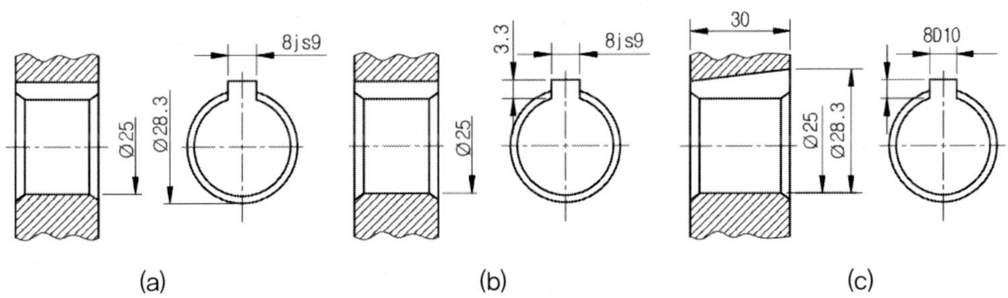

[그림 3-44] 구멍의 키홈 표시법

(3) 테이퍼 및 기울기의 기입법

한쪽 면만 경사진 경우를 기울기(slope)라 하고 양쪽 면이 중심선에 대하여 대칭으로 경사진 경우를 테이퍼(taper)라 하며 (a−b)/L로서 그 비율을 나타낸다. 기울기는 변에 따라 기입하고, 치수는 원칙적으로 테이퍼 중심선에 따라 **[그림 3−45]**와 같이 기입한다.

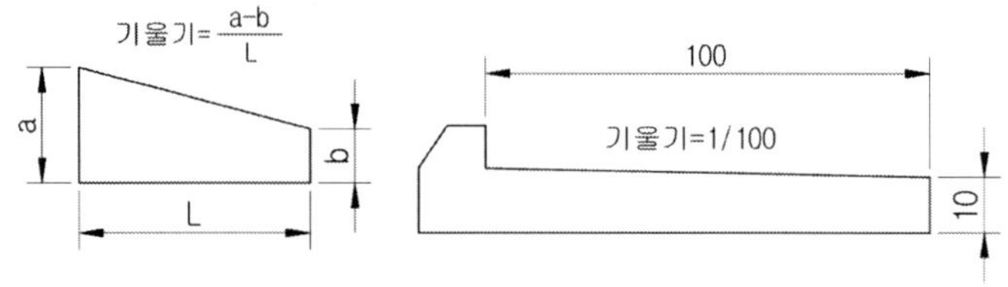

[그림 3-45] 기울기의 표시법

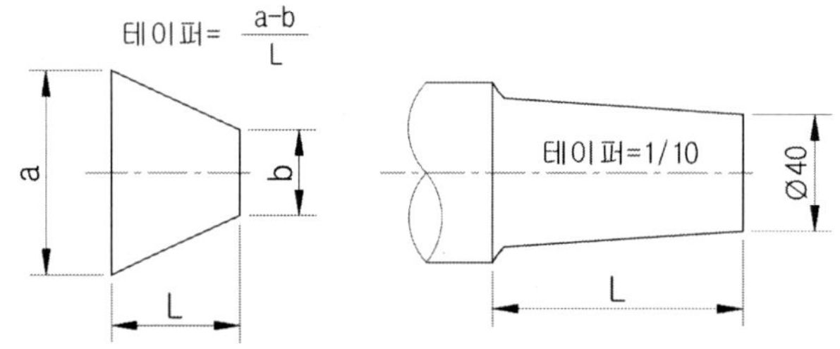

[그림 3-46] 테이퍼의 표시법

테이퍼가 아주 작아 테이퍼 지름이 큰 쪽과 작은 쪽의 구별이 잘 되지 않을 때에는 **[그림 3−47(a)]**와 같이 표시하고, 테이퍼 부분이 아주 짧아 도형 내에 기입하기 어려운 경우에는 **[그림 3−47(b)]**와 같이 테이퍼형의 도형을 빼내어 **가는 실선**으로 표시한다. 이 경우 테이퍼의 그림은 정확하게 실제의 테이퍼와 일치시켜 그릴 필요는 없다.

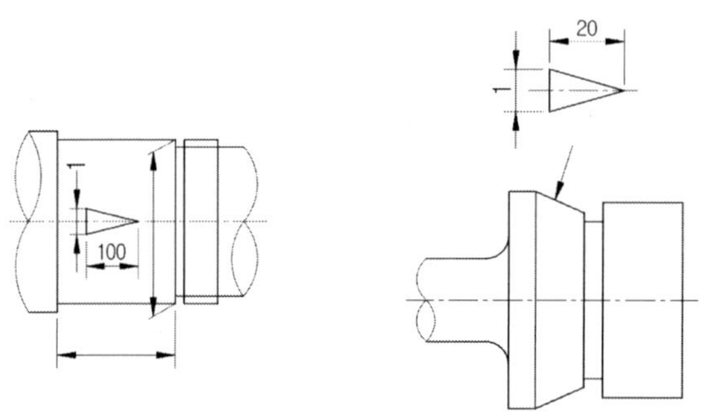

(a) (b)

[그림 3-47] 특별히 테이퍼를 표시할 경우

(4) 얇은 두께부분의 표시방법

얇은 두께부분의 단면을 **아주 굵은 실선**으로 그린 도형에 치수를 기입하는 경우에는 단면을 표시한 굵은선에 연하여 짧고 가는 실선을 긋고, 여기에 치수선의 끝부분 기호를 표기한다. 이 경우, 가는 실선을 그려준 쪽까지의 치수를 **[그림 3-48(a)]**처럼 나타낸다.

참고

KS A ISO 6414(Technical drawings for glassware)에서는 다음과 같이 **그림 3-48(b)**처럼 규정하고 있다.

① 용기모양의 대상물에서 아주 굵은 선에 직접 끝부분 기호를 대었을 경우에는 그 바깥쪽까지의 치수를 말한다.
② 오해할 우려가 있을 경우에는 화살표의 끝은 명확하게 나타낸다.
③ 안쪽을 나타내는 치수에는 치수 수치 앞에 'int' 를 표기한다.

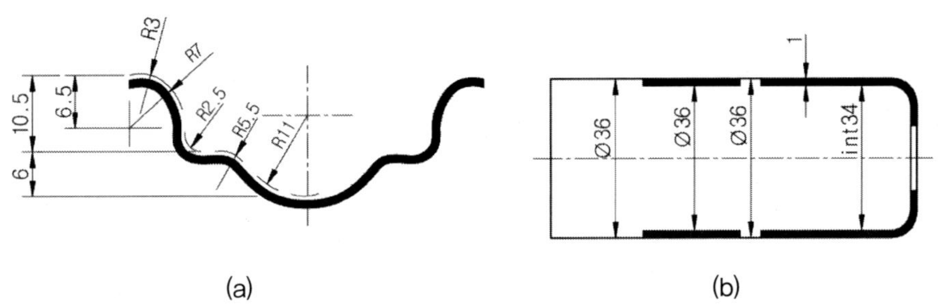

[그림 3-48] 얇은 두께부분의 표시방법

(5) 강 구조물 등의 치수 기입

강 구조물 등을 작은 축척으로 그리면 극히 가는선으로 표시된다. 이 구조물 등의 구조선도에서 절점 사이의 치수를 기입하는 경우에는 치수선이나 치수 보조선을 쓰면 복잡하게 되므로 이때는 구조를 나타내는 선 위에 치수 숫자만을 기입한다.

여기서 절점이란 구조선도에 있어서 부재의 무게 중심선의 교점을 말한다.

[그림 3-49]는 강으로 된 구조물을 나타낸 그림이고, **[그림 3-50]**은 형강 구조물의 치수를 표기한 그림으로 치수선은 생략하고 형강 위쪽에 2-L75×75×6-1800과 같이 치수를 기입하였다. 이것은 폭과 높이가 75mm, 두께가 6mm, 전장이 1800mm인 등변형강을 표시한다. 그리고 2-L의 기호는 같은 치수의 형강 두 장이 겹쳐 있음을 나타낸다.

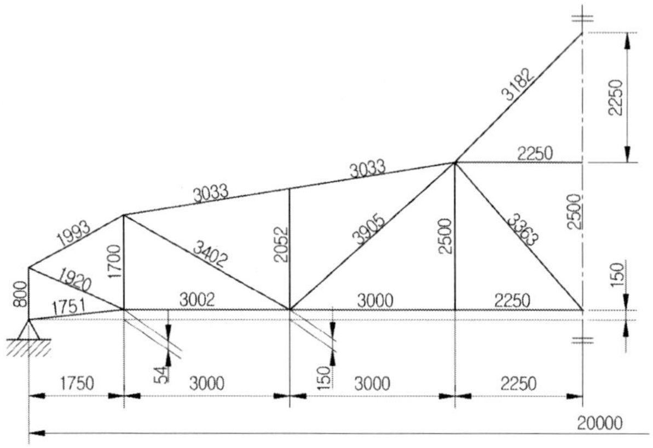

[그림 3-49] 강 구조물 치수 기입

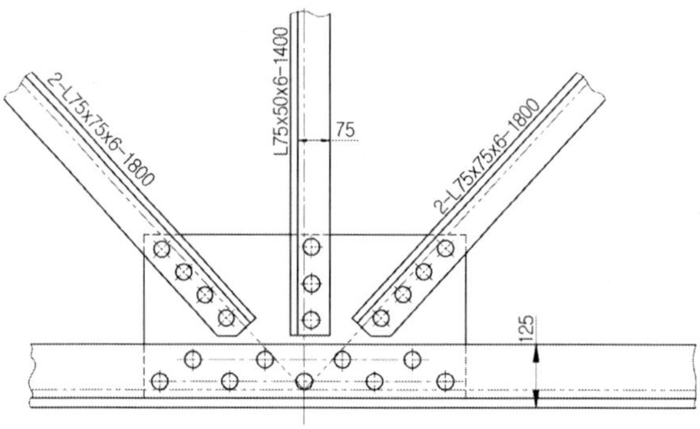

[그림 3-50] 형강 구조물 치수 기입

형강, 강관, 각관 등의 치수는 [표 3-2]의 표시방법에 의하여 각각의 도형에 연하여 기입할 수 있다. 이 경우 길이의 치수는 필요가 없으면 생략하여도 좋다. 또한, 부등변 ㄱ 형강 등을 지시하는 경우에는 그 변이 어떻게 놓이는가를 명확히 하기 위하여 그림에 나타난 변의 기호를 기입한다.

[표 3-2] 형강의 종류별 기호와 치수 표시법

종 류	단면 모양	표시방법	종 류	단면 모양	표시방법
등변 ㄱ 형강	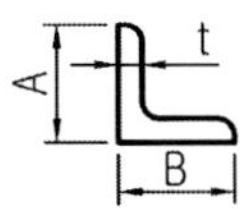	ㄱ$A\times B\times t-L$	경 Z 형강	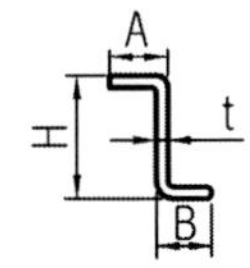	ㄱ$H\times A\times B\times t-L$
부등변 ㄱ 형강	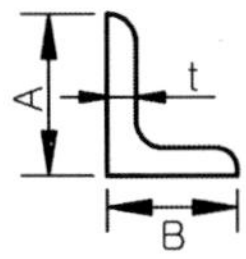	ㄴ$A\times B\times t-L$	립 ㄷ 형강	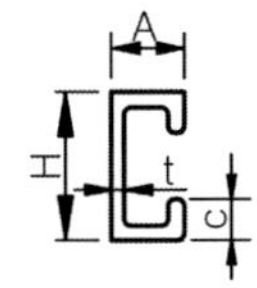	ㄷ$H\times A\times C\times t-L$
부등변 부등두께 ㄱ 형강	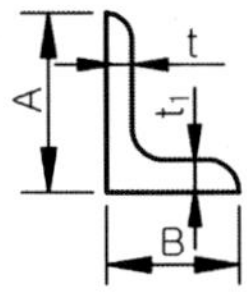	ㄴ$A\times B\times t_1\times t_2-L$	립 Z 형강	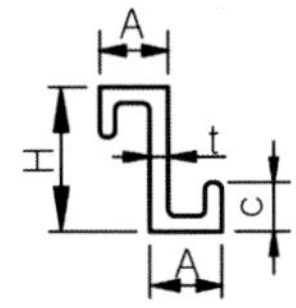	ㄱ$H\times A\times C\times t-L$
I 형강	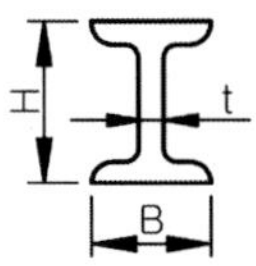	I$H\times B\times t-L$	모자 형강	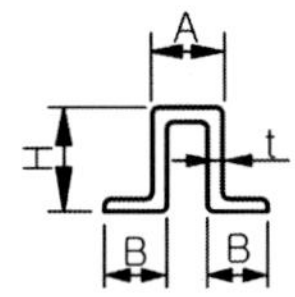	⊓$H\times A\times B\times t-L$
ㄷ 형강	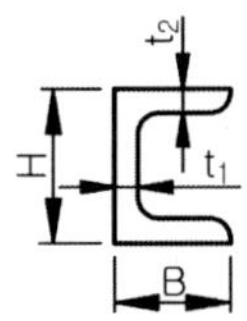	ㄷ$H\times B\times t_1\times t_2-L$	환강	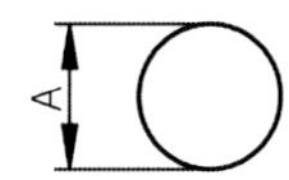	보통$\phi A-L$
구평 형강	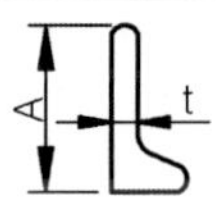	J$A\times t-L$	강관	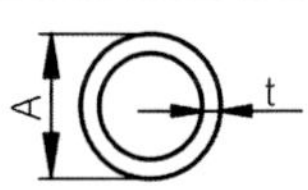	$\phi A\times t-L$
T 형강	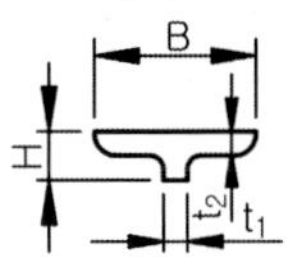	T$B\times H\times t_1\times t_2-L$	각강관	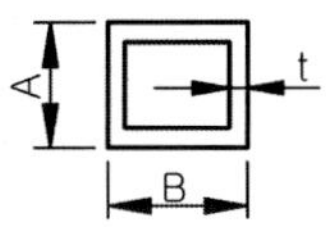	□$A\times B\times t-L$
H 형강	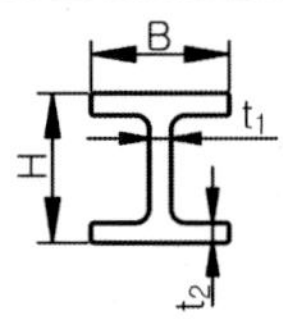	H$H\times A\times t_1\times t_2-L$	각강	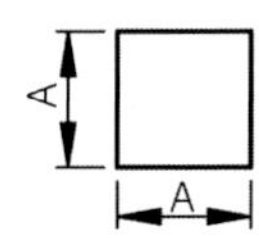	□$A-L$
경 ㄷ 형강	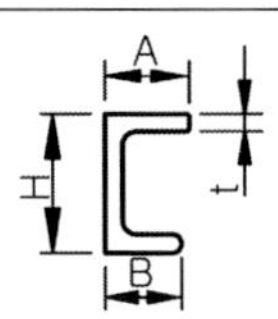	ㄷ$H\times A\times B\times t-L$	평강	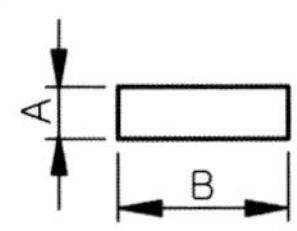	□$B\times A-I$

(6) 치수 기입상의 기타 일반 유의사항

① 치수 수치를 쓸 경우 도면에 그린 선이 잘려지지 않는 위치에 **[그림 3-51(a)]**처럼 표기하는 것이 좋다. 또한 치수 숫자는 선에 겹쳐서 기입하면 안 된다. 다만, 할 수 없는 경우에는 치수 숫자와 겹쳐지는 선의 일부분을 중단하여 **[그림 3-51(d)]**처럼 치수 수치를 기입한다.

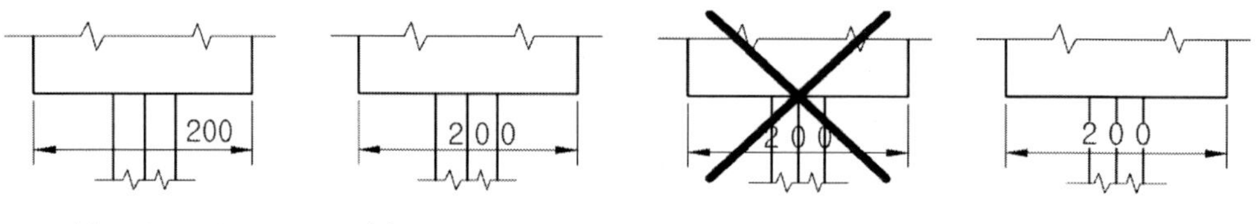

(a) 좋은 보기 (b) 좋지 못한 보기 (c) 나쁜 보기 (d) 선을 중단한 보기

[그림 3-51] 일반 치수 기입법

치수 수치는 치수선과 교차되는 곳에 **[그림 3-52(b)]** 같이 기입하면 안 된다.

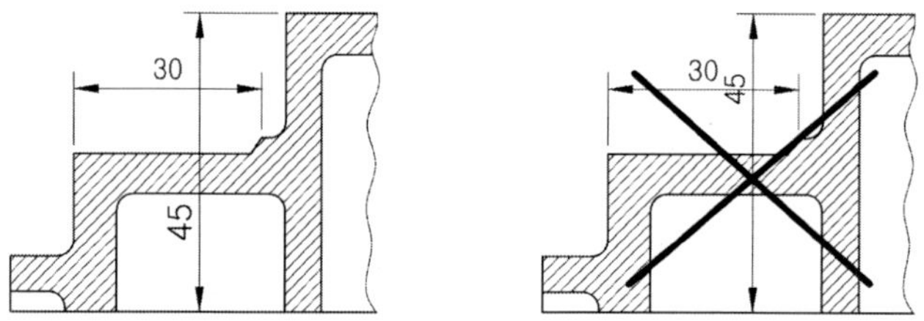

(a) 좋은 보기 (b) 나쁜 보기

[그림 3-52] 치수 수치가 치수선과 교차되는 곳에 기입한 예

② 치수선이 인접해서 연속하는 경우에는 치수선을 **[그림 3-53(a)]**와 같이 동일 직선상에 가지런하게 기입하는 것이 좋다. 특히 관련되는 부분의 치수는 **[그림 3-53(b), (c)]**와 동일 직선상에 기입하는 것이 좋다.

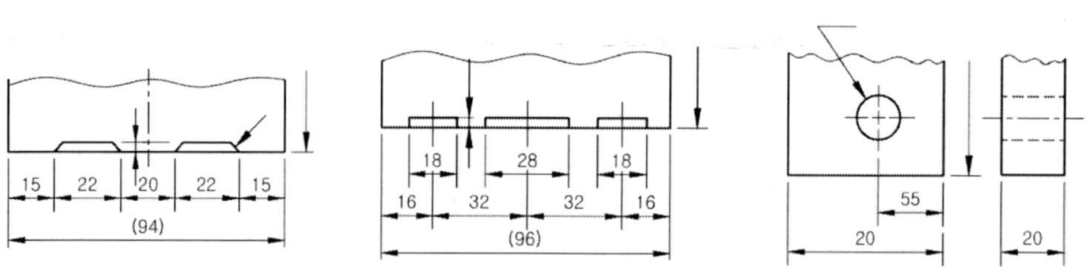

(a) (b) (c)

[그림 3-53] 연속된 치수선의 기입법

③ 치수 보조선을 긋고 기입하는 지름의 치수가 대칭 중심선의 방향에 몇 개 늘어선 경우에는 각 치수선을 되도록 같은 간격으로 긋는다. 이 경우 작은 치수를 안쪽에, 큰 치수를 바깥쪽으로 가지런하게 **[그림 3-54(a)]**처럼 기입한다. 그러나 치수선의 간격이 좁은 경우에는 **[그림 3-54(b)]**와 같이 치수 수치를 대칭 중심선의 양쪽에 교대로 써도 좋다.

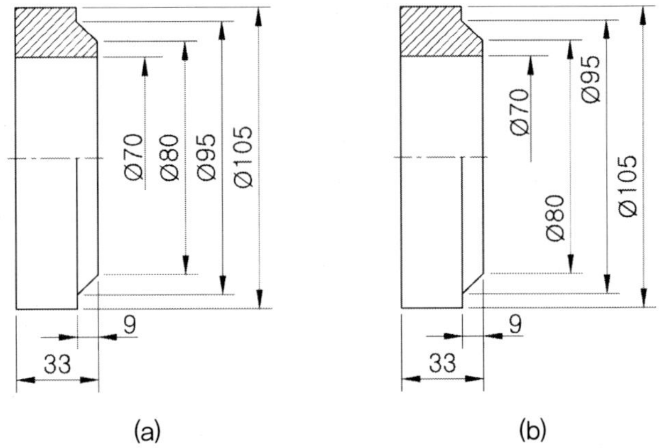

[그림 3-54] 다수의 치수선인 경우 치수 기입법

④ 치수선이 길어서 그 중앙에 치수 수치를 기입하여 알기 어려운 경우에는 어느 한쪽 끝부분의 기호 가까이 치우쳐서 **[그림 3-55]**와 같이 기입할 수 있다.

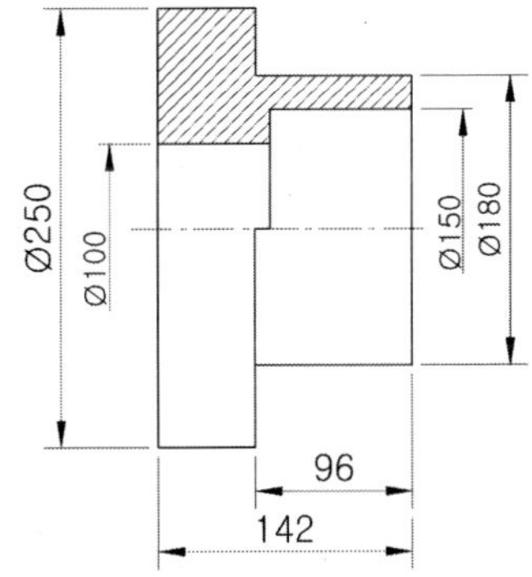

[그림 3-55] 치수를 어느 한쪽에 기입한 경우

⑤ 대칭도형에서 대칭 중심선의 한쪽만을 표시한 **[그림 3-56]**과 같이 치수선을 중심선 넘어 적당히 연장하여 그린다. 이 경우 연장한 치수선 끝에는 화살표를 붙이지 않는다.

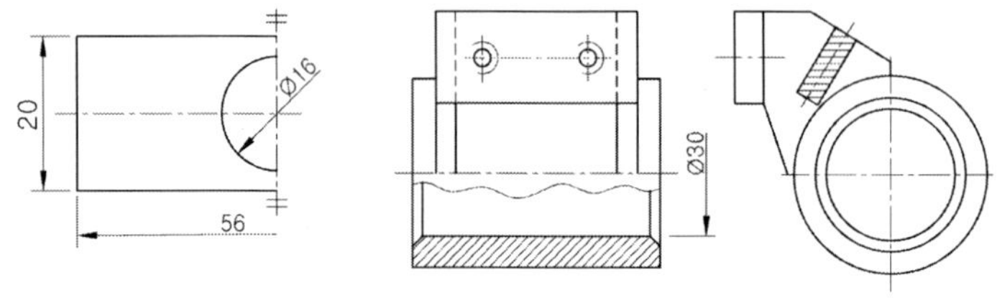

[그림 3-56] 대칭도형의 치수 기입

그러나 오해할 염려가 없는 경우에는 [**그림** 3-57]처럼 치수선이 중심선을 넘지 않아도 좋다.

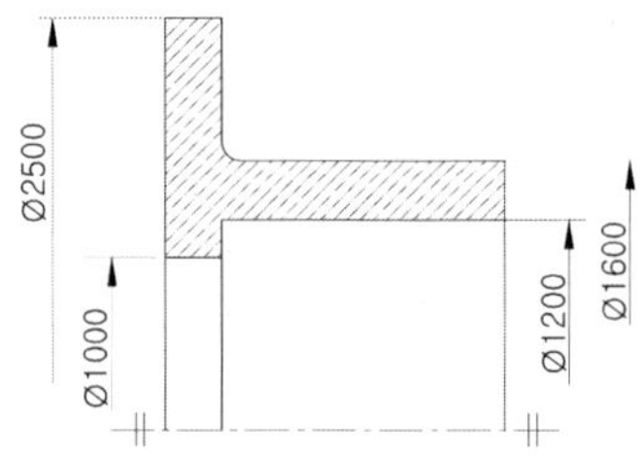

[그림 3-57] 대칭도형의 치수 기입

또한 대칭의 도형으로 많은 수의 지름 치수를 기입할 때에는 치수선의 길이를 더 짧게 하여 [**그림** 3-58]과 같이 여러 단으로 분리하여 기입할 수 있다.

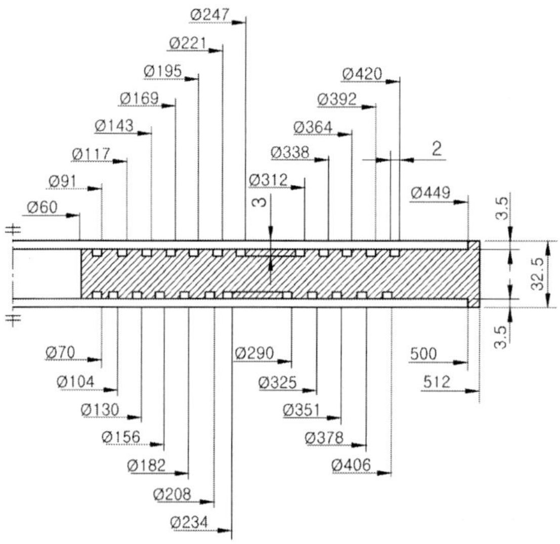

[그림 3-58] 대칭도형의 한쪽 치수가 많은 경우

⑥ 한 도형에 유사한 몇 개의 치수가 있을 때는 치수 수치 대신 **[그림 3-59]**와 같이 글자기호를 써도 좋다. 이 경우 수치를 **[그림 3-59(a)]**처럼 별도로 표시한다.

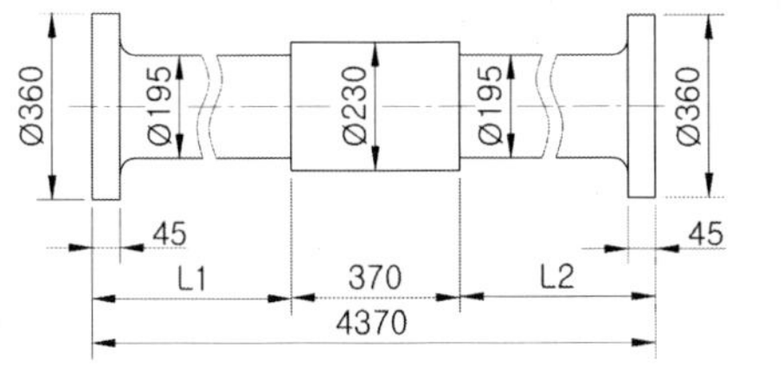

기 호	품 번		
	1	2	3
L1	1915	2500	3115
L2	2085	1500	885

(a)

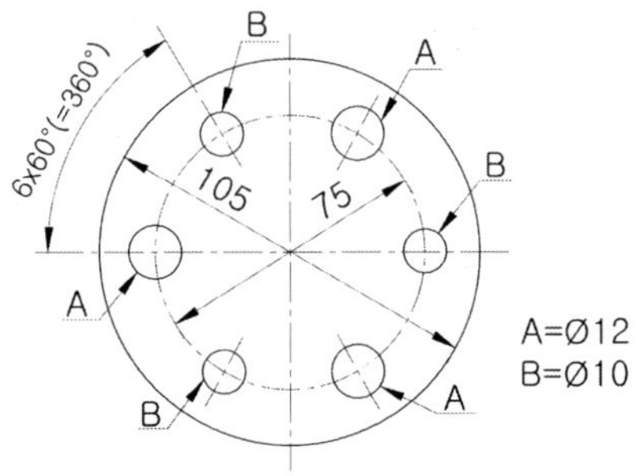

(b)

[그림 3-59] 기호문자에 의한 치수 기입

⑦ 서로 경사진 2개의 면 사이에 둥글기 또는 모떼기가 되어 있을 때, 두 면의 교차되는 위치를 나타낼 때는 둥글기 또는 모떼기를 하기 이전의 모양을 **가는 실선**으로 표시하고, 그 교점에서 **[그림 3-60(a)]**처럼 치수 보조선을 끌어낸다. 이 경우 교점을 명확하게 나타낼 필요가 있는 경우에는 각각의 선을 서로 교차시키거나, 교점에 검은 둥근점을 **[그림 3-60(b), (c)]**를 붙인다.

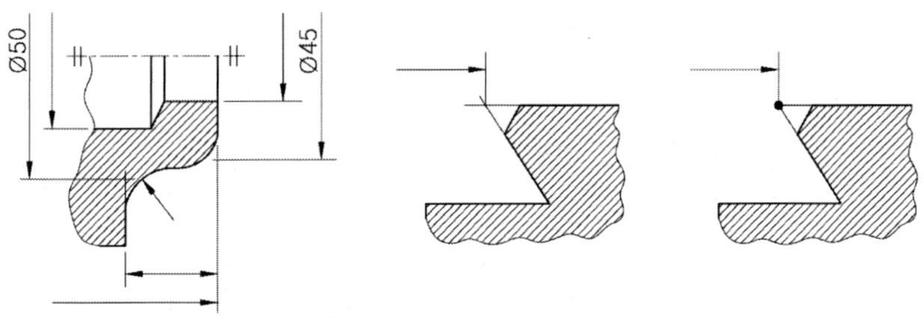

(a) (b) (c)

[그림 3-60] 둥글기, 모떼기가 있을 때의 보조선

⑧ 원호 부분의 치수는 원호가 180°까지는 원칙적으로 **[그림 3-61(a)]**와 같이 반지름으로 표시하고, 그것을 넘는 경우에는 **[그림 3-61(b)]**와 같이 지름으로 표시한다. 다만, 원호가 180° 이내라도 기능상 또는 가공상 특히 지름의 치수를 필요로 하는 것에 대하여는 지름의 치수를 기입한다. 이 경우 기호를 **[그림 3-61(2)]**같이 써 주는 것이 좋다.

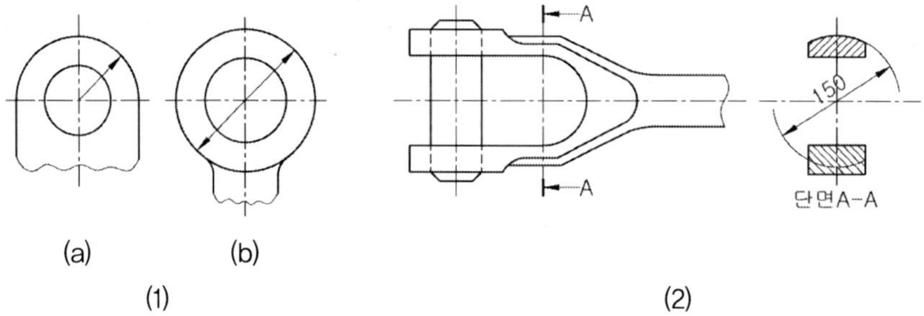

[그림 3-61] 원호의 치수 기입법

⑨ 다른 곳에 지시한 치수에 따라 반지름의 치수가 자연히 결정될 때에는 반지름의 치수선과 반지름의 기호로 원호인 것을 나타내고 치수 수치는 기입하지 않는다.

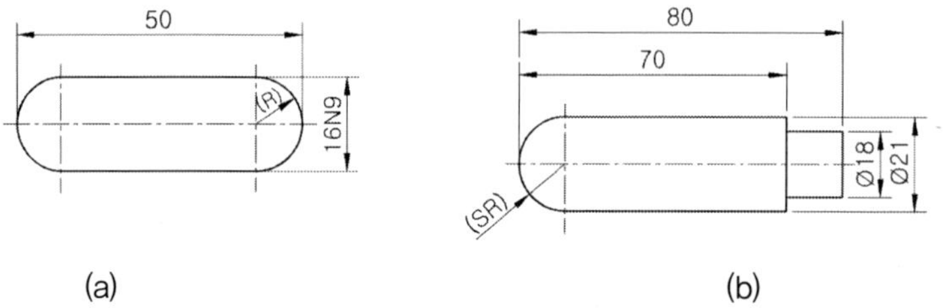

[그림 3-62] 반지름의 치수를 생략한 예

⑩ 키홈이 단면에 나타나 있는 보스의 안지름 치수를 기입하는 경우에는 **[그림 3-63]**과 같이 표시한다.

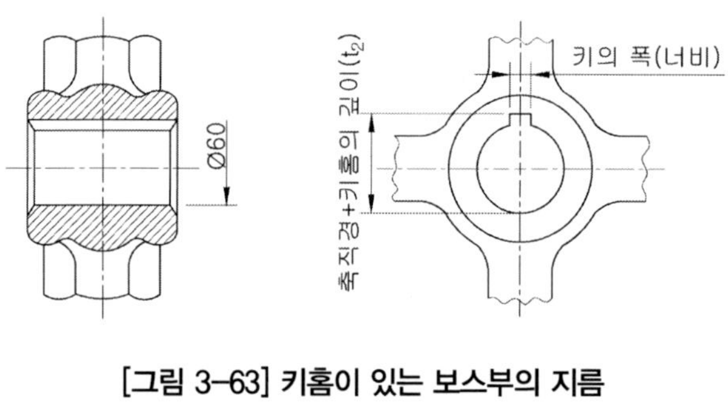

[그림 3-63] 키홈이 있는 보스부의 지름

⑪ 가공 또는 조립할 때 기준이 있는 경우 치수는 그곳을 기준으로 **[그림 3-64(a), (b)]**처럼 기입한다. 특히 그곳을 나타낼 필요가 있을 경우에는 그 취지를 **[그림 3-64(c)]**와 같이 기입한다.

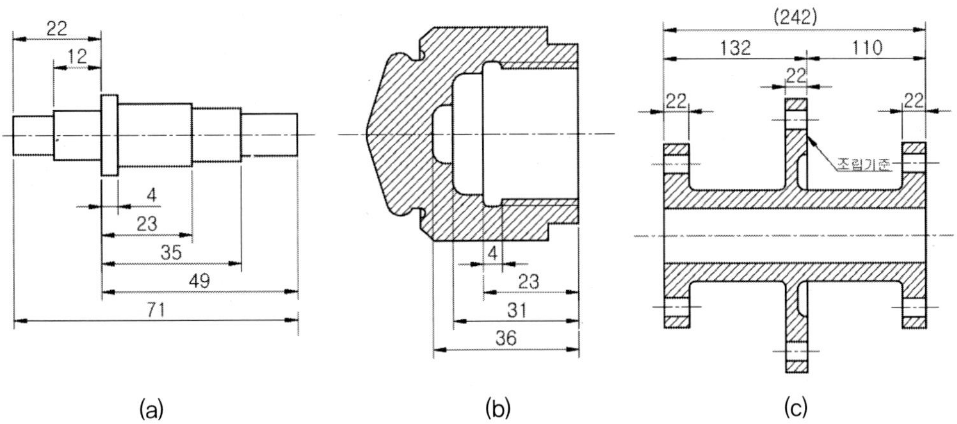

[그림 3-64] 기준이 되는 곳이 있을 때의 치수 기입

⑫ 공정을 달리하는 부분의 치수는 배열을 나누어 **[그림 3-65]**처럼 기입하는 것이 좋다.

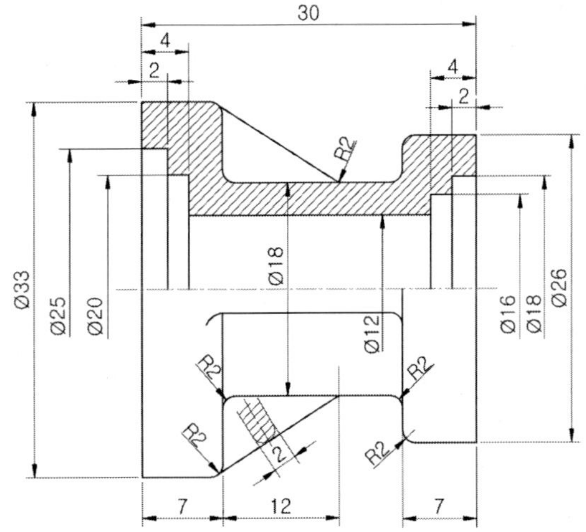

[그림 3-65] 공정을 달리하는 부분의 치수배열

⑬ 상호 관련되는 치수는 한곳에 모아 기입한다. 예를 들면, 플랜지의 경우 볼트구멍의 피치원 지름 치수와 구멍의 배치는 피치원이 그려져 있는 쪽의 그림을 모아서 **[그림 3-66]**과 같이 기입하는 것이 좋다.

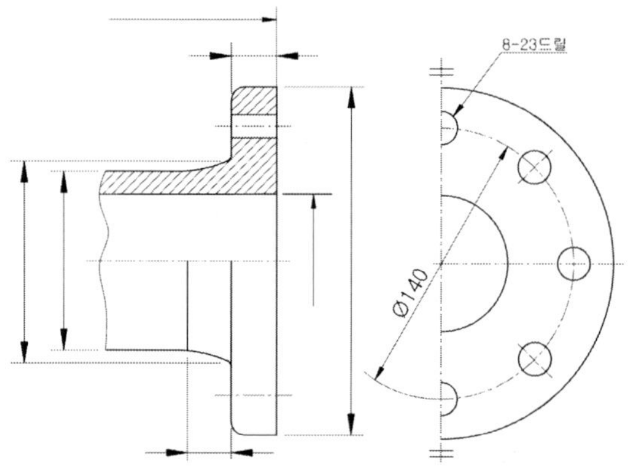

[그림 3-66] 상호 관련되는 치수 기입

⑭ T형 관이음, 밸브 몸통, 콕 등의 플랜지와 같이 1개의 물품에 동일 치수 부분이 2개 이상이 있는 경우에는, 그중 한 개에만 치수를 기입하는 것이 좋다. 이 경우 치수를 기입하지 않은 부분에 동일 치수인 것을 명기해야 한다. 그러나 명확할 때에는 **[그림 3-67]**처럼 이를 생략해도 좋다.

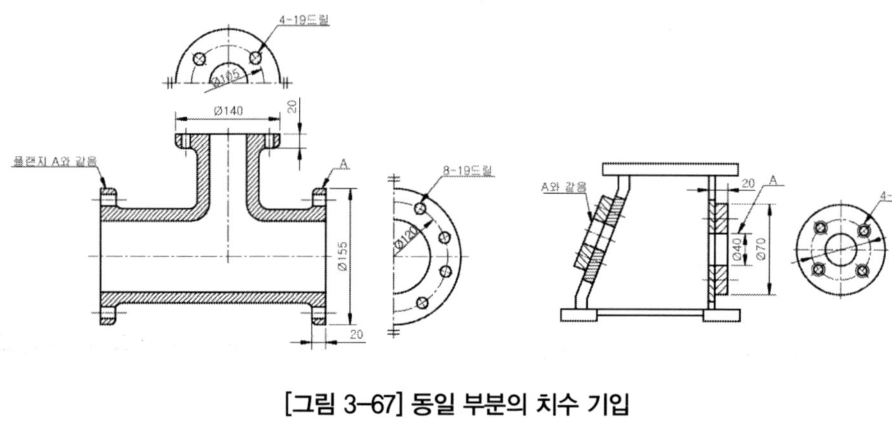

[그림 3-67] 동일 부분의 치수 기입

⑮ 일부 도형이 그 치수 수치에 비례하지 않을 때는 치수 숫자의 아래쪽에 **굵은 실선**을 긋는다. 그러나 일부를 절단하거나 생략할 때 등, 특히, 치수와 도형이 비례하지 않는 것을 표시할 필요가 없는 경우에는 **[그림 3-68]**처럼 이 실선을 생략한다.

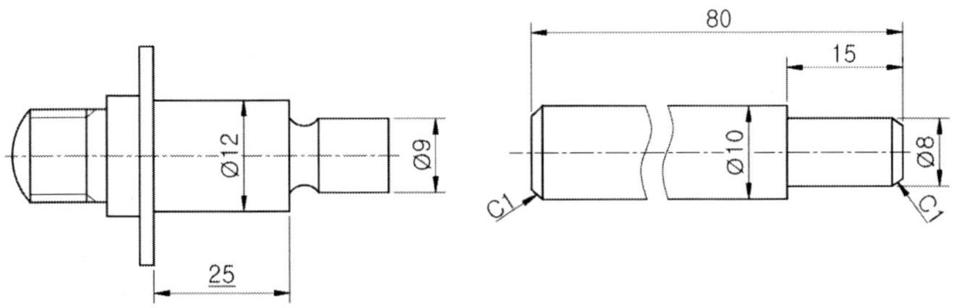

(1) (2)

[그림 3-68] 도면과 일치하지 않는 치수의 표시법

3-9 부품번호

부품번호는 원칙적으로 아라비아 숫자를 사용한다. 또, 조립도 속의 부품에 대하여 별도로 제작도가 있는 경우에는 부품번호 대신 그 도면번호를 기입하여도 좋다. 부품번호는 조립순서, 구성부품의 중요도, 또는 기타 근거가 있는 순서에 따른다. 부품번호를 도면에 기입하는 방법은 다음과 같다.

① 부품번호는 명확히 구별되는 글자로 쓰거나, 원 속에 글자를 쓴다.

② 부품번호는 대상으로 하는 도형에 지시선으로 연결하여 기입하면 좋다.

③ 도면을 보기 쉽게 하기 위하여 부품번호를 세로 또는 가로로 나란히 기입하는 것이 좋다.

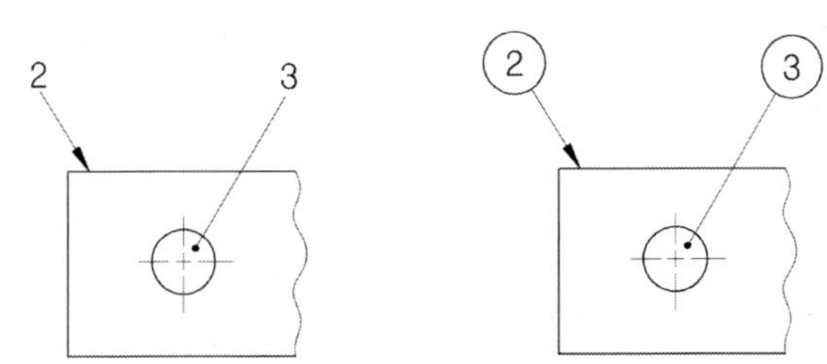

[그림 3-69] 부품번호의 표시

3-10 도면의 변경

출도 후에 도면의 내용을 변경하였을 때는, 변경한 곳에 적당한 기호를 부기하고, 변경 전의 도형, 치수 등을 보존한다. 이 경우, [그림 3-70]과 같이 변경 연 월 일, 이유 등을 명기한다.

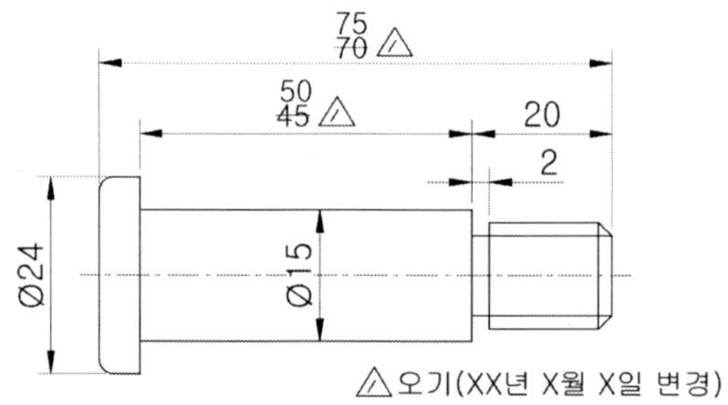

[그림 3-70] 도면의 변경 예

memo

제 4 장

표면거칠기

4-1 표면거칠기

4-2 지시기호에 의한 표면의 결 도시방법

표면거칠기

4-1 표면거칠기

제품의 표면에 생긴 작은 구간에서의 요철을 표면거칠기(Surface Roughness)라 한다. 또 이 표면거칠기보다 큰 간격으로 반복되는 기복의 상태를 파상도(Waviness)라 한다[**그림 4-1**]. 이것은 공작기계나 비트(bit)의 변형, 진동 등에 의하여 생긴다. 여기서 요철의 크기(높이)가 작을수록 다듬질의 정밀도가 높다.

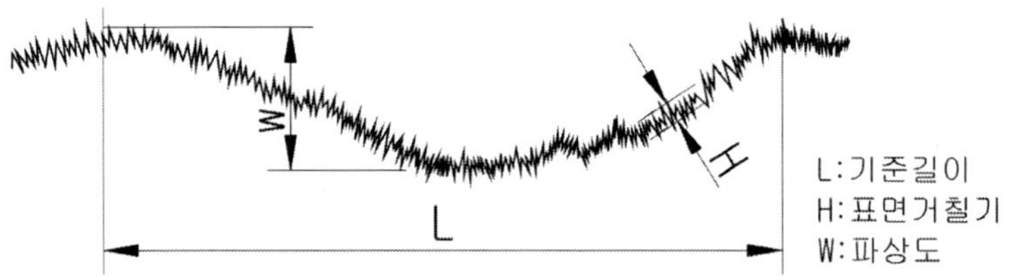

[그림 4-1] 표면거칠기와 파상도

표면거칠기를 나타내는 방법에는 여러 가지가 있지만 KS 규격에서는 **중심선 평균거칠기(R_a), 최대높이 (R_{max}) 및 10점 평균거칠기(R_z)** 의 3가지 방법을 규정하고 있다. 일반적으로 제품표면의 거칠기는 상당히 불규칙한 것이 보통이지만 그 표면에서 임의로 채취한 각 부분에서의 R_a, R_{max}, R_z은 각각의 산술평균값으로 나타내게 되며, 현재는 **중심선 평균거칠기(R_a)에 의한 표시법이 가장 많이 쓰인다.** 제품표면과 직각인 평면으로 표면을 전달하였을 때 그 절단면에 나타나는 작은 구간을 확대하여 기록한 것을 단면곡선이라 한다. 이때 단면곡선의 일정 부분을 취하여 **기준길이**로 하고 단면곡선에서 소정의 파장보다 긴 표면 기복성분을 **컷오프**(Cut Off)한 곡선을 거칠기 곡선이라 하며, 이 소정의 파장을 **컷 오프값**이라 한다.

※ 표면거칠기 측정을 위하여 제품표면을 절단할 때는 특별한 지정이 없는 한 표면거칠기가 가장 크게 나타나는 방향으로 자른다.

(1) 중심선 평균거칠기(R_a)

중심선 평균거칠기란, 거칠기 곡선에서 그 중심선의 방향으로 측정길이의 L 부분을 채취하고 이 채취 부분의 중심선을 X축, 세로 배율의 방향을 Y축으로 하며 거칠기 곡선을 Y=f(x)로 표시하였을 때, 다음 식에 따라 구해지는 값을 마이크로미터 단위(1㎛=0.001mm)로 나타낸 것을 말한다. 즉 [**그림 4-2**]에서 빗금친 부분의 면적을 **측정길이**(L)로 나눌 때 얻게 되는 수치를 말한다.

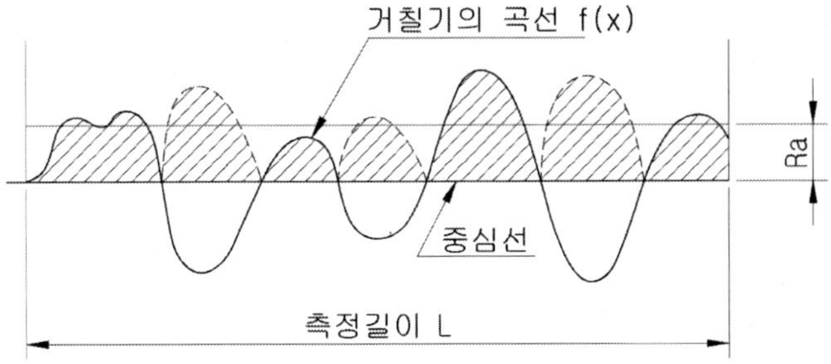

[그림 4-2] 중심선 평균거칠기(R_a)를 구하는 방법

$$Ra = \frac{1}{L}\int_0^1 |f(x)|dx$$

거칠기 곡선 컷오프값(λc)은 거칠기 곡선을 구할 경우에 감쇠율 고역필터를 사용하여서 이득이 50%가 되는 주파수에 대응하는 파장을 말한다. 중심선 평균거칠기(Ra)를 구하는 컷오프값은 원칙적으로 0.08mm, 0.25mm, 0.8mm, 2.5mm, 8mm, 25mm의 6종으로 한다.

[표 4-1] 중심선 평균거칠기(R_a)를 구할 때 컷오프값의 표준값

중심선 평균거칠기(R_a)의 범위 (단위: ㎛)		컷오프값(λ_c)	평가길이(L_n)
초 과	이 하		
(0.006)	0.02	0.08	0.4
0.02	0.1	0.25	1.25
0.1	2.0	0.8	4
2.0	10.0	2.5	12.5
10.0	80.0	8	40

[주] (   ) 안은 참고값이다.
[비고] R_a는 먼저 컷오프값을 설정한 후에 구한다. 표면거칠기의 표시·지시를 하는 경우에 그때마다 이것을 지정하는 것이 불편하므로 일반적으로 [표 4-1]에 나타내는 컷오프값 및 평가길이의 표준값을 사용한다.

중심선 평균거칠기(Ra)의 호칭방법은 다음과 같다.
산술 평균거칠기 ________ ㎛, 컷오프값 ________ mm, 측정길이 ________ mm 또는
________ ㎛ R_a, λ_c ________ mm, L ________ mm

비고 1. [표 4-1]에 나타내는 컷오프값의 표준값을 사용하여 구한 R_a의 값이 [표 4-1]에 나타내는 범위에 있는 경우에는 컷오프값을 생략할 수 있다.
2. 평가길이가 컷오프값의 5배 즉 [표 4-1]에 나타내는 평가길이의 표준값을 사용한 경우에는 평가길이의 표시를 생략할 수 있다.

중심선 평균거칠기(R_a)에 의하여 표면거칠기를 지정할 때에는, 특별히 필요 없는 한 [표 4-2]의 표준 수열의 값을 사용한다. 표준 수열의 값은 허용할 수 있는 가장 큰 중심선 평균거칠기를 나타낸다.

[표 4-2] 중심선 평균거칠기(R_a)의 표준 수열 (단위: ㎛)

0.012	0.10	0.80	6.3	50
0.025	0.20	1.60	12.5	100
0.050	0.40	3.20	25	200

중심선 평균거칠기(R_a)의 구간을 표시할 경우, 어느 범위의 평균거칠기 한계를 표준 수열 값으로 지시할 필요가 있을 때는 그 하한(표시값이 작은 쪽)과 상한(표시값이 큰 쪽)에 상당하는 수치를 [표 4-2]에서 선택하여 표기한다.

보기 상한이 6.3㎛R_a, 하한이 3.2㎛R_a일 경우 (6.3~3.2)㎛R_a로 한다. 이때 컷오프값은 2.5mm를 사용

(2) 최대 높이(R_y)

[그림 4-3]에서와 같이 단면 곡선에서 기준길이(L)을 측정하여 그 부분의 가장 높은 곳과 깊은 골의 높이 차를 단면곡선 세로 배율 방향으로 측정한 값을 마이크로미터 단위(㎛)로 나타내는 것을 최대 높이(R_y)라 한다.

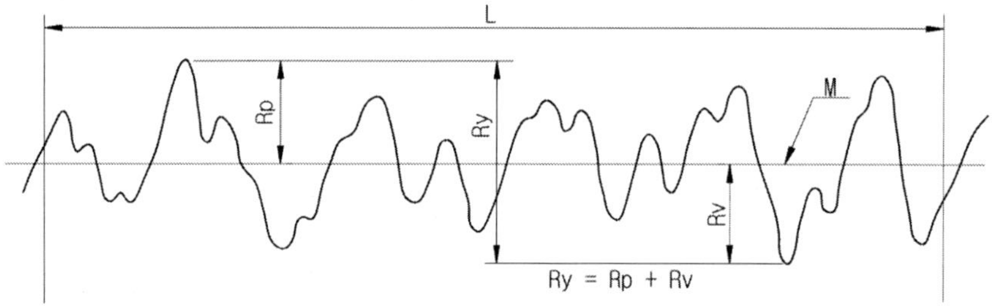

비고 R_y를 구하는 경우에는 흠이라고 간주되는 보통 이상의 높은 산 및 낮은 골이 없는 부분에서 기준길이만큼 뽑아낸다.

[그림 4-3] 최대 높이(R_y)를 구하는 방법

최대 높이(R_y)를 구하는 기준길이는 일반적으로 0.08mm, 0.25mm, 0.8mm, 2.5mm, 8mm, 25mm의 6종으로 한다. R_y 구하는 경우의 R_y의 범위에 대응하는 기준길이 및 평가길이의 표준값은 일반적으로 [표 4-3]에 따른다.

[표 4-3] 최대 높이(R_y)를 구할 때의 기준길이 및 평가길이의 표준값

최대 높이(R_y)의 범위 (단위: ㎛)		기준길이(L)	평가길이(L_n)
초 과	이 하		
(0.025)	0.10	0.08	0.4
0.10	0.50	0.25	1.25
0.50	10.0	0.8	4
10.0	50.0	2.5	12.5
50.0	200.0	8	40

[주] ( ) 안은 참고값이다.
[비고] R_y는 먼저 기준길이를 지정한 후에 구한다. 표면거칠기의 표시·지시를 하는 경우에 그때마다 이것을 지정하는 것이 불편하므로 일반적으로 [표 4-3]에 나타내는 기준길이 및 평가길이의 표준값을 사용한다.

최대 높이(R_y)의 호칭 방법은 다음과 같다.

최대 높이 ________ ㎛, 기준길이 ________ mm, 평가길이 ________ mm 또는

________ ㎛ R_y, L ________ mm, L_n ________ mm

비고 1. [표 4-3]에 나타내는 기준길이의 표준값을 사용하여 구한 R_y의 값이 [표 4-3]에 나타내는 범위에 있는 경우에는 기준길이의 표시를 생략할 수 있다.
2. 평가길이가 기준길이의 5배 즉 [표 4-3]에 나타내는 평가길이의 표준값을 사용한 경우에는 평가길이의 표시를 생략할 수 있다.

최대 높이(R_y)에 의하여 표면거칠기를 지정할 때에는, 특별히 필요 없는 한 [표 4-4]의 표준 수열의 값을 사용한다. 표준 수열의 값은 허용할 수 있는 가장 큰 중심선 평균거칠기를 나타낸다.

[표 4-4] 최대 높이(R_y)의 표준 수열 (단위: ㎛)

0.025	0.20	1.60	12.5	100
0.050	0.40	3.20	25	200
0.100	0.80	6.30	50	400

최대 높이(R_y) 구간을 표시할 경우 그 구간의 상한(표시값이 큰 쪽)과 하한(표시값이 작은 쪽)에 상당하는 수치를 [표 4-4]에서 선택하여 표기한다.

보기 상한이 6.3㎛R_y, 하한이 1.60㎛R_y일 경우 (6.3~1.60)㎛R_y로 한다. 이때 기준길이로서 0.8mm를 사용

(3) 10점 평균거칠기(R_z)

단면 곡선에서 기준길이(L)을 측정하고 가장 높은 쪽에서 5번째 봉우리까지의 표고평균값과 깊은 쪽에서 5번째까지 골밑 표고평균값과의 차이를 마이크로미터 단위(㎛)로 나타내는 것을 측정 부분의 10점 평균거칠기라 하며 표준 수열의 값 다음에는 Z를 병기한다[**그림 4-4**].

$$R_Z = \frac{|Y_{P1} + Y_{P2} + Y_{P3} + Y_{P4} + Y_{P5}| + |Y_{V1} + Y_{V2} + Y_{V3} + Y_{V4} + Y_{V5}|}{5}$$

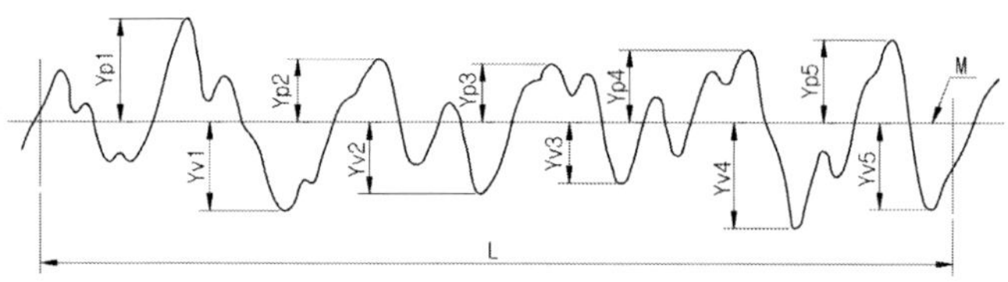

[그림 4-4] 10점 평균거칠기(R_z)를 구하는 방법

10점 평균거칠기(R_z)를 구하는 기준길이는 일반적으로 0.08mm, 0.25mm, 0.8mm, 2.5mm, 8mm, 25mm의 6종으로 한다. 10점 평균거칠기(R_z)를 구하는 경우 R_z의 범위에 대응하는 기준길이 및 평가길이의 표준값은 일반적으로 [**표 4-3**]에 따른다.

[표 4-5] 10점 평균거칠기(R_z)를 구할 때의 기준길이 및 평가길이의 표준값

10점 평균거칠기(R_z)의 범위 (단위: ㎛)		기준길이(L)	평가길이(L_n)
초 과	이 하		
(0.025)	0.10	0.08	0.4
0.10	0.50	0.25	1.25
0.50	10.0	0.8	4
10.0	50.0	2.5	12.5
50.0	200.0	8	40

[주] (　) 안은 참고값이다.

[비고] R_z는 먼저 기준길이 지정한 후에 구한다. 표면거칠기의 표시·지시를 하는 경우에 때마다 지정하는 것이 불편하므로 일반적으로 [표 4-5]에 나타내는 기준길이 및 평가길이의 표준값을 사용한다.

10점 평균거칠기(R_z)의 호칭방법은 다음과 같다.

10점 평균거칠기 ________ ㎛, 기준길이 ________ mm, 평가길이 ________ mm 또는

________ ㎛ R_z, L ________ mm, L_n ________ mm

비고 1. [표 4-5]에 나타내는 기준길이의 표준값을 사용하여 구한 R_z의 값이 [표 4-5]에 나타내는 범위에 있는 경우에는 기준길이의 표시를 생략할 수 있다.
2. 평가길이가 기준길이의 5배 즉 [표 4-5]에 나타내는 평가길이 표준값을 사용한 경우에는 평가길이의 표시를 생략할 수 있다.

10점 평균거칠기(R_z)에 의하여 표면거칠기를 지정할 때에는, 특별히 필요 없는 한 [표 4-6]의 표준 수열의 값을 사용한다. 표준 수열의 값은 허용할 수 있는 가장 큰 중심선 평균거칠기를 나타낸다.

[표 4-6] 10점 평균거칠기(R_z)의 표준 수열 (단위: ㎛)

0.025	0.20	1.60	12.5	100
0.050	0.40	3.20	25	200
0.100	0.80	6.30	50	400

10점 평균거칠기(R_z)의 구간을 표시할 경우, 어느 구간에서 나타내어야 할 때는 그 구간의 상한(표시값이 큰 쪽)과 하한(표시값이 작은 쪽)에 상당하는 수치를 [표 4-6]에서 선택하여 표기한다.

보기 상한이 6.3㎛R_z, 하한이 1.60㎛R_z일 경우 (6.3~1.60)㎛R_z로 한다. 이때 기준길이로서 0.8mm를 사용.

4-2 지시기호에 의한 표면의 결 도시방법(KS B 0617: 2004 확인)

(1) 지시기호에 의한 표면의 결 도시방법

기계부품, 구조부재 등의 표면에 제작이나 가공에 의해 생긴 줄무늬 방향, 표면파상도 등을 표면의 **결**이라 하며, 이 표층부를 제거하는 것을 **제거가공**이라 한다.

① **대상면 및 제거가공의 지시방법**: 표면의 결을 도시할 때에 대상면을 지시하는 면의 지시기호는 60°로 열린 길이가 다른 꺾인 선으로 표시하며, 면의 지시 기호는 대상면을 나타내는 선 바깥쪽에 붙여서 쓴다.

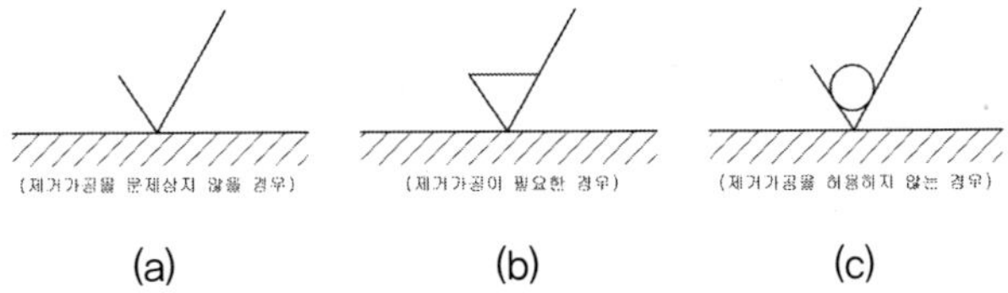

[그림 4-5] 대상면 및 제거가공의 지시방법

특별히 가공방법 등을 지시할 필요가 있을 때에는 면의 지시기호 긴 쪽 다리에 가로선을 부가한다.

[그림 4-6] 특별히 가공방법을 지시할 필요가 있는 경우

(2) 표면거칠기의 지시방법

① 중심선 평균거칠기(R_a)의 표시에 있어서 허용할 수 있는 최대치만을 지시하는 경우.

② 어느 구간으로 지시하는 경우에는 면의 지시기호에 상한을 위로 하한을 아래로 나란히 기입한다.

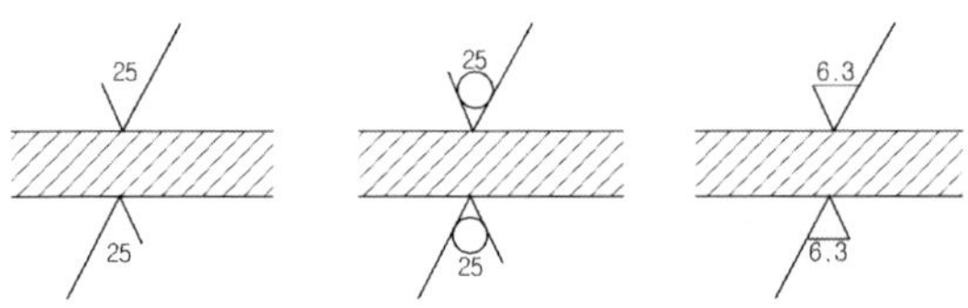

[그림 4-7] 중심선 평균거칠기(R_a)의 상한값을 지시한 보기

[그림 4-8] 중심선 평균거칠기(R_a)의 상한·하한을 지시한 보기

(3) 컷오프값 및 평가길이의 지시

컷오프값의 표준값이 아닌 컷오프값과 컷오프값의 5배가 아닌 평가길이를 지시할 필요가 있는 경우에는 면의 지시기호가 긴 쪽의 다리에 붙이는 가로선 아래에 표면거칠기 지시값에 대응시키고, 컷오프값, 평가길이의 순으로 기입한다.

비고 [표 4-1]에 나타내는 컷오프값의 표준값 및 컷오프값의 5배의 평가길이를 사용할 때에는, 일반적으로 컷오프값 및 평가길이의 지시를 생략할 수 있다.

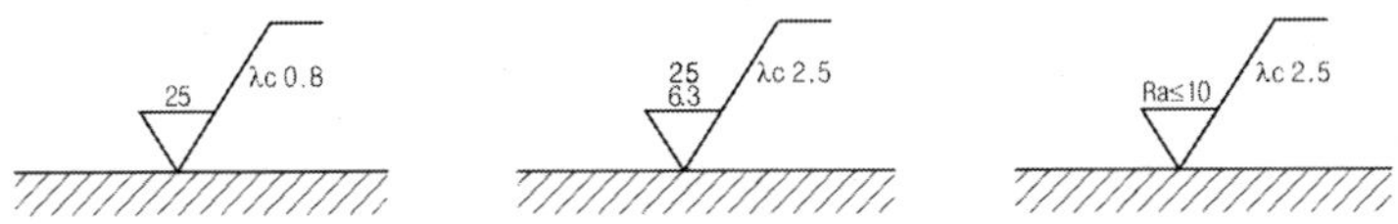

(a) (b) (c)

(a) 컷오프값이 표준값이 아닐 때의 보기
(b) 하한의 컷오프값이 표준값이 아닐 때의 보기
(c) 컷오프값·평가길이가 표준값이 아닐 때의 보기

[그림 4-9] 컷오프값 및 평가길이를 지시한 보기

(4) 최대 높이(R_y) 또는 10점 평균거칠기(R_z)로서 지시하는 경우

표면거칠기는 원칙적으로 [**표 4-4**]나 [**표 4-6**]에 규정하는 최대 높이 또는 10점 평균거칠기의 표준 수열 중에서 선택하여 지시한다. 특히, 필요에 의해 표준 수열에 따를 수 없는 경우에는 표면거칠기의 허용할 수 있는 최대치를 $R_y \le 10$ 또는 $R_y \le 10$과 같이 지시한다[**그림 4-10(c)**]. 표면거칠기의 지시값은 면의 지시기호의 긴 쪽 다리에 가로선을 붙여 그 아래쪽에 간략기호와 함께 기입한다[**그림 4-10**].

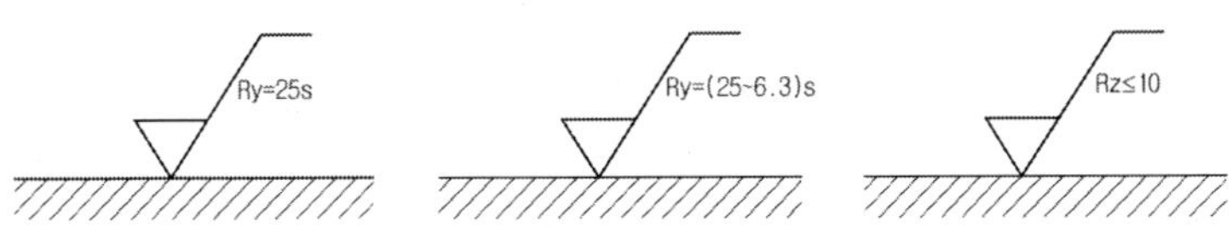

(a) (b) (c)

[그림 4-10] 최대 높이(R_y) 또는 10점 평균거칠기(R_z)로서 지시한 보기

(5) 특수한 요구사항의 지시방법

어떤 표면의 결을 얻기 위하여 특정 가공방법(표면 처리를 포함한다)을 지시할 필요가 있는 경우에는 면의 지시기호의 긴 쪽의 다리에 가로선을 붙여 그 위쪽에 문자 또는 KS B 0107 혹은 KS B 0022에 규정하는 기호로 기입한다.

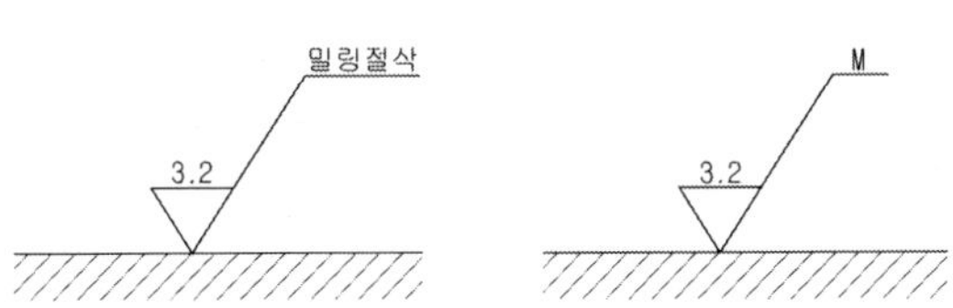

(a) (b)

가공방법	영문기호	한글기호	가공방법	영문기호	한글기호
선반 가공	L	선 반	래핑 다듬질	FL	래 핑
드릴 가공	D	드 릴	줄 다듬질	FF	줄
보링머신 가공	B	보 링	호닝 가공	GH	호 닝
밀링 가공	M	밀 링	액체호닝 다듬질	SPL	액체호닝
플레이닝 가공	P	평 삭	배럴연마 가공	SPBR	배 럴
셰이핑 가공	SH	형 삭	버프 다듬질	FB	버 프
브로치 가공	BR	브로칭	브러스터 다듬질	SB	브러스터
리머 가공	FR	리 머	스크레이퍼 다듬질	FS	스크레이퍼
연삭 가공	G	연 삭	페이퍼 다듬질	FCA	페이퍼
벨트샌드 가공	GB	포 연	주 조	C	주 조

[그림 4-11] 가공방법을 지시한 보기

예를 들어 표면 처리의 앞과 뒤 양쪽 표면거칠기를 지시하는 등 전(前)가공의 표편거칠기를 지시할 필요가 있을 때에는, **[그림 4-12]**의 보기에 따르거나 또는 적절한 주기에 따른다.

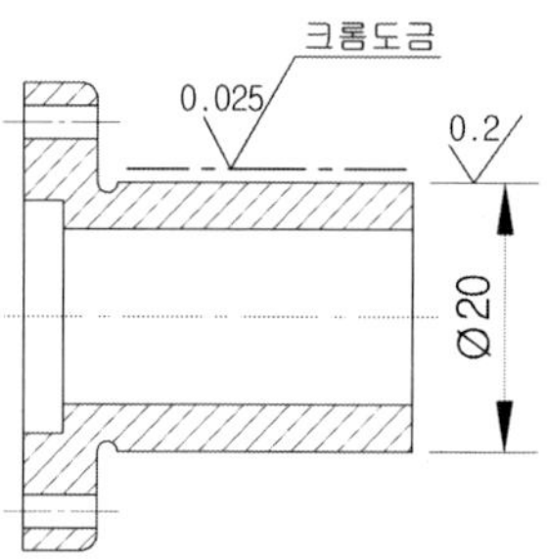

[그림 4-12] 표면처리의 앞 및 뒤의 표면거칠기를 지시한 보기

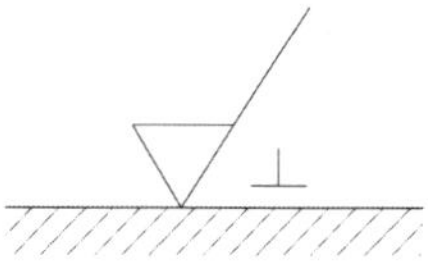

[그림 4-13] 줄무늬 방향지시

줄무늬 방향을 지시할 필요가 있는 경우에는 [표 4-7]에 규정하는 기호를 면의 지시기호 오른쪽에 기입한다. 다만, [표 4-7]에 규정되지 않은 줄무늬 방향을 지시하고 싶을 때에는 적절한 주서를 추가한다.

[표 4-7] 줄무늬 방향의 기호

기 호	의 미	설 명 그 림
=	가공에 의한 컷의 줄무늬 방향이 기호를 기입한 그림의 투영면에 평행 **보기) 세이핑면**	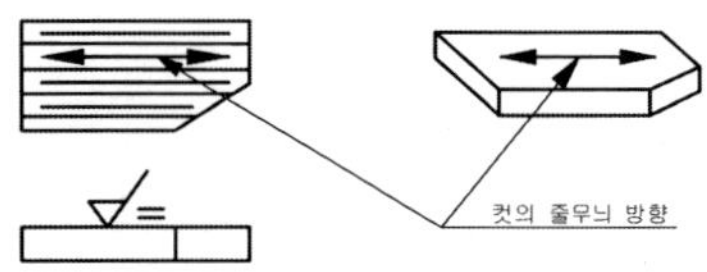
⊥	가공에 의한 컷의 줄무늬 방향이 기호를 기입한 그림의 투영면에 직각 **보기) 세이핑면(수평으로 본 상태), 선삭, 원통연삭면**	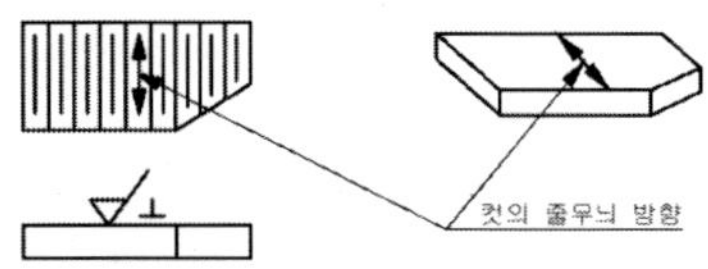
X	가공에 의한 컷의 줄무늬 방향이 기호를 기입한 그림의 투영면에 비스듬하게 2방향으로 교차 **보기) 호닝 다듬질면**	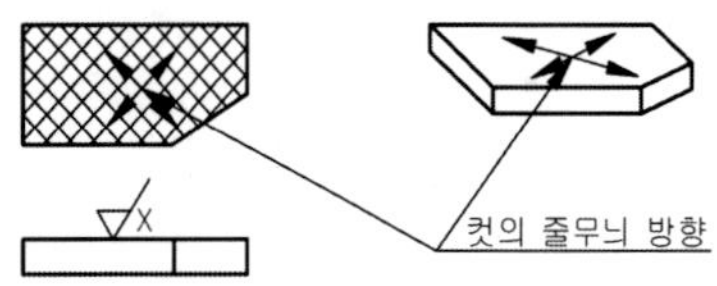
M	가공에 의한 컷의 줄무늬가 여러 방향으로 교차 또는 무방향 **보기) 래핑 다듬질면, 슈퍼 피니싱면, 가로 이송을 준 정면밀링 또는 엔드밀 절삭면**	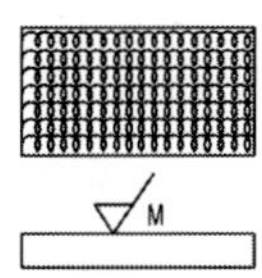
C	가공에 의한 컷의 줄무늬가 기입한 면의 중심에 대하여 거의 동심원 모양 **보기) 끝면 절삭면**	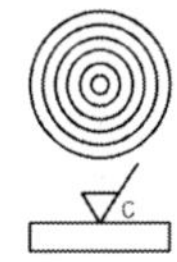
R	가공에 의한 컷의 줄무늬가 기호를 기입한 면의 중심에 대하여 거의 방사 모양	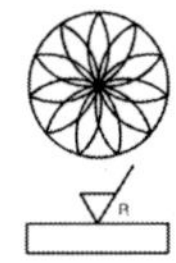

(6) 면의 지시기호에 대한 도면 기입방법

표면의 결에 관한 지시기호는 면의 지시기호에 대하여 표면거칠기의 값, 컷오프값 또는 기준길이, 가공방법, 줄무늬 방향의 기호, 표면 파상도 등을 [**그림 4-14**]에서 나타내는 위치에 배치하여 나타낸다.

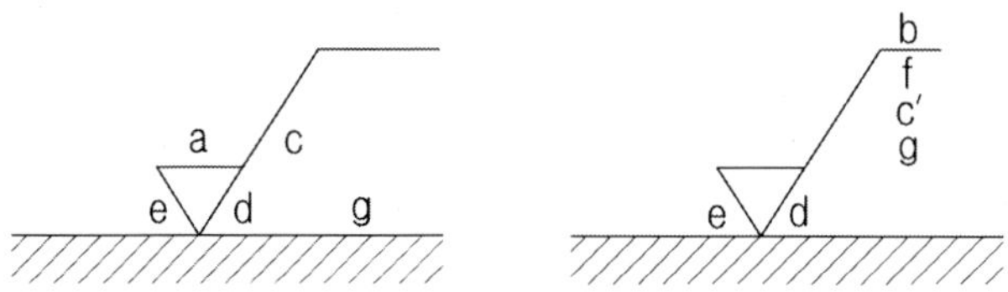

a: R_a의 값
b: 가공방법
d: 줄무늬 방향의 기호
c: 컷오프값
f: R_a 이외의 평균거칠기(tP일 때에는 파라미터/절단레벨)
c′: 기준길이
g: 표면 파상도(KS B 0610에 따른다.)

비고 a 또는 f 이외는 필요에 따라 기입한다.

[그림 4-14] 각 지시기호의 기입위치

(7) 도면 기입방법

① 기호는 도면의 아래쪽 또는 오른쪽에서 읽을 수 있는 방향으로 기입한다[**그림 4-15**].

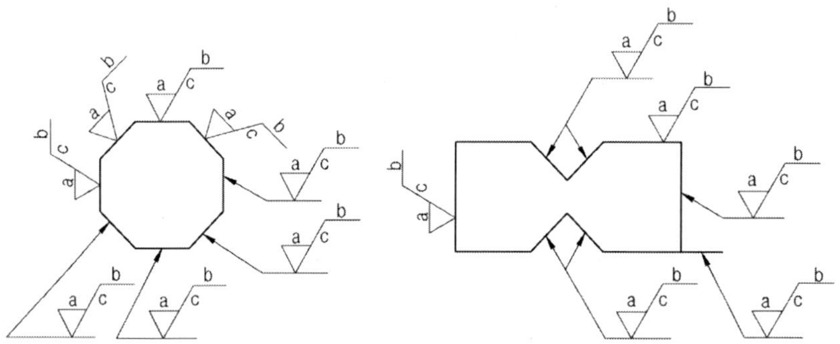

[그림 4-15] 면의 결 도시기호의 방향

② 중심선 평균거칠기(R_a)의 값만을 지시하는 경우에는 ①에 따르지 않아도 좋다**[그림 4-16]**.

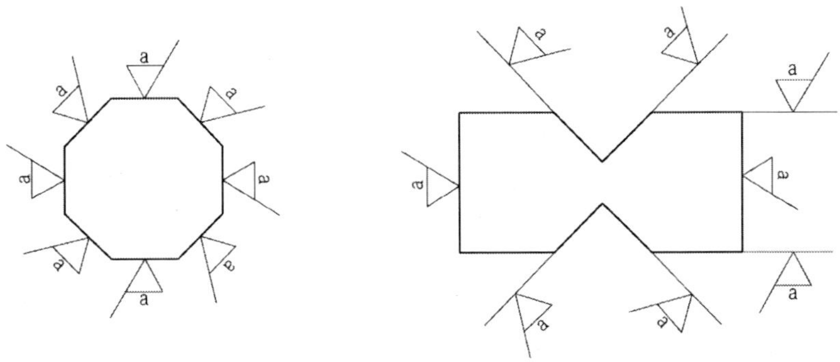

[그림 4-16] 면의 결 도시기호의 방향

③ 면의 지시기호는 대상면을 나타내는 선이나 그 연장선 또는 그것으로부터의 치수 보조선에 접하여 실체의 바깥쪽에 기입한다**[그림 4-14~18]**.

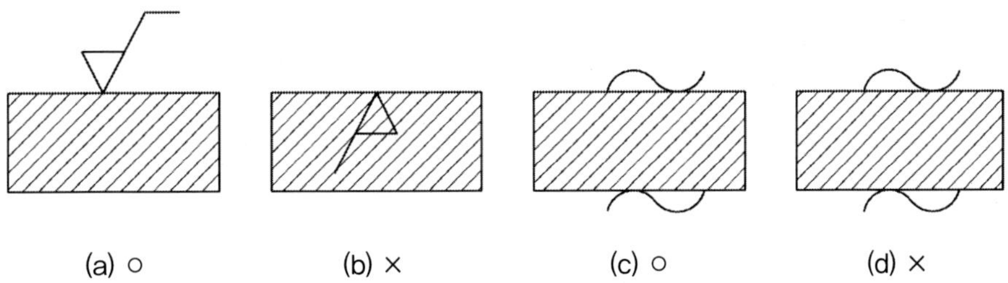

[그림 4-17] 지정하는 면에 표기

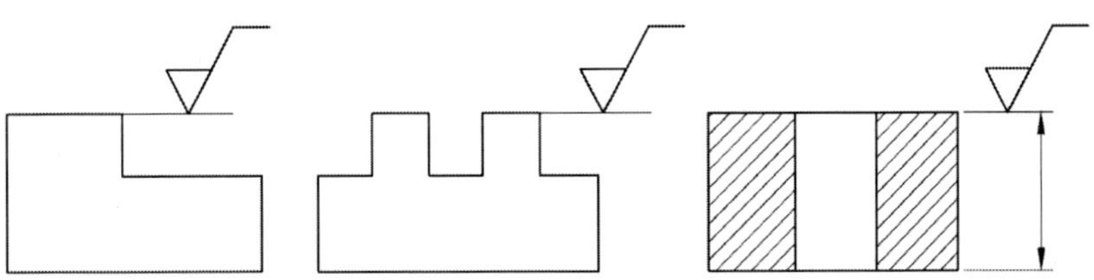

[그림 4-18] 면의 연장선 및 치수 보조선 표기

④ 그림의 관계에서 ③에 따를 수 없는 경우에는 대상면에서 인출한 인출선에 기입하여도 좋다**[그림 4-18]**.

⑤ 둥글기 또는 모떼기에 면의 지시기호를 기입하는 경우에는, 둥글기의 반지름 또는 모떼기를 나타내는 치수선을 연장한 인출선에 기입한다[**그림 4-19**].

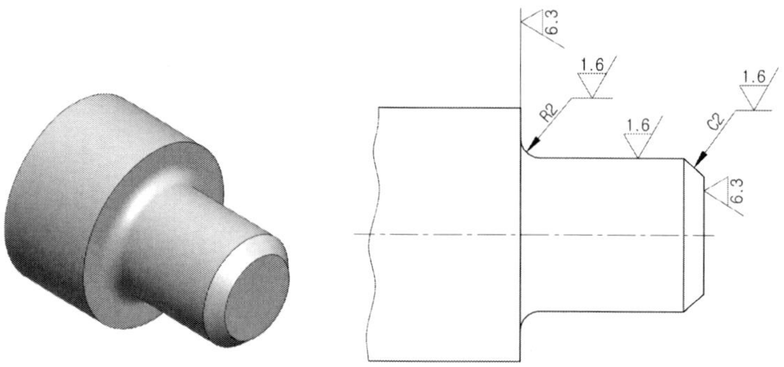

[그림 4-19] 둥글기·모떼기에 대한 지시의 보기

⑥ 둥근 구멍의 지름치수 또는 인출선을 사용하여 나타내는 경우에는 이 지름치수의 다음에 기입한다[**그림 4-20**].

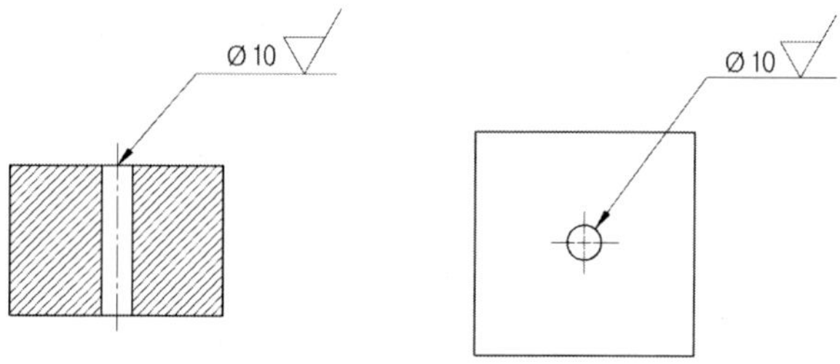

[그림 4-20] 지름치수의 다음에 기입한 보기

(8) 도면 기입의 간략한 방법

표면의 결을 기호를 사용하여 도면에 지시하는 경우 간략한 방법은 다음에 따른다.

① 부품의 전면을 동일한 결로 지정하는 경우에는 결의 기호를 주투영도의 결[**그림** 4-21(a)], 부품번호의 결[**그림** 4-21(b)] 또는 표제란의 결에 기입한다.

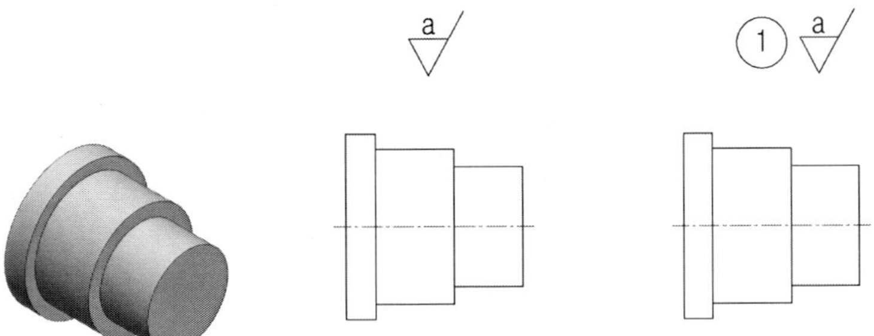

(a) (b)

[그림 4-21] 전면동일한 지시의 간략한 방법의 보기

② 하나의 부품에 대하여 일부 면에만 표면거칠기가 필요할 때에는 [**그림** 4-22(a)]와 같이 지시하고, 대부분이 동일한 표면거칠기이고 일부분만이 다를 때에는 [**그림** 4-22(b)]와 같이 공통으로 적용되는 기호 다음에 괄호를 사용하여 지시한다.

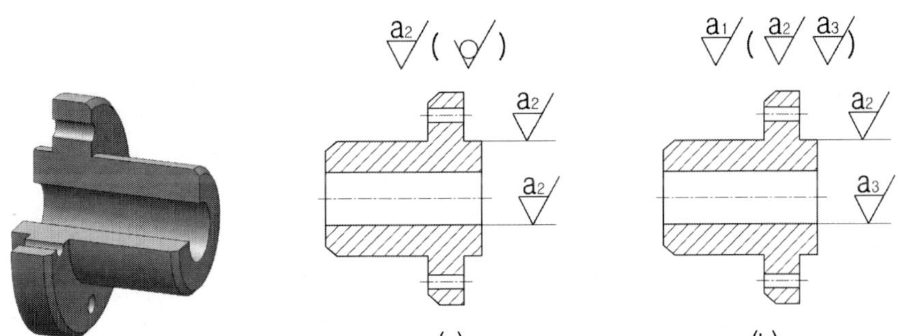

(a) (b)

[그림 4-22] 대부분 동일한 지시의 간략한 방법의 보기

③ 표면 결의 기호를 많은 개소에 반복하여 기입하는 경우, 또는 기입하는 공간이 한정되어 있는 경우에는 대상면에 면의 지시기호와 알파벳의 소문자 부호로 기입하고, 그 의미를 주투영도의 곁, 부품번호의 곁이나 표제란의 곁에 기입한다[**그림 4-23**].

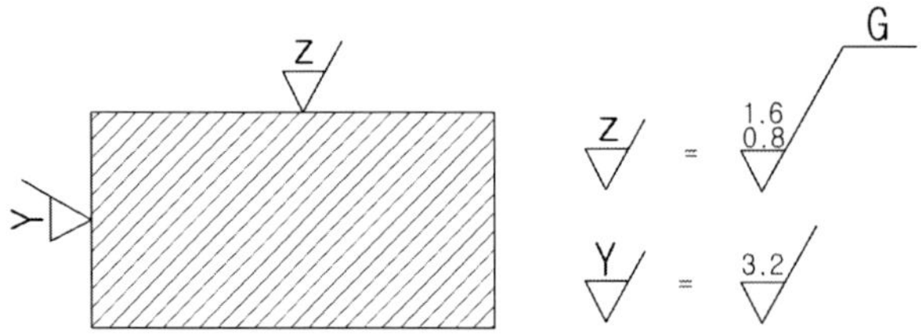

[그림 4-23] 반복 지시의 간략한 방법의 보기

④ 둥글기 또는 모떼기에 면의 지시기호를 기입하는 경우, 접속하는 두 개의 면 중 어느 한쪽의 거친쪽 면과 같을 때는 기호를 생략하여도 좋다[**그림 4-24**].

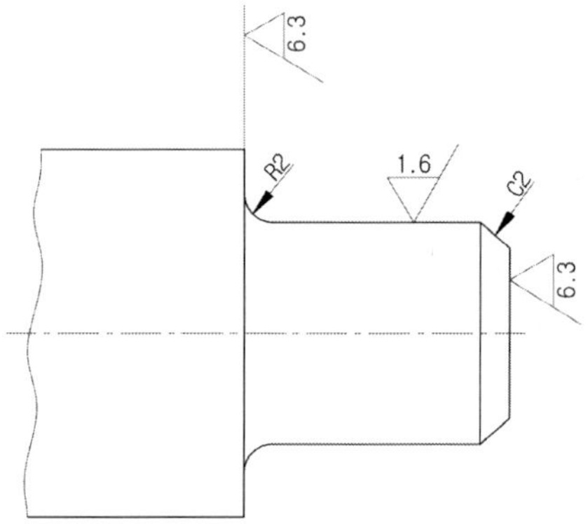

[그림 4-24] 둥글기·모떼기에 대한 지시 생략

(9) 다듬질 기호에 의한 표면의 결도시 방법(개정 전 규격내용으로 거의 사용하지 않음)

다듬질 기호는 삼각기호(▽) 및 파형기호(~)로 나타내며 삼각기호는 제거가공을 하는 면에 사용하고 파형기호(~)는 제거가공을 하지 않는 면에 사용한다. 삼각기호(▽)는 4개까지 겹쳐 쓸 수 있으며, (▽)가 많을수록 정밀하다.

표준 수열 이외의 값을 특별히 지시할 필요가 있을 경우에는 다듬질 기호에 그 값을 **[그림 4-24]** 같이 표기한다.

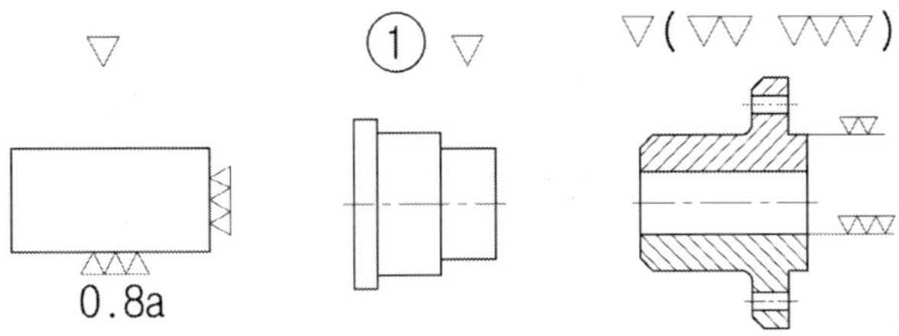

(a) (b) (c)

[그림 4-24] 다듬질 기호의 표시법

비고 다듬질 기호는, ISO 1302(Technical drawings Method of indicating surface texture on drawings)와는 꼭 맞지 않으므로 되도록 빠른 기간에 면의 지시기호로 바꾸는 것이 좋다.

[표 4-8] 다듬질 기호의 표면거칠기 표준 수열 및 다듬질 정도

다듬질 기호		표면거칠기 표준 수열			다듬질 정도
		R_a	R_y	R_z	일체의 가공이 없는 자연면
	～	특별히 규정하지 않음			고운 자연면을 그대로 두고 아주 거친 곳만 조금 가공(주물의 요철 제거)
w	▽	25a	100S	100Z	**줄가공, 플레이너, 선반** 또는 **그라인딩**에 의한 가공으로 가공흔적이 남을 정도의 **거친 가공면**
x	▽▽	6.3a	25S	25Z	**줄가공, 선삭** 또는 **그라인딩**에 의한 가공으로 가공흔적이 남지 않을 정도의 **보통 가공면**
y	▽▽▽	1.6a	6.3S	6.3Z	**줄가공, 선삭, 그라인딩** 또는 **래핑** 등의 가공으로 가공흔적이 전혀 남지 않는 **극히 정밀한 가공면**
z	▽▽▽▽	0.2a	0.8S	0.8Z	**래핑, 버핑** 등의 작업으로 광택이 나는 고급 다듬질

[비고] 1. 다듬질 기호의 삼각은 정삼각형으로 한다.
2. 표의 표준 수열 이외의 값을 특히 지시할 필요가 있는 경우에는, 다듬질 기호에 그 값을 부기한다.
3. 지시하는 표면거칠기의 범위가 표의 서로 다른 구간에 걸치는 경우에는, 삼각의 수는 표면거칠기의 상한에 맞춘다.

[표 4-9] 면 지시기호 사용 예

기 호	의 미
	제거가공을 허용하지 않는 면
	제거가공을 하지 않으며, R_{max} 100㎛보다 작은 주조 등의 면
	제거가공의 필요 여부를 문제 삼지 않으며 R_a가 최대 25㎛인 면
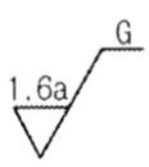	표에 표시하는 표면거칠기의 범위에 들어가는 제거가공을 하는 면(1.6a)
	R_a가 최대 1.6㎛인 연삭 가공을 하는 면
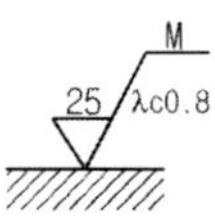	λ_c0.8mm에서 R_a가 최대 25㎛인 밀링가공을 하는 면
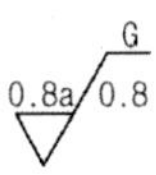	λ_c0.8mm에서 R_a가 최대 0.8㎛인 제거가공을 하는 면
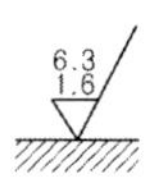	R_a가 상한값 6.3㎛에서 하한값 1.6㎛까지인 제거가공을 하는 면
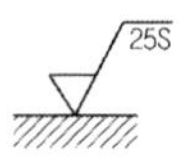	R_{max}가 최대 25㎛인 제거가공을 하는 면
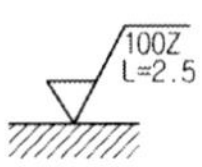	기준길이 L = 2.5mm에서 R_z가 최대 100㎛인 제거가공을 하는 면

memo

제 5 장

치수공차와 끼워맞춤

5-1 치수공차 및 끼워맞춤

5-2 공차등급 · 공차역 클래스 기호

5-3 IT 기본공차

5-4 끼워맞춤

5-5 끼워맞춤 공차 적용하는 요령

5-6 상용하는 끼워맞춤에 관한 표

5-7 길이치수 및 각도치수의 허용한계 기입방법

치수공차와 끼워맞춤

도면에 기입된 치수는 제품의 완성된 치수를 나타낸 것이다. 그러나 실제로 부품을 가공할 때 기입된 치수대로 오차없이 가공하기는 힘들며, 따라서 기계부품의 용도에 따라 경제적이고 알맞은 가공정도 및 공차를 정해주는 것은 다른 부품과의 조립에 있어 매우 중요하다. **치수공차 및 끼워맞춤**은 **KS B 0401에 규정**되어 있으며 이 규격은 기준치수가 3150mm 이하 형체의 치수공차 방식 및 끼워맞춤 방식에 대하여 규정한다. 주로 원통형체를 대상으로 하고 있지만 원통 이외의 형체에도 적용한다.

5-1 치수공차 및 끼워맞춤

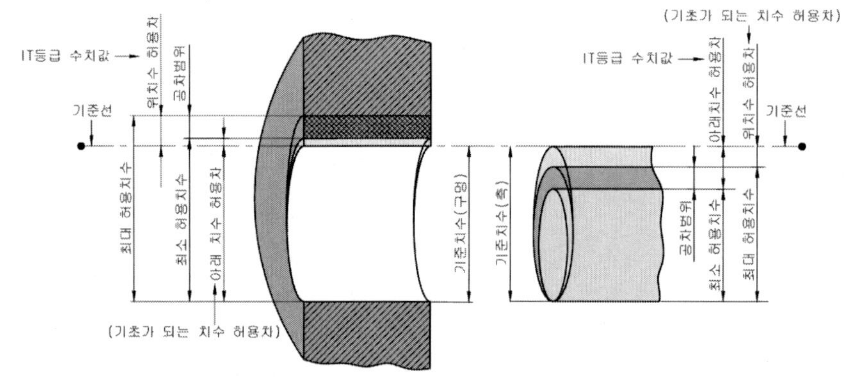

[그림 5-1] 구멍과 축의 치수공차

(1) **내측형체**: 대상물의 내측을 형성하는 형체

(2) **외측형체**: 대상물의 외측을 형성하는 형체

(3) **구멍(Hole)**: 주로 원통형의 내측 형체를 말하나, 원형 단면이 아닌 내측 형체도 포함한다.

(4) **축(Shaft)**: 주로 원통형의 외측 형체를 말하나, 원형 단면이 아닌 외측 형체도 포함한다.

(5) **치수(Size)**: 형체의 크기를 나타내는 양. 보기를 들면 구멍·축의 지름을 말하고, 일반적으로 mm를 단위로 하여 나타낸다.

(6) **실치수(Actual Size)**: 형체의 실측 치수

(7) **허용한계치수(Limit of Size)**: 형체의 실치수가 그 사이에 들어가도록 정한, 허용할 수 있는 대·소 2개의 극한치수

즉, 최대허용치수 및 최소허용치수[**그림 5-1**]

(8) **최대허용치수**(Maximum Limit of Size): 형체의 허용할 수 있는 최대치수[**그림 5-1**]

(9) **최소허용치수**(Least Limit of Size): 형체의 허용할 수 있는 최대치수[**그림 5-1**]

(10) **준치수**(Basic Size): 위 치수허용차 및 아래 치수허용차를 적용하는 데 따라 허용한계치수가 주어지는 기준이 되는 치수[**그림 5-1**]

비고 기준치수는 정수 또는 소수이다 예) 16, 34, 8.78, 0.4

(11) **치수차**(Deviation): 치수(실치수, 허용한계치수 등)와 대응하는 기준치수와의 대수차. (치수) −(기준치수)

(12) **치수공차방식**(Limit System): 표준화된 치수공차와 치수허용차의 방식

(13) **위 치수허용차**(ES, es) (Upper Deviation): 최대허용치수와 대응하는 기준치수와의 대수차. 즉, (최대허용치수)−(기준치수) [**그림 5-1,5-2 참고**]

비고 구멍의 위 치수허용차는 기호 ES에 따라 나타내며, 축의 위 치수허용차는 기호 es에 의해 나타낸다.

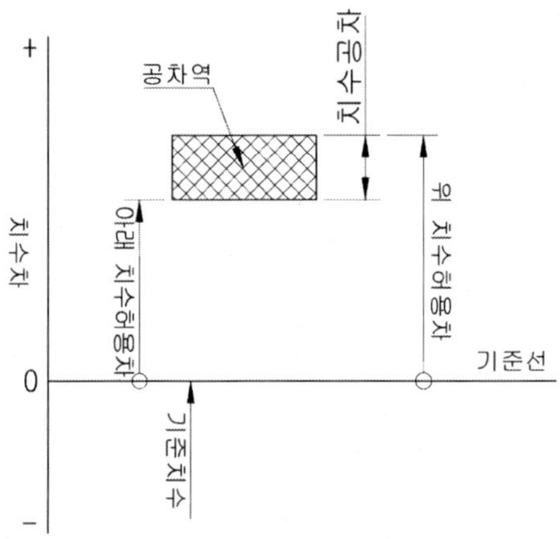

[그림 5-2] 공차역

비고 이 그림은 공차역·치수허용차·기준선의 상호 관계만을 나타내기 위해 간단화한 것이다. 이와 같이 간략화된 그림에서는 기준선은 수평으로 하고 정(+)의 치수허용차는 그 위쪽에 부(−)의 치수허용차는 그 아래쪽에 나타낸다.

(14) **아래 치수허용차**(EI, ei) (Lower Deviation): 최소허용치수와 대응하는 기준치수와의 대수차. 즉, (최소허용치수)−(기준치수) [**그림 5-1, 5-2**]

비고 구멍의 아래 치수허용차는 기호 EI에 따라 나타내며, 축의 아래 치수허용차는 기호 ei에 의해 나타낸다.

(15) **치수공차**(Size Tolerance): 최대허용치수와 최소허용치수와의 차.
즉, 위 치수허용차와 아래 치수허용차 와의 차[**그림 5-1, 5-2**]

(16) **기준선**(Zero Line): 허용한계치수 또는 끼워맞춤을 도시할 때에는 기준치수를 나타내며, 치수허용차의 기준이 되는 직선[**그림 5-1, 5-2**]

(17) **기초가 되는 치수허용차(Fundamental Deviation)**: 기준선에 대한 공차역의 위치를 정한 치수허용차, 위 치수허용차 또는 아래 치수허용차의 어느 한쪽이며, 보통은 기준선에 가까운 쪽의 치수허용차

(18) **기준공차**: 이 치수공차방식 · 끼워맞춤방식에 속하는 모든 치수공차. 기본공차는 기호 IT로 나타낸다.

(19) **공차등급**: 이 치수공차방식 · 끼워맞춤 방식으로 모든 기준치수에 대하여 동일수준에 속하는 치수공차의 한 그룹

비고 공차등급 IT 7-기호 IT (등급을 나타내는 숫자)

(20) **공차역(Tolerance Zone)**: 치수공차를 도시하였을 때 치수공차의 크기와 기준선에 대한 그 위치에 따라 정해지는 최대허용치수와 최소허용치수를 나타내는 두 개의 직선 사이의 영역**[그림 5-2]**

(21) **공차역 등급(Tolerance Class)**: 공차역의 위치와 공차등급의 조합

(22) **공차 단위(Standard Tolerance Factor)**: 기본공차의 산출에 사용하는 기준치수의 함수로 나타낸 단위

비고 공차단위 i는 500mm 이하의 기준 치수에, 공차단위 i는 500mm를 초과하는 기준 치수에 사용한다.

(23) **최대 실체치수**: 형체의 실치가 최대가 되는 쪽의 허용한계치수
즉, 내측형체에 대해서는 최소허용치수, 외측형체에 대해서는 최대허용치수

(24) **최소 실체치수**: 형체의 실체가 최소가 되는 쪽의 허용한계치수
즉, 내측형체에 대해서는 최대허용치수, 외측형체에 대해서는 최소허용치수

(25) **끼워맞춤(Fit)**: 조립할 2개의 형체(구멍 · 축)의 조립 전 치수의 차이에서 생기는 관계

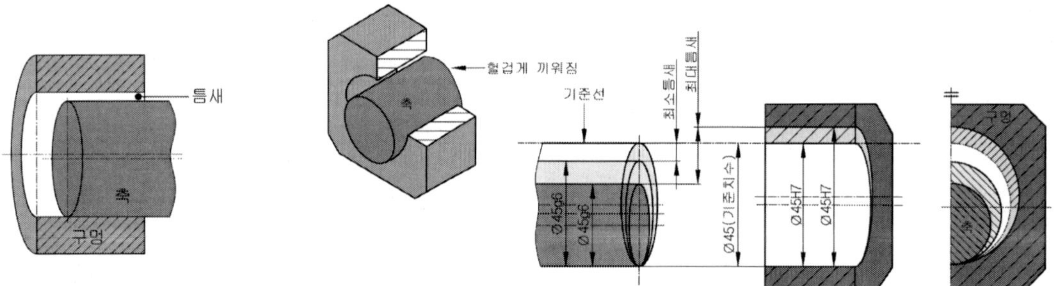

[그림 5-3] 틈새

(26) **틈새(Clearance)**: 구멍의 치수가 축의 치수보다도 클 때, 구멍과 축과의 치수의 차[**그림 5-3**]

(27) **최소틈새(Minimum Clearance)**: 헐거운 끼워맞춤에서, **최소틈새=구멍의 최소허용치수-축의 최대허용치수**

(28) **최대틈새(Maximum Clearance)**: 헐거운 끼워맞춤 또는 중간 끼워맞춤에서, **최대틈새=구멍의 최대허용치수-축의 최소허용치수**

(29) **죔새(Interference)**: 축의 치수가 구멍의 치수보다 큰 경우, 조립하기 전의 구멍과 축과의 음(-)의 치수의 차[**그림 5-4**]

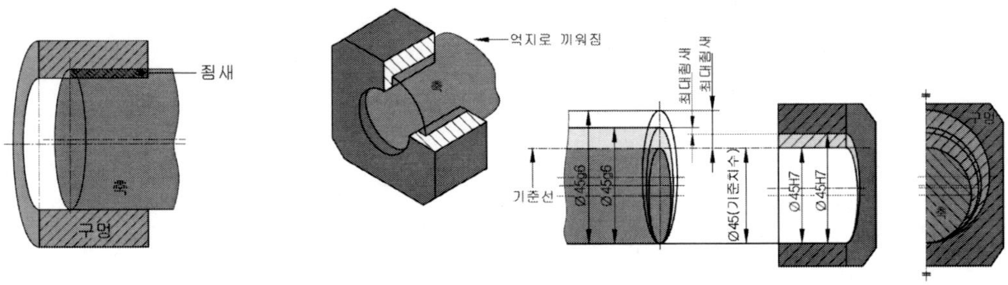

[그림 5-4] 죔새

(30) **최소죔새(Minimum Interference)**: 억지 끼워맞춤에서 조립 전 **최소죔새=축의 최소허용치수 -구멍의 최대허용치수**

(31) **최대죔새(Maximum Interference)**: 억지 끼워맞춤 또는 중간 끼워맞춤에서 조립 전 **최대죔새 =축의 최대허용치수-구멍의 최소허용치수**

(32) **헐거움 끼워맞춤(Clearance Fit)**: 조립하였을 때 항상 틈새가 생기는 끼워맞춤
즉, 도시된 경우에 구멍의 공차역이 완전히 축의 공차역 위쪽에 있는 끼워맞춤[**그림 5-5**]

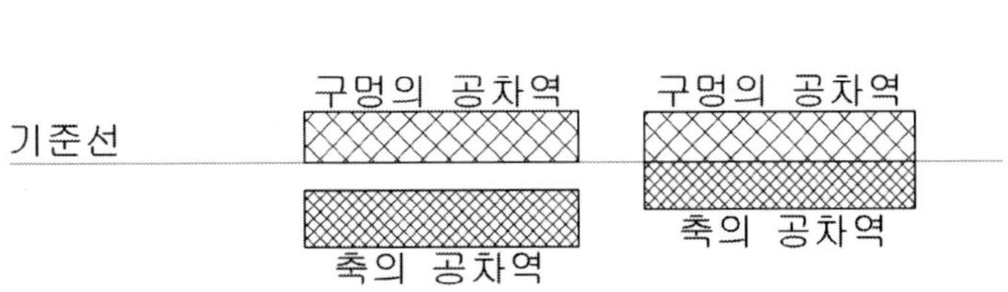

[그림 5-5] 헐거움 끼워맞춤

(33) **억지 끼워맞춤**(Interference Fit): 조립하였을 때 항상 죔새가 생기는 끼워맞춤.
즉, 도시된 경우에 구멍의 공차역이 완전히 축의 공차역 아래쪽에 있는 끼워맞춤[**그림 5-6**]

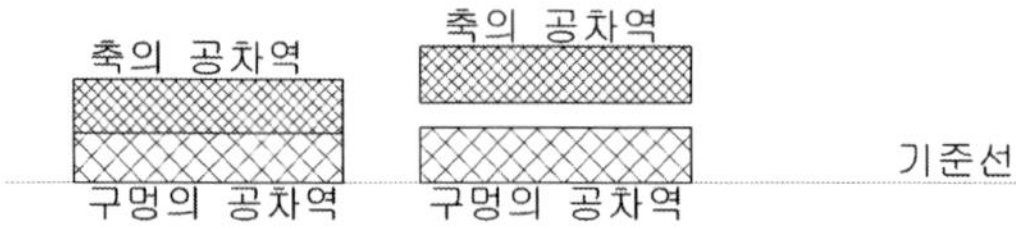

[그림 5-6] 억지 끼워맞춤

(34) **중간 끼워맞춤**(Transition Fit): 조립하였을 때, 구멍·축의 실제치수에 따라 틈새 또는 죔새의 어느 것이나 되는 끼워맞춤.
즉, 도시된 경우에 구멍·축의 공차역이 완전히 또는 부분적으로 겹치는 끼워맞춤[**그림 5-7**]

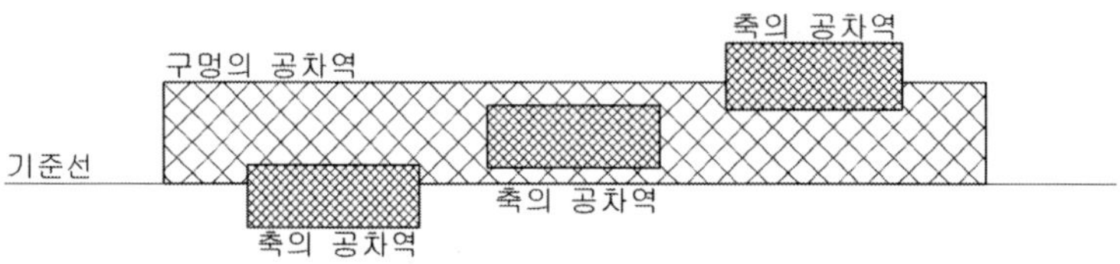

[그림 5-7] 중간 끼워맞춤

(36) **끼워맞춤의 변동량**(Variation of a Fit): 조립하는 구멍·축의 치수공차의 대수합
(37) **끼워맞춤 방식**(Fit system): 어떤 공차방식에 속하는 구멍·축에 따라 구성되는 끼워맞춤의 방식[**그림 5-8**].

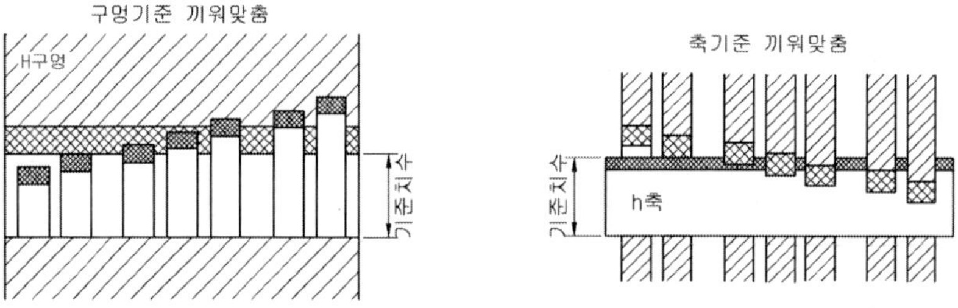

[그림 5-8] 끼워맞춤 방식의 종류

(38) **구멍기준 끼워맞춤**(Hole-basis System of Fit): 여러 개의 공차역 클래스의 축과 1개의 공차역 클래스의 구멍을 조립하는 데 필요한 틈새 또는 죔새를 주는 끼워맞춤 방식. 이 규격에서는 구멍의 최소허용치수가 기준치수와 같다.

즉, 구멍의 아래 치수허용차가 "0"인 끼워맞춤 방식[**그림 5-9**]

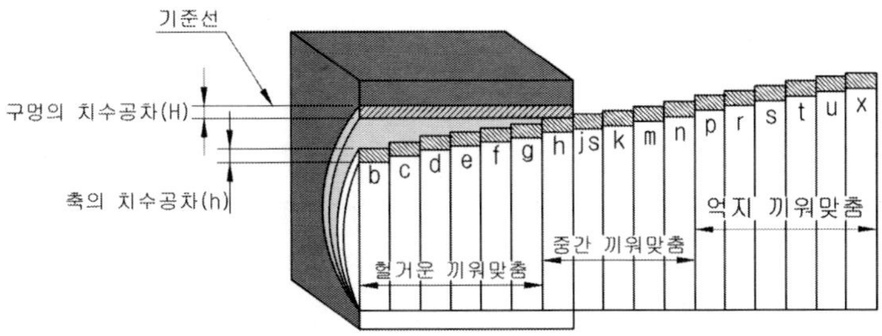

[그림 5-9] 구멍기준 끼워맞춤

(39) **축기준 끼워맞춤**(Shaft-basis System of Fit): 여러 개의 공차역 클래스의 구멍과 1개의 공차역 클래스의 축을 조립하는 데 필요한 틈새 또는 죔새를 주는 끼워 맞춤방식. 이 규격에서는 축의 최대허용치수가 기준치수와 같다.

즉, 축의 위 치수허용차가 '0'인 끼워맞춤 방식[**그림 5-10**]

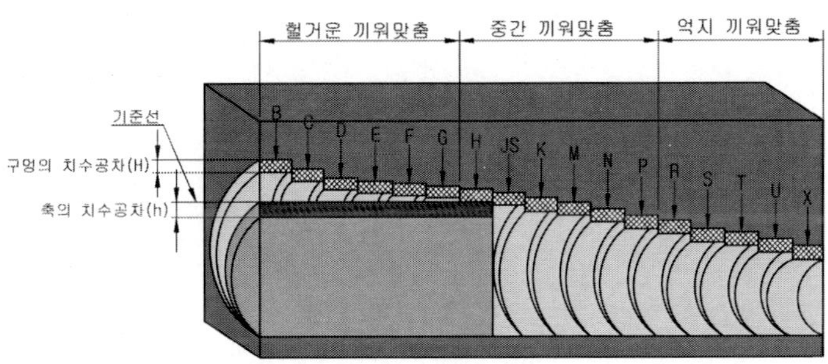

[그림 5-10] 축기준 끼워맞춤

(40) **기준구멍**(Basic Hole): 구멍기준 끼워맞춤에서 기준으로 선택한 구멍. 이 규격은 아래 치수허용차가 '0'인 구멍

5-2 공차등급 · 공차역 클래스 기호

(1) 공차등급

공차등급은 보기를 들면 IT 7과 같이 기호 IT에 등급을 나타내는 숫자를 붙여서 나타낸다.

(2) 공차역의 위치

구멍(대문자)의 공차역의 위치는 A~ZC까지의 **영문 대문자 기호**로 나타내며,
축(소문자)의 공차역의 위치는 a~zc까지의 **영문 소문자 기호**로 나타낸다**[그림 5-11]**.
다만, 혼동을 피하기 위하여 다음 문자(I, L, O, Q, W, i, l, o, q, w)는 사용하지 않는다.

예제 공차역의 위치 H**의 구멍**을 간단히 H**구멍**, 공차역의 위치 h**의 축**을 간단히 h**축** 등으로 부른다.

비고 일반적으로 기초가 되는 치수허용차는 기준선에 가까운 쪽의 허용한계치수를 규정하고 있는 치수허용차

(3) 공차역 클래스

공차역 클래스는 **공차역 위치의 기호**에 **공차등급을 나타내는 숫자**를 계속하여 표시한다.

예제 구멍(대문자)의 경우 H7, 축(소문자)의 경우 h7

(4) 치수허용차

위 치수허용차 구멍의 **위 치수허용차**는 기호 ES에 따르고, 축의 위 치수허용차는 기호 es에 따라 표시하고, 아래 치수허용차 구멍의 아래 치수허용차는 기호 EI에 따르며, 축의 아래 치수허용차는 기호 ei에 따라 표시한다.

(5) 치수의 허용한계표시

치수의 허용한계는 공차역 클래스의 기호(이하 치수공차기호라 한다) 또는 치수허용차의 값을 기준치수에 계속하여 표시한다.

예제 32H7, 80js15, 100g6

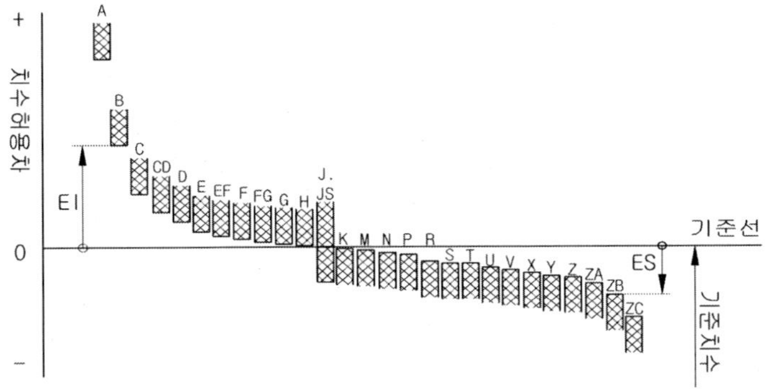

(a) 구멍(내측 형체)

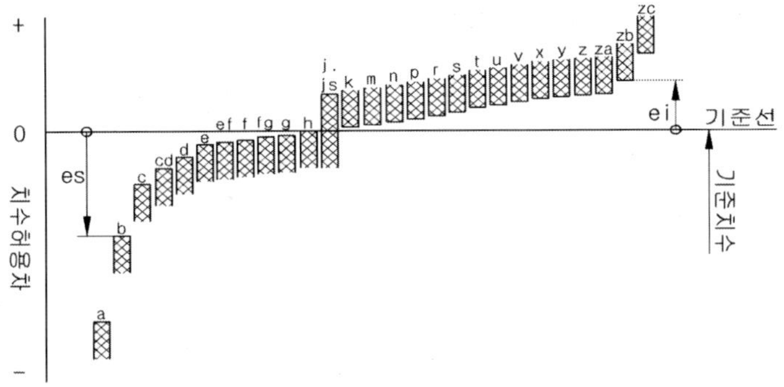

(b) 축(외측 형체)

[그림 5-11] 기초가 되는 치수허용차의 공차역 위치의 그림에 의한 표시

같은 치수와 같은 등급에 속하는 허용공차의 구멍이나 축이라도 치수허용차를 잡는 방법을 달리하면 양자의 끼워맞춤 상태가 달라진다. 따라서 구멍과 축을 각각 그 치수에 대한 위아래의 치수차를 달리하여 수 종류의 치수를 정하고, 영문자를 써서 종류를 나타내고 있으며 **구멍은 대문자, 축은 소문자**로 나타내고 있다. 아래 표와 같이 구멍은 최소허용치수가 기준치수와 일치하는 것을 H라 하고, 구멍인 경우 H로부터 A쪽으로 갈수록 구멍은 점점 커지며, Z쪽으로 갈수록 구멍은 작아진다. 축은 구멍과 반대이다.

[표 5-1] 구멍과 축의기호 및 상호관계

<table>
<tr><td rowspan="2">구멍기호
(영문 대문자)</td><td>A B C CD D EF F FG G H J JS K M N P R S T U V X Y Z ZA ZB ZC</td></tr>
<tr><td>(+최소허용차) H: 최소허용치수 = 기준치수 (−최소허용차)
← 구멍의 지름이 커진다 구멍의 크기가 작아진다 →</td></tr>
<tr><td rowspan="2">축기호
(영문 소문자)</td><td>a b c cd d ef f fg g h j js k m n p r s t u v x y z za zb zc</td></tr>
<tr><td>(−최소허용차) h: 최대허용치수 = 기준치수 (+최소허용차)
← 축의 크기가 작아진다 축의 크기가 진다 →</td></tr>
</table>

(6) 기준치수의 구분

[표 5-2] 에 기준치수의 구분을 나타낸다. 기본공차와 기초가 되는 치수허용차는 각각의 기준치수에 대하여 개별로 계산하는 것이 아니고, [표 5-2] 의 기준치수의 구분마다 그 구분을 나타내는 두 개의 치수 D1 및 D2의 기하평균 D로부터 계산한다. $D=\sqrt{D_1 \times D_2}$

비고 최초 기준치수의 구분(3mm 이하)의 D는 1mm와 3mm의 기하평균, 즉 1.732mm로 한다.

[표 5-2] 기준치수의 구분

500mm 이하의 기준치수			
일반 구분		상세한 구분(1)	
초 과	이 하	초 과	이 하
—	6	상세히 구분하지 않는다.	
3	6		
6	10		
10	18	10 14	14 18
18	30	18 24	24 30
30	50	30 40	40 50
50	80	50 65	65 80
80	120	80 100	100 120
120	180	120 140 160	140 160 180
180	250	180 200 225	200 225 250
250	315	250 280	280 315
315	400	315 355	355 400
400	500	400 450	450 500

500mm를 초과 3150mm 이하의 기준치수			
일반 구분		상세한 구분(2)	
초 과	이 하	초 과	이 하
500	630	500 560	560 630
630	800	630 710	710 800
800	1000	800 900	900 1000
1000	1250	1000 1120	1120 1250
1250	1600	1250 1400	1400 1600
1600	2000	1600 1800	1800 2000
2000	2500	2000 2240	2240 2500
2500	3150	2500 2800	2800 3150

【주】 (1) 이들은 A~C 구멍 및 R~ZC 구멍 또는 a~c 축 r~zc 축의 치수허용차에 사용한다. [표 5-8] 및 [표 5-9] 참조.
(2) 이들은 R~U 구멍 및 r~u 축의 치수허용차에 사용한다. [표 5-8] 및 [표 5-9] 참조.

(7) 기초가 되는 치수허용차

◆ 구멍의 기초가 되는 치수허용차

JS 구멍을 제외한 구멍의 기초가 되는 치수허용차와 그 부호(+ 또는 −)를 [표 5-9]에 나타낸다. 위 치수허용차 ES와 아래 치수허용차 EI는 [그림 5-12]에 나타낸 바와 같이 기초가 되는 치수허용차와 기본공차 IT에서 정한다.

◆ 축의 기초가 되는 치수허용차

js 축을 제외한 축의 기초가 되는 치수허용차와 그 부호(+ 또는−)를 [표 5-10] 에 나타낸다. 위 치수허용차 es와 아래 치수허용차 ei는 [그림 5-12]에 나타낸 바와 같이 기초가 되는 치수허용차와 기본공차 IT에서 정한다.

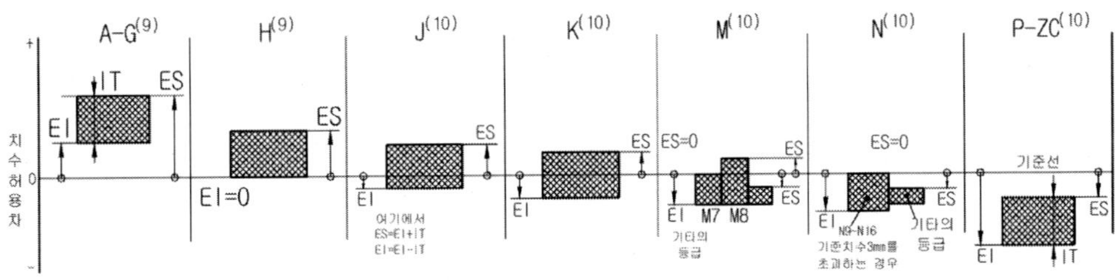

(a) 구멍

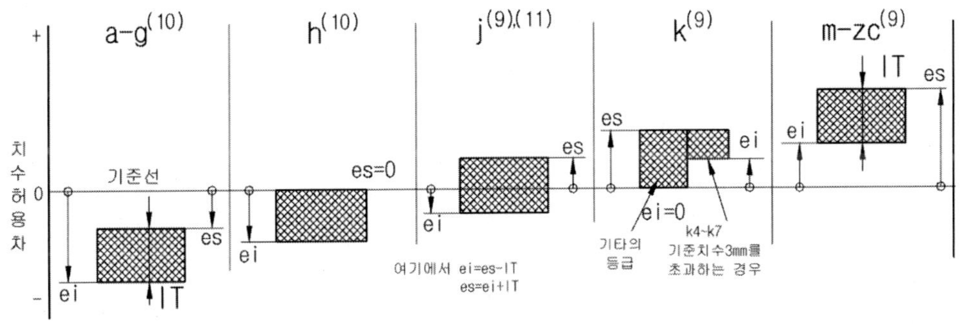

(b) 축

【주】(9) 기초가 되는 치수허용차는 아래 치수허용차(EI 또는 ei)이다.
(10) 기초가 되는 치수허용차는 위 치수허용차(ES 또는 es)이다.
(11) 상하대칭과 같이 표시되어 있지만 공차등급과 기준치수에 따라서는 비대칭이 된다.

[그림 5-12] 치수허용차

5-3 IT(International Tolerance) 기본공차

ISO 공차방식에 따른 기본공차로 치수공차와 끼워맞춤에 있어 정해진 모든 치수공차를 의미하는 것이다. **IT 기본공차** 또는 **IT 공차**라고 호칭하고, 국제표준화기구(ISO) 공차방식에 따라 분류하며, 기본공차 끼워맞춤 방식에 속하는 모든 치수공차의 기본공차는 기호 IT로 나타내는데 IT 01~ IT 18의 20등급으로 나누며 정밀도에 따라 **[표 5-3]**와 같이 적용한다.

[표 5-3] IT 기본공차 적용

용 도	게이지(Gauge) 제작공차	끼워맞춤 공차	끼워맞춤 이외의 공차
구 멍	IT01~IT5	IT6~IT10	IT11~IT18
축	IT01~IT4	IT5~IT9	IT10~IT18

비고 IT 기본공차 적용
- **IT 01~IT 4 등급:** 주로 게이지(Gauge) 제작 공차
- **IT 5~IT 10 등급:** 주로 끼워맞춤(Fitting)을 적용하는 경우
- **IT 11~IT 16 등급:** 끼워맞춤(Fitting)이 필요 없는 경우

[표 5-4] IT(International Tolerance) 기본공차(500mm 이하 적용)의 수치

기준치수 구분 (mm)		IT 공차등급																			
		01	0	1	2	3	4	5	6	7	8	9	10	11	12	13	14[1]	15[1]	16[1]	17[1]	18[1]
초과	이하	기본공차의 수치(단위: 1μm = 0.001mm)													기본공차의 수치(단위: mm)						
		← (공차가 작아짐: 정밀도 높다)													(공차가 커짐: 정밀도 낮다) →						
	3[1]	0.3	0.5	0.8	1.2	2.0	3	4	6	10	14	25	40	60	0.10	0.14	0.26	0.40	0.60	1.00	1.40
3	6	0.4	0.6	1.0	1.5	2.5	4	5	8	12	18	30	48	75	0.12	0.18	0.30	0.48	0.75	1.20	1.80
6	10	0.4	0.6	1.0	1.5	2.5	4	6	9	15	22	36	58	90	0.15	0.22	0.36	0.58	0.90	1.50	2.20
10	18	0.5	0.8	1.2	2.5	3.0	5	8	11	18	27	43	70	110	0.18	0.27	0.43	0.70	1.10	1.80	2.70
18	30	0.6	1.0	1.5	2.5	4.0	6	9	13	21	33	52	84	130	0.21	0.33	0.52	0.84	1.30	2.10	3.30
30	50	0.6	1.0	1.5	3.0	4.0	7	11	16	25	39	62	100	160	0.25	0.39	0.62	1.00	1.60	2.50	3.90
50	80	0.8	1.2	2.0	4.0	5.0	8	13	19	30	46	74	120	190	0.30	0.46	0.74	1.20	1.90	3.00	4.60
80	120	1.0	1.5	2.5	5.0	6.0	10	15	22	35	54	87	140	220	0.35	0.54	0.87	1.40	2.20	3.50	5.40
120	180	1.2	2.0	3.5	7.0	8.0	12	18	25	40	63	100	160	250	0.40	0.63	1.00	1.60	2.50	4.00	6.30
180	250	2.0	3.0	4.5	7.0	10.0	14	20	29	46	72	115	185	290	0.46	0.72	1.15	1.85	2.90	4.60	7.20
250	315	2.5	4.0	6.0	8.0	12.0	16	23	32	52	81	130	210	320	0.52	0.81	1.30	2.10	3.20	5.20	8.10
315	400	3.0	5.0	7.0	9.0	13.0	18	25	36	57	89	140	230	360	0.57	0.89	1.40	2.30	3.60	5.70	8.90
400	500	4.0	6.0	8.0	10.0	15.0	20	27	40	63	97	155	250	400	0.63	0.97	1.55	2.50	4.00	6.30	9.70

【주】 [1] 공차등급 IT14~IT18 등급은 기준치수 1mm 이하에는 적용하지 않는다.

치수 500mm 초과, 3150 이하에 적용되는 IT 공차까지는 IT 6급~18급까지로 구분된다.

[표 5-5] IT 기본공차의 수치(치수 500mm 초과, 3150 이하에 적용)

기준치수 구분 (mm)		IT 공차등급																	
		1	2	3	4	5	6	7	8	9	10	11	12	13	14	15	16	17	18
초과	이하	기본공차의 수치(단위: 1μm=0.001mm) ← (공차가 작아짐: 정밀도 높다)											기본공차의 수치(단위: mm) (공차가 커짐: 정밀도 낮다) →						
500	630	9	11	16	22	30	44	70	110	175	280	440	0.70	1.10	1.75	2.80	4.40	7.00	11.00
630	800	10	13	18	25	35	50	80	125	200	320	500	0.80	1.25	2.00	3.20	5.00	8.00	12.50
800	1000	11	15	21	29	40	56	90	140	230	360	560	0.90	1.40	2.30	3.60	5.60	9.00	14.00
1000	1250	13	18	24	34	46	66	105	165	260	420	660	1.05	1.65	2.60	4.20	6.60	10.50	16.50
1250	1600	15	21	29	40	54	78	125	195	310	500	780	1.25	1.95	3.10	5.00	7.80	12.50	19.50
1600	2000	18	25	35	48	65	92	150	230	370	600	920	1.50	2.30	3.70	6.00	9.20	15.00	23.00
2000	2500	22	30	41	57	77	110	175	280	440	700	1100	1.75	2.80	4.40	7.00	11.0	17.50	28.00
2500	3150	26	36	50	69	93	135	210	330	540	860	1350	2.10	3.30	5.40	8.60	13.50	21.00	33.00

【주】( ) 500mm를 초과하는 기준치수에 대한 공차등급 IT1~IT5의 공차값은 실험적으로 사용하기 위한 잠정적인 것이다.

[표 5-6] IT 기본공차 등급과 가공방법과의 관계

가 공 법	IT 기본공차 등급							
	IT 4	IT 5	IT 6	IT 7	IT 8	IT 9	IT 10	IT 11
일반래핑, 수퍼피니싱								
정밀보링, 정밀연삭, 호닝								
연삭, 보링, 핸드 리밍								
정밀선삭, 브로칭, 호닝, 일반연삭								
보링, 일반리밍, 자동선반 작업								
고급 밀링, 보링(자동선반), 수직선반								
보통밀링, 셰이핑, 슬로팅, 드릴링, 압연, 압축								
황삭가공, 펀칭, 프레스 작업, 정밀인발								

5-4 끼워맞춤(Fitting)

끼워맞춤이란 두 개의 기계 부품이 서로 끼워맞추기 전의 치수차에 의하여 틈새 및 죔새를 갖고 서로 접합하는 관계를 말한다. 보통공차가 길이치수와 각도치수에 대한 공차라면 끼워맞춤(Fitting)은 끼워맞춰지는 **구멍**(Hole)과 **축**(Shaft) **사이의 공차방식**이다. 끼워맞춰지는 구멍과 축 사이의 관계라고 이해하면 된다. 다만 끼워맞춤에서의 **구멍**(Hole)은 구멍과 같은 역할을 하는 안쪽 형체(내경) 모두를 의미하고, **축**(Shaft)은 축과 같은 기능을 가진 바깥쪽 형체(외경) 모두를 의미한다는 것을 염두에 두어야 한다.

- 구멍(Hole): 원통형의 내면과 원형 단면이 아닌 것도 포함(기호: **영문 대문자** 표시)
- 축(Shaft): 원통형의 내면과 원형 단면이 아닌 것도 포함(기호: **영문 소문자** 표시)

끼워맞춤의 틈새와 죔새

- 틈새(Clearance): 구멍의 치수가 축의 치수보다도 클 때(헐거움 끼워맞춤), 구멍과 축과의 치수의 차(틈)이다.
  - **최소틈새 = 구멍의 최소허용치수 – 축의 최대허용치수**
  - **최대틈새 = 구멍의 최대허용치수 – 축의 최소허용치수**

- 죔새(Interference): 구멍의 치수가 축의 치수보다도 작을 때(억지 끼워맞춤), 조립 전의 구멍과 축과의 수의 차(간섭)이다.
  - **최소죔새 = 축의 최소허용치수 – 구멍의 최대허용치수**
  - **최대죔새 = 축의 최대허용치수 – 구멍의 최소허용치수**

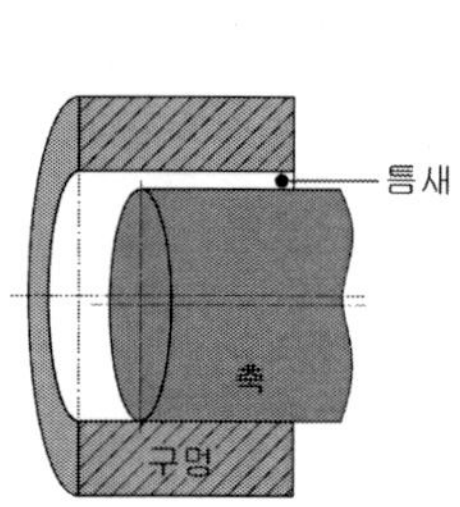

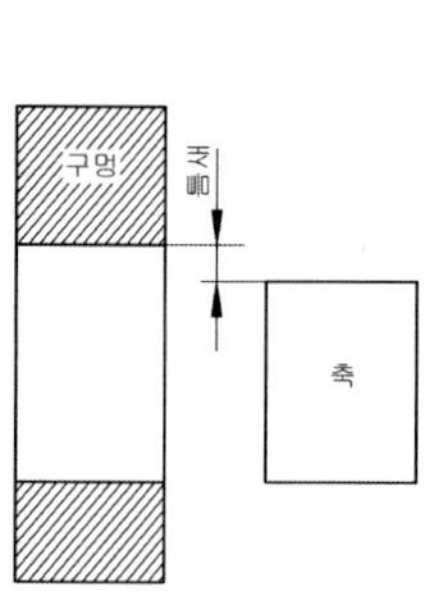

[틈새]

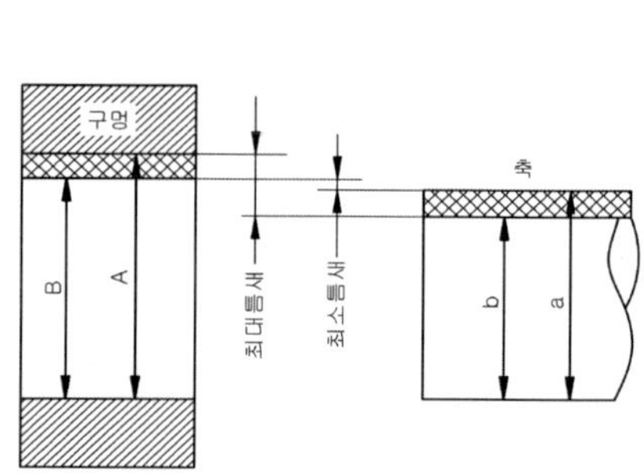

[최소틈새 및 최대틈새]

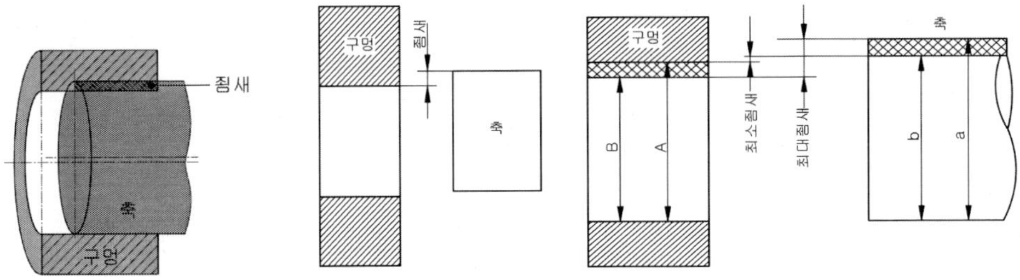

[죔새] [최소죔새 및 최대죔새]

[그림 5-13] 끼워맞춤의 틈새와 죔새

상용하는 끼워맞춤은 **H구멍**을 기준구멍으로 하고 이에 적당한 축을 선택하여 필요한 죔새 또는 틈새를 주는 끼워맞춤(구멍기준 끼워맞춤), 또는 **h축**을 기준 축으로 하여 이것에 적당한 구멍을 선택하여 필요한 죔새 또는 틈새를 주는 끼워맞춤(축기준 끼워맞춤)의 어느 것으로 한다. 기준치수 500mm 이하의 상용하는 끼워맞춤에 사용하는 구멍·축의 조립은 [**표 5-7**] 및 [**표 5-8**]과 같다.

- **구멍기준 끼워맞춤**: 기초가 되는 치수 허용차 EI가 0인 **H등급의 구멍을 기준**으로 적당한 축을 선정하여 죔새나 틈새를 얻는 방식이다. 일반적으로 이 방식을 많이 사용한다.
  - H6~H10의 다섯 가지의 구멍을 기준구멍으로 한다**(구멍의 최소허용치수 = 기준치수)**
  - 끼워 맞추는 축은 적당한 종류의 축을 선택하여 필요한 틈새 또는 죔새가 생기게 하는 끼워맞춤 방식
  - **H구멍: 아래 치수허용차=0**

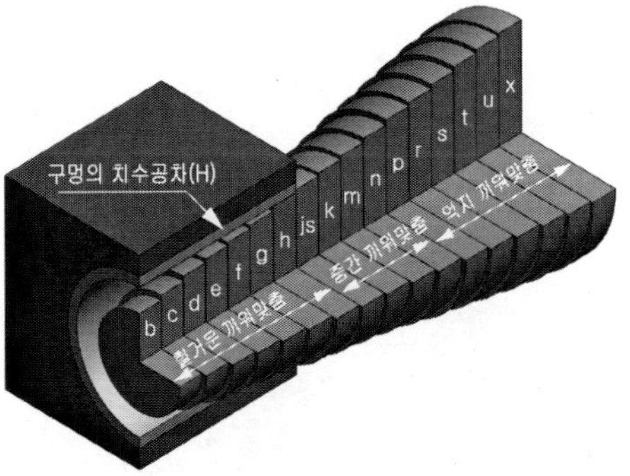

[그림 5-14] 상용하는 구멍기준 끼워맞춤

[표 5-7] 상용하는 구멍기준 끼워맞춤

구멍 기준 (대문자)	축의 공차역 클래스																
	헐거운 끼워맞춤							중간 끼워맞춤			억지 끼워맞춤						
	b	c	d	e	f	g	h	js	k	m	n	p	r	s	t	u	x
H6						g5	h5	js5	k5	m5							
					f6	g6	h6	js6	k6	m6	n6(1)	p6(1)					
H7					f6	g6	h6	js6	k6	m6	n6(1)	p6(1)	r6(1)	s6	t6	u6	x6
				e7	f7		h7	js7									
H8					f7		h7										
				e8	f8		h8										
			d9	e9													
H9			d8	e8			h8										
		c9	d9	e9			h9										
H10	b9	c9	d9														

【주】 (1)로 표시된 끼워맞춤은 치수의 구분에 따라 예외가 생긴다.

상용하는 끼워맞춤

- **기준 끼워맞춤**: 기초가 되는 치수 허용차 es가 0인 **h등급의 축을 기준으로** 이에 적당한 구멍을 선정하여 죔새나 틈새를 얻는 방식이다.
  - h5~h9의 5종의 **축을 기준 축**으로 사용한다. **(축의 최대허용치수=기준치수)**
  - 이것에 **적당한 구멍을 선택**하여 필요한 틈새 또는 죔새가 생기게 하는 끼워맞춤 방식
  - **h축: 위 치수허용차=0**

[그림 5-15] 상용하는 축기준 끼워맞춤

• **상용하는 끼워맞춤**: H구멍을 기준으로 한 구멍기준 끼워맞춤이나 h축을 기준으로 한 축 기준 끼워맞춤을 선택하여 사용한다. [표 5-7]은 상용하는 구멍기준 끼워맞춤이고, [표 5-8]은 상용하는 축 기준 끼워맞춤이다. 상용하는 끼워맞춤은 일반적으로 많이 사용하는 끼워맞춤을 모아 규정한 것이다.

[표 5-8] 상용하는 축 기준 끼워맞춤

축 기준 (소문자)	구멍의 공차역 클래스																
	헐거운 끼워맞춤							중간 끼워맞춤			억지 끼워맞춤						
	B	C	D	E	F	G	H	JS	K	M	N	P	R	S	T	U	X
h5							H6	JS6	K6	M6	N6[(2)]	P6					
h6					F6	G6	H6	JS6	K6	M6	N6	P6[(2)]					
					F7	G7	H6	JS7	K7	M7	N7	P7[(2)]	R7	S7	T7	U7	X7
h7				E7	F7		H7										
					F8		H8										
h8			D8	E8	F8		H8										
			D9	E9			H9										
h9			D8	E8			H8										
		C9	D9	E9			H9										
	B10	C10	D10														

【주】 [(2)]로 표시된 끼워맞춤은 치수의 구분에 따라 예외가 생긴다.

[표 5-9] 구멍의 기초가 되는 치수허용차

[KS B 0401]

(단위: μm = 0.001mm)

기준치수		전체의 공차 등급												공차등급										공차등급 8 이상												공차등급					
														6	7	8	8 이하	9 이상	8 이하	9 이상	8 이하	9 이상	7 이하																		
초과	이하	기초가 되는 치수허용차 = 아래 치수허용차 EI												기초가 되는 치수허용차 = 위치수허용차 ES																						3	4	5	6	7	8
		공차역의 위치												공차역의 위치																						Δ의 수치					
		A[1]	B1[1]	C	CD	D	E	EF	F	FG	G	H	JS[2]	J			K[4]		M[4]		N[4],[5]		P~ZC[5]	P	R	S	T	U	V	X	Y	Z	ZA	ZB	ZC						
 3 6	3 6 10	+270 +270 +280	+140 +140 +150	+60 +70 +80	+34 +46 +56	+20 +30 +40	+14 +20 +25	+10 +14 +18	+6 +10 +13	+4 +6 +8	+2 +4 +5	0 0 0	치수허용차 = ± $\frac{IT_N}{2}$	+2 +5 +5	+4 +6 +8	+6 +10 +12	0 −1+Δ −1+Δ	0	−2 −4+Δ	−2 −4 −6	−4 −8+Δ −10+Δ	−4 0 0	오른쪽 란의 값에 Δ의 값을 더한다.	−6 −12 −15	−10 −15 −19	−14 −19 −23		−18 −23 −28		−20 −28 −34		−26 −35 −42	−32 −42 −52	−40 −50 −67	−60 −80 −97	0 1 1	0 1.5 1.5	0 1 2	0 3 3	0 4 6	0 6 7
10 14	14 18	+290	+150	+95		+50	+32		+16		+6	0		+6	+10	+15	−1+Δ		−7+Δ	−7	−12+Δ	0		−18	−23	−28		−33	 −39	−40 −45		−50 −60	−64 −77	−90 −108	−130 −150	1	2	3	3	7	9
18 24	24 30	+300	+160	+110		+65	+40		+20		+7	0		+8	+12	+20	−2+Δ		−8+Δ	−8	−15+Δ	0		−22	−28	−35	 −41	−41 −48	−47 −55	−54 −64	−63 −75	−73 −88	−93 −118	−136 −160	−188 −218	1.5	2	3	4	8	12
30 40	40 50	+310 +320	+170 +180	+120 +130		+80	+50		+25		+9	0		+10	+14	+24	−2+Δ		−9+Δ	−9	−17+Δ	0		−26	−34	−43	−48 −54	−60 −70	−68 −81	−80 −97	−94 −114	−112 −136	−148 −180	−200 −242	−274 −325	1.5	3	4	5	9	14
50 65	65 80	+340 +360	+190 +200	+140 +150		+100	+60		+30		+10	0		+13	+18	+28	−2+Δ		−11+Δ	−11	−20+Δ	0		−32	−41 −43	−53 −59	−66 −75	−87 −102	−102 −120	−122 −146	−144 −174	−172 −210	−226 −274	−300 −360	−405 −480	2	3	5	6	11	16
80 100	100 120	+380 +410	+220 +240	+170 +180		+120	+72		+36		+12	0		+16	+22	+34	−3+Δ		−13+Δ	−13	−23+Δ	0		−37	−51 −54	−71 −79	−91 −104	−124 −144	−146 −172	−178 −210	−214 −254	−258 −310	−335 −400	−445 −525	−585 −690	2	4	5	7	13	19
120 140 160	140 160 180	+460 +520 +580	+260 +280 +310	+200 +210 +230		+145	+85		+43		+14	0		+18	+25	+41	−3+Δ		−15+Δ	−15	−27+Δ	0		−43	−63 −65 −68	−92 −100 −108	−122 −134 −146	−170 −190 −210	−202 −228 −252	−248 −280 −310	−300 −340 −380	−365 −415 −465	−470 −535 −600	−620 −700 −780	−800 −900 −1000	3	4	6	7	15	23
180 200 225	200 225 250	+660 +740 +820	+340 +380 +420	+240 +260 +280		+170	+100		+50		+15	0		+22	+30	+47	−4+Δ		−17+Δ	+−17	−31+Δ	0		−50	−77 −80 −84	−122 −130 −140	−166 −180 −196	−236 −258 −284	−284 −310 −340	−350 −385 −425	−425 −470 −520	−520 −575 −640	−670 −740 −820	−880 −960 −1050	−1150 −1250 −1350	3	4	6	9	17	26
250 280	280 315	+920 +1050	+480 +540	+300 +330		+190	+110		+56		+17	0		+25	+36	+55	−4+Δ		[3] −20+Δ	−20	−34+Δ	0		−56	−94 −98	−158 −170	−218 −240	−315 −350	−385 −425	−475 −525	−580 −650	−710 −790	−920 −1000	−1200 −1300	−1550 −1700	4	4	7	9	20	29
315 355	355 400	+1200 +1350	+600 +680	+360 +400		+210	+125		+62		+18	0		+29	+39	+60	−4+Δ		−21+Δ	−21	−37+Δ	0		−62	−108 −114	−190 −208	−268 −294	−390 −435	−475 −530	−590 −660	−730 −820	−900 −1000	−1150 −1300	−1500 −1650	−1900 −2100	4	5	7	11	21	32
400 450	450 500	+1500 +1650	+760 +840	+440 +480		+230	+135		+68		+20	0		+33	+43	+68	−5+Δ		−23+Δ	−23	−40+Δ	0		−68	−126 −132	−232 −252	−330 −360	−490 −540	−595 −660	−740 −820	−920 −1000	−1100 −1250	−1450 −1600	−1880 −2100	−2400 −2600	5	5	7	13	23	34
500 560	560 630					+260	+145		+76		+22	0							−26		−44			−78	−150 −155	−280 −310	−400 −450	−600 −660													
630 710	710 800					+290	+160		+80		+24	0							−30		−50			−88	−175 −185	−340 −380	−500 −560	−740 −840													
800 900	900 1000					+320	+170		+86		+26	0							−34		−56			−100	−210 −220	−430 −470	−620 −680	−940 −1050													
1000 1120	1120 1250					+350	+195		+98		+28	0							−40		−66			−120	−250 −260	−520 −580	−780 −840	−1150 −1300													
1250 1400	1400 1600					+390	+220		+110		+30	0							−48		−78			−140	−300 −330	−640 −720	−960 −1050	−1450 −1600													
1600 1800	1800 2000					+430	+240		+120		+32	0							−58		−92			−170	−370 −400	−820 −920	−1200 −1350	−1850 −2000													
2000 2240	2240 2500					+480	+260		+130		+34	0							−68		−110			−195	−440 −460	−1000 −1100	−1500 −1650	−2300 −2500													
2500 2800	2800 3150					+520	+290		+145		+38	0							−76		−135			−240	−550 −580	−1250 −1400	−1900 −2100	−2900 −3200													

【주】 (1) A 및 B구멍은 기준치수 1mm 이하에는 사용하지 않는다.

(2) 공차범위의 등급 JS 7~JS 11에서는 기본공차 IT 수치가 홀수인 경우에는 치수허용차, 즉 ± IT/2가 마이크로미터 단위의 정수가 되도록, IT의 수치를 바로 아래의 짝수로 맺음한다.

(3) 예외로서, 공차범위의 등급 M6의 경우에는 ES는 −20+9 = −11μm가 아니고 −9μm이다.

(4) 기본공차 등급 IT8 이하의 K, M급 및 N급 구멍 및 공차등급 IT7 이하의 P~ZC 구멍의 경우, 위 표에서 Δ의 수치를 읽고 기초가 되는 치수허용차를 선정한다.

【비고】 18~30mm의 K7의 경우: Δ = 8μm 따라서 ES = −1+8 = 6μm, 18~30mm의 S6의 경우: Δ = 4μm 따라서 ES = −35+4 = 31μm

(5) 기본공차의 등급 IT9 이상의 N구멍은 기준치수 1mm 이하에는 사용하지 않는다.

[표 5-10] 축의 기초가 되는 치수허용차

[KS B 0401]
(단위: ㎛ = 0.001mm)

기준 치수 (mm)		전체의 공차등급												공차등급					전체의 공차등급														
														5,6	7	8	4,5 6,7	3 이하 8 이상															
		기초가 되는 치수허용차 = 위치수 허용차 es												기초가 되는 치수허용차 = 아래 치수는 허용차 ei																			
		공차역의 위치												공차역의 위치																			
초과	이하	a[1]	b[1]	c	cd	d	e	ef	f	fg	h	h	js[2]	j			k		m	n	p	r	s	t	u	v	x	y	z	za	zb	zc
–	3	−270	−140	−60	−34	−20	−14	−10	−6	−4	−2	0		−2	−4	−6	0	0	+2	+4	+6	+10	+14		+18		+20		+26	+32	+40	+60
3	6	−270	−140	−70	−46	−30	−20	−14	−10	−6	−4	0		−2	−4		+1	0	+4	+8	+12	+15	+19		+23		+28		+35	+42	+50	+80
6	10	−280	−150	−80	−56	−40	−25	−18	−13	−8	−5	0		−2	−5		+1	0	+6	+10	+15	+19	+23		+28		+34		+42	+52	+67	+97
10 14	14 18	−290	−150	−95		−50	−32		−16		−6	0		−3	−6		+1	0	+7	+12	+18	+23	+28		+33	+39	+40 +45		+50 +60	+64 +77	+90 +108	+130 +150
18 24	24 30	−300	−160	−110		−65	−40		−20		−7	0		−4	−8		+2	0	+8	+15	+22	+28	+35	+41	+41 +48	+47 +65	+54 +64	+63 +75	+73 +88	+98 +118	+130 +160	+188 +218
30 40	40 50	−310 −320	−170 −180	−120 −130		−80	−50		−25		−9	0		−5	−10		+2	0	+9	+17	+26	+34	+43	+48 +54	+60 +70	+68 +81	+80 +97	+94 +114	+112 +136	+148 +180	+200 +242	+274 +325
50 65	65 80	−340 −360	−190 −200	−140 −150		−100	−60		−30		−10	0		−7	−12		+2	0	+11	+20	+32	+41 +43	+53 +59	+66 +75	+87 +102	+102 +120	+122 +146	+144 +174	+172 +210	+226 +274	+300 +360	+405 +480
80 100	100 120	−380 −410	−220 −240	−170 −180		−120	−72		−36		−12	0		−9	−15		+3	0	+13	+23	+37	+51 +54	+71 +79	+91 +104	+124 +144	+146 +172	+178 +210	+214 +254	+258 +310	+335 +400	+445 +525	+585 +690
120 140 160	140 160 180	−460 −520 −580	−260 −280 −310	−200 −210 −230		−145	−85		−43		−14	0		−11	−18		+3	0	+15	+27	+43	+63 +65 +68	+92 +100 +180	+122 +134 +146	+170 +190 +210	+202 +228 +252	+248 +280 +310	+300 +340 +380	+365 +415 +465	+470 +535 +600	+620 +700 +780	+800 +900 +1000
180 200 225	200 225 250	−660 −740 −820	−340 −380 −420	−240 −260 −280		−170	−100		−50		−15	0	치수허용차 = $\pm\frac{IT_N}{2}$	−13	−21		+4	0	+17	+31	+50	+77 +80 +84	+122 +130 +140	+166 +180 +196	+236 +258 +284	+284 +310 +340	+350 +385 +425	+425 +470 +520	+520 +575 +640	+670 +740 +820	+880 +960 +1050	+1150 +1250 +1350
250 280	280 315	−920 −1050	−480 −540	−300 −330		−190	−110		−56		−17	0		−16	−26		+4	0	+20	+34	+56	+94 +98	+158 +170	+218 +240	+315 +350	+385 +425	+475 +525	+580 +650	+710 +790	+920 +1000	+1200 +1300	+1550 +1700
315 355	355 400	−1200 −1350	−600 −680	−360 −400		−210	−125		−62		−18	0		−18	−28		+4	0	+21	+37	+62	+108 +114	+190 +208	+268 +294	+390 +435	+475 +530	+590 +660	+730 +820	+900 +1000	+1150 +1300	+1500 +1650	+1900 +2100
400 450	450 500	−1500 −1650	−700 −840	−440 −480		−230	−135		−68		−20	0		−20	−32		+5	0	+23	+40	+68	+126 +132	+232 +252	+330 +360	+490 +540	+595 +660	+740 +820	+920 +1000	+1100 +1250	+1450 +1600	+1850 +2100	+2400 +2600
500 560	560 630					−260	−145		−76		−22	0					0	0	+26	+44	+78	+150 +155	+280 +310	+400 +450	+600 +660							
630 710	710 800					−290	−160		−80		−24	0					0	0	+30	+50	+88	+175 +185	+340 +380	+500 +560	+740 +840							
800 900	900 1000					−320	−170		−86		−26	0					0	0	+34	+56	+100	+210 +220	+430 +470	+620 +680	+640 +1050							
1000 1120	1120 1250					−350	−195		−98		−28	0					0	0	+40	+66	+120	+250 +560	+520 +580	+780 +840	+1150 +1300							
1250 1400	1400 1600					−390	−220		−110		−30	0					0	0	+48	+78	+140	+300 +330	+640 +720	+960 +1050	+1450 +1600							
1600 1800	1800 2000					−430	−240		−120		−32	0					0	0	+58	+92	+170	+370 +400	+820 +920		+1850 +2000							
2000 2240	2240 2500					−480	−260		−130		−34	0					0	0	+68	+110	+195	+440 +460	+1000 +1100		+2300 +2500							
2500 2800	2800 3150					−520	−290		−145		−38	0					0	0	+76	+135	+240	+550 +580	+1250 +1400		+2900 +3200							

[주] (1) a 및 b축은 기준치수 1mm 이하에는 사용하지 않는다.
(2) 공차역 클래스 js7~js11에서는 기본공차 IT 수치가 홀수인 경우에는 치수허용차, 즉 ±IT/2가 마이크로미터 단위의 정수가 되도록, IT의 수치를 바로 아래의 짝수로 맺음한다.

[표 5-11] 상용하는 구멍기준 끼워맞춤에서의 공차역의 상호관계(그림은 기준치수 30mm의 경우) [KS B 0401]

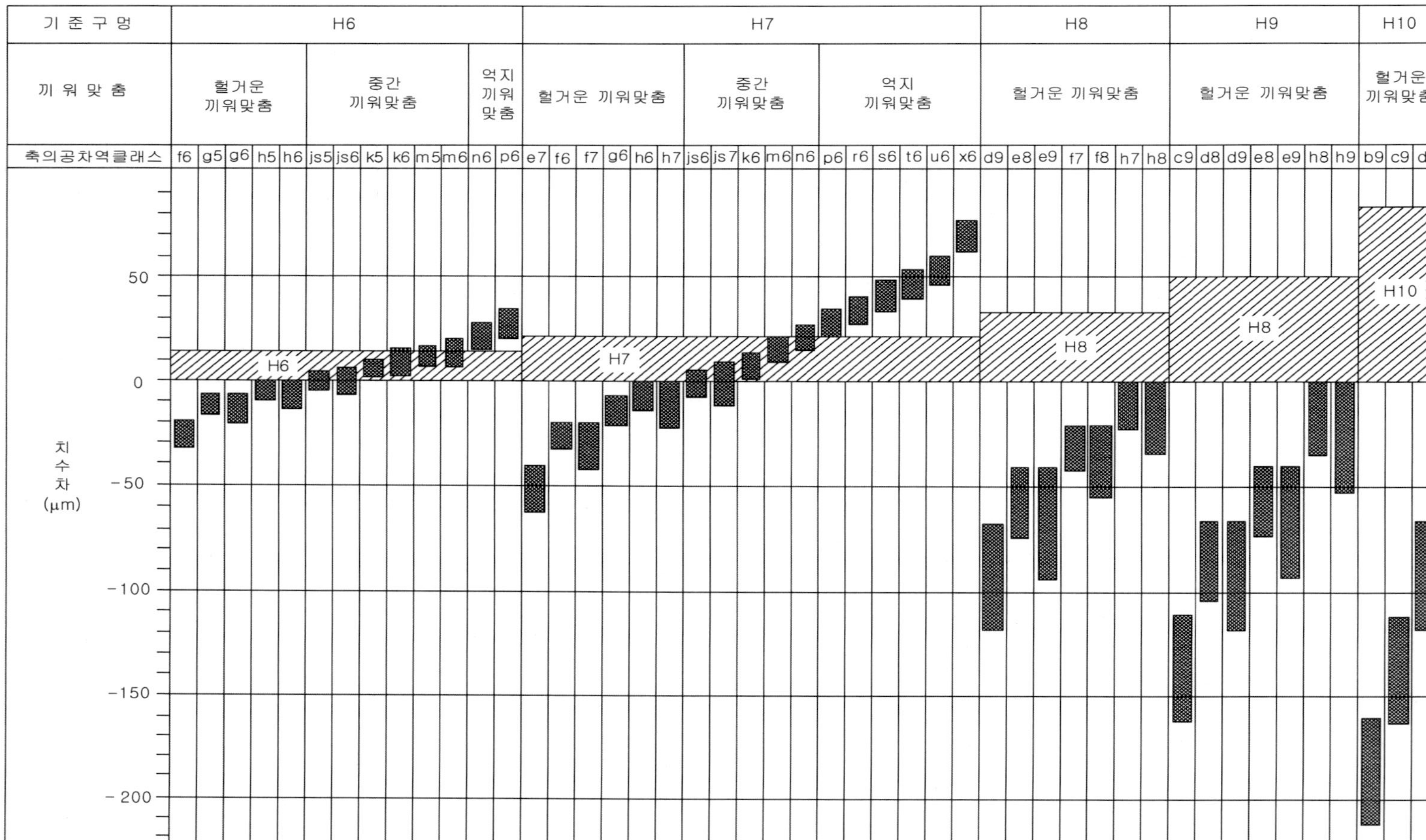

[표 5-12] 상용하는 축기준 끼워맞춤에서의 공차역의 상호관계(그림은 기준치수 30mm의 경우) [KS B 0401]

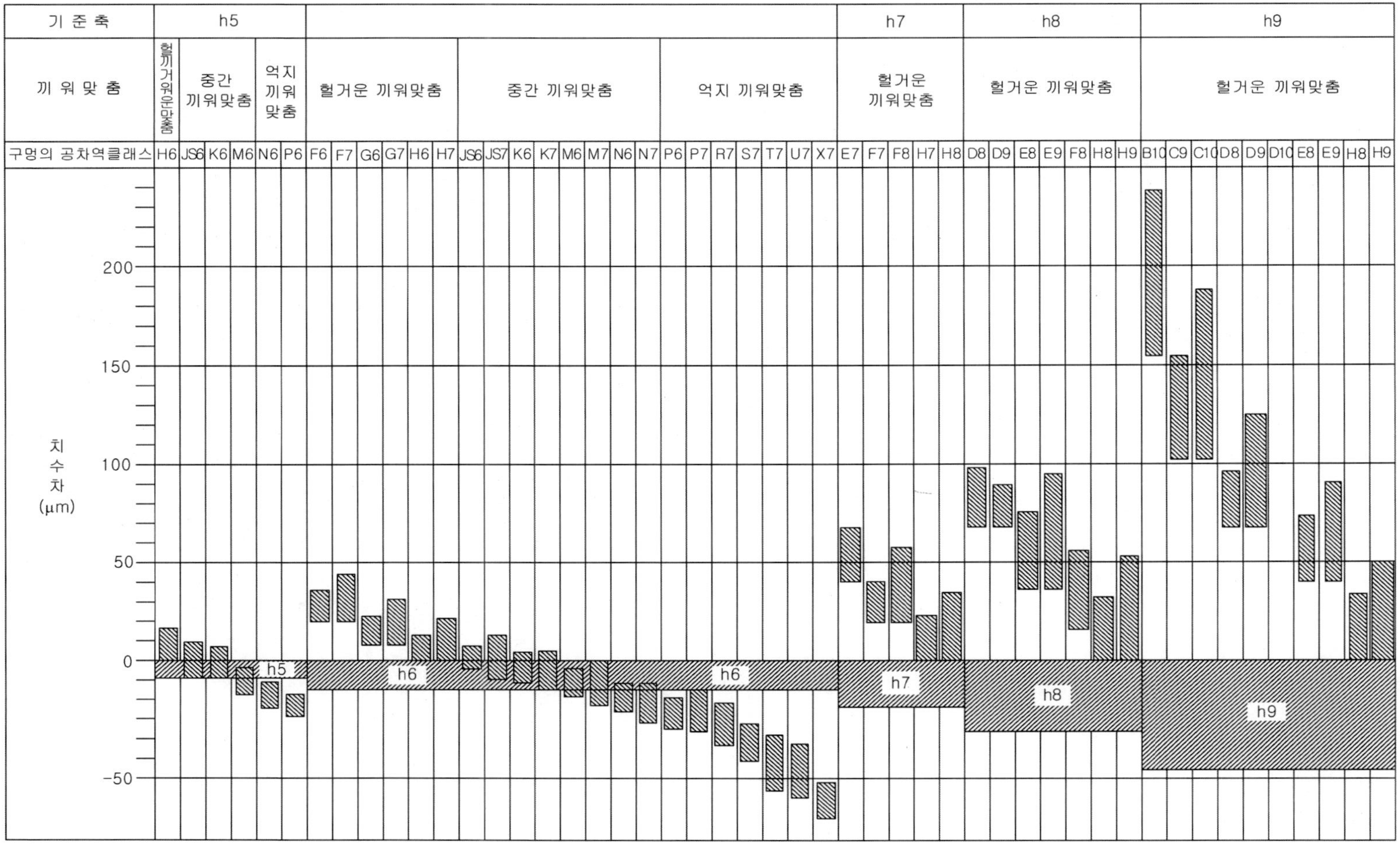

[표 5-13] 상용하는 끼워맞춤에서 사용하는 구멍의 치수허용차

[KS B 0401]

(단위: μm = 0.001mm)

기본치수 (mm)		구멍의 공차역 클래스																																						치수(mm)	
초과	이하	B10	C9	C10	D8	D9	D10	E7	E8	E9	F6	F7	F8	G6	G7	H5	H6	H7	H8	H9	H10	JS5	JS6	JS7	K5	K6	K7	M5	M6	M7	N6	N7	P6	P7	R7	S7	T7	U7	X7	초과	이하
0	3	+180 +140	+85 +60	+100 +60	+34 +20	+45 +20	+60 +20	+24 +14	+28 +14	+39 +14	+12 +6	+16 +6	+20 +6	+6 +2	+12 +2	+4 0	+6 0	+10 0	+14 0	+25 0	+40 0	±2	±3	±5	0 −4	0 −6	0 −10	−2 −6	−2 −8	−2 −12	−4 −10	−4 −14	−6 −12	−6 −16	−10 −20	−14 −24	−	−18 −28	−20 −30	0	3
3	6	+180 +140	+100 +70	+118 +70	+48 +30	+60 +30	+78 +30	+32 +20	+38 +20	+50 +20	+18 +10	+22 +10	+28 +10	+12 +4	+16 +4	+5 0	+8 0	+12 0	+18 0	+30 0	+46 0	±2.5	±4	±6	0 −5	2 −6	3 −9	−3 −8	−1 −9	0 −12	−5 −13	−4 −16	−7 −17	−8 −20	−11 −23	−15 −27	−	−19 −31	−24 −36	3	6
6	10	+208 +150	+116 +80	+138 +80	+62 +40	+76 +40	+98 +40	+40 +25	+47 +25	+61 +25	+22 +13	+28 +13	+35 +13	+14 +5	+20 +5	+6 0	+9 0	+15 0	+22 0	+36 0	+58 0	±3	±4.5	±7	+1 −5	+2 −7	+5 −10	−4 −10	−3 −12	0 −15	−7 −16	−4 −19	−12 −21	−9 −24	−13 −28	−17 −32	−	−22 −37	−28 −43	6	10
10	14	+220 +150	+138 +95	+165 +95	+77 +50	+93 +50	+120 +50	+50 +32	+59 +32	+75 +32	+27 +16	+34 +16	+43 +16	+17 +6	+24 +6	+8 0	+11 0	+18 0	+27 0	+43 0	+70 0	±4	±5.5	±9	+2 −6	+2 −9	+6 −12	+4 −12	−4 −15	0 −18	−9 −20	−5 −23	15 −26	11 −29	16 −34	−21 −39	−	−26 −44	−33 −51	10	14
14	18																																						−38 −56	14	18
18	24	+224 +160	+162 +110	+194 +110	+98 +65	+117 +65	+149 +65	+61 +40	+72 +40	+92 +40	+33 +20	+41 +20	+53 +20	+20 +7	+28 +7	+9 0	+13 0	+21 0	+33 0	+52 0	+84 0	±4.5	±6.5	±10	+1 −8	+2 −11	+6 −15	−5 −14	−4 −17	0 −2	−11 −2	−7 −28	−18 −31	−14 −35	−20 −4	−27 −48	−	−33 −54	−46 −67	18	24
24	30																																				−33 −54	−40 −61	−56 −77	24	30
30	40	+270 +170	+182 +120	+220 +120	+119 +80	+142 +80	+180 +80	+75 +50	+89 +50	+112 +50	+41 +25	+50 +25	+64 +25	+25 9	+34 9	+11 0	+16 0	+25 0	+39 0	+62 0	100 0	±5.5	±8	±12	+2 −9	+3 −13	+7 −18	−5 −16	−4 −20	0 −25	−12 −28	−8 −33	−21 −37	−17 −42	−25 −50	−34 −59	−39 −64	−51 −76		30	40
40	50	+280 +180	+192 +130	+230 +130																																	−45 −70	−61 −86		40	50
50	65	+310 +190	+214 +140	+260 +140	+146 +100	+174 +100	+220 +100	+90 +60	+106 +60	+134 +60	+49 +30	+60 +30	+76 +30	+29 +10	+40 +10	+13 0	+19 0	+30 0	+46 0	+74 0	120 0	±6.5	±9.5	±15	+3 −10	+4 −15	+9 −21	−6 −19	−5 −24	0 −30	−14 −33	−9 −39	−26 −45	−21 −51	−30 −60	−42 −72	−55 −85	−76 −106		50	65
65	80	+320 +200	+224 +150	+270 +150																															−32 −62	−48 −78	−64 −94	−91 −121		65	80
80	100	+360 +220	+257 +170	+310 +170	+174 +120	+207 +120	+260 +120	+107 +72	+126 +72	+159 +72	+58 +36	+71 +36	+90 +36	+34 +12	+47 +12	+15 0	+22 0	+35 0	+54 0	+87 0	+140 0	±7.5	±11	±17	+2 −13	+4 −18	+10 −25	−8 −23	−6 −28	0 −35	−16 −38	−10 −48	−30 −52	−24 −59	−38 −73	−58 −93	−78 −113	−111 −146		80	100
100	120	+380 +240	+267 +180	+320 +180																															−41 −76	−66 −101	−91 −126	−131 −166		100	120
120	140	+420 +260	+300 +200	+360 +200																															−48 −88	−77 −117	−107 −147			120	140
140	160	+440 +280	+310 +210	+370 +210	+280 +145	+245 +145	+305 +145	+125 +85	+148 +85	+185 +85	+68 +43	+83 +43	+106 +43	+39 +14	+54 +14	+18 0	+25 0	+40 0	+63 0	+100 0	+160 0	±9	±12.5	±20	+13 −15	+4 −21	+12 −28	−9 −27	−8 −33	0 −40	−20 −45	−12 −52	−36 −61	−28 −68	−50 −90	−85 −125	−119 −159			140	160
160	180	+470 +310	+330 +230	+390 +230																															−53 −93	−93 −133	−131 −171			160	180
180	200	+525 +340	+355 +240	+425 +240																															−60 −106	−105 −151	−			180	200
200	225	+565 +380	+375 +260	+445 +260	+242 +170	+285 +170	+355 +170	+146 +100	+172 +100	+215 +100	+79 +50	+96 +50	+122 +50	+44 +15	+61 +15	+20 0	+29 0	+46 0	+72 0	+115 0	+185 0	±10	±14.5	±23	+2 −18	+5 −24	+13 −33	−11 −31	−8 −37	0 −46	−22 −51	−14 −60	−41 −70	−33 −79	−63 −109	−113 −159	−			200	225
225	250	+605 +420	+395 +280	+465 +280																															−67 −113	−123 −169	−			225	250
250	280	+690 +480	+430 +300	+510 +300	+271 +190	+320 +190	+400 +190	+162 +110	+191 +110	+240 +110	+88 +56	+108 +56	+137 +56	+49 +17	+69 +17	+23 0	+32 0	+52 0	+81 0	+130 0	+210 0	±11.5	±16	±26	+3 −20	+5 −27	+16 −36	−13 −36	−9 −41	0 −52	−25 −57	−14 −66	−47 −79	−36 −88	−74 −126	−	−			250	280
280	315	+750 +540	+460 +330	+540 +330																															−78 −130	−	−			280	315
315	355	+830 +600	+500 +360	+590 +360	+299 +210	+350 +210	+440 +210	+182 +125	+214 +125	+265 +125	+98 +62	+119 +62	+151 +62	+54 +18	+75 +18	+25 0	+36 0	+57 0	+89 0	+140 0	+230 0	±12.5	±18	±28	+3 22	+7 −29	+17 −40	−14 −39	−10 −46	0 −57	−26 −62	−16 −73	−51 −87	−41 −98	−87 −144	−	−			315	355
355	400	+910 +680	+540 +400	+630 +400																															−93 −150	−	−			355	400
400	450	+1010 +760	+595 +440	+690 +440	+327 +230	+385 +230	+480 +230	+198 +135	+232 +135	+290 +135	+108 +68	+131 +68	+165 +68	+60 +20	+83 +20	+27 0	+40 0	+63 0	+97 0	+155 0	+250 0	±13.5	±20	±31	+2 −25	+8 −32	+18 −45	−16 −43	−10 −50	0 −63	−27 −67	−17 −80	−55 −95	−45 −10	−103 −166	−	−			400	450
450	500	+1090 +840	+635 +480	+730 +480																															−109 −172	−	−			450	500

【비고】 표 중의 각 단에서, 위 측의 수치는 위 치수 허용차, 아래 측의 치수는 아래 치수 허용차를 나타낸다.

[표 5-14] 상용하는 끼워맞춤의 축에서 사용하는 치수허용차

[KS B 0401]

(단위: μm = 0.001mm)

기본치수(mm) 초과	기본치수(mm) 이하	b9	c9	d8	d9	e7	e8	e9	f6	f7	f8	g4	g5	g6	h4	h5	h6	h7	h8	h9
0	3	−140 −165	−60 −85	−20 −34	−20 −45	−14 −24	−14 −28	−14 −39	−6 −12	−6 −16	−6 −20	−2 −5	−2 −6	−2 −8	0 −3	0 −4	0 −6	0 −10	0 −14	0 −25
3	6	−140 −170	−70 −100	−30 −48	−30 −60	−20 −32	−20 −38	−20 −50	−10 −18	−10 −22	−10 −28	−4 −8	−4 −9	−4 −12	0 −4	0 −5	0 −8	0 −12	0 −18	0 −30
6	10	−150 −186	−80 −116	−40 −62	−40 −76	−25 −40	−25 −47	−25 −61	−13 −22	−13 −28	−13 −35	−5 −9	−5 −11	−5 −14	0 −4	0 −6	0 −9	0 −15	0 −22	0 −36
10	14	−150 −193	−95 −138	−50 −77	−50 −93	−32 −50	−32 −59	−32 −75	−16 −27	−16 −34	−16 −43	−6 −11	−6 −14	−6 −17	0 −5	0 −8	0 −11	0 −18	0 −27	0 −43
14	18																			
18	24	−160 −212	−110 −162	−65 −98	−65 −117	−40 −61	−40 −73	−40 −92	−20 −33	−20 −41	−20 −53	−7 −13	−7 −16	−7 −20	0 −6	0 −9	0 −13	0 −21	0 −33	0 −52
24	30																			
30	40	−170 −232	−120 −182	−80 −119	−80 −142	−50 −75	−50 −89	−50 −112	−25 −41	−25 −50	−25 −64	−9 −16	−9 −20	−9 −25	0 −7	0 −11	0 −16	0 −25	0 −39	0 −62
40	50	−180 −242	−130 −192																	
50	65	−190 −264	−140 −214	−100 −146	−100 −174	−60 −90	−60 −106	−60 −134	−30 −49	−30 −60	−30 −76	−10 −18	−10 −23	−10 −29	0 −8	0 −13	0 −19	0 −30	0 −46	0 −74
65	80	−200 −274	−150 −224																	
80	100	−220 −307	−170 −257	−120 −174	−120 −207	−72 −107	−72 −126	−72 −159	−36 −58	−36 −71	−36 −90	−12 −22	−12 −27	−12 −34	0 −10	0 −15	0 −22	0 −35	0 −54	0 −87
100	120	−240 −327	−180 −267																	
120	140	−260 −360	−200 −300	−145 −208	−145 −245	−85 −125	−85 −148	−85 −185	−43 −68	−43 −83	−43 −106	−14 −26	−14 −32	−14 −39	0 −12	0 −18	0 −25	0 −40	0 −63	0 −100
140	160	−280 −380	−210 −310																	
160	180	−310 −410	−230 −330																	
180	200	−340 −455	−240 −353	−170 −242	−170 −285	−100 −146	−100 −172	−100 −215	−50 −79	−50 −96	−50 −122	−15 −29	−15 −35	−15 −44	0 −14	0 −20	0 −29	0 −46	0 −72	0 −115
200	225	−380 −495	−260 −375																	
225	250	−420 −535	−280 −395																	
250	280	−480 −610	−300 −439	−190 −271	−130 −320	−110 −162	−110 −191	−110 −240	−56 −88	−56 −108	−56 −137	−17 −33	−17 −40	−17 −49	0 −16	0 −23	0 −32	0 −52	0 −81	0 −130
280	315	−540 −670	−330 −460																	
315	355	−600 −740	−360 −500	−210 −299	−210 −350	−125 −182	−125 −214	−125 −265	−62 −98	−62 −119	−62 −151	−18 −36	−18 −43	−18 −54	0 −18	0 −25	0 −36	0 −57	0 −89	0 −140
355	400	−680 −820	−400 −500																	
400	450	−760 −915	−440 −595	−230 −327	−230 −385	−135 −198	−135 −232	−135 −290	−68 −108	−68 −131	−68 −165	−20 −40	−20 −47	−20 −60	0 −20	0 −27	0 −40	0 −63	0 −97	0 −155
450	500	−840 −995	−480 −635																	

치수(mm) 초과	치수(mm) 이하	js4	js5	js6	js7	k4	k5	k6	m4	m5	m6	n6	p6	r6	s6	t6	u6	x6
0	3	±1.5	±2	±3	±5	+3 0	+4 0	+6 +0	+5 +2	+6 +2	+8 +2	+10 +4	+12 +6	+16 +10	+20 +14	–	+24 +18	+26 +20
3	6	±2	±2.5	±4	±6	+5 +1	+6 +1	+9 +1	+8 +4	+9 +2	+12 +4	+16 +8	+20 +12	+23 +15	+27 +19	–	+31 +23	+36 +28
6	10	±2	±3	±4.5	±7	+6 +1	+7 +1	+10 +1	+10 +6	+12 +6	+15 +6	+19 +10	+24 +15	+28 +19	+32 +23	–	+37 +28	+43 +34
10	14	±2.5	±4	±5.5	±9	+8 +2	+9 +1	+12 +1	+12 +7	+15 +7	+18 +7	+23 +12	+29 +18	+34 +23	+39 +28	–	+44 +33	+54 +40
14	18																	+56 +45
18	24	±3	±4.5	±6.5	±10	+9 +2	+11 +2	+15 +2	+14 +8	+17 +8	+21 +8	+28 +15	+35 +22	+41 +28	+48 +35	–	+54 +41	+67 +54
24	30															+54 +41	+61 +48	+77 +64
30	40	±3.5	±5.5	±8	±12	+10 +2	+13 +2	+18+2	+16 +9	+20 +9	+25 +9	+33 +17	+42 +26	+50 +34	+59 +43	+64 +48	+76 +60	–
40	50															+70 +54	+86 +70	
50	65	±4	±6.5	±9.5	±15	+13 +3	+15 +2	+21 +2	+19 +11	+24 +11	+30 +11	+39 +20	+51 +32	+60 +41	+72 +53	+85 +66	+106 +87	–
65	80													+62 +43	+78 +59	+94 +75	+121 +102	
80	100	±5	±7.5	±11	±17	+15 +3	+18 +3	+25 +3	+23 +13	+28 +13	+35 +13	+45 +23	+59 +37	+73 +51	+93 +71	+113 +91	+146 +124	–
100	120													+76 +54	+101 +79	+126 +104	+166 +144	
120	140	±6	±9	±12.5	±20	+18 +4	+21 +3	+28 +3	+27 +15	+33 +15	+40 +15	+52 +27	+68 +43	+88 +63	+117 +92	+147 +122	–	–
140	160													+90 +65	+125 +100	+159 +134		
160	180													+93 +68	+133 +108	+171 +146		
180	200	±7	±10	±14.5	±23	+20 +4	+24 +4	+33 +4	+31 +17	+37 +17	+46 +17	+60 +31	+79 +50	+106 +77	+151 +122	–	–	–
200	225													+109 +80	+159 +130			
225	250													+113 +84	+169 +140			
250	280	±8	±11.5	±16	±26	+22 +4	+27 +4	+36 +4	+36 +20	+43 +20	+52 +20	+66 +34	+88 +56	+126 +94	–	–	–	–
280	315													+130 +98				
315	355	±9	±12.5	±18	±28	+22 +4	+29 +4	+40 +4	+39 +21	+46 +21	+57 +21	+73 +37	+98 +62	+144 +108	–	–	–	–
355	400													+150 +114				
400	450	±10	±13.5	±20	±31	+25 +5	+32 +5	+45 +5	+43 +23	+50 +23	+63 +23	+80 +40	+108 +68	+168 +126	–	–	–	–
450	500													+172 +132				

[비고] 표 중의 각 단에서, 위 측의 수치는 위 치수 허용차, 아래 측의 치수는 아래 치수 허용차를 나타낸다.

[표 5-15] 상용하는 구멍기준 끼워맞춤에 관한 수치(그림은 기준치수 30mm의 경우) [KS B 0401]

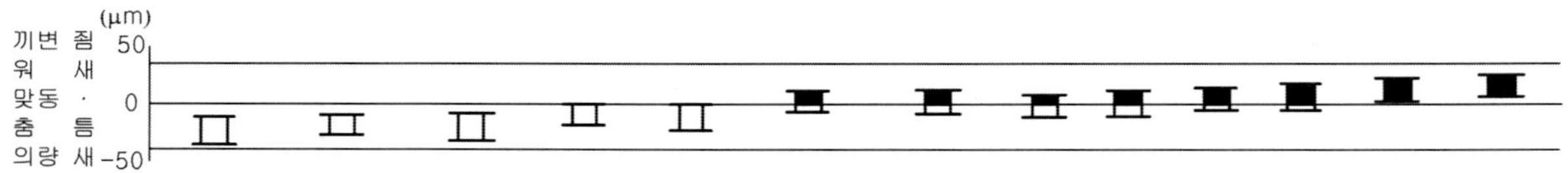

(단위: μm = 0.001mm)

기준 치수의 구분(mm)		H6		기준구멍 H6과 조립되는 축																									
				f6		g5		g6		h5		h6		js5		js6		k5		k6		m5		m6		n6		p6	
초과	이하	위치수허용치(+)	아래치수허용치	최대틈새	최소틈새	최대틈새	최소틈새	최대틈새	최소틈새	최대틈새	최소틈새	최대틈새	최소틈새	최대틈새	최대죔새	최대틈새	최대죔새	최대틈새	최대죔새	최대틈새	최대죔새	최대틈새	최대죔새	최대틈새	최대죔새	최소죔새	최대죔새	최소죔세	최대죔새
	3	6		18	6	12	2	14	2	10		12		8	2	9	3	6	4	6	6	4	6	4	8	-2	10	0	12
3	6	8		26	10	17	4	20	4	13		16		10.5	2.5	12	4	7	6	7	9	4	9	4	12	0	16	4	20
6	10	9		31	13	20	5	23	5	15		18		12	3	13.5	4.5	8	7	8	10	3	12	3	15	1	19	6	24
10	18	11		38	16	25	6	28	6	19		22		15	4	16.5	5.5	10	9	10	12	4	15	4	18	1	23	7	29
18	30	13		46	20	29	7	33	7	22		26		17.5	4.5	19.5	6.5	11	11	11	15	5	17	5	21	2	28	9	35
30	50	16		57	25	36	9	41	9	27		32		21.5	5.5	24	8	14	13	14	18	7	20	7	25	1	33	10	42
50	80	19	0	68	30	42	10	48	10	32	0	38	0	25.5	6.5	28.5	9.5	17	15	17	21	8	24	8	30	1	39	13	51
80	120	22		80	36	49	12	56	12	37		44		29.5	7.5	33	11	19	18	19	25	9	28	9	35	1	45	15	59
120	180	25		93	43	57	14	64	14	43		50		34	9	37.5	12.5	22	21	22	28	10	33	10	40	2	52	18	68
180	250	29		108	50	64	15	73	15	49		58		39	10	43.5	14.5	25	24	25	33	12	37	12	46	2	60	21	79
250	315	32		120	56	72	17	81	17	55		64		43.5	11.5	48	16	28	27	28	36	12	43	12	52	2	66	24	88
315	400	36		134	62	79	18	90	18	61		72		48.5	12.5	54	18	32	29	32	40	15	46	15	57	1	73	26	98
400	500	40		148	68	87	20	100	20	67		80		53.5	13.5	60	20	35	32	35	45	17	50	17	63	0	80	28	108

[비고] 최소 죔새가 부(−)의 값인 것은 최대 틈새로 된다.

[표 5-16] 상용하는 구멍기준 끼워맞춤에 관한 수치(그림은 기준치수 30mm의 경우) [KS B 0401]

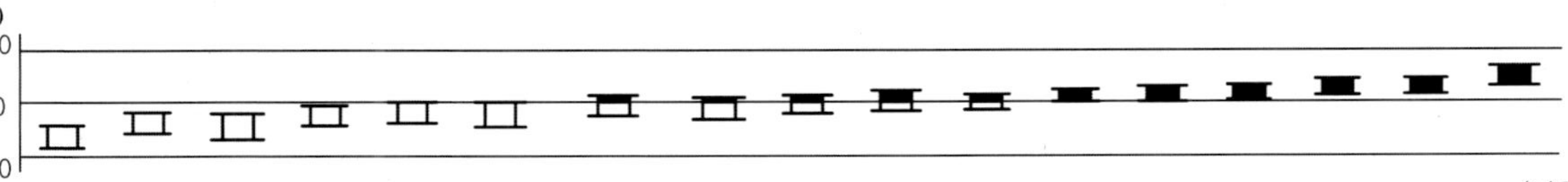

(단위: ㎛ = 0.001mm)

기준 치수의 구분 (mm)		H7		기준구멍 H7과 조립되는 축																															
초과	이하	위치수허용차	아래치수허용차	e7		f6		f7		g6		h6		h7		js6		js7		k6		m6		n6		p6		r6		s6		t6		u6		x6	
				최대틈새	최소틈새	최대틈새	최소틈새	최대틈새	최소틈새	최대틈새	최소틈새	최대틈새	최소틈새	최대틈새	최소죔새	최대틈새	최대죔새	최대틈새	최대죔새	최대틈새	최대죔새	최대틈새	최대죔새	최대틈새	최대죔새	최소죔새	최대죔새	최소죔새	최대죔새	최소죔새	최대죔새	최소죔새	최대죔새	최소죔새	최대죔새	최소죔새	최대죔새
	3	10	0	34	14	22	6	26	6	18	2	16	0	20	0	13	3	15	5	10	6	8	8	6	10	−4	12	0	16	4	20	–	–	8	24	10	26
3	6	12		44	20	30	10	34	10	24	4	20		24		16	4	18	6	11	9		12	4	16	0	20	3	23	7	27	–	–	11	31	16	36
6	10	15		55	25	37	13	43	13	29	5	24		30		19.5	4.5	22	7	14	10	9	15	5	19		24	4	28	8	32	–	–	13	37	19	43
10	14	18		68	32	45	16	52	16	35	6	29		36		23.5	5.5	27	9	17	12	11	18	6	23		29	5	34	10	39	–	–	15	44	22	51
14	18																																			27	56
18	24	21		82	40	54	20	62	20	41	7	34		42		27.5	6.5	31	10	19	15	13	21	6	28	1	35	7	41	14	48	–	–	20	54	33	67
24	30																															20	54	27	61	43	77
30	40	25		100	50	66	25	75	25	50	9	41		50		33	8	37	12	23	18	16	25	8	33		42	9	50	18	59	23	64	35	76		
40	50																															29	70	45	86		
50	65	30		120	60	79	30	90	30	59	10	49		60		39.5	9.5	45	15	28	21	19	30	10	39	2	51	11	60	23	72	36	85	57	106		
65	80																											13	62	29	78	45	94	72	121		
80	100	35		142	72	93	36	106	36	69	12	57		70		46	11	52	17	32	25	22	35	12	45		59	16	73	36	93	56	113	89	146		
100	120																											19	76	44	101	69	126	109	166		
120	140	40		165	85	108	43	123	43	79	14	65		80		52.5	12.5	60	20	37	28	25	40	13	52	3	68	23	88	52	117	82	147				
140	160																											25	90	60	125	94	159				
160	180																											28	93	68	133	106	171				
180	200	46		192	100	125	50	142	50	90	15	75		92		60.5	14.5	69	23	42	33	29	46	15	60	4	79	31	106	76	151						
200	225																											34	109	84	159						
225	250																											38	113	94	169						
250	280	52		214	110	140	56	160	56	101	17	84		104		68	16	78	26	48	36	32	52	18	66		88	42	126								
280	315																											46	130								
315	355	57		239	125	155	62	176	62	111	18	93		114		75	18	85	28	53	40	36	57	20	73	5	98	51	144								
355	400																											57	150								
400	450	63		261	135	171	68	194	68	123	20	103		126		83	20	94	31	58	45	40	63	23	80		108	63	166								
450	500																											69	172								

[표 5-17] 상용하는 구멍기준 끼워맞춤에 관한 수치(그림은 기준치수 30mm의 경우) [KS B 0401]

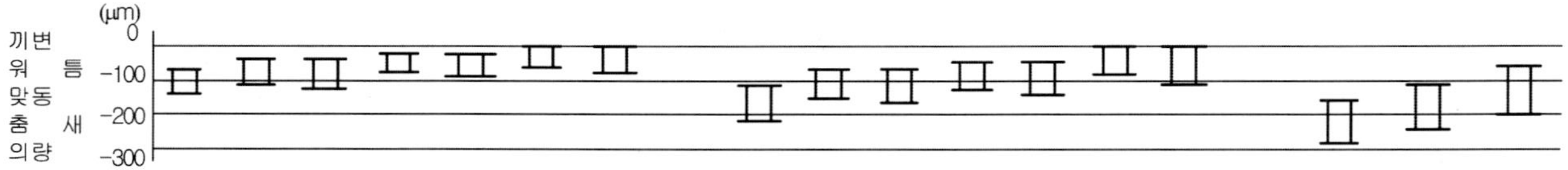

(단위: ㎛ = 0.001mm)

기준 치수의 구분 (mm)		H8		기준구멍 H8과 조립되는 축														H9		기준구멍 H8와 조립되는축														H10		기준구멍 H10과 조립되는 축					
초과	이하	위치수허용차(+)	아래치수허용차	d9		e8		e9		f7		f8		h7		h8		위치수허용차(+)	아래치수허용차	c9		d8		d9		e8		e9		h8		h9		위치수허용차	아래치수허용차	b9		c9		d9	
				최대틈새	최소틈새	최대틈새	최소틈새	최대틈새	최소틈새	최대틈새	최소틈새	최대틈새	최소틈새	최대틈새	최소틈새	최대틈새	최소틈새			최대틈새	최소틈새	최대틈새	최소틈새	최대틈새	최소틈새	최대틈새	최소틈새	최대틈새	최소틈새	최대틈새	최소틈새	최대틈새	최소틈새			최대틈새	최소틈새	최대틈새	최소틈새	최대틈새	최소틈새
	3	14	0	59	20	42	14	53	14	30	6	34	6	24	0	28	0	25	0	110	60	59	20	70	20	53	14	64	14	39	0	50	0	40	0	205	140	125	60	85	20
3	6	18		78	30	56	20	68	20	40	10	46	10	30		36		30		130	70	78	30	90	30	68	20	80	20	48		60		48		218	140	148	70	108	30
6	10	22		98	40	69	25	83	25	50	13	57	13	37		44		36		152	80	98	40	112	40	83	25	97	25	58		72		58		244	150	174	80	134	40
10	18	27		120	50	86	32	102	32	61	16	70	16	45		54		43		181	95	120	50	136	50	102	32	118	32	70		86		70		263	150	208	95	163	50
18	30	33		150	65	106	40	125	40	74	20	86	20	54		66		52		214	110	150	65	161	65	125	40	144	40	85		104		84		296	160	246	110	201	65
30	40	39		181	80	128	50	151	50	89	25	103	25	64		78		62		244	120	181	80	204	80	151	50	174	50	101		124		100		332	170	282	120	242	80
40	50																			254	130															342	180	292	130		
50	65	46		220	100	152	60	180	60	106	30	122	30	76		92		74		288	140	220	100	248	100	180	60	208	60	120		148		120		384	190	334	140	294	100
65	80																			298	150															394	200	344	150		
80	100	54		261	120	180	72	213	72	125	36	144	36	89		108		87		344	170	261	120	294	120	213	72	246	72	141		174		140		447	220	397	170	347	120
100	120																			354	180															467	240	417	180		
120	140	63		308	145	211	85	248	85	146	43	169	43	103		126		100		400	200	308	145	345	145	248	85	285	85	163		200		160		520	260	460	200	405	145
140	160																			410	210															540	280	470	210		
160	180																			430	230															570	310	490	230		
180	200	72		357	170	244	100	287	100	168	50	194	50	118		144		115		470	240	357	170	400	170	287	100	330	100	187		230		185		640	340	540	240	470	170
200	225																			490	260															680	380	560	260		
225	250																			510	280															720	420	580	280		
250	280	81		401	190	272	110	321	110	189	56	218	56	133		162		130		560	300	401	190	450	190	321	110	370	110	211		260		210		820	480	640	300	530	190
280	315																			570	330															880	540	670	330		
315	355	89		439	210	303	125	354	125	208	62	240	62	146		178		140		640	360	439	210	490	210	354	125	405	125	229		280		230		970	600	730	360	580	210
355	400																			680	400															1050	680	770	400		
400	450	97		482	230	329	135	387	135	228	68	262	68	160		194		155		750	440	482	230	540	230	387	135	445	135	252		310		250		1165	760	845	440	635	230
450	500																			790	480															1245	840	885	480		

[표 5-18] 상용하는 축기준 끼워맞춤에 관한 수치(그림은 기준치수 30mm의 경우) [KS B 0401]

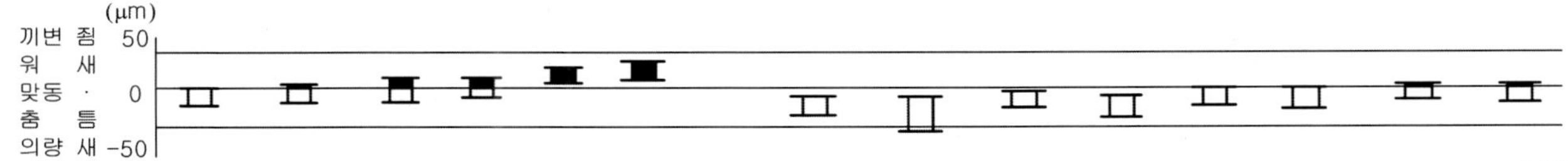

(단위: ㎛ = 0.001mm)

기준치수의 구분(mm)		h5		기준 축 h5와 조립되는 구멍											
				H6		JS6		K6		M6		N6		P6	
초과	이하	위치수허용차	아래치수허용차(−)	최대틈새	최소틈새	최대틈새	최대죔새	최대틈새	최대죔새	최대틈새	최대죔새	최소죔새	최대죔새	최소죔새	최대죔새
	3	0	4	10	0	7	3	4	6	2	8	0	10	2	12
3	6		5	13		9	4	7		4	9		13	4	17
6	10		6	15		10.5	4.5	8	7	3	12	1	16	6	21
10	18		8	19		13.5	5.5	10	9	4	15		20	7	26
18	30		9	22		15.5	6.5	11	11	5	17	2	24	9	31
30	50		11	27		19	8	14	13	7	20		28	10	37
50	80		13	32		22.5	9.5	17	15	8	24	1	33	13	45
80	120		15	37		26	11	19	18	9	28		38	15	52
120	180		18	43		30.5	12.5	22	21	10	33		45	18	61
180	250		20	49		34.5	14.5	25	24	12	37	2	51	21	70
250	315		23	55		39	16	28	27	14	41		57	24	79
315	400		25	61		43	18	32	29	15	46	1	62	26	87
400	500		27	67		47	20	35	32	17	50	0	67	28	95

기준치수의 구분(mm)		h6		기준 축 h6과 조립되는 구멍															
				F6		F7		G6		G7		H6		H7		JS6		JS7	
초과	이하	위치수허용차	아래치수허용차(−)	최대틈새	최소틈새	최대틈새	최소틈새	최대틈새	최소틈새	최대틈새	최소틈새	최대틈새	최소틈새	최대틈새	최소틈새	최대틈새	최대죔새	최대틈새	최대죔새
	3	0	6	18	6	22	6	14	2	18	2	12	0	16	0	9	2	11	5
3	6		8	26	10	30	10	20	4	24	4	16		20		12	4	14	6
6	10		9	31	13	37	13	23	5	29	5	18		24		13.5	4.5	16	7
10	18		11	38	16	45	16	28	6	35	6	22		29		16.5	5.5	20	9
18	30		13	46	20	54	20	33	7	41	7	26		34		19.5	6.5	23	10
30	50		16	57	25	66	25	41	9	50	9	32		41		24	8	28	12
50	80		19	68	30	79	30	48	10	59	10	38		49		28.5	9.5	34	15
80	120		22	80	36	93	36	56	12	69	12	44		57		33	11	39	17
120	180		25	93	43	108	43	64	14	79	14	50		65		37.5	12.5	45	20
180	250		29	108	50	125	50	73	15	90	15	58		75		43.5	14.5	52	23
250	315		32	120	56	140	56	81	17	101	17	64		84		48	16	58	26
315	400		36	134	62	155	62	90	18	111	18	72		93		54	18	64	28
400	500		40	148	68	171	68	100	20	123	20	80		103		60	20	71	31

[표 5-19] 상용하는 축기준 끼워맞춤에 관한 수치(그림은 기준치수 30mm의 경우) [KS B 0401]

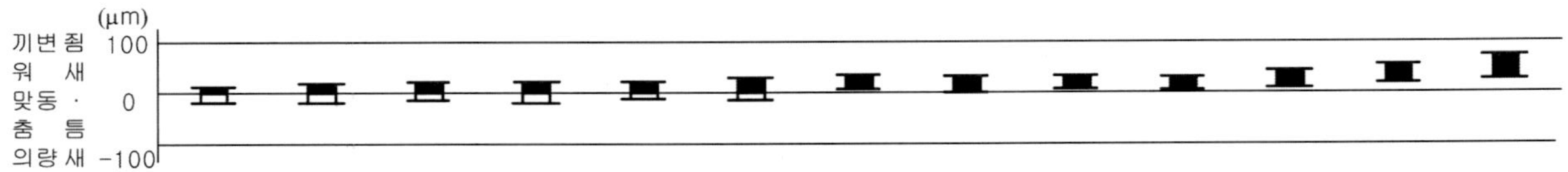

(단위: μm = 0.001mm)

기준 치수의 구분 (mm)		h6		기준 축 h6과 조립되는 구멍																									
				K6		K7		M6		M7		N6		N7		P6		P7		R7		S7		T7		U7		X7	
초과	이하	위치수허용차	아래치수허용차	최대틈새	최대죔새	최대틈새	최대죔새	최대틈새	최대죔새	최대틈새	최대죔새	최대틈새	최대죔새	최대틈새	최대죔새	최소죔새	최대죔새	최소죔새	최대죔새	최소죔새	최대죔새	최소죔새	최대죔새	최소죔새	최대죔새	최소죔새	최대죔새	최소죔새	최대죔새
	3	0	6	6	6	6	10	4	8	4	12	2	10	2	14	0	12	0	16	4	20	8	24	–	–	12	28	14	30
3	6		8	10		11	9	7	9	8		3	13	4	16	1	17		20	3	23	7	27	–	–	11	31	16	36
6	10		9	11	7	14	10	6	12	9	15	2	16	5	19	3	21		24	4	28	8	32	–	–	13	37	19	43
10	14		11	13	9	17	12	7	15	11	18		20	6	23	4	26		29	5	34	10	39	–	–	15	44	22	51
14	18																											27	56
18	24		13	15	11	19	15	9	17	13	21		24		28	5	31	1	35	7	41	14	48	–	–	20	54	33	67
24	30																							20	54	27	61	43	77
30	40		16	19	13	23	18	12	20	16	25	4	28	8	33		37		42	9	50	18	59	23	64	35	76		
40	50																							29	70	45	86		
50	65		19	23	15	28	21	14	24	19	30	5	33	10	39	7	45	2	51	11	60	23	72	36	85	57	106		
65	80																			13	62	29	78	45	94	72	121		
80	100		22	26	18	32	25	16	28	22	35	6	38	12	45	8	52		59	16	73	36	93	56	113	89	146		
100	120																			19	76	44	101	69	126	109	166		
120	140		25	29	21	37	28	17	33	25	40	5	45	13	52	11	61	3	68	23	88	52	117	82	147				
140	160																			25	90	60	125	94	159				
160	180																			28	93	68	133	106	171				
180	200		29	34	24	42	33	21	37	29	46	7	51	15	60	12	70	4	79	31	106	76	151						
200	225																			34	109	84	159						
225	250																			38	113	94	169						
250	280		32	37	27	48	36	23	41	32	52		57	18	66	15	79		88	42	126								
280	315																			46	130								
315	355		36	43	29	53	40	26	46	36	57	10	62	20	73		87	5	98	51	144								
355	400																			57	150								
400	450		40	48	32	58	45	30	50	40	63	13	67	23	80		95		108	63	166								
450	500																			69	172								

[표 5-20] 상용하는 축기준 끼워맞춤에 관한 수치(그림은 기준치수 30mm의 경우) [KS B 0401]

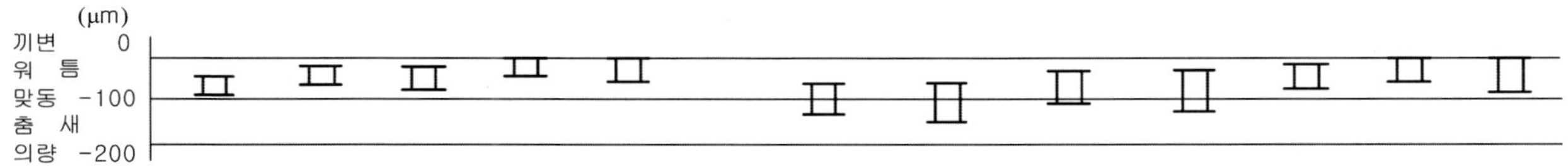

(단위: μm = 0.001mm)

기준 치수의 구분(mm)		h7		기준 축 h7과 조립되는 구멍										h8		기준 축 h8과 조립되는 구멍													
				E7		F7		F8		H7		H8				D8		D9		E8		E9		F8		H8		H9	
초과	이하	위치수허용차	아래치수허용차	최대틈새	최소틈새	최대틈새	최소틈새	최대틈새	최소틈새	최대틈새	최소틈새	최대틈새	최소틈새	위치수허용차	아래치수허용차(–)	최대틈새	최소틈새	최대틈새	최소틈새	최대틈새	최소틈새	최대틈새	최소틈새	최대틈새	최소틈새	최대틈새	최소틈새	최대틈새	최소틈새
–	3		10	34	14	26	6	30	6	20		24			14	48	20	59	20	42	14	53	14	34	6	28		39	
3	6		12	44	20	34	10	40	10	24		30			18	66	30	78	30	56	20	68	20	46	10	36		48	
6	10		15	55	25	43	13	50	13	30		37			22	84	40	98	40	69	25	83	25	57	13	44		58	
10	18		18	68	32	52	16	61	16	36		45			27	104	50	120	50	86	32	102	32	70	16	54		70	
18	30		21	82	40	62	20	74	20	42		54			33	131	65	150	65	106	40	125	40	86	20	66		85	
30	50		25	100	50	75	25	89	25	50		64			39	158	80	181	80	128	50	151	50	103	25	78		101	
50	80	0	30	120	60	90	30	106	30	60	0	76	0	0	46	192	100	220	100	152	60	180	60	122	30	92	0	120	0
80	120		35	142	72	106	36	125	36	70		89			54	228	120	261	120	180	72	213	72	144	36	108		141	
120	180		40	165	85	123	43	146	43	80		103			63	271	145	308	145	211	85	248	85	169	43	126		163	
180	250		46	192	100	142	50	168	50	92		118			72	314	170	357	170	244	100	287	100	194	50	144		187	
250	315		52	214	110	160	56	189	56	104		133			81	352	190	401	190	272	110	321	110	218	56	162		211	
315	400		57	239	125	176	62	208	62	114		146			89	388	210	439	210	303	125	354	125	240	62	178		229	
400	500		63	261	135	194	68	228	68	126		160			97	424	230	482	230	329	135	387	135	262	68	194		252	

[표 5-21] 상용하는 축기준 끼워맞춤에 관한 수치(그림은 기준치수 30mm의 경우) [KS B 0401]

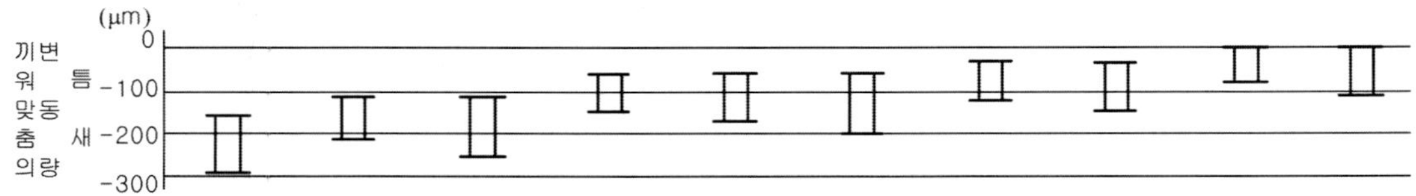

(단위: ㎛ = 0.001mm)

기준치수의 구분 (mm)		h9		기준 축 h9와 조립되는 구멍																			
				B10		C9		C10		D8		D9		D10		E8		E9		H8		H9	
초과	이하	위치수허용차	아래치수허용차	최대틈새	최소틈새	최대틈새	최소틈새	최대틈새	최소틈새	최대틈새	최소틈새	최대틈새	최소틈새	최대틈새	최소틈새	최대틈새	최소틈새	최대틈새	최소틈새	최대틈새	최소틈새	최대틈새	최소틈새
–	3	0	25	205	140	110	60	125	60	59	20	70	20	85	20	53	14	64	14	39	0	50	0
3	6		30	218	140	130	70	148	70	78	30	90	30	108	30	68	20	80	20	48		60	
6	10		36	244	150	152	80	174	80	95	40	112	40	134	40	83	25	97	25	58		72	
10	18		43	263	150	181	95	208	95	120	50	136	50	163	50	102	32	118	32	70		86	
18	30		52	296	160	214	110	246	110	150	65	169	65	201	65	125	40	144	40	85		104	
30	40		62	332	170	244	120	282	120	181	80	204	80	242	80	151	50	174	50	101		124	
40	50			342	180	254	130	292	130														
50	65		74	384	190	288	140	334	140	220	100	248	100	294	100	180	60	208	60	120		148	
65	80			394	200	298	150	344	150														
80	100		87	447	220	344	170	397	170	261	120	294	120	347	120	213	72	246	72	141		174	
100	120			467	240	354	180	407	180														
120	140		100	520	260	400	200	460	200	308	145	345	145	405	145	248	85	285	85	163		200	
140	160			540	280	410	210	470	210														
160	180			570	310	430	230	490	230														
180	200		115	640	340	470	240	540	240	357	170	400	170	470	170	287	100	330	100	187		230	
200	225			680	380	490	260	560	260														
225	250			720	420	510	280	580	280														
250	280		130	820	480	560	300	640	300	401	190	450	190	530	190	321	110	370	110	211		260	
280	315			880	540	590	330	670	330														
315	355		140	970	600	640	360	730	360	439	210	490	210	580	210	354	125	405	125	229		280	
355	400			1050	680	680	400	770	400														
400	450		155	1165	760	750	440	845	440	482	230	540	230	635	230	387	135	445	135	252		310	
450	500			1245	840	790	480	885	480														

5-5 끼워맞춤 공차 적용하는 요령

부품의 기능과 작동상태를 고려하여, 가공법과 표준부품의 적용 여부에 따라서 **구멍기준 끼워맞춤** 방식이나 **축 기준 끼워맞춤** 방식으로 선택하여 적용한다. 구멍기준 끼워맞춤이나 축 기준 끼워맞춤 방식을 같이 적용시키는 것이 편리할 때에는 혼용사용이 가능하다. 일반적으로 구멍이 축보다 가공이나 측정이 어렵기 때문에 구멍기준 끼워맞춤을 선택하는 것이 편리하며, 기계설계 도면 작성시 적용하고, 주로 표준부품을 적용하는 경우와 그 기능상 필요한 설계도면에서는 축 기준 끼워맞춤 방식을 적용한다.

[표 5-22] 끼워맞춤 공차 적용 예

기준 구멍	끼워맞춤 종류		적용 부분
	기준축(소문자)	끼워맞춤	
G6	h6(연삭용), h7	헐거운 끼워맞춤	기어(Gear) 끼워맞춤
	m5	중간 끼워맞춤	회전용 삽입 부싱(Bushing) 끼워맞춤–리머 용
H7	f7	헐거운 끼워맞춤	유압 실린더 피스톤(Piston)부 끼워맞춤
	f8		더스트 실(Dust Seal) 끼워맞춤–직선 운동부
	g6		유압 실린더 로드(Rod)부 끼워맞춤
	h6		베어링 커버 끼워맞춤
	h6		손으로 쉽게 이동 가능하며 오일윤활 부분–오일브레이크, 피스톤
	h6, m6	헐거운, 중간 끼워맞춤	지그(Jig) 고정용 키(Key) 끼워맞춤
	h6, h7	헐거운 끼워맞춤	V–Block 가이드부 끼워맞춤
	h7		일반적인 고정부
	h7		풀리(Pulley) 끼워맞춤
	h7, h9		고속하중 제외한 일반적인 볼베어링 unit의 샤프트–필로우 제외
	j6, m6	중간 끼워맞춤	틈새가 수명에 영향을 끼치는 경하중을 받는 부분 볼베어링 등
	k6, r6	중간, 억지 끼워맞춤	틈새가 없는 볼 베어링 및 롤러 베어링의 구멍과 축의 끼워맞춤 적용 공차로 보통 하중을 받는 부분–중대형 전동기
	p6	억지 끼워맞춤	지그(Jig) 고정 부싱(Bushing) 끼워맞춤
	p6		위치 결정핀
	p6, r6		오일레스 부시, 가이드 메탈 부시 끼워맞춤
	g6, g7	헐거운 끼워맞춤	슬라이딩(Sliding) 부품
	p6, s6, x6	억지 끼워맞춤	유공압 프레스 압입, 열간 압인 등 영구 조립 부분
H8	f8	헐거운 끼워맞춤	오일실(Oil Seal) 끼워맞춤–회전부
	f8		일반 핀(Pin) 끼워맞춤

【비고】 위 표의 공차적용은 예를 든 경우로, 실무에서 그 기능에 맞게 끼워맞춤 공차를 적용하여 설계한다.

[표 5-23] 상용하는 구멍기준식 끼워맞춤 적용 예

기준구멍	축의 공차역 클래스	끼워맞춤	적용 예
H6	h5	헐거운 끼워맞춤	사진기, 측정기, 공기 척
	j5	중간 끼워맞춤	전동축, 피스톤 핀, 스핀들, 측정기
	k5		전동축, 크랭크축상 밸브, 기어, 부시
	m5		전동축(롤러베어링)
	j6		사진기
	k6		사진기
	m6		사진기
	n6	억지 끼워맞춤	미션, 크랭크, 전동축
	p6		전동축(롤러 베어링)
H7	e6	헐거운 끼워맞춤	밸브, 베어링, 축
	f6		베어링
	g6		회전부, 스러스트, 칼라, 부시
	h6		기어축, 이동축, 실린더, 캠
	j6	중간 끼워맞춤	지그 공구, 전동축
	m6		부시, 기어 커플링, 유압 피스톤, 축이음
	n6		부시, 미션, 크랭크, 기어, 거버너축
	p6	억지 끼워맞춤	노크핀, 체인, 실린더, 크랭크, 부시, 캠축
	r6		캠축, 플랜지, 핀 압입부
	s6		미션(변속기)
	t6		슬리브, 스핀들, 거버너축
	u6		축, 파이프, 실린더 끼워맞춤
	x6		실린더, 밸브 기구 끼워맞춤
	e7	헐거운 끼워맞춤	베어링, 사진기, 실린더, 크랭크축
	f7		베어링, 밸브시트, 사진기, 부시, 캠축
	h7		기어축, 이동축, 피스톤, 키, 축이음, 커플링, 사진기
	j7	중간 끼워맞춤	기어축, 리머, 볼트
H8	h7	헐거운 끼워맞춤	일반 접합부
	f7		기어축
	h8		유압부, 일반 접합부
	f8		유압부, 피스톤 부, 기어펌프, 순환펌프 축
	e8		밸브, 크랭크 축, 오일펌프 링
	e9		웜, 슬리브, 피스톤 링
	d9		고정핀, 사진기용 작은 축받침
H9	d8	헐거운 끼워맞춤	웜, 슬리브
	e8		피스톤 링, 스프링 안내 홈
	h8		작은 베어링, 베어링, 조작 베어링
	d9		고정 핀, 사진기용 작은 베어링
H10	c9	억지 끼워맞춤	키 부분
	h9		차바퀴 축

【주】 구멍기준식 끼워맞춤

아래 치수 허용차가 '0'인 H기호 구멍을 기준구멍으로 하고, 이에 용도에 맞는 적절한 축을 선정하여 요구되는 기능이나 필요로 하는 죔새나 틈새를 얻는 끼워맞춤 방식을 말한다.

5-6 상용하는 끼워맞춤에 관한 표

(1) 상용하는 끼워맞춤의 경우 구멍·축의 공차역의 상호관계

[표 5-11]과 [표 5-12]에 상용하는 끼워맞춤의 구멍·축의 조합 [표 5-7], [표 5-8]에 대하여 기준치수가 30mm인 경우 구멍·축의 공차역에 대한 상호관계를 나타낸다.

(2) 상용하는 끼워맞춤에서 사용하는 구멍·축의 치수허용차

[표 5-13] 및 [표 5-14]에 상용하는 끼워맞춤으로 사용하는 구멍·축의 치수허용차를 나타낸다.

(3) 상용하는 끼워맞춤에 관한 여러 수치

[표 5-15 ~ 표 5-21]에 상용하는 끼워맞춤에 있어서 죔새, 틈새 및 기준치수가 30mm인 경우에 대한 끼워맞춤, 변동량 등을 나타낸다.

5-7 길이치수 및 각도치수의 허용한계 기입방법

(1) 적용범위

이 규격은 제도에서 길이치수 및 각도치수의 허용한계 지시방법에 대하여 규정한다. 이 규격에서 허용한계의 지시는 반드시 특정한 생산, 측정 또는 게이지의 사용방법을 규정하는 것은 아니다.

(2) 단위

치수허용차는 기준치수와 같은 단위로 나타낸다. 하나의 치수에 대하여 두 가지의 치수허용차를 나타내는 경우에는 소수점 이하의 자릿수를 맞추어 기입한다[**그림 5-18**]. 다만 치수 허용차 한 편이 0(Zero)인 경우는 제외한다[**그림 5-19**].

(3) 길이치수의 허용한계 기입방법

① 기호에 의한 방법: 치수공차가 있는 치수의 각 요소는 기준치수 → 허용공차 기호 순으로 기입한다. 치수공차기호[**그림 5-16(a)**]에 덧붙여 치수허용차[**그림 5-16(b)**], 또는 허용한계치수 [**그림 5-16(c)**]를 나타낼 필요가 있는 경우에는 괄호 안에 덧붙여 사용한다.

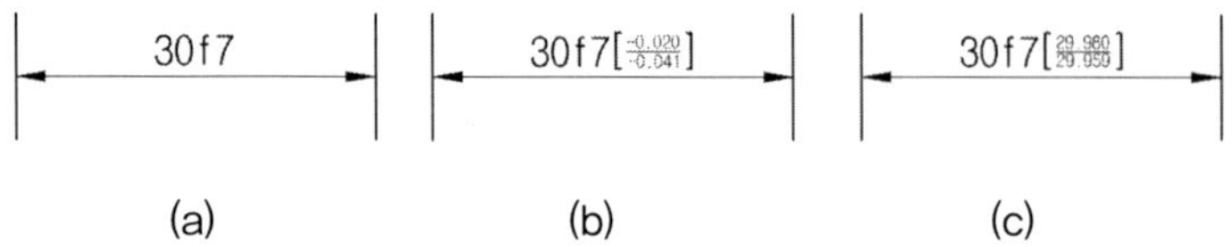

[그림 5-16] 길이치수의 허용한계 기입방법

② **치수허용차에 의한 방법:** 허용차 있는 치수는 기준치수 → 치수허용차순으로 기입한다[**그림 5-17~19**].

[그림 5-17] 길이치수의 치수허용차 기입방법

어느 한쪽 치수가 0(Zero)일 때는 숫자 0으로 나타내야 한다[**그림 5-18**].

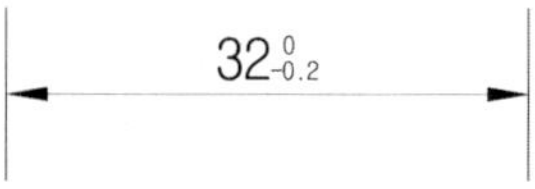

[그림 5-18] 한쪽 치수가 0(Zero)인 치수허용차 기입방법

위 아래 치수허용차가 기준치수에 대하여 대칭일 때에는 치수허용차 수치를 하나만 나타내고, 수치의 앞에 ±의 기호를 붙여야 한다[**그림 5-19**].

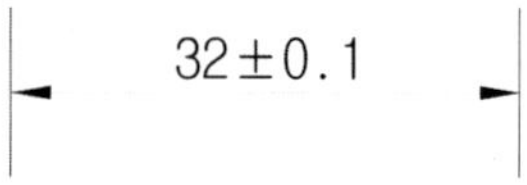

[그림 5-19] 치수허용차가 대칭일 경우 치수허용차 기입방법

③ **허용한계치수에 의한 방법:** 허용한계치수를 최대허용치수와 최소허용치수로 나타낼 수 있다[**그림 5-20**].

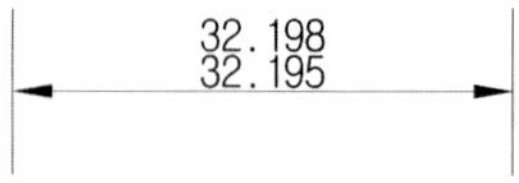

[그림 5-20] 길이치수의 허용한계 기입방법

④ **한쪽 허용한계치수**: 치수를 최대 또는 최소 중 어느 한쪽만을 지정할 필요가 있을 때는 기준치수 뒤에 'max' 혹은 'min'라고 기입한다[**그림 5-21**].

[그림 5-21] 한쪽 허용한계치수 기입방법

(4) 치수허용차 및 허용한계치수의 기입 순서

구멍(Hole) 또는 축(shaft)에 관계없이, 위의 치수허용차 및 최대허용치수를 위쪽에, 아래의 치수허용차 및 최소허용치수를 아래쪽에 위치하도록 기입한다.

(5) 조립한 부품의 치수의 허용한계 기입방법

① **기호에 의한 방법**: 기준치수를 하나만 기입하고, 구멍공차 기호 및 축의 공차기호를 [**그림 5-22**]와 같이 기입한다.

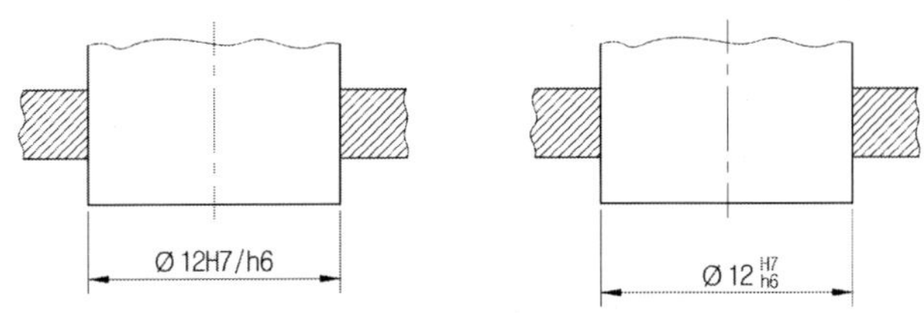

[그림 5-22] 한쪽 허용한계치수 기입방법

치수허용차 수치를 지시할 필요가 있을 때에는 괄호를 사용하여 기입한다[**그림 5-23**].

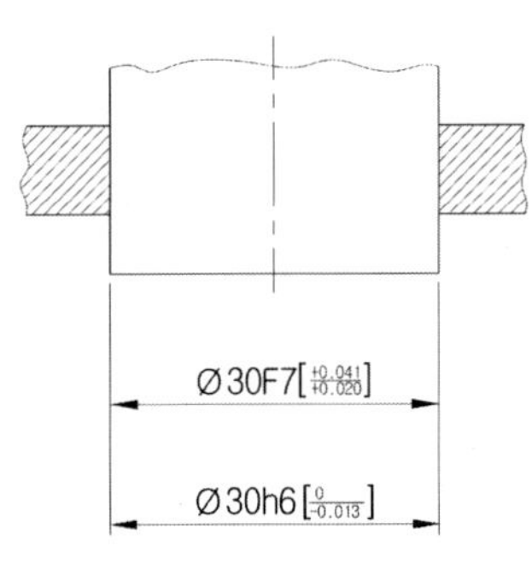

[그림 5-23] 치수허용차의 수치를 지시할 필요가 있을 경우 기입방법

간략화를 위해 1개의 치수선만을 사용하여 지시하여도 좋다[**그림 5-24**].

② **수치에 의한 치수허용한계 기입방법**: 조립 부품의 각 구성부품에 대한 치수는 그 구성부품의 명칭, 또는 부품번호로 나타낸다. 어느 경우에나 구멍 치수는 축의 치수 위쪽을 기입한다[**그림 5-24**].

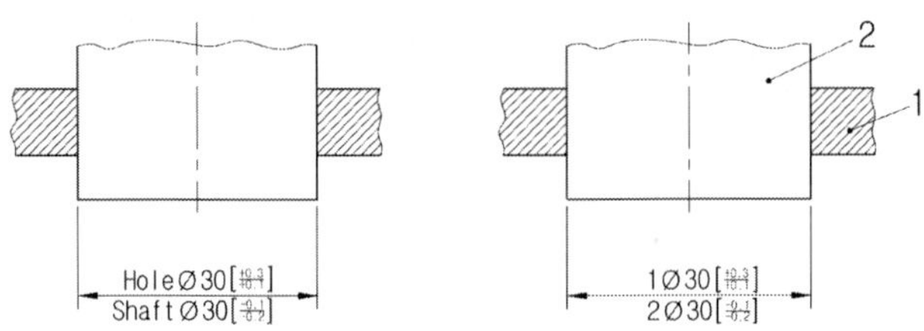

[그림 5-24] 수치에 의한 치수허용한계 기입방법

(6) 각도치수의 허용한계 기입방법

각도치수의 허용한계 기입방법에는 길이치수의 허용한계 기입방법에 대한 규정을 똑같이 적용한다. 다만 허용차는 물론, 각도의 기준치수 및 우수리 단위는 반드시 기입하여야 한다. 각도허용차가 분 단위 또는 초 단위뿐 일 때는 각각 0° 또는 0° 0′와 같이 표시하여야 한다[**그림 5-25**].

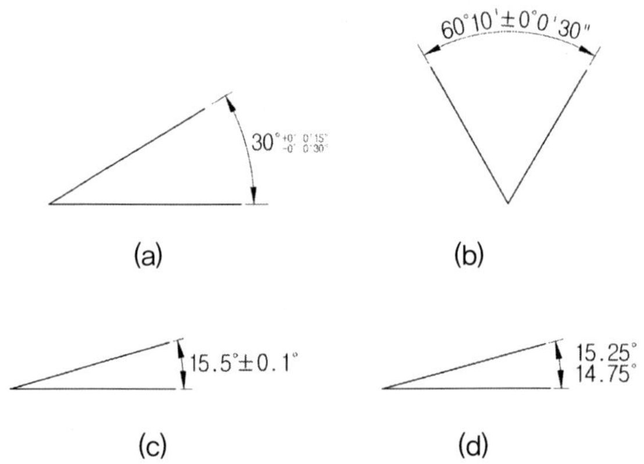

[그림 5-25] 각도치수의 허용한계 기입방법

memo

제 6 장

기하공차 (Geometrical Tolerance)

6-1 기하공차의 도시방법

6-2 공차역에 관한 일반사항

6-3 공차의 도시방법

6-4 도시방법과 공차역의 관계

6-5 데이텀의 도시방법

6-6 공차 적용의 한정

6-7 이론적으로 정확한 치수의 도시방법

6-8 돌출 공차역의 지시방법

6-9 최대 실체공차방식의 적용을 지시하는 방법

6-10 공차역의 정의 도시 보기와 그 해석

6-11 형상 기하공차의 종류

기하공차(Geometrical Tolerance)

6-1 기하공차의 도시방법

도면에는 제품의 치수와 표면거칠기 등을 기입함으로써 그 제품에 대한 정밀도를 표시하고 있으나 부품의 제작이나 조립할 때, 보다 정확하고 정밀한 제품이 되도록 하기 위하여 치수허용차나 표면거칠기 등과 함께 모양이나 자세, 위치 흔들림에 대하여 일정한 정밀도의 허용차를 붙일 필요가 있다. 따라서 기계에 관한 제도에서는 기계부품의 모양 및 위치의 정밀도 허용치수를 기호로 도식하는 방법을 규정할 필요가 있는데 이것을 ISO에 준하여 규격화한 것이 KS B 0608(**기하공차의 도시방법**)이며, 이와 관련된 규격에는 **최대실체공차방식**(B 0242), **기하공차를 위한 데이텀**(B 0243), 기하편차의 정의 및 표시(B 0425) 등이 있다. 도면에 표시하는 대상물의 모양, 자세, 위치 및 흔들림의 공차를 총칭하여 기하공차(Geometrical Tolerance)라 하며 기호에 의한 표시와 그들의 도시방법에 대하여 규정한다.

(1) 적용범위

이 규격은 도면에 있어서 대상물의 모양, 자세, 위치 및 흔들림의 공차(이하 총칭하여 기하공차라 한다. 혼동되지 않을 때에는 단순히 공차라 한다.) 기호에 의한 표시와 그들의 도시방법에 대하여 규정한다.

(2) 일반사항

기하공차를 지정할 때 일반사항은 다음에 따른다.

① 도면에 지정하는 대상물의 **모양, 자세 및 위치의 편차, 흔들림**의 허용값에 대해서는 원칙적으로 기하공차에 의하여 도시한다.

② 형체에 지정한 치수허용한계는 특별히 지시가 없는 한 기하공차를 규제하지 않는다.

③ 기하공차는 기능상의 요구, 호환성 등에 의거하여 불가결한 곳에만 규정한다.

④ 기하공차의 지시는 생산방식, 측정방법 또는 검사방법을 특정한 것에 한정짓지 않는다. 다만 특별한 경우는 별도 지시한다.

비고 특정한 측정방법이나 검사방법이 별도로 지시되어 있지 않는 경우에는 대상으로 하는 공차역에 대응하는 한, 임의의 측정방법 또는 검사방법을 선택할 수 있다.

[표 6-1] 기하공차 종류와 그 기호

적용하는 형체	공차의 종류		기 호
단독 형체	모양공차	진직도 공차	—
		평면도 공차	▱
단독 형체 또는 상호 관련 형체		진원도 공차	○
		원통도 공차	⌭
		선의 윤곽도 공차	⌒
		면의 윤곽도 공차	⌓
상호 관련 형체	자세공차	경사도 공차	∠
		직각도 공차	⊥
		평행도 공차	//
	위치공차	위치도 공차	⌖
		동축도 또는 동심도 공차	◎
		대칭도 공차	⌯
	흔들림 공차	원주 흔들림(흔들림) 공차	↗
		온 흔들림 공차	⌰

[표 6-2] 기하공차의 부가기호

표 시 하 는 내 용		기 호[a]
공차붙이 형체	직접 표시하는 경우	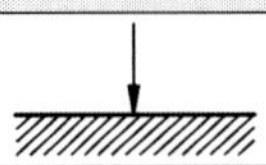
	문자기호에 의하여 표시하는 경우	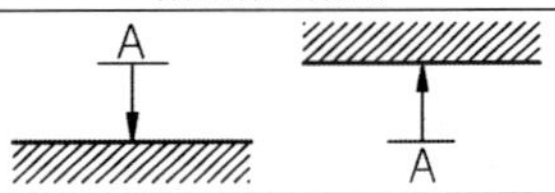
데이텀	직접 표시하는 경우	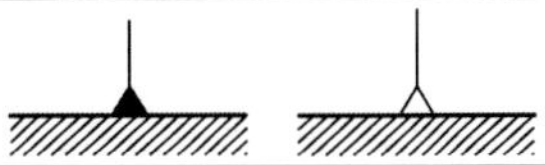
	문자기호에 의하여 표시하는 경우	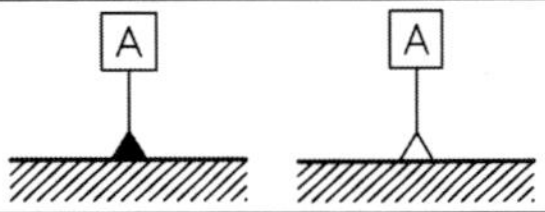
데이텀 타깃 기입틀		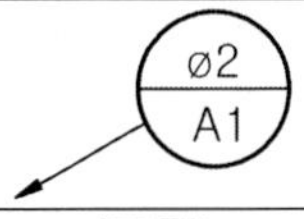
이론적으로 정확한 치수		[50]
돌출 공차역		Ⓟ
최대 실체 공차 방식		Ⓜ

[표 6-3] 기하공차의 종류

공차구분	공차 설명 및 적용
치수공차	• 2차원적 규제 • 길이, 두께, 높이, 직경 등
형상공차	• 3차원적 규제 • 진직도 / 평면도 / 진원도 / 원통도 / 윤관도 • 단독 형체에 적용
자세공차	• 3차원적 규제 • 직각도 / 평행도 / 경사도 / 윤곽도 등 • 관련 형체에 적용
위치공차	• 3차원적 규제 • 위치도/ 대칭도 / 동심도 • 축선 또는 중심면을 갖는 사이즈 형체에 적용
흔들림 공차	• 형상공차와 위치공차 복합 부품 형체 상의 원주 흔들림

6-2 공차역에 관한 일반사항

공차붙이 형체가 포함되어 있어야 할 공차역은 다음에 따른다.

(1) 형체(점, 선, 축선, 면 또는 중심면)에 적용하는 기하공차는 그 형체가 포함되어야 할 공차역을 정한다.

(2) 공차의 종류와 그 공차값의 지시방법에 의하여 공차역은 [표 6-4]에 나타난 공차역 중 어느 한 가지로 된다.

(3) 공차역이 원 또는 원통인 경우에는 공차값 앞에 기호 ø를 붙이고[**그림 6-1**], 공차역이 구인 경우에 S ø를 붙여서 나타낸다[**표 6-5]의 10.1 점의 위치도 공차 참조**.

(4) 공차붙이 형체에는 기능상의 이유로 [**그림 6-2**]와 같이 두 개 이상의 기하공차를 지정하는 수가 있다. 또한, 기하공차 중에는 다른 종류의 기하편차를 동시에 규제하는 것도 있다. 예를 들어, 평행도를 규제하면, 그 공차역 내에서 선의 경우에 진직도, 면의 경우에는 평면도를 규제한다. 반대로 기하공차 중에서 다른 종류의 기하편차를 규제하지 않는 것도 있다. 예를 들어, 진직도의 공차는 평면도를 규제하지 않는다.

[표 6-4] 공차역과 공차값

공 차 역		공 차 값	비 고
(1)	원 안의 영역	원의 지름	표 6-5, 10.1
(2)	두 개의 동심원 사이의 영역	동심원 반지름의 차	표 6-5, 3
(3)	두 개의 등간격 선 또는 두 개의 평행한 직선 사이에 낀 영역	두 선 또는 두 직선의 간격	표 6-5, 1.2
(4)	구 안의 영역	구의 지름	표 6-5, 10.1
(5)	원통 안의 영역	원통의 지름	표 6-5, 1.3
(6)	두 개의 동축 원통 사이에 낀 영역	동축 원통 반지름의 차	표 6-5, 4
(7)	두 개의 같은 거리 면 또는 두 개의 평행한 평면 사이에 낀 영역	두 면 또는 두 평면의 간격	표 6-5, 1.1
(8)	직육면체 안의 영역	직육면체 각 변의 길이	표 6-5, 1.3

(5) 공차붙이 형체는 공차역 내에 있어서 어떠한 모양 또는 자세라도 좋다. 다만, 보충의 주기 [**그림 6-42, 그림 6-43**], 더욱 엄격한 공차역의 지정[**그림 6-41**]에 의하여 제한이 가해질 때에는 그 제한에 따른다.

(6) 지정한 공차는 대상으로 하고 있는 형체의 온길이 또는 온면에 대하여 적용된다. 다만, 그 공차를 적용하는 범위가 지정되어 있는 경우에는 그것에 따른다[**그림 6-39, 그림 6-46**].

(7) 관련 형체에 대하여 지정한 기하공차는 데이텀 형체 자신의 모양편차를 규정하지 않으며, 필요에 따라 데이텀 형체에 대하여 모양공차를 지시한다.

비고 데이텀 형체의 모양은 데이텀으로서의 목적에 어울리는 정도로 충분히 기하편차가 작은 것이 좋다.

6-3 공차의 도시방법

(1) 일반 도시방법

도시방법에 관한 일반적인 사항은 다음에 따른다.

① 단독 형체에 기하공차를 지시하기 위하여는, 공차의 종류와 공차값을 기입한 직사각형의 틀(이하 **공차 기입틀**이라 한다)과 그 형체를 지시선으로 연결해서 도시한다.

② 관련 형체에 기하공차를 지시하기 위하여는 데이텀에 **데이텀 3각 기호(직각이등변 삼각형으로 한다)**를 붙이고, 공차 기입틀과 관련된 ①에 준하여 도시한다[**본문 6-(4) 참고**].

(2) 공차 기입틀의 표시사항

① 공차에 대한 표시사항은 공차 기입틀을 두 구획 또는 그 이상으로 구분하여, 그 안에 기입하며 이들 구획에는 각각 다음의 내용을 [**공차의 종류를 나타내는 기호(그림 6-1(a),(b),(c)) → 공차값(그림 6-1(a),(b),(c))→ 데이텀을 지시하는 문자기호(그림 6-1(b),(c))**]의 순서로 왼쪽에서 오른쪽으로 기입한다[**그림 6-1**]. 또한 규제하는 형체가 단독형체인 경우에는 문자기호를 붙이지 않는다[**그림 6-1**].

비고 데이텀이 복수인 경우의 데이텀을 지시하는 문자기호의 기입순서에 대하여는 **본문 6-5**을 참조할 것.

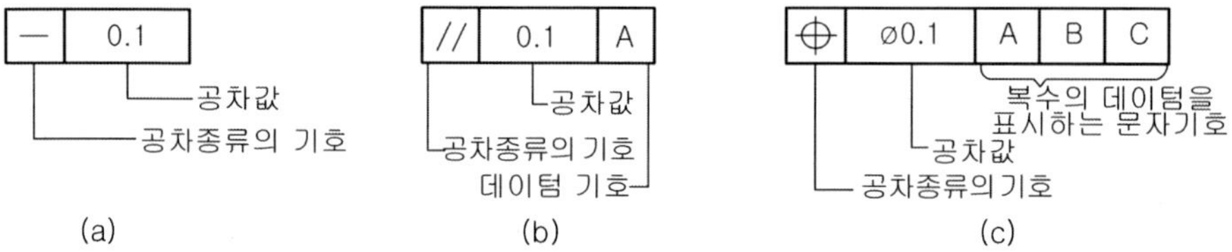

[그림 6-1] 공차 기입틀의 표시방법

② '6구멍', '4면'과 같은 공차붙이 형체에 연관시켜서 지시하는 주기는 **공차 기입틀 위쪽**에 쓴다[**그림 6-2(a)**].

[그림 6-2] 공차 기입틀의 표시방법

③ 한 개의 형체에 2개 이상의 공차를 지시할 필요가 있을 때에는 이들의 공차 기입틀을 상하로 겹쳐서 기입한다[**그림 6-2(b)**].

(3) 공차에 의하여 규제되는 형체의 표시방법

공차에 의하여 규제되는 형체는 공차 기입틀로부터 끌어내어, 끝에 화살표를 붙인 지시선에 의하여 다음 규정에 따라 대상으로 하는 형체에 연결해서 나타낸다. 또한 **지시선에는 가는 실선**을 사용한다.

① 선 또는 면 자체에 공차를 지정하는 경우에는, 형체의 외형선 위 또는 외형선 연장선 위에 치수선 위치를 피하여 **[그림 6-3]**과 같이 수직으로 지시선의 화살표를 나타낸다. 다만, **[그림 6-10]**의 경우는 제외한다.

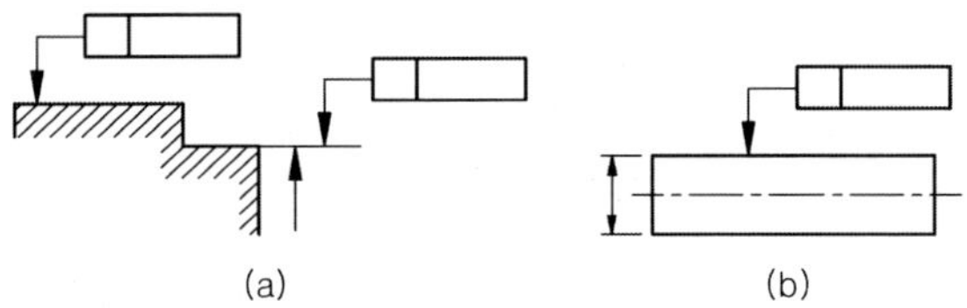

[그림 6-3] 선, 면자체에 기하공차

② 치수가 지정되어 있는 형체의 축선 또는 중심면에 공차를 지정하는 경우에는 치수선의 연장선이 공차 기입틀로 부터 지시선이 되도록 한다**[그림 6-4]**.

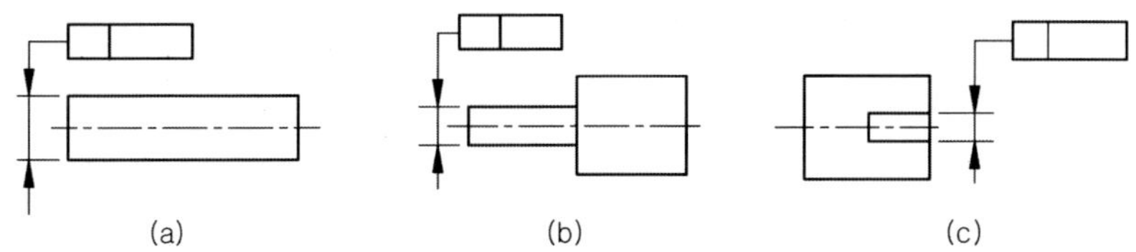

[그림 6-4] 치수가 지정되어 있는 축선, 중심면에 기하공차

③ 축선 또는 중심면이 공통인 모든 형체의 축선 또는 중심면에 공차를 지정하는 경우에는, 축선 또는 중심면을 나타내는 중심선에 수직으로 공차 지시선의 화살표를 댄다**[그림 6-5]**.

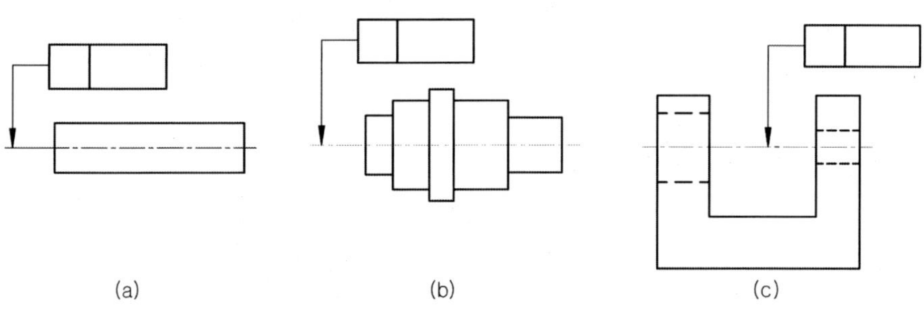

[그림 6-5] 축선, 중심면이 공통인 모든 형체의 기하공차

④ 여러 개 떨어져 있는 형체에 같은 공차를 지정하는 경우에는, 개개의 형체에 각각 공차 기입틀로 지정하는 대신에 공통의 공차 기입틀로부터 끌어낸 지시선을 나타내고 각각의 형체에 분기 지시선 분기점에는 둥근 흑점을 붙인다[**그림 6-6**], 각각의 형체를 문자기호로 나타낼 수 있다[**그림 6-6**].

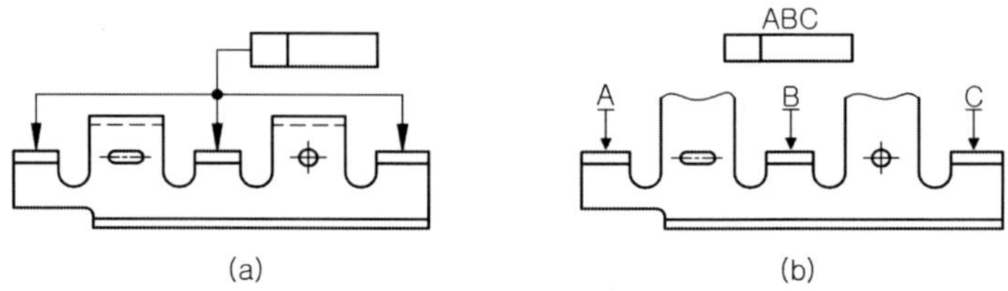

[그림 6-6] 떨어져 있는 여러 형체의 기하공차

6-4 도시방법과 공차역의 관계

(1) 공차역은 공차값 앞에 기호 ø가 없는 경우에는 공차 기입틀과 공차붙이 형체를 연결하는 지시선 화살방향에 존재하는 것으로서 취급한다[**그림 6-7**]. 기호 ø가 부기되어 있는 경우에 공차역은 원 또는 원통의 내부에 존재하는 것으로 취급한다[**그림 6-8**].

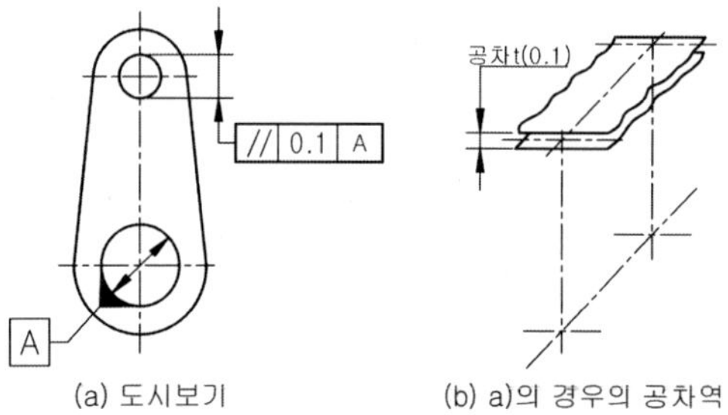

[그림 6-7] 공차값 앞에 ø기호가 없는 경우

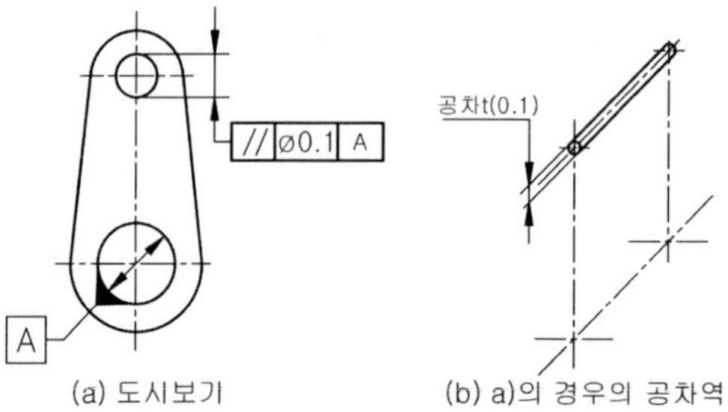

[그림 6-8] 공차값 앞에 ø기호가 있는 경우

(2) 공차역의 너비는 원칙적으로 규제되는 면에 대하여 법선방향에 존재하는 것으로 취급한다[**그림 6-9**].

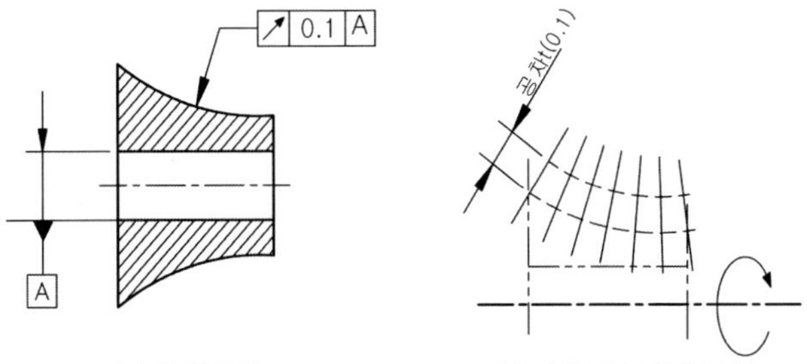

(a) 도시보기 (b) a)의 경우의 공차역

[그림 6-9] 공차역의 나비

(3) 공차역을 면의 법선방향이 아니고 특정한 방향에 지정하고 싶을 때에는 그 방향을 지정한다[**그림 6-10**].

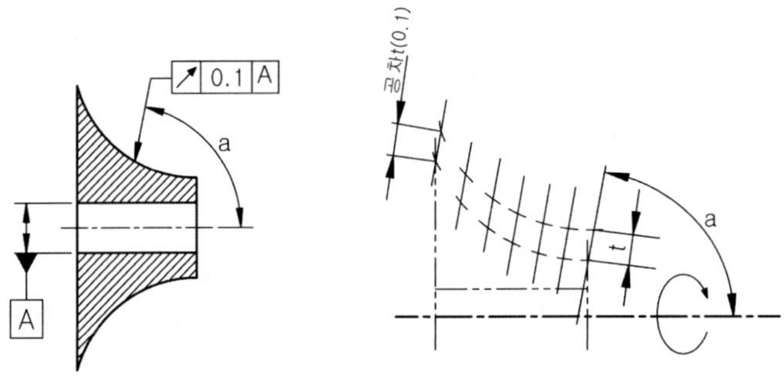

(a) 도시보기 (b) a)의 경우의 공차역

[그림 6-10] 공차역의 특정 방향 지정

(4) 공통인 공차 기입틀을 사용하여 여러 개 떨어져 있는 형체에 같은 공차를 지정하는 경우에는, 특별히 지정하지 않는 한 각각의 형체마다 지정하는 공차역을 적용한다[**그림 6-11,12**].

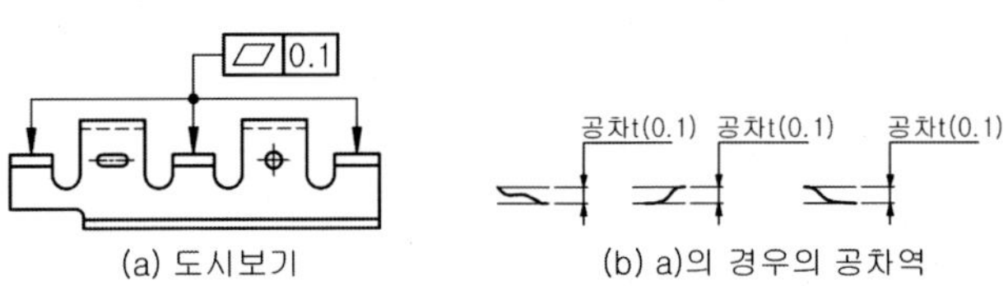

(a) 도시보기 (b) a)의 경우의 공차역

[그림 6-11] 떨어져 있는 여러 형체의 기하공차기입(1)

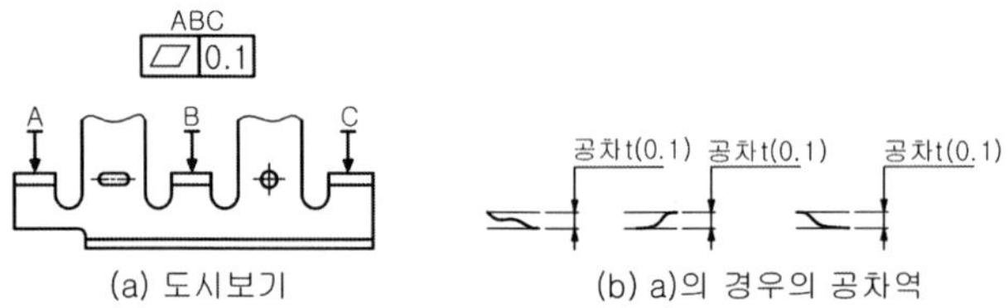

[그림 6-12] 떨어져 있는 여러 형체의 기하공차기입(2)

(5) 여러 개 떨어져 있는 형체에 공통 영역을 갖는 공차값을 지정하는 경우, 공통 공차 기입틀 위쪽에 '공통 공차역'이라고 기입한다[**그림** 6-13,14].

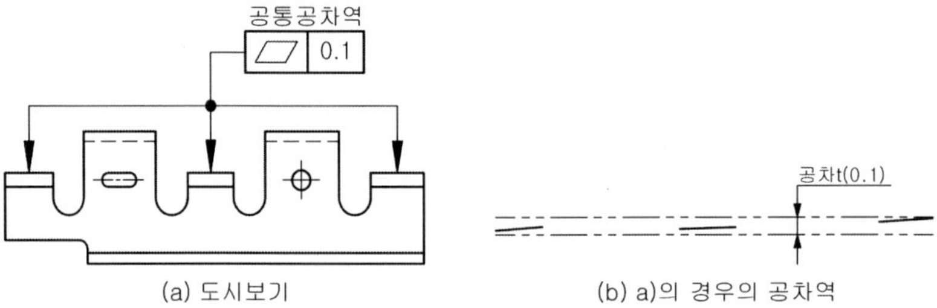

[그림 6-13] 공통 영역을 갖는 공차값 지정(1)

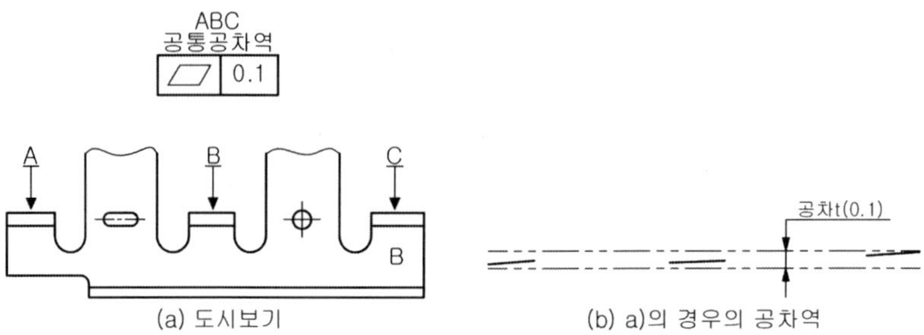

[그림 6-14] 공통 영역을 갖는 공차값 지정(2)

6-5 데이텀의 도시방법

관련 형체에 기하학적 공차를 지시할 때, 그 공차 영역을 규제하기 위하여 설정한, 이론적으로 정확한 기하학적 기준을 데이텀이라 한다[**그림 6-15**]. 보기를 들면 이 기준이 점, 직선, 축 직선, 평면 및 중심평면인 경우에 각각 데이텀 점, 데이텀 직선, 데이텀 축직선, 데이텀 평면 및 데이텀 중심평면이라고 부른다.

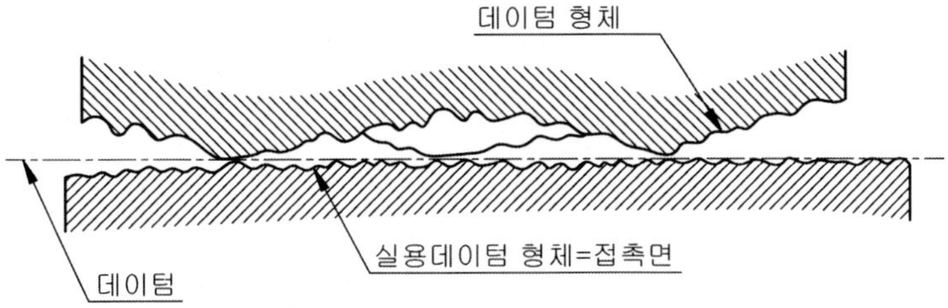

[그림 6-15] 데이텀

(1) **형체에 지정하는 공차가 데이텀과 관련되는 경우**에는 데이텀은 원칙적으로 데이텀을 지시하는 문자기호에 의하여 나타낸다. **데이텀은 영어 대문자를 정사각형으로 둘러싼**, 데이텀 3각 기호의 지시선을 사용하여 나타낸다. **데이텀 삼각기호는 빈틈없이 칠해도 좋고, 칠하지 않아도 좋다**[그림 6-16].

[그림 6-16] 데이텀 도시방법

(2) **데이텀을 지시하는 문자에 의한 데이텀 표시방법은 다음에 따른다.**

① 선 또는 면 자체가 데이텀 형체인 경우에는 형체의 외형선 위 또는 외형선을 연장한 가는선 위에 치수선의 위치를 피하여 데이텀 3각 기호를 붙인다[**그림 6-17**].

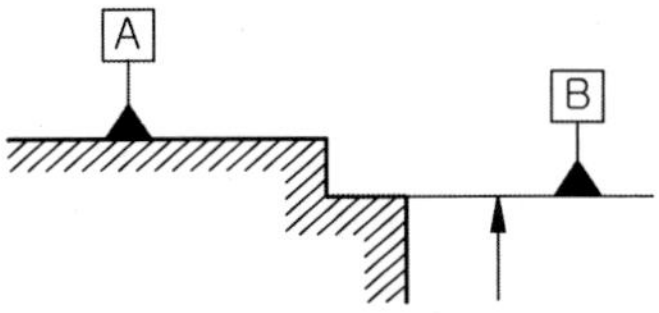

[그림 6-17] 선, 면이 데이텀 형체인 경우

② 치수가 지정되어 있는 형체의 축직선 또는 중심평면이 데이텀인 경우에는 치수선의 연장선을 데이텀의 지시선으로서 사용하여 나타낸다[**그림 6-18, 19**].

비고 치수선의 화살표를 치수 보조선 또는 외형선의 바깥쪽으로부터 기입한 경우에는 그 한쪽을 데이텀 3각 기호로 대신하여 사용한다[그림 6-19(a), (b)].

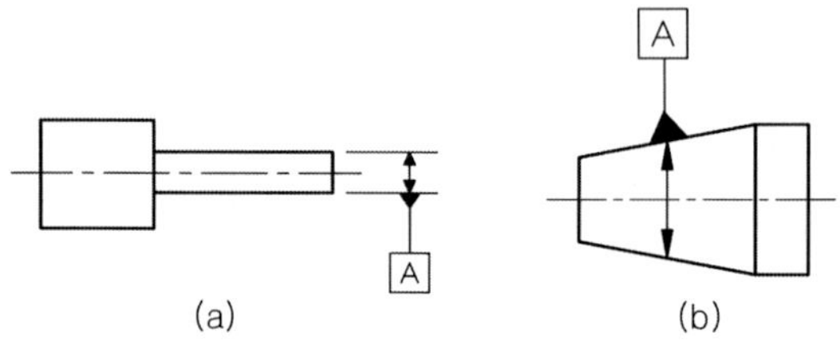

[그림 6-18] 축 직선 중심평면이 데이텀인 경우

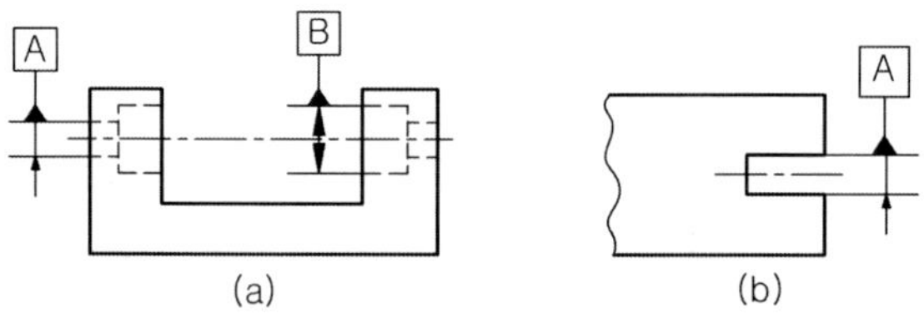

[그림 6-19] 치수가 지정되어 있는 축선, 중심면이 데이텀인 경우

③ 축직선 또는 중심평면이 공통인 모든 형체의 축직선 또는 중심평면이 데이텀인 경우에는, 축직선 또는 중심평면을 나타내는 중심선에 데이텀 3각 기호를 붙인다[**그림 6-20**]

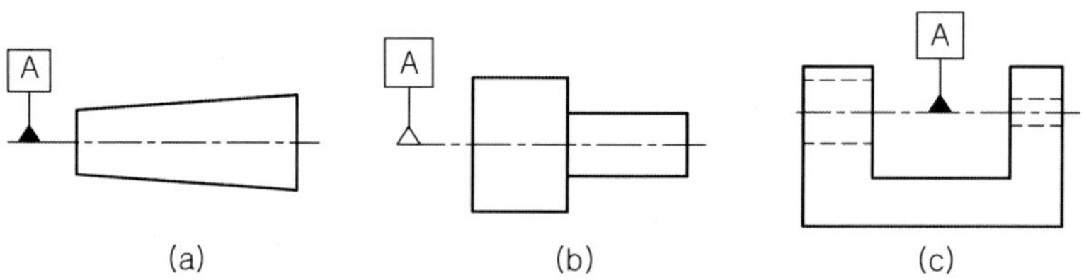

[그림 6-20] 축직선, 중심평면이 공통 데이텀인 경우

비고 다른 형체가 3개 이상 연속하는 경우, 그 공통 축직선을 데이텀에 지정하는 것은 피하는 것이 좋다.

④ 잘못 볼 염려가 없는 경우에는 공차 기입틀과 데이텀 3각 기호를 직접 지시선에 연결하여 데이텀을 지시하는 문자기호를 생략할 수 있다[**그림 6-21**]

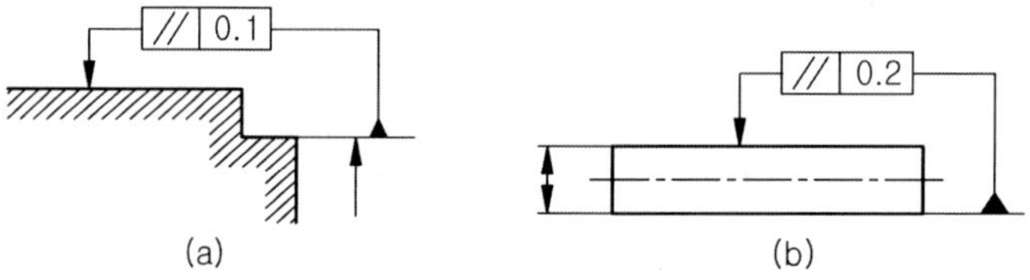

[그림 6-21] 잘못 볼 염려가 없을 경우 지시선에 직접 데이텀 표시

(3) **데이텀을 지시하는 문자기호를 공차 기입틀에 기입할 때에는 다음에 따른다.**

① 1개의 형체에 의하여 설정하는 데이텀은 그 데이텀을 지시하는 1개의 문자기호로 나타낸다 [**그림** 6-22].

		A

[그림 6-22] 1개의 형체에 설정되는 데이텀

② 두 개의 데이텀 형체에 의하여 설정하는 공통 데이텀은 데이텀을 지시하는 두 개의 문자기호를 하이픈(—)으로 연결한 기호로 나타낸다[**그림 6-23**].

		A-B

[그림 6-23] 2개의 형체에 설정되는 공통 데이텀

③ 두 개 이상의 데이텀이 있고, 그들 데이텀에 우선순위를 지정할 때에는 우선순위가 높은 순서로 왼쪽에서 오른쪽으로 데이텀을 지시하는 문자기호를 각각 다른 구획에 기입한다[**그림 6-24**].

		A	C	B

[그림 6-24] 2개의 데이텀이 있고 우선순위를 지정할 경우

④ 두 개 이상의 데이텀이 있고 그들 데이텀 우선순위를 문제 삼지 않을 때에는 데이텀을 지시하는 문자기호를 같은 구획 내에 나란히 기입한다[**그림 6-25**].

		AB

[그림 6-25] 2개의 데이텀이 있고 우선순위를 문제 삼지 않을 경우

6-6 공차 적용의 한정

(1) 선 또는 면의 어느 한정된 범위에만 공차값을 적용하고 싶을 경우에는, 선 또는 면에 따라 그린 **굵은 1점 쇄선**으로 한정하는 범위를 나타내어 도시한다[**그림** 6-26]

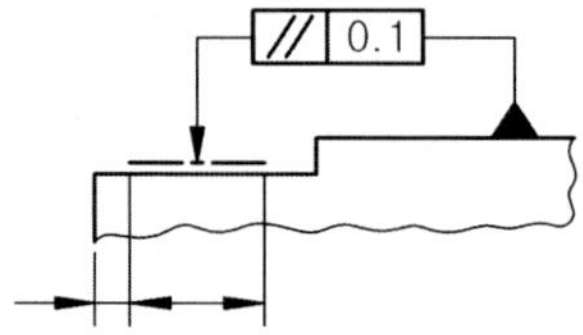

[그림 6-26] 한정된 범위에 기하공차

(2) 대상으로 한 형체의 임의 위치에서 특정한 길이마다에 공차를 지정하는 경우에는 공차값 뒤에 사선을 긋고 그 길이를 기입한다[**그림** 6-27].

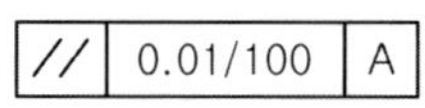

[그림 6-27] 한정된 범위에 기하공차

(3) 대상으로 한 형체의 전체에 대한 공차값과 그 형체의 어느 길이마다에 대한 공차값을 동시에 지정할 때에는, 전자를 위쪽에, 후자를 아래쪽에 겹쳐서 기입하고, 상하를 가로선으로 구획짓는다[**그림** 6-28].

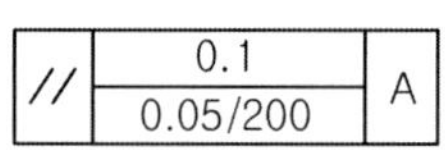

[그림 6-28] 전체와 한정된 범위의 기하공차

(4) 공차역 내에서 형체의 성질을 특별히 지시하고 싶을 때에는 공차 기입틀 근처에 요구사항을 기입하거나 인출선으로 연결한다[**그림 6-29**].

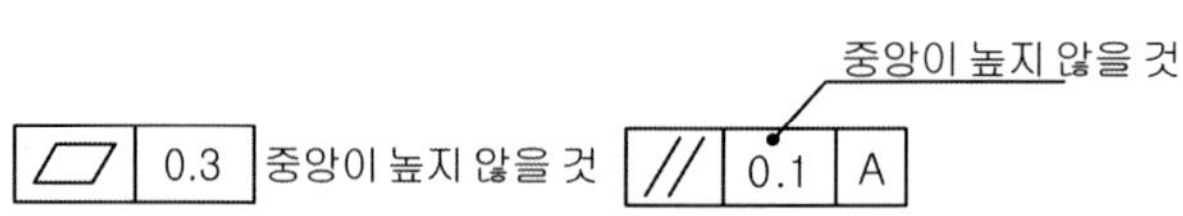

[그림 6-29] 형체의 성질을 기입할 경우

6-7 이론적으로 정확한 치수의 도시방법

위치도, 윤곽도 또는 경사도의 공차를 형체에 지정하는 경우에는 이론적으로 정확한 위치, 윤곽 또는 각도를 정하는 치수를 30과 같이 사각형틀로 둘러싸서 나타낸다[**그림** 6-30].

비고 이와 같은 사각형틀 내에 나타내는 치수를 이론적으로 정확한 치수라 하고, 그 자체는 치수허용차를 갖지 않는다.

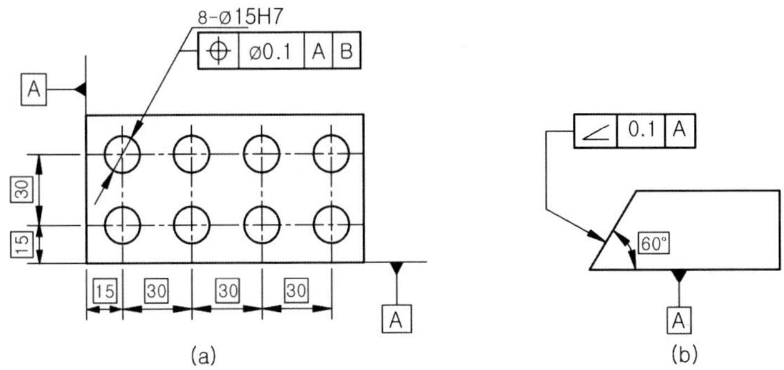

[그림 6-30] 이론적으로 정확한 치수의 도시방법

6-8 돌출 공차역의 지시방법

공차역을 그 형체 자체의 내부가 아니고, 그 외부에 지정하고 싶을 경우에는 그 **돌출부를 가는 2점 쇄선**으로 표시하고, 그 치수 숫자 앞 및 공차값 뒤에 기호 Ⓟ를 기입한다[**그림** 6-31].

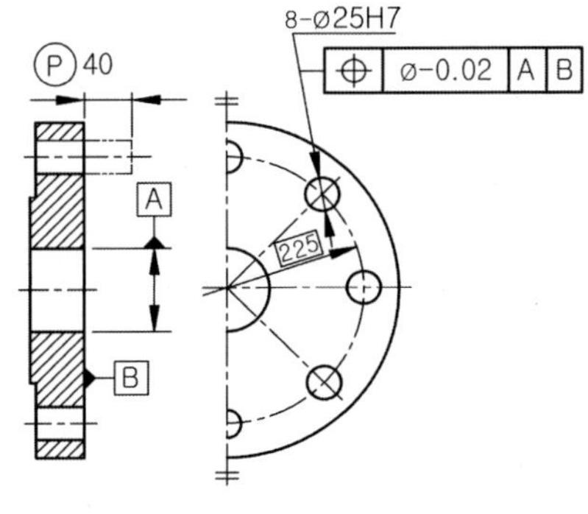

[그림 6-31] 돌출 공차역의 표시

비고 이와 같은 지시에 의하여 정해지는 공차역을 돌출 공차역이라 하며, 이것은 자세공차 및 위치공차에 적용할 수 있다.

6-9 최대 실체공차방식의 적용을 지시하는 방법

(1) 최대 실체공차방식을 적용하는 것을 지시하기 위하여는 최대 실체공차방식을 공차의 대상으로 된 형체, 데이텀 형체 또는 그 양자에 적용하는가에 따라 기호 Ⓜ을 사용하여 각각 다음과 같이 나타낸다.

① 공차붙이 형체에 적용하는 경우에는 공차값 뒤에 Ⓜ을 기입한다[**그림 6-32**].

⌖	ø0.04Ⓜ	A

[그림 6-32]

② 데이텀 형체에 적용하는 경우에는 데이텀을 나타내는 문자기호 뒤에 Ⓜ을 기입한다[**그림 6-33**].

⌖	ø0.04	AⓂ

[그림 6-33]

③ 공차붙이 형체와 그 데이텀 형체의 양자에 적용하는 경우에는 공차값 뒤와 데이텀을 나타내는 문자기호 뒤에 Ⓜ을 기입한다[**그림 6-34**].

⌖	ø0.04Ⓜ	AⓂ

[그림 6-34]

(2) 데이텀이 데이텀을 지시하는 문자기호에 의하여 표시되어 있지 않은 경우에 최대 실체공차방식을 적용하는 것을 지시하기 위하여 공차 기입틀의 세 번째의 구획에 기호 Ⓜ을 기입한다[**그림 6-35**].

비고 최대 실체공차방식의 적용에 대하여는 KS B 0242(**최대 실체공차방식**)에 따른다.

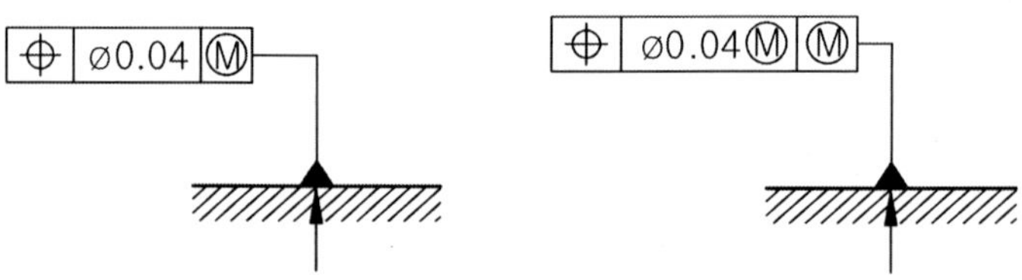

[그림 6-35]

6-10 공차역의 정의 도시보기와 그 해석

기하공차의 공차역의 정의, 도시보기 및 그 해석을 [표 6-4]에 나타낸다(199쪽 참고).

비고 1. 부표는 기하 공차의 공차역 정의를 나타냄과 동시에 대표적인 도시보기와 해석을 설명도와 함께 도시하였다. 설명도에서는 그 공차가 취급하고 있는 편차에 대해서만 나타낸다.

2. 한 방향만의 선 또는 축선의 진직도의 공차역은 설명도에서 다음 어느 한 가지에 의하여 나타낸다.

① 공차 t만큼 떨어진 두 개의 평행 평면에 의함[그림 6-36]

② 공차 t만큼 떨어진 두 개의 평행 직선에 의함[그림 6-37]

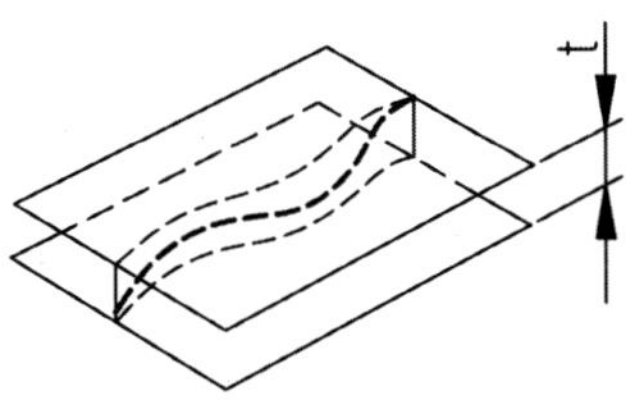

[그림 6-36]

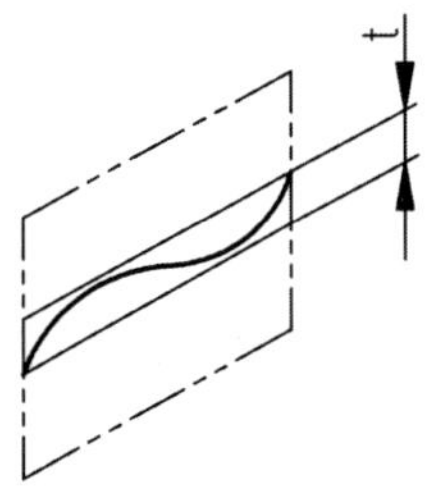

[그림 6-37]

[그림 6-36]은 3차원 도시방법이며 [그림 6-37]은 그것을 평면에 투상한 그림이다. 이 두 개의 표현방법에는 그 뜻을 나타내는 데 다름이 없다. 이 부표의 공차역 설명도에서는 되도록 그 설명의 뜻을 이해하기 쉬운 그림이 선택되어 있다.

6-11 형상 기하공차의 종류

(1) 모양공차

① **진직도(▬) 공차:** 부품의 표면이나 축선이 정확한 직선으로부터 얼마만큼 벗어나 있는가를 나타내는 값이다. 평면이나 원통표면과 같은 단일표면이나 축선에 적용한다. [그림 6-38]에서 가공면이 어떠한 형상으로 울퉁불퉁하더라도 공차 0.1범위 내에서 가공하면 된다. 진직도 공차방식은 어떠한 **데이텀 참조가 없다**.

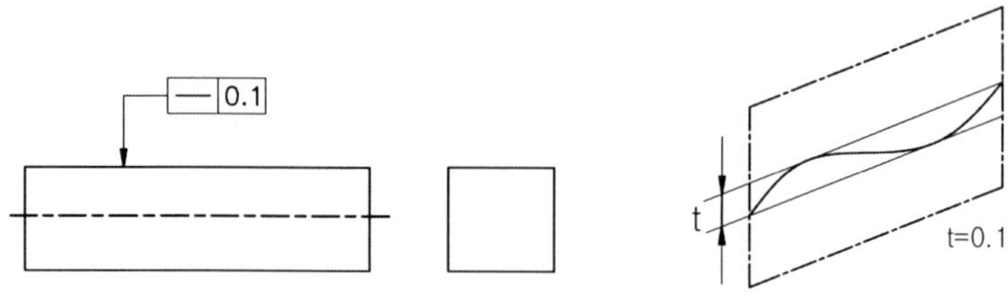

(a) 진직도 표시 (b) 진직도 공차역

[그림 6-38] 표면이 포함되는 진직도 공차

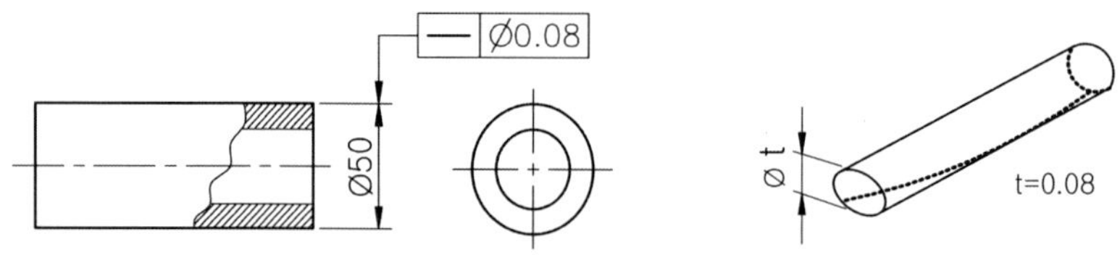

(a) 진직도 표시 (b) 진직도 공차역

[그림 6-39] 원통의 축선의 진직도 공차

② **평면도(⏥) 공차**: 한 평면상에 있는 모든 표면이 정확한 평면으로부터 벗어난 크기이다. 평면도 기하공차역은 치수공차 범위 내에서 두 평면 사이의 간격으로 나타낸다. 평면도 공차는 크기를 나타내는 치수공차 범위 내에 있어야 하며 데이텀 참조를 필요로 하지 않고 표면을 규제하는 형상공차이므로 MMC를 적용시킬 수 없다.

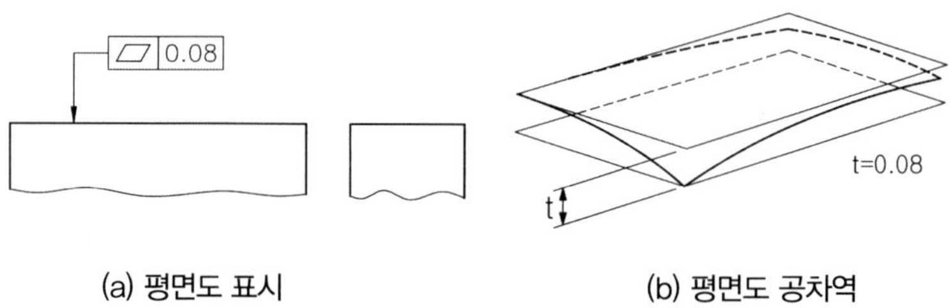

(a) 평면도 표시 (b) 평면도 공차역

[그림 6-40] 평면도 공차

③ **진원도(○) 공차**: 중심으로부터 같은 거리에 있는 모든 점이 원에서 얼마만큼 벗어난 정도를 측정한 값이 진원도이다. 진원도 공차역은 원의 표면 모든 점이 존재해야 하는 완전한 동심원 사이의 반경상 공차역이다. **[그림 6-41]**에서처럼 타원형으로 가공되더라도 공차역이 0.03을 벗어나면 안 된다는 뜻이다.

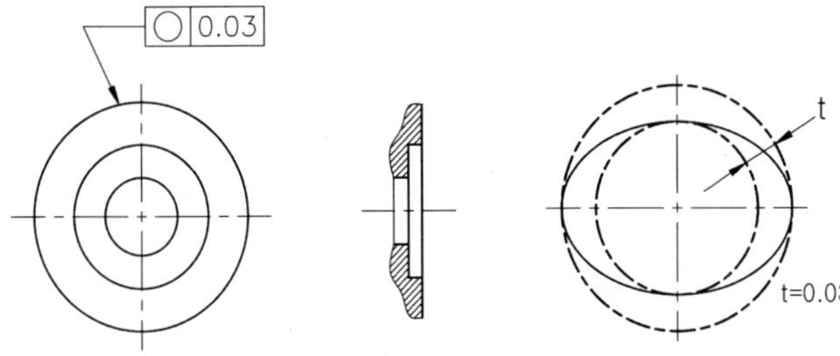

(a) 진원도 표시 (b) 진원도 공차역

[그림 6-41] 진원도 공차

※MMC(Maximum Material Condition): **최대 실체 상태**

물체의 형체에는 크게 나누어 축 등과 같은 외측형체와 구멍 등과 같은 내측형체가 있다. 이들 외형형체, 내측형체 어느 것이나 치수공차를 허용하여 가공되므로, 그 물체의 다듬질한 실체 상태, 다시 말하면 질량이 최대로 되는 것은 외측형체에서 최대허용치수일 때이며, 또 내측형체에서는 최소허용치수일 때이다. 이와 같이, 허용되는 치수허용차 중 실체 상태가 최대인 때의 것을 **최대실체상태**(Maximum Material Condition, MMC)라 부른다.

④ **원통도 (⌭) 공차**: 원통도는 원통형상의 모든 표면이 완전히 평행한 원통으로부터 벗어난 정도를 규제하며, 그 공차는 반경상의 공차역이다. 진원도는 중심에 수직한 단면상 표면의 측정값이고, **원통도는 원통형상 전표면에 대하여 적용한다**.

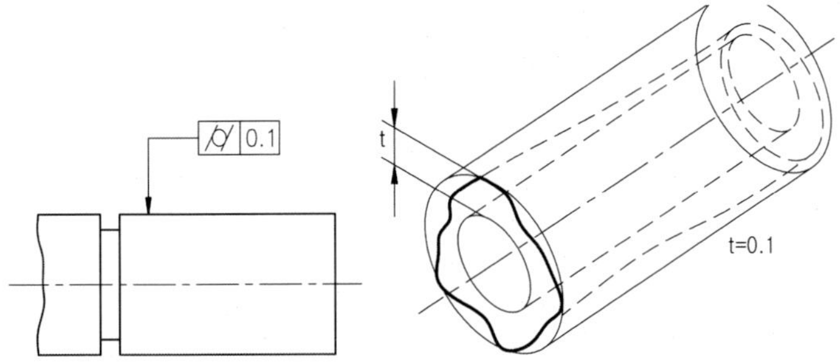

(a) 원통도 표시 (b) 기하공차역

[그림 6-42] 원통도 공차

⑤ **윤곽(⌒, ⌓) 공차**: 윤곽공차는 물체 외곽 형상으로 원호의 조합일 수도 있고, 운형자로 그린 것 같이 불규칙한 곡선일 수도 있다. 윤곽공차는 기준윤곽으로부터 벗어난 크기로서 면의 윤곽도와 선의 윤곽도로 구분된다. 선의 윤곽도는(⌒) 이론적으로 정확한 치수에 의하여 결정된 기하학적 윤곽으로부터 선의 윤곽이 어긋남의 크기를 말하고, 면의 윤곽도는(⌓) 이론적으로 정확한 치수에 의하여 결정된 기하학적 윤곽으로부터 면 윤곽의 어긋남 크기를 말한다.

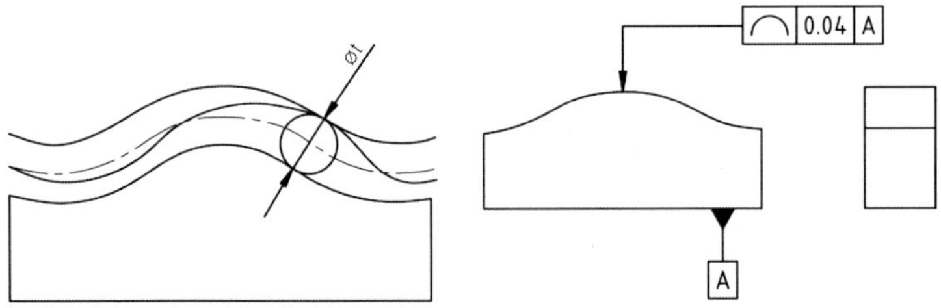

[그림 6-43] 선의 윤곽도 공차

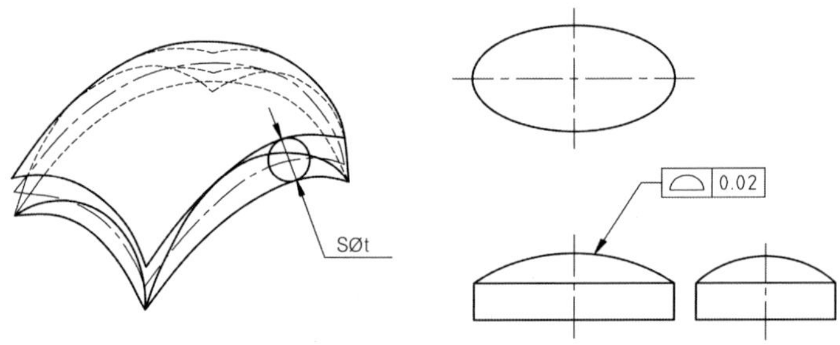

[그림 6-44] 단독 형체 면의 윤곽도 공차

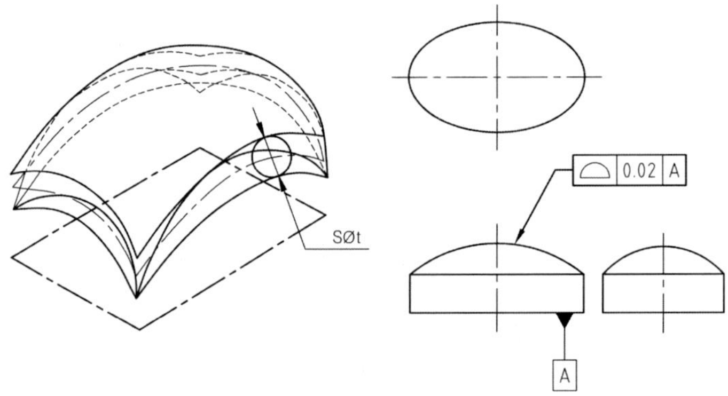

[그림 6-45] 관련 형체 면의 윤곽도 공차

(2) 자세공차

① **평행도(//) 공차**: 평행도란 평행하여야 할 직선부분과 직선부분, 직선부분과 평면부분, 혹은 평면부분과 평면부분이 짝지어 있을 때 그중 한쪽을 데이텀으로 하고 이 데이텀에 대하여 평행한 기하학적 직선 또는 기하학적 평면으로부터 다른 한쪽의 직선부분 또는 평면부분의 어긋남의 크기를 말한다. 평탄한 표면에 평행도 공차가 적용되면서 평면도 공차가 규제되어 있지 않으면 평행도 공차는 평면도까지도 규제된다. 평면도는 최소한 평행도와 동일한 정도로 규제된다.

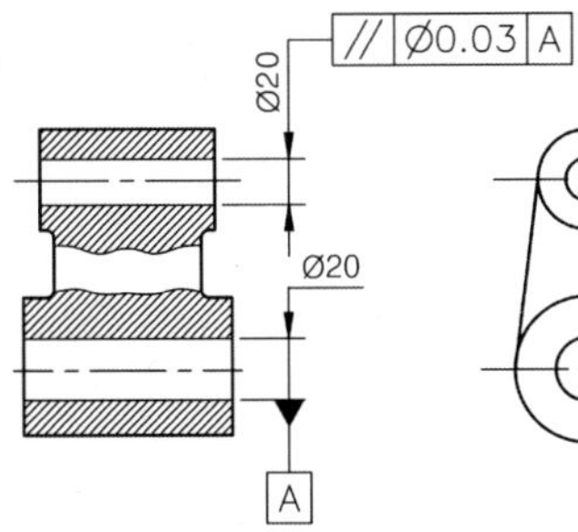

(a) 평행도 표시

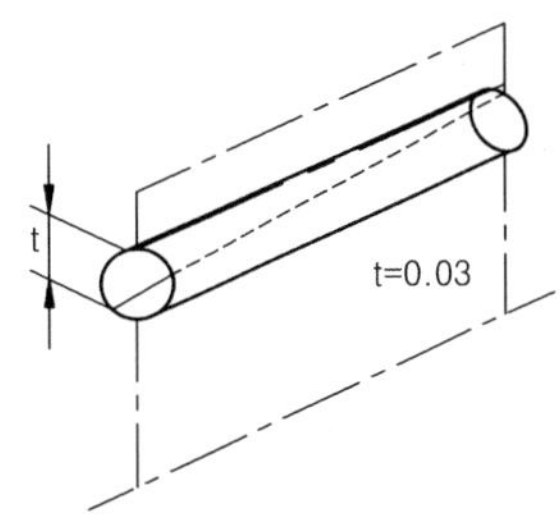

(b) 기하공차역

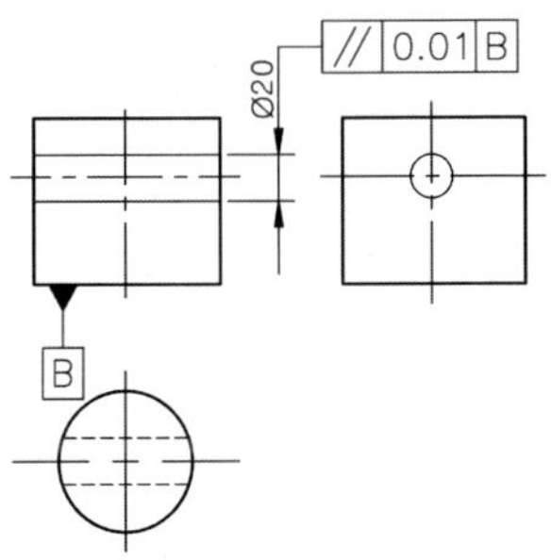

(a) 평행도 표시

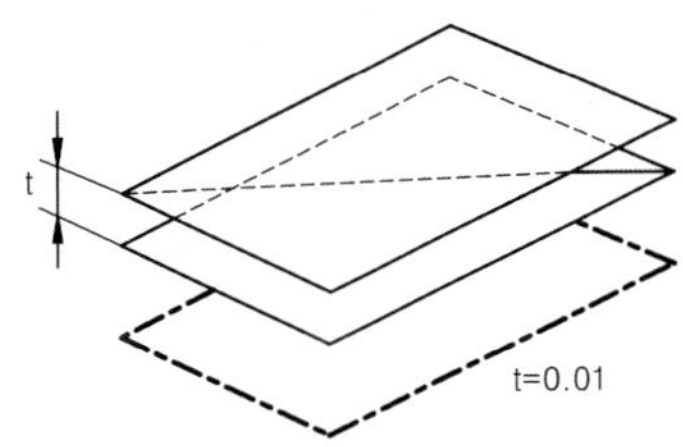

(b) 기하공차역

[그림 6-46] 평행도 공차

② **직각도(⊥) 공차**: 직각도란 직각이어야 할 **직선부분, 직선부분과 평면부분, 또는 평면부분과 평면부분**이 짝지어 있을 때, 그중 한쪽을 데이텀으로 하여, 이에 대하여 직각인 기하학적 직선 또는 평면으로부터 어긋남의 크기를 말한다. 주의해야 할 것은 **직각도는 반드시 데이텀을 기준으로 규제되어야 하며 단독형상으로 규제될 수 없다.**

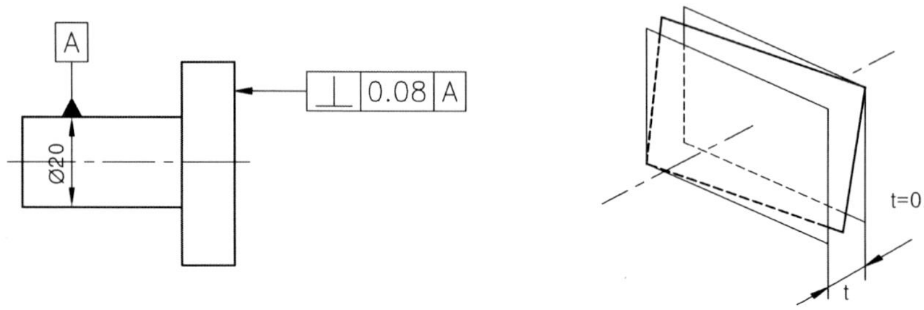

(a) 직각도 표시　　　　　　　　(b) 기하공차역

직선 데이텀에 직각인 평면의 직각도 공차

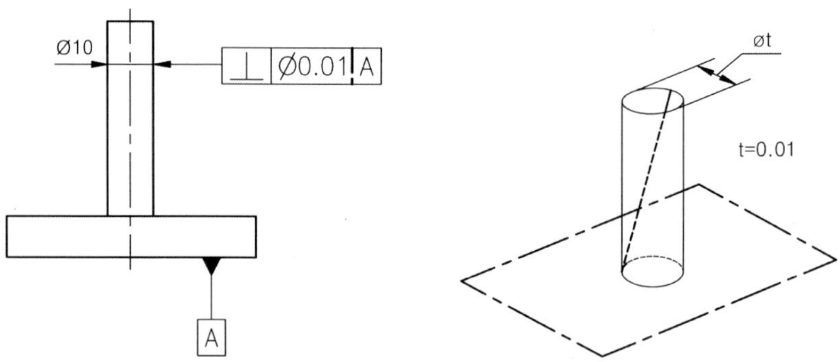

(a) 직각도 표시　　　　　　　　(b) 기하공차역

평면 데이텀에 직각인 직선의 직각도 공차

[그림 6-47] 직각도 공차

③ **경사도(∠) 공차:** 경사도란 이론적으로 정확한 각도(직각은 제외)를 이루고 있어야 할 **직선부분, 직선부분과 평면부분, 평면부분과 평면부분**이 짝지어져 있을 때 그중 한쪽을 데이텀으로 한, 이론적으로 정확한 각도를 이루고 있는 기하학적 평면으로부터 다른 직선부분, 혹은 평면부분의 어긋남 크기를 말한다. 주의할 것은 경사도 공차는 각도의 공차가 아니고 규정된 각도의 기울기를 갖는 두 평면 사이 간격이다.

(3) 흔들림 공차

흔들림 공차는 데이텀을 기준으로 규제형체(원통, 원추, 호, 평면)를 1회전시킬 때 완전한 형상으로부터 벗어난 크기이다. 흔들림 공차는 원통이나 원추 및 곡면 윤곽, 평면 등 **데이텀을 기준으로 규제되며 데이텀을 기준으로 한 진원도, 진직도, 원통도 등을 포함한 복합공차이다.**

① 원주 흔들림(↗) 공차

㉠ 반지름 방향의 원주 흔들림: 규제 형체를 데이텀 축직선 기준으로 1회전시켰을 때, 공차역을 축직선에 수직한 임의의 측정 평면 위에서 반지름 방향으로 규제된 공차만큼 떨어진 두 개의 동심원 사이 영역이다.

㉡ 데이텀에 수직한 표면의 원주 흔들림: 규제형체를 데이텀 축직선 기준으로 1회전시켰을 때, 공차역은 임의의 반지름 방향의 위치에 있어서 축방향으로 규제된 공차만큼 떨어진 두 개의 원 사이에 낀 영역이다.

㉢ 데이텀을 기준으로 경사진 표면이나 곡면의 원주 흔들림: 공차역은 데이텀 축선과 일치하는 축선을 가지며, 그 원주면이나 곡면이 데이텀과 직교하는 임의의 측정 원주면이나 곡면 위에 있고 규제된 공차만큼 떨어진 두 개의 원 사이에 낀 영역이다.

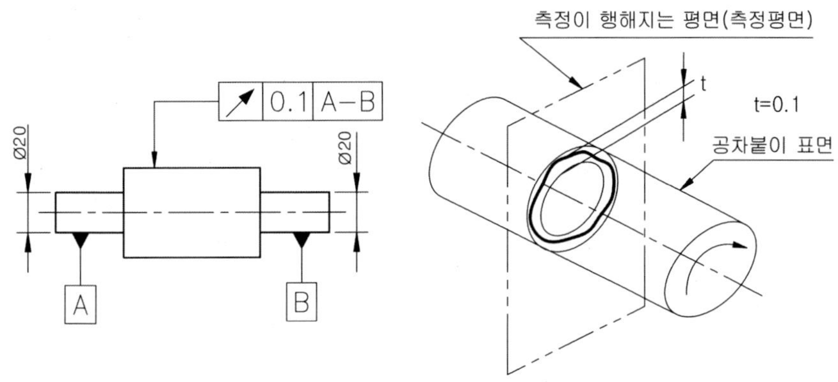

(a) 원주 흔들림 표시 (b) 기하공차역

[그림 6-48] 원주 흔들림 공차

② 온 흔들림(⇗) 공차: 온 흔들림은 원통면을 갖거나 원형면을 갖는 대상물을 데이텀 축직선 기준으로 회전했을 때 그 표면이 지정된 방향, 즉 데이텀 축직선에 수직인 방향(반지름 방향)과 평행인 방향으로 변위하는 크기를 말한다.

㉠ 반지름 방향의 온 흔들림: 규제형체를 1회전시켰을 때 그 공차역은 원통 표면상의 전 영역에서 규제된 공차만큼 떨어진 두 개의 동축 원통 사이의 영역이다.

㉡ 축선 방향의 온 흔들림: 규제형체를 데이텀 기준으로 1회전시켰을 때 원통 측면 임의의 점에서 규제된 공차만큼 떨어진 두 개의 평행한 평면 사이의 낀 영역이다. 원통 측면을 따라 이동하면서 측정한다.

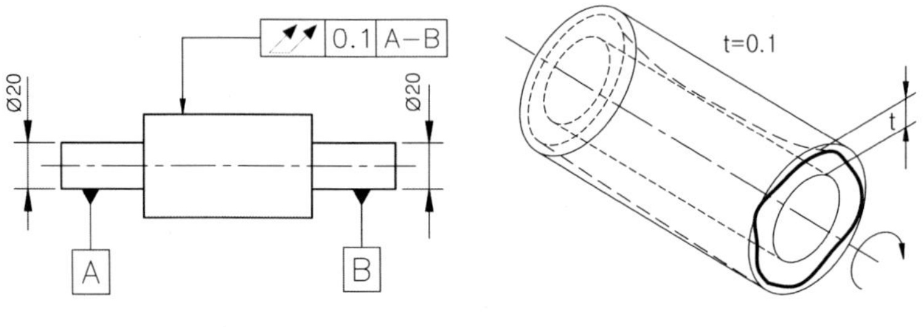

(a) 온 흔들림 표시 (b) 기하공차역

[그림 6-49] 온 흔들림 공차

(4) 위치공차

① 동축도 = 동심도(◎) 공차: 동축도는 데이텀 축직선과 동일 직선 위에 있어야 할 축선이 데이텀 축직선으로부터 어긋난 크기를 나타낸다.

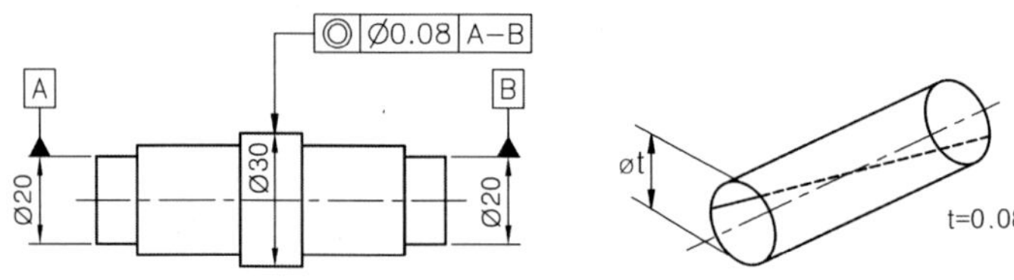

(a) 동심도 표시 (b) 기하공차역

[그림 6-50] 동심도 공차

② 대칭도(⌯) 공차: 대칭되는 기준이나 선, 면. 즉, 데이텀 축선이나 데이텀 중심면에 대해 서로 대칭되어야 할 형체가 대칭위치로부터 어긋난 크기를 말한다.

③ 위치도(⌖) 공차: 위치도는 형체가 다른 형체나 데이텀의 규정 위치에서부터 점, 선 또는 평면 형체의 어긋난 크기를 말한다. 치수공차만으로 위치를 규제한다면 공차 누적이 생기는 수가 많고 기준으로 정한 위치에 따라 공차 누적과 도면해석도 달라진다.

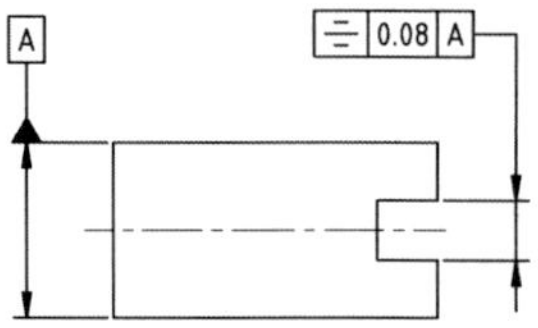

[그림 6-51] 대칭도 공차

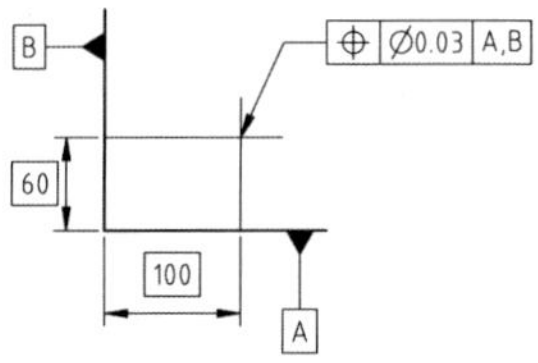

[그림 6-52] 위치도 공차

[표 6-5] 기하공차 공차역의 정의 및 도시보기와 그 해석(KS B 0608 부표)

공차역의 정의란에서 사용하고 있는 선은 다음의 뜻을 나타내고 있다.

굵은 실선 또는 파선: 형체	가는 1점 쇄선: 중심선
굵은 1점 쇄선: 데이텀	가는 2점 쇄선: 보충하는 투상면 또는 절단면
가는 실선 또는 파선: 공차역	굵은 2점 쇄선: 보충하는 투상면 또는 절단면에서의 투상

공차역의 정의	도시보기와 그 해석
1. 진직도 공차	
1.1 선의 진직도 공차	
공차역은, 한 개의 평면에 투상되었을 때, t만큼 떨어진 두 개의 평행한 직선 사이에 끼인 영역이다. 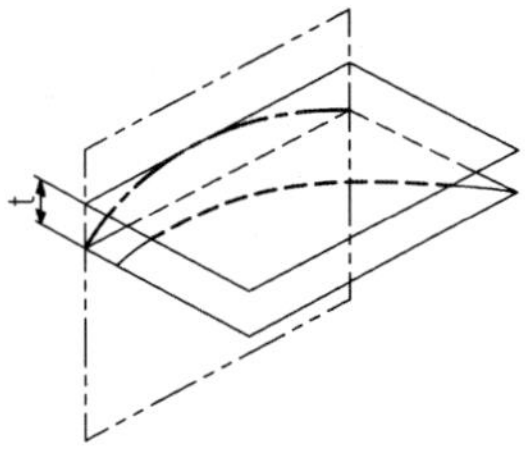 	지시선의 화살표로 나타낸 직선은, 화살표 방향으로 0.1mm 만큼 떨어진 두 개의 평행한 평면 사이에 있어야 한다. 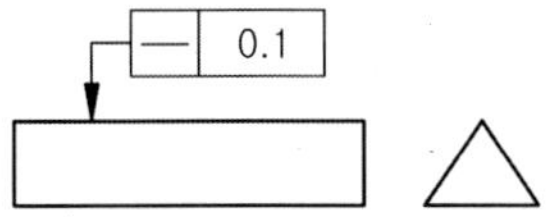
1.2 표면의 요소로서 선의 진직도 공차	
공차역은, 지정된 방향의 절단면 내에서 t만큼 떨어진 두 개의 평행한 직선 사이에 끼인 영역이다. 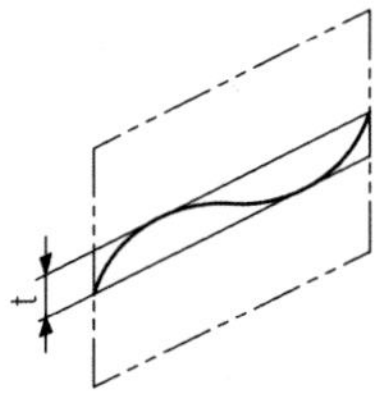 	지시선의 화살표로 나타낸 면을 공차 기입틀로 표시한 도형의 투상면에 평행한 임의의 평면으로 절단했을 때, 그 절단면에 나타난 선이 화살표 방향으로 0.1mm만큼 떨어진 두 개의 평행한 직선 사이에 있어야 한다. 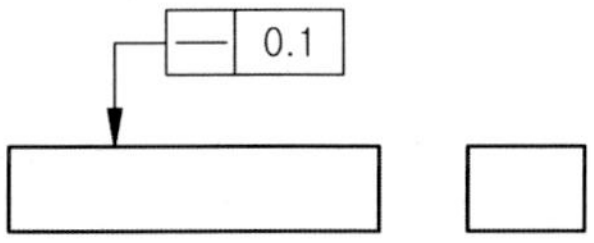
특히, 축 대칭물의 형체에 대하여는 그 축선을 포함하는 평면 위에 있는 것이다. 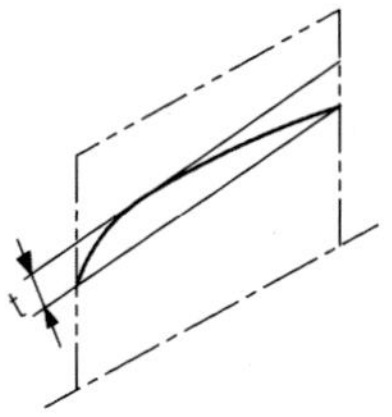 	지시선의 화살표로 나타내는 원통면 위 임의의 모선은, 그 원통의 축선을 포함하는 평면 내에 있어서 0.1mm만큼 떨어진 두 개의 평행한 직선 사이에 있어야 한다. 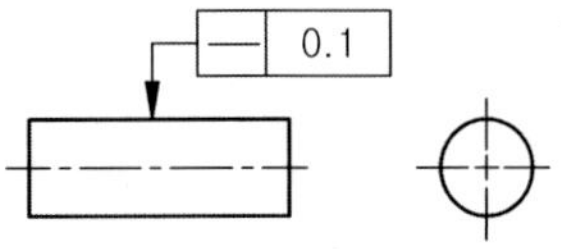 지시선의 화살표로 나타내는 원통면 임의의 모선 위에 임의로 선택한 길이 200mm 부분은 축선을 포함하는 평면 내에 있어서 0.1mm만큼 떨어진 두 개의 평행한 직선 사이에 있어야 한다. 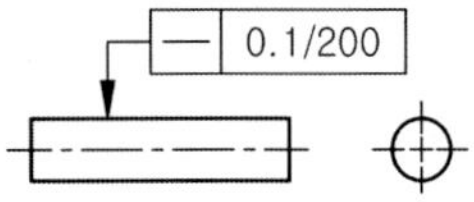

[표 6-5] 기하공차의 공차역의 정의 및 도시보기와 그 해석(계속)

공차역의 정의	도시보기와 그 해석
1. 진직도 공차(계속)	
1.3 축선의 진직도 공차	
공차역 지정이 서로 직각인 두 방향에서 실시되고 있는 경우에, 이 공차역은 단면 $t_1 \times t_2$의 직육면체 안의 영역이다. 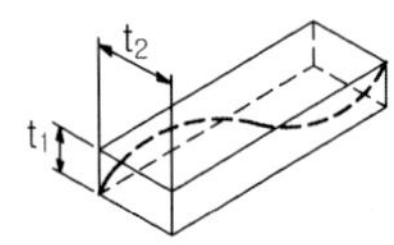 공차역을 표시하는 수치 앞에 기호 ø가 붙어있는 경우에는 이 공차역은 지름 t의 원통 안 영역이다. 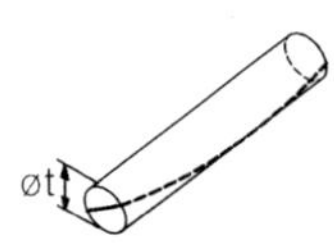 	이 각봉의 축선은, 지시선의 화살표로 나타내는 방향으로 각각 0.1mm 및 0.2mm의 너비를 갖는 직육면체 내에 있어야 한다. 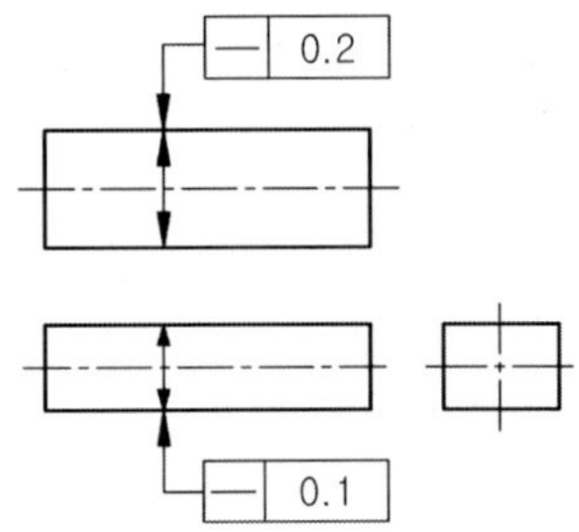 원통의 지름을 나타내는 치수에 공차 기입틀이 연결되어 있는 경우에는, 그 원통 축선은 지름 0.08mm의 원통 내에 있어야 한다. 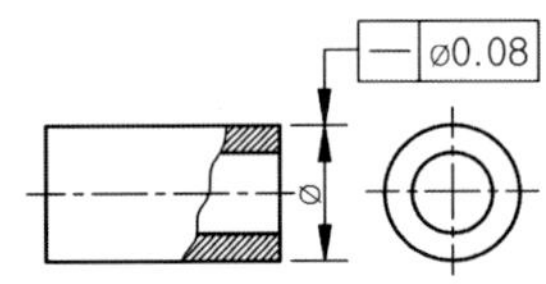
2. 평면도 공차	
공차역은 t만큼 떨어진 두 개의 평행한 직선 사이에 끼인 영역이다. 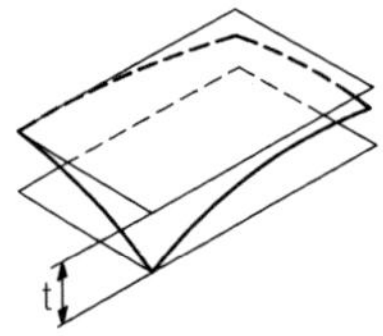 	이 표면은 0.08mm만큼 떨어진 두 개의 평행한 평면 사이에 있어야 한다. 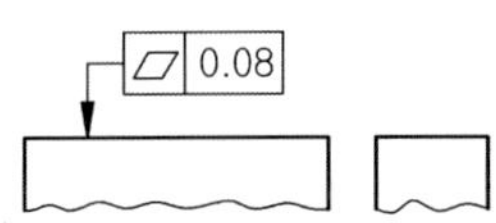
3. 진원도 공차	
대상으로 하고 있는 평면 내에서 공차역은 t만큼 떨어진 두 개의 동심원 사이 영역이다. 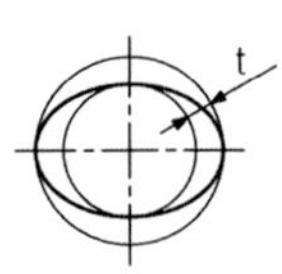 	바깥지름면 임의의 축직각 단면에 있어서 바깥둘레는 동일 평면 위에서 0.03mm만큼 떨어진 두 개의 동심원 사이에 있어야 한다. 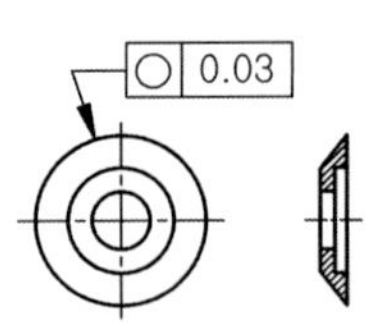

[표 6-5] 기하공차 공차역의 정의 및 도시보기와 그 해석(계속)

공차역의 정의	도시보기와 그 해석
3. 진원도 공차(계속)	
	임의의 축직각 단면에 있어서 바깥둘레는 동일 평면 위에서 0.1mm만큼 떨어진 두 개의 동심원 사이에 있어야 한다. 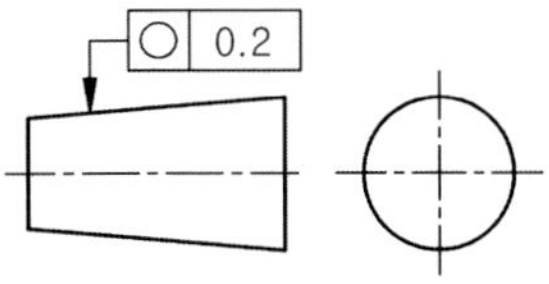
4. 원통도 공차	
공차역은 t만큼 떨어진 두 개의 동축 원통면 사이 영역이다. 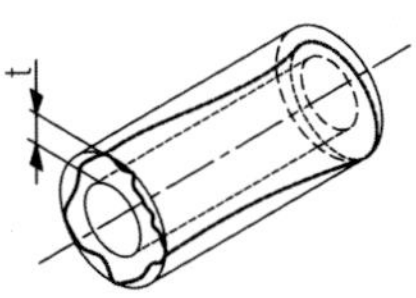 	대상으로 하고 있는 면은, 0.1mm만큼 떨어진 두 개의 동축 원통면 사이에 있어야 한다. 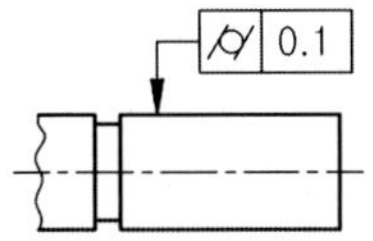
5. 선의 윤곽도 공차	
5.1 관련 형체의 선의 윤곽도 공차	
공차역은 이론적으로 정확한 윤곽선 위에 중심을 두는 지름 t의 원이 만드는 두 개의 포락선 사이에 끼인 영역이다. 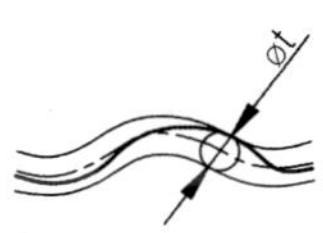 	투사면에 평행한 임의의 단면에서 대상으로 하고 있는 윤곽은, 이론적으로 정확한 윤곽을 갖는 선 위에 중심을 두는 지름 0.04mm의 원이 만드는 두 개의 포락선 사이에 있어야 한다. 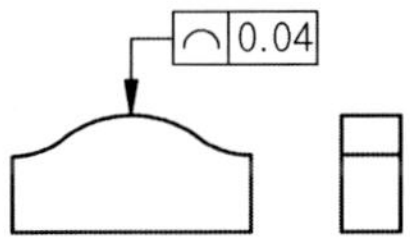
5.2 관련 형체의 선의 윤곽도 공차	
공차역은 데이텀에 관련하여 이론적으로 정확한 윤곽선 위에 중심을 두는 지름 t의 원이 만드는 두 개의 포락선 사이에 끼인 영역이다. 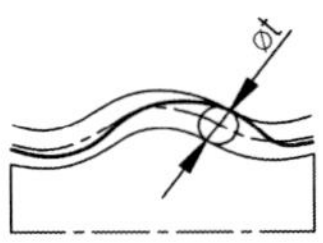 	투상면에 평행한 임의의 단면에서 대상으로 하고 있는 윤곽은, 데이텀 평면 A에 관련하여 이론적으로 정확한 윤곽을 갖는 선 위에 중심을 두는 지름 0.04mm의 원이 만드는 두 개의 포락선 사이에 있어야 한다. 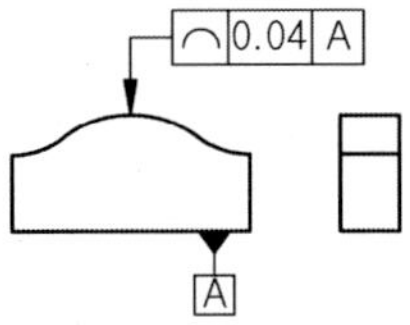

[표 6-5] 기하공차 공차역의 정의 및 도시보기와 그 해석(계속)

공차역의 정의	도시보기와 그 해석
6. 면의 윤곽도 공차	
6.1 단독 형체 면의 윤곽도 공차	
공차역은 이론적으로 정확한 윤곽면 위에 중심을 두는 지름 t의 구가 만드는 두 개의 포락면 사이에 끼인 영역이다. 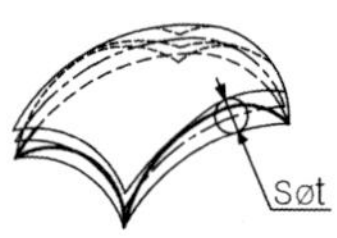	대상으로 하고 있는 면은, 이론적으로 정확한 윤곽을 갖는 면 위에 중심을 두는 지름 0.02mm의 구가 만드는 두 개의 포락면 사이에 있어야 한다. 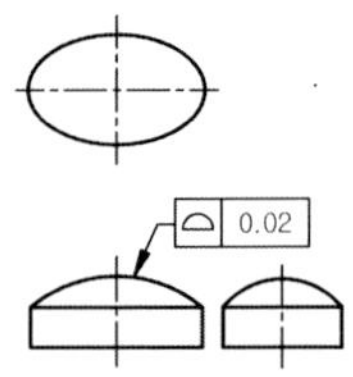
6.2 관련 형체의 면의 윤곽도 공차	
공차역은 데이텀에 관련하여 이론적으로 정확한 윤곽면 위에 중심을 두는 지름 t의 구가 만드는 두 개의 포락면 사이에 끼인 영역이다. 	대상으로 하고 있는 면은, 데이텀 A에 관련하여 이론적으로 정확한 윤곽을 갖는 면 위에 중심을 두는 지름 0.02mm의 구가 만드는 두 개의 포락면 사이에 있어야 한다. 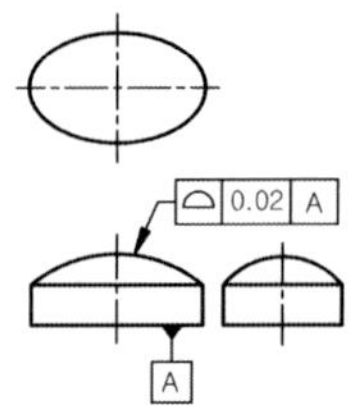
7. 평행도 공차	
7.1 데이텀 직선에 대한 선의 평행도 공차	
공차역은, 한 개의 평면에 투상되었을 때 데이텀 직선에 평행하고 t만큼 떨어진 두 개의 평행한 직선 사이에 끼인 영역이다. 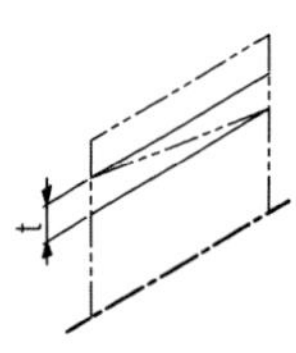	지시선의 화살표로 나타내는 축선은, 데이텀 축직선 A에 평행하고 지시선의 화살표 방향(수직선 방향)에 있는 0.1mm만큼 두 개의 평면 사이에 있어야 한다. 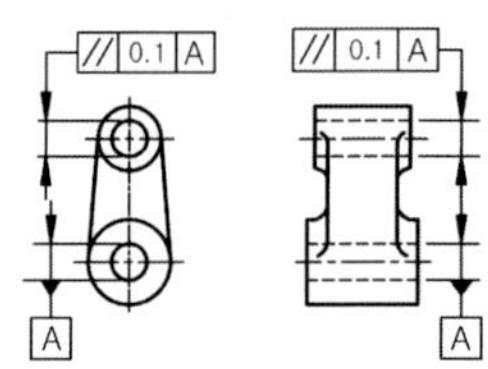

[표 6-5] 기하공차 공차역의 정의 및 도시보기와 그 해석(계속)

공차역의 정의	도시보기와 그 해석
7. 평행도 공차(계속)	
7.1 데이텀 직선에 대한 선의 평행도 공차 (계속)	
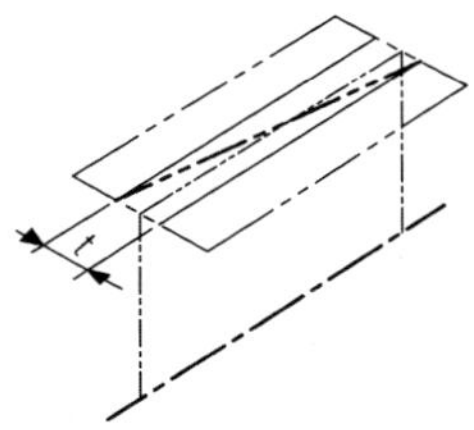	지시선의 화살표로 나타내는 축선은, 데이텀 축직선 A에 평행하고, 지시선의 화살표 방향(수평한 방향)에 있는 0.1 mm만큼 떨어진 두 개의 평면 사이에 있어야 한다. 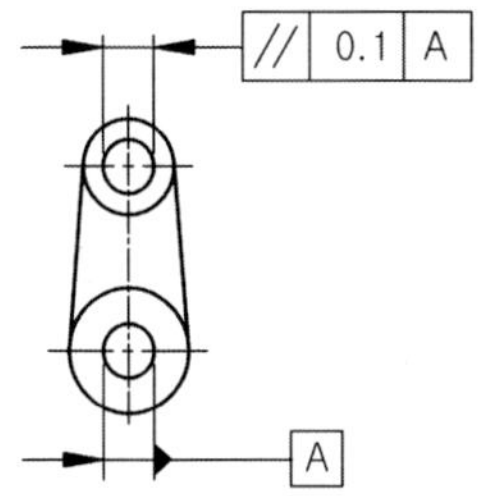
공차의 지정이 서로 직각인 두 개의 평면에서 실시되고 있는 경우, 이 공차역은 단면이 t1×t2이고, 데이텀 직선에 평행한 직육면체 안의 영역이다. 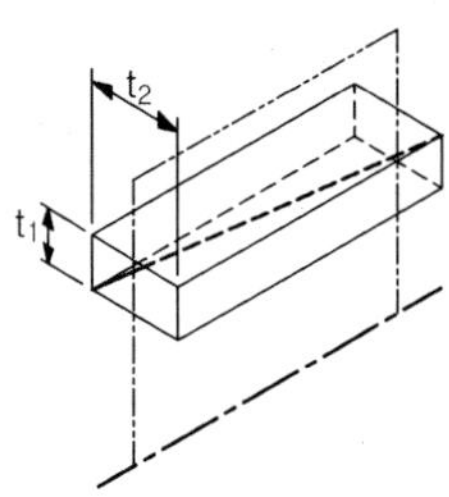	지시선의 화살표로 나타내는 축선은 각각의 지시선 화살표 방향, 즉 수평방향으로 0.2mm, 수직방향으로 0.1mm 너비이고 데이텀 축직선 A에 평행한 직육면체 내에 있어야 한다. 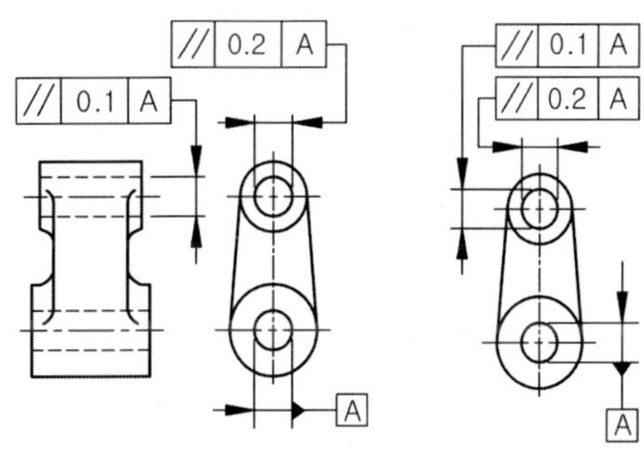
공차를 나타내는 수치 앞에 기호 ⌀가 붙어있는 경우 이 공차역은 데이텀 직선에 평행한 지름 t의 원통 안의 영역이다. 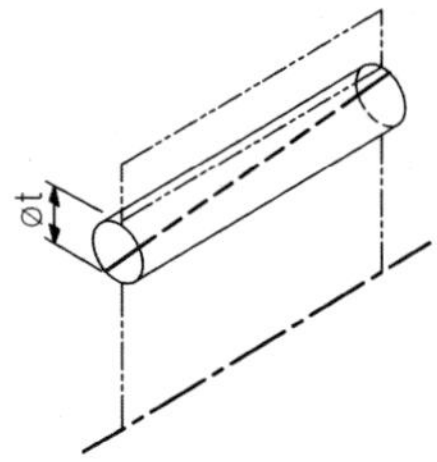	지시선의 화살표로 나타내는 축선은 데이텀 축직선 A에 평행한 지름 0.03mm의 원통 내에 있어야 한다. 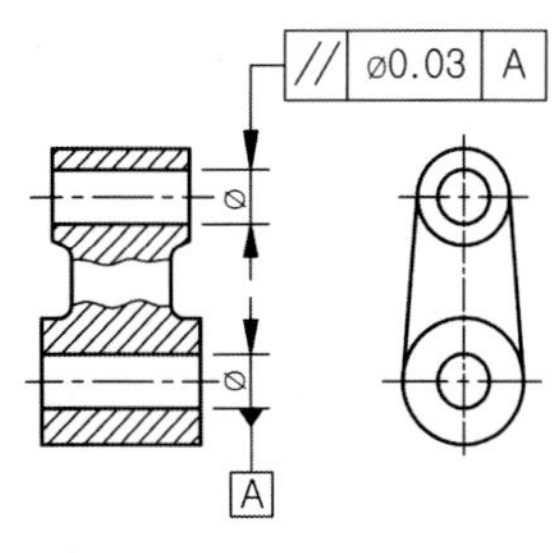

[표 6-5] 기하공차 공차역의 정의 및 도시보기와 그 해석(계속)

<table>
<tr><th>공차역의 정의</th><th>도시보기와 그 해석</th></tr>
<tr><td colspan="2">7. 평행도 공차(계속)</td></tr>
<tr><td colspan="2">7.2 데이텀 평면에 대한 '선'의 평행도 공차</td></tr>
<tr><td>공차역은 데이텀 평면에 평행하고 서로 t만큼 떨어진 두 개의 평행한 평면 사이에 끼인 영역이다.
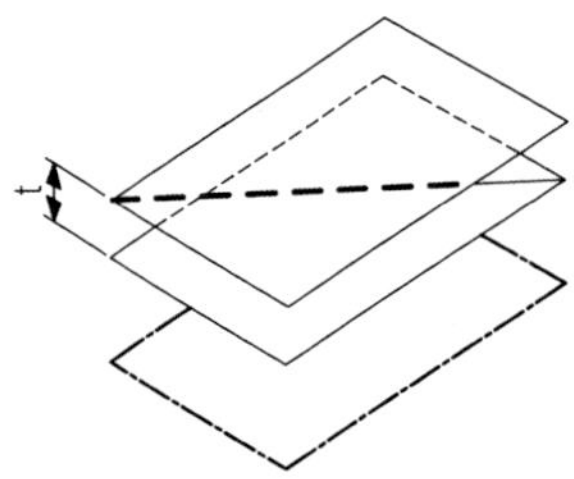
</td><td>지시선의 화살표로 나타내는 축선은 데이텀 평면 B에 평행하고 지시선의 화살표 방향으로 0.01mm 만큼 떨어진 두 개의 평면 사이에 있어야 한다.
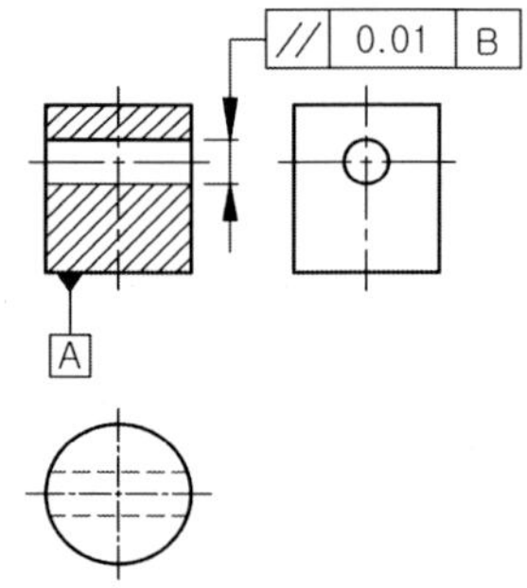
</td></tr>
<tr><td colspan="2">7.3 데이텀 직선에 대한 면의 평행도 공차</td></tr>
<tr><td>공차역은 데이텀 직선에 평행하고 t만큼 떨어진 두 개의 평행한 평면 사이에 끼인 영역이다.
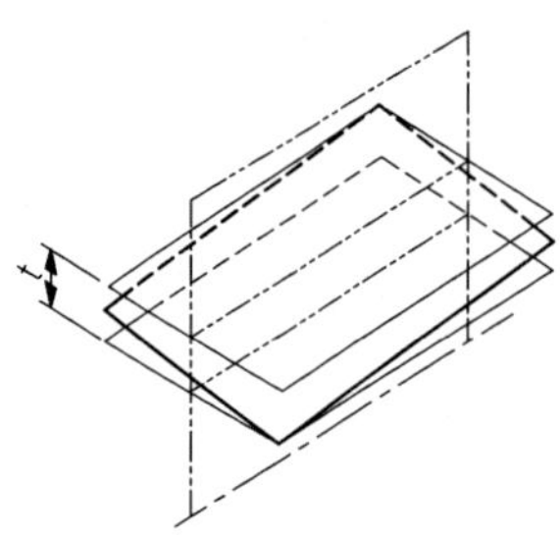
</td><td>지시선의 화살표로 나타내는 면은 데이텀 축직선 C에 평행하고, 지시선의 화살표 방향으로 0.1mm만큼 떨어진 두 개의 평면 사이에 있어야 한다.
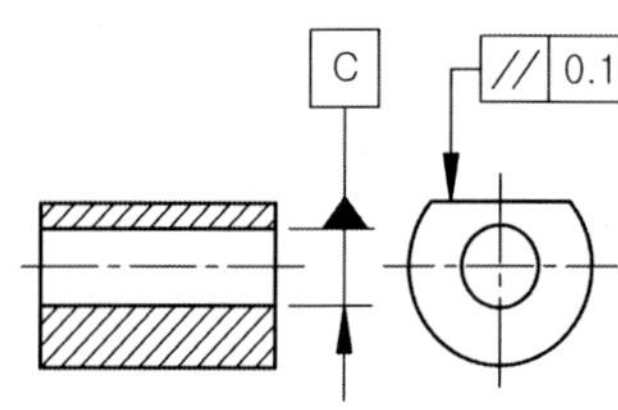
</td></tr>
<tr><td colspan="2">7.4 데이텀 평면에 대한 '면'의 평행도 공차</td></tr>
<tr><td>공차역은 데이텀 직선에 평행하고 t만큼 떨어진 두 개의 평행한 평면 사이에 끼인 영역이다.
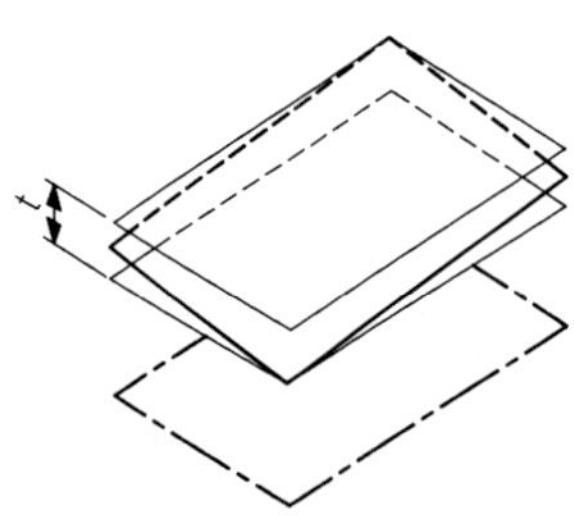
</td><td>지시선의 화살표로 나타내는 면은 데이텀 평면 A에 평행하고, 지시선의 화살표 방향으로 0.1mm만큼 떨어진 두 개의 평면 사이에 있어야 한다.
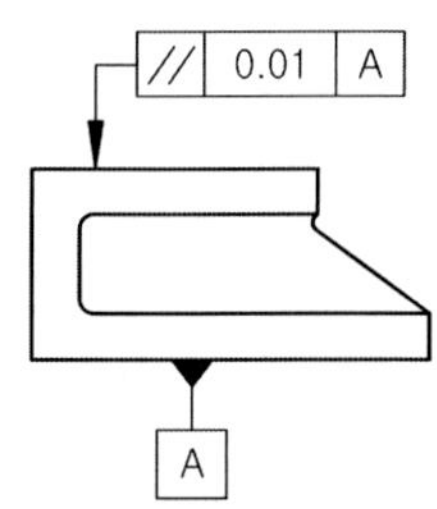
</td></tr>
</table>

[표 6-5] 기하공차 공차역의 정의 및 도시보기와 그 해석(계속)

<table>
<tr><th>공차역의 정의</th><th>도시보기와 그 해석</th></tr>
<tr><td colspan="2">7. 평행도 공차(계속)</td></tr>
<tr><td colspan="2">7.4 데이텀 평면에 대한 '면'의 평행도 공차 (계속)</td></tr>
<tr><td></td><td>지시선의 화살표로 나타내는 면 위에서 임의로 선택한 길이 100mm 위의 모든 점은 데이텀 평면 A에 평행하고, 지시선의 화살표 방향으로 0.01mm만큼 떨어진 두 개의 평면 사이에 있어야 한다.
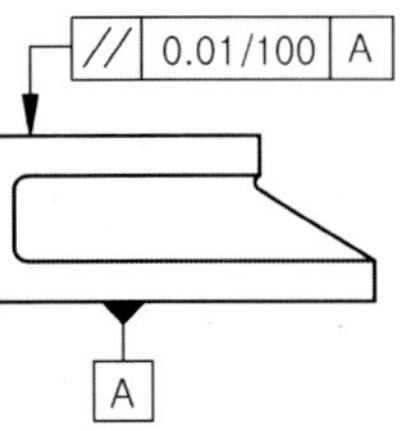
</td></tr>
<tr><td colspan="2">8. 직각도 공차</td></tr>
<tr><td colspan="2">8.1 데이텀 직선에 대한 선의 직각도 공차</td></tr>
<tr><td>공차역은 한 평면에 투상되었을 때 데이텀 직선에 수직하고 t만큼 떨어진 두 개의 평행한 직선 사이에 끼인 영역이다.
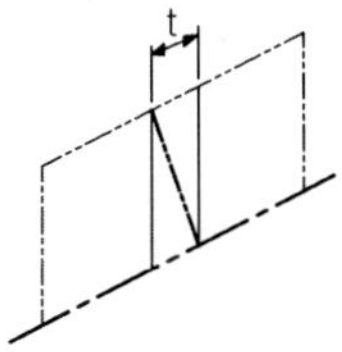
</td><td>지시선의 화살표로 나타내는 경사진 구멍의 축선은 데이텀 축직선 A에 수직하고, 지시선의 화살표 방향으로 0.06mm 만큼 떨어진 두 개의 평행한 평면 사이에 있어야 한다.
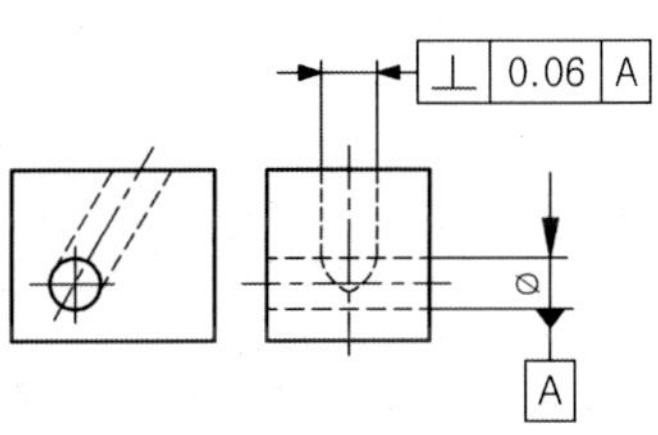
</td></tr>
<tr><td colspan="2">8.2 데이텀 평면에 대한 선의 직각도 공차</td></tr>
<tr><td>공차의 지정이 한 방향에만 실시되어 있는 경우에는 한 평면에 투상된 공차역은 데이텀 평면에 수직하고 t만큼 떨어진 두 개의 평행한 직선 사이에 끼인 영역이다.
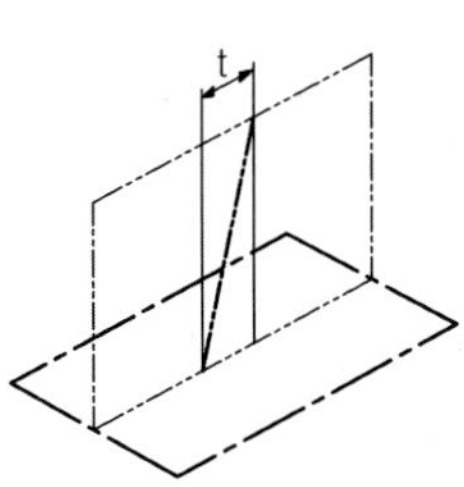
</td><td>지시선의 화살표로 나타내는 원통 축선은 데이텀 평면에 수직하고, 지시선의 화살표 방향으로 0.2mm만큼 떨어진 두 개의 평행한 평면 사이에 있어야 한다.
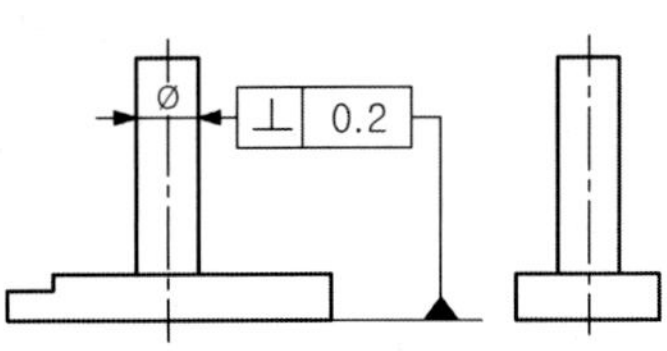
</td></tr>
</table>

[표 6-5] 기하공차의 공차역의 정의 및 도시보기와 그 해석(계속)

공차역의 정의	도시보기와 그 해석
8. 직각도 공차(계속)	
8.2 데이텀 평면에 대한 선의 직각도 공차 (계속)	
공차의 지정이 서로 직각인 두 방향으로 실시되어 있는 경우 이 공차역은 단면이 t1×t2이고 데이텀 평면에 수직한 직육면체 안의 영역이다. 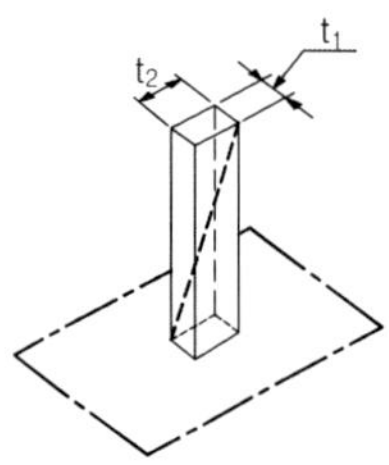 공차를 나타내는 수치 앞에 기호 ø가 붙어있는 경우, 이 공차역은 데이텀 평면에 수직한 지름 t의 원통 안의 영역이다. 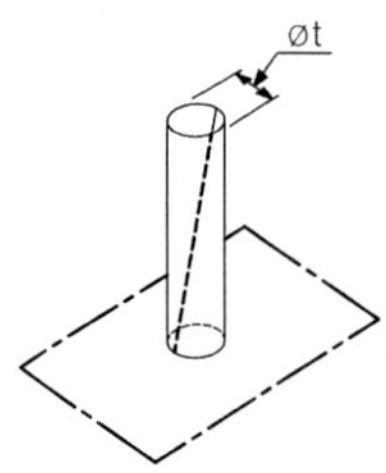	지시선의 화살표로 나타내는 원통의 축선은 각각의 지시선 화살표 방향으로 각각 0.2mm, 0.01mm의 너비를 가지고 데이텀 평면에 수직한 직육면체 내에 있어야 한다. 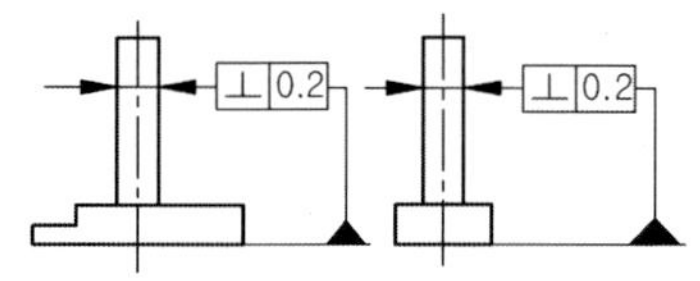 지시선의 화살표로 나타내는 원통의 축선은 데이텀 평면 A에 수직한 지름 0.01mm의 원통 내에 있어야 한다. 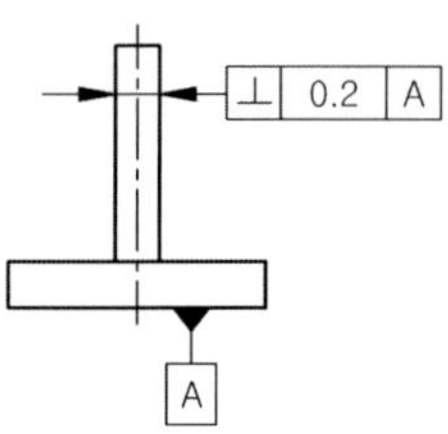
8.3 데이텀 직선에 대한 면의 직각도 공차	
공차역은 데이텀 직선에 수직하고 t만큼 떨어진 두 개의 평행한 평면 사이에 끼인 영역이다. 	지시선의 화살표로 나타내는 면은 데이텀 축직선 A에 수직하고, 지시선의 화살표 방향으로 0.08mm만큼 떨어진 두 개의 평행한 평면 사이에 있어야 한다. 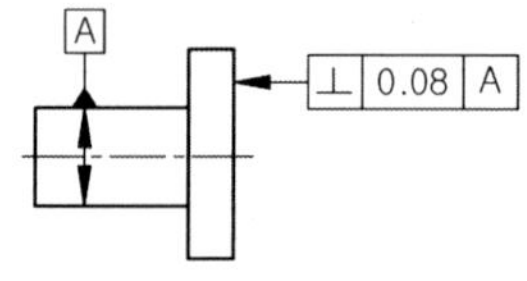
8.4 데이텀 평면에 대한 면의 직각도	
공차역은 데이텀 평면에 수직하고 t만큼 떨어진 두 개의 평행한 평면 사이에 끼인 영역이다. 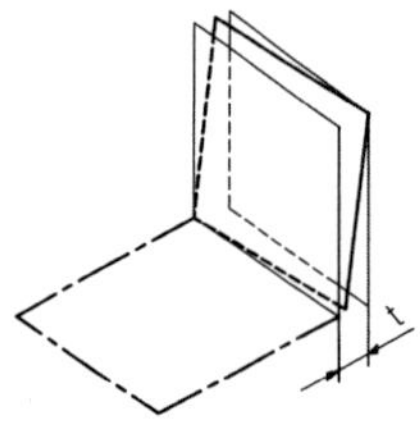	지시선의 화살표로 나타내는 면은 데이텀 평면 A에 수직하고 지시선의 화살표 방향으로 0.08mm만큼 떨어진 두 개의 평행한 평면 사이에 있어야 한다. 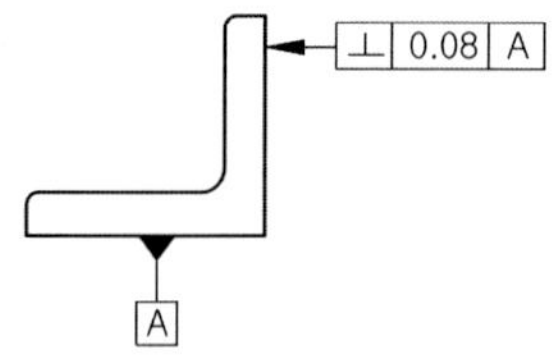

[표 6-5] 기하공차 공차역의 정의 및 도시보기와 그 해석(계속)

공차역의 정의	도시보기와 그 해석
9. 경사도 공차	
9.1 데이텀 직선에 대한 선의 경사도 공차	
(a) 동일 평면 내의 선과 데이텀 직선 한 평면에 투상되었을 때 공차역은 데이텀 직선에 대하여 지정된 각도로 기울고, t만큼 떨어진 두 개의 평행한 직선 사이에 끼인 영역이다. 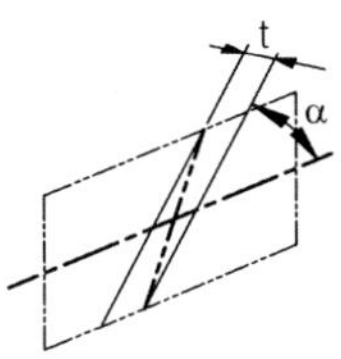	지시선의 화살표로 나타낸 구멍의 축선은, 데이텀 축직선 A–B에 대하여 이론적으로 정확하게 60° 기울고, 지시선의 화살표 방향으로 0.08mm만큼 떨어진 두 개의 평행한 평면 사이에 있어야 한다. 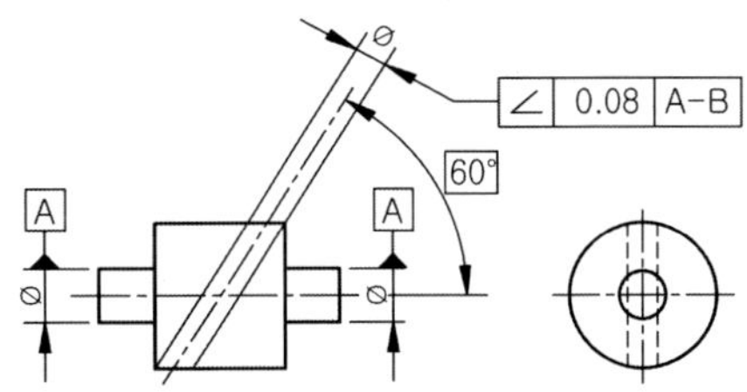
(b) 동일 평면 내에 있지 않는 선과 데이텀 직선 대상으로 하고 있는 선이 데이텀 직선과 동일 평면 위에 있지 않는 경우, 이 공차역은 데이텀 직선을 포함한 선에 평행한 평면의 대상으로 하고 있는 선을 투상했을 때, 데이텀 직선에 대하여 지정된 각도로 기울고 t만큼 떨어진 두 개의 평행한 직선 사이에 끼인 영역이다. 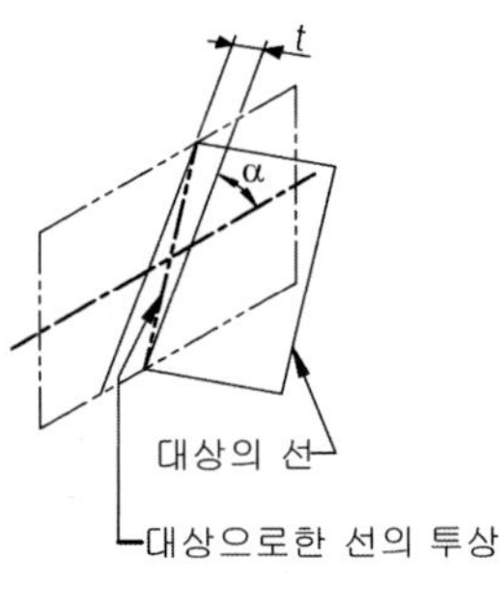	데이텀 축직선 A–B를 포함하고, 지시선의 화살표로 나타낸 구멍의 축선에 평행한 평면의 구멍 축선의 투상은, 데이텀 축직선 A–B에 대하여 이론적으로 정확하게 60° 기울고, 지시선의 화살표 방향으로 0.08mm만큼 떨어진 두 개의 평행한 직선 사이에 있어야 한다. 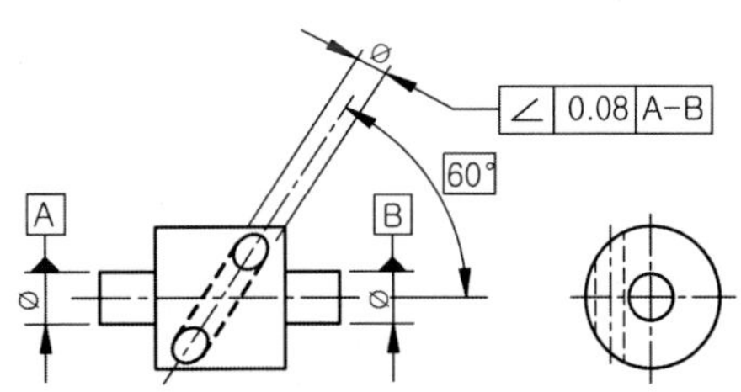

[표 6-5] 기하공차의 공차역의 정의 및 도시보기와 그 해석(계속)

공차역의 정의	도시보기와 그 해석
9. 경사도 공차(계속)	
9.2 데이텀 평면에 대한 선의 경사도 공차	
한 평면에 투상된 공차역은 데이텀 평면에 대하여 지정된 각도로 기울고, t만큼 떨어진 두 개의 평행한 직선 사이에 끼인 영역이다. 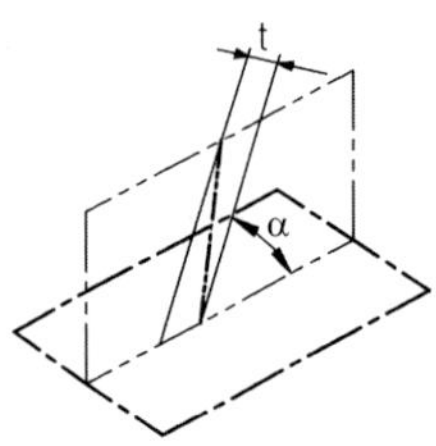	지시선의 화살표로 나타내는 원통의 축선은 데이텀 평면에 대하여 이론적으로 정확하게 80° 기울고, 지시선의 화살표 방향으로 0.08mm만큼 떨어진 두 개의 평행한 평면 사이에 있어야 한다. 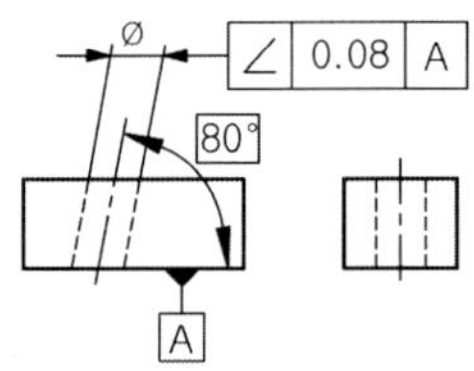
9.3 데이텀 직선에 대한 면의 경사도 공차	
공차역은 데이텀 직선에 대하여 지정된 각도로 기울고, t만큼 떨어진 두 개의 평행한 평면 사이에 끼인 영역이다. 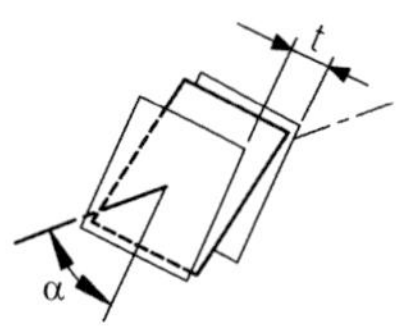	지시선의 화살표로 나타내는 면은 데이텀 축직선 A에 대하여 이론적으로 정확하게 75° 기울고, 지시선의 화살표 방향으로 0.1mm만큼 떨어진 두 개의 평행한 평면 사이에 있어야 한다. 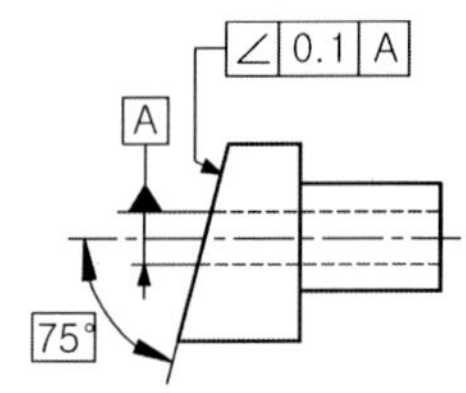
9.4 데이텀 평면에 대한 면의 경사도 공차	
공차역은, 데이텀 평면에 대하여 지정된 각도로 기울고, 서로 t만큼 떨어진 두 개의 평행한 직선 사이에 끼인 영역이다. 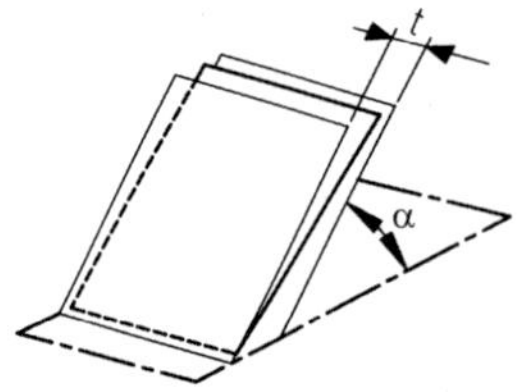	지시선의 화살표로 나타내는 면은 데이텀 평면 A에 대하여 이론적으로 정확하게 40° 기울고, 지시선의 화살표 방향으로 0.08mm만큼 떨어진 두 개의 평행한 평면 사이에 있어야 한다. 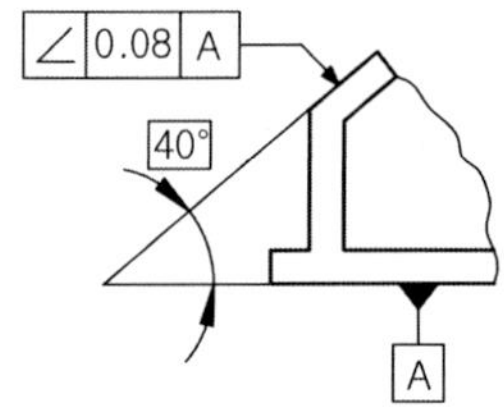

[표 6-5] 기하공차 공차역의 정의 및 도시보기와 그 해석(계속)

공차역의 정의	도시보기와 그 해석
10. 위치도 공차	
10.1 점의 위치도 공차	
공차역은 대상으로 하고 있는 점의 이론적으로 정확한 위치(이하 진위치라 한다)를 중심으로 하는 지름 t의 원 안 또는 구 안의 영역이다.  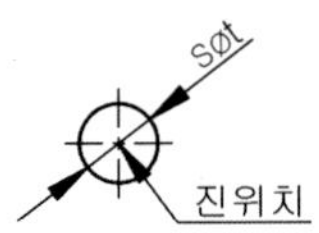	지시선의 화살표로 나타낸 점은 데이텀 직선 A로부터 60mm, 데이텀 직선 B로부터 100mm 떨어진 진위치를 중심으로 하는 지름 0.03mm의 원 안에 있어야 한다. 아래 보기의 경우는 데이텀 직선 A, B의 우선순위는 없다. 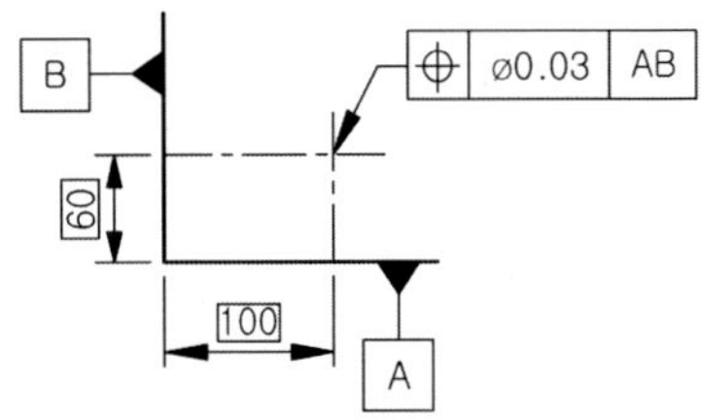 ▶ 그림에 나타나 있는 면에 수직 방향의 두께를 고려할 때는 설명한 원은 원통이 되고, 점은 선이 된다. 지시선의 화살표로 나타낸 구의 중심은 데이텀 축직선 A의 선 위에서 데이텀 평면 B로부터 14mm 떨어진 진위치에 중심을 갖는 지름 0.3mm의 구 안에 있어야 한다. 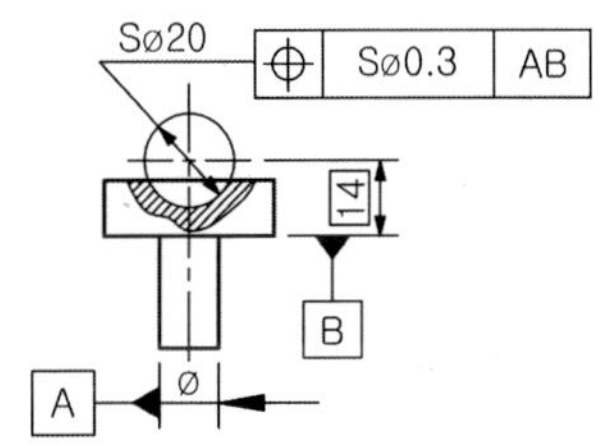
10.2 선의 위치도 공차	
공차의 지정이 한 방향에만 실시되어 있는 경우 선의 위치도 공차역은 진위치에 대하여 대칭으로 배치하고 t만큼 떨어진 두 개의 평행한 직선 사이 또는 두 개의 평행한 평면 사이에 끼인 영역이다. 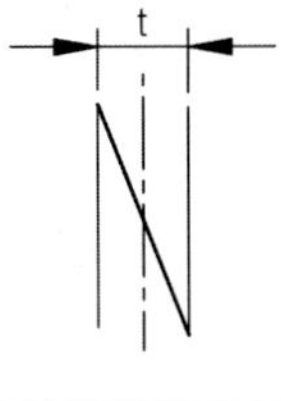	지시선의 화살표로 나타낸 각각의 선은, 그들 직선의 진위치로서 지정된 직선에 대하여 대칭으로 배치되고 0.05mm 간격을 갖는 두 개의 평행한 직선 사이에 있어야 한다. 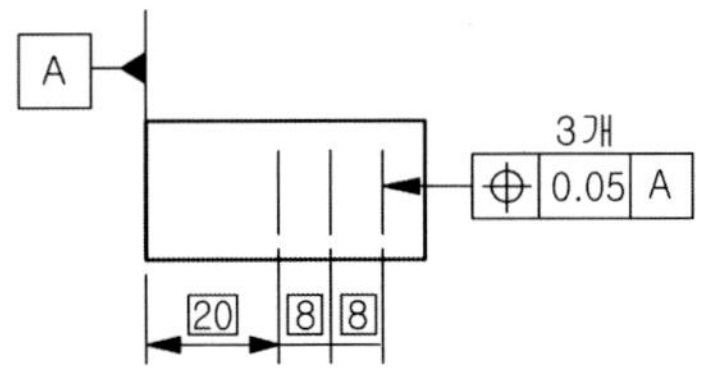

[표 6-5] 기하공차 공차역의 정의 및 도시보기와 그 해석(계속)

공차역의 정의	도시보기와 그 해석
10. 위치도 공차 (계속)	
10.2 선의 위치도 공차 (계속)	
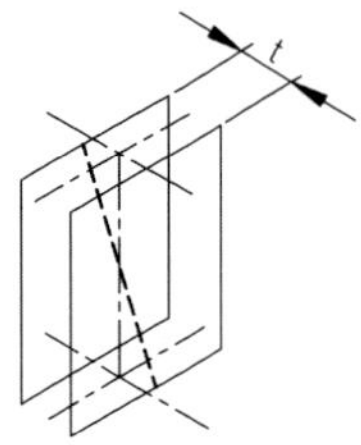 공차역 지정이 서로 직각인 두 방향으로 실시되어 있는 경우 선의 위치도 공차역은 진위치를 축선으로 하는 단면 t1×t2인 직육면체 안의 영역이다. 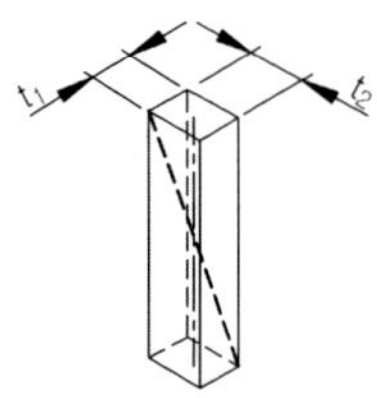 공차를 나타내는 수치 앞에 기호 ø가 붙어있는 경우 선의 위치도 공차역은 진위치를 축선으로 하는 지름 t인 원통 안 영역이다.	지시선의 화살표로 나타낸 축선은, 데이텀 평면 A로부터 100 mm만큼 떨어진 진위치에 있어서 지시선의 화살표로 나타낸 방향에 대칭으로 0.08mm 간격을 갖는 평행한 두 개의 평면 사이에 있어야 한다. 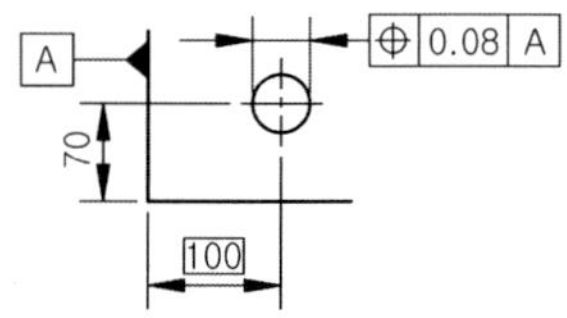 지시선의 화살표로 나타낸 축선은 데이텀 평면 A로부터 100 mm, 데이텀 평면 B로부터 85mm 떨어진 진위치에 있어서 지시선의 화살표로 나타낸 방향에 대칭으로 0.05mm 및 0.02 mm 간격을 갖는 두 쌍의 평행한 2개 평면으로 둘러싸인 직육면체 안에 있어야 한다. 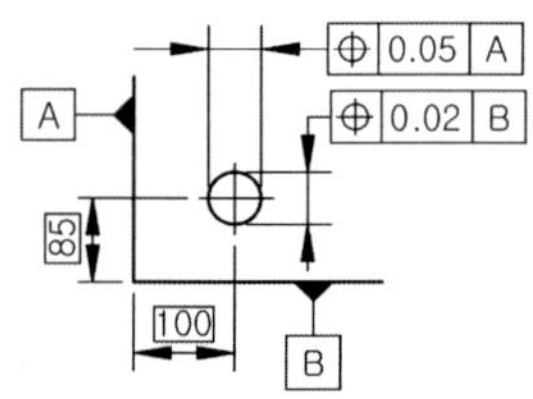 지시선의 화살표로 나타낸 축선은 데이텀 평면 A 위에 있어서, 데이텀 평면 B로부터 85mm, 데이텀 평면 C로부터 100mm의 진위치를 지나고, 데이텀 평면 A에 수직한 직선을 축선으로 하는 지름 0.08mm인 원통 안에 있어야 한다. 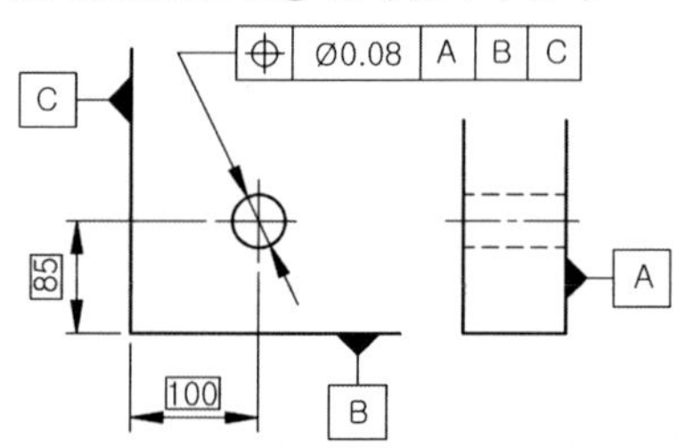 지시선의 화살표로 나타낸 8개 구멍의 축선 상호간 관계위치는 서로 30mm 떨어진 진위치를 축선으로 하는 지름 0.08mm인 원통 안에 있어야 한다. 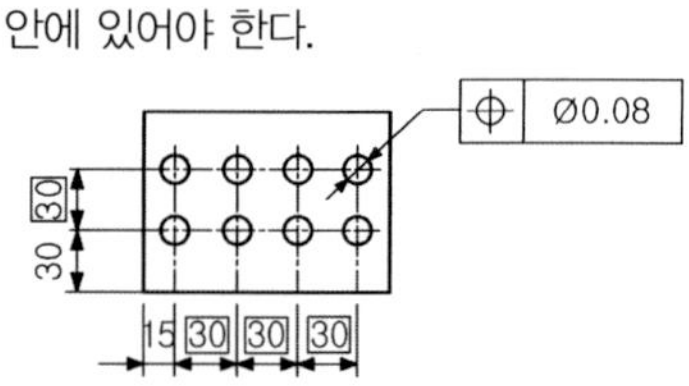

[표 6-5] 기하공차 공차역의 정의 및 도시보기와 그 해석(계속)

공차역의 정의	도시보기와 그 해석
10. 위치도 공차 (계속)	
10.3 면의 위치도 공차 (계속)	
공차역은 대상으로 하고 있는 면의 진위치에 대하여 대칭으로 배치되고 t만큼 떨어진 두 개의 평행한 평면 사이에 끼인 영역이다. 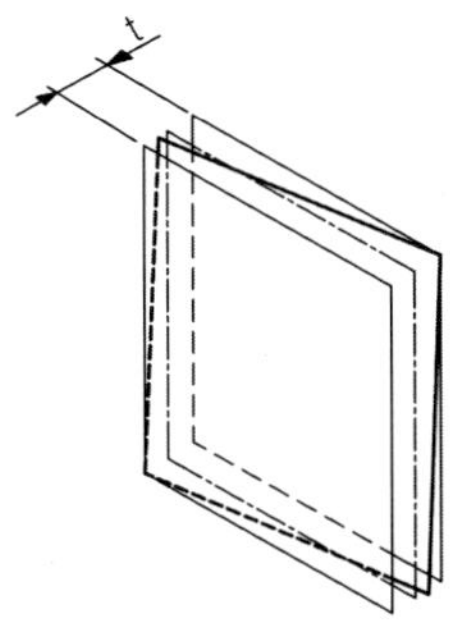	지시선의 화살표로 나타낸 평면은, 데이텀 축직선 B의 선 위에서 데이텀 평면 A로부터 35mm 떨어진 위치에 있고, 데이텀 축직선 B에 대하여 105° 기울어진 진위치에 대하여 지시선 화살표 방향에 대칭으로 0.05mm 간격을 갖는 평행한 두 개의 평면 사이에 있어야 한다. 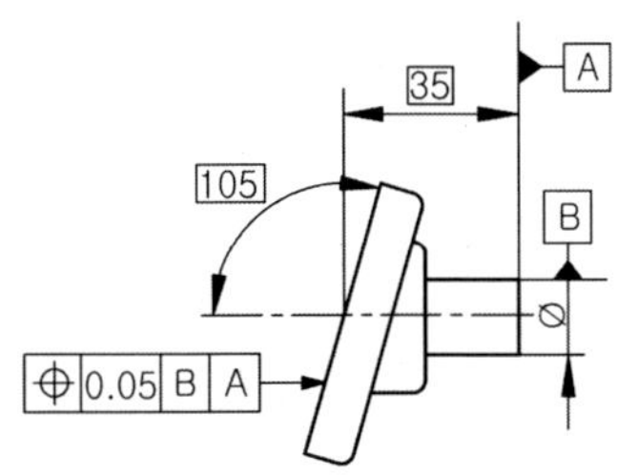
11. 동축도 공차 또는 동심도 공차	
11.1 동축도 공차	
공차를 나타내는 수치 앞에 기호 ⌀가 붙어있는 경우 이 공차역은 데이텀 축직선과 일치한 축선을 갖는 지름 t의 원통 안 영역이다. 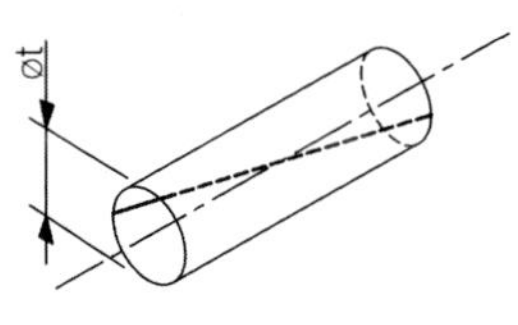	지시선의 화살표로 나타낸 축선은 데이텀 축직선 A-B를 축선으로 하는 지름 0.08mm인 원통 안에 있어야 한다. 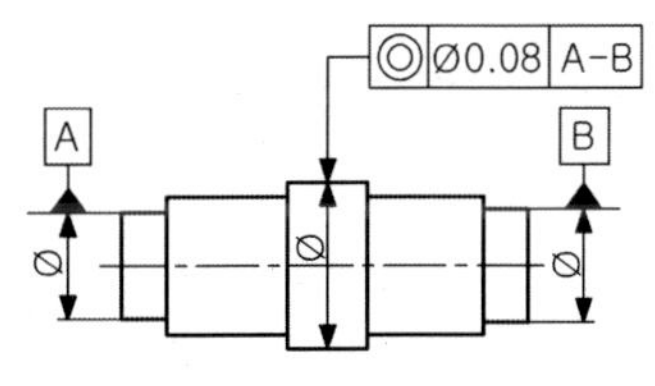
11.2 동심도 공차	
공차역은 데이텀 점과 일치하는 점을 중심으로 지름 t인 원 안의 영역이다. 	지시선의 화살표로 나타낸 원의 중심은 데이텀 점 A를 중심으로 하는 지름 0.01mm인 원 안에 있어야 한다. 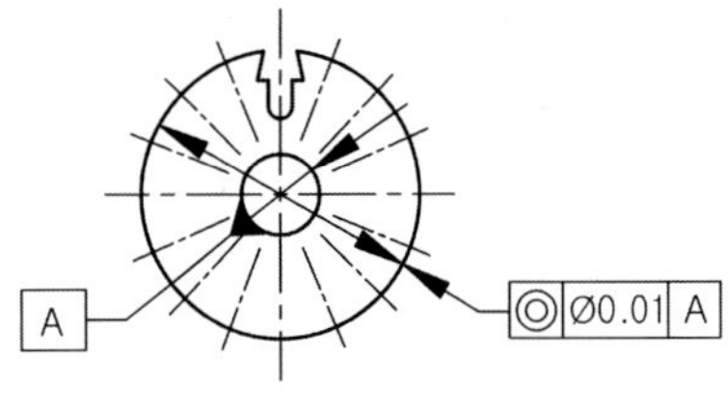

[표 6-5] 기하공차 공차역의 정의 및 도시보기와 그 해석(계속)

공차역의 정의	도시보기와 그 해석
12. 대칭도 공차	
12.1 데이텀 중심 평면에 대한 면의 대칭도 공차	
공차역은 데이텀 중심 평면에 대하여 대칭으로 배치되고, 서로 t만큼 떨어진 두 개의 평행한 평면 사이에 끼인 영역이다. 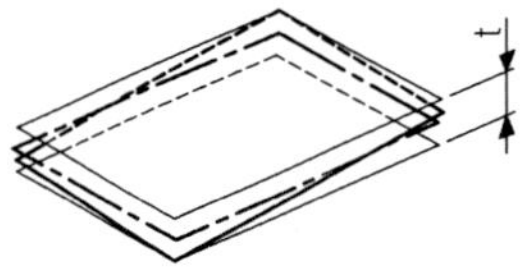	지시선의 화살표로 나타낸 중심면은 데이텀 중심 평면 A에 대칭으로 0.08mm 간격을 갖는 평행한 2개의 평면 사이에 있어야 한다. 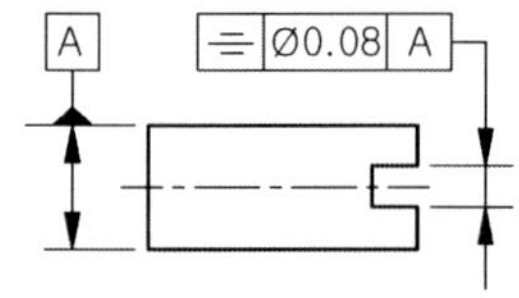
12.2 데이텀 중심 평면에 대한 선의 대칭도 공차	
공차의 지정이 한 방향에만 실시되어 있는 경우에는, 이 공차역은 데이텀 중심 평면에 대하여 대칭으로 배치되고 서로 t 만큼 떨어진 두 개의 평행한 평면 사이에 끼인 영역이다. 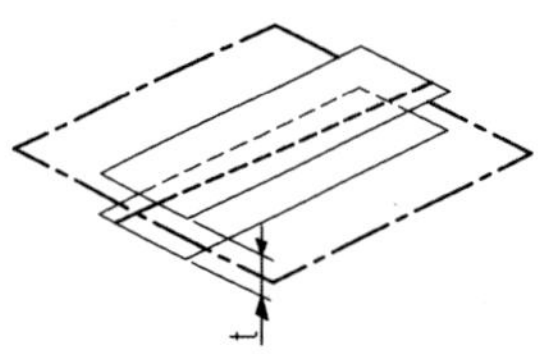	지시선의 화살표로 나타낸 축선은 데이텀 중심 평면 A-B에 대칭으로 0.08mm의 간격을 갖는 평행한 두 개의 평면 사이에 있어야 한다. 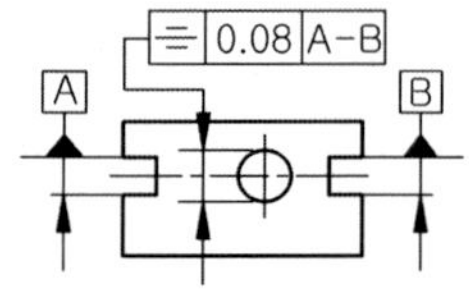
12.3 데이텀 직선에 대한 면의 대칭도 공차	
공차역은 데이텀 직선에 대하여 대칭으로 배치되고, t만큼 떨어진 두 개의 평행한 평면 사이에 끼인 영역이다. 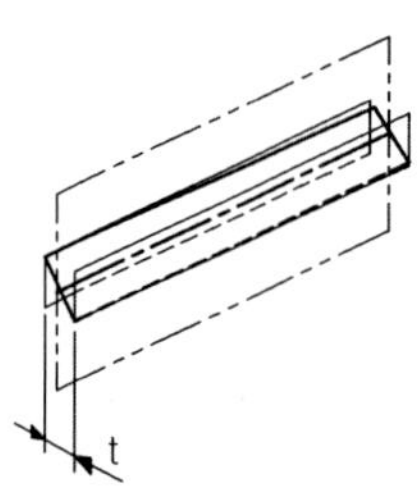	지시선의 화살표로 나타낸 중심면은, 데이텀 축직선 A에 대칭으로 0.1mm의 간격을 갖는 평행한 두 개의 평면 사이에 있어야 한다. 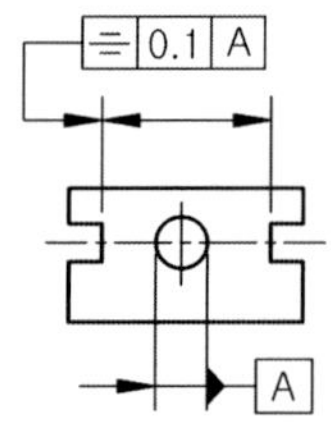

[표 6-5] 기하공차 공차역의 정의 및 도시보기와 그 해석(계속)

공차역의 정의	도시보기와 그 해석
12. 대칭도 공차	
12.4 데이텀 직선에 대한 선의 대칭도 공차	
공차의 지정이 서로 직각인 두 방향으로 실시되어 있는 경우, 이 공차역은 데이텀 직선(두 개의 데이텀 평면의 교선)과 일치하는 선을 축선으로 한 단면 t1×t2의 직육면체 안의 영역이다. 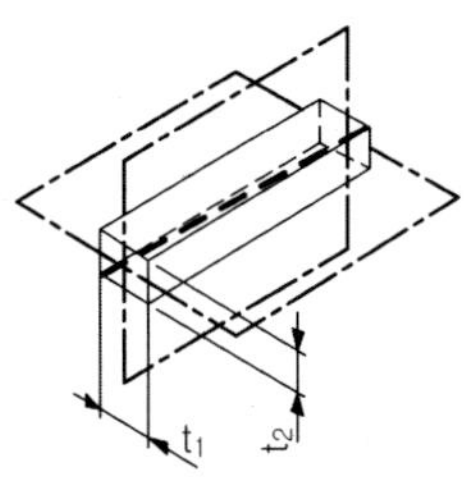 	지시선의 화살표로 나타낸 축선은 데이텀 중심 평면 A–B에 대칭으로 0.08mm, 데이텀 중심 평면 C에 대칭으로 0.1mm 간격을 갖는 두 쌍의 평행한 2개의 평면으로 둘러싸인 직육면체 안에 있어야 한다. 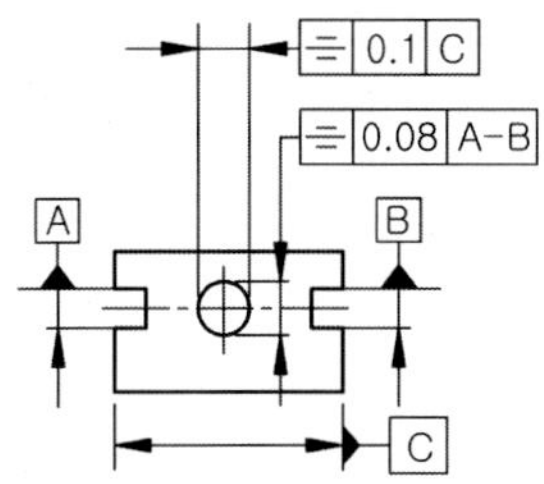
13. 원주 흔들림 공차	
13.1 반지름 방향 원주 흔들림 공차	
공차역은 데이텀 축직선에 수직한 임의의 측정 평면 위에서 데이텀 축직선과 일치하는 중심을 갖고, 반지름 방향으로 t만큼 떨어진 두 개의 동심원 사이의 영역이다. 흔들림은 일반적으로는 축선 둘레의 완전한 1회전에 대하여 적용되나, 1회전 일부분에 적용할 수도 있다. 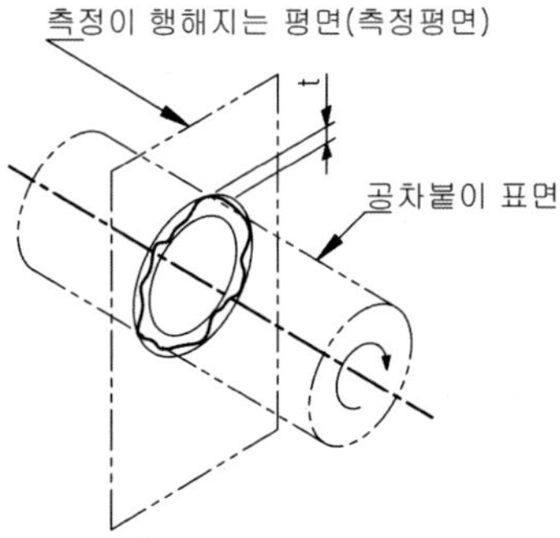 	지시선의 화살표로 나타내는 원통면 반지름 방향 흔들림은, 데이텀 축직선 A–B에 관하여 1회전시켰을 때 데이텀 축직선에 수직한 임의의 측정 평면 위 0.1mm를 초과해서는 안 된다. 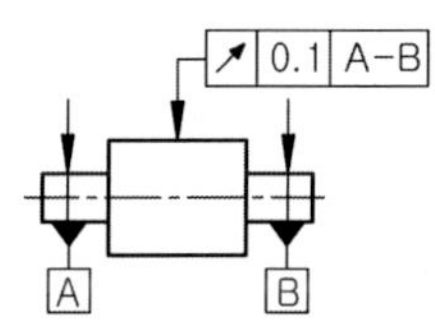 지시선의 화살표로 나타내는 원통면 일부분(그림(a)에서는 굵은 1점 쇄선으로 나타내는 범위, 그림(b)에서 부채꼴(원통부분) 반지름 방향의 흔들림은, 공차붙이 형체부분을 데이텀 축직선 A를 회전시켰을 때 데이텀 축직선에 수직한 임의의 측정 평면 위에서 0.2mm를 초과해서는 안 된다. 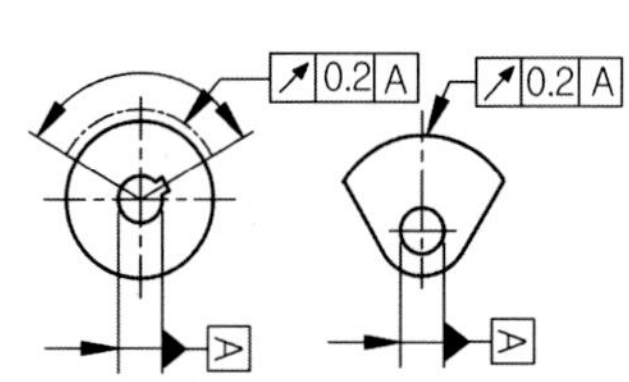 (a) (b)

[표 6-5] 기하공차 공차역의 정의 및 도시보기와 그 해석(계속)

공차역의 정의	도시보기와 그 해석
13. 원주 흔들림 공차(계속)	
13.2 축방향 원주 흔들림 공차	
공차역은 임의의 반지름 방향 위치에 있어서 데이텀 축직선과 일치하는 축선을 갖는 측정 원통 위에 있고, 축방향으로 t만큼 떨어진 두 개의 원 사이에 끼인 영역이다. 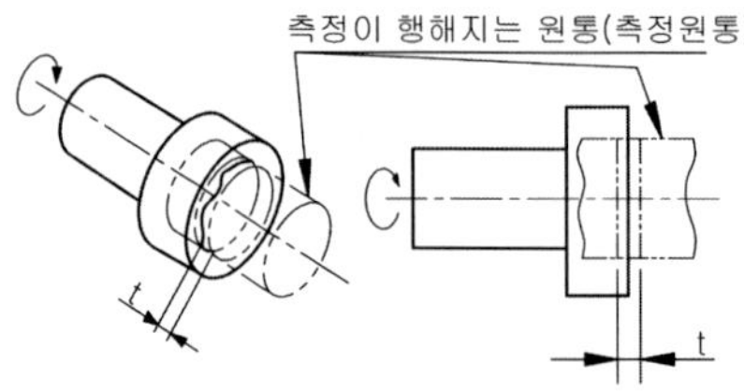	지시선의 화살표로 나타내는 원통측면 축방향 흔들림은, 데이텀 축직선 D에 관하여 1회전시켰을 때, 임의의 측정위치(측정 원통면)에서 0.1mm를 초과해서는 안된다. 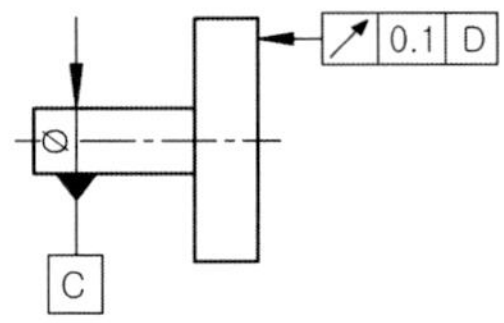
13.3 경사진 법선방향의 원주 흔들림 공차	
공차역은 데이텀 축직선과 일치하는 축선을 가지며, 그 원추면이 공차붙이 형체면과 직교하는 임의의 측정 원추면 위에 있고, 면에 따라 t만큼 떨어진 두 개의 원 사이에 끼인 영역이다. 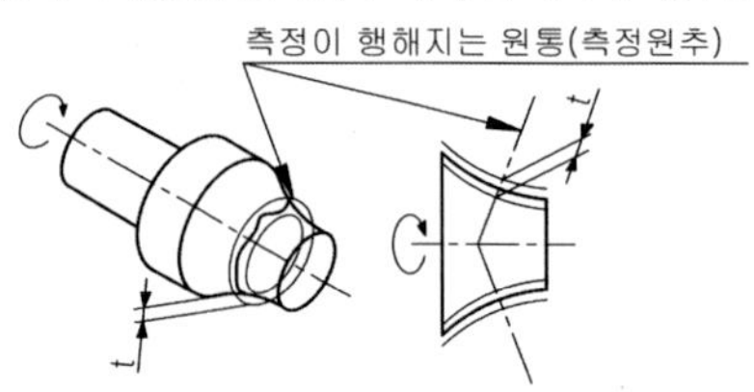 ▶ 특별히 지시선에 의하여 측정방향 지정이 없는 경우에 적용하며, 측정방향은 표면에 대하여 수직방향이다.	지시선의 화살표로 나타내는 방향 원추면의 흔들림은 데이텀 축직선 C에 관하여 1회전시켰을 때, 임의의 측정 원추면 위에서 0.1mm를 초과해서는 안 된다. 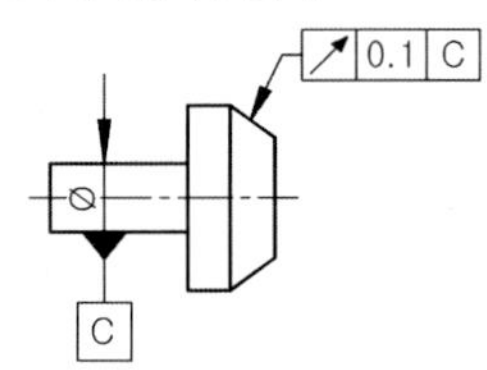 곡면 위 모든 점의 접선에 수직한 방향의 이 곡면의 흔들림은 데이텀 축직선 C에 관하여 1회전시켰을 때, 임의의 측정 원추면 위에서 0.1mm를 초과해서는 안 된다. 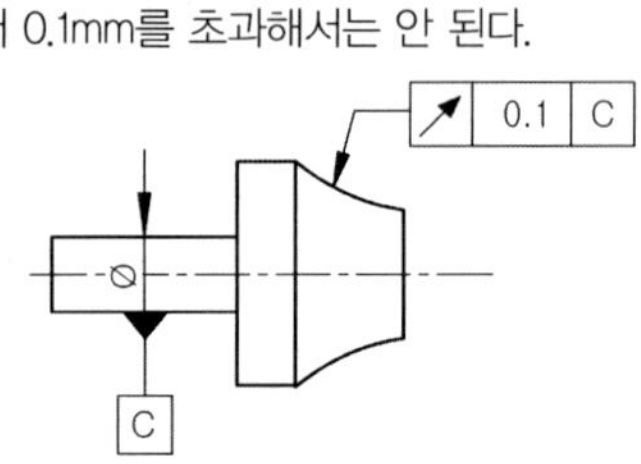
13.4 지정방향의 원주 흔들림 공차	
공차역은 데이텀 축직선과 일치하는 축선을 가지며, 그 원추면이 지정된 방향을 갖는 임의의 측정 원추면 위에 있고, 면에 따라 t만큼 떨어진 두 개의 원 사이에 끼인 영역이다.	데이텀과 축직선이 α의 각도를 이루는 방향의 이 곡면의 흔들림은 데이텀 축직선 C에 관하여 1회전시켰을 때, 임의의 측정 원추면 위에서 0.1mm를 초과해서는 안 된다. 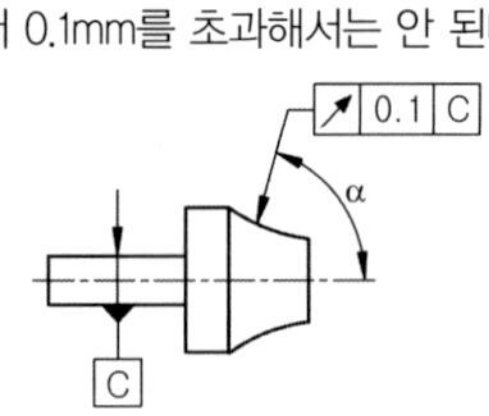

[표 6-5] 기하공차 공차역의 정의 및 도시보기와 그 해석(계속)

공차역의 정의	도시보기와 그 해석
14. 온 흔들림 공차	
14.1 반지름 방향 온 흔들림 공차	
공차역은 데이텀 축직선과 일치하는 축선을 갖고, 반지름 방향으로 t만큼 떨어진 두 개의 동축 원통 사이 영역이다. 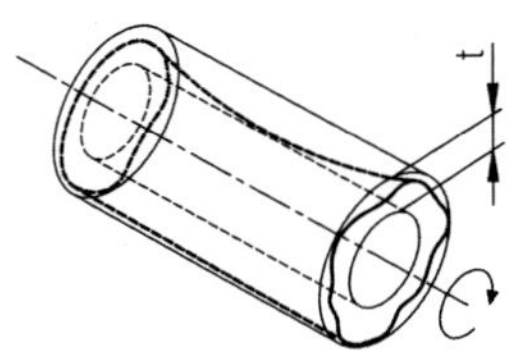	지시선과 화살표로 나타낸 원통면의 반지름 방향 온 흔들림은, 이 원통 부분과 측정기구 사이에서 축선방향으로 상대 이동시키면서, 데이텀 축직선 A-B의 원통 부분을 회전시켰을 때, 원통 표면위 임의의 점에서 0.1mm를 초과해서는 안 된다. 측정기구 또는 대상물의 상대 이동은, 이론적으로 정확한 윤곽선에 따르고, 데이텀 축직선에 대하여 정확한 위치에서 실시되어야 한다. 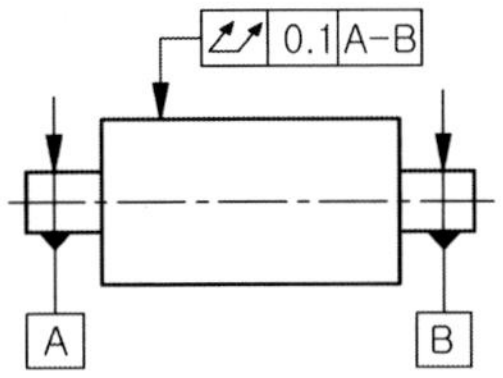
14.2 축방향 온 흔들림 공차	
공차역은 데이텀 축직선에 수직하고, 데이텀 축직선 방향으로 t만큼 떨어진 두 개의 평행한 평면 사이에 끼인 영역이다. 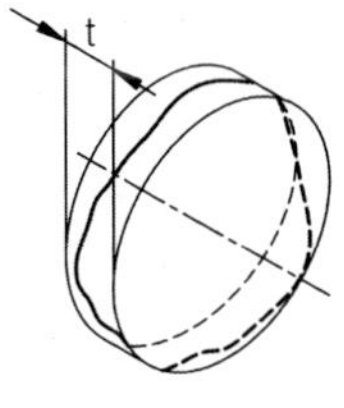	지시선의 화살표로 나타낸 원통 측면의 축방향 온 흔들림은, 이 측면과 측정기구 사이에서 반지름 방향으로 상대 이동시키면서, 데이텀 축직선 D에 관하여 원통 측면을 회전시켰을 때, 원통 측면 위 임의의 점에서 0.1mm를 초과해서는 안 된다. 측정기구 또는 대상물의 상대 이동은 이론적으로 정확한 윤곽선에 따르고, 데이텀 축직선에 대하여 정확한 위치에서 실시되어야 한다. 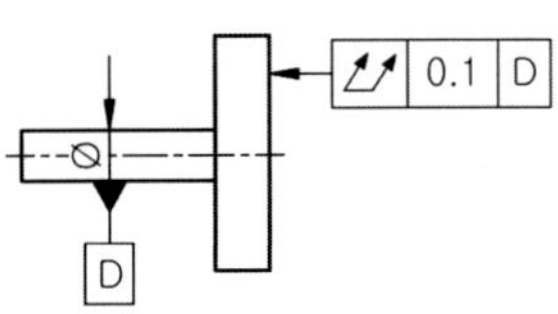

[비고] 1. [표 6-5]는 기하공차 공차역의 정의를 나타냄과 동시에 대표적인 도시보기와 그 해석을 설명도와 함께 도시하였다. 설명도에서는 그 공차가 취급하고 있는 편차에 대해서만 나타낸다.
2. [표 6-5] 중의 도시보기에서 치수선에 ø를 붙인 것은 원 또는 원통임을 표시한다.

제 7 장

재료 표시법

7-1 기계재료의 표시

재료 표시법

7-1 기계재료의 표시

기계부품에는 철강재료, 비철금속재료 및 비금속재료 등 다양한 기계재료가 사용된다. 도면의 부품(재질)에는 각 부품의 기능에 적합한 기계재료가 표시되어야 한다. 기계재료를 표시할 때에는 주철, 탄소 공구강 등의 일반적인 재료명칭 대신 **KS D**에 정해진 재료기호(Material Symbols)를 사용하는데, 도면에 부품재료를 간단명료하게 표시할 수 있다.

[표 7-1] 표제란에 기입하는 재료기호

품 번	품 명	재 질	수 량	비 고
1	본 체	GC200	1	
2	V-벨트 풀리	GC250	1	
3	축	SCM435	1	
4	커 버	GC200	2	
5	기 어	SC49	1	

비고 SC49: 탄소 주강품(인장강도: $49Kg/mm^2$), GC200: 회주철품 3종(인장강도 $200Kg/mm^2$)
SCM435: 크롬 몰리브덴 강재

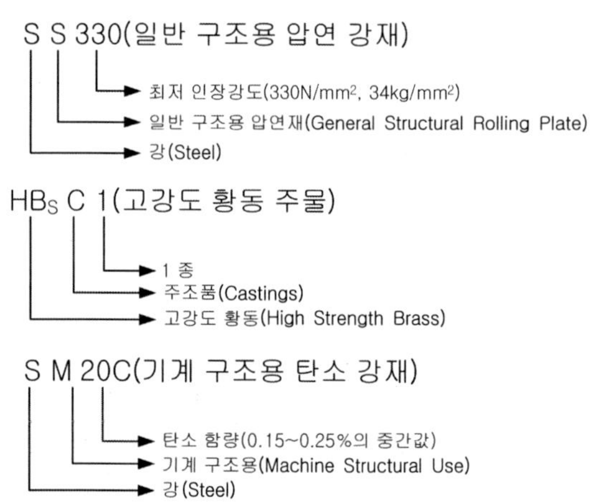

[그림 7-1] 재료기호의 구성

재료기호는 영문자와 숫자로 구성되며 보통 3개의 문자로 표시하지만, 때로는 5개의 문자로 표시하는 경우도 있다.

(1) 처음 부분(제 1 위 문자): 재질

재질을 나타내는 부분으로 재질의 영어 표기 머리글자나 원소기호를 사용한다. 대표적인 것은 [표 7-2]와 같다.

[표 7-2] 제 1 위 기호의 재료명

기 호	재 료 명	기 호	재 료 명
Al	알루미늄(Aluminium)	MgA	마그네슘 합금(Magnesium)
AlA	알루미늄 합금(Al Alloy)	NBs	네이벌 황동(Naval Brass)
Br	청동(Bronze)	Nis	양은(Nickel Silver)
Bs	황동(Brass)	PB	인청동(Phosphor Bronze)
C	초경질 합금(Carbide Alloy)	Pb	납(Phosphor Bronze)
Cu	동(Copper)	S	강철(Steel)
F	철(Ferrum)	SzB	실진 청동(Silzin Bronze)
HBs	강력 황동(High Strength Brass)	W	화이트 메탈(White Metal)
L	경합금(Light Alloy)	Zn	아연(Zinc)
K	켈(Kelmet)		

(2) 제 2 위 기호: 제품명 또는 규격명

제품명 또는 규격명을 나타내는 기호로서, 판, 봉, 관, 선, 주조품 등 제품의 형상별 종류 등과 용도를 표시하며, 대표적인 것은 [표 7-3]과 같다.

[표 7-3] 제 2 위 기호의 재료명

기 호	재 료 명	기 호	재 료 명
Au	자동차 용재	KH	철과 강, 고속도강(High Speed Steel)
B	비철금속봉재	L	궤도(Rail)
B	철과 강, 보일러(Boiler)용 압연재	M	조선(Marine)용 압연재
BF	단조용봉재(Forging Bar)	MR	조선용 리벳(Marine Rivet)
BM	비철금속 머시닝(Machining)용 봉재	N	철과 강, 니켈강(Nickel Steel)
BR	철과 강, 보일러용 리벳(Rivet)	NC	니켈크롬강(Nickel Chromium Steel)
C	철과 비철주조품(Casting)	NS	스테인리스강(Stainless Steel)
CM	철과 강, 가단주조품(Malleable Casting)	P	비철금속 판재
DB	볼트, 너트용 냉간인발(Bolt Drawn)	S	철과 강, 구조용 압연재
E	엔진(Engine)	SC	철과 강, 철근 콘크리트용 봉재
F	철과 강, 단조품(Forging)	T	철과 비철관
G	게이지(Gauge) 용재	TO	공구강(Tool Steel)
GP	철과 강, 가스파이프	UP	철과 강, 스프링강(Spring Steel)
H	철과 강, 표면경화(Case Hardening)	V	철과 강, 리벳
HB	최강봉재(High Strength Bar)	W	철과 강, 와이어
K	철과 강, 공구강(Tool Steel)	WP	철과 강, 피아노선

(3) 제 3 위 기호

재료 종류 번호 또는 재료의 **최저 인장강도 및 탄소 함유량** 등으로 표시하며, [표 7-4]와 같다.

① 종류 번호의 숫자를 사용하는 경우: 특수 용도강, 공구강, 비철금속 등

② 최저 인장강도를 나타내는 경우: 일반 강재, 주철, 주강 및 탄소강, 단강품

③ 탄소 함유량의 100배가 되는 수치를 사용하는 경우: 기계구조용 강재

[표 7-4] 제 3 위 기호의 재료명

구 분	기 호	기호의 의미	구 분	기 호	기호의 의미
종별에 의한 기호	A	갑		A	철강
	B	을		B	봉강
	C	병	알루미늄 합금의 열처리 기호		
	D	정		F	열처리를 하지 않은 재질
	F	무		O	풀림 처리한 재질
가공법·용도·형상 등에 의한 기호	D	냉간인발, 절삭, 연삭		H	가공 경화한 재질
	CK	표면경화용		1/2H	반경질
	F	평판 ┐ 아연 철강		W	담금질한 후 시효 경화진행 중의 재료
	C	파판 ┘		T2	풀림 처리한 재질(주물용)
	P	강판 ┐ 일반용 연강제		T6	담금질한 후 뜨임 처리한 재료
	F	평강 ┘			

[비고] 1. 인장강도의 단위는 주로 kg/mm^2을 사용한다.
2. 숫자 다음에 부기하는 A는 연질, B는 반경질, C는 경질 등을 의미한다.
3. 단위 길이당 중량의 표시는 (　　) 안에 기입한다.

(4) 제 4 위 기호

특히 필요한 경우 제 4 위 기호로서 **재료의 제조방법**을 지시하여야 할 경우에 사용되며 [표 7-5]와 같다.

[표 7-5] 제조방법을 의미하는 제 4 위 문자기호

기 호	제조방법	기 호	제조방법
Oh	평로강(Open Hearth Steel)	Cc	도가니강(Crucible Steel)
Oa	산성(Acidic) 평로강	R	압연(Rolled)
Ob	임기성(Basic) 평로강	F	단조(Forged)
Bes	전로강(Bessemer Steel)	Ex	압출(Extruded)
E	전기로강(Electric Steel)	D	인발(Drawn)

(5) 제 5 위 기호

특히 필요한 경우 제 5 위 기호로써 **재료의 모양(형상)**을 지시하여야 할 경우에 사용되며 [표 7-6]과 같다.

[표 7-6] 재료의 모양을 의미하는 제 5 위 기호

기 호	재 료 명	기 호	재 료 명	기 호	재 료 명
P	강판	□	각재	□	평강
•	둥근강	⬡	6 각강	I	I 형강
◎	파이프	8	8 각형	⊏	채널(Channel)

(6) 재료기호의 표시 예

① SF 34: 탄소강 단강품 [S(강), F(단조품), 34(최저 인장 강도)]
② SC 37: 탄소강 주강품 [S(강), C(단조품), 37(최저 인장 강도)]
③ S1: 초경합금 1 종 [S(초경합금), 1(1종)]
④ SHP 1: 열간 압연강판 1 종 [S(강), H(열간 가공품), P(강판), 1(1 종)]
⑤ SM 20C: 기계 구조용 탄소강 강재[SM(기계 구조용), 20C(탄소함유량 0.15%~0.25%의 중간값)]
⑥ PW 1: 피아노선 1 종 [PW(피아노선), 1(1 종)

[표 7-7] 일반기계의 주요부품별 재료

<table>
<tr><th>품 명</th><th>재료기호</th><th>재 료 명</th><th>비 고</th></tr>
<tr><td rowspan="3">본체</td><td>GC200</td><td rowspan="2">회주철</td><td rowspan="2">대부분이 주철제품 사용
외면 명회색 도장</td></tr>
<tr><td>GC250</td></tr>
<tr><td>SC46</td><td>주강</td><td>펌프 등의 본체에 사용,
강도를 요하는 곳</td></tr>
<tr><td rowspan="4">축(Shaft)</td><td>SCM435</td><td>크롬 몰리브덴강</td><td></td></tr>
<tr><td>SM40C</td><td rowspan="2">기계구조용 탄소강</td><td></td></tr>
<tr><td>SM45C</td><td></td></tr>
<tr><td>SM15CK</td><td>침탄용 기계구조용강</td><td>침탄 열처리용</td></tr>
<tr><td rowspan="3">스퍼 기어
(Spur Gear)</td><td>SNC415</td><td>니켈 크롬강</td><td rowspan="2">기계 가공용 기어,
기어 열처리부(HRC 50±2)</td></tr>
<tr><td>SCM435</td><td>크롬 몰리브덴강</td></tr>
<tr><td>SC49</td><td>주강</td><td>주물로 만든 기어,
치부고주파경화(HRC 50±2)</td></tr>
<tr><td>웜축
(Worm Shaft)</td><td>SCM435</td><td>크롬 몰리브덴강</td><td>경화처리 HRC 55±2</td></tr>
<tr><td rowspan="2">웜 휠
(Worm Wheel)</td><td>BC2</td><td>청동주물</td><td>밸브, 기어, 펌프 등</td></tr>
<tr><td>PBC2</td><td>인청동주물</td><td>웜기어, 베어링부시</td></tr>
<tr><td>래크</td><td>SNC415</td><td rowspan="2">니켈크롬강</td><td></td></tr>
<tr><td>피니언</td><td>SNC415</td><td></td></tr>
<tr><td>래칫</td><td>SM15CK</td><td>침탄용 기계구조용강</td><td>침탄 열처리용</td></tr>
<tr><td>제네바 기어</td><td>SCM415</td><td>크롬 몰리브덴강</td><td>표면경화 (HRC 50±2)</td></tr>
<tr><td>스프로킷</td><td rowspan="2">GC200</td><td rowspan="2">회주철</td><td></td></tr>
<tr><td>V벨트 풀리</td><td></td></tr>
<tr><td>로프 풀리</td><td>SC46</td><td>주강</td><td></td></tr>
<tr><td rowspan="3">커버</td><td>GC200</td><td rowspan="2">회주철</td><td rowspan="3">본체와 같은 재질 사용
외면 명회색 도장</td></tr>
<tr><td>GC250</td></tr>
<tr><td>SC46</td><td>주강</td></tr>
<tr><td>링크</td><td>SC49</td><td rowspan="2">주강</td><td></td></tr>
<tr><td>클러치</td><td>SC49</td><td></td></tr>
<tr><td rowspan="2">베어링용 부시</td><td>PBC2</td><td>인청동주물</td><td>웜기어, 베어링부시</td></tr>
<tr><td>WM3</td><td>화이트 메탈</td><td>고속 중하중용</td></tr>
<tr><td>칼라</td><td>SM45C</td><td>기계구조용강</td><td>간격유지용</td></tr>
</table>

[표 7-8] 지그의 부품별 재료표

부품의 명칭	재료의 기호	재료의 명칭	비 고
지그 베이스 (JIG Base)	SCM415	크롬 몰리브덴강	기계가공용
	STC3	탄소 공구강재	
	SM45C	기계구조용강	
하우징, 몸체 (Housing, Body)	SC46	주강	주물용
가이드 부시 (Guide Bush)	STC3	탄소 공구강재	드릴, 엔드밀 등의 안내용
	SK3	탄소공구강	Tooling 안내용
플레이트(Plate)	SM45C	기계구조용 탄소강	
스프링 (Spring)	SPS3	실리콘 망간강재	겹판, 코일 비틀림 막대 스프링
	SPS6	크롬 바나듐강재	코일, 비틀림 막대 스프링
	SPS8	실리콘 크롬강재	코일 스프링
	PW1	피아노선	스프링용
서포트(Support)	STC3	탄소공구강재	
가이드 블록 (Guide Block)	SCM430	크롬 몰리강재	
베어링 부시 (Bearing Bush)	PBC3	인청동주물	
	WM3	화이트 메탈	
V 블록(V-Block)	STC3	탄소공구강	지그 고정구용, 브이블록, 클램핑 조
조임쇠(Clamping Jaw)	SM45C	기계구조용 탄소강	
Locator	SCM430	크롬 몰리브덴강	위치 결정구
Measuring Pin			측정핀
슬라이더(Slider)			슬라이더
Fixed Die			고정대
힌지 핀(Hinge Pin)	SM45C	기계구조용 탄소강	
C형 와셔(C-Washer)	SS400	일반구조용 압연강재 2종	
지그용 열쇠형 와셔	SS400	일반구조용 압연강재 2종	인장강도 41~50kg/mm^2
지그용 구면 와셔	STC7	탄소공구강 5종	HRC 30~40
지그용 육각볼트, 너트	SM45C, SS400		
핸들(Handle)	SM35C	기계구조용 탄소강	큰 힘 필요시 SF40 적용
클램프(Clamp)	SM45C		
캠(Cam)	SM45C, SM15CK		마모부 HRC 40~50
쐐기(Wedge)	STC5, SM45C		열처리해서 사용
필러 게이지	STC5, SM45C		HRC 58~62
세트 블록	STC3	두께 1.5~3mm	HRC 58~62

[표 7-9] 금속재료 기호

KS D	명 칭	종류의 기호	인장강도 (N/mm²)	용 도
3501	열간압연 연강판 및 강대 (Hot-rolled Mild Steel Plates, Sheets and Strip) **대응국제규격: ISO 3573**	SPHC	270 이상	일반용
		SPHD	270 이상	드로잉용
		SPHE	270 이상	디프 드로잉용(Deep Drawing)
3503	일반용 구조용 압연 강재 (Rolled Steels for General Structure)	SS 330	330~430	강판, 강대, 평강, 형강
		SS 400	400~510	강판, 강대, 형강, 평강 및 봉강
		SS 490	490~610	
		SS 540	540 이상	두께 40mm 이하의 강판, 강대, 형강, 평강 및 지름, 변 또는 맞변거리 40mm 이하 봉강
		SS 590	590 이상	
3507	배관용 탄소 강관 (Carbon Steel Pipe for Ordinary Piping) **대응국제규격 ISO 65, ISO 7-1**	흑관 SPP	294 이상	아연 도금을 하지 않은 관
		백관 SPP		흑관에 아연 도금을 한 관
3509	피아노 선재 (Piano Wire Rods) **대응국제규격** ISO 16120-1 ISO 16120-4	SWRS 62A	–	피아노선 오일템퍼선 PC 강선 PC 강연선 와이어 로프
		SWRS 62B		
		SWRS 67A		
		SWRS 67B		
		SWRS 72A		
		SWRS 72B		
		SWRS 75A		
		SWRS 75B		
		SWRS 77A		
		SWRS 77B		
		SWRS 80A		
		SWRS 80B		
		SWRS 82A		
		SWRS 82B		
		SWRS 87A		
		SWRS 87B		
		SWRS 92A		
		SWRS 92B		
3510	경강선 **대응국제규격** ISO 8458-1~3	A 종 SW-A		–
		B 종 SW-B		주로 정하중을 받는 스프링용
		C 종 SW-C		
3512	냉간 압연 강판 및 강대 (Cold Reduced Carbon Steel Sheet and Strip) **대응국제규격 ISO 3574**	SPCC	270 이상	일반용
		SPCD	270 이상	드로잉용
		SPCE	270 이상	디프 드로잉용(Deep Drawing)
		SPCF	270 이상	비시효성 디프 드로잉용(Deep Drawing)
		SPCG	270 이상	비시효성 초 디프 드로잉용(Deep Drawing)
3515	용접 구조용 압연 강재 (Rolled Steels for Welded Structure) **대응국제규격 ISO 630**	SM 400A	400~510	선박, 건축, 교량, 철도, 차량, 석유 저장 구조물, 기타 구조물에 사용되는 것으로서 용접성이 우수함
		SM 400B		
		SM 400C		
		SM 490A	490~610	
		SM 490B		
		SM 490C		
		SM 490YA		
		SM 490YB		
		SM 520B	520~640	
		SM 520C		
		SM 570	570~720	

[표 7-9] 금속재료 기호(계속)

KS D	명 칭	종 별		기 호	인장강도 (N/mm^2)	용 도
3517	기계 구조용 탄소 강관 (Carbon steel Tubes for Machine Structural Purposes) **대응국제규격** ISO 3304 ISO 3305 ISO 3306	11종	A	STKM 11A	290 이상	인쇄용 롤러, 배기 파이프, 스티어링, 모터커버, 자전거 후레임, 가구
		12종	A	STKM 12A	340 이상	크로스 멤버, 직기용 롤러 베어링 백메탈, 스티어링 시스템, 프로펠러 샤프트, 중공축, 앞 포오크
			B	STKM 12B	390 이상	
			C	STKM 12C	470 이상	
		13종	A	STKM 13A	370 이상	프로펠러 샤프트, 스트어링 시스템 크로스 멤버, 유압 시린더, 베어링 백 메탈, 직기용 로울러, 액셀 튜브
			B	STKM 13B	440 이상	
			C	STKM 13C	510 이상	
		14종	A	STKM 14A	410 이상	스티어링 시스템, 크로스 멤버, 엑시텐숀 뉴브, 프로펠러 샤프트
			B	STKM 14B	500 이상	
			C	STKM 14C	550 이상	
		15종	A	STKM 15A	470 이상	스티어링 시스템, 크로스 멤버, 엑시텐숀 뉴브, 프로펠러 샤프트
			C	STKM 15C	580 이상	
		16종	A	STKM 16A	510 이상	밸브 록 카샤프트, 스티어링 시스템 액셀튜브, 프로펠러샤프트, 보링로드
			C	STKM 16C	620 이상	
		17종	A	STKM 17A	550 이상	액셀 튜브, 보링 로드
			C	STKM 17C	650 이상	
		18종	A	STKM 18A	440 이상	수압, 철주, 포크 튜브 유압 실린더
			B	STKM 18B	490 이상	
			C	STKM 18C	510 이상	
		19종	A	STKM 19A	490 이상	
			C	STKM 19C	550 이상	
		20종	A	STKM 20A	540 이상	
3519	자동차 구조용 열간 압연 강판 및 강대 **대응국제규격 ISO 5951은 2004년 KS D ISO 5951로 개정) ISO 3573은 KS D 3501의 부속서 삽입)**			SAPH 310	310 이상	자동차의 프레임, 바퀴 등에 사용되는 프레스 가공성을 가졌음
				SAPH 370	370 이상	
				SAPH 400	400 이상	
				SAPH 440	440 이상	
3521	압력 용기용 강판 (Steel Plates for Pressure Vessel for Intermediate Temperature Service) **대응국제규격** ISO 9328-1,3,5,6			SPPV 235	400~510	압력용기 및 고압설비 (고온, 저온에서 사용하는 것은 제외) 용접성이 좋음
				SPPV 315	490~610	
				SPPV 355	520~640	
				SPPV 410	550~670	
				SPPV 450	570~700	
				SPPV 490	610~740	
3522	고속도 공구강 강재 (High Speed Tool Steels) **대응국제규격** ISO 4957	텅스텐계		SKH 2		일반절삭용, 기타 각종 공구
				SKH 3		고속 중절삭용, 기타 각종 공구
				SKH 4		난삭재 절삭용, 기타 각종 공구
				SKH10		고난삭재 절삭용, 기타 각종공구
		몰리브데넘계		SKH 40		경도, 인성, 내마모성을 필요로 하는 일반 절삭용, 기타 각종 공구
				SKH 50 SKH 51		인성을 필요로 하는 일반 절삭용, 기타 각종공구
				SKH 52 SKH 53		비교적 인성을 요하는 고경도재 절삭용, 기타 각종 공구
				SKH 54		고난삭재 절삭용 기타 각종 공구
				SKH 55 SKH 56		비교적 인성을 요하는 고속 중절삭용 기타 각종 공구
				SKH 57		고난삭재 절삭용 기타 각종 공구
				SKH 58		인성을 필요로 하는 일반 절삭용 기타 각종 공구
				SKH 59		비교적 인성을 필요로 하는 고속 중절삭용 기타 각종 공구

[표 7-9] 금속재료 기호(계속)

KS D	명 칭	종 별	기 호	인장강도 (N/mm^2)	용 도
3526	마봉강용 일반 강재 (Rolled Carbon Steel for Cold–finished Steel Bars)	A 종	SGD A	290~390	
		B 종	SGD B	400~510	
		1 종	SGD 1	–	1,2,3,4종에 대하여 킬드강을 지정하는 경우는 각 기호의 끝에 "K"를 붙인다
		2 종	SGD 2	–	
		3 종	SGD 3	–	
		4 종	SGD 4	–	
3542	고 내후성 압연강재 대응국제규격 ISO 5952		SPA–H	490 이상	차량, 건축, 철탑, 기타 구조물에 사용하는 내후성이 우수한 압연 강재
			SPA–C	450 이상	
3546	체인용 원형강 (Steel Bars for Chains)		SBC 300	31 이상	체인에 사용하는 열간 압연 원형강
			SBC 490	50 이상	
			SBC 690	70 이상	
3551	특수 마대강 (냉연특수강대) (Cold Rolled Special Steel Strip)	탄소강	S 30CM		리테이너
			S 35CM		사무기 부품, 프리쿠션, 플레이트
			S 45CM		클러치부품, 체인부품, 리테이너, 와셔
			S 50CM		카메라 등 구조부품, 체인부품, 스프링, 클러치 부품, 와셔, 안전 버클
			S 55CM		스프링, 안전화, 깡통따개, 톱슨 날, 카메라 등 구조 부품
			S 60CM		체인부품, 목공용 안내톱, 안전화, 스프링 사무기 부품, 와셔
			S 65CM		안전화, 클러치 부품, 스프링, 와셔
			S 70CM		와셔, 목공용 안내톱, 사무기 부품, 스프링
			S 75CM		클러치 부품, 와셔, 스프링
		크롬강	SCr 420 M		체인부품
			SCr 435 M		체인부품, 사무기 부품
			SCr 440 M		체인부품, 사무기 부품
		니켈,크롬강	SNC 415M		사무기 부품
			SNC 631M		
			SNC 836M		
		니켈, 크롬 몰리브덴강	SNCM 220M		체인부품
			SNCM 415M		안전 버클, 체인부품
		크롬, 몰리브덴강	SCM 415M		체인 부품, 톱슨 날
			SCM 430M		체인 부품, 사무기 부품
			SCM 435M		체인 부품, 사무기 부품
			SCM 440M		체인 부품, 사무기 부품
		스프링강	SUP 6M		스프링, 특수 스프링
			SUP 9M		
			SUP 10M		
		탄소 공구강	SK 2M		면도날, 칼날, 쇠톱, 셔터, 태엽
			SK 3M		쇠톱, 칼날, 스프링
			SK 4M		펜촉,태엽,게이지,스프링,칼날,메리야스용 바늘
			SK 5M		태엽, 스프링, 칼날, 메리야스용 바늘, 게이지, 클러치 부품, 목공용 및 제재용 띠톱, 둥근톱, 사무기 부품
			SK 6M		스프링, 칼날, 클러치 부품, 와셔, 구두밑창, 혼
			SK 7M		스프링, 칼날, 혼, 목공용 안내톱, 와셔, 구두밑창, 클러치 부품
		합금 공구강	SKS 2M		메탈밴드 톱, 쇠톱, 칼날
			SKS 5M		칼날, 둥근톱, 목공용 및 제재용 띠톱
			SKS 7M		메탈 밴드 톱, 쇠톱, 칼날
			SKS 51M		칼날, 목공용 둥근톱, 목공용 및 제재용 띠톱
			SKS 95M		클러치 부품, 스프링, 칼날
		망 간 강	SMn 438M		체인 부품
			SMn 443M		

[표 7-9] 금속재료 기호(계속)

KS D	명 칭	종 별	기 호	인장강도 (N/mm^2)	용 도
3554	연강선재 (Low Carbon Steel Wire Rods) 대응국제규격 ISO 16120 1~4 (ISO 8457 1~2 대체)	1종~8종	SWRM 6	–	철선, 아연도금 철선 등의 제조 이용되는 연강선재 (용접용 심선봉 선재는 제외)
			SWRM 8		
			SWRM 10		
			SWRM 12		
			SWRM 15		
			SWRM 17		
			SWRM 20		
			SWRM 22		
3556	피아노선 (Piano Wires) 대응국제규격 ISO 8458 1~3	1종	PW 1	–	주로 동하중을 받는 스프링용
		2종	PW 2		
		3종	PW 3		밸브 스프링 또는 이에 준하는 스프링용
3557	리벳용 원형강 (Steel Bars for Rivet)	1종	SV 330	330~400	리벳 제조에 사용되는 열간 압연 원형강
		2종	SV 400	400~490	
3559	경강 선재 (High Carbon Steel Wire Rods) 대응국제규격 ISO 16120 1~4	1종	HSWR 27		나사류, 경강연선, 스포크 경강연선, 스프링, 스포크, 와이어 로프, 양산설대 등
		2종	HSWR 32		
		3종	HSWR 37		
		4종 A	HSWR 42A		
		4종 B	HSWR 42B		
		5종 A	HSWR 47A		와이어 로프, 스프링, 타이어 심선 등
		5종 B	HSWR 47B		
		6종 A	HSWR 52A		스프링, 방 바늘, 와이어 로프 등
		6종 B	HSWR 52B		
		7종 A	HSWR 57A		침포 등
		7종 B	HSWR 57B		
		8종 A	HSWR 62A		
		8종 B	HSWR 62B		
		9종 A	HSWR 67A		
		9종 B	HSWR 67B		
		10종 A	HSWR 72A		
		10종 B	HSWR 72B		
		11종 A	HSWR 77A		
		11종 B	HSWR 77B		
		12종 A	HSWR 82A		
		12종 B	HSWR 82B		
3566	일반 구조용 탄소 강관 (Carbon Steel Tubes for General Structural Purposes)		STK 290	290 이상	토목, 건축, 철탑, 발판, 지주, 지면, 미끄럼 방지 말뚝, 그 밖의 구조물에 사용되는 탄소 강관
			STK 400	400 이상	
			STK 490	490 이상	
			STK 500	500 이상	
			STK 540	540 이상	
			STK 590	590 이상	
3567	황 및 황 복합 쾌삭 강재 (Free Cutting Carbon Steels) 대응국제규격 ISO 683-9		SUM 11		기어류, 축류
			SUM 12		
			SUM 21		
			SUM 22		
			SUM 22L		
			SUM 23		
			SUM 23L		
			SUM 24		
			SUM 24L		
			SUM 31		
			SUM 31L		
			SUM 32		
			SUM 41		
			SUM 42		
			SUM 43		

[표 7-9] 금속재료 기호(계속)

KS D	명 칭	종 별	기 호	인장강도 (N/mm^2)	용 도
3701	스프링 강재 (Spring Steels) 대응국제규격 ISO 683-14		SPS 6		겹판 스프링, 코일 스프링 및 비틀림 막대 스프링
			SPS 7		
			SPS 9		
			SPS 9A		
			SPS 10		코일 스프링 및 비트림 막대 스프링(Torsion Bar)
			SPS 11A		대형겹판 스프링, 코일스프링, 비틀림 막대스프링
			SPS 12		코일 스프링
			SPS 13		대형겹판 스프링, 코일 스프링
3705	열간 압연 스테인리스 강판 및 강대 (Hot Rolled Stainless Steel Plates, Sheets and Strip)	오스테나이트계	STS301	520 이상	
			STS301L	550 이상	
			STS301J1	570 이상	
			STS302	520 이상	
			STS302B	520 이상	
			STS303	520 이상	
			STS304	520 이상	
			STS304L	480 이상	
			STS304N1	550 이상	
			STS304N2	690 이상	
			STS304LN	550 이상	
			STS304J1	450 이상	
			STS304J2	450 이상	
			STS305	480 이상	
			STS309S	520 이상	
			STS310S	520 이상	
			STS316	520 이상	
			STS316L	480 이상	
			STS316N	550 이상	
			STS316LN	550 이상	
			STS316Ti	520 이상	
			STS316J1	520 이상	
			STS316J1L	480 이상	
			STS317	520 이상	
			STS317L	480 이상	
			STS317LN	550 이상	
			STS317J1	480 이상	
			STS317J2	690 이상	
			STS317J3L	640 이상	
			STS836L	520 이상	
			STS890L	490 이상	
			STS321	520 이상	
			STS347	520 이상	
			STSXM7	450 이상	
			STSXM15J1	520 이상	
			STS350	674 이상	
		오스테나이트계 · 페라이트계	STS329J1	590 이상	
			STS329J3L	620 이상	
			STS329J4L	620 이상	
		페라이트계	STS405	410 이상	
			STS410L	360 이상	
			STS429	450 이상	
			STS430	450 이상	
			STS430LX	360 이상	
			STS430J1L	390 이상	
			STS434	450 이상	
			STS436L	410 이상	
			STS436J1L	410 이상	
			STS444	410 이상	
			STS445NF	410 이상	
			STS44J1	450 이상	
			STSXM27	410 이상	

[표 7-9] 금속재료 기호(계속)

KS D	명 칭	종 별	기 호	인장강도 (N/mm²)	용 도
3705 (계속)	열간 압연 스테인리스 강판 및 강대 (Hot Rolled Stainless Steel Plates, Sheets and Strip)	마르텐사이트	STS403	440 이상	
			STS410	440 이상	
			STS410S	410 이상	
			STS420J1	520 이상	
			STS420J2	540 이상	
			STS429J1	520 이상	
			STS440A	590 이상	
		석출 경화계	STS630	–	
			STS631	–	
3710	탄소강 단강품 (Carbon Steel Forgings for General Use)	[SI 단위] SF 340A	[종래 단위] SF 34	340~440	
		SF 390A	SF 40	390~490	
		SF 440A	SF 45	440~540	
		SF 490A	SF 50	490~590	
		SF 540A	SF 55	540~640	
		SF 590A	SF 60	590~690	
		SF 540A	SF 55	540~690	
		SF 590A	SF 60	590~740	
		SF 640A	SF 65	640~780	
3751	탄소 공구강 강재 (Carbon Tool Steels) 대응국제규격 ISO 4957	STC140(STC 1)		–	칼줄, 벌줄
		STC120(STC 2)		–	드릴, 철공용 줄, 소형 펀치, 면도날, 태엽, 쇠톱
		STC105(STC 3)		–	나사 가공 다이스, 쇠톱, 프레스형틀, 게이지, 태엽, 끌, 치공구
		STC95(STC 4)		–	태엽, 목공용 드릴, 도끼, 끌, 메리야스 바늘, 면도칼, 목공용 띠톱, 펜촉, 프레스 형틀, 게이지
		STC90		–	프레스 형틀, 태엽, 게이지, 침
		STC85(STC 5)		–	각인, 프레스 형틀, 태엽, 띠톱, 치공구, 원형톱,펜촉, 등사판 줄, 게이지 등
		STC80		–	각인, 프레스형틀, 태엽
		STC75(STC 6)		–	각인, 스냅, 원형톱, 태엽, 프레스형틀, 등사판줄
		STC70		–	각인, 스냅, 프레스형틀, 태엽
		STC65(STC 7)		–	각인, 스냅, 프레스형틀, 나이프 등
		STC60		–	각인, 스냅, 프레스형틀
3752	기계 구조용 탄소 강재 (Carbon Steel for Machine Structural Use) 대응국제규격 ISO 683-1,11	SM10C	※인장강도 (노멀라이징 기준)	314 이상	열간 압연, 열간 단조 등 열간가공에 의해 제조한 것으로, 보통 다시 단조, 절삭 등의 가공 열처리를 하여 사용되는 기계구조용 탄소 강재
		SM12C		373 이상	
		SM15C			
		SM17C		402 이상	
		SM20C			
		SM22C		441 이상	
		SM25C			
		SM28C		471 이상	
		SM30C			
		SM33C		510 이상	
		SM35C			
		SM38C		539 이상	
		SM40C			
		SM43C		569 이상	
		SM45C			
		SM48C		608 이상	
		SM50C			
		SM53C		647 이상	
		SM55C			
		SM58C		647 이상	
		SM9CK	침탄용 ※인장강도 (퀜칭기준)	392 이상	
		SM15CK		490 이상	
		SM20CK		539 이상	

[표 7-9] 금속재료 기호(계속)

KS D	명 칭	종 별	기 호	인장강도 (N/mm^2)	용 도
3753	합금 공구강 강재 (Alloys Tool Steels) 대응국제규격 ISO 4957	주로 절삭 공구강용	STS 11	–	절삭 공구, 냉간 드로잉용 다이스, 센터 드릴
			STS 2	–	탭, 드릴, 커터, 프레스 금형틀, 나사가공 다이스
			STS 21	–	
			STS 5		원형톱, 띠톱
			STS 51	–	
			STS 7		쇠톱
			STS 8	–	줄
			STS 81		인물(칼, 대패), 쇠톱, 면도날
		주로 내충격 공구강용	STS 4	–	끌, 펀치, 칼날
			STS 41	–	
			STS 43	–	헤딩다이스(Heading Dies), 착암기용 피스톤
			STS 44	–	끌, 헤딩다이스
		주로 냉간 금형용	STS 3	–	게이지, 나사 절단 다이스, 절단기, 칼날
			STS 31	–	게이지, 프레스 형틀, 나사 절단 다이스
			STS 93		게이지, 칼날, 프레스형틀
			STS 94		
			STS 95		
			STD 1	–	신선용 다이스, 포밍 다이스, 분말 성형틀
			STD 2		
			STD 10		신선용 다이스, 전조다이스, 금속이물, 포밍 다이스, 프레스 형틀
			STD 11	–	게이지, 포밍 다이스, 나사 전조 다이스, 프레스 형틀
			STD 12	–	
		주로 열간 금형용	STD 4	–	프레스 형틀, 다이캐스팅 형틀, 압출 다이스
			STD 5	–	
			STD 6	–	
			STD 61	–	
			STD 62		다이스 형틀(Die block), 프레스 형틀
			STD 7	–	프레스 형틀, 압출 공구
			STD 8	–	다이스 형틀, 압출 공구, 프레스 형틀
			STF 3	–	주조 형틀, 압출 공구, 프레스 형틀
			STF 4	–	
			STF 6	–	
4101	탄소강 주강품 (Carbon Steel Castings) **대응국제규격 ISO 4990**	1종	SC 360	360 이상	일반 구조용, 전동기 부품용
		2종	SC 410	410 이상	일반 구조용
		3종	SC 450	450 이상	일반 구조용
		4종	SC 480	480 이상	일반 구조용
4102	구조용 고장력 탄소강 및 저합금강 주강품	SCC 3	※인장강도 (노멀라이징 기준)	520 이상	구조용
		SCC 5		620 이상	구조용, 내마모용
		SCMn 1		540 이상	구조용
		SCMn 2		590 이상	구조용
		SCMn 3		640 이상	구조용
		SCMn 5		690 이상	구조용, 내 마모용
		SCSiMn 2		590 이상	구조용(주로 앵커 체인용)
		SCMnCr 2		590 이상	구조용
		SCMnCr 3		640 이상	구조용
		SCMnCr 4		690 이상	구조용, 내 마모용
		SCMnM 3		690 이상	구조용, 강인재용
		SCCrM 1		590 이상	구조용, 강인재용
		SCCrM 3		690 이상	구조용, 강인재용
		SCMnCrM 2		690 이상	구조용, 강인재용
		SCMnCrM 3		740 이상	구조용, 강인재용
		SCNCrMo 2		780 이상	구조용, 강인재용

(3753 명칭 칸 내 표)

종류의 기호	
KS	ISO
STS 41	105V
STD 1	X210Cr12
STD 2	X210CrW12
STD 10	X153CrMoV12
STD 12	X100CrMoV5
STD 5	X30WCrV9-3
STD 61	X40CrMoV5-1
STD 62	X35CrMoV5
STD 7	32CrMoV121-28
STD 8	38CrCoWV18-17-17
STF 4	55NiCrMoV7
STD 6	45NiCrMo16

[표 7-9] 금속재료 기호(계속)

KS D	명 칭	종 별	기 호	인장강도 (N/mm^2)	용 도
3867	기계 구조용 합금강 강재 (Low-alloyed Steels for Machined structural Use) **대응국제규격** ISO 683-1 ISO 683-11	망가니즈강	SMn 420		열간압연, 열간단조 등 열간가공에 의해 만들어진 것으로, 보통 다시 단조, 절삭, 냉간 인발들의 가공과 퀜칭 템퍼링, 노멀라이징, 침탄 퀜칭 등의 열처리를 하여 주로 기계구조용으로 사용되는 합금강
			SMn 433		
			SMn 438		
			SMn 443		
		망가니즈 크로뮴강	SMnC 420		
			SMnC 443		
		크로뮴강	SCr 415		캠샤프트, 핀류
			SCr 420		기어류
			SCr 430		볼트, 너트
			SCr 435		암류, 스터드
			SCr 440		강력볼트, 암 류
			SCr 445		축류, 키, 핀
		크로뮴몰리브데넘강	SCM 415		열간압연, 열간단조 등 열간가공에 의해 만들어진 것으로, 보통 다시 단조, 절삭, 냉간 인발들의 가공과 퀜칭 템퍼링, 노멀라이징, 침탄 퀜칭 등의 열처리를 하여 주로 기계구조용으로 사용되는 합금강
			SCM 418		
			SCM 420		
			SCM 421		
			SCM 425		
			SCM 430		
			SCM 432		
			SCM 435		
			SCM 440		
			SCM 445		
			SCM 822		
		니켈 크로뮴강	SNC 236		볼트, 너트류
			SNC 415		피스톤 핀, 기어
			SNC 631		축류, 기어류
			SNC 815		캠축
			SNC 836		축류, 기어류
		니켈크로뮴몰리브데넘강	SNCM 220		열간압연, 열간단조 등 열간가공에 의해 만들어진 것으로, 보통 다시 단조, 절삭, 냉간 인발들의 가공과 퀜칭 템퍼링, 노멀라이징, 침탄 퀜칭 등의 열처리를 하여 주로 기계구조용으로 사용되는 합금강
			SNCM 240		
			SNCM 415		
			SNCM 420		
			SNCM 431		
			SNCM 439		
			SNCM 447		
			SNCM 616		
			SNCM 625		
			SNCM 630		
			SNCM 815		

[표 7-9] 금속재료 기호(계속)

KS D	명 칭	종 별	기 호	인장강도 (N/mm^2)	용 도
4103	스테인리스강 주강품 (Stainless Steel Castings) 대응국제규격 ISO 11972	–	SSC 1	540 이상	
			SSC 1X	620 이상	
			SSC 2	590 이상	
			SSC 2A	690 이상	
			SSC 3	590 이상	
			SSC 3X	590 이상	
			SSC 4	640 이상	
			SSC 5	740 이상	
			SSC 6	750 이상	
			SSC 6X	900 이상	
			SSC 10	620 이상	
			SSC 11	590 이상	
			SSC 12	480 이상	
			SSC 13	440 이상	
			SSC 13A	480 이상	
			SSC 13X	440 이상	
			SSC 14	440 이상	
			SSC 14A	480 이상	
			SSC 14X	440 이상	
			SSC14XNb	440 이상	
			SSC 15	440 이상	
			SSC 16	390 이상	
			SSC 16A	480 이상	
			SSC 16AX	440 이상	
			SSC 16AXN	510 이상	
			SSC 17	480 이상	
			SSC 18	450 이상	
			SSC 19	390 이상	
			SSC 19A	480 이상	
			SSC 20	390 이상	
			SSC 21	480 이상	
			SSC 21X	440 이상	
			SSC 22	440 이상	
			SSC 23	390 이상	
			SSC 31	760 이상	
			SSC 32	650 이상	
			SSC 33	650 이상	
			SSC 34	440 이상	
			SSC 35	570 이상	
			SSC 40	700 이상	
4104	고망간강 주강품 (High Manganese Steel Castings)	–	SCMnH 1	–	일반용(보통품)
			SCMnH 2	740 이상	일반용(고급품, 비자성품)
			SCMnH 3		주로 레일 크로싱용
			SCMnH 11		고내력 고내마모용(해머, 조 플레이트 등)
			SCMnH 21		주로 무한 궤도용
4105	내열강 주강품 (Heat Resisting Steel Castings)	–	HRSC 1	490 이상	ASTM(미국재료시험규격), ACI(미국콘크리트학회)
			HRSC 2	340 이상	ASTM(미국재료시험규격) HC, ACI(미국콘크리트학회) HC
			HRSC 3	490 이상	–
			HRSC 11	590 이상	ASTM HD, ACI HD
			HRSC 12	490 이상	ASTM HF, ACI HF
			HRSC 13	490 이상	ASTM HH, ACI HH
			HRSC 13A	490 이상	ASTM HH, ACI Type II

주강품의 비교표

종류의 기호	대응 ISO 강종	유사 강종 ASTM (미국철강협회)
SSC 1	–	CA 15
SSC 1X	GX 12 Cr 12	CA 15
SSC 2	–	CA 40
SSC 2A	–	CA 40
SSC 3	–	CA 15M
SSC 3X	GX 8CrNiMO121	CA 15M
SSC 6	–	CA 6NM
SSC 6X	GX 4CrNi124(QT1)(QT2)	CA 6NM
SSC 12	–	CF 20
SSC 13A	–	CF 8
SSC 13X	GX 5 CrNiMo19 9	–
SSC 14A	–	CF 8M
SSC 14X	GX 5 CrNiMo19 11 2	–
SSC14ANb	GX 6 CrNiMoNb 19 11 2	–
SSC 16A	–	CF 3M
SSC 16AX	GX 2 CrNiMo19 11 2	CF 3M
SSC 16AXN	GX 2 CrNiMoN 19 11 2	CF 3MN
SSC 17	–	CH10, CH20
SSC 18	–	CK 20
SSC 19A	–	CF 3
SSC 21	GX 6 CrNiMoN 19 10	CF 8C
SSC 21X	GX 6 CrNiMoN 19 20	CF 8C
SSC 23	–	C 7M
SSC 31	GX 4 CrNiMo 16 5 1	CB 7Cu-1
SSC 32	GX 2 CrNiCuMoN 26 5 3 3	A890M 1B
SSC 33	GX 2 CrNiMoN 26 5 3	CG8M
SSC 34	GX 5 CrNiMo 19 11 3	CK8M
SSC 35	–	CK-35MN

[표 7-9] 금속재료 기호(계속)

KS D	명 칭	종 별	기 호	인장강도 (N/mm^2)	용 도
4105 (계속)	내열강 주강품 (Heat Resisting Steel Castings)		HRSC 15	440 이상	ASTM HT, ACI HT
			HRSC 16	440 이상	ASTM HT30
			HRSC 17	540 이상	ASTM HE, ACI HE
			HRSC 18	490 이상	ASTM HI, ACI HI
			HRSC 19	390 이상	ASTM HN, ACI HN
			HRSC 20	390 이상	ASTM HU, ACI HU
			HRSC 21	440 이상	ASTM HK30, ACI HK30
			HRSC 22	440 이상	ASTM HK40, ACI HK40
			HRSC 23	450 이상	ASTM HL, ACI HL
			HRSC 24	440 이상	ASTM HP, ACI HP
4106	용접 구조용 주강품 (Steel Castings for Welded Structure)	(구기호) SCW 42	SCW 410	410 이상	압연 강재, 주강품 또는 주강품과의 용접 구조에 사용하는 재료로 특히 용접성이 우수한 주강품
		–	SCW 450	450 이상	
		SCW 49	SCW 480	480 이상	
		SCW 56	SCW 550	550 이상	
		SCW 63	SCW 620	620 이상	
4107	고온 고압용 주강품 (Steel Castings for High Temperature and High Pressure Service)	1종	SCPH 1	410 이상	탄소강
		2종	SCPH 2	480 이상	탄소강
		11종	SCPH 11	450 이상	0.55 Mo 강
		21종	SCPH 21	480 이상	1% Cr–0.55 Mo 강
		22종	SCPH 22	550 이상	1% Cr–1% Mo 강
		23종	SCPH 23	550 이상	1% Cr–1%Mo–0.2% V강
		32종	SCPH 32	480 이상	2.5% Cr–1% Mo 강
		61종	SCPH 61	620 이상	5% Cr–0.5% Mo 강
4111	저온 고압용 주강품 (Steel Castings for Low Temperature and High Pressure Service)		SCPL 1	450 이상	탄소강(보통품)
			SCPL 11	450 이상	0.55 Mo 강
			SCPL 21	480 이상	2.5% Ni 강
			SCPL 31	480 이상	3.5% Ni 강
4301	회 주철품 (Gray Iron Castings) **대응국제규격** ISO 185	1종	GC 100	100 이상	일반기계부품, 상수도 철관
		2종	GC 150	150 이상	난방용품
		3종	GC 200	200 이상	약간의 경도를 요하는 부분
		4종	GC 250	250 이상	–
		5종	GC 300	300 이상	–
		6종	GC 350	350 이상	실린더 헤드, 피스톤 공작기계부품
4302	구상 흑연 주철품 (Spheroidal Graphite Iron Castings) **대응국제규격** ISO 1083		GCD 350–22	350 이상	
			GCD 350–22L		
			GCD 400–18	400 이상	
			GCD 400–18L		
			GCD 400–18A		
			GCD 400–18AL		
			GCD 400–15		
			GCD 400–15A		
			GCD 450–10	450 이상	
			GCD 500–7	500 이상	
			GCD 500–7A		
			GCD 600–3	600 이상	
			GCD 600–3A		
			GCD 700–2	700 이상	
			GCD 800–2	800 이상	

[표 7-9] 금속재료 기호(계속)

KS D	명 칭	종 별	기 호	인장강도 (N/mm²)	용 도
4319	오스테 나이트 주철품 (Austenitic Iron Castings) 대응국제규격 ISO 2893	편상 흑연계	GCA-NiMn 13 7	140 이상	비자성 주물: 차단기상자, 터미널 덕트, 절연 플랜지
			GCA-NiCuCr 15 6 2	170 이상	펌프, 밸브, 노부품, 부싱, 경합금 피스톤용 내마모관, 탁수용 펌프, 펌프용 케이싱 비자성 주물
			GCA-NiCuCr 15 6 3	190 이상	
			GCA-NiCr 20 2	170 이상	알칼리 처리 펌프, 비누, 식품 제조, 인견 플라스틱
			GCA-NiCr 20 3	190 이상	GCA-NiCr 20 2동등 다만 고온용
			GCA-NiSiCr 20 5 3	190 이상	펌프 부품, 밸브 주물용
			GCA-NiCr 30 3	190 이상	펌프, 압력 용기의 밸브, 필터부품, 터보차저 하우징
			GCA-NiSiCr 30 5 5	170 이상	펌프 부품, 공업로용 밸브 주물
			GCA-Ni 35	120 이상	공작 기계 부품, 유리용 금형
		구상 흑연계	GCDA-NiMn 13 7	390 이상	차단기 상자, 터미널 덕트, 절연 플랜지
			GCDA-NiCr 20 2	370 이상	펌프, 밸브, 부싱, 콤프레셔, 터빈 하우징, 비자성 주물
			GCDA-NiCrNd 20 2	370 이상	
			GCDA-NiCr 20 3	390 이상	
			GCDA-NiSiCr 20 5 2	370 이상	
			GCDA-Ni 22	370 이상	
			GCDA-NiMn 23 4	440 이상	-196℃까지 사용되는 냉동기 기류 주물
			GCDA-NiCr 30 1	370 이상	펌프, 필터 부품, 터보 차저의 하우징, 밸브, 공업로용 주물, 이그조스트 매니폴드,
			GCDA-NiCr 30 3	370 이상	
			GCDA-NiSiCr 30 5 2	380 이상	
			GCDA-NiSiCr 30 5 5	390 이상	펌프, 밸브, 공업로용 주물 중 높은 응력을 받는 부품
			GCDA-Ni 35	370 이상	온도에 의한 치수 변화를 기피하는 부품
			GCDA-NiCr 35 3	370 이상	가스터빈 하우징, 유리용 금형, 터보 차저 하우징
			GCDA-NiSiCr 35 5 2	370 이상	
5101	구리 및 구리 합금봉 (Copper and Copper Alloy Rods and Bars)	C 1020	압출 C 1020BE	195 이상	무산소동 전기, 열의 전도성, 절연성이 우수하고 용접성, 내식성, 내후성이 좋다. 전기용, 화학 공업용
			인발 C 1020BD		
			단조 C 1020BF	195 이상	
		C 1100	압출 C 1100BE	195 이상	타프피치동 전기, 열의 전도성이 우수하고, 절연성, 내식성, 내후성이 좋다. 전기 부품, 화학 공업용 등
			인발 C 1100BD	225 이상	
			단조 C 1100BF	195 이상	
		C 1201	압출 C 1201BE	195 이상	인탈산동 절연성, 용접성, 내식성, 내후성 및 열의 전도성이 좋다. 용접용, 화학공업용 등
			인발 C 1201BD		
		C 1220	압출 C 1220BE	195 이상	
			인발 C 1220BD	205 이상	
		C 2600	압출 C 2600BE	275 이상	황동 냉간 단조성·전조성이 좋다. 기계부품, 전기부품
			인발 C 2600BD		
		C 2700	압출 C 2700BE	295 이상	
			인발 C 2700BD		
		C 2745	압출 C 2745BE	295 이상	열간 가공성이 좋다. 기계부품, 전기부품 등
			인발 C 2745BD		
		C 2800	압출 C 2800BE	315 이상	
			인발 C 2800BD		
		C 3533	압출 C 3533BE	315 이상	내식 황동 네이벌 황동보다 내식성이 우수. 수도꼭지, 밸브 등
			인발 C 3533BD		

[표 7-9] 금속재료 기호(계속)

KS D	명 칭	종 별		기 호	인장강도 (N/mm^2)	용 도	
5101 (계속)	구리 및 구리 합금봉 (Copper and Copper Alloy Rods and Bars)	C 3601	인발	C 3601BD	295 이상	쾌삭 황동	절삭성이 우수. C3601, C3602는 전연성도 좋다. 볼트, 너트, 작은 나사, 스핀들, 기어, 밸브, 라이터, 시계, 카메라 부품 등
		C 3602	압출	C 3602BE	315 이상		
			인발	C 3602BD			
		C 3603	인발	C 3603BD			
		C 3604	압출	C 3604BE	335 이상		
			인발	C 3604BD			
		C 3605	압출	C 3605BE			
			인발	C 3605BD			
		C 3712	압출	C 3712BE	315 이상	단조 황동	열간 단조성이 좋고 정밀단조에 적합하다. 기계부품 등
			인발	C 3712BD			
			단조	C 3712BF			
		C 3771	압출	C 3771BE			열간 단조성과 피절삭성이 좋다. 밸브, 기계부품 등
			인발	C 3771BD			
			단조	C 3771BF			
		C 4622	압출	C 4622BE	345 이상	네이벌 황동	내식성, 특히 내해수성이 좋다. 선박용 부품, 샤프트 등
			인발	C 4622BD	365 이상		
			단조	C 4622BF	345 이상		
		C 4641	압출	C 4641BE	345 이상		
			인발	C 4641BD	375 이상		
			단조	C 4641BF	345 이상		
		C 4860	압출	C 4860BE	315 이상	내식 황동	네이벌 황동보다 내식성이 우수한 환경소재. 수도꼭지, 밸브, 선박용 부품 등
			인발	C 4860BD	335 이상		
		C 4926	압출	C 4926BE	335 이상	무연 황동	납이 없는 쾌삭 황동으로 환경소재, 전기전자 부품, 자동차 부품, 정밀 가공용
			인발	C 4926BD			
		C 4934	압출	C 4934BE	335 이상	무연내식 황동	납이 없고, 내식성이 우수한 쾌삭 황동으로 환경소재 수도꼭지, 밸브 등
			인발	C 4934BD			
		C 6161	압출	C 6161BE	590 이상	알루미늄 청동	강도가 높고, 내마모성, 내식성 우수 차량 기계용, 화학 공업용, 선박용 기어피니언·샤프트·부시 등
			인발	C 6161BD			
		C 6191	압출	C 6191BE	685 이상		
			인발	C 6191BD			
		C 6241	압출	C 6241BE	685 이상		
			인발	C 6241BD			
		C 6782	압출	C 6782BE	460 이상	고강도 황동	강도가 높고, 열간 단조성, 내식성이 좋다. 선박용 프로펠러 축, 펌프 축 등
			인발	C 6782BD	490 이상		
			단조	C 6782BF	460 이상		
		C 6783	압출	C 6783BE	510 이상		
			인발	C 6783BD	540 이상		

[표 7-9] 금속재료 기호(계속)

KS D	명 칭	종 별	기 호	인장강도 (N/mm²)	용 도
6003	화이트 메탈 (White Metal) **대응국제규격** ISO 4381-1,2	1종	WM1		고속, 고하중용
		2종	WM2		
		2종B	WM2B		
		3종	WM3		고속, 중하중용
		4종	WM4		중속, 중하중용
		5종	WM5		
		6종	WM6		고속, 중하중용
		7종	WM7		중속, 중하중용
		8종	WM8		
		9종	WM9		중속, 소하중용
		10종	WM10		
		11종	WM11		항공기 엔진용
		12종	WM12		고속 중하중용(자동차 엔진용)
		13종	WM13		고저속 중하중용
		14종	WM14		중속 중하중용
6005	아연합금 다이캐스팅	1종	ZDC-1	325	자동차 브레이크 피스톤, 시트, 밸브, 감김쇠, 캔버스 플라이어
		2종	ZDC-2	325	자동차 라디에이터 그릴몰, 카뷰레터, VTR 드럼, 베이스
6006	다이캐스팅용 알루미늄합금 (Aluminium Alloy Die Castings) **대응국제규격** ISO 3522	1종	ALDC 1		내식성, 주조성은 좋다. 항복강도는 어느 정도 낮다.
		3종	ALDC 3		충격값과 항복강도가 좋고 내식성도 1종과 거의 동등하지만, 주조성은 좋지 않다.
		5종	ALDC 5		내식성 가장 양호, 연신율, 충격값이 높지만 주조성은 떨어짐
		6종	ALDC 6		내식성은 5종 다음으로 좋고, 주조성은 5종보다 약간 좋다.
		10종	ALDC 10		기계적 성질, 피삭성 및 주조성이 좋다.
		10종Z	ALDC 10 Z		10종보다 주조 갈라짐성과 내식성은 약간 좋지 않다.
		12종	ALDC 12		기계적 성질, 피삭성, 주조성이 좋다.
		12종Z	ALDC 12 Z		12종보다 주조 갈라짐성 및 내식성이 떨어짐
		14종	ALDC 14		내마모성, 유동성은 우수, 항복강도는 높으나, 연신율 떨어짐
		Si9종	ALSi9		내식성이 좋고, 연신율, 충격치도 어느 정도 좋지만, 항복강도가 어느 정도 낮고 유동성이 좋지 않다.
		Si12Fe종	ALSi12(Fe)		내식성, 주소성이 좋고, 항복강도가 어느 정도 낮다.
		Si10MgFe종	ALSi10Mg(Fe)		충격치와 항복강도가 높고 내식성이 1종과 거의 동등하며, 주조성은 1종보다 약간 좋지 않다.
		Si8Cu3종	ALSi8Cu3		10종보다 주소 갈라짐 및 내식성이 나쁘다.
		Si9Cu3Fe종	ALSi9Cu3(Fe)		
		Si9Cu3FeZn종	ALSi9Cu3(Fe)(Zn)		
		Si11Cu2Fe종	ALSi11Cu2(Fe)		기계적 성질, 피삭성, 주소성이 좋다.
		Si11Cu3Fe종	ALSi11Cu3(Fe)		기계적 성질, 피삭성, 주소성이 좋다.
		Si12Cu1Fe종	ALSi12Cu1(Fe)		12종보다 연신율이 어느 정도 높지만, 항복강도는 다소 낮다.
		Si17Cu4Mg종	ALSi17Cu4Mg		내마모성, 유동성이 좋고, 항복강도가 높지만, 연신율이 낮다.
		Mg9종	ALMg9		5종과 같이 내식성이 우수, 주소성이 나쁘고, 응력부식균열 및 경시변화에 주의가 필요

[표 7-9] 금속재료 기호(계속)

KS D	명 칭	종 별	기 호	인장강도 (N/mm²)	용 도
6008	알루미늄 합금 주물 (Aluminium Alloy Castings) **대응국제규격** ISO 2378 ISO 3522 ISO 7722	1종A	AC1A (ASTM: 295.0)		가선용 부품, 자전거부품, 항공기용 유압부품, 전송품 등
		1종B	AC1B ISO: AlCu4MgTi NF: AU5GT		가선용 부품, 중전기부품, 자전거부품, 항공기 부품 등
		2종A	AC2A		매니폴트, 디프캐리어, 펌프보디, 실린더헤드, 자동차용 하체 부품
		2종B	AC2B		실린더 헤드, 밸브 보디, 클랭크 케이스, 클러치 하우징
		3종A	AC3A		케이스류, 커버류, 하우징류의 얇은 것, 복잡한 모양의 것, 장막벽 등
		4종A	AC4A		매니폴드, 브레이크 드럼, 미션 케이스, 크랭크 케이스, 기어박스, 선박용·차량용 엔진 부품 등
		4종B	AC4B ASTM: 333.0		크랭크 케이스, 실린더 헤드, 매니폴드, 항공기 전장품
		4종C	AC4C ISO: AlSi7Mg(Fe)		유압부품, 미션 케이스, 플라이휠 하우징, 항공기 부품 소형용 엔진부품, 전장품 등
		4종CH	AC4CH (ASTM: 356.0) ISO: AlSi7Mg		자동차용 바퀴, 가선용 쇠붙이, 항공기용 엔진 부품, 전장품 등
		4종D	AC4D (ASTM: 355.0) ISO: AlSi5Cu1Mg		수랭 실린더 헤드, 크랭크 레이스, 실린더 블록, 연료 펌프 보디, 블로어 하우징, 항공기용 유압부품 및 전장품
		5종A	AC5A (ASTM: 242.0) ISO: AlCu4Ni2Mg2		공랭 실린더 헤드, 디젤 기관용 피스톤, 항공기용 엔진 부품 등
		7종A	AC7A (ASTM: 514.0)		가선용 쇠붙이, 선박용 부품, 조각 소재 건축용 쇠붙이, 사무기기, 의자, 항공기용 전장품 등
		8종A	AC8A		자동차·디젤 기관용 피스톤, 선박용 피스톤, 도르래, 베어링 등
		8종B	AC8B		자동차용 피스톤, 도르래, 베어링 등
		8종C	AC8C (ASTM: 332.0)		
		9종A	AC9A		피스톤(공랭 2사이클용) 등
		9종B	AC9B		피스톤(디젤 기관용, 수랭 2사이클용), 공랭 실린더 등
6016	마그네슘 합금 주물 (Magnesium Alloy Castings) **대응국제규격** ISO 16220 ISO 2377 ISO 7773 ISO 3116	1종	MgC1		일반용 주물, 3륜차용 하부 휨, TV 부품, 카메라용 부품 쌍안경 몸체, 직기용 부품 등
		2종	MgC2		일반용 주물, 크랭크 케이스, 트랜스 미션, 기어박스, TV 부품, 카메라용 부품, 레이더용 부품, 공구용 지그
		3종	MgC3		일반용 주물, 엔진용 부품, 인쇄용 새들 등
		5종	MgC5		일반용 주물, 엔진용 부품
		6종	MgC6		고력 주물, 경기용 차륜, 산소통 브래킷 등
		7종	MgC7		고력 주물, 인렛 하우징 등
		8종	MgC8		내열용 주물, 엔진용 부품 기어 케이스, 컴프레셔 케이스

KS D	명 칭	종 별	KS 규격	ISO 규격	ASTM 규격	용 도
6017	마그네슘 합금 다이캐스팅 (Magnesium Alloy Die Castings)	1종B	MDC1B	MgAl9Zn1(B)	AZ91B	전동공구 케이스, 비디오, 카메라, 노트북 케이스 휴대폰의 EMI 실드 및 케이스류, 자동차 부품류
		1종D	MDC1D	MgAl9Zn1(A)	AZ91D	
		2종B	MDC2B	MgAl6Mn	AM60B	자동자 부품(에어백 하우징 등), 레저 및 스포츠용품
		3종B	MDC3B	MgAl4Si	AS41B	자동차 내열용 부품
		4종	MDC4	MgAl5Mn	AM50A	자동차 부품(시트 프레임, 스티어링 컬럼 부품, 스티어링 휠코어 등) 레저 및 스포츠용품
		5종	MDC5	MgAl2Mn	AM20A	자동차 부품
		6종	MDC6	MgAl2Si	AS21A	자동차 내열용 부품

[표 7-9] 금속재료 기호(계속)

<table>
<tr><th>KS D</th><th>명 칭</th><th>종 별</th><th>기 호</th><th>인장강도 (N/mm²)</th><th>용 도</th></tr>
<tr><td rowspan="2">6018</td><td rowspan="2">경연 주물
(Hard Lead Castings)</td><td>8종</td><td>HPbC 8</td><td>49 이상</td><td rowspan="2">주로 화학 공업용</td></tr>
<tr><td>10종</td><td>HPbC 10</td><td>50 이상</td></tr>
<tr><td rowspan="5">6023</td><td rowspan="5">니켈 및 니켈합금 주물
(Nickel and Nickel Alloy Castings)

대응국제규격
ISO 12725</td><td>니켈 주물</td><td>NC</td><td rowspan="5"></td><td>수산화나트륨, 탄산나트륨 및 염화암모늄을 취급하는 제조장치의 밸브·펌프 등</td></tr>
<tr><td>니켈–구리합금 주물</td><td>NCuC</td><td>해수 및 염수, 중성염, 알칼리염 및 플루오르산을 취급하는 화학제조 장치의 밸브·펌프 등</td></tr>
<tr><td>니켈–몰리브덴합금 주물</td><td>NMC</td><td>염소, 황산 인산, 아세트산 및 염화수소가스를 취급하는 제조 장치의 밸브·밸브</td></tr>
<tr><td>니켈–몰리브덴–크롬합금 주물</td><td>NMCrC</td><td>산화성산, 플로오르산, 포름산 무스아세트산, 해수 및 염수를 취급하는 제조 장치의 밸브 등</td></tr>
<tr><td>니켈–크롬–철합금 주물</td><td>NCrFC</td><td>질산, 지방산, 암모늄수 및 염화성 약품을 취급하는 화학 및 식품 제조 장치의 밸브 등</td></tr>
</table>

memo

기계제도

제 2 부

기계요소의 제도

제 1 장

결합용 기계요소

1-1 나사
1-2 볼트와 너트
1-3 키, 키홈
1-4 핀
1-5 멈춤링
1-6 코터
1-7 리벳
1-8 용접

결합용 기계요소

기계는 많은 수의 부품들이 조합되어 구성된다. 이들 부품 가운데 많은 기계에 공통으로 사용되는 것들을 기계요소(Machine Elements)라 한다. 이 기계요소들 가운데 특히 이음에 사용되는 것을 **결합용 부품**이라 하며 주요한 부품은 다음과 같다.

① 나사(Screw) ② 볼트(Bolt) · 너트(Nut) ③ 키(Key) · 핀(Pin) · 코터(Cotter)
④ 리벳(Rivet) ⑤ 용접(Welding)

1-1 나사

나사는 볼트, 너트, 나사못 등에 응용되어 기계부품 등을 서로 죄는 데 사용될 뿐만 아니라 바이스(Vise)나 잭(Jack) 등에 응용되어 힘을 전달시키는 데 사용되고, 위치의 조정 및 회전운동을 직선운동으로 변환하는 데도 쓰이고 있다.

(1) 나사용어

① 나사산(Screw Thread): 원통의 표면에 코일 모양으로 만들어진 단면의 규칙적인 돌기를 말한다.

② 수나사(External Thread), 암나사(Internal Thread): 원통(또는 원추)의 바깥면에 깎여진 나사를 **수나사**, 원통의 내부면 또는 원추의 내부면에 깎여진 나사를 **암나사**라고 한다 **[그림 1-1]**.

③ 피치(Pitch): 나사의 축선을 포함한 단면에 있어서 서로 인접한 나사산의 서로 대응하는 2점을 축선에 평행하게 측정한 거리를 피치라 한다.

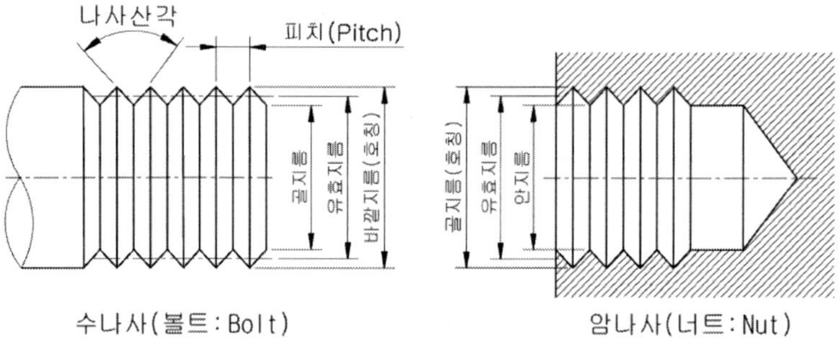

[그림 1-1] 수나사와 암나사

④ **리드(Lead)**: 나사의 나사곡선에 따라 축의 둘레를 1회전할 때 축방향으로 나가는 거리를 말한다.

p = 피치, n = 줄수, l = 리드라 하면 $l = np$가 된다.

⑤ **바깥지름**: 수나사 산봉우리에 접하는 가상적인 원통의 지름(수나사의 최대지름)

⑥ **안지름**: 암나사의 산봉우리에 접하는 가상적인 원통의 지름(암나사의 최소지름)

⑦ **골지름**: 수나사 또는 암나사의 골 밑에 접하는 가상적인 원통의 지름(수나사의 최소지름, 암나사의 최대지름)

⑧ **유효지름(Pitch Diameter)**: 나사산 사이의 홈의 폭이 산의 폭과 같게 되는 가상적인 원통(또는 원추)의 지름

⑨ **오른 나사(Right Hand Thread), 왼 나사(Left Hand Thread)**: 축방향으로 보았을 때, 나사가 감기는 방향이 오른쪽인 나사산을 갖는 나사를 오른 나사, 왼쪽 방향으로 감긴 나사산을 갖는 나사를 왼 나사라 한다. 보통 쓰이는 것은 오른 나사이다.

⑩ **나사부**: 나사부는 다음의 세 부분으로 이루어진다.

- **완전 나사부(Complete Thread)**: 산봉우리와 골 밑이 양쪽 모두 완전한 나사 모양을 가지는 나사부
- **불완전 나사부(Incomplete Thread)**: 나사 공구에 의해 만들어지는 나사산 모양의 불완전 나사부
- **유효 나사부(Effective Thread)**: 산봉우리와 골밑이 규정 나사산에 가까운 모양을 갖는 나사부. 다만 나사의 한 끝에 있어서 면을 잘라내는 것 때문에 산봉우리가 완전하지 않은 부분이 있을 때는 허용한 범위 내에서 유효 나사부라고 볼 수 있다.

(2) 나사의 종류

나사의 단면모양에 따라 여러 종류가 있으며 체결용, 운동용 또는 힘의 전달용 등 그 용도에 따라 선택하여 사용되며 치수는 KS 규격으로 통일되어 있다.

① **미터 나사(Metric Thread)**: 미터 보통 나사는 지름과 피치를 mm로 표시하고 산의 각도가 60°로서 산봉우리 부분은 평평하고 골부분은 큰 반지름으로 라운딩되어 있다. 주로 자동차, 항공기 등에 비교적 작은 나사(9mm 이하)로 많이 쓰인다[**그림 1 – 2**].

② **인치 나사(Inch Thread)**: 나사의 호칭지름을 in. 로 표시하고, 피치는 25.4mm(1 inch)를 산의 수로 나눈 값으로 표시하며, 현재 유니파이나사(Unified Thread)가 주로 사용되고 있으며, 나사산의 각도는 60°이다[**그림 1 – 2**].

③ **가는 나사(Fine Thread)**: 보통 나사의 기본수에 비하여 그 값이 특히 작아 기밀을 필요로 하거나 볼트의 강도를 해칠 염려가 있는 부분에 사용된다.

④ **관용 나사(Pipe Thread)**: 배관용 강관 등을 연결하는 나사로 쓰이며 지름의 크기에 비하여 피치를 작게 하였다. 호칭치수는 가스관의 바깥지름 34mm, 근사 안지름 27.6mm 등으로 한다.

⑤ **삼각 나사**: 나사산의 단면 모양이 삼각형인 것으로 주로 결합용으로 사용되며, 한 줄 나사가 많이 쓰인다. 미터나사(Metric Thread) 및 인치계의 유니파이 나사의 나사산의 각도는 60°이고, 나사산의 모양도 같다. 같은 지름에 대해서도 피치의 대소에 따라 보통 나사와 가는 나사로 분류된다. 가는 나사는 지름에 대한 피치가 보통 나사보다 짧은 것을 말한다.

⑥ **4각 나사(Square Thread)**: 마찰저항이 적어서 프레스와 같이 추력을 전달하는 데 쓰인다.

⑦ **사다리꼴 나사(Acme Thread)**: 나사산의 각이 30°인 미터계와, 29°인 휘트 워스계가 있다. 4각나사와 같은 용도로 쓰이지만 4각 나사에 비하여 공작이 쉽고 강도가 크므로 힘과 운동전달에 적합하며 선반의 리드 스크류(Lead Screw) 등에 쓰인다.

⑧ **톱니 나사(Buttress Thread)**: 나사산의 모양이 톱니와 같이 되어 있어 바이스(Vise), 수압기와 같은 큰 추력이 한쪽에만 작용하는 곳에 사용된다

⑨ **둥근 나사(Round Thread or Knuckle Thread)**: 나사산과 골부분이 같은 둥글기로 되어 있으며, 충격 또는 먼지나 모래 등이 많은 곳에 쓰이고 전구나 소켓의 나사로도 쓰인다

⑩ **볼나사(Ball Thread)**: 축과 구멍에 스파이럴형의 골을 만들고 강구를 넣어 축과 구멍이 부드러운 나사의 역할을 하는 것이다. 따라서 마찰이 극히 적어 공작기계의 수치제어에 의한 위치결정, 자동차용 조향치차 등 이동용 나사로 사용된다.

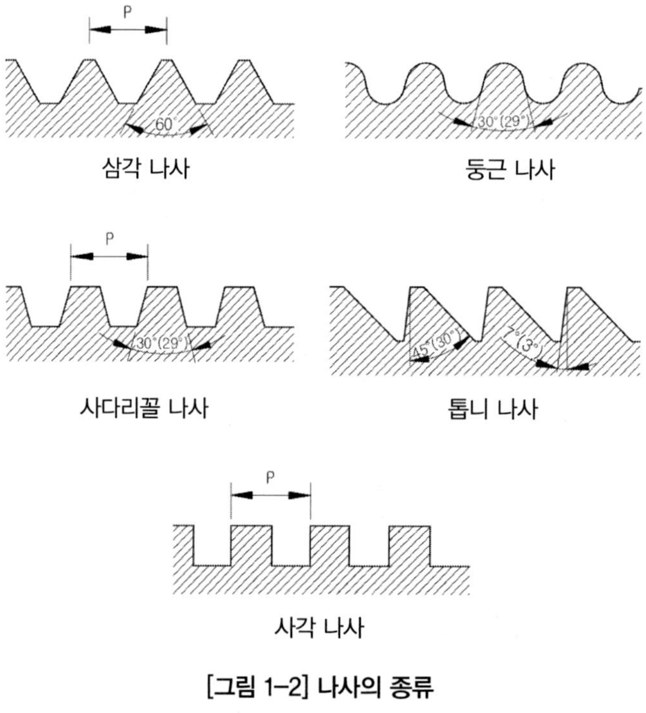

[그림 1-2] 나사의 종류

[표 1-1] 나사의 종류 및 용도

나사의 종류		용도 및 특징
감긴 방향	오른 나사	오른쪽으로 돌릴 때 조여짐
	왼 나사	왼쪽으로 돌릴 때 조여짐
나사산 위치	수나사	나사산이 바깥쪽에 있음
	암나사	나사산이 안쪽에 있음
나사산 모양	삼각 나사	조립, 결합용(볼트와 너트)
	사각 나사	큰 힘을 전달(프레스, 잭)
	사다리꼴 나사	전동용(공작기계의 이송 나사)
	톱니 나사	한쪽으로 힘을 전달(바이스)
	둥근 나사	먼지가 들어가기 쉬운 곳(백열전구)

(3) 나사의 등급 표시법

나사의 등급은 나사의 등급을 표시하는 숫자와 문자의 조합 또는 문자로서 다음과 같이 표시한다. 그러나 나사의 등급은 필요가 없을 경우에는 생략하여도 좋다.

[표 1-2] 나사의 등급 표시방법

나사의 종류	암나사·수나사의 구별		나사의 등급을 표시하는 보기	관련 규격
미터나사	암나사	유효 지름과 안지름의 등급이 같은 경우	6H	KS B 0235
	수나사	유효 지름과 바깥지름의 등급이 같은 경우	6g	KS B 0211
		유효 지름과 바깥지름의 등급이 다른 경우	5g 6g	KS B 0214
	암나사와 수나사를 조합한 것		6H / 6g, 5H / 5 g 6 g	
미니어처 나사	암나사		3G6	KS B 0228
	수나사		5h3	
	암나사와 수나사를 조합한 것		3G6/5h3	
미터 사다리꼴 나사	암나사		7H	KS B 0237
	수나사		7e	KS B 0219
	암나사와 수나사를 조합한 것		7H/7e	
관용 평행 나사	수나사		A	KS B 0221

나사는 나사산의 크기에 따라 보통 나사, 가는 나사로 분류한다. 또한 나사산이 감긴 방향에 따라 오른 나사, 왼 나사로 분류한다. 보통의 경우 오른 나사를 사용하고, 회전방향에 따라 스스로 풀리는 현상을 방지하기 위해 왼 나사를 사용하는 경우가 있다.

[표 1-3] 나사의 종류 실제 사용 예

나사의 종류	나사산의 모양	사용의 실제모양	용도 및 특징
삼각 나사		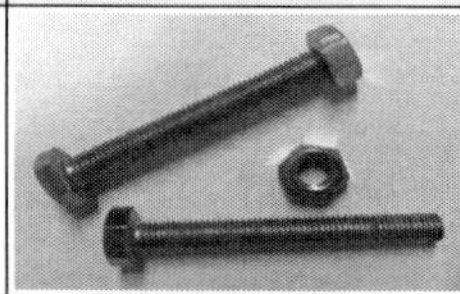	조립, 결합용(볼트와 너트)
사각 나사	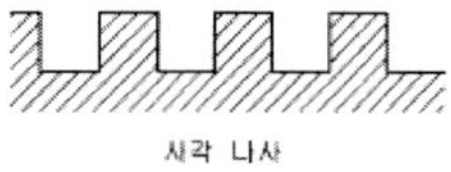	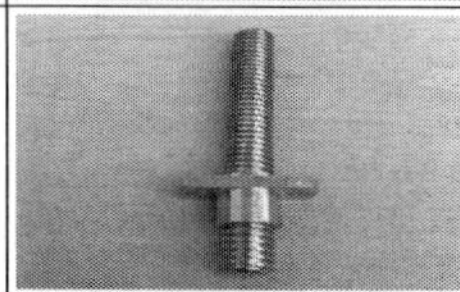	큰 힘을 전달(프레스, 잭)
사다리꼴 나사			전동용(공작기계의 이송나사)
톱니 나사		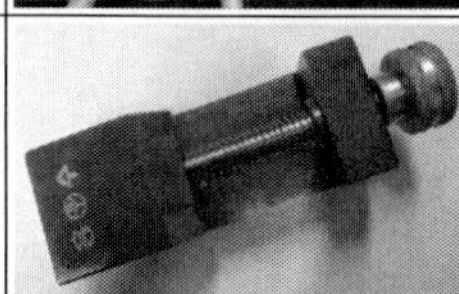	한쪽으로 힘을 전달(바이스)
둥근 나사	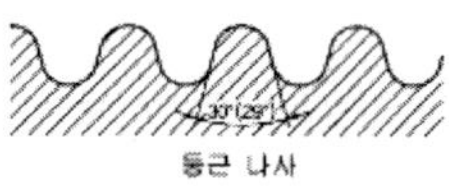	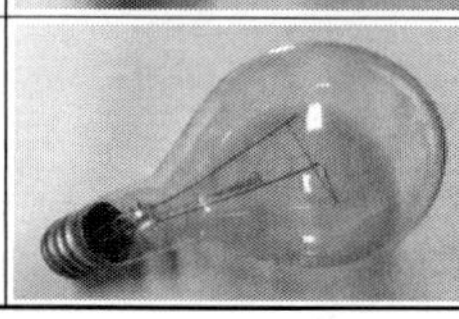	먼지가 들어가기 쉬운 곳(백열전구)

(4) 나사의 표기법

나사는 **나사의 호칭, 나사의 등급, 나사산의 감긴 방향, 나사산의 줄 수**를 다음과 같이 구성하여 표시한다.

- 오른 나사는 생략
- 왼 나사는 좌또는 L로 표시

[나사산의 감김방향]

- 1줄 나사는 생략
- 2줄, 3줄 또는 2N, 3N

[나사산 줄수]

[나사의 호칭] — [나사 등급]

- 6H, 6g, 2A, B 등
- 필요 없으면 생략

- 피치를 mm로 표시하는 나사: [나사의 종류] [나사의 바깥지름] x [피치]
  (예:M5×0.5, M12)
  미터 보통 나사에서는 생략
- 피치를 나사산의 수로 표시하는 나사: [나사의 종류] [나사의 바깥지름] 산 [나사산의 수]
  (유니파이 나사 제외) (예: SM1/4 산40, Rc3/4)
  관용나사에서는 생략
- 유니파이 나사: [나사의 바깥지름 또는 번호] – [나사산의 수] [나사의 종류]
  (예: 3/8-16UNC, No.8-36UNF)

※미터 사다리꼴 나사 제외

[그림 1-3] 나사의 표시방법

[표 1-4] 나사의 종류 및 호칭에 대한 표시방법

<table>
<tr><th colspan="2">구 분</th><th colspan="2">나사의 종류</th><th>표시 기호</th><th>표시방법의 보기</th><th>관 련 표 준</th></tr>
<tr><td rowspan="15">일
반
용</td><td rowspan="9">ISO 표준에 있는 것</td><td colspan="2">미터 보통 나사[a]</td><td rowspan="2">M</td><td>M8</td><td>KS B 0201</td></tr>
<tr><td colspan="2">미터 가는 나사[b]</td><td>M8×1</td><td>KS B 0204</td></tr>
<tr><td colspan="2">미니추어 나사</td><td>S</td><td>S0.5</td><td>KS B 0228</td></tr>
<tr><td colspan="2">유니파이 보통 나사</td><td>UNC</td><td>3/8-16UNC</td><td>KS B 0203</td></tr>
<tr><td colspan="2">유니파이 가는 나사</td><td>UNF</td><td>No.8-36UNF</td><td>KS B 0206</td></tr>
<tr><td colspan="2">미터 사다리꼴 나사</td><td>Tr</td><td>Tr10×2</td><td>KS B 0229의 본문</td></tr>
<tr><td rowspan="3">관용 테이퍼 나사</td><td>테이퍼 수나사</td><td>R</td><td>R3/4</td><td rowspan="3">KS B 0222의 본문</td></tr>
<tr><td>테이퍼 암나사</td><td>Rc</td><td>Rc3/4</td></tr>
<tr><td>평행 암나사[c]</td><td>Rp</td><td>Rp3/4</td></tr>
<tr><td rowspan="6">ISO 표준에 없는 것</td><td colspan="2">관용 평행 나사</td><td>G</td><td>G1/2</td><td>KS B 0221의 본문</td></tr>
<tr><td colspan="2">30° 사다리꼴 나사</td><td>TM</td><td>TM18</td><td>KS B 0227의 부속서</td></tr>
<tr><td colspan="2">29° 사다리꼴 나사</td><td>TW</td><td>TW20</td><td>KS B 0226</td></tr>
<tr><td rowspan="2">관용 테이퍼나사</td><td>테이퍼 나사</td><td>PT</td><td>PT7</td><td rowspan="2">KS B 0222의 부속서</td></tr>
<tr><td>평행 암나사[d]</td><td>PS</td><td>PS7</td></tr>
<tr><td colspan="2">관용 평행 나사</td><td>PF</td><td>PF7</td><td>KS B 0221</td></tr>
<tr><td colspan="2" rowspan="8">특
수
용</td><td colspan="2">후강 전선관 나사</td><td>CTG</td><td>CTG16</td><td rowspan="2">KS B 0223</td></tr>
<tr><td colspan="2">박강 전선관 나사</td><td>CTC</td><td>CTC19</td></tr>
<tr><td rowspan="2">자전거 나사</td><td>일반용</td><td rowspan="2">BC</td><td>BC3/4</td><td rowspan="2">KS B 0224</td></tr>
<tr><td>스포크용</td><td>BC2.6</td></tr>
<tr><td colspan="2">미싱 나사</td><td>SM</td><td>SM1/4 산40</td><td>KS B 0225</td></tr>
<tr><td colspan="2">전구 나사</td><td>E</td><td>E10</td><td>KS C 7702</td></tr>
<tr><td colspan="2">자동차용 타이어 밸브 나사</td><td>TV</td><td>TV8</td><td>KS R 4006의 부속서</td></tr>
<tr><td colspan="2">자전거용 타이어 밸브 나사</td><td>CTV</td><td>CTV8 산30</td><td>KS R 8004의 부속서</td></tr>
</table>

【주】 (a) 미터 보통 나사 중 M1.7, M2.3, M2.6은 ISO 표준에 규정되어 있지 않다.

(b) 가는 나사임을 특별히 명확하게 표시할 때에는 피치 다음에 "가는 나사"의 글자를 ( ) 안에 넣어서 기입할 수 있다.
보기) M8×1(가는 나사)

(c) 이 평행 암나사 Rp는 테이퍼 수나사 R에 대해서만 사용한다.

(d) 이 평행 암나사 PS는 테이퍼 수나사 PT에 대해서만 사용한다.

(5) 나사의 제도(KS B 0003 폐지 ☞ KS B ISO 6410-1, 2, 3 대체)

나사를 완전한 도법으로 그리면 매우 복잡하므로 제도의 능률을 위해 간략하게 그릴 수 있다[그림 1-4].

① 수나사와 암나사의 **산봉우리 부분은 굵은 실선**으로, **골 부분은 가는 실선**으로 표시한다.

② 완전나사부와 불완전나사부의 경계는 **굵은 실선**을 긋고, 불완전나사부의 골밑 표시선은 축선에 대하여 30°의 경사각을 갖는 가는 실선으로 표시한다.

③ 암나사의 드릴구멍 끝 부분은 **굵은 실선**으로 120° 되게 긋는다.

④ 보이지 않는 부분의 나사봉우리와 골부분, 완전나사부와 불완전나사부 등은 중간 굵기의 파선으로 표시한다.

⑤ 수나사와 암나사의 결합 부분은 수나사로 표시한다.

⑥ 나사부분의 단면 표시에 해칭을 할 경우에는 산봉우리 부분까지 미치게 한다.

⑦ 간단한 도면에서는 불완전한 나사부를 생략한다.

수나사는 [그림 1-4]과 같이 도시한다. 중요한 점은 **나사의 골지름은 가는 실선**으로 표시하고, 측면도의 **골지름 표시**는 **가는 실선을 이용하여 12시 방향은 조금 넘치게, 3시 방향은 조금 모자라게 한다.**

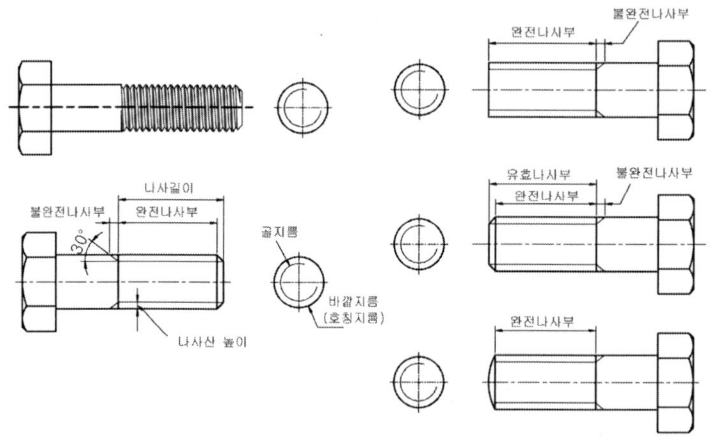

[그림 1-4] 수나사의 도시방법

- 바깥지름은 **굵은 실선**, 골 부분은 **가는 실선**. - 완전나사부와 불완전나사부의 경계는 **굵은 실선**
- 불완전나사부의 골밑 표시선은 축선에 30°의 **가는 실선**
- 측면도의 경우, **가는 실선을 이용하여 12시 방향은 조금 넘치게, 3시 방향은 조금 모자라게**

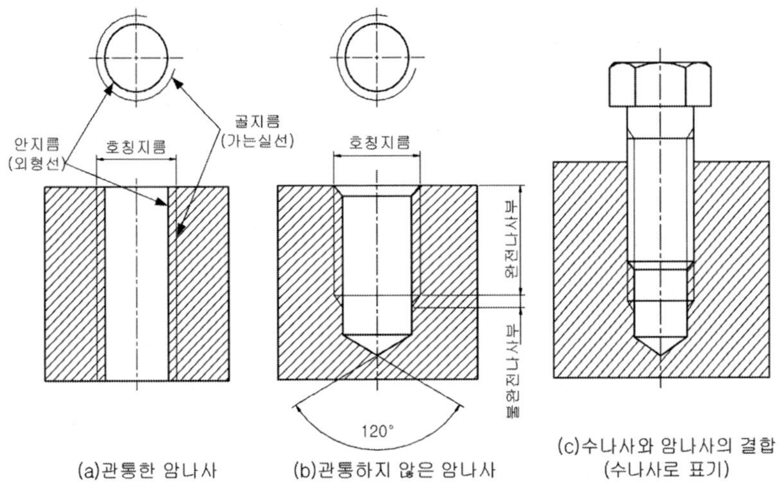

[그림 1-5] 암나사의 도시방법

안지름은 **굵은 실선**, 골지름은 **가는 실선**으로 나타낸다. 관통된 구멍의 암나사의 경우 **골지름까지 해칭한다.**

관통되지 않는 암나사는 드릴구멍이 120° 되게 긋고, 드릴구멍의 나사부까지는 충분한 여유를 둔다.

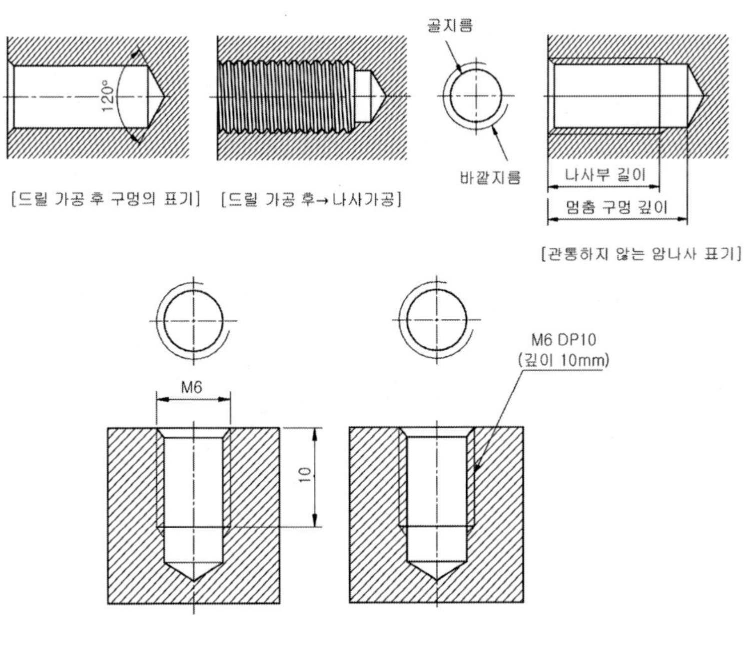

[그림 1-6] 관통하지 않는 암나사의 도시방법

수나사의 치수 기입은 [그림 1-7]과 같이 나사의 표시법인 **미터나사 지름과 나사부의 길이**를 표시하면 된다. 나사에 표면 처리를 지시하려면 [그림 1-7]과 같이 표기한다. 가장 일반적인 치수 기입방법은 [그림 1-7(a)]과 같이 표기한다. (b)는 나사의 피치를 기입한 경우이다.

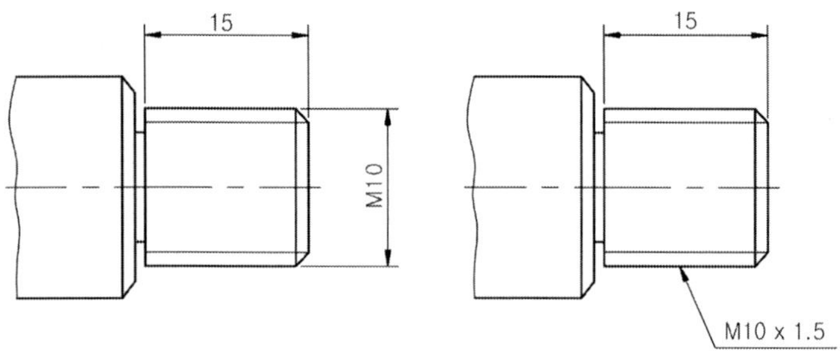

(a) 미터 보통 나사　　(b) 미터 가는 나사

[그림 1-7] 수나사의 치수 기입법

암나사의 치수 기입은 다음 그림과 같이 치수 기입한다. 관통하지 않는 암나사는 드릴 링 구멍의 직경과 나사깊이, 드릴 구멍의 깊이를 표시한다. [그림 1-8(a)]는 가장 일반적인 방법이다. (b)는 멈춤 구멍 깊이(6.25)와 암나사용 구멍의 지름(Ø2.5)을 명시한 경우, (c)와 (d)는 지시선을 사용하여 치수를 기입한 경우이다. (e)는 개정하기 전(1999년 이전)의 표준규격에 따라 치수를 기입한 것이다.

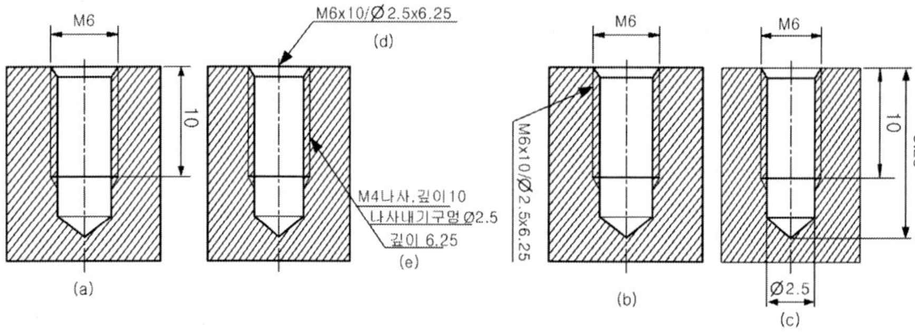

[그림 1-8] 관통하지 않은 암나사의 치수 기입법

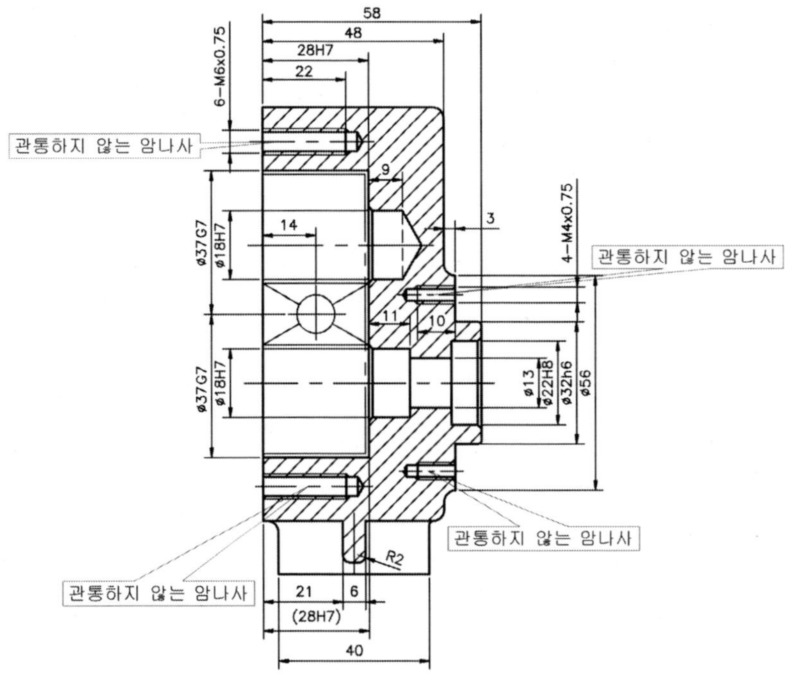

[그림 1-9] 본체의 관통하지 않은 암나사의 치수 기입 적용 예

1-2 볼트(Bolt)와 너트(Nut)

볼트(Bolt)와 너트(Nut)는 나사를 이용하여 만들어진 것으로 결합 및 해체가 쉽기 때문에 체결용 기계부품으로 가장 널리 사용되고 있으며, 재료는 주로 연강재를 사용하며, 일반적으로 도금을 한다. 볼트와 너트는 그 정밀도에 따라 **상(上), 중(中), 흑(黑)**의 세 종류로 나누며, **'상'**이란, 모든 면을 다듬질하였거나 머리의 측면만 냉간뽑기의 그대로 만든 것이며, **"중"**이란, 머리의 밑면과 축부분만을 가공하여 만든 것이며, **'흑'**이란, 단조한 그대로의 것에 나사부만 가공한 것이다. 모양은 보통 4각 또는 6각이며 그 밖의 특수한 것들도 사용된다.

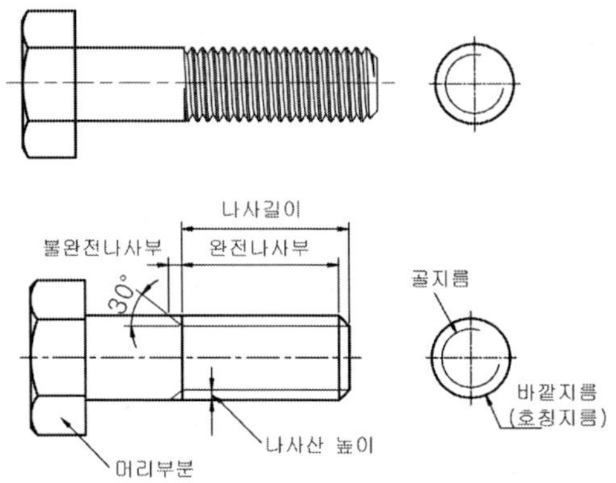

[그림 1-10] 볼트의 각부 명칭

(1) 볼트의 종류

일반적으로 사용되는 볼트로는 다음 3 종류가 있다 [**그림1-11**].

① **관통볼트(Through Bolt)**: 일반적으로 가장 많이 쓰이는 볼트이며 체결할 부분에 관통 구멍을 뚫어 너트로 죈다.

② **탭볼트(Tap Bolt)**: 체결할 재료의 뚫은 구멍에 암나사를 깎고, 이것을 너트와 같은 역할을 하게하여서, 한쪽 부품에 관통 구멍을 뚫지 못할 때 사용한다.

③ **스터드 볼트(Stud Bolt)**: 볼트의 양쪽 끝에 나사를 깎아 한쪽은 모체의 나사에 끼우고 다른 쪽은 너트로 체결한 것으로, 떼었다 붙였다 할 필요가 있거나 나사부가 손상되기 쉬운 곳에 사용한다.

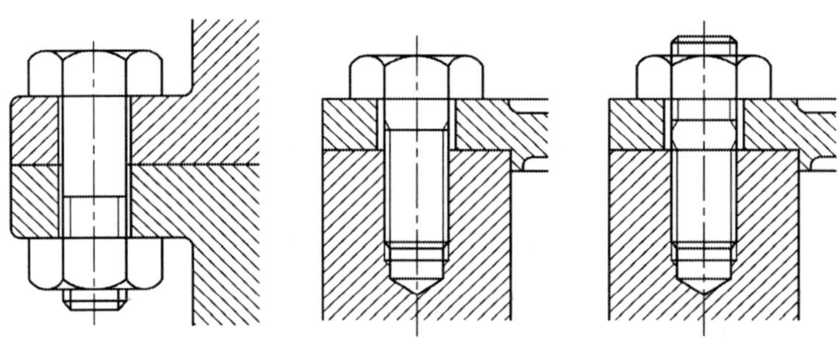

(a) 관통볼트 (b) 탭볼트 (c) 스터드 볼트

[그림 1-11] 일반적으로 사용되는 볼트

특수한 용도로 사용되는 볼트에는 다음과 같은 것들이 있다 [**그림 1-12**].

④ **아이볼트(Eye Bolt)**: 커버의 손잡이나 무거운 것을 들어올리는 데 사용된다(a).
⑤ **기초볼트(Foundation Bolt)**: 볼트의 한쪽 끝을 콘크리트에 고정하고 다른 쪽 끝 나사부에 너트를 걸어 기계류를 고정하는 데 쓰인다.
⑥ **T 볼트**: 공작기계 테이블에 가공물을 고정시킬 때 위치 조절이 편리하다(b).
⑦ **스테이 볼트(Stay Bolt)**: 2개의 물체 사이 간격을 유지하는 데 쓰인다.
⑧ **충격볼트(Impact Bot)**: 충격이 많이 걸리는 곳에 사용되며, 나사 부분과 나사를 깎지 않은 부분과의 단면적을 같게 해주어 고른 강도를 가지게 만든다.
⑨ **나비볼트**: 볼트의 머리 부분을 나비형으로 하여 스패너 없이 손으로도 나사를 돌릴 수 있게 한 것이다(c).

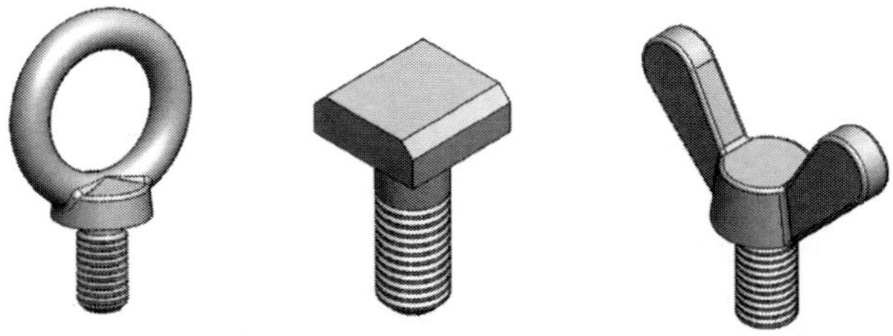

(a) 아이볼트 (b) T볼트 (c) 나비볼트

[그림 1-12] 특수한 볼트의 종류

(2) 너트의 종류

① **플랜지 너트(Flange Nut)**: 볼트 구멍이 클 때나 접촉면의 압력이 높을 때 쓰이는 것으로 너트의 밑면에 넓게 원형의 플랜지가 붙어있다.
② **와셔붙이 너트(Washer Faced Nut)**: 일명 **자리 있는 너트**라고도 하며 볼트 구멍의 자리면이 클 때 사용된다.
③ **룰렛너트(Roulette Nut)**: 손으로 풀고 죄어도 미끄러지지 않도록 널링 가공을 한 나사이다.
④ **캡너트(Cap Nut)**: 증기 또는 액체가 나사면에 새어나오는 것을 방지하기 위하여 사용된다.
⑤ **둥근너트(Round Nut)**: 지름이 작은 볼트에 쓰인다.
⑥ **홈붙이 너트(Castle Nut or Slotted Nut)**: 분할핀과 함께 사용하며 진동으로 인한 나사의 풀림 방지용으로 쓰인다.
⑦ **나비너트(Wing Nut)**: 공구를 사용하지 않고 손으로 돌릴 수 있도록 만든 너트이다.

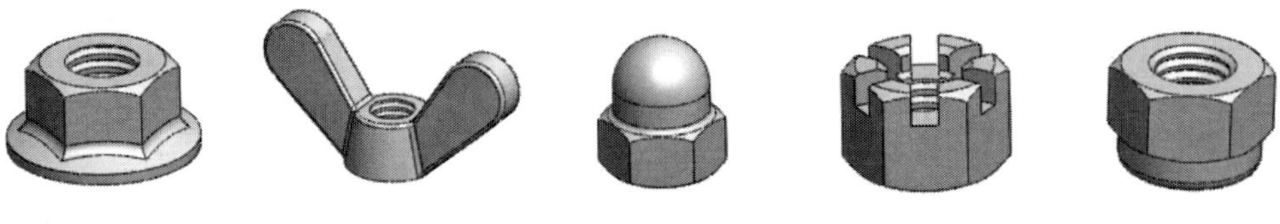

(a) 플랜지 너트 (b) 나비너트 (c) 캡너트 (d) 홈붙이 너트 (d) 와셔붙이 너트

[그림 1-13] 특수한 너트의 종류

(3) 와셔(Washer)

와셔는 구멍면이 평평하지 않거나 볼트의 구멍이 커서 볼트 자리가 충분하지 못하여 접촉압력이 높을 경우에 사용된다. 와셔에는 **평와셔, 혀붙이 와셔, 스프링 와셔, 고무와셔** 등이 있으며 일반적으로 평와셔가 많이 사용된다. 재질은 연강과 황강 등이 사용되며 모양은 주로 둥근 것이 사용되지만 각진 모양의 것도 사용된다[**그림 1-14**].

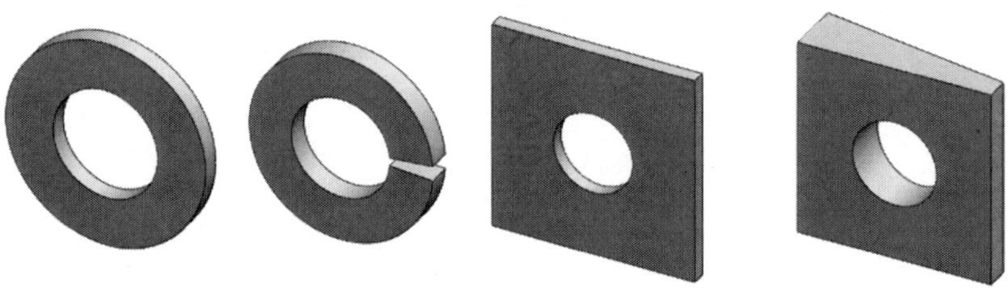

(a) 원형 (b) 스프링 와셔 (c) 각형 (d) 기울기형

[그림 1-14] 와셔의 종류

(4) 특수 나사류

① 멈춤나사(Set Screw): 두 부품 사이 회전, 미끄럼을 막기 위하여 사용되는 작은 나사로 키(key) 역할을 대신한다. 재료는 일반적으로 강이 쓰이고 나사의 끝은 담금질로 경화시켜 그 지지력을 크게 한다[**그림 1-15**].

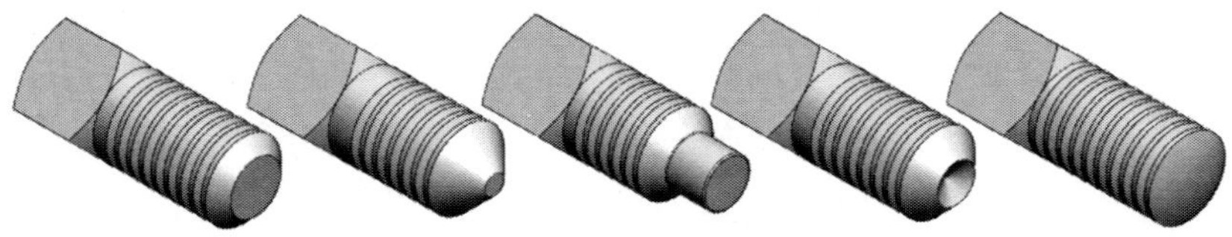

(a) 납작끝 (b) 뾰족끝 (c) 막대끝 (d) 오목끝 (e) 둥근끝

[그림 1-15] 멈춤나사

② 작은 나사(Machine Screw): **축지름이 8mm 이하의 작은 머리붙이 나사**이며, 머리의 모양에 따라 **접시꼴, 납작꼴, 둥근꼴** 등으로 구분되며 일반적으로 (-) 자형 홈붙이와 (+) 자형 홈붙이 등이 사용된다[**그림 1-16 참고**].

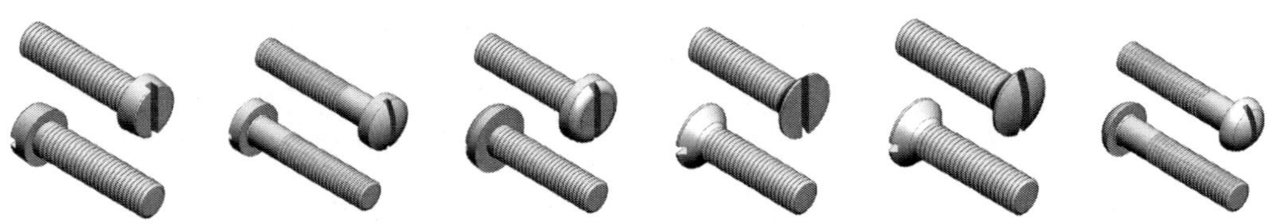

(a) 납작머리 (b) 둥근납작머리 (c) 남비머리 (d) 접시머리 (e) 둥근접시머리 (f) 둥근머리

[그림 1-16] 작은 나사

③ 나사못(Wood Screw): 목재에 나사를 박는 데 적합한 나사산을 가지며 머리의 모양에 따라 둥근꼴, 둥근접시꼴, 접시꼴 등으로 구분된다. 일반적으로 홈붙이와 (+) 자 구멍붙이가 사용된다[**그림 1-17**].

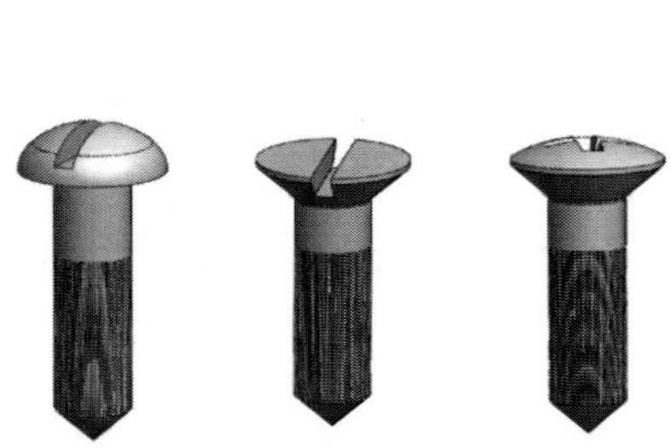

둥근머리 접시머리 둥근접시머리

[그림 1-17] 나사못

(5) 볼트와 너트 그리는 법

볼트의 머리 부분이나 너트의 모양은 규격 치수대로 그리면 복잡하므로 제도의 능률을 위해 **[그림1-18]**과 같이 간략하게 그릴 수 있다. 여기서 (a)는 제작도일 때 (b)는 간략도를 나타낸다. (b)에서는 불완전 나사부는 그리지 않는다.

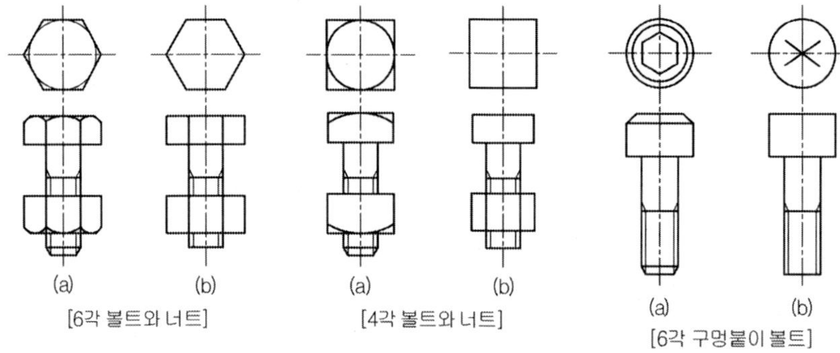

[그림 1-18] 볼트, 너트의 간략도

[그림 1-19]은 6각 볼트·너트의 제도 순서를 표시한다.

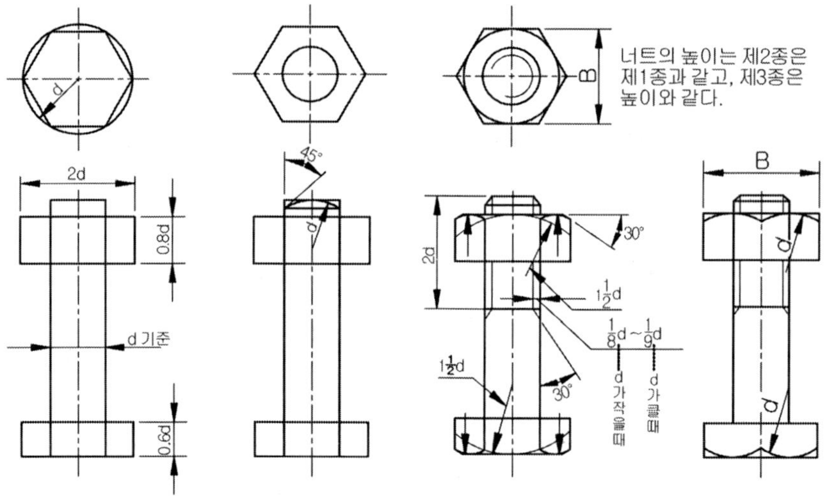

[그림 1-19] 볼트·너트의 제도 순서

호칭 지름이 8mm 이하이고 머리부가 있는 나사로 힘을 받지 않는 작은 부품이나 얇은 커버 등의 결합에 사용한다. 드라이버 체결이 가능하도록 머리에 홈을 판 나사로 도면의 표시법은 **[그림 1-20]**과 같이 평면도의 원에 기호 (+), (-)를 45°의 실선으로 표시한다. **나사부의 골지름은 가는 실선**으로 표기한다.

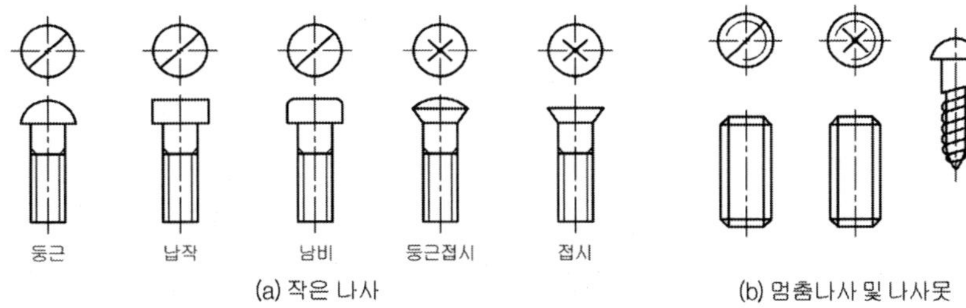

[그림 1-20] 작은 나사의 제도법

1-3 키(Key), 키홈(Keyway)

키는 기어, 벨트풀리, 핸들 등을 축에 고정시켜 회전을 전달함과 동시에 축방향으로 이동할 때 사용된다.

키의 재료로는 축보다 강한 재료를 사용하는데 보통 강 또는 합금강이 쓰인다. 키는 그 모양에 따라 **묻힘키, 안장키, 평키** 등이 있으며, 키 대신에 축을 특수한 모양으로 가공하여 사용하는 **스플라인축** 등이 있다.

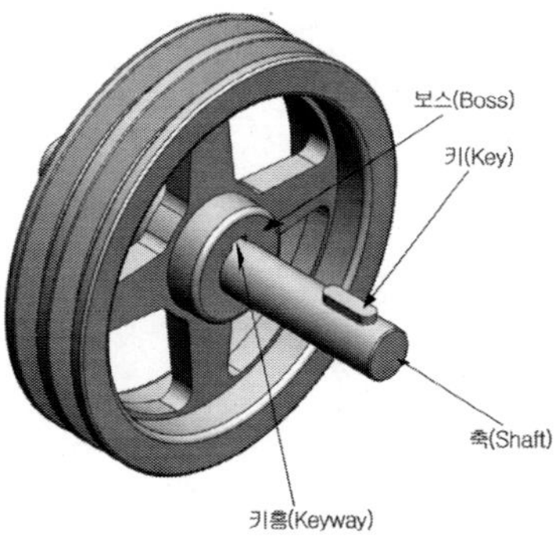

[그림 1-21] 키 이음

(1) 키(Key)의 종류

① **묻힘키(Sunk Key)**: 축과 기어, 벨트풀리 등 보스 양쪽에 홈을 판 것으로, 키의 모양에 따라 **평행키, 경사키, 머리붙이키** 등이 있다.

② **미끄럼키(Feather Key)**: 키를 축 또는 보스에 고정시키고, 보스를 축방향으로 미끄러질 수 있도록 한 것으로 키에 경사를 주지 않는다.

③ **반달키(Woodruff Key)**: 반달 모양의 키로서, 강도를 크게 요구하지 않는 축에 사용하며, 보스를 끼웠다 분리하기가 쉽기 때문에 교환 기어축, 자동차 등에 사용된다.

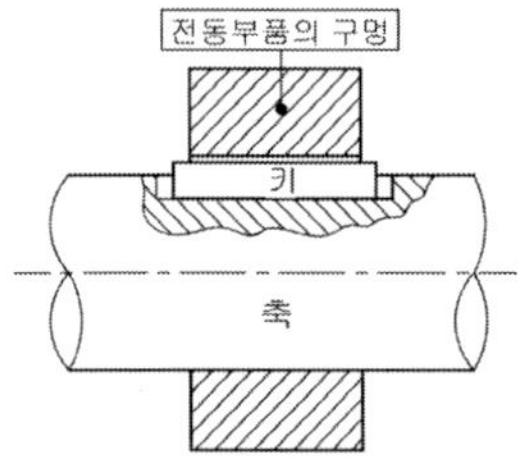

(a) 평행키

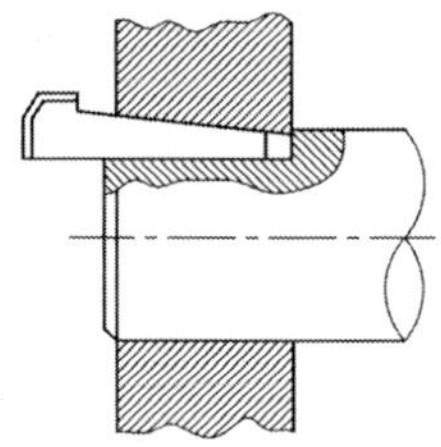

(b) 머리붙이 경사키

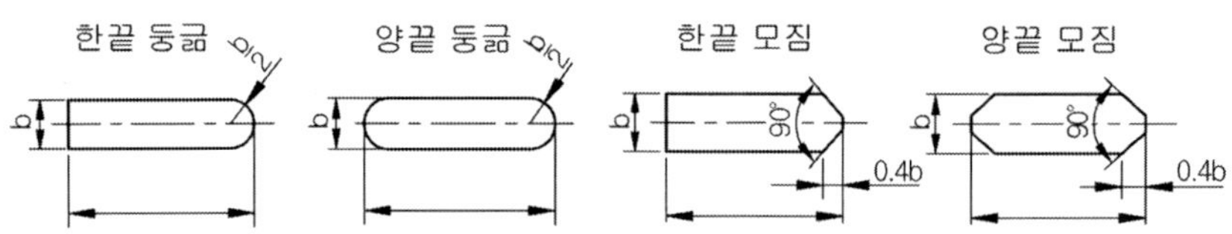

(c) 묻힘키 끝부분의 모양

[그림 1-22] 묻힘키의 종류

④ **안장키(Saddle Key)**: 보스에만 홈을 파고 키의 한쪽 면은 축 모양대로 만든 것으로, 축과의 마찰력만으로 동력을 전달한다.

⑤ **납작키(Flat Key)**: 안장키보다 마찰력을 증대시키기 위해 키가 축에 앉을 면만 조금 평평하게 깎아 때려박는 키를 말한다.

⑥ **스플라인(Spline)**: 미끄럼키를 축과 일체로 하여 원 주위에 여러 개를 만든 것으로 키홈에 의한 축의 강도 저하를 막고, 여러 개의 키로 동력을 분산하여 전달하므로 작은 허용압력으로 큰 힘을 전달할 수 있어 자동차에 주로 사용된다.

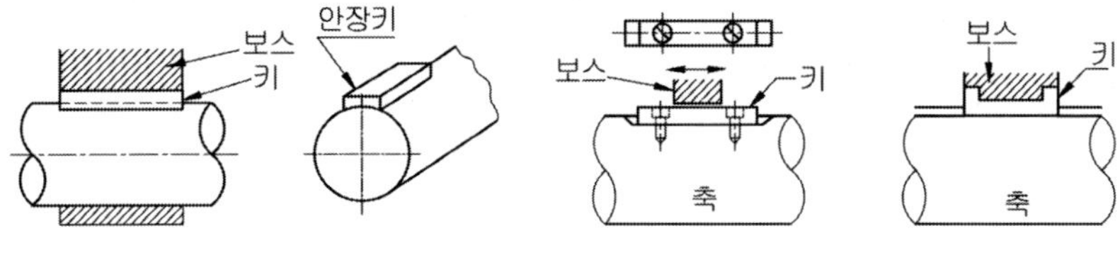

(a) 안장키 (b) 미끄럼키

[그림 1-23] 키의 종류

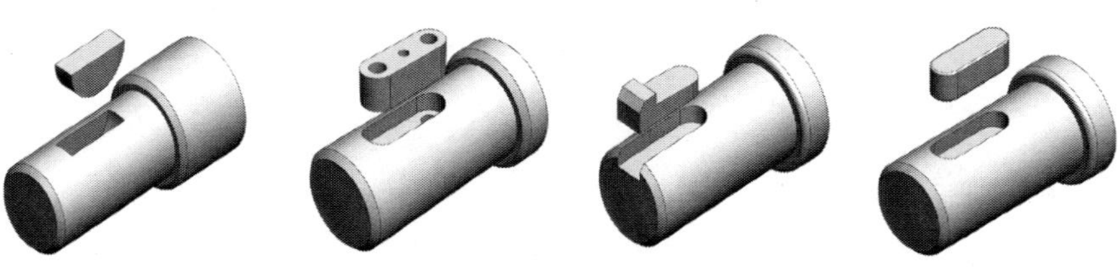

(a) 반달키 (b) 미끄럼키 (c) 머리붙이 경사키 (d) 묻힘(평행) 키

[그림 1-24] 키의 입체도

(2) 키홈(Keyway)의 도시법

키는 규격품으로 키홈은 키에 알맞게 도시되어야 한다. **[그림 1-25, 26]**와 같이 표시하면 된다.

① **축의 키홈 도시방법**: 키의 폭(b_1)×허용차(축: N9), 키의 길이(l), 키의 위치, 공구의 지름(가상선), 축의 키홈의 깊이(t_1)×허용차(KS 규격 참고), 표면거칠기

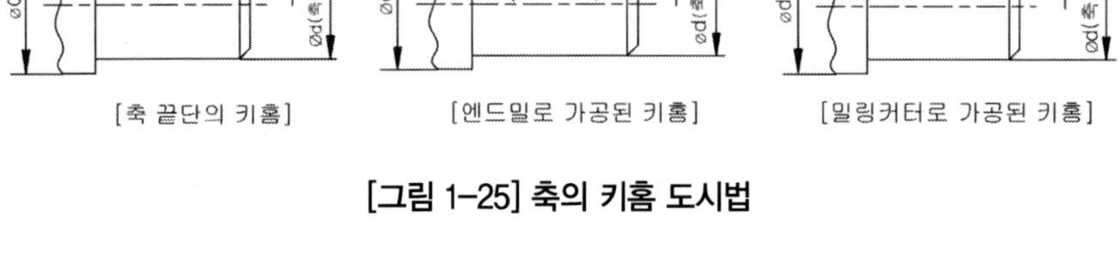

[축 끝단의 키홈] [엔드밀로 가공된 키홈] [밀링커터로 가공된 키홈]

[그림 1-25] 축의 키홈 도시법

② **구멍의 키홈 도시방법**: 키의 폭(b_2)×허용차(구멍: JS9), 키의 길이(l), 키의 위치, 공구의 지름(가상선), 구멍의 키홈 깊이(t_2)×허용차(KS 규격 참고), 표면거칠기

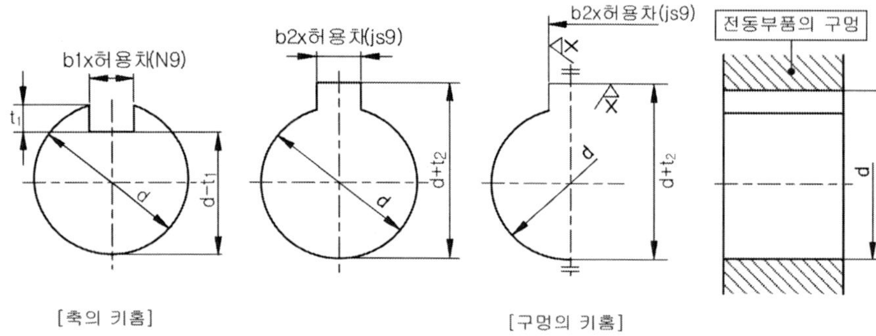

[그림 1-26] 구멍의 키홈 도시법

1-4 핀(Pin)

핀은 2개 이상의 부품을 결합할 때에 사용되지만 큰 힘을 받지 못하므로 경하중의 경우에 주로 사용된다. 접촉면의 미끄럼 방지, 나사의 풀림 방지, 부품의 위치 고정 등 작은 힘이 걸리는 곳에 쓰인다. 핀의 재료로는 주로 철강이 쓰이나, 황동·구리 등이 사용되기도 한다. 핀에는 **평행핀, 테이퍼핀, 분할핀** 등이 있다.

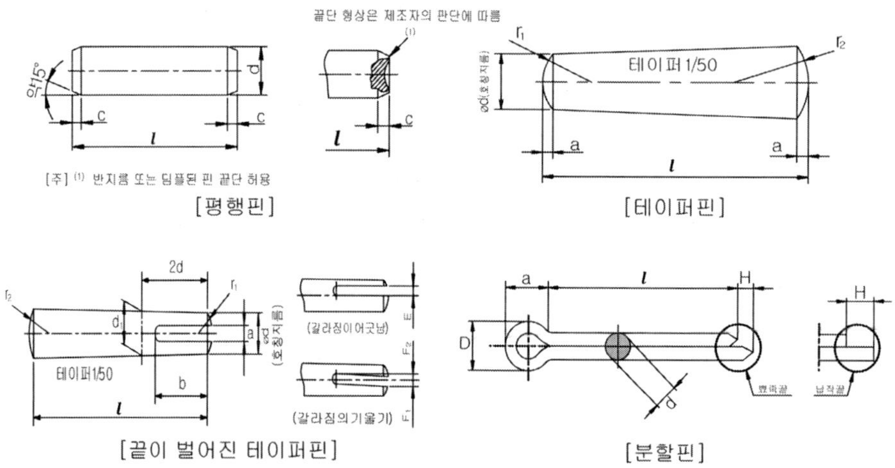

[그림 1-27] 핀의 종류

① **평행핀**: 굵기가 일정한 둥근 막대로 자전거 체인의 연결 부분에 사용한다.
② **테이퍼핀**: 끝이 점점 가늘어지는 원뿔형 막대로 자전거의 크랭크와 크랭크축을 고정시키는 부분에 사용한다.
③ **분할핀**: 반원 단면을 가지는 막대를 겹쳐 둥글게 만든 것으로 구멍에 꽂은 다음 끝을 벌려 빠지지 않게 하는 데 사용한다.

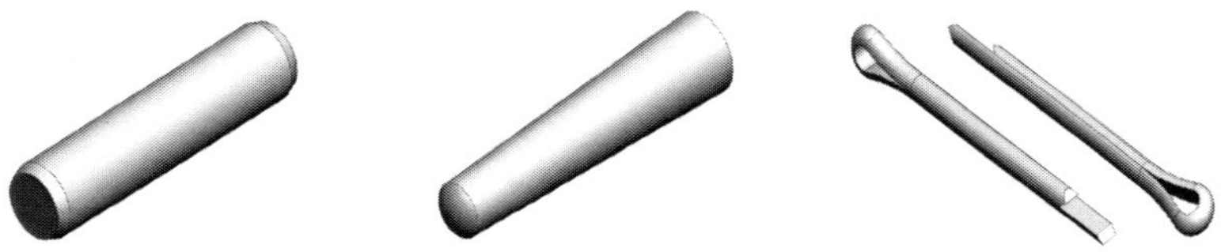

(a) 평행핀 (b) 테이퍼 핀 (c) 분할핀

[그림 1-28] 핀의 적용 예

1-5 멈춤링(Retaining Rings)

멈춤링은 베어링과 같은 축 기계요소들의 좌우 요동을 방지하기 위해 축 또는 구멍에 홈을 파고 체결하는 고리 모양의 스프링이며, **축용과 구멍용**이 있다.

C형 멈춤링 (축용) C형 멈춤링 (구멍용) E형 멈춤링 (축용) C형 동심 멈춤링 (축용) C형 동심 멈춤링 (구멍용)

[그림 1-29] 멈춤링의 종류

① **멈춤링의 도시**: 다음 그림은 축과 구멍에 멈춤링이 사용된 예이다. 멈춤링이 들어갈 자리를 KS **규격**에 의해 정확하게 표기하여야 한다.

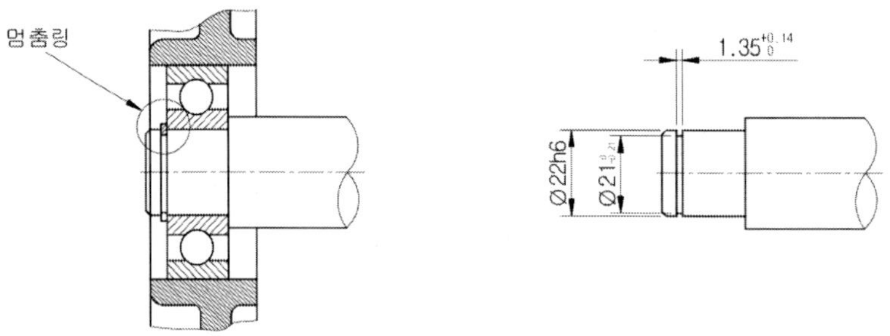

[그림 1-30] 멈춤링의 도시법

1-6 코터(Cotter)

코터는 평평한 쐐기 모양의 강편이며, 축방향에 하중이 작용하는 축과 여기에 끼우는 소켓을 체결하는 데 쓰인다.
코터는 테이퍼나 기울기를 주며, 또 접속부가 벌어질 염려가 있는 곳에는 **기브(Gib)**를 쓴다 [그림 1-31].

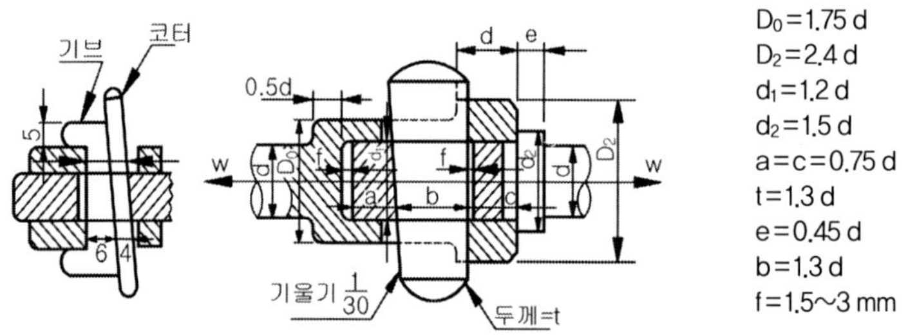

[그림 1-31] 코터이음

1-7 리벳(Rivet)

리벳이음(Rivet Joint)은 철판, 형강 등을 접합할 때 리벳을 사용하는 접합으로 교량이나 보일러 탱크 등에 사용되며, 영구적으로 접합하는 데 사용된다. 주로 힘의 전달과 강도만을 위한 곳에 쓰이는 것과 강도와 기밀을 요하는 곳에 사용하는 것으로 나누며 기밀을 유지하기 위하여 종이 석면 등으로 패킹(Packing)을 하거나 두꺼운 곳에는 **코킹**(Caulking) 또는 **플러링**(Fullering)을 한다.

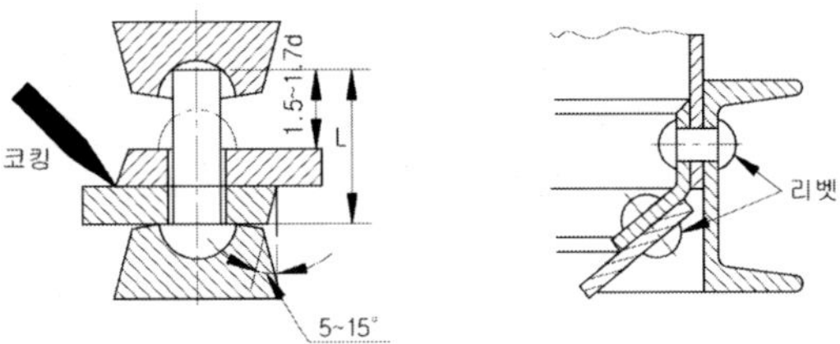

[그림 1-32] 리벳이음

힘의 전달이나 강도만을 목적으로 하여 쓰이는 리벳과 강도뿐만 아니라 기밀유지를 필요로 하는 곳에 쓰이는 리벳으로 나뉘어지며, 각각의 머리모양에 따라 둥근꼴, 접시꼴, 둥근접시꼴 및 납작꼴 등이 있고, 각 부분의 치수는 규격으로 정해져 있다[표 1-5].

길이는 겹쳐놓은 형강 두께의 1.3~1.6 d로 하고, 자루의 길이는 리벳지름의 4배 정도로 하며 그 이상인 곳에는 볼트와 너트를 사용한다.

[표 1-5] 리벳이음 리벳의 종류

<table>
<tr><th colspan="2">종류·형상</th><th>종 별</th><th>재 료</th><th colspan="2">종류·형상</th><th>종 별</th><th>재 료</th></tr>
<tr><td rowspan="4">둥근
머리</td><td rowspan="4">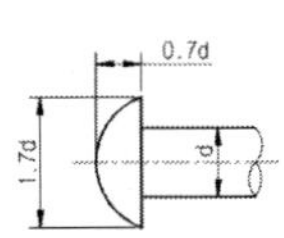</td><td>열 간</td><td>SV 330
SV 400</td><td rowspan="4">둥근
접시
머리</td><td rowspan="4">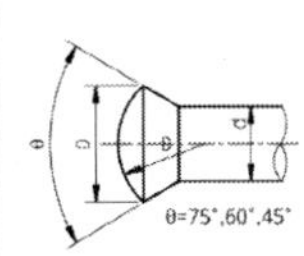</td><td>열 간</td><td>SV 330
SV 400</td></tr>
<tr><td>보일러용</td><td>SV 400</td><td>보일러용</td><td>SV 400</td></tr>
<tr><td>냉 간</td><td>MSWR
12,15,17</td><td rowspan="2">냉 간</td><td rowspan="2">SV 330</td></tr>
<tr><td>소형 열간</td><td>BSW</td></tr>
<tr><td rowspan="2">납작
머리</td><td rowspan="2">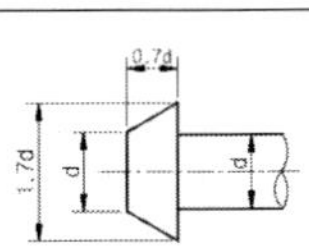</td><td rowspan="2">열 간</td><td rowspan="2">SV 330
SV 400</td><td rowspan="2">접시
머리</td><td rowspan="2">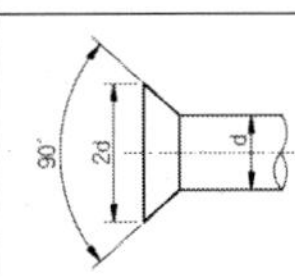</td><td>열 간</td><td>SV 330</td></tr>
<tr><td>냉 간</td><td>SV 400</td></tr>
<tr><td>남비
머리</td><td>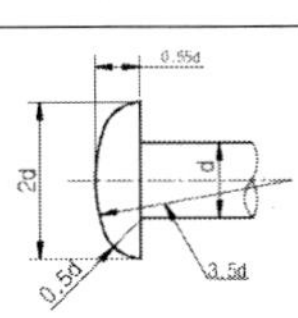</td><td>냉 간</td><td>MSWR
12, 15, 17
BSW 1~3
CUW</td><td>얇은
납작
머리</td><td>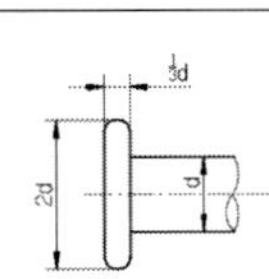</td><td>냉 간</td><td>MSWR
12,15,17
BSW 1~3
CUW</td></tr>
</table>

[표 1-6] 리벳 각부의 치수 (단위: mm)

종류	호칭지름	10	13	16	19	22	25	28	32	36	40
a. 둥근머리 리벳	머리지름 D	16	21	26	30	35	40	45	51	58	64
	(D)	17	22	27	32	37	42	48	54	61	68
b. 납작머리 리벳	D_1	10	13	16	19	22	25	28	32	36	40
	머리높이 H	7	9	11	13.5	15.5	17.5	19.5	22.5	25	28
c. 접시머리 리벳	머리지름 D	16	21	25	30	35	39.5	39.5	45	51	57
	머리높이 H	4	5	8	9.5	11	12.5	14	16	18	20
d. 둥근접시머리 리벳	둥근접시높이 h	1.5	2	2.5	3	3.5	4	4	5	5.5	6
	머리의 각 θ(약)	75°	75°	60°	60°	60°	60°	45°	45°	45°	45°
a, b, c, d	길이 l	10~50	14~65	18~80	22~100	28~120	36~130	38~140	45~160	50~180	60~190
	리벳지름 d	10.8	13.8	16.8	20.2	23.2	26.2	29.2	33.6	37.6	41.6
	구멍의 지름 d_1	11	14	17	20.5	23.5	26.5	29.5	34	38	42

[비고] 1. (D), (d_1)은 보일러용이며, D_1은 납작머리의 상부지름을 표시한다.
2. d의 호칭지름에는 12, 14, 18, 20, 24, 27, 30, 33의 것도 있다

(1) 리벳이음의 제도(간략도)

도면에서의 리벳이음은 능률을 위해 다음과 같이 간략도로 표시한다.

① 리벳의 위치만을 표시할 때에는 중심선만 그으면 된다 [그림 1-31].

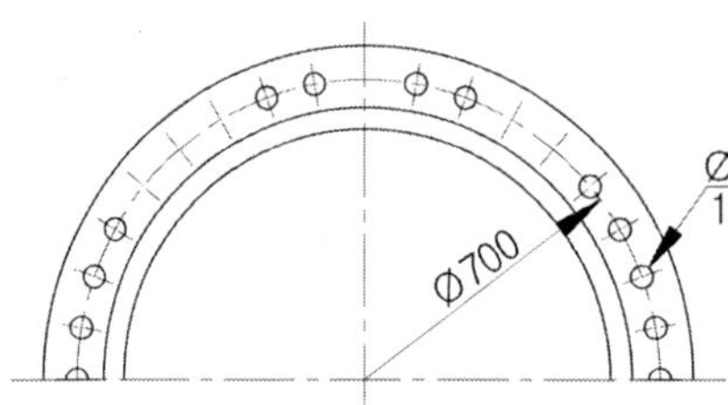

[그림 1-31] 리벳의 위치 표시법

② 같은 피치로 연속되는 같은 종류 구멍의 표시법은 간단히 기입한다[그림 1-32].
피치의 수×피치의 치수 = 합계치수

③ 리벳은 절단하여 표시하지 않는다[그림 1-33].

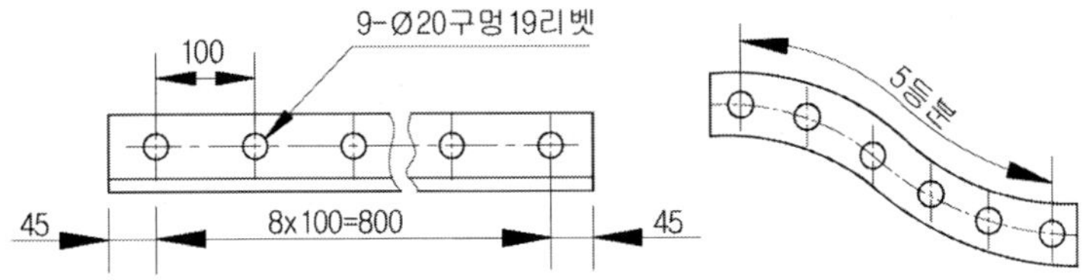

[그림 1-32] 같은 간격의 구멍의 위치 표시법

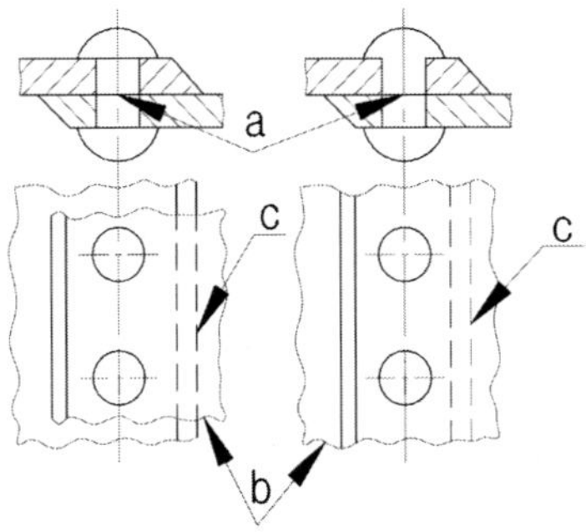

(a) 바름 (b) 잘못됨

[그림 1-33] 리벳이음의 표시

④ 구조물에 쓰이는 리벳은 다음과 같은 기호로 표시한다[그림 1-34].

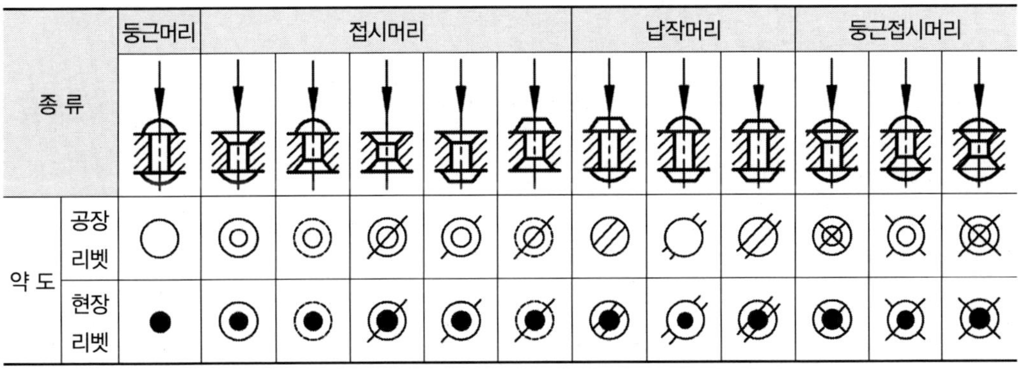

[그림 1-34] 리벳의 기호

1-8 용접(Welding)

용접(Welding)은 물체의 어떤 부분을 전기나 가스 등의 열원을 이용하여 녹여 영구적으로 접합시키는 방법을 말하며 용접법에는 **용접**(Fusion Weld), **압접**(Pressure Weld), **납땜**(Soldering), **절단**(Cutting), **접착**(Cementing) 등이 있다

(1) 용접의 종류

① 모재의 배치에 의한 분류

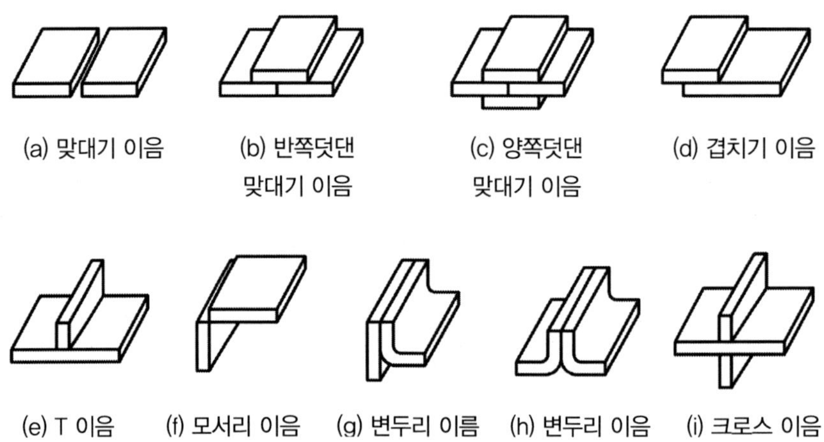

[그림 1-35] 용접이음의 종류

② **접속부의 모양에 따른 분류**: 접합하는 두 부재에 만든 홈을 Groove라 하며, 이 홈의 모양에 따라 형식명을 붙인다.

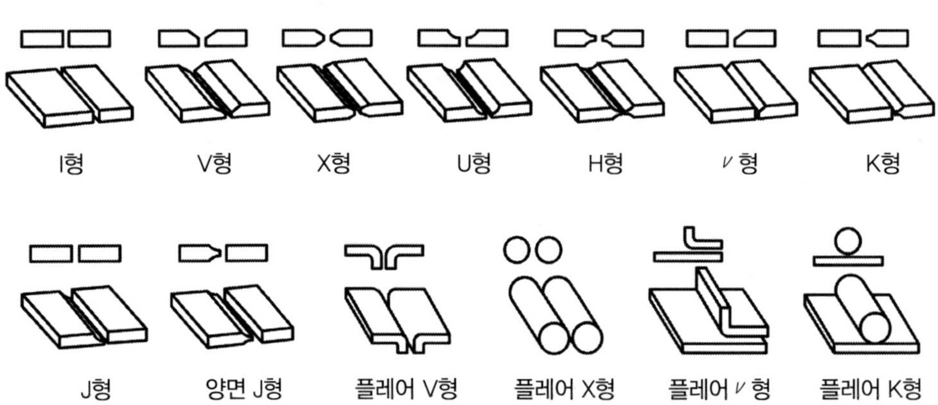

[그림 1-36] 모재이음의 형식

(2) 용접기호의 도시법(KS B 0052: 2007 확인)

용접의 종류나 용접부의 모양 등을 도면에 기입할 때에는 [표 1-7]의 **용접기호**와 [표 1-8] 의 **보조기호**를 조합하여 쓰고, 작업에 필요한 치수를 병기한다.

(3) 적용범위

이 규격은 도면에서 용접, 브레이징 및 솔더링 접합부(이하 접합부라 한다)에 표시할 기호를 규정한다.

(4) 인용규격

다음에 나타내는 규격은 규격 자체에 인용됨으로써 그 규정 일부를 구성한다. 이러한 인용규격은 그 최신판을 적용한다.

ISO 128: 1982, Technical drawings–General principles of presentation.

ISO 544: 1989, Filter materials for manual welding–Size requirements.

ISO 1302: 1978, Technical drawings–Method of indicating surface texture on drawings

ISO 2560: 1973, Covered electrodes for manual arc welding of mild steel and low alloy steel–Code of symbols for identification.

ISO 3098-1: 1974, Technical drawings–Lettering–Part 1: Currently used characters.

ISO 3581: 1976, Covered electrodes for manual arc welding of stainless and other similar high alloy steel–Code of symbols for identification.

ISO 4063: 1990, Welding, brazing, soldering and braze welding of metals– Nomenclature of process and reference numbers for symbolic representation on drawings.

KS B ISO 5817: 2002, 강의 아크 용접이음–불완전부의 품질 등급 지침

ISO 6947: 1990, Welds–Working positions–Definitions of angles of slop and rotation.

KS C ISO 8167: 2001, 저항 용접용 프로젝션

KS B ISO 10042, 알루미늄 및 그 합금의 아크 용접이음–불완전의 품질 등급 지침

(5) 일 반

1. 접합부는 기술 도면에 대하여 일반적으로 권장하고 있는 사항에 따라 표시될 수 있으나, 간소화하기 위하여 일반적인 접합부에 대해 이 규격에서 설명하고 있는 기호를 따르도록 한다.

2. 기호 표시는 특정한 접합부에 관하여 비고나 추가적으로 보여주는 도면 없이 모든 필요한 지시사항을 분명하게 표시한다.
3. 이 기호 표시는 다음과 같은 사항으로 완성되는 기본 기호를 포함한다.
   ① 보조 기호 ② 치수 표시 ③ 몇 가지 보조 표시(특별히 가공 도면을 위한)
4. 도면을 가능한 한 간소화하기 위하여 접합부의 도면에 지시사항을 표시하기 보다는 용접, 브레이징 및 솔더링할 단면의 준비나, 용접, 브레이징 및 솔더링 절차에 대한 세부사항을 나타내는 특정 지시 사항이나 특수 시방에 대한 참고사항을 마련하도록 권장한다. 이러한 지시사항들이 없으면 용접, 브레이징 및 솔더링할 모서리의 준비나 용접, 브레이징, 솔더링 절차에 관련한 치수는 기호와 가까이 있어야 한다.

(6) 기본 기호

여러 종류의 접합부는 일반적으로 용접형상과 비슷한 기호로 구별할 수 있으나, 기호를 적용할 공정을 미리 판단할 수 있는 것은 아니다. 기본 기호는 [표 1-7]에서 보여주고 있다. 만약 접합부가 지정되지 않고 용접, 브레이징 또는 솔더링 접합부를 나타낸다면 다음과 같은 모양의 기호를 사용하게 된다.

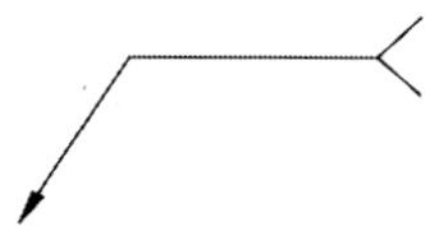

[그림 1-37] 기본 기호

[표 1-7] 기본 기호

번호	명칭	그림	기호
1	돌출된 모서리를 가진 평판 사이의 맞대기 용접[a] 에지 플랜지형 용접(미국)/돌출된 모서리는 완전 용해		⋏
2	평행(I형) 맞대기 용접		‖
3	V형 맞대기 용접		V
4	일면 개선형 맞대기 용접		⊬
5	넓은 루트면이 있는 V형 맞대기 용접		Y
6	넓은 루트면이 있는 한면 개선형 맞대기 용접		⊬
7	U형 맞대기 용접(평행 또는 경사면)		Ƴ
8	J형 맞대기 용접		ᒣ
9	이면 용접		⌓
10	필릿 용접	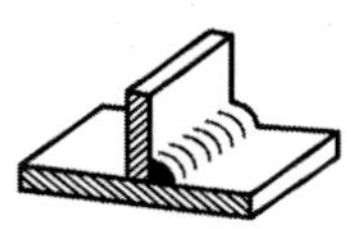	◺
11	플러그 용접: 플러그 또는 슬롯 용접(미국)	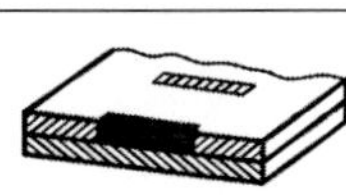	⊓
12	점 용접	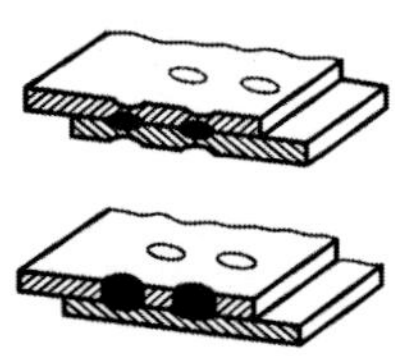	○

[표 1-7] 기본 기호(계속)

번호	명칭	그림	기호
13	심(Seam) 용접	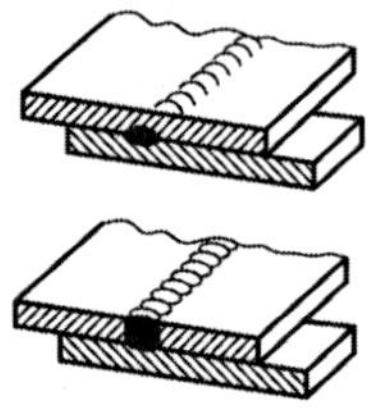	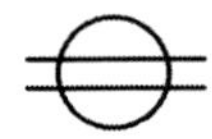
14	개선 각이 급격한 V형 맞대기 용접	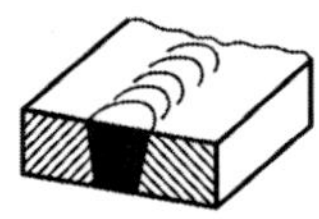	
15	개선 각이 급격한 일면 개선형 맞대기 용접		
16	가장자리(Edge) 용접		
17	표면 육성		
18	표면(Surface) 접합부	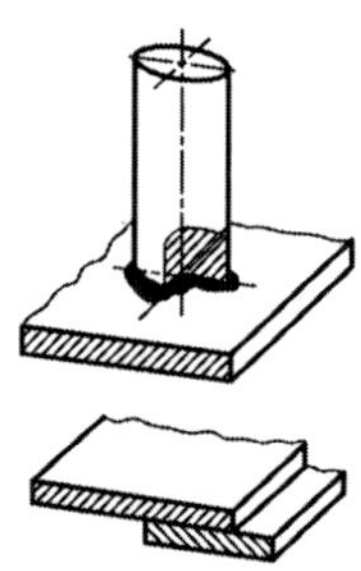	
19	경사 접합부	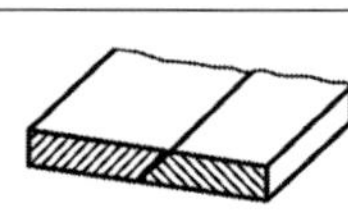	
20	겹침 접합부	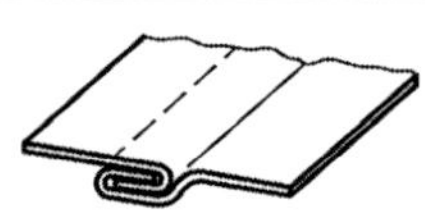	

[비고] [a]. 돌출된 모서리를 가진 평판 맞대기 용접부(**번호** 1)에서 완전 용입이 안 되면 용입 깊이가 S인 평행 맞대기 용접부(**번호** 2)로 표시한다([표 1-11] 참고).

(7) 기본 기호의 조합

필요한 경우 기본 기호를 조합하여 사용할 수 있다. 양면 용접의 경우에는 적당한 기본 기호를 기준선에 대칭되게 조합하여 사용한다. 전형적인 예를 [표 1-8]에 보여주고 있으며 응용 예는 [표 A.2]에서 보여주고 있다.

[표 1-8] 양면 용접부 조합기호

명 칭	그 림	기 호
양면 V형 맞대기 용접(X용접)		
K형 맞대기 용접	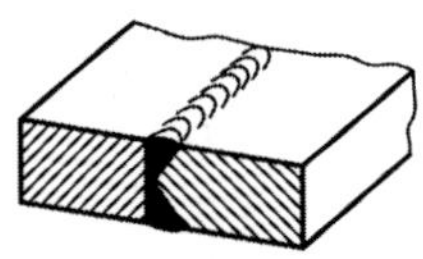	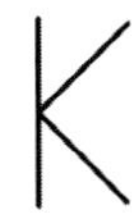
넓은 루트면이 있는 양면 V형 용접	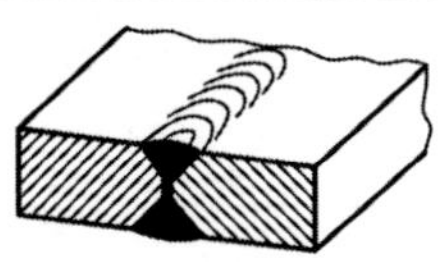	
넓은 루트면이 있는 K형 맞대기 용접	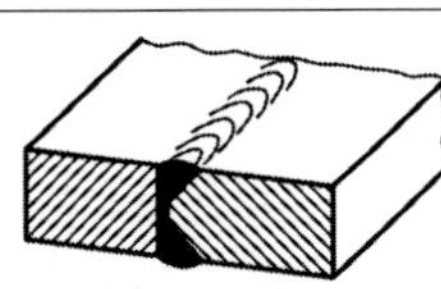	
양면 U형 맞대기 용접	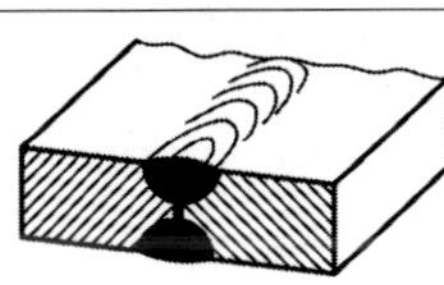	

[비고] [표 1-8]은 양면(대칭) 용접에서 기본 기호의 조합 예를 보여주고 있다. 기호 표시에 있어서 기본 기호는 기준선에 대칭되도록 배열한다. (표 A. 2) 기본 기호 이외의 기호는 기준선을 표시하지 않고 나타낼 수 가 있다.

(8) 보조 기호의 조합

기본 부호는 용저부 표면의 모양이나 형상의 특징을 나타내는 기호로 보완할 수 있다. 권장하는 몇 가지 보조 기호는 [표 1-9]에서 보여주고 있다. 보조 기호가 없는 것은 용접부 표면을 자세히 나타낼 필요가 없다는 것을 의미한다. 기본 기호와 보조 기호의 조합 예를 [표 1-10]와 [표 A.3]에 제시하였다.

비고 여러 가지 기호를 함께 사용할 수 있지만, 용접부를 기호로 표시하기가 어려울 때는 별도의 개략도로 나타내는 것이 바람직하다.

[표 1-9] 보조 기호

명칭	기호
a) 평면(동일한 면으로 마감처리)	—
b) 볼록형	
c) 오목형	
d) 토우를 매끄럽게 함	
e) 영구적인 이면 판재(Backing Strip) 사용	M
f) 제거 가능한 이면 관재 사용	MR

[표 1-10] 보조 기호의 적용 보기

명칭	그림	기호
평면 마감 처리한 V형 맞대기 용접		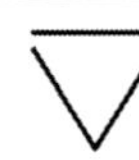
볼록 양면 V형 용접		
오목 필릿 용접	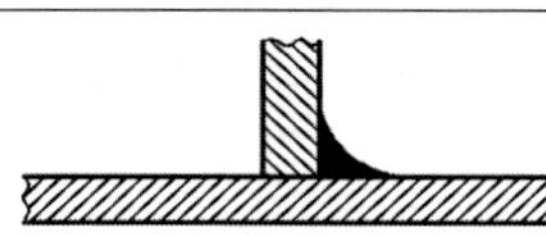	
이면 용접이 있으며 표면 모두 평면 마감 처리한 V형 맞대기 용접		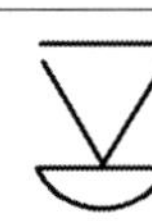
넓은 루트면이 있고 이면 용접된 V형 맞대기 용접	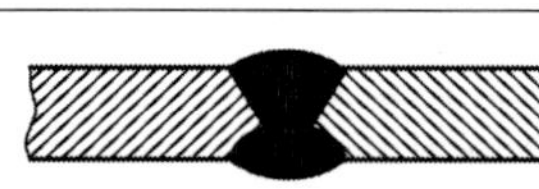	
평면 마감 처리한 V형 맞대기 용접		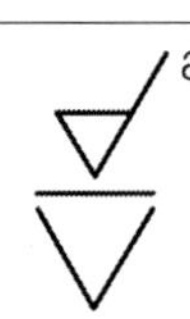
매끄럽게 처리한 필릿 용접	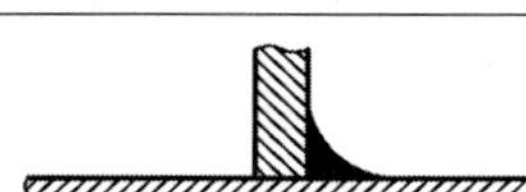	

[비고] a. ISO 1302에 따른 기호: 이 기호 대신 주 기호 √를 사용할 수 있음

(9) 도면에서 기호의 위치 및 화살표와 접합부의 관계

이 규격에서 다루는 기호는 안전한 표시방법 중 일부분이다[**그림 1-38**].

① 접합부당 하나의 화살표[**그림 1-39, 40**].

② 두 개의 선, 실선과 점선의 평행선으로 된 이중 기준선[**예외는 비고 1**]

③ 특정한 숫자의 치수와 통상의 부호

비고 1. ═══ ═══ 점선은 실선 위 또는 아래에 있을 수 있다(8.**기준선의 위치 및 부속서** B). 대칭 용접의 경우 점선은 불필요하며 생략할 수 있다.
2. 화살표, 기준선, 기호 및 글자의 크기는 각각 ISO 128과 ISO 3098-1에 의하여 치수를 나타내는 선 굵기에 따른다.

다음 규칙 목적은 각각의 위치를 명확히 하여 접합부 위치를 정의하기 위한 것이다.

① 화살표 위치 ② 기준선 위치 ③ 기호 위치

화살표와 기준선에는 참고사항을 완전하게 구성하고 있다. 용접방법, 허용수준, 용접자세, 용접재료 및 보조재료 등과 같은 상세 정보가 주어지면, 기준선 끝에 덧붙인다((13) **용접부 보조표시**)

- 접합부의 "화살표 쪽"

- 접합부의 "화살표 반대쪽"

비고 1. 아래 그림에서는 화살표 위치를 명확하게 표시한다. 일반적으로 접합부 바로 인접한 곳에 위치한다.
2. [그림 1-39] 참조

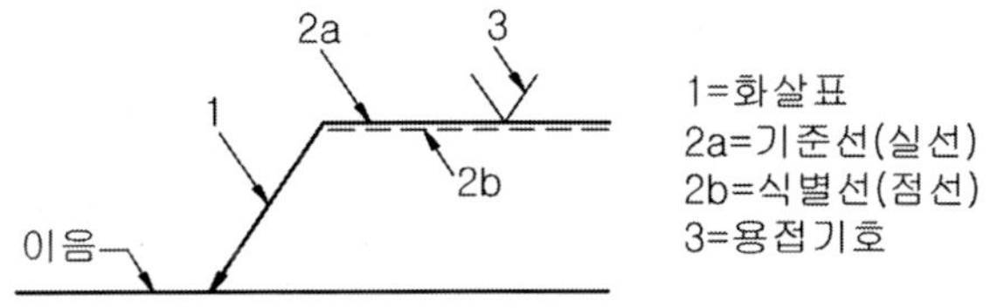

[그림 1-38] 표시방법

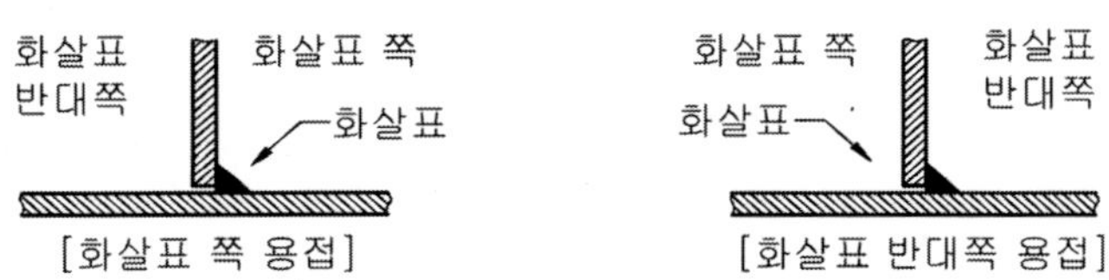

[그림 1-39] 한쪽면 필릿 용접의 T접합부

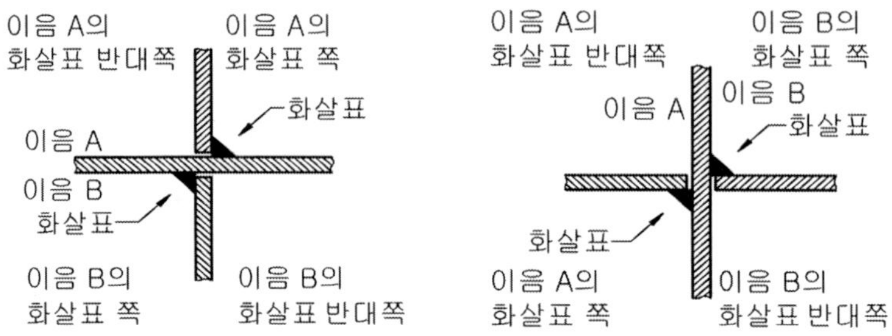

[그림 1-40] 양면 필릿 용접의 십자형 접합부

(10) 화살표의 위치

일반적으로 용접부에 관한 화살표 위치는 특별한 의미가 없다[**그림 1-41(a)와 (b)**]. 그러나 용접 형상이 [**표 1-7 의 4,6,8**]에는 화살표가 준비된 판 방향으로 표시된다[**그림 1-41(a)와 (b)**]. 그림 (a)에서는 기준선에 화살표 표시를 하여 기준선 한쪽 끝에 각을 이루어 연결된다. 그림 (b)에서는 용접부 접선에 표시하여 화살표 표시가 붙어서 완성된다.

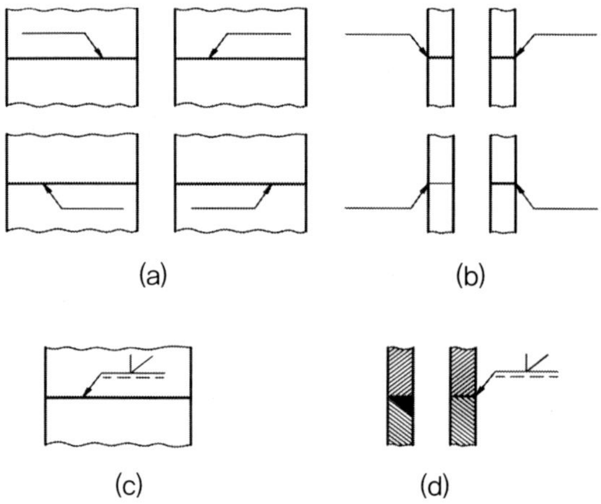

[그림 1-41] 화살표의 위치

(11) 기준선의 위치

기준선은 우선적으로 도면 아래 모서리에 평행하도록 표시하거나, 불가능할 경우에는 수직되게 표시한다. 기준선에 대한 기호 위치는 다음과 같은 규칙에 따라 기준선 위나 아래에 표시하여야 한다.

① 용접부(용접 표면)가 접합부 화살표 쪽에 있다면 기호는 기준선 실선 쪽에 표시한다[**그림 1-42(a)**].

② 용접부(용접 표면)가 접합부 화살표 쪽에 있다면 기호는 기준선 실선 쪽에 표시한다[**그림 1-42(b)**].

비고 프로젝션 용접에 의한 점 용접부의 경우에는 프로젝션 표면을 용접부 외면 표면으로 간주한다.

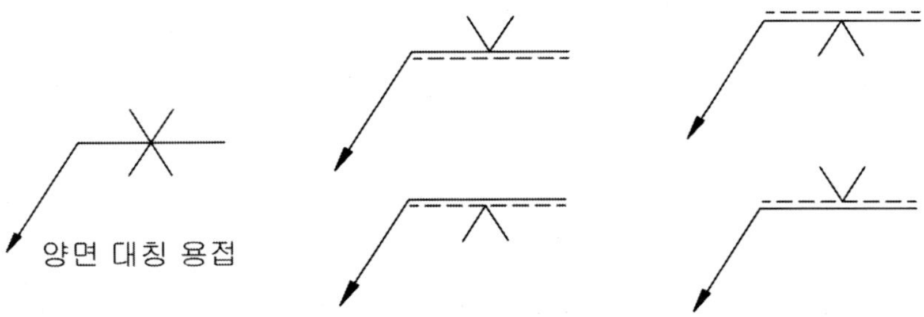

(a) 화살표 쪽 용접　(b) 화살표 반대쪽 용접

[그림 1-42] 기준선에 따른 기호의 위치

(12) 용접부의 치수 표시

각 용접 기호에는 특정한 치수를 덧붙인다. 이 치수는 [**그림 1-43**]에 따라서 다음과 같이 표시한다.

① 가로 단면에 대한 치수는 **기호의 왼편(기호의 앞)**에 표시한다.

② 세로 단면의 치수는 **기호의 오른쪽(기호의 뒤)**에 표시한다.

주요 치수를 표시하는 방법은 [**표 1-11**]에서 보여주고 있다. 주요 치수를 표시하는 규칙 역시 이 표에서 볼 수 있다. 기타 다른 치수도 필요에 따라 표시할 수 있다.

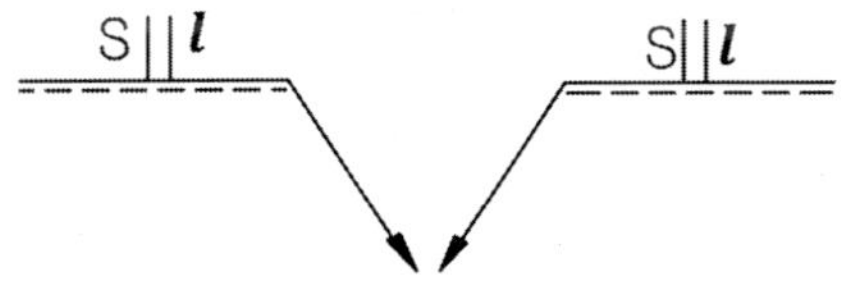

[그림 1-43] 치수 표시 원칙의 예

판 모서리 용접에서 치수는 도면 외에는 기호로 표시되지 않는다.

① 기호에 이어서 어떤 표시도 없는 것은 용접 부재의 전체 길이를 연속 용접한다는 의미이다.

② 별도 표시가 없는 경우 완전 용입이 되는 맞대기 용접을 나타낸다.

③ 필릿 용접부에서는 치수 표시에 두 가지 방법이 있다[**그림 1-44**]. 문자 a 또는 z는 항상 해당되는 치수의 앞에 다음과 같이 표시한다.

④ 경사면이 있는 플러그 또는 슬롯 용접의 경우에는 해당 구멍의 아래에 치수를 표시한다.

(a)

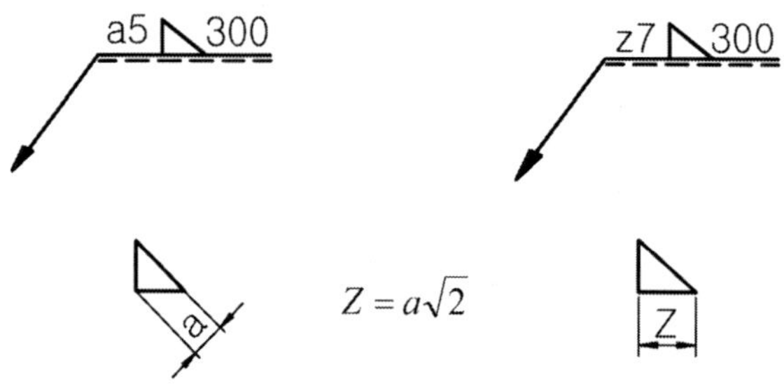

(b)

[그림 1-44] 필릿 용접부의 치수 표시방법

필릿 용접부에서 깊은 용접을 나타내는 경우 목두께는 S가 된다[그림 1-45].

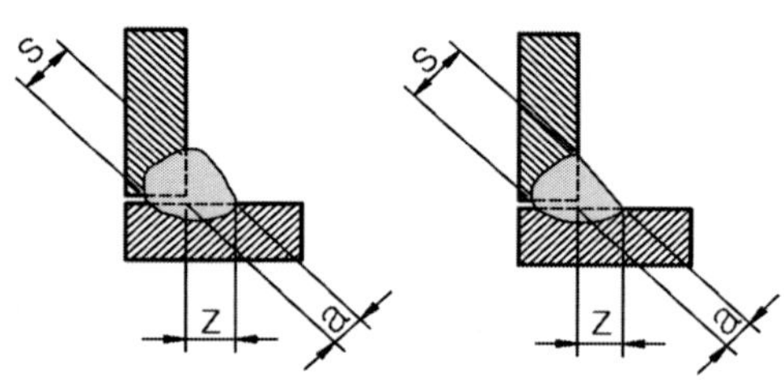

[그림 1-45] 필릿 용접의 용입 깊이의 치수 표시방법

[표 1-11] 주요 치수

번호	명칭	정의	그림	기호
1	맞대기 용접	S: 얇은 부재의 두께보다 커질 수 없는 거리로서, 부재의 표면부터 용입의 바닥까지 최소거리	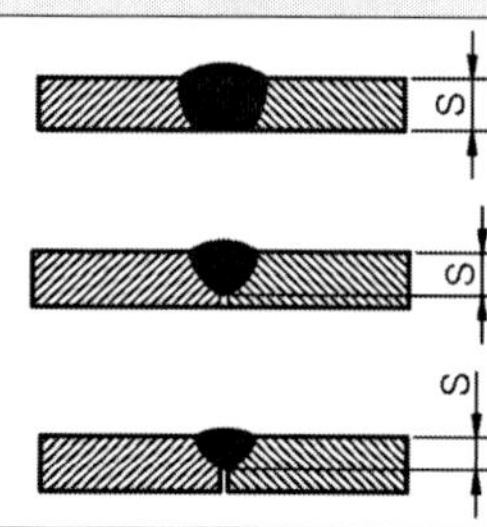	V s‖ sY
2	플랜지형 맞대기 용접	S: 용접부 외부 표면부터 용입의 바닥까지 최소거리	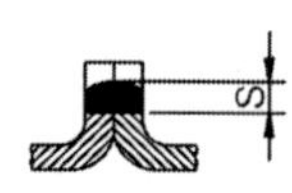	s‖

[표 1-11] 주요 치수(계속)

번호	명칭	정의	그림	기호
3	연속 필릿 용접	a: 단면에서 표시될 수 있는 최대 이등변 삼각형의 높이 z: 단면에서 표시될 수 있는 최대 이등변 삼각형의 변	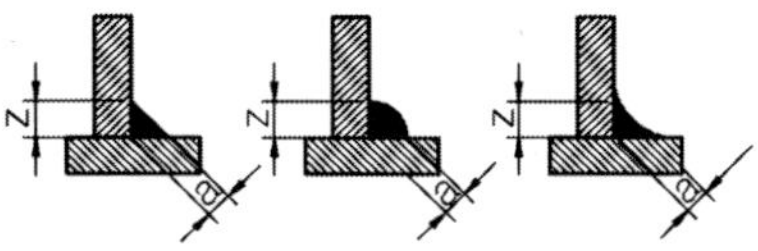	a◺ z◺
4	단속 필릿 용접	l: 용접 길이(크레이터 제외) (e): 인접한 용접부 간격 n: 용접부 수 a: 3번 참고 z: 3번 참고	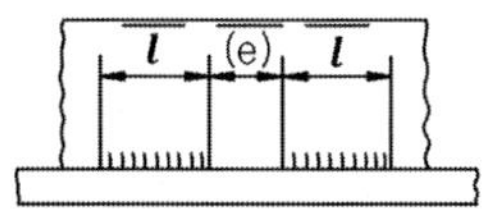	a◺ n×l(e) z◺ n×l(e)
5	지그재그 단속 필릿 용접	l: 용접 길이(크레이터 제외) (e): 인접한 용접부 간격 n: 용접부 수 a: 3번 참고 z: 3번 참고	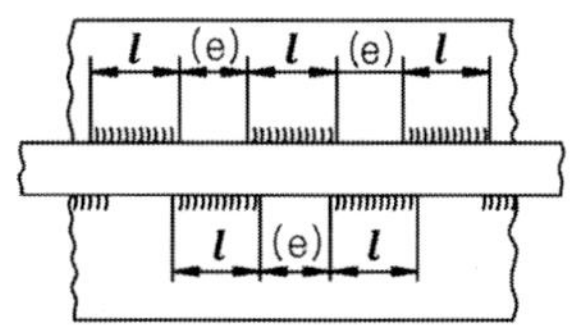	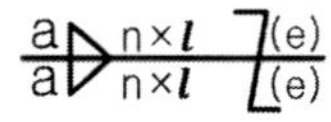 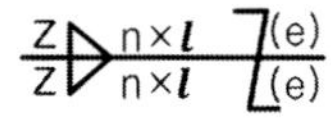
6	플러그 또는 슬롯 용접	l: 용접 길이(크레이터 제외) (e): 인접한 용접부 간격 n: 용접부 수 c: 슬롯의 너비	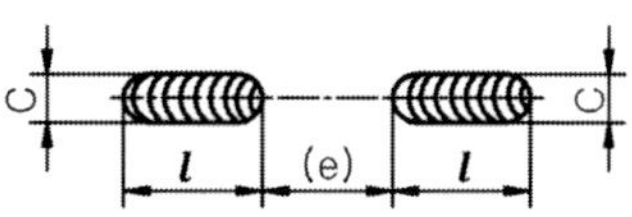	c⊓ n×l(e)
7	심 용접	l: 용접 길이(크레이터 제외) (e): 인접한 용접부 간격 n: 용접부 수 c: 용접부 너비	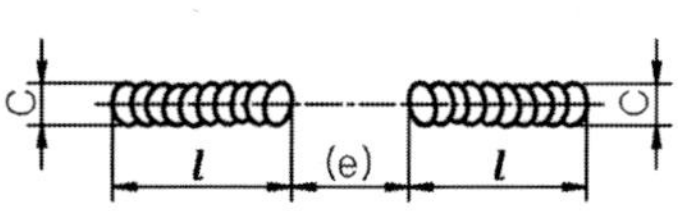	c⊖ n×l(e)
8	플러그 용접	n: 용접부 수 (e): 간격 d: 구멍의 지름	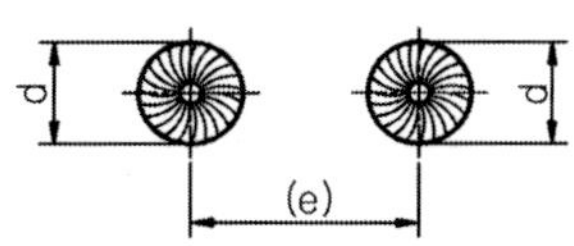	d⊓ n(e)
9	점 용접	n: 용접부 수 (e): 간격 d: 점(용접부)의 지름	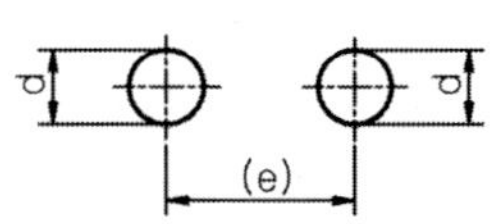	d○ n(e)

(13) 용접부의 보조 표시

보조 표시는 용접부의 다른 특징을 나타내기 위해 필요하다.

① **일주 용접:** 용접이 부재의 전체를 둘러서 이루어질 때 기호는 **[그림 1-46]**과 같이 원으로 표시한다.

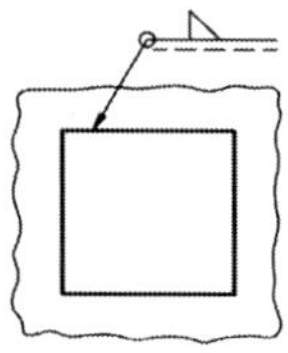

[그림 1-46] 일주 용접의 표시

② **현장 용접:** 현장 용접을 표시할 때는 **[그림 1-47]**과 같이 깃발 기호를 사용한다.

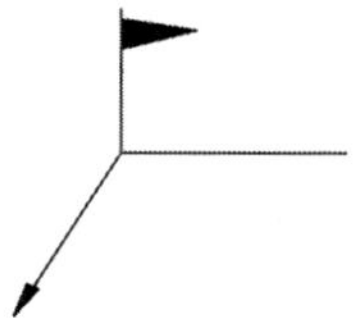

[그림 1-47] 현장 용접의 표시

③ **용접 방법의 표시:** 용접방법의 표시가 필요한 경우에는 기준선 끝 2개의 선 사이에 숫자로 표시한다. **[그림 1-48]**은 그 예를 보여주고 있다. 각 용접방법에 대한 숫자 표시는 ISO 4063에 나타나 있다.

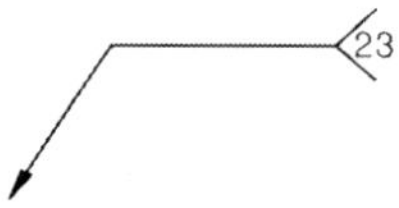

[그림 1-48] 용접방법의 표시

④ **참고 표시 끝에 있는 정보의 순서:** 용접부와 치수에 대한 정보는 다음과 같은 순서로 기준선 끝에 더 많은 정보를 보충할 수 있다.

– 용접방법(예시는 ISO 4063에 의거)

– 허용 수준(예시는 KS B ISO 5817 및 KS B ISO 10042에 의거)

– 용접 자세(예시는 ISO 6947에 의거)

– 용접 재료(예시는 ISO 544, ISO 2560, ISO 3581에 의거)
개별 항목은 "/"으로 구분한다. 그 외에 기준선 끝 상자 안에 특별한 지침(즉 절차서)을 **[그림 1–49]**와 같이 표시 할 수 있다.

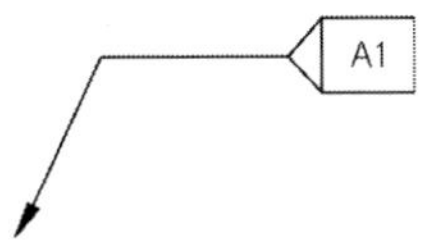

[그림 1–49] 참고 정보의 표시

보기 KS B ISO 5817에 따른 요구 허용 수준, ISO 6947에 따른 아래 보기 자세, 피복 용접봉 ISO 2560–E51 2 RR 22를 사용하여 피복 아크용접 ISO 4063에 따른 참고 번호 1110으로 이면 용접이 있는 V형 맞대기 용접부**[그림 1–50]**

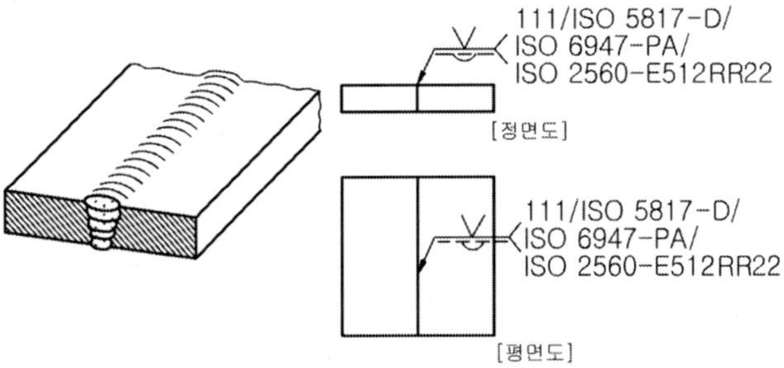

[그림 1–50] 이면 용접이 잇는 V형 맞대기 용접부

(14) 점 및 심 용접부에 대한 적용의 예

점 및 심 접합부(용접, 브레이징 또는 솔더링)의 경우에는 2개의 겹쳐진 부재 계면이나 2개의 부재 중에서 하나가 용해되어 접합을 이루게 된다**[그림 1–51, 52]**.

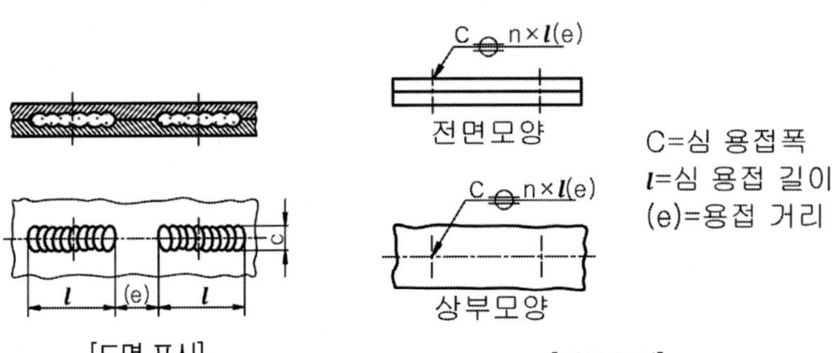

[그림 1–51] 단속 저항 심 용접부

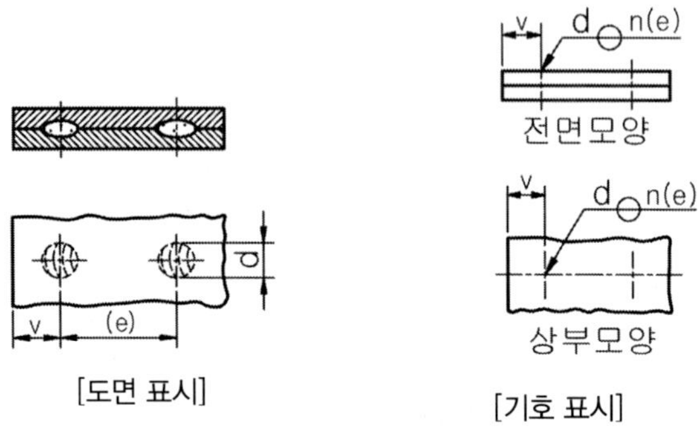

(a) 저항점 용접

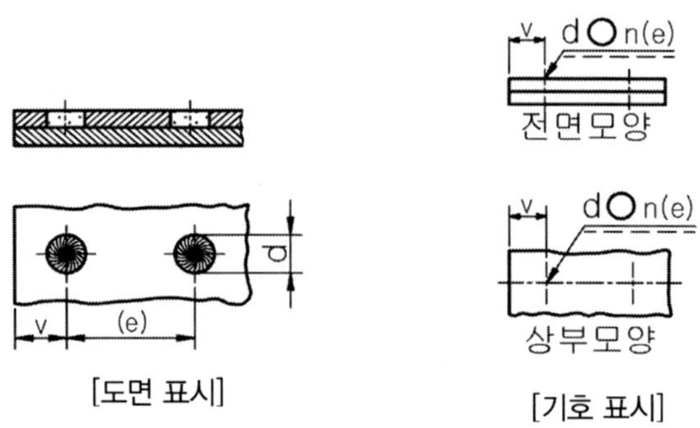

(b) 용융 점 용접

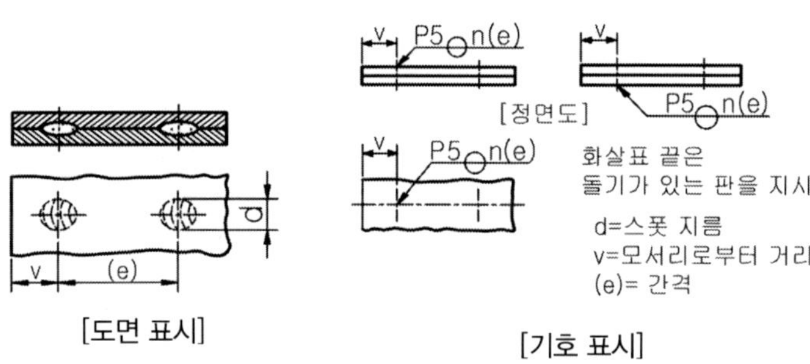

(c) 프로젝션 용접부

[그림 1-52] 점 용접부

비고 프로젝션의 지름 d=5mm, 프로젝트 간격(e)로 n개의 용접 개수를 가지는 ISO 8167에 따른 프로젝션 용접의 표시의 보기이다.

부속서 A 기호의 사용 예

이 부속서는 **ISO 2553: 1992**, Welded, brazed and soldered joint–Symbolic representation on drawing의 Annex A(informative)에 기재된 기호에 대한 사용 예를 보여주는 것으로 규정의 일부는 아니다.

[표 A.1] 기본 기호 사용 보기

번 호	명칭, 기호 (숫자는 표1-7 번호)	그 림	표 시 3각법	표 시 1각법	투상도 및 치수 기입 정면도 기입	투상도 및 치수 기입 측면도 기입
1	플랜지형 맞대기 용접 1	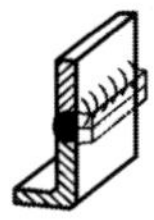	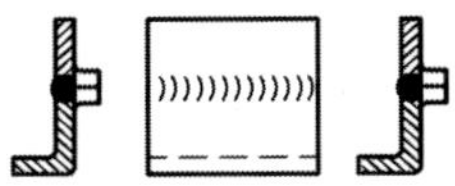		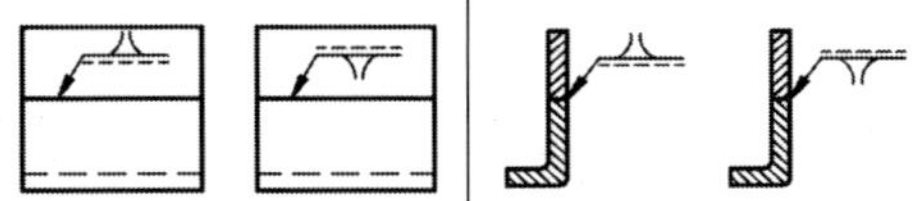	
2	I형 맞대기 용접	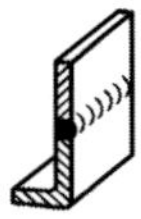	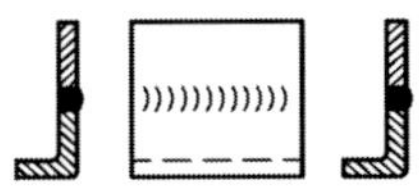		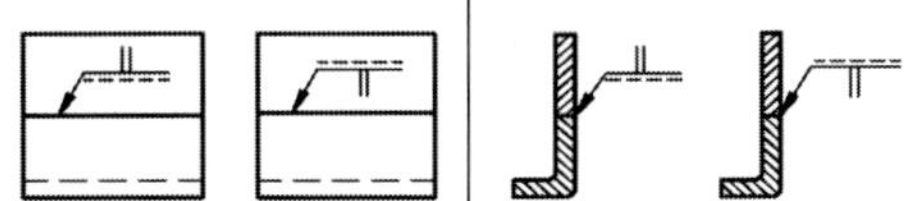	
3		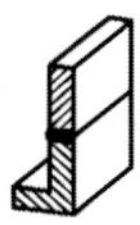	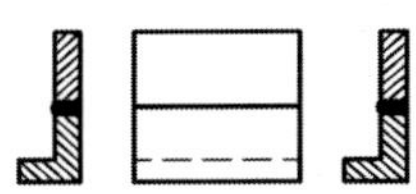		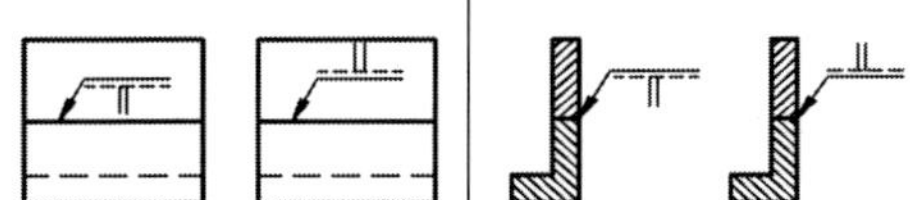	
4		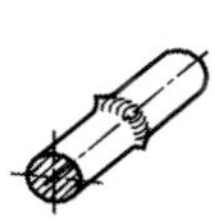	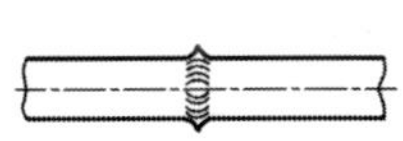		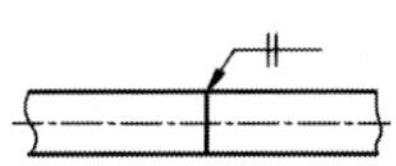	
5	V형 맞대기 용접 V 3	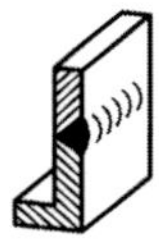	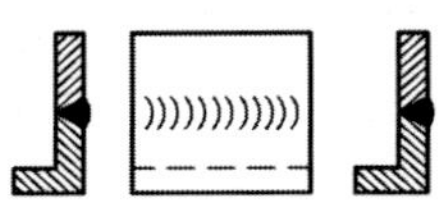		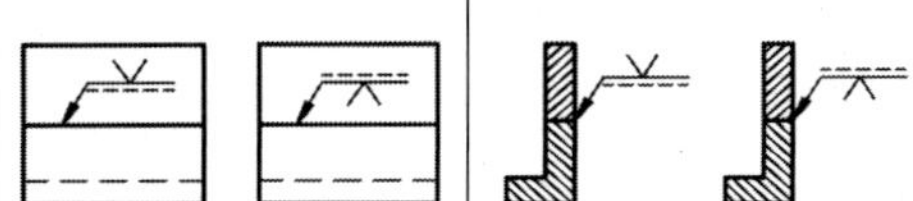	
6		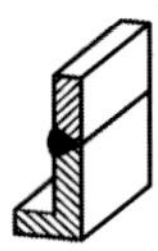	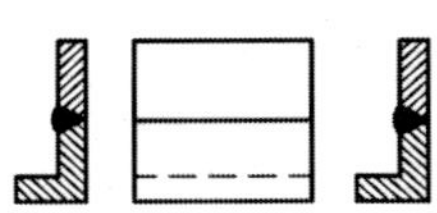		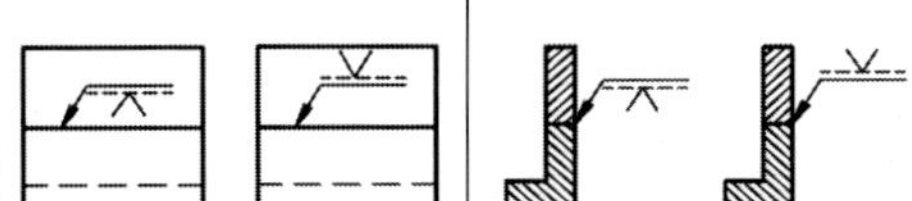	

[표 A.1] 기본 기호 사용 보기(계속)

번 호	명칭, 기호 (숫자는 표1-7 번호)	그 림	표 시		투상도 및 치수 기입	
			3각법	1각법	정면도 기입	측면도 기입
7	일면 개선형 맞대기 용접 4	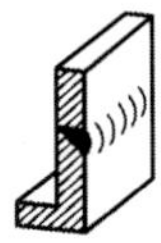	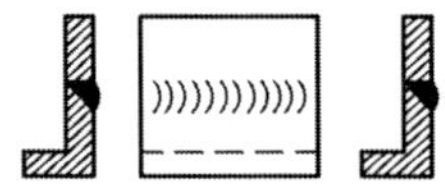		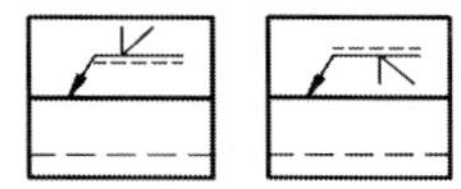	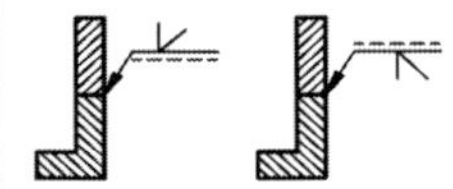
8		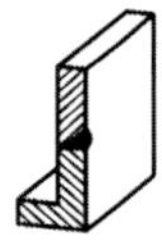	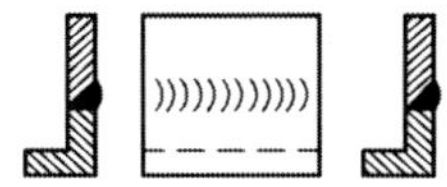		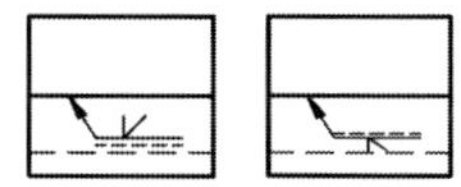	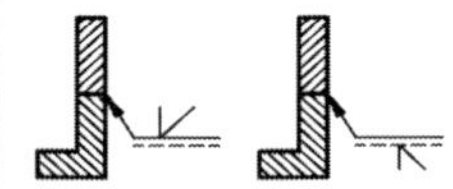
9		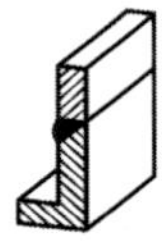	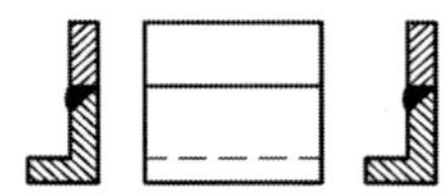		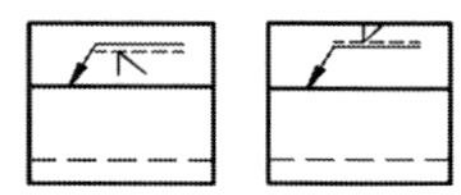	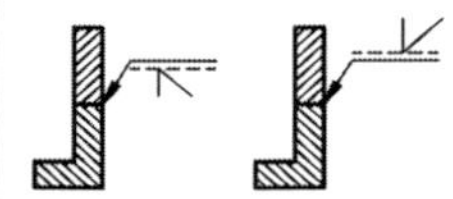
10		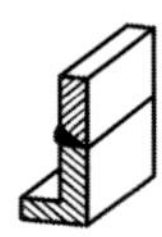	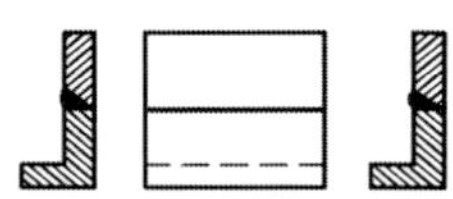		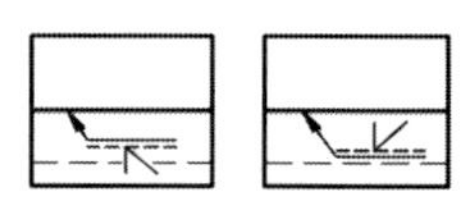	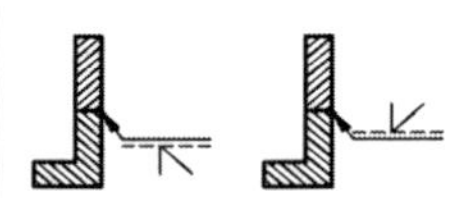
11	넓은 루트면이 있는 V형 맞대기 용접 Y 5	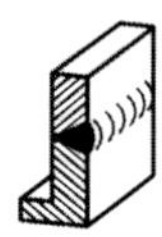	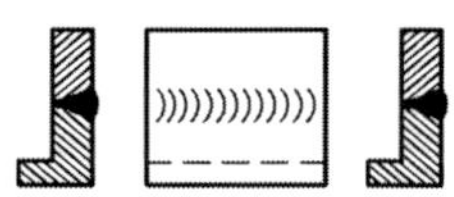		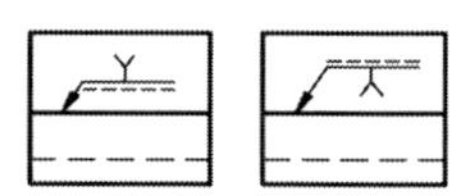	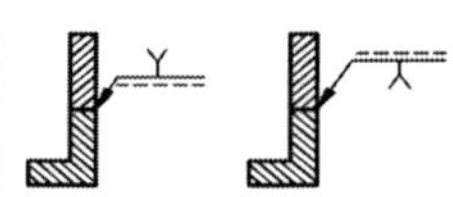
12	넓은 루트면이 있는 일면 개선형 맞대기 용접 6	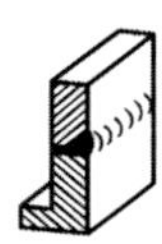	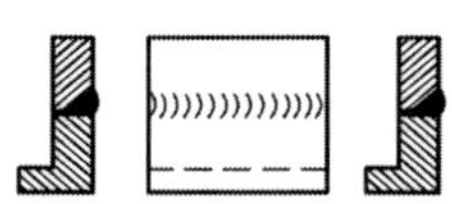		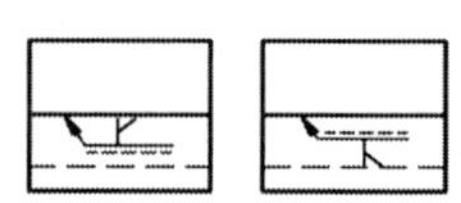	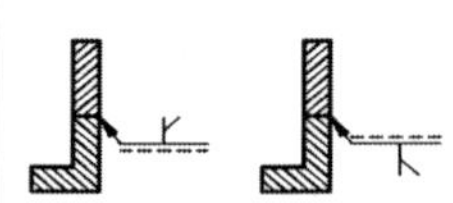
13		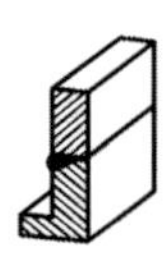	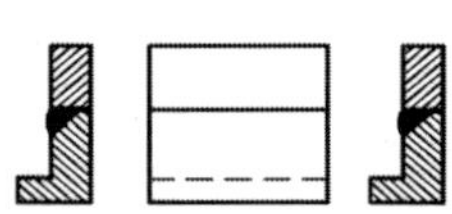		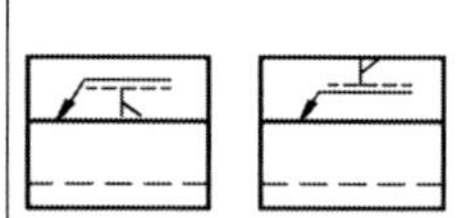	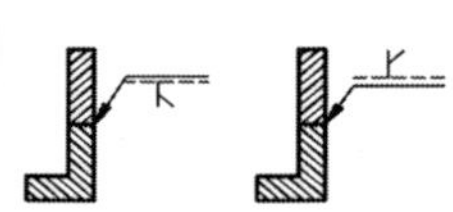

[표 A.1] 기본 기호 사용 보기(계속)

번 호	명칭, 기호 (숫자는 표1-7 번호)	그 림	표 시 3각법	표 시 1각법	투상도 및 치수 기입 정면도 기입	투상도 및 치수 기입 측면도 기입
14	U형 맞대기 용접 7	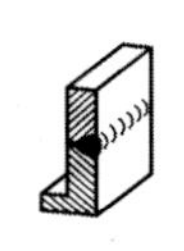	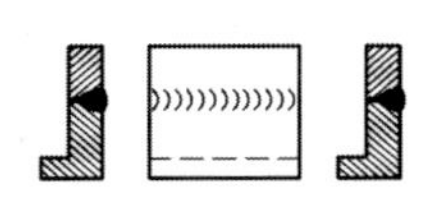		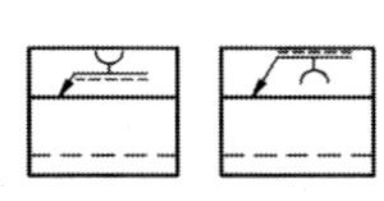	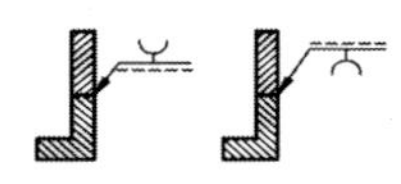
15	J형 맞대기 용접 8	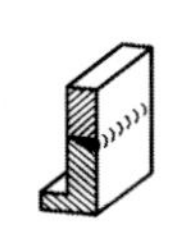	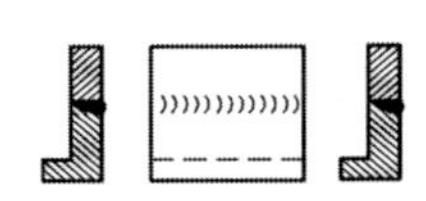		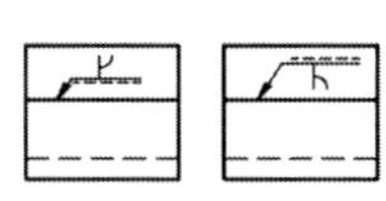	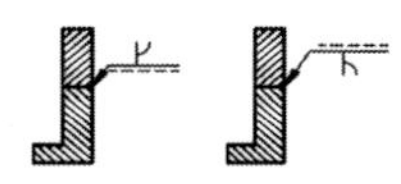
16		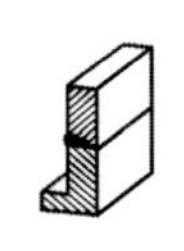	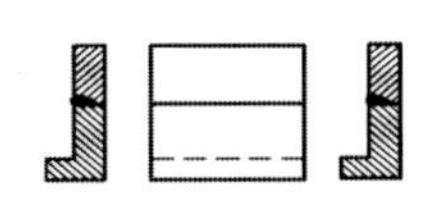		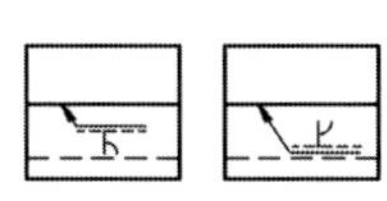	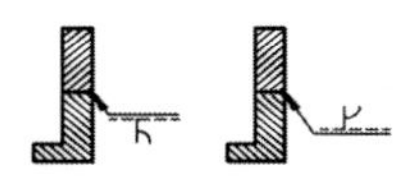
17	필릿 용접 10	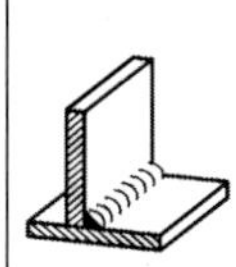	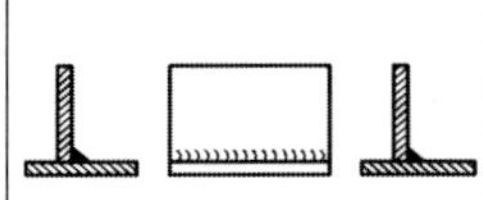		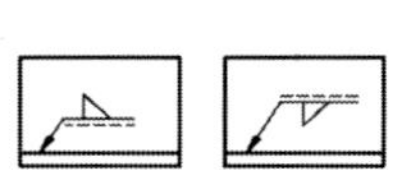	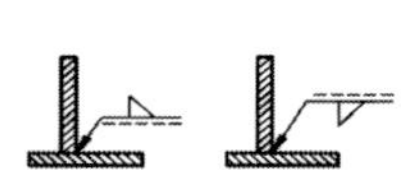
18		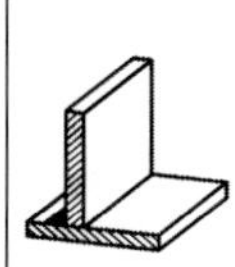	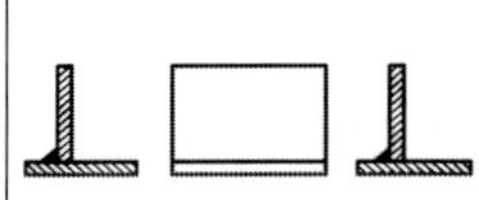		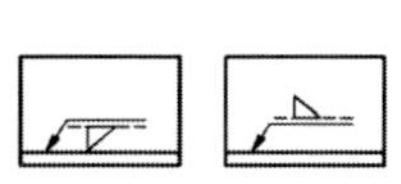	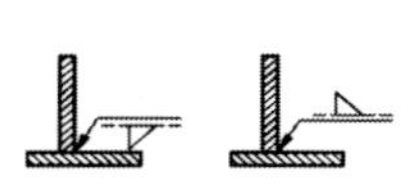
19		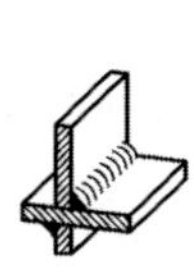	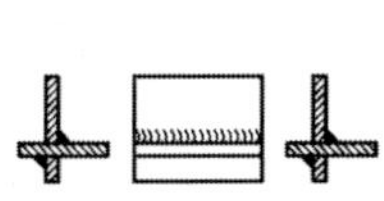		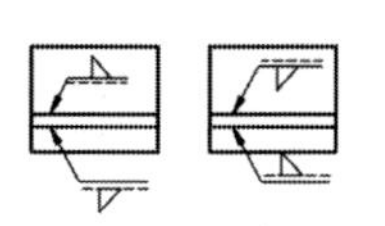	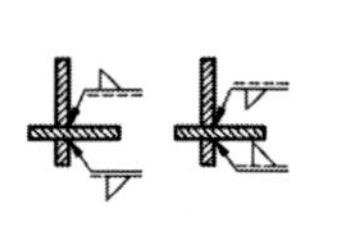
20	필릿 용접 10	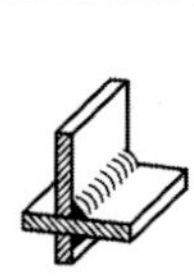	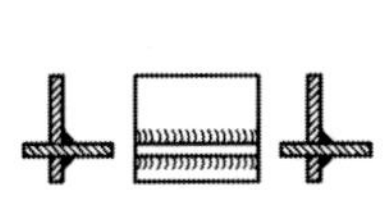		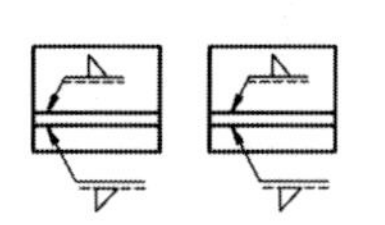	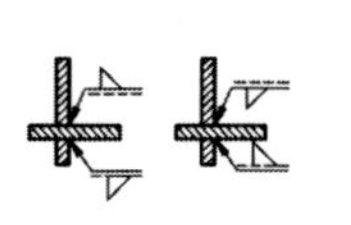
21		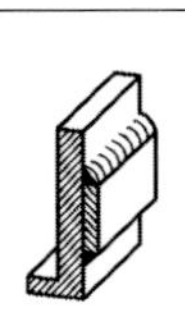	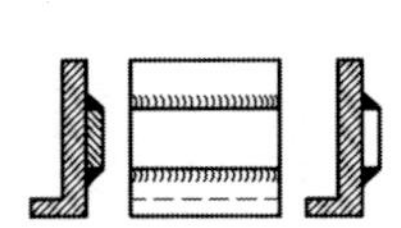		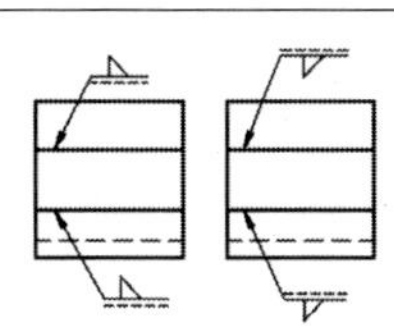	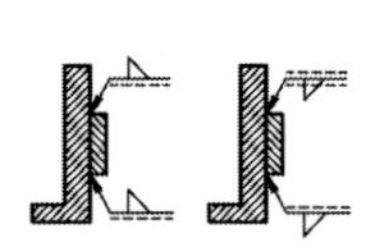

[표 A.1] 기본 기호 사용 보기(계속)

번 호	명칭, 기호 (숫자는 표1-7 번호)	그 림	표 시		투상도 및 치수 기입	
			3각법	1각법	정면도 기입	측면도 기입
22	플러그 용접 ⊓ 11	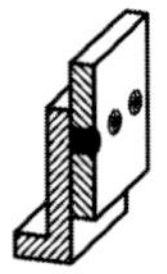	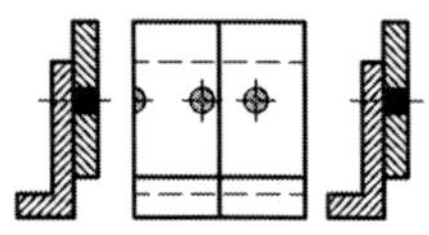		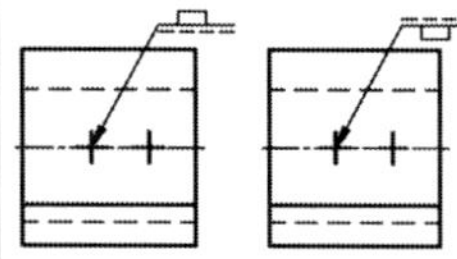	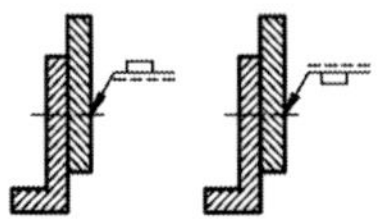
23		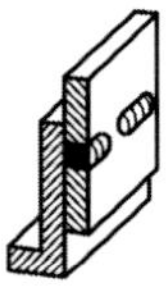	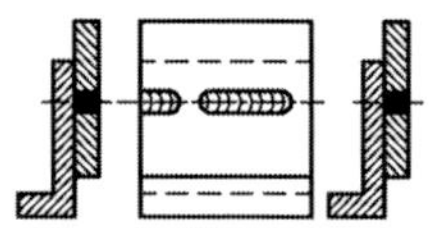		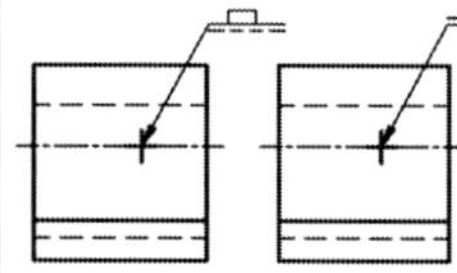	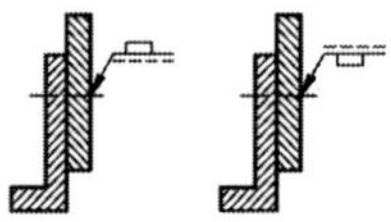
24	점 용접 ○ 12	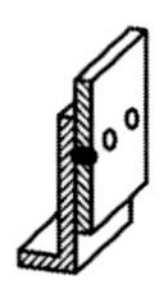	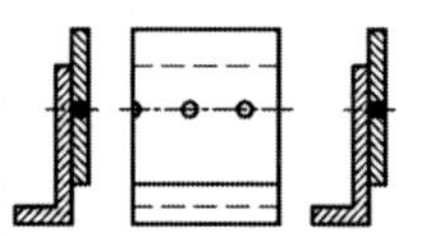		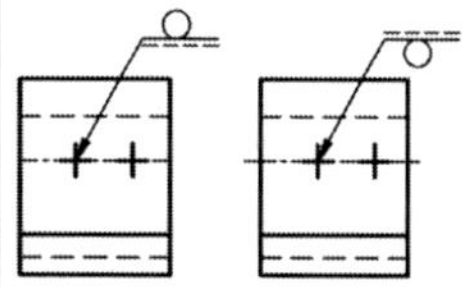	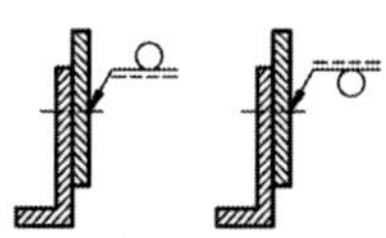
25		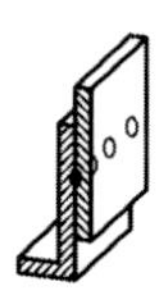	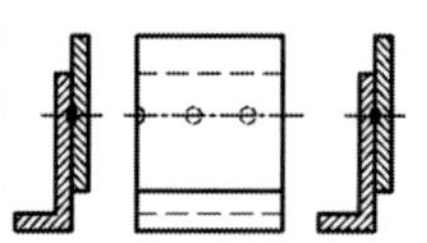		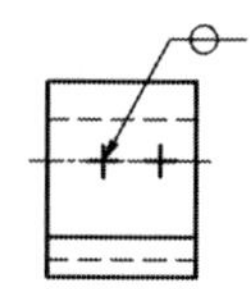	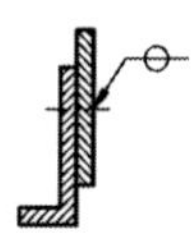
26	심 용접 ⊖ 13	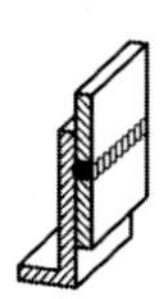	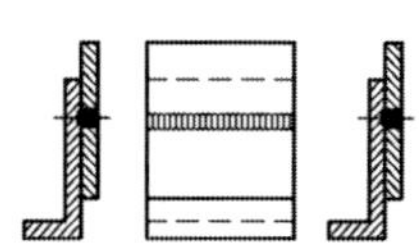		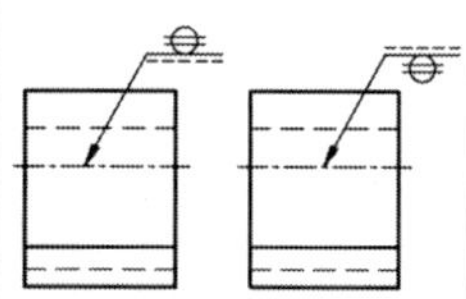	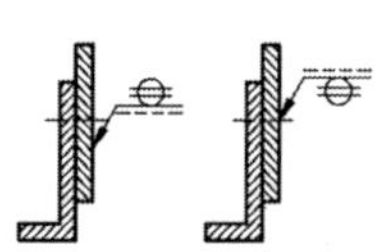
27		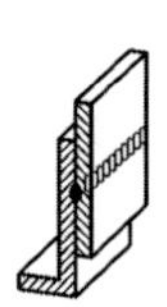	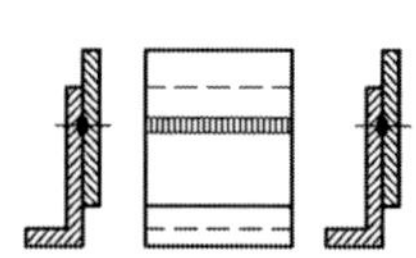		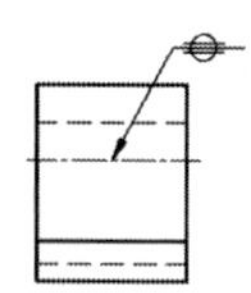	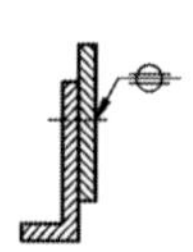

[표 A.2] 기본 기호 조합 보기

번 호	명칭, 기호 (숫자는 표1-7 번호)	그 림	표 시		투상도 및 치수 기입	
			3각법	1각법	정면도 기입	측면도 기입
1	플랜지형 맞대기 용접 八 1 이면 용접 ◡ 9 1-9	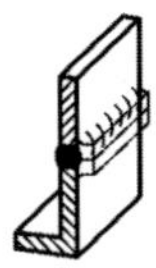	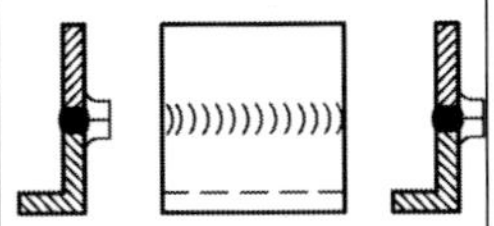		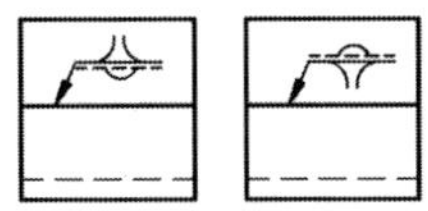	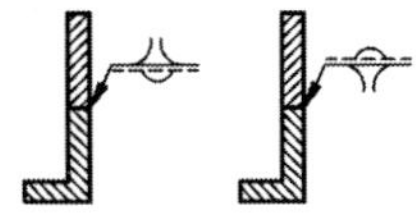
2	I형 맞대기 용접 ‖ 2 양면용접 2-2	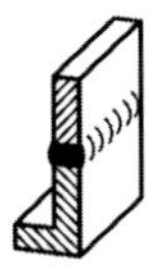	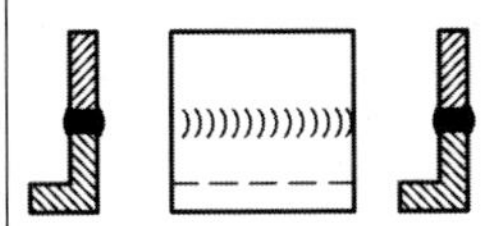		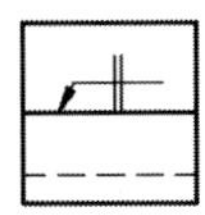	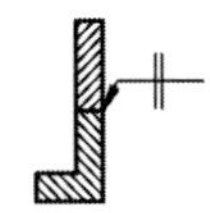
3	V형 용접 V 3	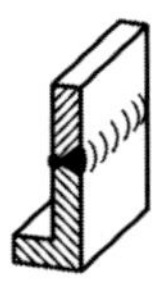	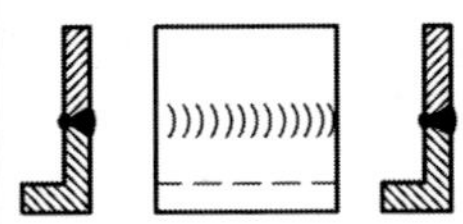		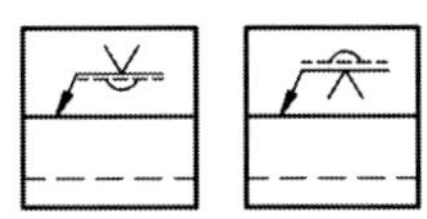	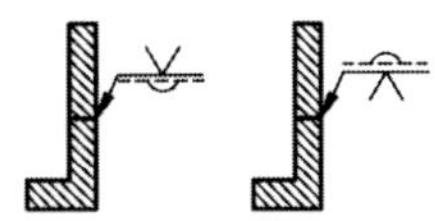
4	이면용접 ◡ 9 3-9	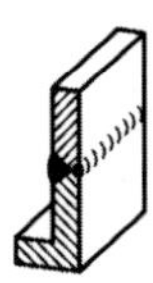	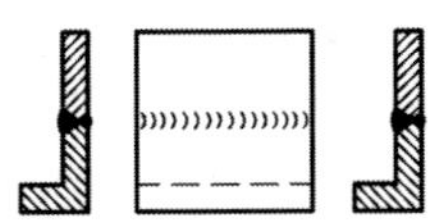		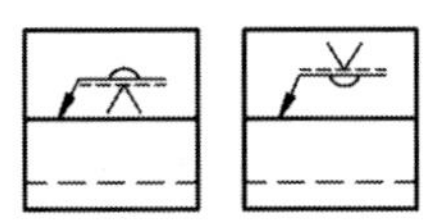	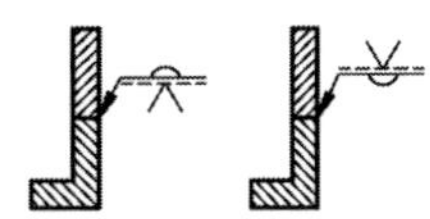
5	양면 V형 맞대기 용접 V 3 (X형 용접) 3-3	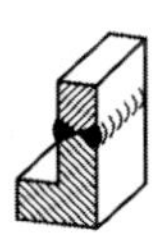	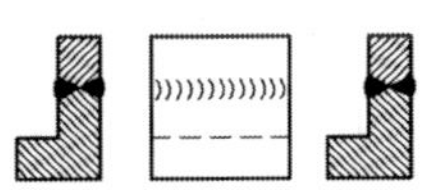		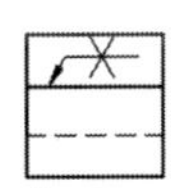	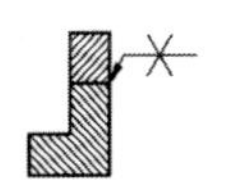
6	K형 맞대기 용접 ∨ 4	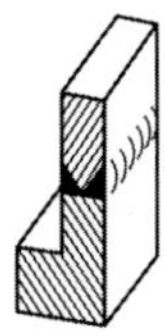	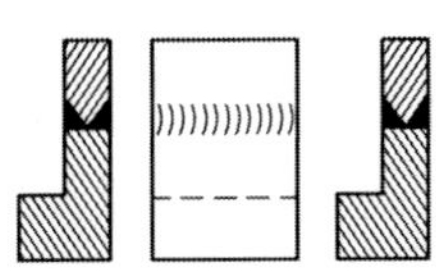		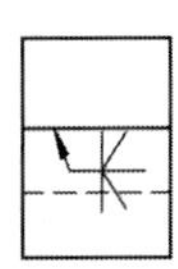	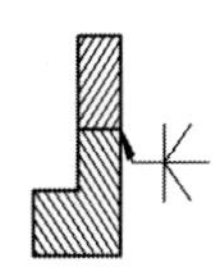
7	(K형 용접) 4-4	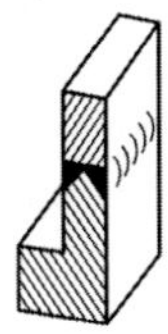	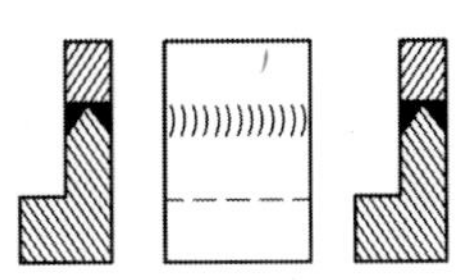		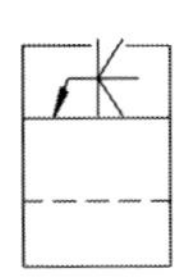	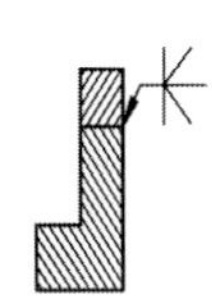

[표 A.2] 기본 기호 조합 보기(계속)

번 호	명칭, 기호 (숫자는 표1-7 번호)	그 림	표 시		투상도 및 치수 기입	
			3각법	1각법	정면도 기입	측면도 기입
8	넓은 루트면 이 있는 양면 V형 맞대기 용접 5 5-5	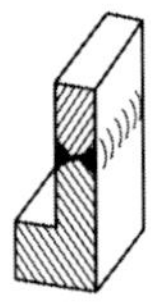	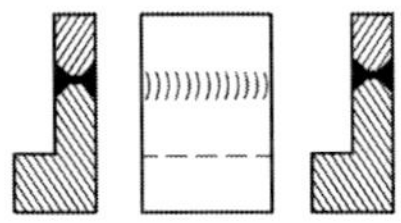		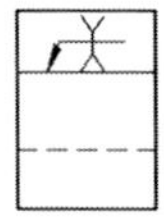	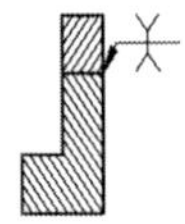
9	넓은 루트면 이 있는 K형 맞대기 용접 6 6-6	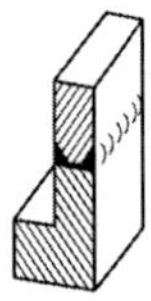	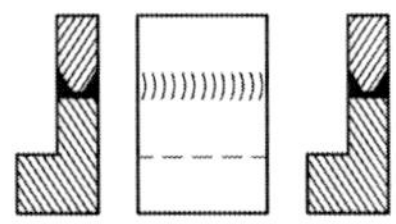		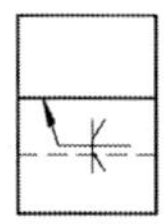	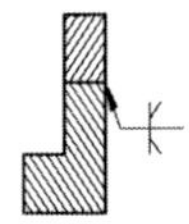
10	양면 U형 맞대기 용접 7 7-7	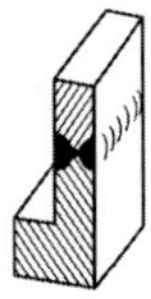	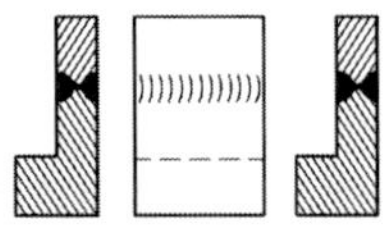		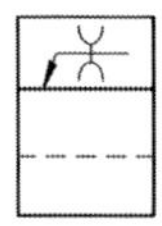	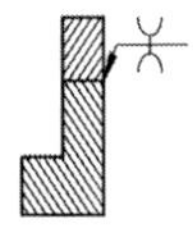
11	양면 J형 맞대기 용접 8 8-8	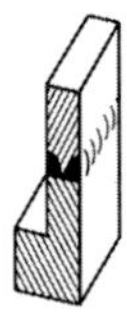	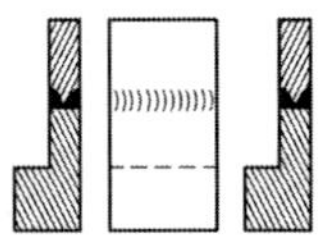		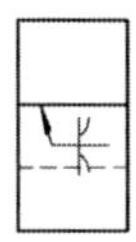	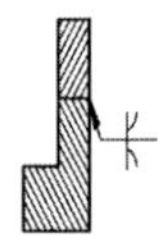
12	일면 V형 맞대기 용접 3 일형 U형 맞대기용접 7 3-7	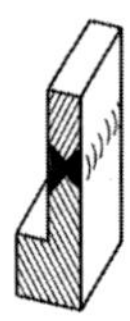	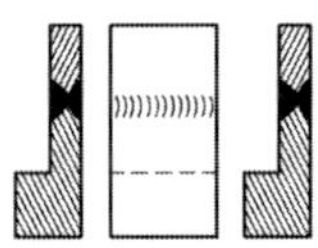		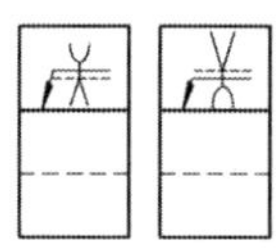	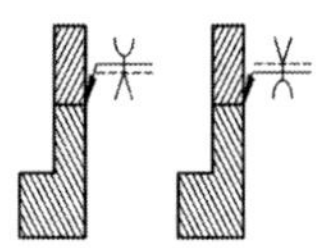
13	필릿 용접 10	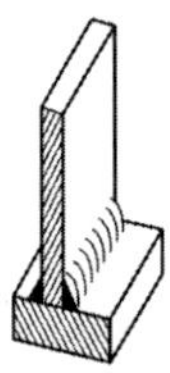	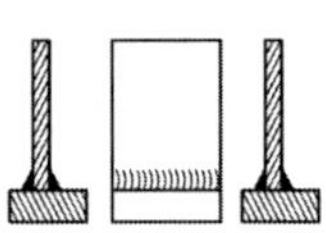		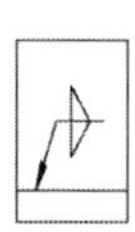	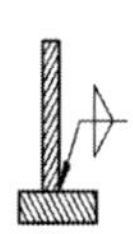
14	필릿 용접 10 10-10	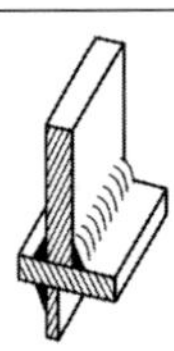	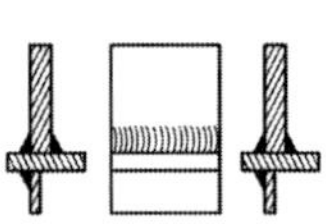		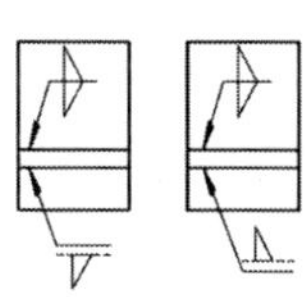	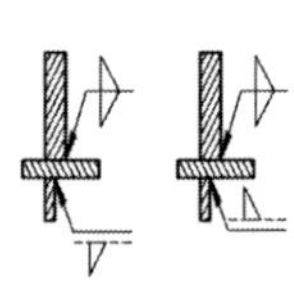

[표 A.3] 기본 기호와 보조 기호 조합 보기

번 호	명칭, 기호 (숫자는 표1-7 번호)	그 림	표 시		투상도 및 치수 기입	
			3각법	1각법	정면도 기입	측면도 기입
1		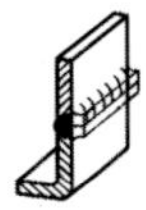	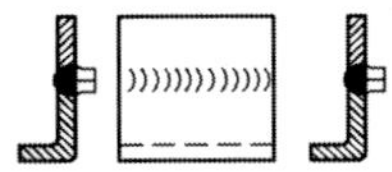		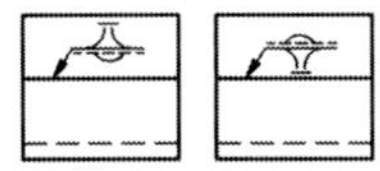	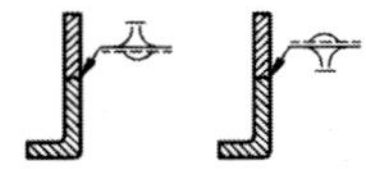
2		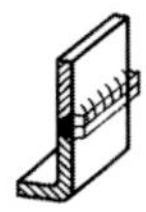	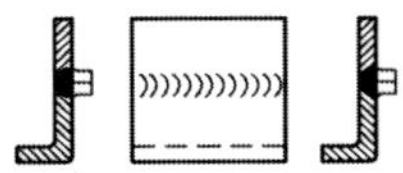		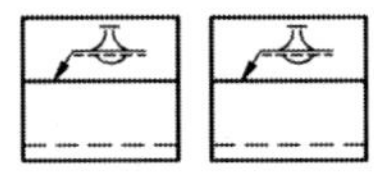	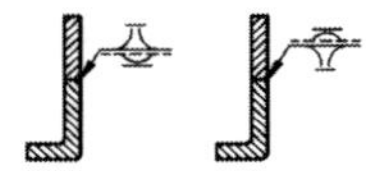
3		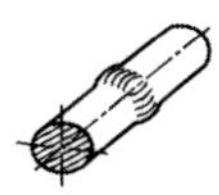	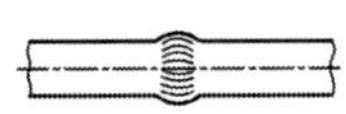		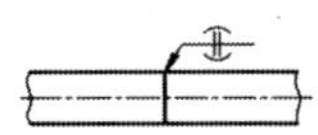	
4		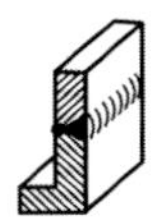	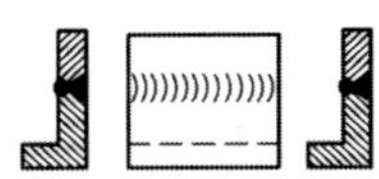		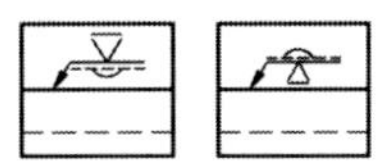	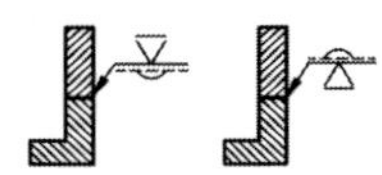
5		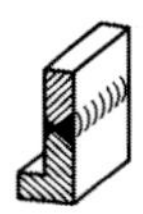	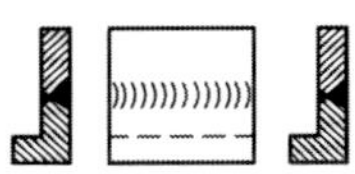		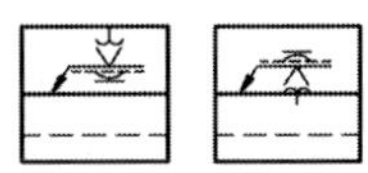	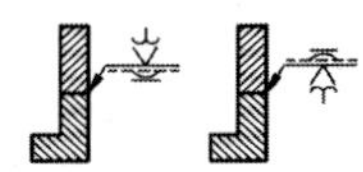
6		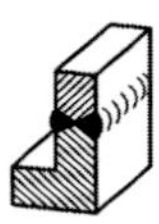	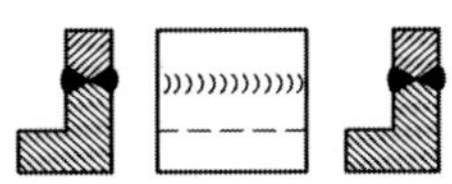		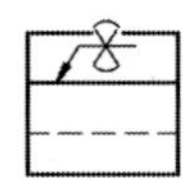	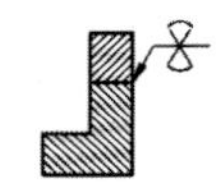
7			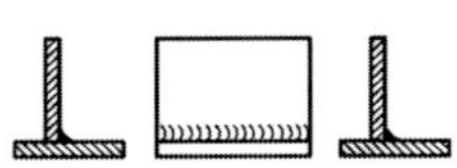		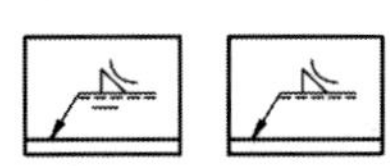	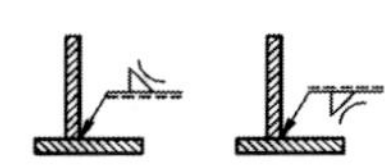
8		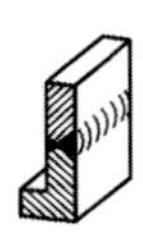	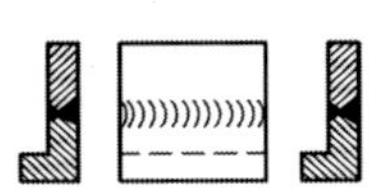		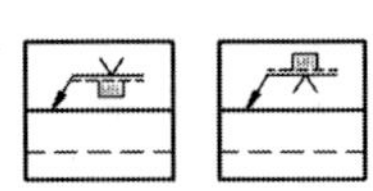	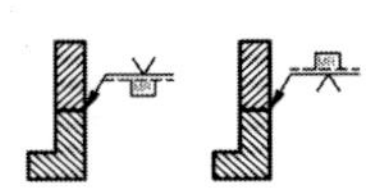

[표 A.4] 예외 사례

번 호	그 림	표 시		투상도 및 치수 기입		
		3각법	1각법	정면도 기입	측면도 기입	잘못된 표시
1				–		
2						
3				–		
4						
5				권장하지 않음		
6				권장하지 않음		
7				권장하지 않음		
8						

[비고] 화살표로 이음을 지시할 수 없을 때 기호 표시는 사용하지 않음

memo

제 2 장

기어(Gear)

2-1 기어의 종류
2-2 기어의 각부 명칭
2-3 기어 절삭 및 다듬질
2-4 이의 크기
2-5 스퍼 기어(평기어)
2-6 헬리컬 기어의 제도
2-7 내접 헬리컬 기어의 제도
2-8 이중 헬리컬 기어의 제도
2-9 나사 기어의 제도
2-10 베벨 기어
2-11 스파이럴 베벨 기어의 제도
2-12 하이포이드 기어의 제도
2-13 웜 기어의 제도
2-14 웜 휠의 제도
2-15 래크와 피니언의 도시법

기어(Gear)

2-1 기어의 종류

한 쌍의 마찰차 접촉면에 치형을 만들고 차례로 물리는 이(齒)에 의하여 운동을 전달시키는 기계요소를 기어(치차: Gear, Toothed Wheel)라 한다. 기어는 두 축 간의 중심거리가 비교적 짧은 경우에 1개의 축으로부터 다른 축에 일정한 속도비로 연속한 회전운동을 확실하게 전달하는 경우에 사용되며, 이의 수를 바꾸면 여러 가지 회전 속도비를 얻을 수 있으므로, 작은 시계에서부터 수만 마력의 선박용 터빈에 이르기까지 사용범위가 매우 넓다.

기어(Gear)는 한 축으로부터 다른 축으로 동력을 전달하는 데 사용되는 대표적인 전동용 기계요소이다. 기어는 동력을 주고받는 두 축 사이의 거리가 가까운 경우에 사용되며, 동력전달이 확실하고 속도비를 일정하게 유지할 수 있는 장점이 있다. 전동 장치, 변속장치 등에 널리 이용된다.

맞물려 회전하는 한 쌍의 기어에서 이 수가 많은 쪽을 기어, 이 수가 적은 쪽을 피니언(Pinion)이라 한다.

[표 2-1] 기어의 종류와 용도

종 류	모 양	축 관계	용 도
평기어 (Spur Gear)		두 축이 평행하고, 치형이 나란하다.	• 시계, 자동차 내연 기관 등
베벨 기어 (Bebel Gear)		두 축이 직각(교차)으로 만난다.	회전방향을 직각으로 바꿀 때 사용 • 자동차 구동(차동) 장치, 핸드 드릴, 자전거 등
헬리컬 기어 (Helical Gear)		두 축이 평행하며, 치형이 경사져 있다.	• 자동차의 변속장치에 사용 • 진동과 소음이 적음
웜과 웜 기어 (Worm Gear)	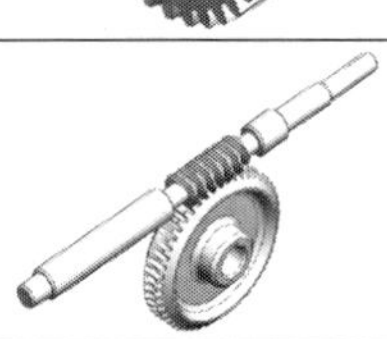	두 축이 평행하지도, 교차하지도 않는다. (직각이지만 만나지 않는다.)	회전속도를 크게 낮출 때 사용 • 감속 장치에 사용 스패너, 자동차의 핸들
래크(Rack)와 **피니언** (Pinion)	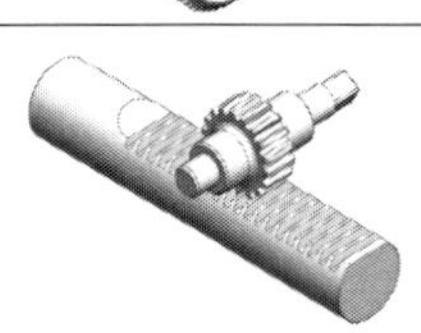	두 축이 평행하다.	회전운동을 직선왕복 운동으로 바꾸거나 반대로 바꿀 때 사용 • 사진기 삼각대, 현미경, 자동차 조향 장치 등

2-2 기어의 각부 명칭

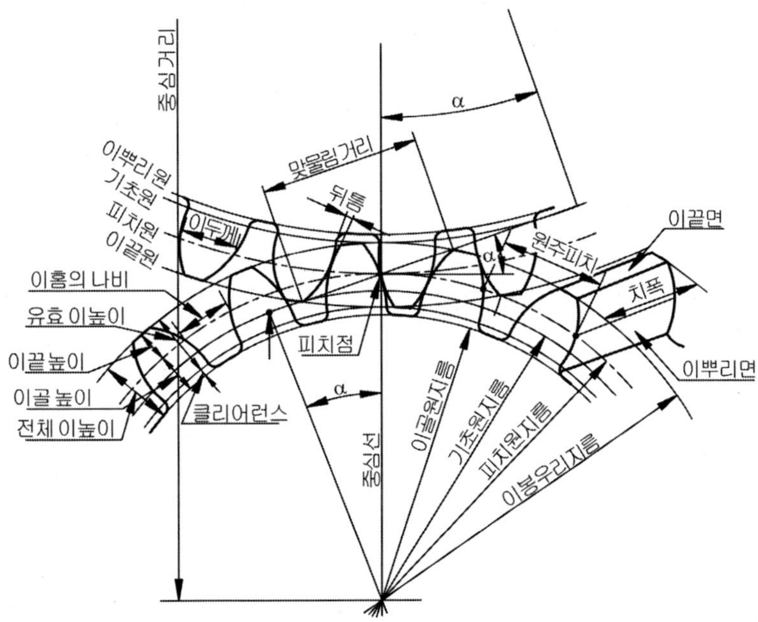

[그림 2-1] 기어의 각부 명칭

① **피치면(Pitch Surface)**: 기어는 마찰차의 구름면에 이를 만들어 서로 맞물리도록 한 것이며, 이 기어가 맞닿아 운동하는 구름 운동면을 기어의 피치면이라 한다.

② **피치원(Pitch Circle)**: 피치면과 축에 수직한 평면에 의하여 이루어진 원

③ **원주피치(Circular Pitch)**: 피치원 상 한 이에서 다른 이까지 원호의 길이

④ **이봉우리(끝)원(Addendum Circle)**: 이봉우리(끝)를 지나는 원이며, 그 지름을 **바깥지름**이라 한다(=PCD+2M).

⑤ **이골(뿌리)원(Dedendum Circle)**: 이골(뿌리)을 지나는 원

⑥ **이끝 높이(Addendum)**: 피치원에서 이봉우리(끝)원까지의 거리(=**M(모듈) 같음**)

⑦ **이뿌리 높이(Dedendum)**: 이뿌리(골)원에서 피치원까지의 거리

⑧ **유효 이높이(Working Depth)**: 서로 물리고 있는 한 쌍 기어의 이봉우리 높이 합

⑨ **총 이높이(Whole Depth)**: 이 전체의 높이를 말하며, 이봉우리 높이와 이골 높이를 합한 길이 (h=2.25×M)

⑩ **클리어런스(Clearance)**: 이골원에서 상대편 기어의 이봉우리원까지의 거리

⑪ **뒤틈(Back Lash)**: 한 쌍의 기어를 물리게 했을 때 치면 간의 간격
⑫ **치면(Tooth Flank)**: 기어의 이가 물려서 닿는 면
⑬ **이의 나비(Face Width)**: 이의 축 끝면에 있어서의 길이
⑭ **이끝면(Addendum Flank)**: 이봉우리의 치면
⑮ **이뿌리면(Dedendum Flank)**: 이골의 치면
⑯ **압력각(Pressure Angle)**: 치면의 한 점에 있어서 그 반지름선과 치형의 접선이 이루는 각(**표준 스퍼 기어**= 20°)
⑰ **기초원(Base Circle)**: 인벌류트 기어를 만드는 기초가 되는 원

2-3 기어 절삭 및 다듬질

기어를 만드는 방법은 **제거가공법**, **주조법**, **소성가공법** 등 크게 세 가지로 분류할 수 있다. 제거가공법은 다시 절삭가공법, 방전가공법, 형판법 등으로 분류할 수 있으며, 절삭가공법에는 성형법(Formed Tool System)과 창성법(Generating System)이 있다.

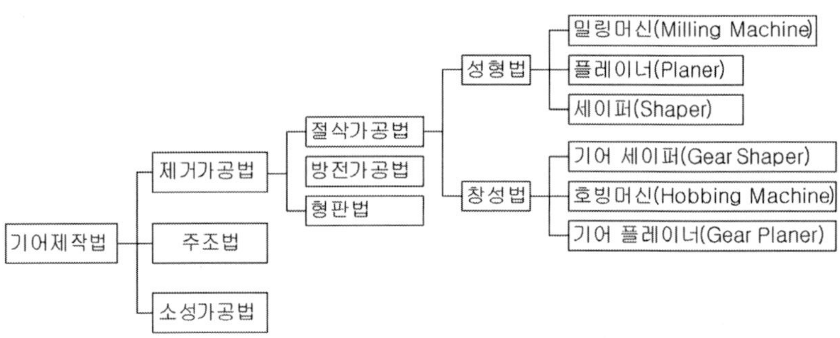

[그림 2-2] 기어 제작법의 분류

성형법은 밀링머신(Milling Machine), 플레이너(Planer), 세이퍼(Shaper) 등의 공작기계를 이용하여 기어를 절삭하는 방법이고, 창성법은 기어 세이퍼(Gear Shaper), 호빙머신(Hobbing Machine) 기어 플레이너(Gear Planer) 등 기어 전용 절삭 기계를 이용하여 기어를 절삭하는 방법이다. 호빙머신은 호브라고 하는 절삭공구를 사용하여 기어를 절삭하는데, 생산성과 정밀도가 높아 가장 많이 이용된다. **[그림 2-3]**는 기어의 절삭가공법 중 창성법에 관한 사진을 나열한 것이다.

(a) 세이퍼 커터에 의한 절삭　　(b) 랙 커터에 의한 절삭　　(c) 호브에 의한 절삭

[그림 2-3] 기어의 절삭방법(참고: Ai 생성이미지)

기어 세이빙(Gear Shaving)은 세이빙 커터(Shaving Cutter)를 사용하여 치형을 수정하고 다듬질하는 방법이다. 짧은 시간에 비교적 높은 정밀도를 얻을 수 있으며 가공에 의한 응력 변형이 없다. 기어 호닝(Gear Honing)은 혼(Hone)이라 불리는 공구를 사용하여 치면(Tooth Flank)을 매끈하게 다듬질하는 방법으로, 절삭 과정에서 생긴 흠집이나 버(Burr)를 짧은 시간에 효과적으로 제거할 수 있다. 기어 연삭(Gear Grinding)은 연삭숫돌(Grinding Wheel)을 사용하여 치형을 수정하고 다듬질하는 방법인데, 높은 정밀도를 필요로 하는 기어의 다듬질에 이용된다.

2-4 이의 크기

이의 크기를 표시할 때는 원주피치, 모듈, 및 지름피치의 세 가지 방법으로 표시한다. $D=$ 피치원의 지름, $Z=$ 잇수, $M=$ 모듈이라 하면

① **원주피치(circular pitch: c.p, 기호 t)**

$$t=\frac{\text{피치원의 둘레}}{\text{잇수}}=\frac{\pi D}{Z}\ (\text{mm 또는 inch})$$

② **모듈(module: 기호 m)**

$$m=\frac{\text{피치원의 지름}}{\text{잇수}}=\frac{D}{Z}\ (\text{mm})$$

③ **지름피치(diametral pitch: D.P, 기호 P)**

$$P=\frac{\text{잇수}}{\text{피치원의 지름}}=\frac{Z}{D}(\text{inch})=\frac{25.4\,Z}{D}(\text{mm})$$

2-5 스퍼 기어(평기어)

평행한 두 축 사이에 회전운동을 전달하는 가장 간단한 기어, 이 끝의 모양이 직선인 기어를 말하고 3종류가 있다.

① 외접 기어(External Gear): 원통의 바깥쪽에 이를 붙인 것이며, 두 축의 회전방향은 서로 반대이다.
② 내접 기어(Internal Gear): 원통의 안쪽에 이를 붙인 것이며, 두 축의 회전방향은 서로 같다.
③ 랙 기어(Rack Gear): 피치원의 반지름을 무한대로 만든 것으로, 이는 직선상에 나열되어 있으며, 회전운동을 직선운동으로 변환시키는 데 사용된다.

(1) 스퍼 기어 각부의 치수

① 이(치형): 이의 강도는 루이스(Wilfred Lewis)의 공식으로 계산하고, 치폭 $b = \phi t$ 로 나타낸다. ϕ 는 치폭계수라 하며, 치폭계수, 속도비, 최소 잇수 및 최대 속도는 다음의 한계를 넘으면 안 된다.

[표 2-2] 치폭계수·최대 속도비·최소 잇수

기어의 종류	치폭계수 ϕ	최대 속도비 i	최소 잇수 Z
저속 주물기어	2	1 : 10	10
보통 전동기어	2.5~3.5	1 : 6	18
고속 전동기어	4.5~6.0	1 : 5	20

② 림(Rim): 림의 두께 $a = (0.5 \sim 0.6)t$, 리브(Rib)의 두께 $c = 0.6t$

③ 암(Arm): 지름이 작은 기어에서는 전체를 치폭(이너비)과 같은 두께로 만들고, 지름이 200mm 정도까지는 웨브(Web)를 붙이고, 200 mm 이상은 4~8 개의 암을 붙인다.

[표 2-3] 기어 각부에 대한 미터식과 인치식의 관계식

각부의 명칭		미터식(mm)	인치식(in)
모듈과 지름피치	m, P	$m = t/\pi = D/Z = D0/(Z+2) = 25.4/P$	$P = \pi/t = Z/D = (Z+2)/D_0$
원주피치	t	$t = m\pi = \pi \cdot D0/(Z+2)$	$t = \pi/P = \pi D/Z$
피치 원지름	D	$D = m \cdot Z = t \cdot Z/\pi = D_0 \cdot Z/(Z+2)$	$D = Z/P = t\,Z/\pi$
바깥지름	D_0	$D0 = (Z+2)m = D+2m$	$D_0 = (Z+2)P = D+2/P$
이봉우리(끝) 원지름	D_r	$Dr = D-2.31416m$	$D_r = D-(2.31416/P)$
잇수	Z	$Z = D/m = (D_0/m)-2$	$Z = DP = D_0P-2$
이두께	S	$S = m\pi/2 = t/2 = 1.5708m$	$S = \pi/2P = t/2-1.5708/P$
모듈과 지름피치	m, P	$m = t/\pi = D/Z = D0/(Z+2) = 25.4/P$	$P = \pi/t = Z/D = (Z+2)/D_0$

[표 2-3] 기어 각부에 대한 미터식과 인치식의 관계식(계속)

각부의 명칭		미터식(mm)	인치식(in)
원주피치	t	t = mπ = π · D0/(Z+2)	t = π/P = πD/Z
피치 원지름	D	D = m · Z = t · Z/π = D_0 · Z/(Z+2)	D = Z/P = t Z/π
바깥지름	D_0	D0 = (Z+2)m = D+2m	D_0 = (Z+2)P = D+2/P
이봉우리(끝) 원지름	D_r	Dr = D-2.31416m	D_r = D-(2.31416/P)
잇수	Z	Z = D/m = (D_0/m)-2	Z = DP = D_0P-2
이두께	S	S = mπ/2 = t/2 = 1.5708m	S = π/2P = t/2-1.5708/P
이봉우리(끝) 높이	a	a = m = 0.3183t	a = 1/P = 0.3183 t
이골뿌리높이	e	e = a+c = 1.15708m	e = a+c = 1.15708/P = 0.3683 t
이높이	h	h = a+e = 2.15708m	h = a+e = 2.15708/P = 0.6866 t
클리어런스	c	c = 0.15708m = S/10	c = 0.15708/P = S/10

[표 2-4] 재료에 따른 최대 속도

기 어 재 료	V(m/s)
주철·강·주강	4~5
청동과 주철·강	8~9
비금속과 주철·강	10~15

(2) 평기어(Spur Gear)의 제도

평기어를 그릴 때에는 나사의 경우와 같이 치형은 생략하여 표시하는 간략법을 쓰며, **[그림 2-5]**와 같이 **이봉우리원**은 **굵은 실선**으로, **피치원**은 **가는 1점 쇄선**으로, **이 골원**은 **가는 실선 또는 굵은 실선**으로 그리거나 완전히 생략하기도 한다.

[표 2-5] 스퍼 기어의 계산 공식

명 칭	기 호	절 삭 이	
		M 기준(mm)	P 기준(inch)
이끝높이	h_k	$1M$	$1/P$
이뿌리높이	h_t	$1.157M$	$1.157/P$
총 이높이	h	$>2.157M$	$2.157/P$
원주피치	p	nM	n/P
원주 이두께	S_o	$1.571M$	$1.571/P$
피치 원지름	D	MZ	Z/P
이끝 원지름	d_k	$(Z+2)M$	$(Z+2)/P$
잇수	Z	D/M	$P \cdot d$

[스퍼 기어(평기어)]

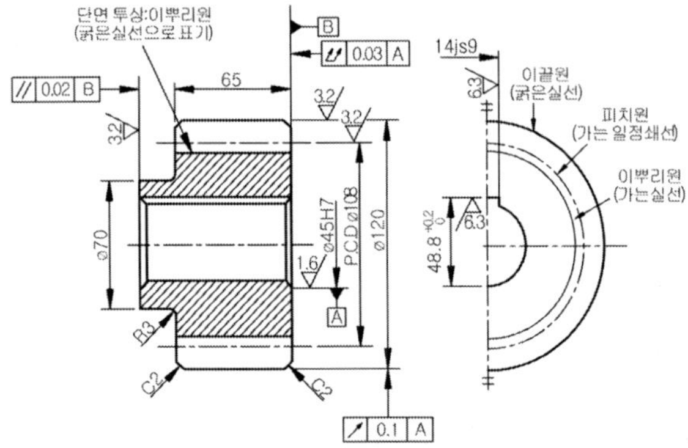

[그림 2-4] 스퍼 기어의 도시

[표 2-6] 스퍼 기어 요목표(예) (단위: mm)

<table>
<tr><th colspan="5">스퍼 기어 요목표</th></tr>
<tr><td colspan="2">기 어 치 형</td><td>전 위</td><td>다듬질 방법</td><td>호브 절삭</td></tr>
<tr><td rowspan="3">기준래크</td><td>치 형</td><td>보통이</td><td>정 밀 도</td><td>KS B 1405 5급</td></tr>
<tr><td>모 듈(M)</td><td>6</td><td rowspan="7">비고</td><td rowspan="7">상대기어 전위량: 0
상대기어 잇수: 50
중심거리: 207
백 래 시: 0.20~0.89

* 재 료
* 열 처 리
* 경 도</td></tr>
<tr><td>압 력 각</td><td>20°</td></tr>
<tr><td colspan="2">잇 수(Z)</td><td>18</td></tr>
<tr><td colspan="2">기준 피치원 지름</td><td>108</td></tr>
<tr><td colspan="2">전 위 량</td><td>+3.16</td></tr>
<tr><td colspan="2">전 체 이 높 이</td><td>13.34</td></tr>
<tr><td>이두께</td><td>벌림 이두께</td><td>47.96 $^{-0.08}_{-0.38}$
(벌림잇수=3)</td></tr>
</table>

■ 스퍼 기어(평기어) 계산식	
항 목	계 산 식
모듈(Module): 6, 잇수(Z): 18	
피치원 지름(PCD) = 108	PCD = M(모듈)×Z(잇수) = 6×18 = 108
이끝원(D): 기어외경 = 120	D = PCD+2×M = 108+(2×6) = 120 D = PCD−2×M(내접기어)
표준 압력각 = 20°	20°
이끝 높이 = Module	6
이뿌리 높이 = 1.25×M	1.25×6 = 7.5
전체 이높이(h) = 2.25×M	2.25×6 = 13.5(보통이)

【스퍼 기어의 도시법】-(그림 2-4 참고)

1. 이끝원은 **굵은 실선**으로 작도한다.
2. 피치원 지름은 **가는 1점 쇄선**으로 작도한다.
3. 이뿌리원 지름은 **가는 실선**으로 작도하며, 축에 직각 방향으로 단면 투상시에는 **굵은 실선**으로 작도한다.

비고 1. 기어 치형란에는 표준 기어의 경우 '**표준**', 전위 기어의 경우 '**전위**'라고 기입한다.
2. **기준래크**는 인벌류트 기어를 절삭공구로 가공할 때 사용하는 래크이며, 모듈을 기준으로 치형의 치수가 규정되어 있다. 압력각은 기어 이의 경사각을 의미하며, 스퍼 기어는 20°로 규정되어 있다.

3. **전체 이높이**는 **이뿌리 높이**와 **이끝 높이**의 합으로 결정된다.
4. 기어의 다듬질 방법으로는 **호브 절삭, 연삭 다듬질, 피니언 커터 절삭, 래핑 다듬질** 등이 있으며, 일반적으로 **호브 절삭**이 가장 많이 사용된다.
5. 스퍼 기어의 일반적인 가공정밀도는 KS B 1405 5급으로 적용한다. KS B 1405에서는 **스퍼 기어**와 **헬리컬 기어의 정밀도**를 0등급해서 8등급까지 규정하고 있다.

(3) 평기어(Spur Gear) 적용

직선 치형을 가지고 있으며, 잇줄이 축에 평행하고 가공 및 제작이 용이하여 가장 널리 쓰인다.

■ 스퍼 기어(평기어) 계산식	
모듈(M) = 2	잇수(Z) = 34
피치원 지름 (PCD: Pitch Circle Diameter)	PCD = M(모듈)×Z(잇수) = 2×34 = 68
이끝원 지름(D): 기어 외경	D = PCD+2M(모듈) = 68+(2×2) = 72
표준 압력각	20°
이끝높이: a = M	2
이뿌리 높이: d = 1.25M	d = 1.25M = 1.25×2 = 2.5
전체 이높이(h) = a+d = 2.25×M(보통이)	h = a+d = 2.25×M = 2.25×2 = 4.5
재 질	SNC415

스퍼 기어 요목표		
기어치형		표 준
기준래크	치 형	보통이
	모 듈	2
	압 력 각	20°
잇 수		34
피치원지름		Ø68
다듬질방법		호브절삭
정 밀 도		KS B 1405,3급

※ 주의: 1. 보통 모듈(M)과 잇수(Z)는 조립도에 주어진다.
2. 요목표 크기는 도면의 배치에 맞게 설정하여도 된다.

[스퍼 기어(평기어)]

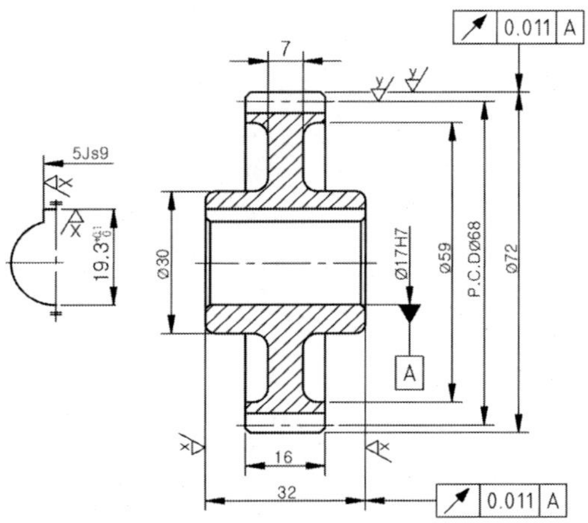

스퍼 기어 요목표		
구분 / 품번		③
기어치형		표준
공구	치형	보통
	모듈	2
	압력각	20°
잇수		34
피치원 지름		68
전체 이높이		4.5
다듬질 방법		호브절삭

[그림 2-5] 스퍼 기어(평기어) 도시법

【스퍼 기어의 도시법】-([그림 2-5] 참고)

1. 기어의 **각부 명칭을 숙지한다**
2. 요목표 기재사항: ①**기어 치형** ②**공구의 치형(기준 래크)** ③**모듈** ④**압력각** ⑤**기어 잇수** ⑥**피치원 지름** 반드시 기입한다.
3. **열처리(굵은 1점 쇄선)**에 관한 사항은 요목표의 비고란 또는 도면 속에 적당히 기입한다.
4. **구멍의 키홈 표기법[키의 방향은 12시 방향, 키의 너비(b_2)×허용차(js9), 축의 직경(d)+키홈의 깊이(t_2), 키홈의 표면거칠기]**
5. **단면도(전단면도법, 부분 단면도법, 반단면 도법)**를 적당히 선택하여 표기하고, **기어의 치형은 반드시 해칭처리하지 않는다.**
6. 형상기하공차 **흔들림(원주 흔들림)** 공차를 **이끝원**에 적용한다. **데이텀**은 **끼워맞춤 구멍**에 적용한다.
7. 기어에 필요한 **표면거칠기 표기**(기어의 치형-피치원, 이끝원, 키홈, 끼워맞춤 구멍, 기어의 양쪽 가공측면)

2-6 헬리컬 기어(Helical Gear)의 제도

헬리컬 기어는 스퍼 기어의 피치면에 이봉우리를 헬리컬(나선)형으로 만든 원통 기어를 말한다. 같은 치수의 스퍼 기어에 비하여 기어의 물림률이 크기 때문에 운전이 원활하며 큰 감속비(1: 10)를 얻을 수 있으나 축방향으로 추력이 발생하는 결점이 있다.

[헬리컬 기어]

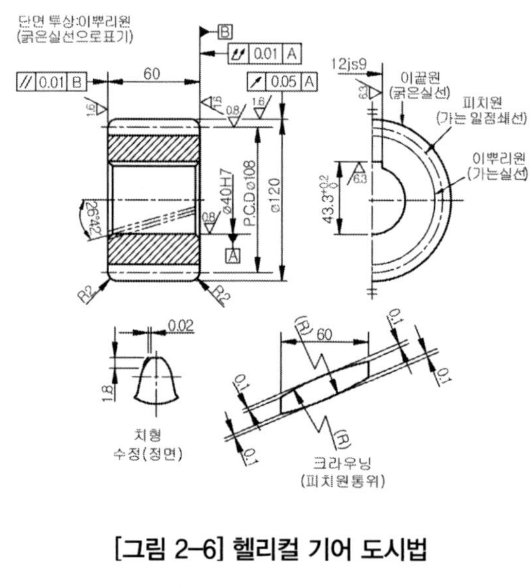

[그림 2-6] 헬리컬 기어 도시법

[표 2-7] 헬리컬 기어 요목표

(단위: mm)

헬리컬 기어					
기어 치형		표 준	전체 이높이		9.40
치형 기준 평면		치 직 각	이두께	오버핀(볼) 치수	$95.19^{-0.17}_{-0.29}$ (볼지름=7.144)
기준래크	치 형	보 통 이	다듬질 방법		연삭 다듬질
기준래크	모 듈(M)	4	정 밀 도		KS B 1405 1급
기준래크	압 력 각	20°	비고		상대기어 잇수: 24 중 심 거 리: 96.265 기초원 지름: 78.783 * 재료: SNCM 415 * 열처리: 침탄 퀜칭 * 경도(표면): HRC 55~61 유효경화층 깊이: 0.8~1.2 백 래 시: 0.15~0.31 치형수정 및 크라우닝을 할것
잇 수(Z)		19			
비 틀 림 각		26.7° (26°42′)			
비틀림 방향		왼쪽(LH)			
*리 드		531.385			
기준 피치원지름		85.071			

■ 헬리컬 기어 계산식

① M(모듈): 이직각 모듈(Mt),축직각모듈(Ms)

$$M_T = M_S \times Cos\,\beta,\ M_T = \frac{M_T}{Cos\,\beta}$$

② Z(잇수): $Z = \dfrac{PCD}{M_S} = \dfrac{PCB \times Cos\,\beta}{M_T}$

③ PCD(피치원 지름): $Z \times M_S = \dfrac{Z \times M_T}{Cos\,\beta}$

④ 비틀림각(b): $\tan^{-1} = \dfrac{3.14 \times PCD}{L}$

⑤ 리드(L): $= \dfrac{3.14 \times PCD}{\tan\beta}$

⑥ 전체 이높이(h)$= 2.25 M_T$

$$= 2.25 \times M_S \times Cos\,\beta$$

【헬리컬 기어의 도시법】

1. 이끝원은 **굵은 실선**으로 작도한다.
2. 피치원 지름은 **가는 1점 쇄선**으로 작도한다.
3. 이뿌리원 지름은 **가는 실선**으로 작도하며, 축에 직각 방향으로 단면 투상시에는 **굵은 실선**으로 작도한다.

비고 잇줄의 방향은 단면을 하지 않을 경우 비틀림 방향대로 **3개의 가는 실선**으로 작도하며, 단면을 하는 경우는 **3개의 가는 실선**으로 작도한다.이때 비틀림 각과 상관없이 잇줄은 중심선에 대하여 30°로 작도한다.

2-7 내접 헬리컬 기어(Helical Gear)의 제도

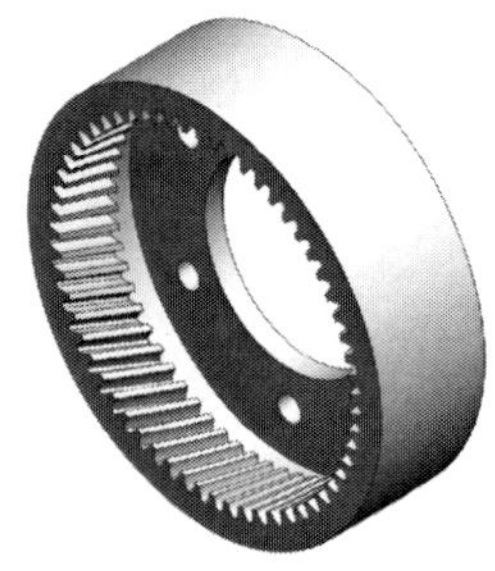

[내접 헬리컬 기어]

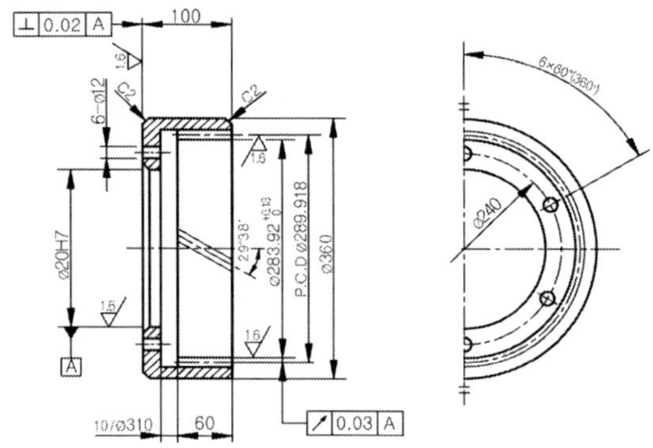

[그림 2-7] 내접 헬리컬 기어 도시법

[표 2-8] 헬리컬 기어 요목표 (단위: mm)

<table>
<tr><th colspan="6">내접 헬리컬 기어</th></tr>
<tr><td colspan="2">기 어 치 형</td><td>표 준</td><td colspan="2">전체 이높이</td><td>6.75</td></tr>
<tr><td colspan="2">치형 기준 평면</td><td>치 직 각</td><td>이
두
께</td><td>오버 핀(볼)
치 수</td><td>283.219 +0.979 +0.221
(볼 지름 = 5.000)</td></tr>
<tr><td rowspan="3">기
준
래
크</td><td>치 형</td><td>보 통 이</td><td colspan="2">다듬질 방법</td><td>피니언 커터 절삭</td></tr>
<tr><td>모 듈</td><td>3</td><td colspan="2">정 밀 도</td><td>KS B 1405 5급</td></tr>
<tr><td>압 력 각</td><td>20°</td><td rowspan="7">비

고</td><td colspan="2" rowspan="7">백 래 시 0.15~0.69
* 재 료 SCM 435
* 열 처 리 퀀칭, 템퍼링
* 경 도 HB 241~302</td></tr>
<tr><td colspan="2">잇 수</td><td>84</td></tr>
<tr><td colspan="2">비 틀 림 각</td><td>29.6333°
(29°38′)</td></tr>
<tr><td colspan="2">* 리 드</td><td></td></tr>
<tr><td colspan="2">비틀림 방향</td><td>도시</td></tr>
<tr><td colspan="2">기준 피치원 지름</td><td>289.918</td></tr>
</table>

【내접 헬리컬 기어의 도시법】

1. 이끝원은 **굵은 실선**으로 작도한다.
2. 피치원 지름은 **가는 1점 쇄선**으로 작도한다.
3. 이뿌리원 지름은 **가는 실선**으로 작도하며, 축에 직각 방향으로 단면 투상시에는 **굵은 실선**으로 작도한다.

비고 잇줄 방향은 단면을 작도하지 않을 경우 비틀림 방향대로 3개의 **가는 실선**으로 작도하며, 단면을 작도하는 경우 3개의 **가는 실선**으로 작도한다. 이때 비틀림 각과 상관없이 잇줄은 중심선에 대하여 **30°**로 작도한다.

2-8 이중 헬리컬 기어(Helical Gear)의 제도

[이중 헬리컬 기어]

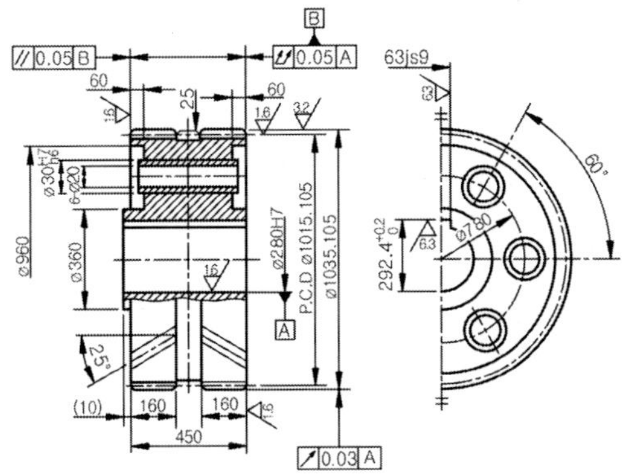

[그림 2-8] 이중 헬리컬 기어 도시법

[표 2-9] 이중 헬리컬 기어 요목표 (단위: mm)

이중 헬리컬 기어					
기어치형		표준	이두께	활줄 이두께 (치직각)	$15.71^{+0.15}_{+0.50}$ (캘리퍼 이높이 = 10.05)
치형 기준 평면		치직각			
기준래크	치형	보통이	다듬질 방법		호브 절삭
	모듈	10	정밀도		KS B 1405 4급
	압력각	20°	비고	상대 기어 잇수: 20 중심 거리: 617.89 백래시: 0.3~0.85 *재료 *열처리 *경도	
잇수		92			
비틀림각		25°			
비틀림 방향		도시			
*리드					
기준 피치원 지름		1015.105			
전체 이 높이		22.5			

【이중 헬리컬 기어의 도시법】

1. 잇봉우리 원은 **굵은 실선**, 피치원 지름은 **가는 1점 쇄선**으로 작도한다.
2. 이골원은 **가는 실선**으로 작도하며, 축에 직각 방향으로 단면 투상시에는 이 골의 선을 **굵은 실선**으로 작도한다. 그러나, 이골원은 기입을 생략해도 무방하다.
3. 잇줄 방향은 통상적으로 3개의 **가는 실선**으로 작도한다.

2-9 나사 기어의 제도

[나사 기어]

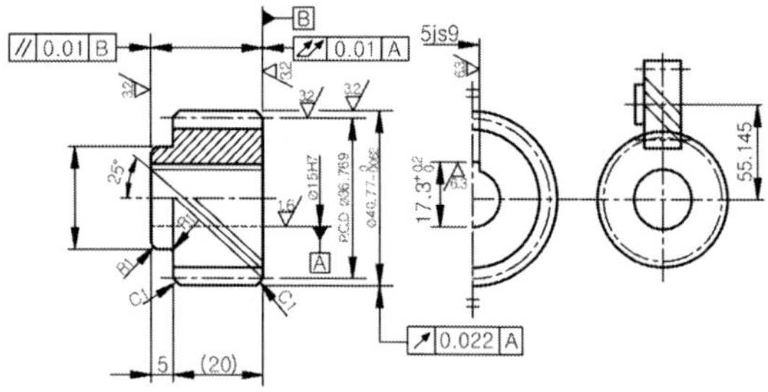

[그림 2-9] 나사 기어 도시법

[표 2-10] 나사 기어 요목표 (단위: mm)

<table>
<tr><td colspan="8">나사 기어</td></tr>
<tr><td colspan="2">구 별</td><td>피 니 언</td><td>(기어)</td><td colspan="2">구 별</td><td>피니언</td><td>(기어)</td></tr>
<tr><td colspan="2">기 어 치 형</td><td colspan="2">표 준</td><td rowspan="4">이
두
께</td><td>벌림 이두께
(치 직각)</td><td></td><td></td></tr>
<tr><td colspan="2">치형 기준 평면</td><td colspan="2">치 직 각</td><td rowspan="2">활줄 이두께
(치 직각)</td><td rowspan="2">3.14 $^{-0.06}_{-0.19}$
(캘리퍼 = 2.033)</td><td rowspan="2"></td></tr>
<tr><td rowspan="3">기
준
래
크</td><td>치 형</td><td colspan="2">보 통 이</td></tr>
<tr><td>모 듈</td><td colspan="2">2</td><td>오버 핀
(볼)치수</td><td></td><td></td></tr>
<tr><td>압 력 각</td><td colspan="2">20°</td><td colspan="2">다듬질 방법</td><td colspan="2">호브 절삭</td></tr>
<tr><td colspan="2">잇 수</td><td>13</td><td>(26)</td><td colspan="2">정 밀 도</td><td>KS B 1405 4급</td><td></td></tr>
<tr><td colspan="2">축 각</td><td colspan="2">90°</td><td rowspan="5">비

고</td><td colspan="3" rowspan="5">백 래 시 0.11~0.4</td></tr>
<tr><td colspan="2">비 틀 림 각</td><td>45°</td><td>(45°)</td></tr>
<tr><td colspan="2">비틀림 방향</td><td colspan="2">오 른 쪽(RH)</td></tr>
<tr><td colspan="2">*리 드</td><td>115.51</td><td></td></tr>
<tr><td colspan="2">기준 피치원 지름</td><td>36.769</td><td>(73.539)</td></tr>
</table>

*【나사 기어의 도시법】

1. 이봉우리원(이끝원)은 **굵은 실선**, 피치원 지름은 **가는 1점 쇄선**으로 작도한다.
2. 이골원(이뿌리원)은 **가는 실선**으로 작도하며, 축에 직각 방향으로 단면 투상시에는 이 골의 선을 **굵은 실선**으로 작도한다. 그러나, 이골원은 기입을 생략해도 무방하다.
3. 치형 방향은 통상적으로 3개의 **가는 실선**으로 작도한다.

2-10 베벨 기어(Bevel gear)

서로 교차하는 두 축 사이의 동력을 전달하는 원추형의 기어를 베벨 기어라 한다. 이봉우리의 모양에 따라 베벨 기어, 스큐 베벨 기어(Skew Bevel Gear), 스파이럴 베벨 기어(Spiral Bevel Gear)가 있으며, 다시 2축이 맞물릴 때 이루는 각도(축각)에 따라 보통 베벨 기어, 마이터 기어, 예각 베벨 기어, 둔각 베벨 기어, 크라운 기어, 안쪽 베벨 기어로 구분된다.

(1) 베벨 기어의 각부 명칭

피치원의 지름, 피치, 이의 높이, 이부분의 치수는 기어의 바깥단(최대치) 정면의 값을 표시한다.

① **피치원추각(Pitch Cone Angle)**: 피치원추의 모선과 축이 이루는 각
② **이봉우리원추각(Tip Angle)**: 이봉우리원추의 모선과 축이 이루는 각
③ **이골원추각(Root Angle)**: 이골원추의 모선과 축이 이루는 각
④ **이봉우리각(Addendum Angle)**: 이봉우리원추의 모선과 피치원추의 모선이 이루는 각
⑤ **이골각(Dedendum Angle)**: 이골원추의 모선과 피치원추의 모선이 이루는 각
⑥ **원추거리(Cone Distance)**: 피치원추의 모선을 따라 잰 꼭지점까지의 거리

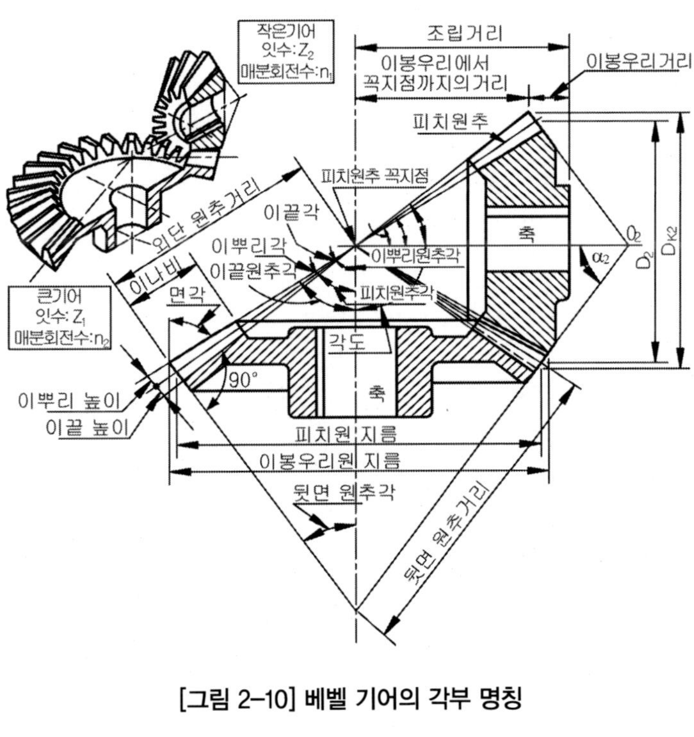

[그림 2-10] 베벨 기어의 각부 명칭

(2) 베벨 기어의 제도

기어의 단면을 도시하며, 정면도에서는 이봉우리선과 이골선은 **굵은 실선**, 피치선은 **가는 1점 쇄선**으로 그리고, 이봉우리와 이골을 나타내는 원추선은 꼭지점에 오기 전에 마무리한다. 측면도의 이봉우리원은 외단부와 내단부를 모두 **굵은 실선**, 피치원은 외단부만 **가는 1점 쇄선**으로 그리고, 이골원은 양쪽 끝을 모두 생략한다.

스파이럴 베벨 기어는 비틀림을 표시하는 선을 기어의 일부에 한 개의 **굵은 실선**으로 기입하고, 비틀림각과 방향은 요목표에 따로 기입한다.

[직선 베벨 기어 조립 입체도]

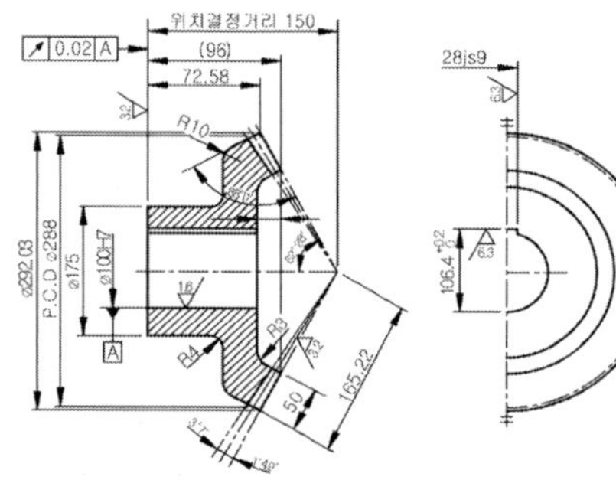

[그림 2-11] 직선 베벨 기어의 도시법

[표 2-11] 직선 베벨 기어 요목표 (단위: mm)

직선 베벨 기어					
구 별	기어	(피니언)	**구 별**	기어	(피니언)
치 형	글리손식		**기준피치 원추각**	60°39′	(29°21′)
모 듈	6		**이골 원추각**	57°32′	
압 력 각	20°		**잇봉우리 원추각**	62°28′	
잇 수	48	(27)	**이 두께 / 측정 위치**	바깥끝 잇봉우리원부	
축 각	90°				
피치원지름	288	(162)	**이 두께 / 활줄 이두께 (치직각)**	$8.08^{-0.10}_{-0.15}$ (캘리퍼 4.14)	
이 높 이	13.13		**다듬질 방법**	절삭	
이끝 높이	4.11		**정밀도**	KS B 1412 4급	
이뿌리높이	9.02		**비고**	백 래 시 0.2~0.5 이 접 촉 KS B 1417 구분 B * 재 료 SCM 420H * 열 처 리 * 유효경화층 깊이 0.9~1.4 * 경도(표면) HRC 60±3	
원추 거리	165.22				

■ 베벨 기어 계산식

① 이뿌리 높이(A): A = 1.25×M(모듈)

② PCD(피치원 지름): PCD = M(모듈)×Z(잇수)

③ 바깥끝 원뿔거리(C)

$$C = \sqrt{(P.C.D_1^2 + P.C.D_2^2)}\,/2$$

(PCD1: 큰기어,PCD2: 작은기어)

$$C = \frac{P.C.D}{2\sin\theta}$$ (기어가 1개인 경우 θ는 피치 원추각)

④ 이의 나비(C1): $C_1 \le \frac{C}{3}$

⑤ 이 끝각(B): $B = \tan^{-1} = \frac{M}{C}$

⑥ 이 뿌리각(B1): $B = \tan^{-1} = \frac{M}{C}$

⑦ 피치 원추각(θ): $\theta = \sin^{-1}\frac{(PCD)}{2C}$ (기어가 1개인 경우),

$$\theta_1 = \tan^{-1}\frac{(Z_1)}{(Z_2)},\ \theta_2 = 90^\circ - \theta_2$$

(기어가 2개인 경우
Z1: 작은 기어 잇수, Z2: 큰 기어 잇수,
θ1: 작은 기어, θ2: 큰 기어)

⑧ 바깥지름(D): $D = PCD + (2M\cos\theta)$

⑨ 이끝 원추각(d): d=θ(피치 원추각)+B(이 끝각)

⑩ 대단치 끝높이(H): $H = (C \times \cos\delta)$,
소단치 골높이(H1): $H_1 = (C - C_1) \times \cos\delta$

【직선 베벨 기어의 도시법】

스퍼 기어의 제도법과 동일하며, 스파이럴 베벨 기어와 하이포이드 기어의 비틀림을 표시하는 선은 **굵은 실선**으로 작도하고 비틀림 방향은 요목표에 기입한다.

2-11 스파이럴 베벨 기어(Spiral Bevel Gear)의 제도

[스파이럴 베벨 기어 조립]

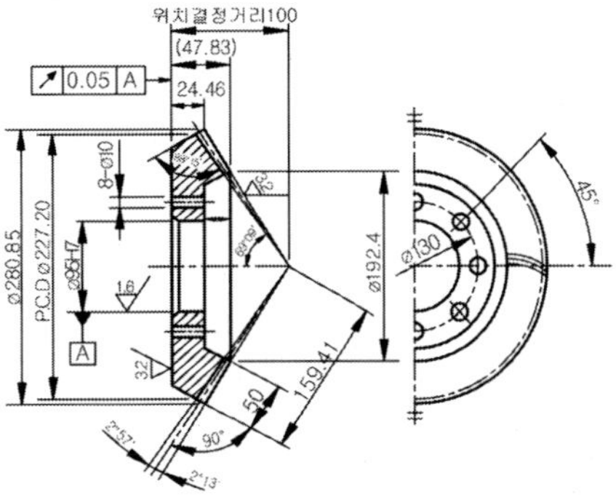

[그림 2-12] 스파이럴 베벨 기어의 도시법

[표 2-12] 스파이럴 베벨 기어 요목표 (단위: mm)

스파이럴 베벨 기어					
구 별	기어	(피니언)	**구 별**	기어	(피니언)
치 형	글리슨식		**원 추 거 리**	159.41	
이절삭 방법	스프레이드 블레이드법		**기준피치 원추각**	62°24′	(29°36′)
커터 지름	304.8		**이골 원추각**	57°27′	
모 듈	6.3		**잇봉우리 원추각**	62°09′	
압 력 각	20°		**이두께 측정 위치**	바깥끝 잇봉우리원부	
잇 수	44	(25)	**이두께 원호 이두께**	8.06	
축 각	90°		**다듬질 방법**	연삭	
비틀림 각	35°		**정 밀 도**	KS B 1412 4급	
비틀림 방향	오른쪽(RH)		**비 고**	백 래 시: 0.18~0.23	
기준 피치원 지름	277.2			* 재 료: SCM 420H	
이 높 이	11.89			* 열 처 리: 침탄 퀜칭 템퍼링	
이 끝 높 이	3.69			* 유효 경화층: 깊이 1.0~1.5	
이뿌리 높이	8.20			* 경도(표면): HRC 60±3	

【스파이럴 베벨 기어의 도시법】

스퍼 기어의 제도법과 동일하며, 스파이럴 베벨 기어와 하이포이드 기어의 비틀림을 표시하는 선은 **굵은 실선**으로 작도하고 비틀림 방향은 요목표에 기입한다.

비고 스프레이트 블레이드법은 비교적 다량 생산 방식에 쓰이며, 글리슨사의 치절 방법이다.

2-12 하이포이드 기어의 제도

[하이포이드 기어 조립]

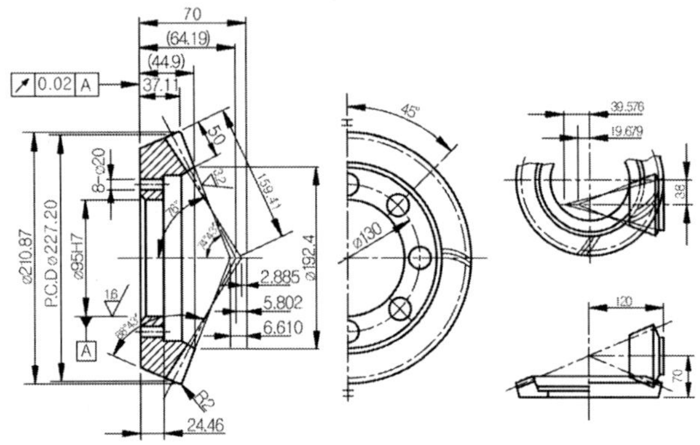

[그림 2-13] 하이포이드 기어의 도시법

[표 2-13] 스파이럴 베벨 기어 요목표 (단위: mm)

하이포이드 기어						
구 별	기어	(피니언)	**구 별**		기어	(피니언)
치 형	글리슨식		**원 주 거 리**		108.85	
이절삭 방법	성형 이절삭법		**기준피치 원주각**		74°43′	
커 터 지 름	228.6		**이골 원추각**		68°25′	
모 듈	5.12		**이 봉우리 원추각**		76°0′	
평균 압력각	21.15°		**이 두 께**	**측정 위치**	바깥끝 이봉우리 원부에서 16㎜	
잇 수	41					
축 각	90°			**활줄 이두께 (치직각)**	4.148 캘리퍼 = 1.298	
비 틀 림 각	26° 25′	(50°0′)	**다듬질 방법**		래핑 다듬질	
비틀림 방향	오른쪽(RH)		**정 밀 도**		KS B 1412 3급	
옵 셋 량	38		**비 고**	백 래 시: 0.15~0.25		
옵 셋 방 향	아 래 쪽			이 접 촉: KS B 1417 구분 B		
기준 피치원 지름	210			* 재료: SCM 420H		
이 높 이	10.886			* 열처리: 침탄 퀀칭 탬퍼링		
이 끝 높 이	1.655			* 유효 경화층 깊이: 0.8~1.3		
이뿌리 높이	9.231			* 경도(표면): HRC 60±3		

【하이포이드 기어의 도시법】

스퍼 기어의 제도법과 동일하며, 스파이럴 베벨 기어와 하이포이드 기어의 비틀림을 표시하는 선은 **굵은 실선**으로 작도하고 비틀림 방향은 요목표에 기입한다.

2-13 웜(Worm) 기어의 제도

[웜 기어]

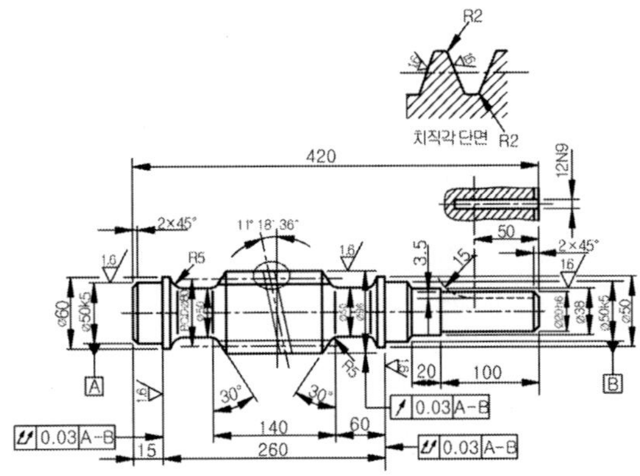

[그림 2-14] 웜 기어의 도시법

[표 2-14] 웜 기어 요목표 (단위: mm)

웜 기어				
구 별	KS B 1416 3형	이두께	활줄 이두께 (치 직각)	12.32 $^{0}_{-0.15}$ (캘리퍼 이높이=8)
축방향 모듈	8			
줄 수	2		오버핀 치수 핀 지름	
비틀림 방향	오른쪽(RH)			
기준 피치원 지름	80	비고	백 래 시: 0.21~0.35 중심 거리: 200 이 접 촉: KS B 1417 구분 B * 재 료: SM 48C * 열처리: 치면 고주파 퀜칭 * 경도(표면): HRC 50~55	
지 름 계 수	10.00			
리 드 각	11°18′36″			
다듬질 방법	연 삭			
*정 밀 도				

■ 웜과 웜휠 계산식

① 원주피치(P): $P=\pi M=3.14\times M$

② 리드(L)1줄인 경우 L=P, 2줄인 경우 L=2P, 3줄인 경우 L=3P

③ PCD(피치원 지름): 웜축(d′)= $\dfrac{L}{\pi\tan\theta}$,
바깥지름(d)=d′+2M
웜휠(D′)=M(모듈)×Z(잇수), D=D′+2M
(※θ값이 주어지지 않을 경우 d′값을 도면에서 측정하여 진행각(θ)을 결정함)

④ 진행각(θ): $\theta=\dfrac{L}{\pi d'}$

⑤ 중심거리(C): $C=\dfrac{D'+d'}{2}$

⑥ 웜 휠의 최대 지름(B):
$B=D+(d'-2M)\,(1-Cos\dfrac{\lambda}{2})$

주) 웜 휠의 페이스각 λ는 보통 60~80°이며 도면에서 측정함

【웜의 도시법】

잇줄 방향과 그 비틀림각 및 비틀림 방향은 헬리컬 기어에 준하여 도면에 기입하여도 좋다. **잇줄의 방향은 3개의 가는 실선으로 표시한다.** 잇줄 양끝 예각을 이루는 치부(무용치)의 면떼기를 행하는 경우에는 그 크기에 의하여 일반적인 면떼기 또는 이의 면떼기에 준하여 기입한다.

2-14 웜 휠(Worm Wheel)의 제도

[웜 휠 입체도]

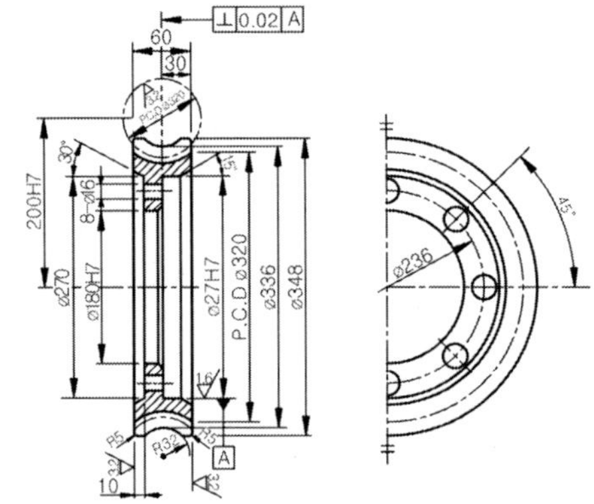

[그림 2-15] 웜 휠의 도시법

[표 2-15] 웜 기어 요목표 (단위: mm)

웜 휠				
상대 웜 치형		KS B 1416 3급	다듬질 방법	호브 절삭
축방향 모듈		8	*정 밀 도	
잇 수		40	백래시: 0.21~0.35 (피치원 둘레 방향) 이두께: 활줄이두께(치직각): 12.32 캘리퍼 이높이: 8.12 전위량: 0 이접촉: KS B 1417 구분 B * 재료: PBC 2B	
피치원 지름		320		
상대 웜	줄 수	2		
	비틀림 방향	오른쪽(RH)		
	피치원지름	80		
	리 드 각	11°18′36″		

■ 웜과 웜 휠 계산식

① 원주피치(P): $P = \pi M = 3.14 \times M$
② 리드(L)1줄인 경우 L=P, 2줄인 경우 L=2P, 3줄인 경우 L=3P
③ PCD(피치원 지름): 웜축(d′)= $\dfrac{L}{\pi \tan\theta'}$
바깥지름(d)=d′+2M
웜휠(D′)=M(모듈)×Z(잇수), D=D′+2M
(※θ값이 주어지지 않을 경우 d′값을 도면에서 측정하여 진행각(θ)을 결정함)
④ 진행각(θ): $\theta = \dfrac{L}{\pi d'}$
⑤ 중심거리(C): $C = \dfrac{D' + d'}{2}$
⑥ 웜 휠의 최대 지름(B):
$B = D + (d' - 2M)\ (1 - Cos\dfrac{\lambda}{2})$
주) 웜 휠의 페이스각 λ는 보통 60~80°이며 도면에서 측정함

【웜 휠(기어)의 도시법】

1. 정면도 상에서 이끝원의 지름은 **굵은 실선**으로 긋고, 피치원 지름은 **가는 1점 쇄선**으로 작도하지만, 이뿌리 원지름과 목지름선은 도시하지 않는다.
2. 측면도에는 기어의 바깥지름을 **굵은 실선**, 피치원을 **가는 1점 쇄선**으로 도시한다. 이골원 및 목의 지름원은 도시하지 않는다. 다른 형상의 웜 휠도 이에 준한다.

[표 2-16] 기어의 용도에 따른 등급

사용 기어 \ 정밀도 등급	0	1	2	3	4	5	6	7	8
검사용 어미 기어	■								
계측 기기용 기어	■	■	■	■	■				
고속 감속기용 기어		■	■						
중속기용 기어		■	■						
항공기용 기어		■	■						
영화 기계용 기어		■	■	■					
인쇄 기기용 기어		■	■	■	■				
철도 차량용 기어		■	■	■	■	■			
공작 기계용 기어		■	■	■	■	■	■		
사진기용 기어				■	■				
자동차용 기어				■	■	■			
기어식 펌프용 기어				■	■				
변속기용 기어				■	■	■			
압연기용 기어				■	■	■			
범용 감속기용 기어				■	■	■	■		
원치용 기어				■	■	■	■		
기중기용 기어				■	■	■	■		
제지 기계용 기어				■	■	■	■		
분쇄기용 대형 기어					■	■	■		
농기계용 기어						■	■		
섬유 기계용 기어						■	■		
회전 및 선회용 대형 기어						■	■	■	
압연기 피니언용 기어						■	■	■	
수동용 기어								■	■
내기어(대형 제외)					■	■	■		
대형 내 기어								■	■

[표 2-17] 기어의 가공방법에 따른 등급

가공법 및 열처리법 \ 정밀도 등급		0	1	2	3	4	5	6	7	8
쉐이빙 가공할 때	담금질 안 함		■	■	■	■	■			
절삭 가공할 때	담금질 안 함					■	■	■	■	■
쉐이빙 가공할 때	담금질 함				■	■	■			
절삭 가공할 때	담금질 함							■	■	■
연삭할 때		■	■	■	■	■				

[표 2-18] 기어용 금속재료

종 류	기 호	브리넬 경도 시험 HB	비 고
기 계 구 조 용 탄 소 강	SM 30C	150 — 212	SM45C는 고주파 담금질에 적당
	SM 45C	201 — 269	
	SS 55C	229 — 285	
니 켈 크 롬 강	SNC 2	248 — 302	일반적으로 고주파 담금질을 하지 않음 SNC21, SNC22는 표면 담금질용(침탄용)
	SNC 3	269 — 321	
	SNC 21	217 — 321	
	SNC 22	285 — 388	
니켈크롬 몰리브덴강	SNCM 2M	269 — 321	강력 우수 기어의 재료임
	SNCM 5M	302 — 352	
	SNCM 7M	293 — 352	
	SNCM 8M	293 — 352	
	SNCM 9M	302 — 363	
	SNCM 21M	249 — 341	표면 담금질용 (침탄법)
	SNCM 22M	255 — 341	
	SNCM 25M	293 — 395	
	SNCM 26M	311 — 375	
크 롬 강	SCr 22	341 — 388	표면 담금질용 (침탄법)
탄 소 강 단 강 품	SF 50	235 — 231	보통 기어용, 어닐링 풀림강
	SF 55		
	SF 60		
탄소강 주강품	SC 46		보통 대형 기어용, 주조 후 열처리 실시
	SC 49		
회 주 철 품	GC 20		경하중으로 충격이 작을 때 사용하며 주조 후 풀림 처리함
	GC 25		
	GC 30		
	GC 35		
청 동 주 물 인청동 주물	BrC 3		내식성, 내마모성으로 웜 및 웜 기어 등에 사용
	PBC 1		
	PBC 2		
비금속 재료	(Bakelite)		내마모성이 강하고, 내부식성이 강함 기계적인 모든 성질이 금속보다 떨어지므로 부하가 적은 소형 기어용에 사용
	(Nylon)		

[표 2-19] 모듈과 유효 침탄 깊이

모 듈		1.5	2	3	4	5	6	8	10	15	20	25
침탄깊이	A	0.2	0.2	0.3	0.4	0.5	0.6	0.7	0.9	1.2	1.5	1.8
	B	0.3	0.3	0.5	0.7	0.8	0.9	1.1	1.4	2.0	2.5	3.4

【비고】 위의 표에서 보통 A를 사용하나 필요에 따라 B를 사용한다. 위의 침탄 깊이 값은 경도 HrC 50을 기준한 값이다.

2-15 래크와 피니언의 도시법

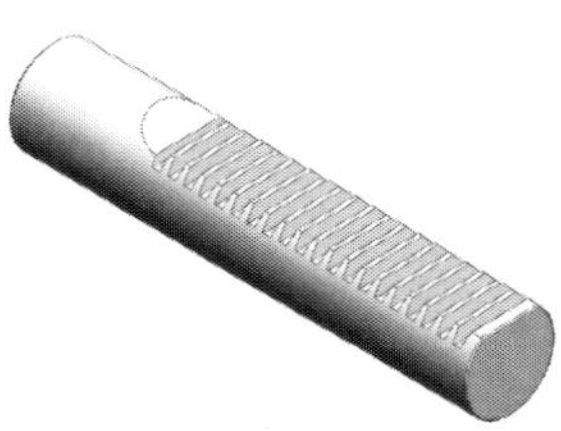

[래크의 입체도]

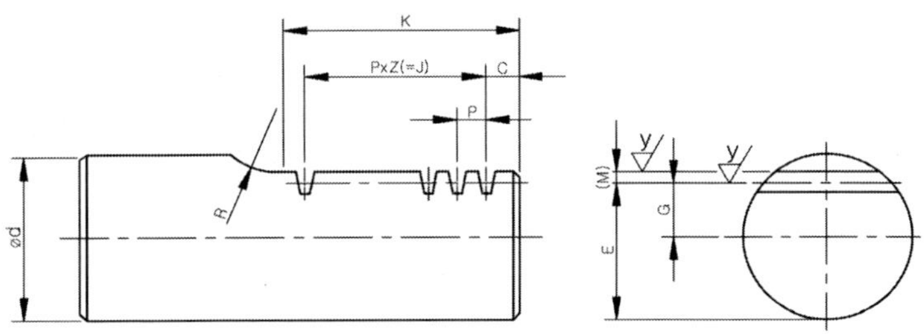

[그림 2-16] 래크의 도시법

[표 2-20] 래크, 피니언 요목표 (단위: mm)

래크, 피니언 요목표			
구 분 \ 품 번			
기어치형		표준	
기준래크	치 형	보통 이	
	모 듈		
	압력각	20°	
잇 수		1	
피치원 지름			
전체 이 높이			
다듬질 방법		호브(Hob)	
정밀도		KS B 1405, 5급	

래크, 피니언 계산식	계산식
원주 피치(P)	$P = M \times \pi$
치형 시작 치수(C)	$C = \frac{P}{2}$
래크 길이(J)	$J = P \times Z$
기어 중심 거리(G)	도면에서 측정하여 기입
E	$E = (\varnothing \div 2) + G$ ∅: 축 지름
K	도면에서 측정하여 기입
R	도면에서 측정하여 기입
피니언 피치원 지름	$PCD = M \times Z$
피니언 바깥지름	$D = PCD + 2M$
전체 이 높이	

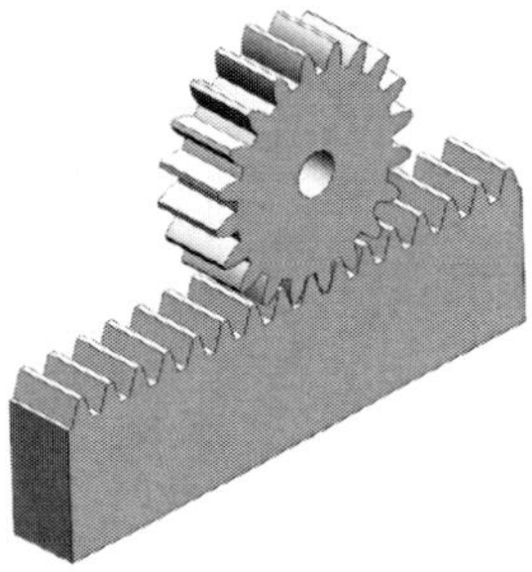

[래크와 피니언의 조립]

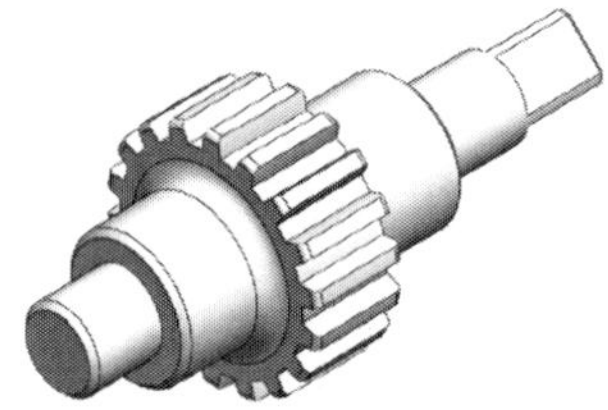

[피니언]

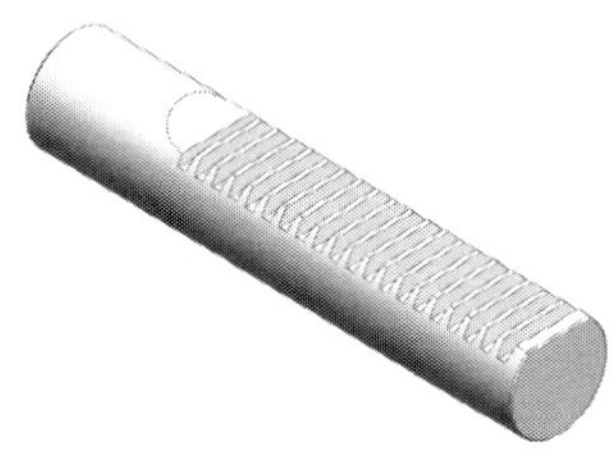

[래크]

1. 모듈(M) = 2, 잇수(Z): 피니언(31개), 래크(17개)
2. 재질: 피니언, 래크 모두 SCM435
3. 전체 경화처리: HRC 55±2

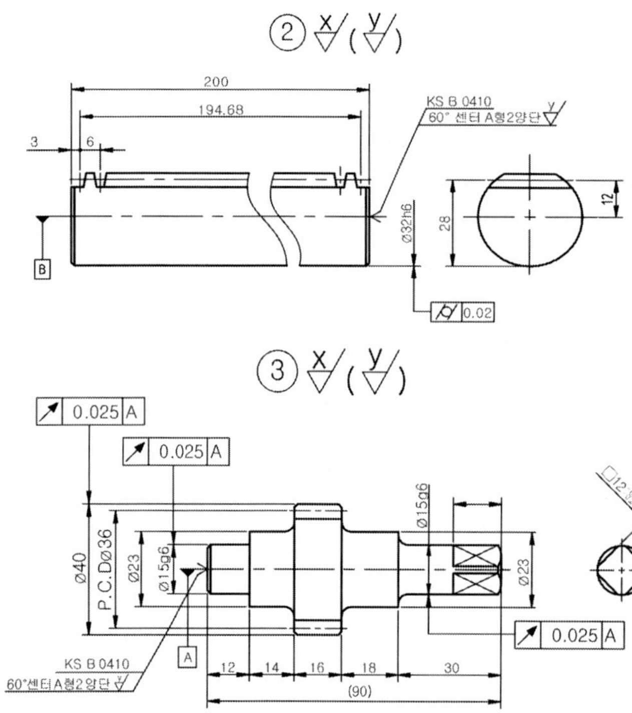

래크, 피니언 요목표			
구분 \ 품번		2	3
기어치형		표 준	
기준래크	치형	보 통	
	모듈	2	
	압력각	20°	
잇 수		18	31
피치원 지름		φ36	-
전체 이높이		4.5	
다듬질 방법		호브절삭	
정 밀 도		KS B 1405, 5급	

[그림 2-17] 래크와 피니언의 도시법

memo

제 3 장

베어링(Bearing)

3-1 베어링의 종류

3-2 구름 베어링

3-3 구름 베어링의 호칭번호

3-4 구름 베어링의 제도

베어링(Bearing)

회전이나 왕복운동을 하는 축을 받쳐 하중을 받는 구실을 하는 기계요소를 **베어링**(Bearing)이라 하며, 축 중에서 베어링과 접촉하여 축이 받쳐지고 있는 축부분은 **저널**(Journal)이라 한다.

3-1 베어링의 종류

베어링의 종류는 베어링과 저널의 접촉상태에 따라 **미끄럼 베어링**(Sliding Bearing)과 **구름 베어링**(Rolling Bearing)으로 구분하고, **하중의 방향**에 따라 **레이디얼 베어링**(Radial or Journal Bearing)과 **스러스트 베어링**(Thrust or Axial Bearing)으로 분류한다. **구름 베어링**은 글자 그대로 굴러서 회전하는 베어링이다. 즉, 베어링의 내륜과 베어링의 외륜 사이에 구슬이 들어있어 그 구슬이 구르면서 회전하기 때문에 구름 베어링이라 한다. **미끄럼 베어링**은 구슬없이 바로 축에 조립되어 미끄러지면서 회전하는 베어링이다.

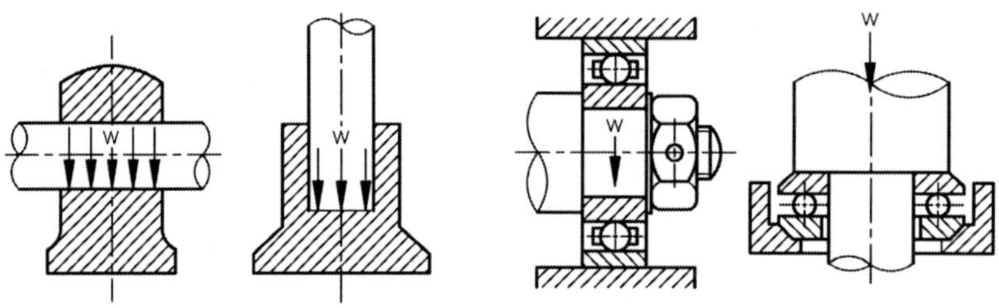

(a) 레이디얼 베어링 (b) 스러스트 베어링 (c) 레이디얼 구름 베어링 (d) 스러스트 구름 베어링

[그림 3-1] 베어링의 종류

(1) 미끄럼 베어링

축과 베어링의 면이 직접 접촉하여 미끄럼 운동을 하는 베어링을 **미끄럼 베어링**(Sliding Bearing)이라 한다. 일반적으로 축과 베어링 메탈 사이에 많은 기름막을 형성하여 면접촉을 이루게 한다. 베어링 재료는 보통 화이트 메탈(White Metal)·동·인청동 등이 사용된다. 지름이 큰 베어링은 베어링 메탈을 2개로 분할한 레이디얼 베어링을 사용하는 것이 편리하다. 최근에는 전동기 등의 베어링으로 다공질의 베어링 메탈에 기름이 배어 있는 오일리스 베어링(Oilless Bearing)을 사용한다. 스러스트 베어링에는 수직축에 사용하는 피벗 저널(Pivot Journal)과 수평축에 사용하는 칼라 저널(Collar Journal)이 있다.

– 베어링 메탈을 사용하여 축과 베어링 면이 직접 접촉하여 미끄럼 운동을 하는 베어링
– 접촉 면적이 커서 마찰이 크므로 속도가 느리고 큰 힘이 작용할 경우에 사용한다.

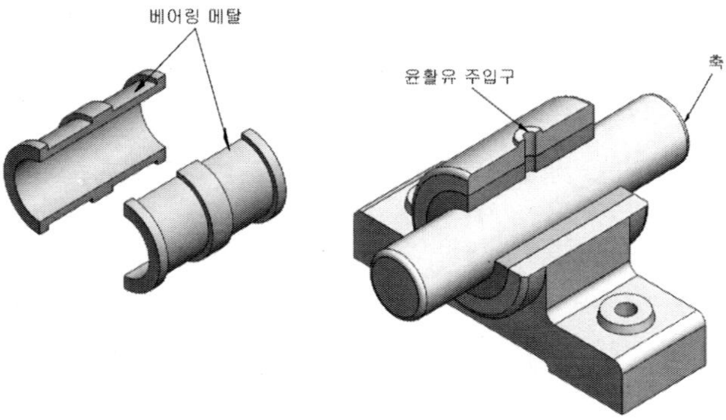

[그림 3-2] 미끄럼 베어링

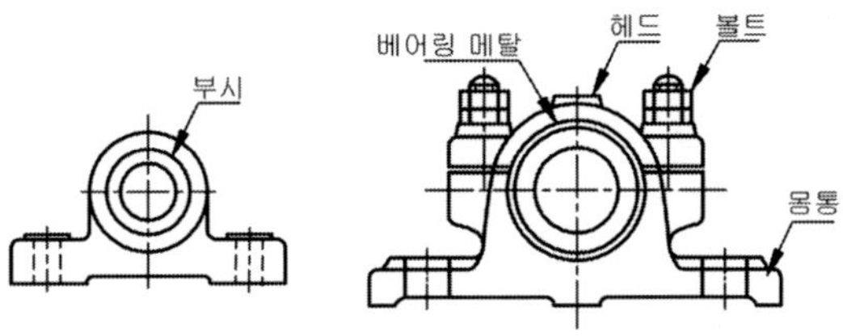

(a) 단체 베어링 (b) 분할 베어링

[그림 3-3] 미끄럼 베어링

(2) 구름 베어링

저널과 베어링 사이에 롤러(Roller)나 볼(Ball)을 넣어 구름운동을 하는 베어링이다. 구름 베어링은 그림과 같이 안 바퀴(inner Race), 바깥 바퀴(Outer Race), 볼, 리테이너(Retainer) 네 가지 부분으로 구성된다. 리테이너는 볼을 원주에 고르게 배치하여 상호 간의 접촉을 피하고, 마멸과 소음을 방지하는 구실을 한다.

① **레이디얼 미끄럼 베어링**: 베어링의 전체를 한덩어리로 만든 단체형과 분할할 수 있게 만든 분할형이 있다. 단체형은 저속과 경하중일 때 사용하고 축이 끼워지는 부분에 있는 통모양의 베어링 메탈(부시: Bush)은 일반적으로 청동 또는 황동으로 만들며, 분할형은 상, 하 두 조각으로 나누어 제작한다. 또 축과 접촉하는 부분에는 마멸이 적고 윤활이 잘 되도록 베어링 메탈을 끼운다.

② **스러스트 미끄럼 베어링**: 축방향으로 하중이 작용하는 것이며, 축의 끝단면으로 하중을 받치는 피벗 베어링(Pivot Bearing)과 축의 중간에 단 칼러(턱)로 하중을 받치는 피벗칼러 베어링(Pivot Collar Bearing)이 있다. 전자는 주로 하중이 적은 경우의 수직축에 쓰이며, 후자는 하중이 비교적 큰 횡축에 사용된다.

비고 베어링 메탈의 재료가 갖추어야 할 조건

1. 마멸에 잘 견딜 수 있도록 내구성이 있어야 하며, 축을 손상시키지 않도록 축의 재료보다는 부드러워야 한다.
2. 축과의 마찰 계수가 작아야 한다(마찰열의 발생이 적음을 의미).
3. 마찰로 생긴 열을 방출할 수 있도록 열전도가 좋아야 한다.
4. 부식에 잘 견디어야 하며, 주조하기가 쉬워야 한다.
   - 축과 베어링 사이에 볼이나 롤러를 넣어서 구름 운동을 하는 베어링
   - 볼 베어링과 롤러 베어링으로 구분
   - 접촉 면적이 적어서 마찰이 적으므로 속도가 빠르고 작은 힘이 작용할 경우에 사용됨

3-2 구름 베어링

축과 베어링이 구름접촉을 하는 것이며, 일반적으로 미끄럼 베어링보다 마찰이 적고 고속 회전이 가능하다. 구름 베어링의 구조는 내륜(Inner Race), 외륜(Outer Race), 강철구(Steel Ball), 유지기(Retainer)로 되어 있으며, 내륜과 외륜 사이에 볼 또는 롤러를 넣는 것에 따라 볼 베어링과 롤러 베어링으로 구분된다.

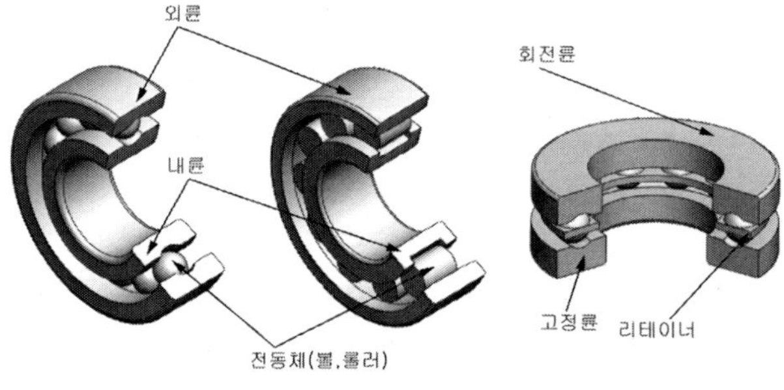

[그림 3-4] 구름 베어링의 구조

[표 3-1] 구름 베어링의 종류

- 구름 베어링
  - 볼 베어링
    - 레이디얼 베어링
      - 깊은 홈 볼베어링(단열,복열) KS B 2023
      - 앵귤러 볼 베어링(단열, 복열) KS B 2024
      - 마그네토 볼 베어링 (KS B 2030)
      - 자동조심 볼 베어링 (KS B 2025)
    - 스러스트 베어링
      - 평면자리 볼 베어링(단식, 복식) KS B 2022
      - 구면자리 볼 베어링(단식, 복식)
  - 롤러 베어링
    - 레이디얼 롤러 베어링
      - 원통 롤러 베어링 (KS B 2026)
      - 테이퍼 롤러 베어링 (KS B 2027)
      - 자동조심 롤러 베어링 (KS B 2028)
      - 니들 롤러 베어링 (KS B 2029)
    - 스러스트 롤러 베어링
      - 자동조심 롤러 베어링(KS B 2042)

(1) 볼 베어링(Ball Bearing)

① **깊은홈 볼 베어링(Deep Groove Ball Bearing)**: 구조가 간단하고 레이디얼 하중과 스러스트 하중에도 잘 견디어 고속 회전용으로 적합하며 가장 많이 사용되는 베어링이다.

② **앵귤러 볼 베어링(Angular Contact Ball Bearing)**: 외륜의 홈이 잘려져 많은 볼을 삽입할 수 있고 부하능력도 커서, 한 방향의 큰 하중에도 견딜 수 있다.

③ **마그네토 볼 베어링(Magneto Ball Bearing)**: 주로 소형 발전기용으로 쓰이며 궤도륜의 홈은 별로 깊지 않고 외륜의 궤도면은 앵귤러 베어링과 같다.

④ **자동조심 볼 베어링(Self－aligning Ball Bearing)**: 자동조심성이 있으나 스러스트 하중이 작용되면 수명이 크게 저하되므로 사용 하중에 주의해야 한다.

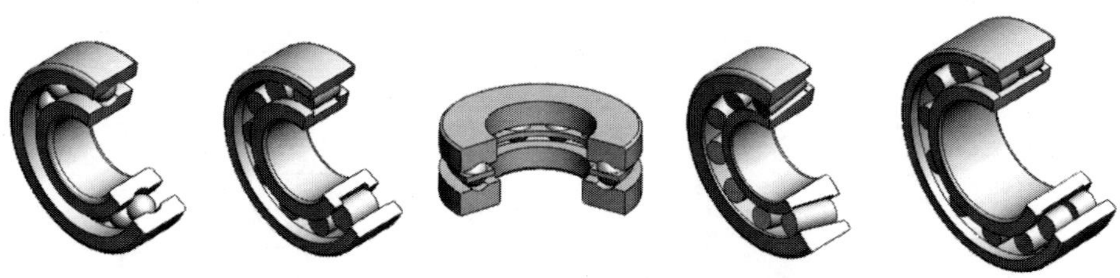

[그림 3-5] 구름 베어링의 종류

⑤ **평면자리형 스러스트 볼 베어링(Thrust Ball Bearing with Flat Seat)**: 한쪽 방향으로만 스러스트 하중을 받는 단식과 양쪽 방향의 하중을 받는 복식이 있다. 구면자리를 가지는 자동조심식 조심자리형도 있다.

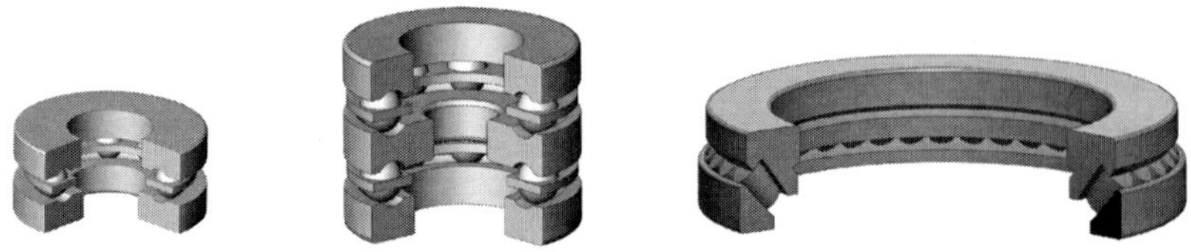

단식 복식 단식

평면자리형 스러스트 볼 베어링 조심자리형 스러스트 볼 베어링

[그림 3-6] 스러스트 볼 베어링의 종류

(2) 롤러 베어링(Roller Bearing)

① 원통 롤러 베어링(Cylindrical Roller Bearing): 원통모양 롤러를 사용하여 큰 레이디얼 하중에 견디며 양쪽에 턱이 있는 것은 어느 정도 스러스트 하중을 견딘다.

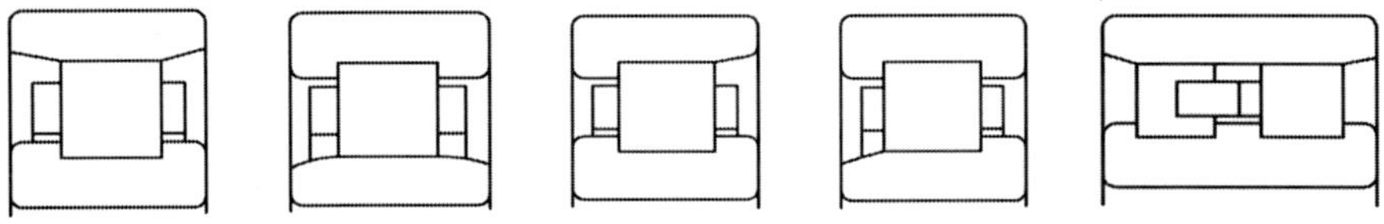

(a) 형식N (b) 형식NU (c) 형식NF (d) 형식NJ (e) 형식NN

[그림 3-7] 원통 롤러 베어링

② 테이퍼 롤러 베어링(Tapered Roller Bearing): 비교적 큰 레이디얼 하중과 스러스트 하중을 동시에 받을 수 있다.

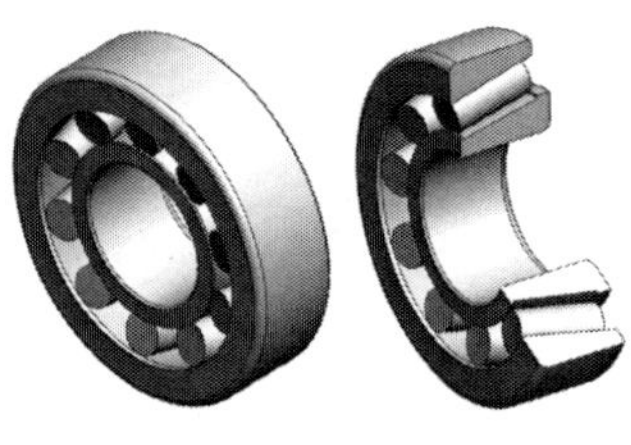

[그림 3-8] 테이퍼 롤러 베어링

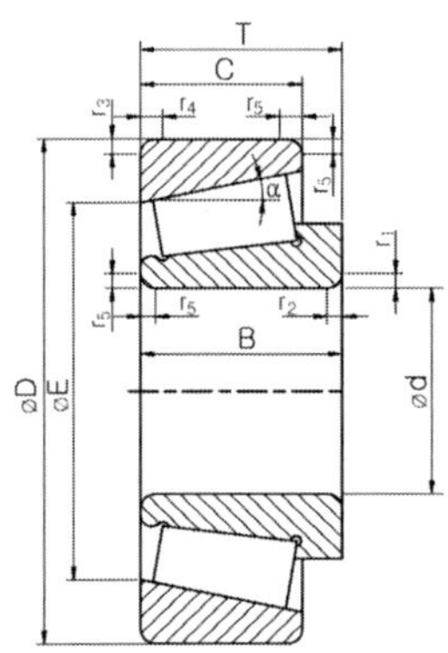

③ 자동조심 롤러 베어링(Self-aligning Roller Bearing): 자동조심 볼 베어링의 볼 대신에 구면 롤러를 복열로 사용한 것이다.

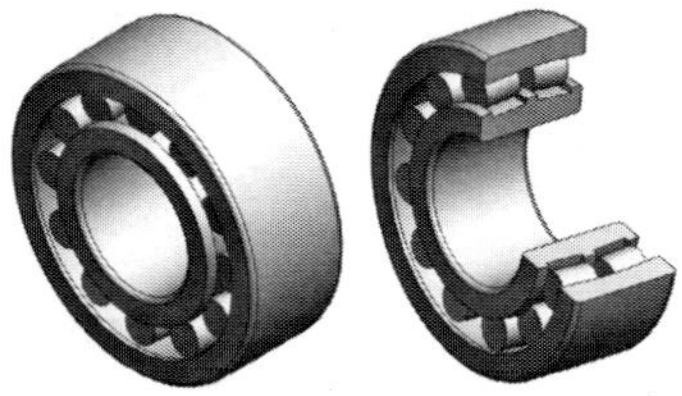
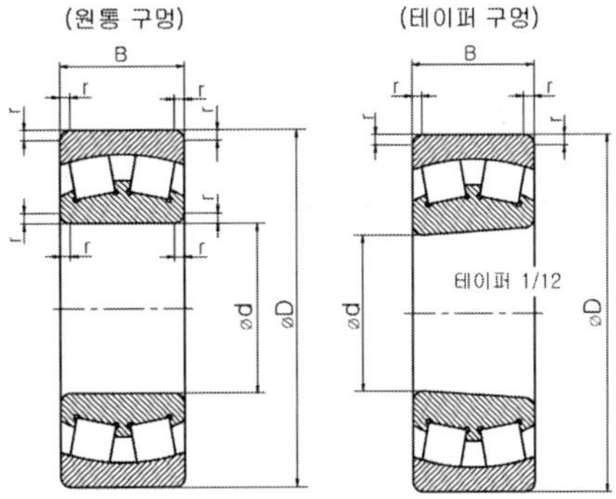

[그림 3-9] 자동조심 롤러 베어링

④ 니들 롤러 베어링(Needle Roller Bearing): 보통 지름 5mm 이하의 롤러를 사용한 것을 말하며 바깥지름을 작게 할 수 있다.

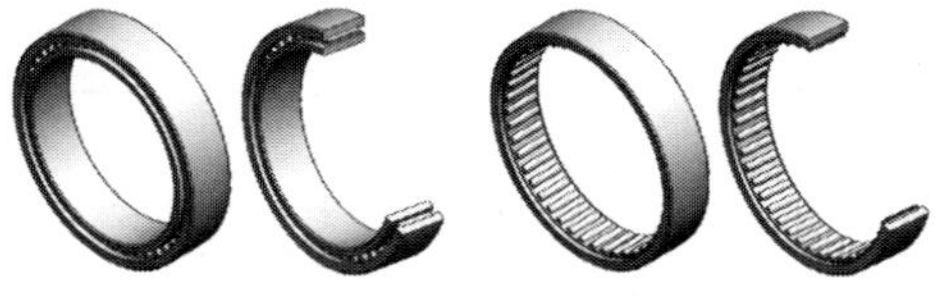
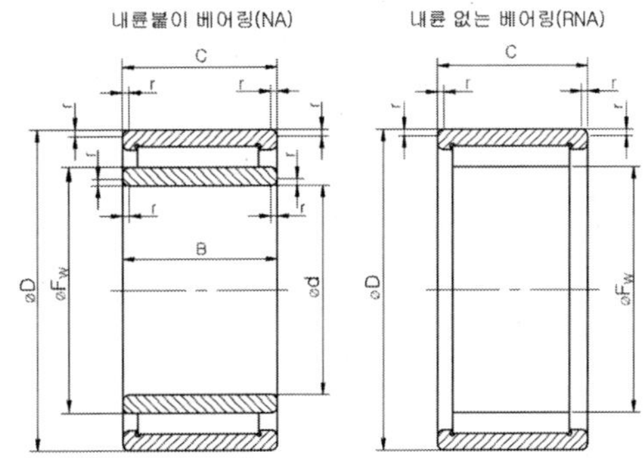

[그림 3-10] 니들 롤러 베어링

⑤ 스러스트 자동조심 롤러 베어링(Thrust Self-aligning Roller Bearing): 자동조심 롤러 베어링과 비슷하지만 스러스트 하중뿐만 아니라 레이디얼 하중도 받을 수 있다. **[그림 3-11]**과 같이 전동체에는 원추형의 구면 롤러가 단열로 사용된다.

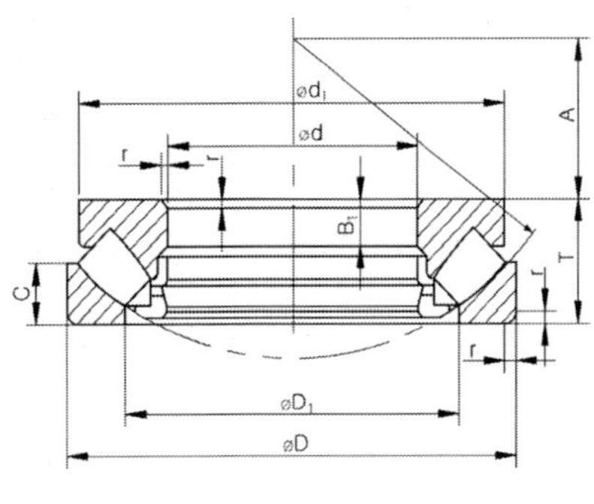

[그림 3-11] 스러스트 자동조심 롤러 베어링

3-3 구름 베어링의 호칭번호

베어링은 사용되는 하중에 따라 여러 가지가 있다. 즉, 하중에 따라 같은 축지름의 베어링일지라도 바깥지름이나 폭이 다르다. 구름 베어링의 주요치수는 KS 규격에 의해 정해져 있다.

(1) 호칭번호

구름 베어링의 호칭번호는 베어링의 형식, 주요치수와 그 밖의 사항을 표시하며, 기본 번호와 보조 기호로 구성되고, 그 배열은 [표 3-2]에 따른다. 여기서 호칭번호는 숫자·글자로 나타내며, 이것은 각각 숫자와 영문자의 대문자를 써서 나타낸다.

[표 3-2] 호칭번호의 배열

기 본 번 호			보 조 기 호					
베어링 계열기호	안지름 번호	접촉각 기호	리테이너 (유지기) 기 호	실기호 또는 실드기호	궤도륜 모양기호	조합기호	내부틈새 기호	등급기호

보기 608 C2 P6

60 8 C2 P6

- P6 : 등급기호(6급)
- C2 : 틈새기호(C2 틈새)
- 8 : 안지름호칭(베어링 안지름 8mm)
- 60 : 베어링 계열기호(단열 깊은 홈 볼 베어링 치수계열 10)

비고 1. 접촉각 기호 및 보조기호에 대하여서는 해당되는 것만을 왼쪽에서 순서대로 배열한다.
2. 인수·인도 당사자 간의 협정에 따라 베어링의 특별한 시방을 표시하는 기타 기호를 보조 기호로 호칭번호에 사용하여도 좋다.

① **베어링 계열기호(Series Number)**: 베어링의 형식(접촉각은 제외)과 치수 계열을 나타내며, [표 3-5]에 따른다.

② **안지름 번호(Bore Diameter Number)**: 베어링의 안지름 치수를 나타내는 것으로 [표 3-6]과 같다.

(2) 접촉각 기호

내 · 외륜과 볼의 접촉점을 연결하는 직선이 레디얼 방향과 이루는 각도로, 기호는 [표 3-3]에 따른다.

[표 3-3] 접촉각 기호

<table>
<tr><th>베어링 형식</th><th>호칭접촉각</th><th>접촉각 기호</th></tr>
<tr><td rowspan="3">단열 앵귤러
볼 베어링</td><td>10° 초과 22° 이하</td><td>C</td></tr>
<tr><td>22° 초과 32° 이하(보통 30°)</td><td>A*</td></tr>
<tr><td>32° 초과 45° 이하(보통 40°)</td><td>B</td></tr>
<tr><td>단열 원추 롤러 베어링</td><td>24° 초과 32° 이하</td><td>D</td></tr>
<tr><td colspan="3">【주】 *은 생략할 수 있다.</td></tr>
</table>

[표 3-4] 보조 기호

<table>
<tr><th colspan="2">유지기</th><th colspan="2">실·시드</th><th colspan="2">궤도륜 모양</th><th colspan="2">베어링의 조합</th><th colspan="2">내부틈새</th><th colspan="2">등 급</th></tr>
<tr><th>내 용</th><th>기 호</th><th>내 용</th><th>기 호*</th><th>내 용</th><th>기 호</th><th>종 류</th><th>기 호</th><th>구 분</th><th>기 호</th><th>등 급</th><th>기 호</th></tr>
<tr><td rowspan="7">유지기 없음</td><td rowspan="7">V</td><td rowspan="2">양쪽 실붙이</td><td rowspan="2">UU</td><td rowspan="2">내륜원통구멍</td><td rowspan="2">없음</td><td rowspan="2">뒷면 조합</td><td rowspan="2">DB</td><td rowspan="2">보통의 레이디얼 내부틈새보다 작다</td><td rowspan="2">C2</td><td>0급</td><td>없음</td></tr>
<tr><td>6X급</td><td>P6X</td></tr>
<tr><td>한쪽 실붙이</td><td>U</td><td>내륜테이퍼구멍 (기준테이퍼비 $\frac{1}{12}$)</td><td>K</td><td rowspan="2">정면 조합</td><td rowspan="2">DF</td><td>보통의 레이디얼 내부틈새</td><td>없음</td><td>6급</td><td>P6</td></tr>
<tr><td rowspan="2">양쪽 실드붙이</td><td rowspan="2">ZZ</td><td rowspan="2">링홈붙이</td><td rowspan="2">N</td><td rowspan="2">보통의 레이디얼 내부틈새보다 크다</td><td rowspan="2">C3</td><td>5급</td><td>P5</td></tr>
<tr><td rowspan="3">병렬 조합</td><td rowspan="3">DT</td><td>4급</td><td>P4</td></tr>
<tr><td rowspan="2">한쪽 실드붙이</td><td rowspan="2">Z</td><td rowspan="2">멈춤링붙이</td><td rowspan="2">NR</td><td>C3 보다 크다</td><td>C4</td><td rowspan="2">2급</td><td rowspan="2">P2</td></tr>
<tr><td>C4 보다 크다</td><td>C5</td></tr>
</table>

[표 3-5] 구름 베어링 기본형식과 약도

베어링 형식				단면 약도	형식 기호	치수 계열	계열 기호	구조 및 특성	
볼 베어링	레이디얼	깊은홈	단열	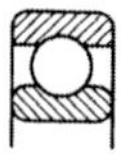	6	18 19 10 02 03 04	68 69 60 62 63 64	가장 간단하고, 고 정밀, 고속에 적당. 레이디얼과 스러스트 하중을 받을 수 있다.	삽입홈 없음
볼 베어링	레이디얼	앵귤러	단열	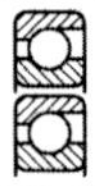	7	10 02 03 04	70 72 73 74	레이디얼 하중과 한 방향의 스러스트 하중을 받을 수 있고, 깊은홈 형보다 큰 부하를 받을 수 있다.	접촉 각이 클수록 스러스트 부하 용량이 크게 되고, 고속 회전용은 작으면 좋다.
볼 베어링	레이디얼	자동조심	복열	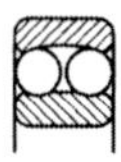	1 2	02 03 22 23	12 13 22 23	외륜의 궤도면이 구면이고, 자동 도심되도록 되어 있다. 스러스트 부하용량이 작아 외부영향이 민감하다.	어댑터를 사용하는 테이퍼 구멍 베어링에는 호칭번호 뒤에 K 첨가
볼 베어링	스러스트	단식평면	단열	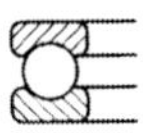	5	11 12 13 14	511 512 513 514	스러스트 하중만을 받는 베어링으로 고속회전에는 적당하지 않다. 축에 붙일 방향의 궤도륜을 회전륜, 다른 쪽의 궤도륜을 고정륜이라 한다. 고정륜에는 평면자리, 구면자리, 구면 와셔 붙이(호칭번호 뒤에 U첨가)	단식은 한쪽 방향의 스러스트 하중을 받는 것이고, 복식은 양쪽 방향의 스러스트 하중을 받는 것이다.
볼 베어링	스러스트	복식평면	단열	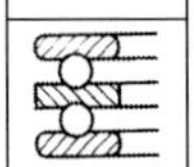	5	22 23 24	522 523 524		
롤러 베어링	레이디얼	원통형	단식	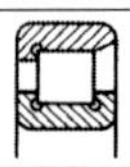	NF	02 03 04	NF 2 NF 3 NF 4	1. 전동체로 원통 롤러를 사용한다. 2. 내·외륜 턱의 유무에 따라 N, NU형이 있다. 3. 축방향으로 약간 이동될 수 있고, 내·외륜이 분리된다. 4. 내·외륜에 턱이 있는 것을 NH형이라 한다. 5. NH형은 설치상 축방향 위치와 고정할 필요가 있을 때에 사용한다. 6. NJ형과 NF형은 한쪽 방향의 위치를 고정시킬 수 있으나 반대축에는 고정되지 않고 자유로운 상태로 놓인다. 7. NN형은 복식으로 주로 공작기계의 주축에 사용되고 있다. 8. 무거운 하중이나 충격 하중에 강하고, 축방향의 열 팽창에 대응할 수 있다. 9. 일반적으로, 큰 레이디얼 하중과 고압의 회전에 견딜 수 있다.	
롤러 베어링	레이디얼	원통형	단식	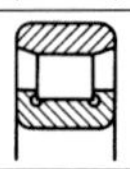	N	02 03 04	N 2 N 3 N 4		
롤러 베어링	레이디얼	원통형	단식	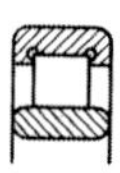	NU	10 02 22 03 23 04	NU 10 NU 2 NU 22 NU 3 NU 23 NU 4		
롤러 베어링	레이디얼	원통형	단식	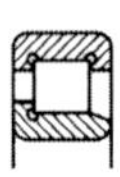	NJ	02 22 03 23 04	NJ 2 NJ 22 NJ 3 NJ 23 NJ 4		
롤러 베어링	레이디얼	원통형	단식	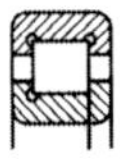	NUP	02 22 03 23 04	NUP 2 NUP 22 NUP 3 NUP 23 NUP 4		
롤러 베어링	레이디얼	원통형	단식	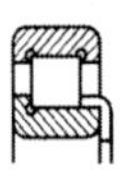	NH	02 22 03 23 04	NH 2 NH 22 NH 3 NH 23 NH 4		
롤러 베어링	레이디얼	원통형	복식	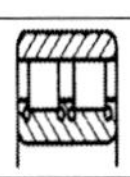	NN	30	NN 30		
롤러 베어링	레이디얼		복식	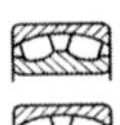	2	30 31 22 32 03 23	230 231 222 232 213 223	자동조심형으로 구면 롤러가 복식으로 끼워져 있고, 외륜 궤도면이 구면으로 되어 있다.	자동조심 볼 베어링과 같이 축심이 틀리는 곳, 저속 중 하중, 충결 하중용

[표 3-5] 구름 베어링 기본형식과 약도(계속)

베 어 링 형 식				단면 약도	형식 기호	치수 계열	계열 기호	구조 및 특성	
롤러 베어링	레이디얼	니들형	단식	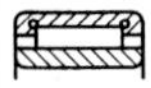	NA	49	NA 49	길이에 비하여 지름이 작은 롤러를 사용한 것으로 단위 면적마다 부하 용량이 커서 형상이 작을수록 좋은 특성이 있으며, 보통 리테이너는 붙어 있지 않다.	내연 기관 피스톤 핀의 베어링과 같이 좁은 곳에서 강한 하중을 받을 수 있다.
				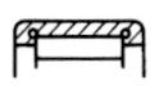	RNA	49	RNA 49[1]		
		원뿔형			3	20[2] 02[2] 22[2] 03[2] 23[2]	320 302 322 303, 303D 323	앵귤러 볼 베어링과 같이 2개를 조합하여 정면조합(GF), 배면조합(GB)으로 사용된다.	부하 용량이 크고 충격에 강하여 큰 공작기계 메인 축에 적당하다.
	스러스트	자동조심		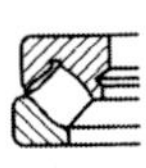	2	92 93 94	292 293 294	스러스트 구면 롤러 베어링으로 레이디얼 하중을 약간 받을 수 있다. 외륜 궤도면이 구면이다.	스러스트 하중 용량은 매우 큰 것으로 고속에 적당하다.

【주】 표기 중에 (1)은 베어링 계열 NA48, NA49, NA59 및 NA69의 베어링에서 내륜을 제외한 서브유닛의 계열 기호이다. 표기 중에 (2)는 KS B 2013에서 규정하는 원추롤러 베어링의 2란의 치수 계열이다.

[표 3-6] 안지름 번호

호칭베어링 안지름(mm)	안지름 번 호	호칭베어링 안지름(mm)	안지름 번 호	호칭베어링 안지름(mm)	안지름 번 호	호칭베어링 안지름(mm)	안지름 번 호	호칭베어링 안지름(mm)	안지름 번 호
0.6	/0.6[1]	25	05	105	21	360	72	950	/950
1	1	28	/28	110	22	380	76	1000	/1000
1.5	/1.5[1]	30	06	120	24	400	80	1060	/1060
2	2	32	/32	130	26	420	84	1120	/1120
2.5	/2.5[1]	35	07	140	28	440	88	1180	/1180
3	3	40	08	150	30	460	92	1250	/1250
4	4	45	09	160	32	480	96	1320	/1320
5	5	50	10	170	34	500	/500	1400	/1400
6	6	55	11	180	36	530	/530	1500	/1500
7	7	60	12	190	38	560	/560	1600	/1600
8	8	65	13	200	40	600	/600	1700	/1700
9	9	70	14	220	44	630	/630	1800	/1800
10	00	75	15	240	48	670	/670	1900	/1900
12	01	80	16	260	52	710	/710	2000	/2000
15	02	85	17	280	56	750	/750	2120	/2120
17	03	90	18	300	60	800	/800	2240	/2240
20	04	95	19	320	64	850	/850	2360	/2360
22	/22	100	20	340	68	900	/900	2500	/2500

[주] [1] 다른 약호를 사용할 수 있다.

3-4 구름 베어링의 제도

구름 베어링은 일반적으로 전문 메이커의 제품을 그대로 사용하므로 도면에는 그 형식이 이해될 수 있는 정도의 간략도시 또는 호칭번호를 표시하면 된다. 만일 베어링의 세밀한 부분에 대하여 도형이나 치수 등을 상세히 기입할 필요가 있을 때에는 KS B 0004-1부(**일반적인 간략도시 방법**), 2부(**상세한 간략도시방법**)에 규정된 제도법에 따라 그린다. 베어링을 간략하게 도시할 경우 윤곽은 각 베어링의 규격에 정해진 치수에 따라 그리며, 인접한 부분에 접하는 모떼기의 도시는 생략하지 않는다.

(1) 간략한 도시방법

① 약도: 베어링의 윤곽과 내부구조를 개략적으로 도시한 것
② 간략도: 베어링의 윤곽과 도시기호를 병기하는 것
③ 기호도: 베어링을 도시기호만으로 표시한 것

(2) 약도를 그리는 방법: 약도는 비례치수에 의한 작도법에 따른다.

① 볼 베어링

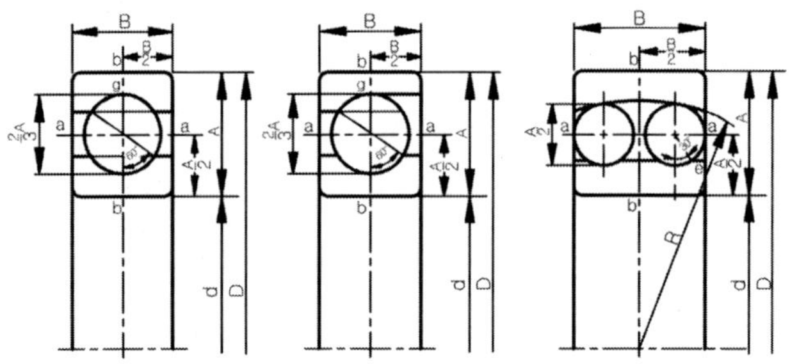

[그림 3-12] 볼 베어링

② 원통 롤러 베어링

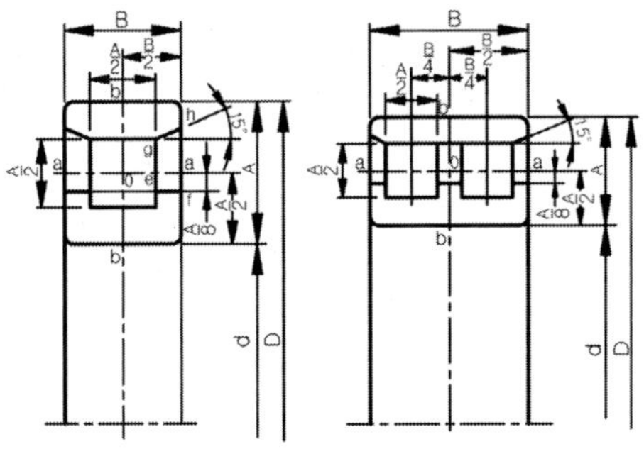

[그림 3-13] 원통 롤러 베어링

③ 니들 롤러 베어링

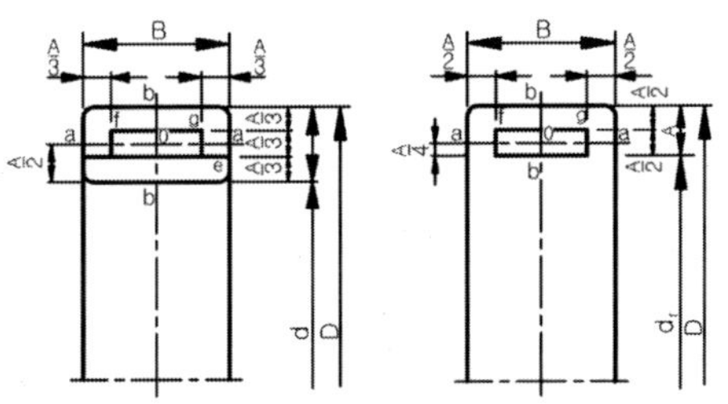

[그림 3-14] 니들 롤러 베어링

④ 테이퍼 롤러 베어링

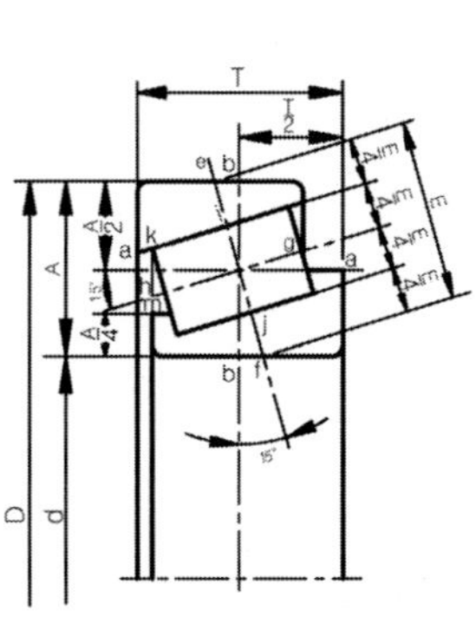

[그림 3-15] 테이퍼 롤러 베어링

⑤ 자동조심 롤러 베어링

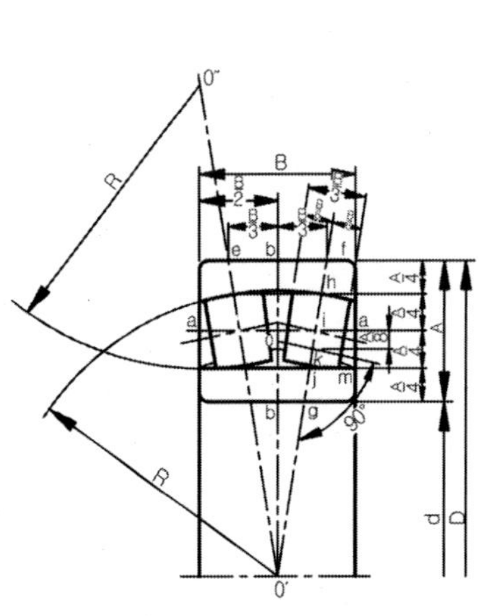

[그림 3-16] 자동조심 롤러 베어링

⑥ 평면자리형 스러스트 볼 베어링

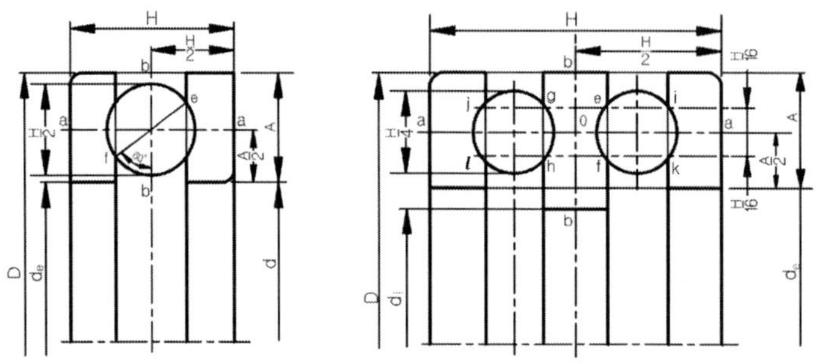

[그림 3-17] 평면자리형 스러스트 볼 베어링

⑦ 스러스트 자동조심 롤러 베어링

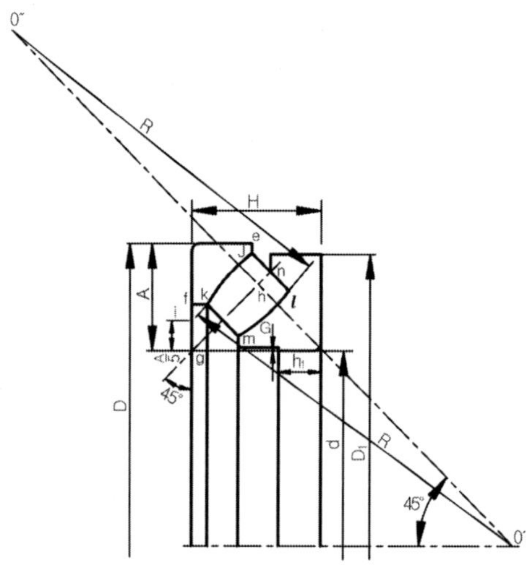

[그림 3-18] 스러스트 자동조심형 롤러 베어링

memo

제 4 장

V 벨트, 체인 전동장치

4-1 V 벨트 전동

4-2 체인 전동

4-3 롤러 체인용 스프로킷

V 벨트, 체인 전동장치

두 축이 떨어져 있는 경우에 동력을 전달할 때에는 벨트(Belt) · 로프(Rope) · 체인(Chain) 등을 사용하여 원동차에서 종동차로 동력을 전달한다. 이때 축간 거리와 속도비 등에 따라 적당한 것을 선택하여야 한다.

[표 4-1] 전동장치의 적용범위

종 류		축간 거리(m)	속 도 비	속 도(m/s)
벨 트	평 벨 트	10 이하	1 ; 1~6 최대 1 ; 15	10~30 최대 50
	V 벨 트	5 이하	1 ; 1~7 최대 1 ; 10	10~18 최대 25
로 프	섬 유	10~30	1 ; 1~2 최대 1 ; 5	15~30
	강 철	50~00, 최대 150	보통 1 ; 1	최대 25
체 인	사 일 렌 트	4 이하	1 ; 1~5 최대 1 ; 8	5 이하 최대 10
	롤 러			7 이하 최대 10

4-1 V 벨트 전동

V 벨트는 사다리꼴의 단면을 가진 벨트로서, V 형의 홈이 파져 있는 V 풀리(V-pulley)에 밀착시켜 구동하는 방법이다. 기어와 평벨트 중간쯤 축간 거리에 주로 사용하며, 평벨트에 비하여 운전이 조용하고 접촉면이 넓어 높은 속도비가 얻어진다.

(1) V 벨트의 치수

V 벨트의 치수는 단면의 치수로 표시하며, 단면의 크기에 따라 A, B, C, D, E 형으로 나눈다. 단면은 좌우대칭이며 단면의 치수는 [**표 4-2**]와 같다.

[V 벨트 풀리]

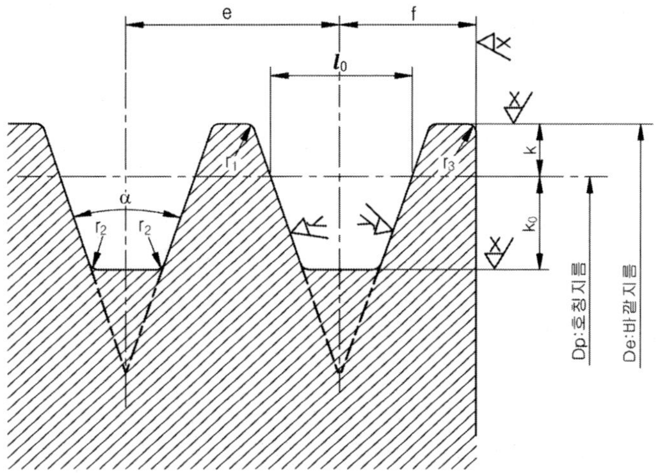

[그림 4-1] V 벨트 풀리홈 부분의 모양 및 치수

[표 4-2] V 벨트 풀리 홈 부분의 기본치수

(단위: mm)

V 벨트 종류	호칭지름 (dp)	α(°)	l_0	k	k_0	e	f	r_1	r_2	r_3	벨트의 두께
M	50 이상 71 이하 71 초과 90 이하 90 초과	34 36 38	8.0	2.7	6.3	–[1]	9.5	0.2~0.5	0.5~1.0	1~2	5.5
A	71 이상 100 이하 100 초과 125 이하 125 초과	34 36 38	9.2	4.5	8.0	15.0	10.0	0.2~0.5	0.5~1.0	1~2	9
B	125 이상 160 이하 160 초과 200 이하 200 초과	34 36 38	12.5	5.5	9.5	19.0	12.5	0.2~0.5	0.5~1.0	1~2	11
C	200 이상 250 이하 250 초과 315 이하 315 초과	34 36 38	16.9	7.0	12.0	25.5	17.0	0.2~0.5	1.0~1.6	2~3	14
D	355 이상 450 이하 450 초과	36 38	24.6	9.5	15.5	37.0	24.0	0.2~0.5	1.6~2.0	3~4	19
E	500 이상 630 이하 630 초과	36 38	28.7	12.7	19.3	44.5	29.0	0.2~0.5	1.6~2.0	4~5	25.5

【주】 [1] M형은 원칙적으로 한 줄만 걸친다.

[표 4-3] 주철제 V 벨트 풀리의 허용차 (단위: mm)

호칭지름(d_p)	바깥둘레 흔들림의 허용값	림 측면 흔들림의 허용값	바깥지름 d_e의 허용차
75 이상 118 이하	0.3	0.3	±0.6
125 이상 300 이하	0.4	0.4	±0.8
315 이상 630 이하	0.6	0.6	±1.2
710 이상 900 이하	0.8	0.8	±1.6

【비고】 이 규격은 KS M 6535(고무 벨트)를 사용하는 주철제 V 벨트에 대한 것이다. 다만, KS M 6535의 M형, D형 및 Z형의 V 벨트를 사용하는 것에 대하여는 홈 부분의 모양 및 치수만을 규정한다.

[표 4-4] V 벨트 풀리 홈 부분의 각 부 치수허용차 (단위: mm)

<table>
<tr><th>V 벨트의 종류</th><th>α의 허용차(°)</th><th>k의 허용차[1]</th><th>e의 허용차</th><th>f의 허용차</th></tr>
<tr><td>M</td><td rowspan="6">±0.5</td><td rowspan="3">+0.2
0</td><td>–</td><td rowspan="4">±1</td></tr>
<tr><td>A</td><td rowspan="2">±0.4</td></tr>
<tr><td>B</td></tr>
<tr><td>C</td><td>+0.3
0</td><td rowspan="3">±0.5</td></tr>
<tr><td>D</td><td>+0.4
0</td><td>+2
−1</td></tr>
<tr><td>E</td><td>+0.5
0</td><td>+3
−1</td></tr>
</table>

【주】 [1] k의 허용차는 바깥지름 de를 기준으로 하여 홈의 나비가 ℓ_0가 되는 d_p의 위치의 허용차를 나타낸다.

[V 벨트 풀리]

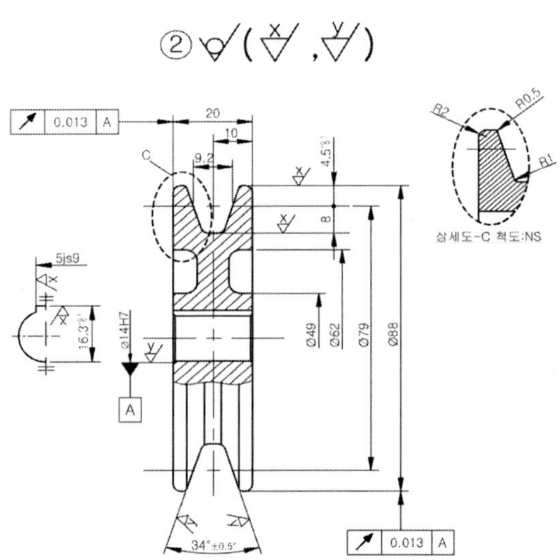

[그림 4-2] V 벨트 풀리 도시법 적용 예

(2) 주철제 V 벨트 풀리의 도면 표기법

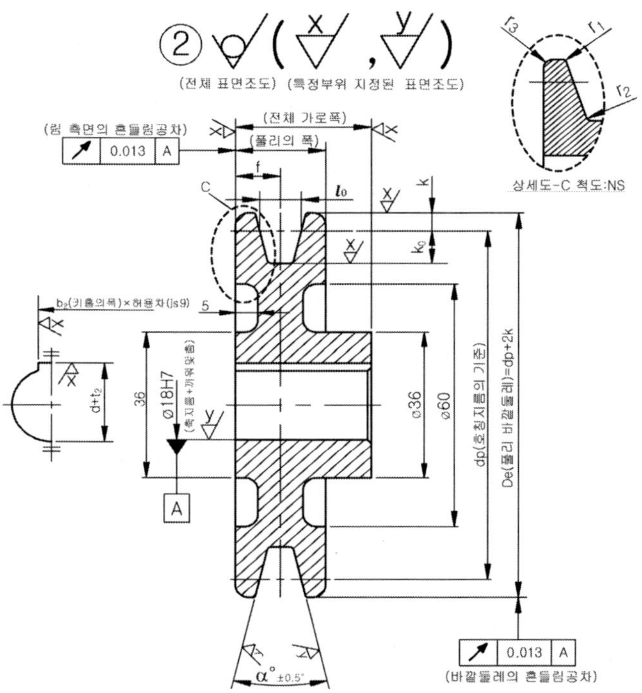

[그림 4-3] 전단면 도법을 이용한 V 벨트 풀리의 도시법

비고 V 벨트 풀리의 도시법

1. 도면에 표기된 **풀리의 호칭 지름(dp)**을 측정하여 KS B 1400(V 벨트 풀리)을 참고하여 α° 값을 정하고 도면에 표기
2. V 벨트 풀리를 가장 잘 나타낼 수 있는 투상도 선택: **단면도법(전단면도법, 부분 단면도법, 반단면 도법)으로 표기**
3. V 벨트 풀리의 형상 **상세도(확대도, Detail View)** 기재사항: **KS B 1400(V 벨트 풀리) 규격 참고**
4. **구멍의 키홈 표기법[키의 방향은 12시 방향, 키의 너비(b_2)×허용차(js9), 축의 직경(d)+키홈의 깊이(t_2), 키홈의 표면거칠기]**
5. **형상기하 공차:** V 벨트 **풀리 바깥둘레(de)**와 **림 측면 너비(B)**에 **흔들림(원주 흔들림) 공차 적용**– Datum: **끼워 맞춤 구멍기준**
6. V 벨트 풀리에 필요한 **표면거칠기 표기(풀리 홈, 구멍의 키홈, 풀리 너비의 양쪽 가공측면)**
7. 멈춤 나사가 있을 경우: **멈춤 나사의 크기, 위치 표기**

[평 벨트 풀리]

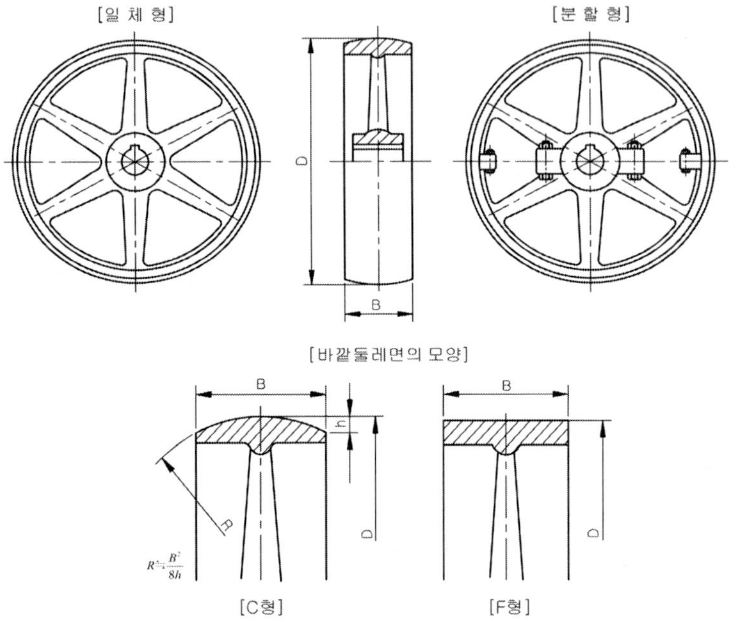

[그림 4-4] 평 벨트 풀리의 모양 및 치수

[표 4-10] 평 벨트 풀리의 호칭너비 및 허용차 (단위: mm)

호칭너비(B)	허용차	호칭너비(B)	허용차	호칭너비(B)	허용차	호칭너비(B)	허용차
20		80		160		315	
25		90		180		355	
32		100		200		400	
40	±1	112	±1.5	224	±2	450	±3
50		125		250		500	
63		140		280		560	
71						630	

[표 4-11] 평 벨트 풀리 홈 부분의 모양 및 치수(400mm 이상) (단위: mm)

호칭너비(B)	125 (이하)	140 160	180 200	224 250	280 315	355	400 (이상)
호칭지름(D)	**크 라 운 (h) ***						
400	1	1.2	1.2	1.2	1.2	1.2	1.2
450	1	1.2	1.2	1.2	1.2	1.2	1.2
500	1	1.5	1.5	1.5	1.5	1.5	1.5
560	1	1.5	1.5	1.5	1.5	1.5	1.5
630	1	1.5	2	2	2	2	2
710	1	1.5	2	2	2	2	2
800	1	1.5	2	2.5	2.5	2.5	2.5
900	1	1.5	2	2.5	2.5	2.5	2.5
1000	1	1.5	2	2.5	3	3	3
1120	1.2	1.5	2	2.5	3	3	3.5
1250	1.2	1.5	2	2.5	3	3.5	4
1400	1.5	2	2.5	3	3.5	4	4
1600	1.5	2	2.5	3	3.5	4	5
1800	2	2.5	3	3.5	4	5	5
2000	2	2.5	3	3.5	4	5	6

【주】 (*) 크라운 h는 수직 축에 쓰이는 평벨트 풀리의 크라운인 경우 위 표보다 크게 하는 것이 좋다.

[표 4-12] 평 벨트 풀리의 호칭지름 및 허용차 (단위: mm)

호칭지름(D)	허용차	호칭지름(D)	허용차
40	±0.5	224 250	±2.5
45 50	±0.6	280 315 355	±3.2
56 63	±0.8	400 450 500	±4.0
71 80	±1.0	560 630 710	±5.0
90 100 112	±1.2	800 900 1000	±6.3
125 140	±1.6	1120 1250 1400	±8.0
160 180 200	±2.0	1600 1800 2000	±10.0

[표 4-13] 평 벨트 풀리의 호칭지름 및 크라운 (단위: mm)

호칭지름(D)	크라운(h) *	호칭지름(D)	크라운(h) *
40~112	0.3	200, 224	0.6
125, 140	0.4	250, 280	0.8
160, 180	0.5	315, 355	1.0

【주】1. 평 벨트 풀리의 종류는 구조에 따라 일체형 및 분할형, 외주(바깥둘레)면의 모양에 따라 C형, F형으로 분류한다.
2. * 수직축에 쓰이는 평벨트 풀리의 크라운은 위 표보다 크게 하는 것이 좋다

(3) 평 벨트 풀리의 도면 표기법

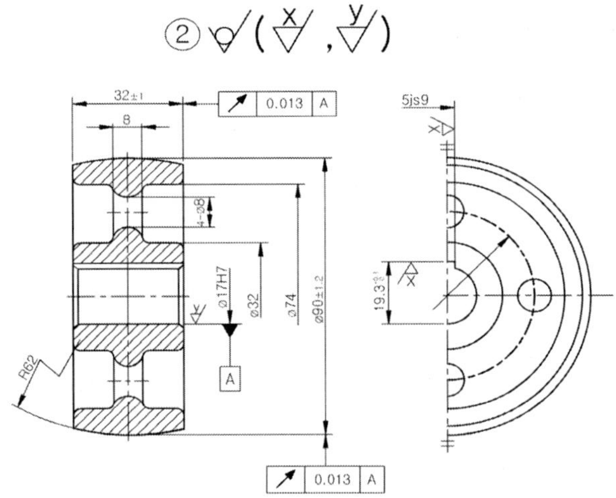

[그림 4-5] 전단면 도법을 이용한 평 벨트 풀리의 도시법 적용 예

【평 벨트 풀리의 도시법】

1. 도면에 표기된 **풀리의 호칭지름(D)**을 측정하여 KS B 1402(**평 벨트 풀리**)을 참고하여 **크라운(h), 호칭너비(B), R값을 정하고 도면에 표기**
2. 평벨트 풀리를 가장 잘 나타낼 수 있는 투상도 선택: **단면도법(전단면도법, 부분 단면도법, 반단면 도법)으로 표기**
3. 평 벨트 풀리의 형상 기재사항: KS B 1402(**평벨트 풀리) 규격 참고**
4. **구멍의 키홈 표기법[키의 방향은 12시 방향, 키의 너비(b_2)×허용차(js9), 축의 직경(d)+키홈의 깊이(t_2), 키홈의 표면거칠기]**
5. **형상기하 공차**: V 벨트 **풀리 바깥둘레(d_e)와 그림 측면 너비(B)에 흔들림(원주 흔들림) 공차 적용 – Datum: 끼워맞춤 구멍기준**
6. 평 벨트 풀리에 필요한 **표면거칠기 표기(풀리 홈, 구멍의 키홈, 풀리 너비의 양쪽 가공측면)**

4-2 체인 전동

벨트와 로프 전동은 마찰력에 의한 전동이지만 체인 전동은 체인을 스프로킷 휠(Sprocket Wheel)에 걸어 감아 체인과 휠의 이가 서로 물리는 힘으로 동력을 전달시킨다. 주로 축간 거리가 짧지만 기어 전동으로 불가능한 경우에 동력 전달용으로 사용되며, 효율도 좋아서 필요한 길이도 조절할 수 있는 장점이 있다. 동력 전달용에는 롤러 체인(Roller Chain), 사일런트 체인(Silent Chain), 운반용에는 링크 체인(Link Chain)과 블록 체인(Block Chain) 등이 사용된다.

(1) 전동용 롤러 체인(KS B 1407)

구조는 핀(Pin), 링크(Link), 부시(Bush), 롤러(Roller) 등으로 되어 있으며, 체인을 쉽게 걸고 벗기기 위하여 바퀴 모양으로 만든 체인의 이음매 하나를 코킹(Caulking)한 뒤 고정하지 않고, 이음링크를 사용하며 스플릿 핀 또는 스프링 클립에 의하여 연결한다. 링크의 수가 짝수인 경우에는 이음링크가 그대로 핀링크로 되어 문제없이 이어 맺을 수 있으나, 전체가 홀수인 경우에는 옵셋 링크(Offset Link)를 사용하여 잇는다.

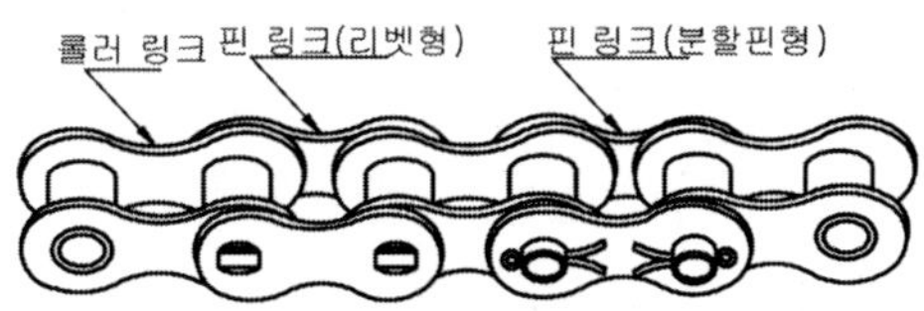

[롤러 체인]

(a) 롤러 링크

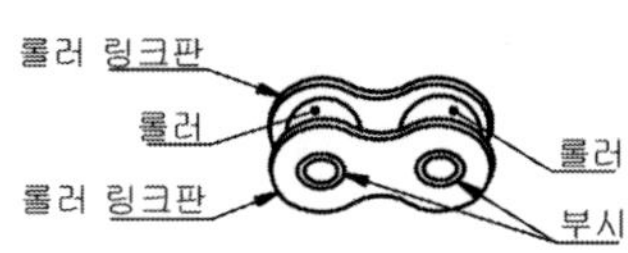

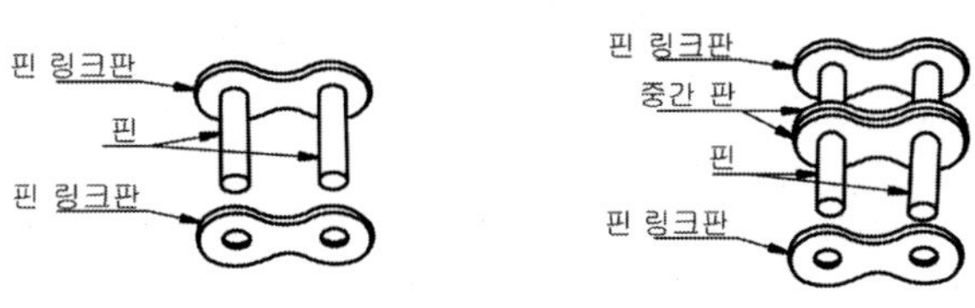

[줄 핀 링크] [다줄 핀 링크(2줄의 경우)]

(b) 핀 링크

[그림 4-6] 체인 각 부의 명칭

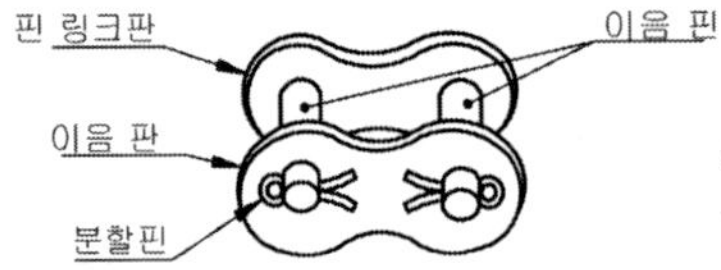

[분할핀 형]

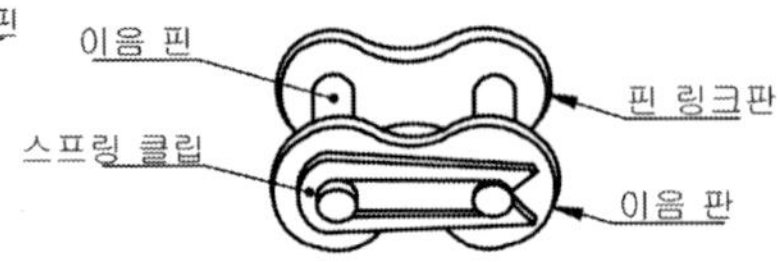

[클립 형]

(c) 이음 링크

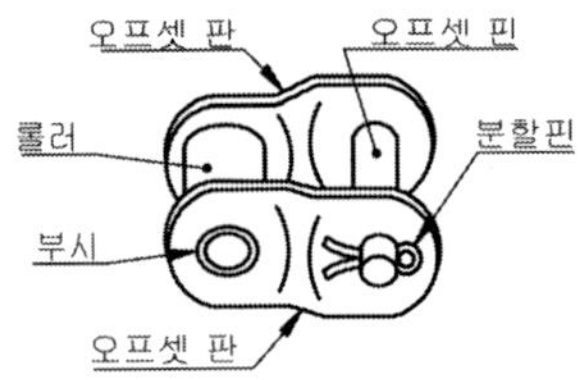

[1 피치형]

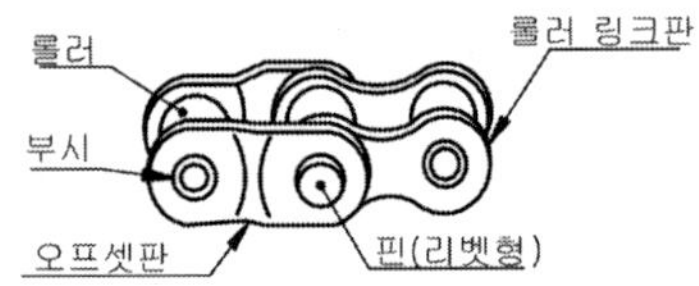

[2 피치형]

(d) 오프셋 링크

[그림 4-7] 체인 각부의 명칭(계속)

비고 판(Chain Plate)은 판 모양으로 기준을 정의한 것이 아니다.

(2) 모양

롤러 체인의 모양은 **[그림 4-8]**에 따른다.

c는 연결하는 동안 이용하는 오프셋 링크판과 평판 사이의 틈새이다.

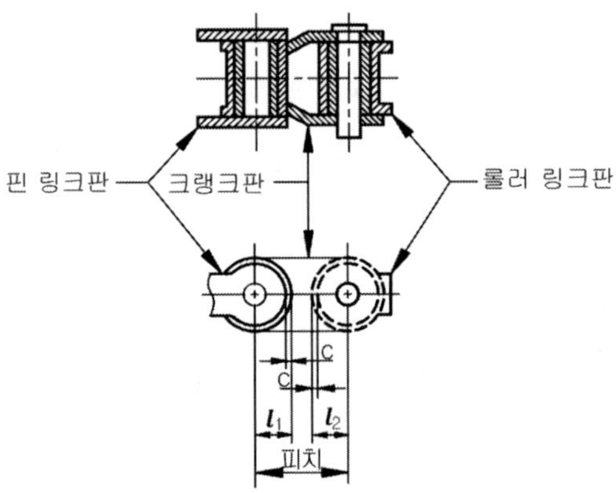

(a) 오프셋 링크

[그림 4-8] 롤러 체인의 모양

체인 통로 깊이 h1은 결합된 체인이 통과할 통로(Channel)의 깊이이다.

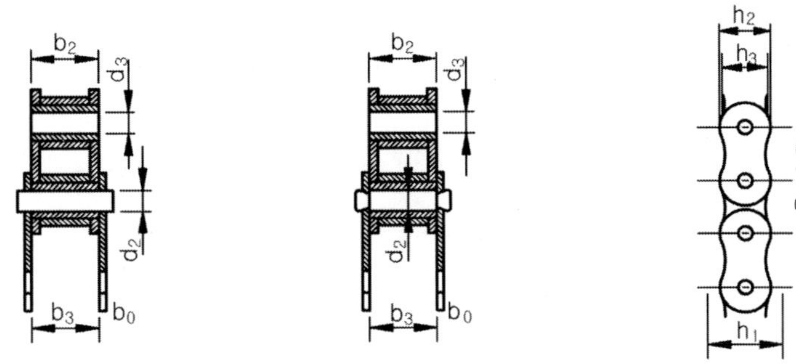

(b) 단면 통과 체인

체결 요소를 가진 체인의 전체 너비는 핀 길이 b4, b5 또는 b6, b7을 더한 것과 같다. 양쪽면에 체결부분이 있는 경우는 +2b7이다. 3줄을 초과하는 체인의 너비는 b4+Pt(체인의 줄 수−1)로 산출된다.

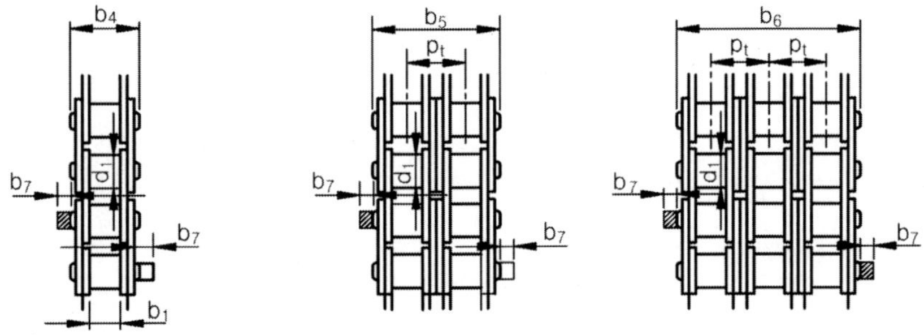

(c) 체인의 형식

[그림 4-9] 롤러 체인의 모양(계속)

4-3 롤러 체인용 스프로킷(KS B 1408)

롤러 체인용 스프로킷은 주강 또는 고급주철 등으로 만들어진다. 스프로킷 휠의 잇수는 보통 10~70개의 범위가 사용되지만 잇수가 적으면 원활한 운전을 할 수 없고 진동 등이 생겨 수명이 단축되므로 **보통 17개 이상이 바람직**하다. **마모를 균일하게 하려면 홀수개가 더 좋다**. 치형은 S치형과 U 치형이 있으나 **보통 S치형이 많이 쓰인다**.

(1) 모양 및 치수

① **기준 치수:** 스프로킷의 피치원 지름, 바깥지름, 이뿌리원 지름, 이뿌리 거리, 최대 보스지름 및 최대 홈지름(2줄 이상인 경우)의 기준 치수는 **[표 4-14]**에 따라 구한다. 기준치수 계산에 사용하는 단위피치(피치1) 롤러 체인용 스프로킷의 수표를 **부표 1(KS 규격집 참고)**의 이에 의한 스프로킷의 기준치수 표로 **부표 2(KS 규격집 참고)**에 나타낸다.

비고 스프로킷의 호칭번호는 그 스프로킷에 걸리는 **전동용 롤러 체인**(KS B 1407)의 호칭번호로 한다.

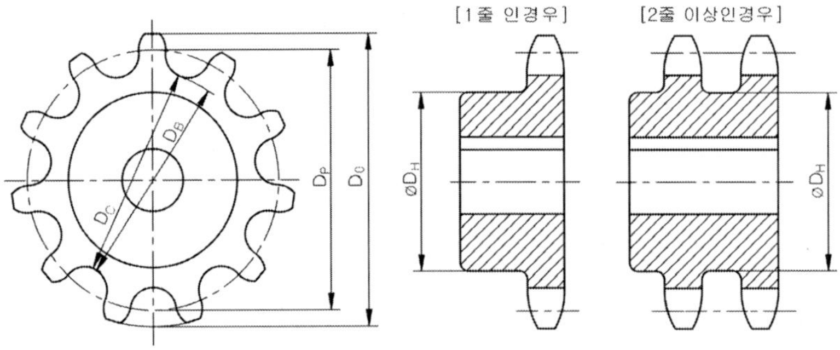

[그림 4-10] 스프로킷의 기준 치수

[표 4-14] 스프로킷의 기준 치수 계산식

항 목	S치형, U치형 기본치수 계산식
피치원 지름(DP)	$D_P = \dfrac{P}{\sin\dfrac{180°}{N}}$
바깥지름(D0)	$D_0 = P(0.6 + \cot\dfrac{180°}{N})$
이뿌리원 지름(DB)	$D_B = D_P - d_1$
이뿌리원 거리(DC)	$D_C = D_B$(짝수 톱니) $D_C = D_P\cos\dfrac{90°}{N} - d_1$(홀수 톱니)$= P \cdot \dfrac{1}{2\sin\dfrac{180°}{2N}} - d_1$
최대 보스 지름 및 최대 이골 직경(DH)	$D_H = P(\cot\dfrac{180°}{N} - 1) - 0.76$
P: 롤러체인의 피치, d1: 롤러 바깥지름, N: 잇수	

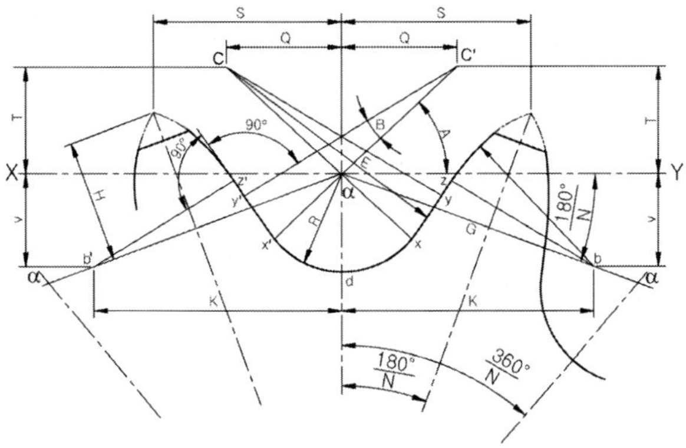

[S 치형]

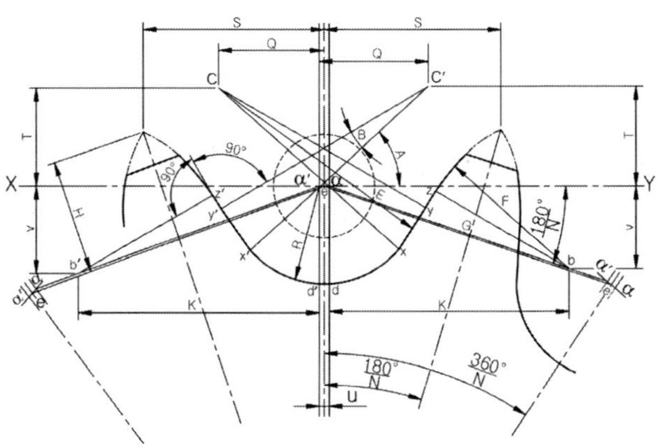

[U 치형]

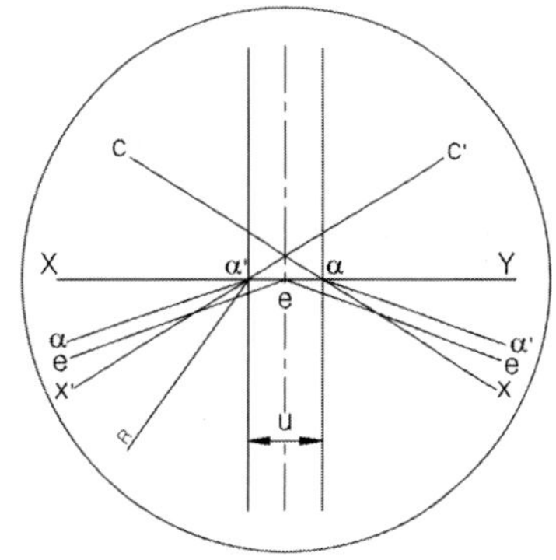

[U 치형 e점 부분의 확대도]

[그림 4–11] 스프로킷의 기준 치형

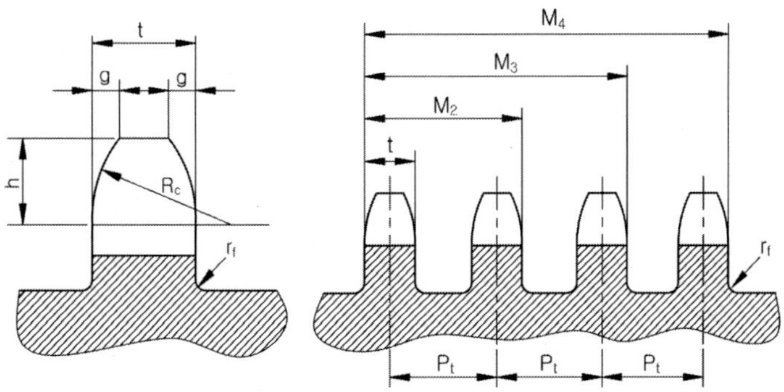

비고 가로 치형이란, 톱니를 스프로킷의 축을 포함하는 평면으로 절단했을 때의 단면 모양을 말한다.

[그림 4–12] 스프로킷의 가로 치형의 모양 및 치수

[표 4-14] 스프로킷의 가로 치형의 기본치수 (단위: mm)

호칭 번호	가로 치형							가로 피치 Pt	적용 롤러 체인 (참고)		
	모떼기 나비 g (약)	모떼기 깊이 h (약)	모떼기[1] 반지름 Rc (최소)	둥글기[2] rf (최대)	이나비 t (최대)				피 치 p	롤 러 바깥지름 d_1 (최대)	안쪽 링크 안쪽 나비 b_1 (최소)
					홑줄	2줄, 3줄	4줄 이상				
25	0.8	3.2	6.8	0.3	2.8	2.7	2.4	6.4	6.35	3.30(3)	3.10
35	1.2	4.8	10.1	0.4	4.3	4.1	3.8	10.1	9.525	5.08(3)	4.68
41(4)	1.6	6.4	13.5	0.5	5.8	–	–	–	12.70	7.77	6.25
40	1.6	6.4	13.5	0.5	7.2	7.0	6.5	14.4	12.70	7.95	7.85
50	2.0	7.9	16.9	0.6	8.7	8.4	7.9	18.1	15.875	10.16	9.40
60	2.4	9.5	20.3	0.8	11.7	11.3	10.6	22.8	19.05	11.91	12.57
80	3.2	12.7	27.0	1.0	14.6	14.1	13.3	29.3	25.40	15.88	15.75
100	4.0	15.9	33.8	1.3	17.6	17.0	16.1	35.8	31.75	19.05	18.90
120	4.8	19.0	40.5	1.5	23.5	22.7	21.5	45.4	38.10	22.23	25.22
140	5.6	22.2	47.3	1.8	23.5	22.7	21.5	48.9	44.45	25.40	26.22
160	6.4	25.4	54.0	2.0	29.4	28.4	27.0	58.5	50.80	28.58	31.55
200	7.9	31.8	67.5	2.5	35.3	34.1	32.5	71.6	63.50	39.68	37.85
240	9.5	38.1	81.0	3.0	44.1	42.7	40.7	87.8	76.70	47.63	47.35

【주】 (1) Rc는 일반적으로는 표에 표시한 최솟값을 사용하지만 이 값 이상 무한대(이때 원호는 직선이 된다.)가 되어도 좋다.
(2) rf(최대)는 보스 지름 및 홈지름의 최댓값 DH 를 사용했을 때의 값이다.
(3) 이 경우 d1은 부시 바깥지름을 표시한다.
(4) 41은 홑줄만으로 한다.

【비고】 총 이나비 M2, M3, M4, ……, Mn = Pt(n−1)+t n: 줄수

(2) 스프로킷의 형식

일반적으로 사용되는 스프로킷의 형식을 다음과 같이 나타낸다.

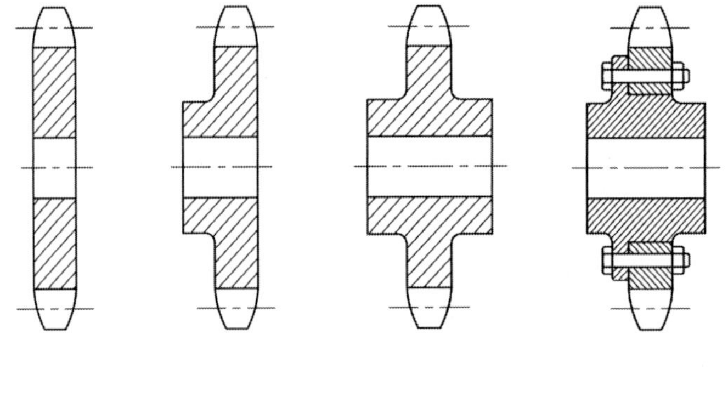

(3) 스프로킷의 도시법

① 스프로킷 부품도에는 **그림(도면)** 및 **스프로킷 요목표**를 병기한다.

② 요목표에는 원칙적으로 **톱니의 특성(체인, 스프로킷)**을 나타내는 사항을 기입한다.

③ 부품도에는 스프로킷을 제작하는 데 필요한 수치를 기입한다. 톱니 절삭에 필요한 치수는 기호 등을 사용하여 표에 기입한다. **–피치원 지름(D_p), 롤러 바깥지름(D_0), 이뿌리원 지름(D_B), 이뿌리 거리(D_C)**

④ 바깥지름은 **굵은 실선**, 피치원은 **가는 1점 쇄선**, 이뿌리원은 **가는 실선 또는 가는 파선**으로 나타낸다. 다만, 이뿌리원은 생략해도 좋다. 축과 직각인 방향에서 본 그림을 단면으로 도시할 때 **이뿌리 선은 굵은 실선**으로 기입한다.

⑤ 이 제도법은 스프로킷 특유의 표준적인 사항에 대하여 표시하는 것으로 보기를 참고하여 그림에 나타낸다. 또한 스프로킷 도면에 포함되는 일반적인 사항에 대해서는 KS A 0005 및 KS B 0001에 따른다.

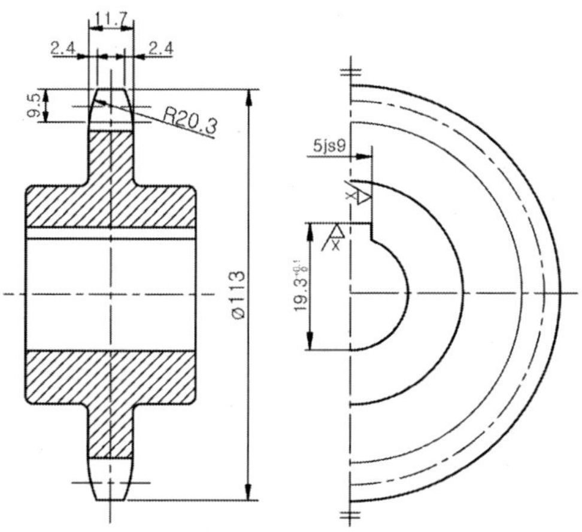

스프로킷 요목표 [호칭번호(#):60.잇수(N):17]		
롤러 체인	호칭번호	#60
	피 치	19.05
	롤러바깥지름	Ø11.91
스프로킷	치 형	U 치형
	피치원 지름(D_p)	103.67
	바깥지름(D_0)	Ø113
	이뿌리원지름(D_B)	91.76
	이뿌리 거리(D_C)	91.32

(표 치수: 10, 30, 30, 70 / 10, 8)

[그림 4-13] 스프로킷의 도시법

(4) 롤러 체인용 스프로킷 치형 도시 예(체인의 호칭번호: 50, 잇수 17, 이모양 S형)

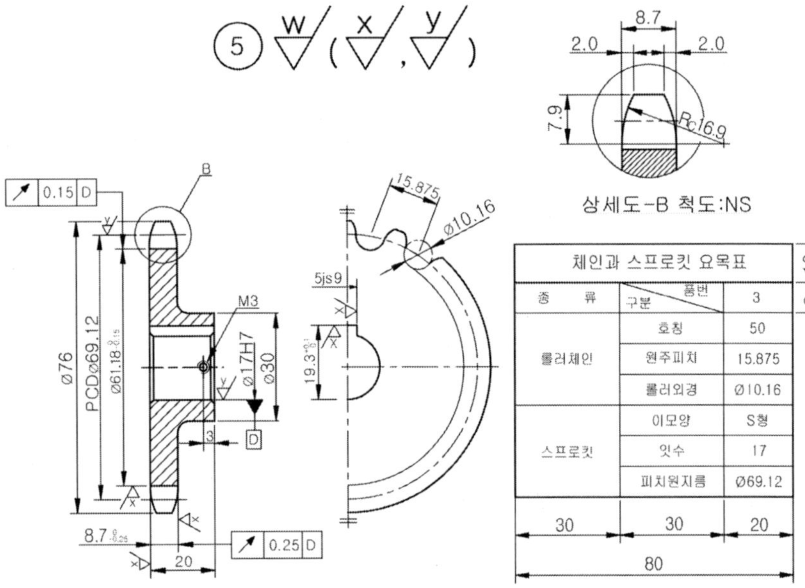

체인과 스프로킷 요목표

종 류	구분 \ 품번	3
롤러체인	호칭	50
	원주피치	15.875
	롤러외경	Ø10.16
스프로킷	이모양	S형
	잇수	17
	피치원지름	Ø69.12

■ 스프로킷의 제도법

① 부품도에는 **도면** 및 **스프로킷 요목표**를 병기한다. 요목표에는 원칙적으로 **톱니의 특성(체인, 스프로킷)**사항을 기입한다.

② 부품도에는 스프로킷을 제작하는 데 필요한 수치를 기입한다. 톱니절삭에 필요한 치수는 기호 등을 사용하여 표에 기입한다. **-피치원 지름(D_p), 롤러 바깥지름(D_0), 이뿌리원 지름(D_B), 이뿌리 거리(D_C)**

③ 바깥지름은 **굵은 실선**, 피치원은 **가는 1점 쇄선**, 이뿌리원은 **가는 실선 또는 가는 파선**으로 나타낸다. 다만, 이뿌리원은 기입을 생략해도 좋다. 축과 직각인 방향에서 본 그림을 단면으로 도시할 때는 **이뿌리 선은 굵은 실선**으로 기입한다. **(원주 피치 P, 롤러 바깥지름 D_1은 우측면도에 기입한다.)**

④ **형상기하공차(기준 데이텀: 축과 끼워맞춤 구멍, 흔들림(원주 흔들림) 공차: 이뿌리의 흔들림 공차, 옆 흔들림 공차 적용)**

⑤ 표면거칠기(롤러의 바깥지름과 접촉하는 **이뿌리원 지름(D_B), 이너비(t)의 양쪽가공면, 피치원 지름(D_p)**을 기입한다.

⑥ 이 제도법은 스프로킷 특유의 표준적인 사항에 대하여 표시하는 것으로 보기를 참고하여 그림에 나타낸다. 또한 스프로킷 도면에 포함되는 일반적인 사항에 대해서는 KS A 0005 및 KS B 0001에 따른다.

memo

제 5 장

스프링(Spring)

5-1 스프링의 종류
5-2 스프링의 제도

스프링(Spring)

일반적으로 탄성체는 하중을 받으면 하중에 따른 만큼 변위를 하게 되고, 그 변위를 탄성 에너지로 흡수하여 재료 내부에 축적하는 특성을 가진다. 이러한 특성과 기능을 이용하여 탄성변형이 큰 재료 및 형상을 선택하여 주로 에너지를 흡수, 축적시키기 위하여 사용되는 기계요소를 **스프링**(Spring)이라 한다.

5-1 스프링의 종류

스프링에는 강이나 동합금 등으로 만든 금속 스프링, 고무나 합성수지로 만든 비금속 스프링 외에 공기나 기름 등을 사용한 유체 스프링이 있다. 이 장에서는 금속 스프링에 대해서만 설명하기로 한다. 금속 스프링은 그 모양에 따라 분류하면 다음과 같은 종류들이 있다.

(1) 코일 스프링(Coil Spring 또는 Helical Spring)

가장 많이 사용되는 스프링으로 단면의 모양이 원, 4각형, 기타 특수한 봉모양의 재료를 나사모양으로 감은 것으로, 용도에 따라 인장 코일 스프링(Extension Coil Spring), 압축 코일 스프링(Compression Coil Spring), 비틀림 코일 스프링(Torsion Coil Spring)으로 나뉘어진다.

(2) 겹판 스프링

길고 가는 평강판을 겹쳐 놓은 것으로, 차량 등의 진동이나 충격을 억제시키는 데 쓰인다.

(3) 스파이럴 스프링

얇은 평강판 또는 띠강을 동일 평면상에 나선형으로 감은 것으로, 한정된 공간에 큰 에너지를 저축할 수 있어 작은 시계 등의 에너지 저축용으로 쓰인다.

(4) 기타의 스프링

비틀림 스프링, 벌류트 스프링, 고무 스프링, 유압 스프링, 공기압 스프링 등이 있다.

5-2 스프링의 제도

(1) 코일 스프링, 벌류트 스프링, 스파이럴 스프링 등은 하중이 가해지지 않은 상태에서 그리며, 겹판 스프링은 스프링 판이 수평한 상태에서 그리는 것을 원칙으로 한다. 다만, 하중이 가해진 상태에서 그려서 치수를 기입할 때는 하중을 명기한다.

(2) 하중과 높이(혹은 길이) 또는 휨과의 관계를 표시할 필요가 있을 때에는 선도 또는 표로 나타낸다. 이 선도는 사용상 지장이 없는 한 직선으로 표시한다**[그림 5-2]**. 선도로 표시할 경우 하중과 높이(혹은 길이) 또는 휨을 나타내는 좌표축과, 그 관계를 표시하는 선은 스프링을 표시하는 선과 같은 굵기의 선으로 그린다.

(3) 도면에서 특별히 지시가 없는 코일 스프링과 벌류트 스프링은 모두 오른쪽으로 감긴 것을 표시하며, 왼쪽으로 감긴 경우에는 '감긴 방향 왼쪽'이라고 기입한다.

(4) 도면에 기입하기 복잡한 것은 일괄하여 요목표에 기입한다.

(5) 양끝을 제외한 동일 모양 부분을 일부 생략하는 경우에는 생략한 부분을 가는 1점 쇄선으로 표시한다. 그러나 가는 2점 쇄선으로 표시하여도 좋다.

(6) 스프링의 종류, 모양만을 도시할 경우에는 스프링 재료의 중심선을 굵은 실선으로 그린다. 단, 겹판 스프링에서는 스프링의 외형을 실선으로 그린다. 조립도, 설명도 등에서는 코일 스프링을 그 단면만 표시해도 좋다.

① 냉간 성형 압축 코일 스프링

※제도법은 KS B 0005 스프링 제도법에 따른다.

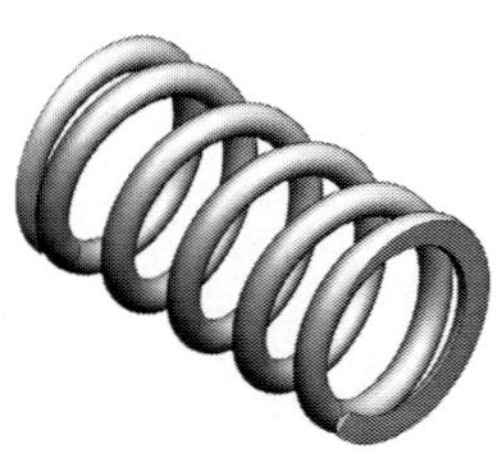

[냉간 성형 압축 코일 스프링]

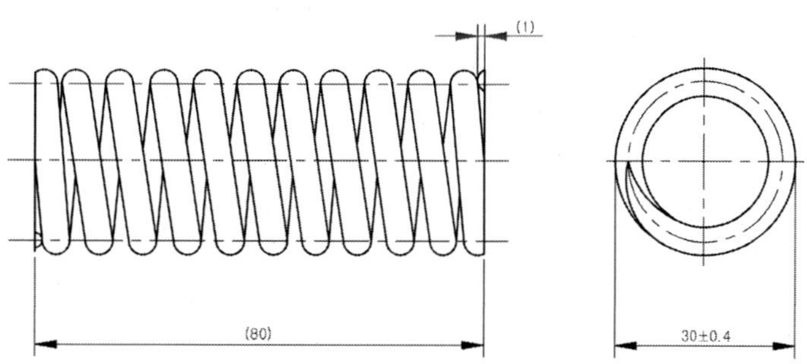

[그림 5-1] 냉간 성형 압축 코일 스프링 외관도

[표 5-1] 냉간 성형 압축 코일 스프링 요목표 (단위: mm)

재 료		SWOSC-V
재료의 지름(mm)		4
코일 평균지름(mm)		26
코일 바깥지름(mm)		30±0.4
총 감김수		11.5
자리 감김수		각 1
유효 감김수		9.5
감김 방향		오른쪽
자유 길이(mm)		(80)
스프링 상수(N/mm)		15.3
지 정	하 중 (N)	–
	하중시의 길이(mm)	–
	길 이[(1)](mm)	70
	길이시의 하중(N)	153±10%
	응 력(N/mm^2)	190
최 대 압 축	하 중(N)	–
	하중시의 길이(mm)	–
	길 이[(1)](mm)	55
	길이시의 하중(N)	382
	응 력(N/mm^2)	476
밀착 길이		(44)
코일 바깥쪽 면의 경사		4 이하
코일 끝부분의 모양		맞댐끝(연삭)
표 면 처 리	성형 후의 표면 가공	쇼트 피닝
	방청 처리	방청유 도포

【주】 [(1)] 수치 보기는 자유시 모양을 기준으로 하였다.

【비고】 1. 기타 항목: 세팅한다.
2. 용도 또는 사용 조건: 상온, 반복 하중
3. 1N/mm^2 = 1MPa

② 열간 성형 압축 코일 스프링

※제도법은 KS B 0005 스프링 제도법에 따른다.

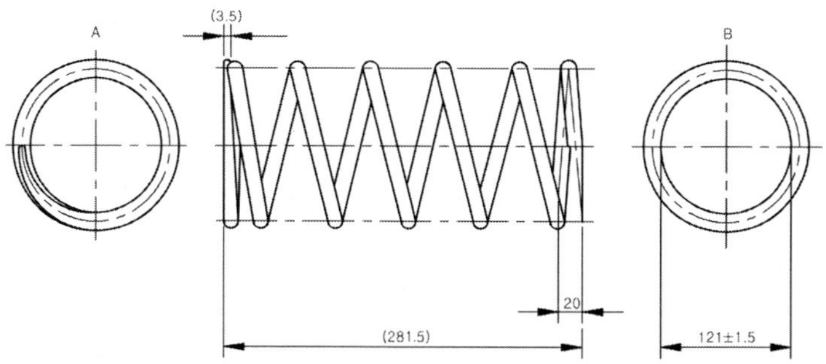

[그림 5-2] 열간 성형 압축 코일 스프링 외관도

[표 5-2] 열간 성형 압축 코일 스프링 요목표

(단위: mm)

재 료		SPS6
재료의 지름(mm)		14
코일 평균지름(mm)		135
코일 안지름(mm)		121±1.5
총 감김수		6.25
자리 감김수		A측: 1, B측: 0.75
유효 감김수		4.5
감김 방향		오른쪽
자유 길이(mm)		(281.5)
스프링 상수(N/mm)		34.0±10%
지 정	하 중(N)	–
	하중시의 길이(mm)	–
	길 이[(1)](mm)	166
	길이시의 하중(N)	3925±10%
	응 력(N/mm^2)	566
최 대 압 축	하 중(N)	–
	하중시의 길이(mm)	–
	길 이[(1)](mm)	105
	길이시의 하중(N)	6000
	응 력(N/mm^2)	865
밀착 길이		(95.5)
코일 바깥쪽 면의 경사		15.6 이하
경 도 HBW		
코일 끝부분의 모양		A측: 맞댐끝(테이퍼), B측: 벌림끝(무연삭)
표 면 처 리	재료의 표면 가공	연 삭
	성형 후의 표면 가공	쇼트 피닝
	방청 처리	흑색 에나멜 도장

【주】 [(1)] 수치 보기는 자유시 모양을 기준으로 하였다.

【비고】 1. 기타 항목: 세팅한다. 2. 용도 또는 사용 조건: 상온, 반복 하중

3. 1N/mm^2 = 1MPa

③ 테이퍼 코일 스프링

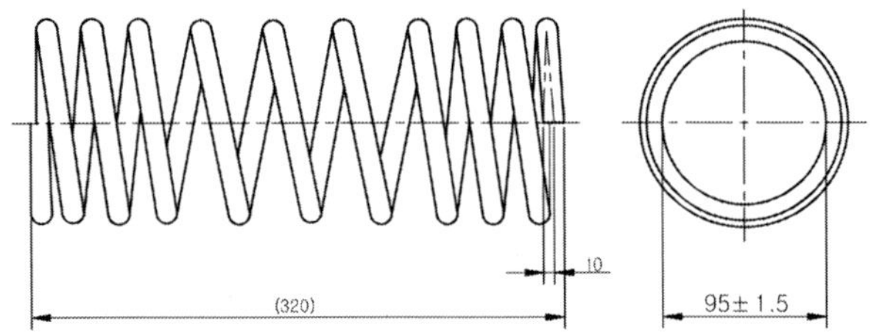

[그림 5-3] 테이퍼 코일 스프링 외관도

[표 5-3] 테이퍼 코일 스프링 요목표 (단위: mm)

재 료		SPS6
재료의 지름(mm)		12.5[9.4]
코일 평균지름(mm)		107.5[104.4]
코일 안지름(mm)		95±1.5
총 감김수		10
자리 감김수		각 0.75
유효 감김수		8.5
감김 방향		오른쪽
자유 길이(mm)		(320)
같은 지름 부분의 피치(mm)		43.4
테이퍼 부분의 피치(mm)		27.1
제 1 스프링 상수[2](N/mm)		16.4±10%
제 2 스프링 상수(N/mm)		48.2±10%
지 정	하 중(N)	–
	하중시의 길이(mm)	–
	길 이[1](mm)	196
	길이시의 하중(N)	2500±10%
	응 력(N/mm^2)	459
최 대 압 축	하 중(N)	–
	하중시의 길이(mm)	–
	길 이[1](mm)	140
	길이시의 하중(N)	5170
	응 력(N/mm^2)	848
밀착 길이		(124)
경 도 HBW		388~461
코일 끝부분의 모양		벌림끝(무연삭)
표 면 처 리	재료의 표면 가공	연 삭
	성형 후의 표면 가공	쇼트 피닝
	방청 처리	흑색 에나멜 도장

【주】 [2] 0~1190N

【비고】 1. 안지름 기준으로 한다. 2. [ ] 안은 작은 지름쪽 치수를 나타낸다. 3. 기타 항목: 세팅한다. 4. 용도 또는 사용 조건: 상온, 반복 하중 5. $1N/mm^2$=1MPa

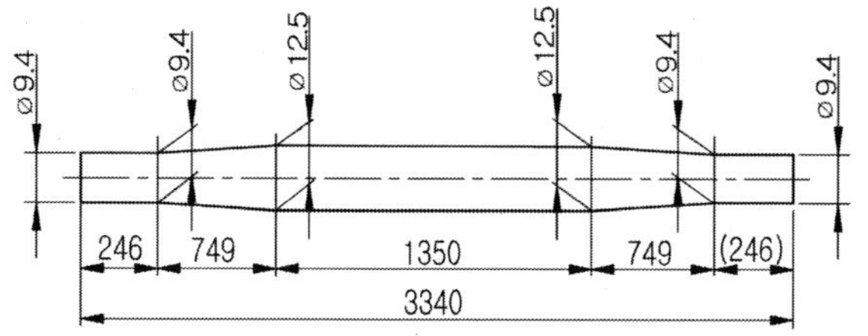

[그림 5-4] 테이퍼 코일 스프링 외관도(재료 전개 모양)

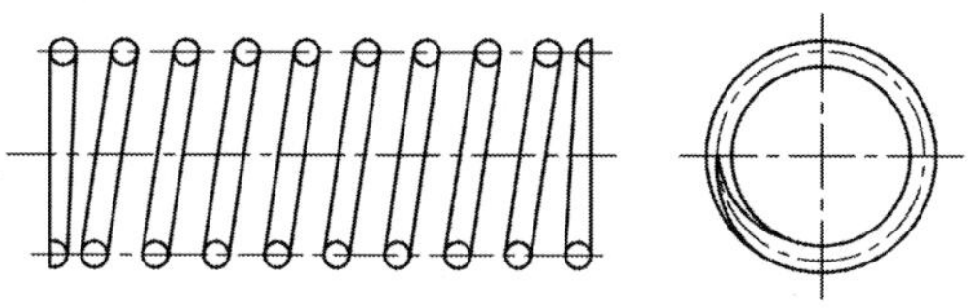

[그림 5-5] 압축 코일 스프링 단면도

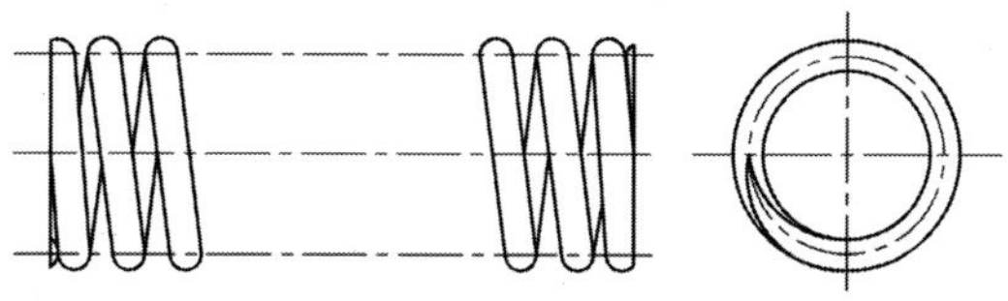

[그림 5-6] 냉간 성형 압축 코일 스프링의 일부 생략도

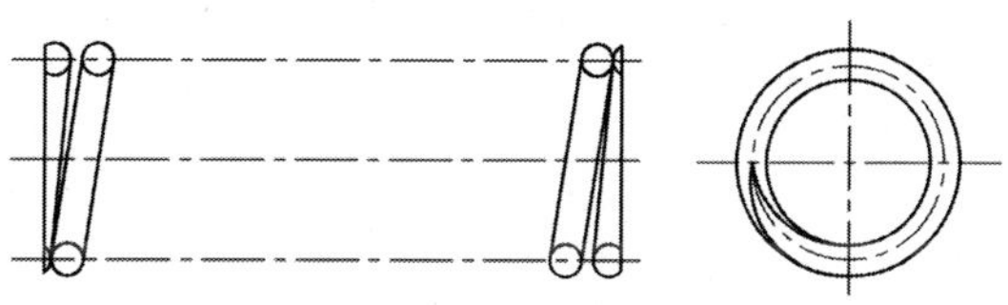

[그림 5-7] 압축 코일 스프링 외관도(그림 5-4의 일부 생략도)

④ 각 스프링

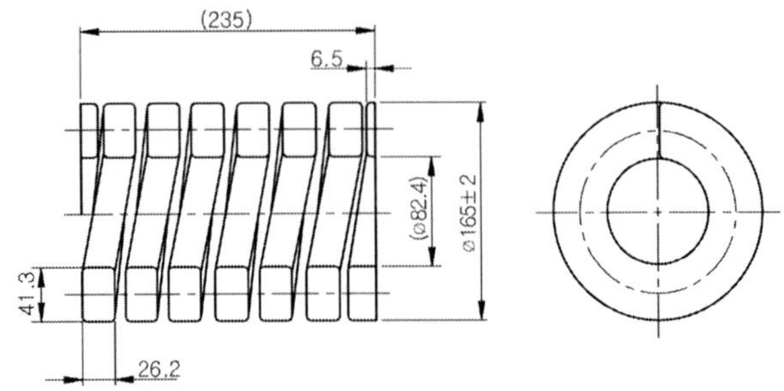

[그림 5-8] 각 스프링 외관도

[표 5-4] 각 스프링 요목표

(단위: mm)

재 료		SPS9
재료의 치수(mm)		41.3×26.2
코일 평균지름(mm)		123.8
코일 바깥지름(mm)		165±2
총 감김수		7.25±0.25
자리 감김수		각 0.75
유효 감김수		5.75
감김 방향		오른쪽
자유 길이(mm)		(235)
스프링 상수(N/mm)		1570
지 정	하 중(2)(N)	49000
	하중시의 길이(mm)	203±3
	길 이(1)(mm)	–
	길이시의 하중(N)	–
	응 력(N/mm²)	596
최 대 압 축	하 중(N)	73500
	하중시의 길이(mm)	188
	길 이(1)(mm)	–
	길이시의 하중(N)	–
	응 력(N/mm²)	894
밀착 길이		(177)
경 도 HBW		388~461
표 면 처 리	재료의 표면 가공	연 삭
	성형 후의 표면 가공	쇼트 피닝
	방청 처리	흑색 에나멜 도장

【주】(3) 수치 보기는 하중을 기준으로 하였다.

【비고】1. 기타 항목: 세팅한다. 2. 용도 또는 사용 조건: 상온, 반복 하중
3. $1N/mm^2 = 1MPa$

⑤ 이중 코일 스프링

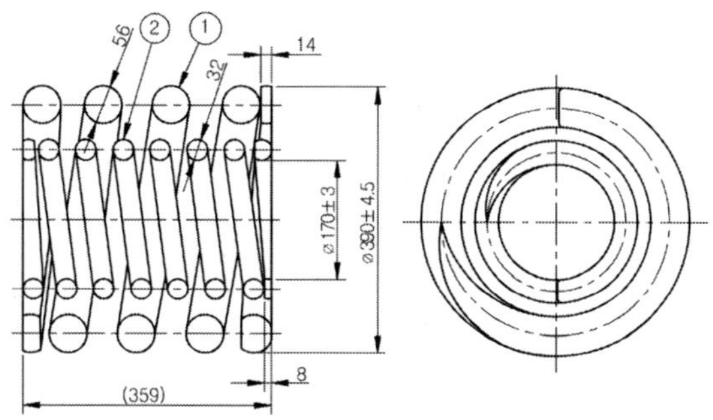

[그림 5-9] 이중 코일 스프링 외관도

[표 5-5] 이중 코일 스프링 요목표 (단위: mm)

<table>
<tr><th colspan="2">조 합 No.</th><th>①</th><th>②</th></tr>
<tr><td colspan="2">재 료</td><td>SPS11A</td><td>SPS11A</td></tr>
<tr><td colspan="2">재료의 지름(mm)</td><td>56</td><td>32</td></tr>
<tr><td colspan="2">코일 평균지름(mm)</td><td>334</td><td>202</td></tr>
<tr><td colspan="2">코일 안지름(mm)</td><td>278</td><td>170±3</td></tr>
<tr><td colspan="2">코일 바깥지름(mm)</td><td>390±4.5</td><td>234</td></tr>
<tr><td colspan="2">총 감김수</td><td>4.75</td><td>7.75</td></tr>
<tr><td colspan="2">자리 감김수</td><td>각 1</td><td>각 1</td></tr>
<tr><td colspan="2">유효 감김수</td><td>2.75</td><td>5.75</td></tr>
<tr><td colspan="2">감김 방향</td><td>오른쪽</td><td>왼쪽</td></tr>
<tr><td colspan="2">자유 길이(mm)</td><td>(359)</td><td>(359)</td></tr>
<tr><td colspan="2" rowspan="2">스프링 상수(N/mm)</td><td colspan="2">1086</td></tr>
<tr><td>883</td><td>203</td></tr>
<tr><td rowspan="7">지 정</td><td rowspan="2">하 중[2](N)</td><td colspan="2">88260</td></tr>
<tr><td>71760</td><td>16500</td></tr>
<tr><td rowspan="2">하중시의 길이(mm)</td><td colspan="2">277.5±4.5</td></tr>
<tr><td>277.5</td><td>277.5</td></tr>
<tr><td>길 이[1](mm)</td><td colspan="2">–</td></tr>
<tr><td>길이시의 하중(N)</td><td colspan="2">–</td></tr>
<tr><td>응 력(N/mm²)</td><td>435</td><td>321</td></tr>
<tr><td rowspan="7">최 대
압 축</td><td rowspan="2">하 중[2](N)</td><td colspan="2">131360</td></tr>
<tr><td>106800</td><td>24560</td></tr>
<tr><td rowspan="2">하중시의 길이(mm)</td><td colspan="2">238</td></tr>
<tr><td>238</td><td>238</td></tr>
<tr><td>길 이[1](mm)</td><td colspan="2">–</td></tr>
<tr><td>길이시의 하중(N)</td><td colspan="2">–</td></tr>
<tr><td>응 력(N/mm²)</td><td>648</td><td>478</td></tr>
<tr><td colspan="2">밀착 길이(mm)</td><td>(238)</td><td>(232)</td></tr>
<tr><td colspan="2">코일 바깥쪽면의 경사(mm)</td><td></td><td></td></tr>
<tr><td colspan="2">경 도 HBW</td><td colspan="2">388~461</td></tr>
<tr><td colspan="2">코일 끝부분의 모양</td><td colspan="2">맞대끝(테이퍼 후 연삭)</td></tr>
<tr><td rowspan="3">표 면 처 리</td><td>재료의 표면 가공</td><td colspan="2">연 삭</td></tr>
<tr><td>성형 후의 표면 가공</td><td colspan="2">쇼트 피닝</td></tr>
<tr><td>방청 처리</td><td colspan="2">흑색 에나멜 도장</td></tr>
</table>

【주】 [3] 수치 보기는 하중을 기준으로 하였다.

【비고】 1. 기타 항목: 세팅한다. 2. 용도 또는 사용 조건: 상온, 반복 하중 3. 1N/mm² = 1MPa

⑥ 인장 코일 스프링

※제도법은 KS B 0005 스프링 제도법에 따른다.

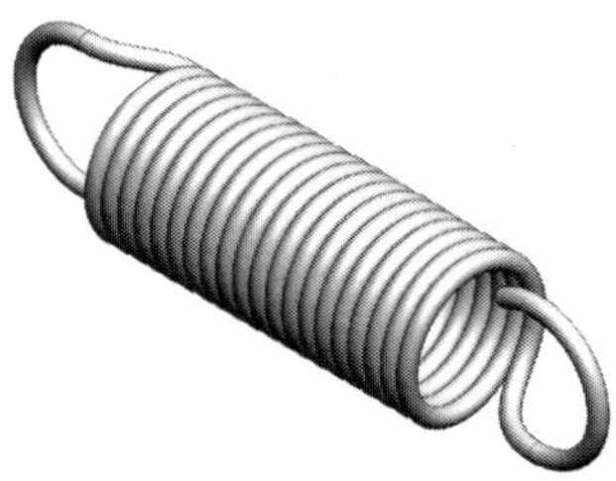

[인장 코일 스프링]

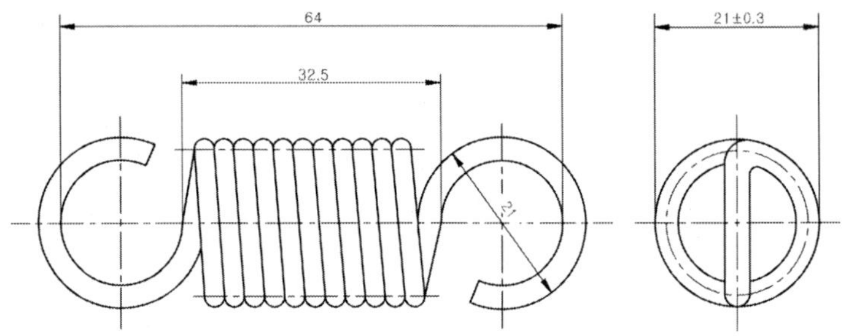

[그림 5-10] 인장 코일 스프링 모양 및 치수

[표 5-6] 인장 코일 요목표 (단위: mm)

재 료		HSW-3
재료의 지름(mm)		2.6
코일 평균지름(mm)		18.4
코일 바깥지름(mm)		21±0.3
총 감김수		11.5
감김 방향		오른쪽
자유 길이(mm)		(64)
초 장력(kgf)(N)		약2.73(26.8)
스프링 특정 지정	하 중(N)	–
	하중시의 길이(mm)	–
	길이[1](mm)	16.83(165±10%)
	길이시의 하중(N)	0.61(5.98)
	응력(kgf/mm²)(N/mm²)	54.3(532)
최대 허용 인장 길이(mm)		92
고리의 모양		둥근 고리
표 면 처 리	성형 후의 표면 가공	–
	방청 처리	방청유 도포

【비고】 1. 기타 항목: 세팅한다.
2. 용도 또는 사용 조건: 상온, 반복 하중
3. $1N/mm^2 = 1MPa$

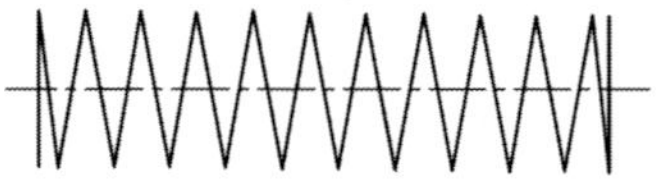

[그림 5-11] 압축 코일 스프링 간략도

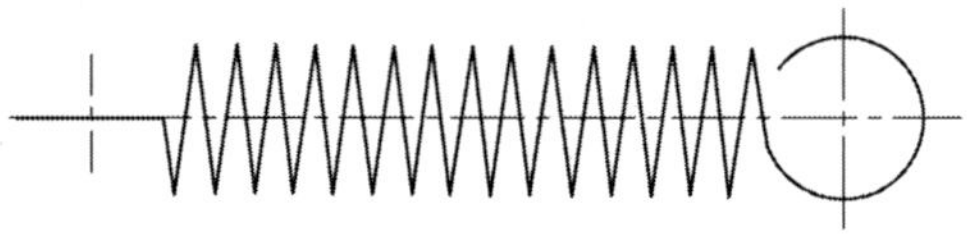

[그림 5-12] 인장 코일 스프링 간략도

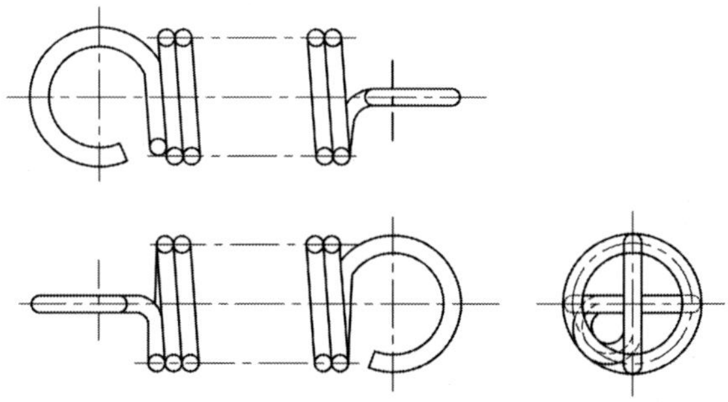

[그림 5-13] 압축 코일 스프링 간략도

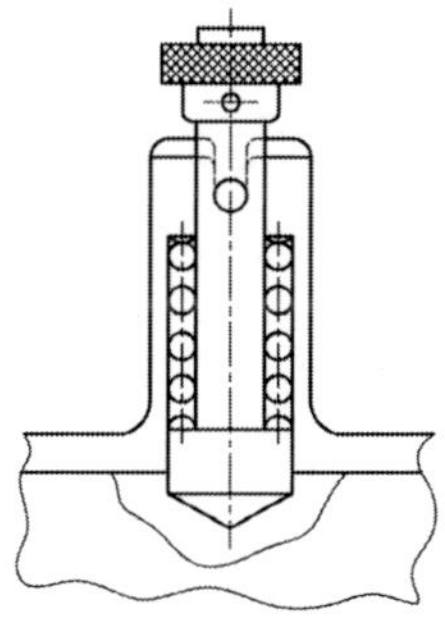

[그림 5-14] 조립 중인 코일 스프링 간략도

⑦ 비틀림 코일 스프링

※제도법은 KS B 0005 스프링 제도법에 따른다.

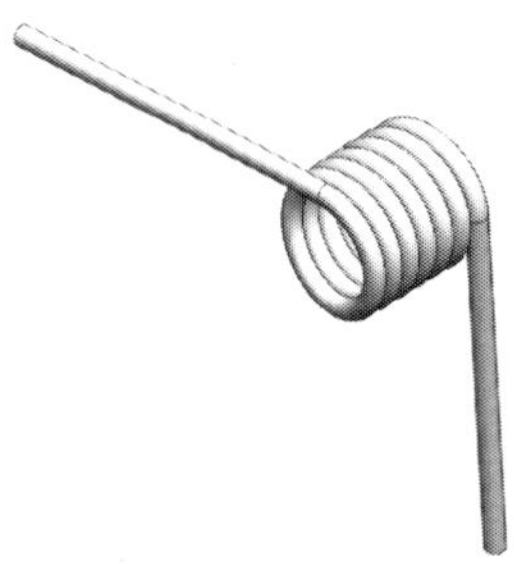

[비틀림 코일 스프링]

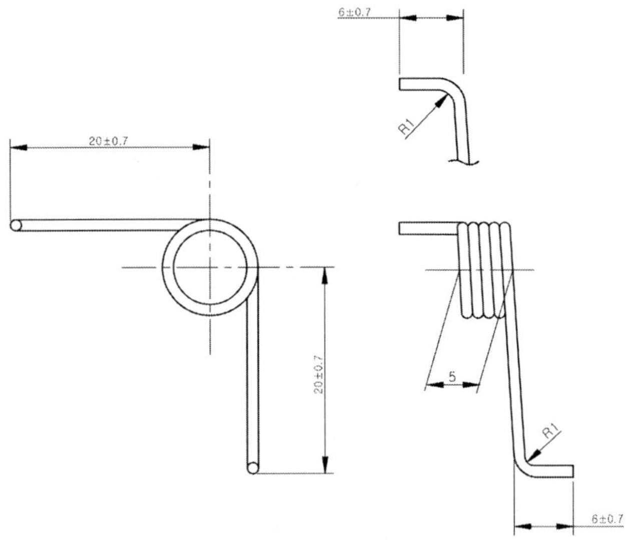

[그림 5-15] 비틀림 코일 스프링 모양 및 치수

[표 5-7] 비틀림 코일 스프링 요목표 (단위: mm)

재 료		STS 304-WPB
재료의 지름(mm)		1
코일 평균지름(mm)		9
코일 안지름(mm)		8±0.3
총 감김수		4.25
감김 방향		오른쪽
자유 각도[(1)](°)		90±15
지 정	**나 선 각(°)**	–
	나선각시의 토크(N·mm)	–
	(참고) 계화 나선각도(°)	–
안내봉의 길이(mm)		6.8
사용 최대 토크시의 응력(N/mm²)		–
표면 처리		–

【주】 [(1)] 수치 보기는 자유시 모양을 기준으로 하였다.

【비고】 1. 기타 항목: 세팅한다.

2. 용도 또는 사용 조건: 상온, 반복 하중

3. 1N/mm² = 1MPa

⑧ 지지 받침 스프링

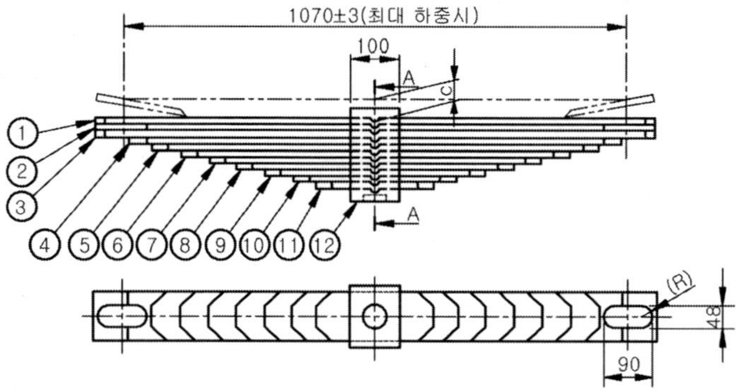

[그림 5-16] 지지 받침 스프링의 제도

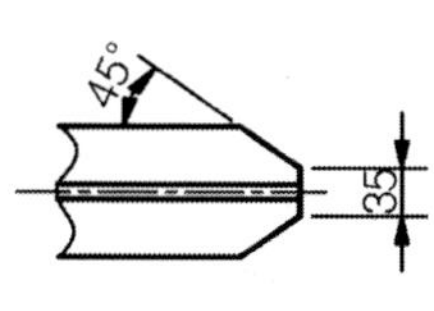

스프링 판 ⑤~⑩의 끝부분 모양

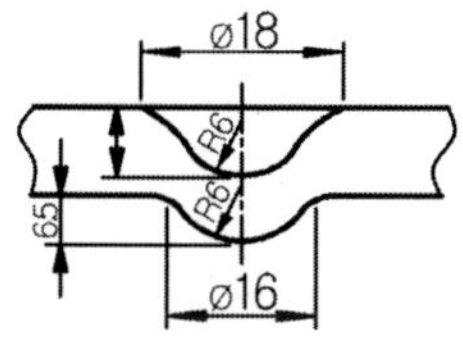

스프링 판 중앙부의 니브 모양

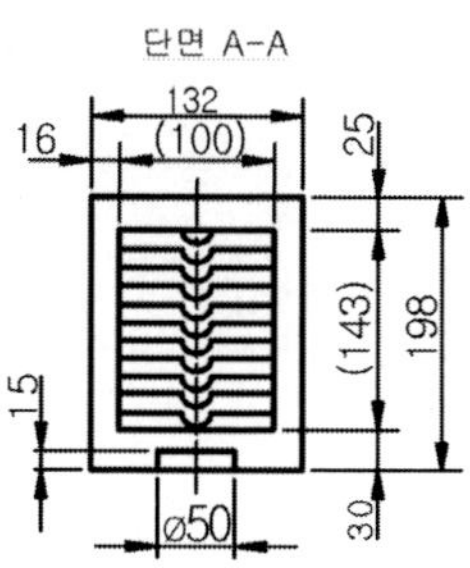

[표 5-8] 지지 받침 스프링 요목표

스프링 판					
재 료		SP3			
	번 호	길이(mm)	판두께(mm)	판나비(mm)	단면모양
치수 모양	1	1190	13	100	KS D 3701의 A종
	2	1190			
	3	1190			
	4	1050			
	5	950			
	6	830			
	7	710			
	8	590			
	9	470			
	10	350			
	11	250			

부속 부품			
번 호	명 칭	재 료	개 수
13	밴드죔띠	SM 10 C	1

하중 특성				
하중조건	하중(N)	뒤말림	스팬(mm)	응력(N/mm^2)
무하중시	0	38	–	0
상용 하중시	45990	5	–	343
최대 하중시	52560	0±3	1070±3	392
시험 하중시	91990	–	–	686

[비고] 1. 기타항목 a) 스프링 판의 경도: 321~401HBW
b) 첫 번째 스프링 판의 텐션면 및 허리죔 띠에 방청도장
c) 완성도장: 흑생도장 d) 스프링 판 사이에 도포한다.
2. 1N/mm^2 = 1MPa

⑨ 테이퍼 판 스프링

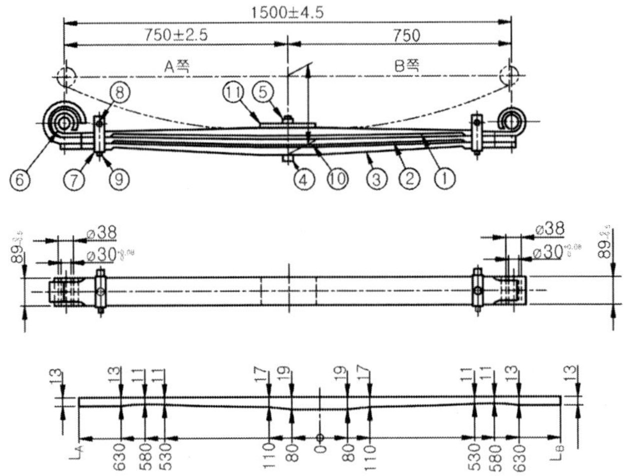

전개 모양(스프링이 수평인 경우)

[그림 5-17] 테이퍼 판 스프링의 제도

[표 5-9] 테이퍼 판 스프링 요목표

스프링 판					
번 호	전개길이(mm)			판나비(mm)	재 료
	LA (A쪽)	LB (B쪽)	계		
1	916	916	1832	90	SPS11A
2	950	765	1715		
3	765	765	1530		

번 호	부품번호	명 칭	개 수
4		센 터 볼 트	1
5		너트, 센터볼트	1
6		부 시	2
7		클 립	2
8		클 립 볼 트	2
9		리 벳	2
10		인터리프	3
11		스페이서	1

스프링 상수 N/mm			250	
	하중(N)	높이(mm)	스팬(mm)	응력(N/mm^2)
무하중시	0	180	–	0
지정 하중시	22000	92±6	1498	535
시험 하중시	37010	35	–	900

[비고] 1. 경도: 388~461HBW　　2. 쇼트 피닝: No. 1~3 리프
3. 완성도장: 흑생도장　　4. 1N/mm^2 = 1MPa

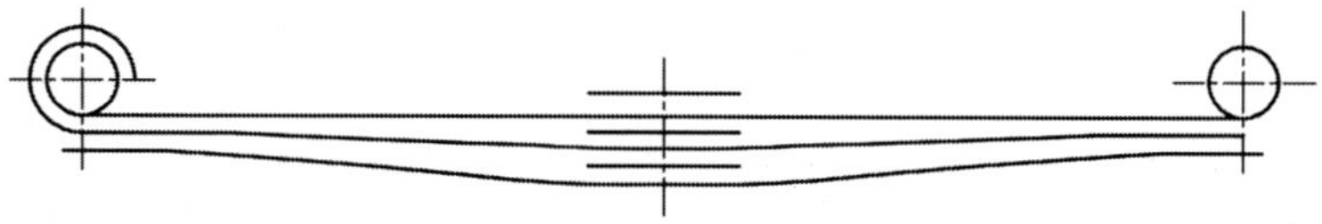

[그림 5-18] 테이퍼 판 스프링(간략도)

⑩ 겹판 스프링

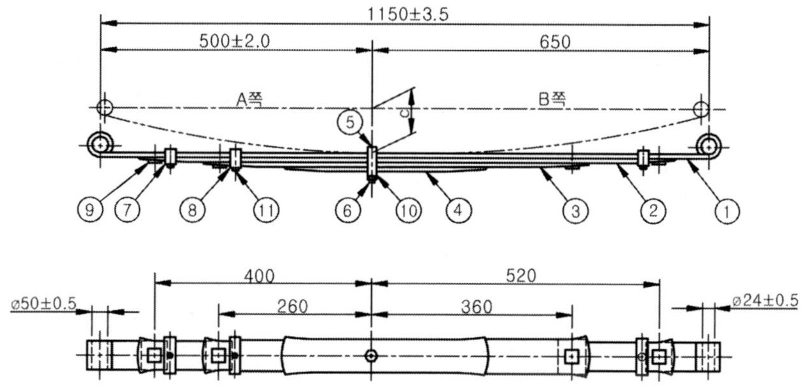

[그림 5-19] 겹판 스프링의 제도

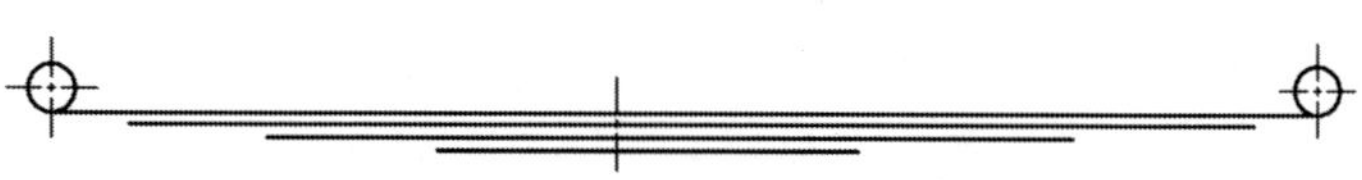

[그림 5-20] 겹판 스프링(간략도)

[표 5-10] 겹판 스프링 요목표

스프링 판(KS D 3701의 B종)						
번 호	전 개 길 이(mm)			판두께(mm)	판나비(mm)	재 료
	A쪽	B쪽	계			
1	676	748	1424	6	60	SPS6
2	430	550	980			
3	310	390	700			
4	160	205	365			

번 호	부품번호	명 칭	개 수
5		센 터 볼 트	1
6		너트, 센터볼트	1
7		클 립	2
8		클 립	1
9		라 이 너	4
10		디스턴스 피스	1
11		리 벳	3

스프링 상수 N/mm			21.7	
	하중(N)	뒤말림(mm)	스팬(mm)	응력(N/mm2)
무하중시	0	112	–	0
지정 하중시	2300	6±5	1152	451
시험 하중시	5100	–	–	1000

[비고] 1. 경도: 388~461HBW　　2. 쇼트 피닝: No. 1~4 리프
3. 완성도장: 흑색도장　　4. 1N/mm^2 = 1MPa

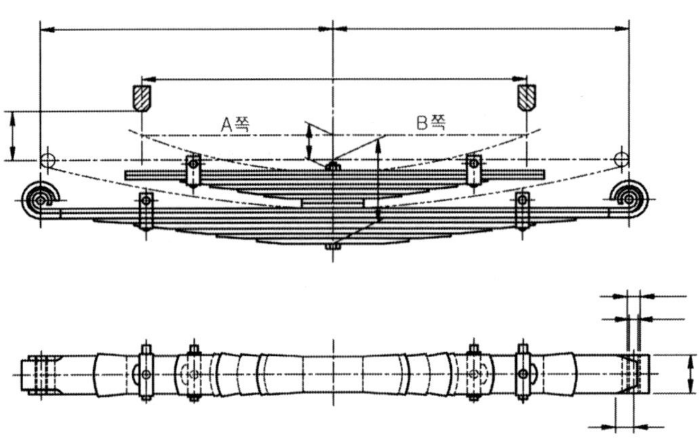

[그림 5-21] 이중 스프링의 제도

⑪ 토션 바

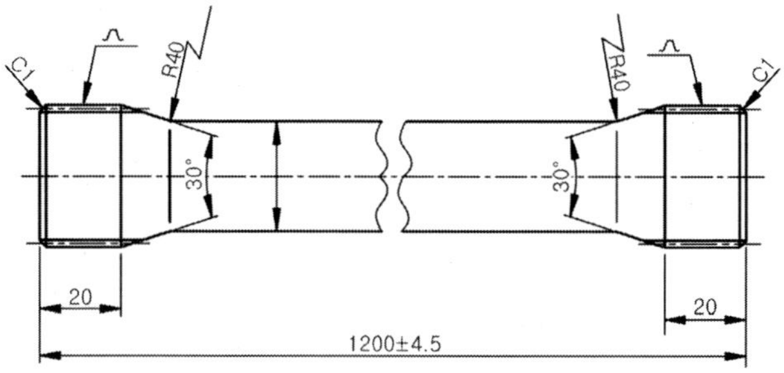

[그림 5-22] 토션 바 제도

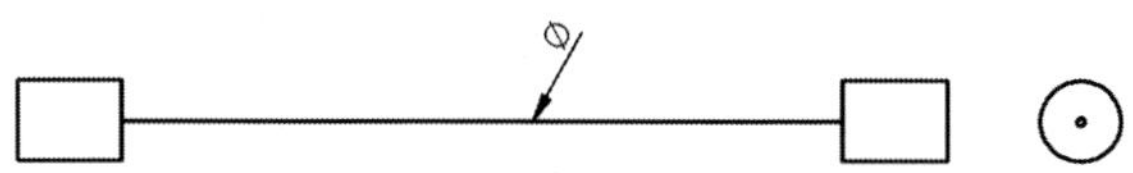

[그림 5-23] 토션바(간략도)

[표 5-11] 토션바 요목표

<table>
<tr><th colspan="2">재 료</th><th>SPS12</th></tr>
<tr><td colspan="2">바의 지름(mm)</td><td>23.5</td></tr>
<tr><td colspan="2">바의 길이(mm)</td><td>1200±4.5</td></tr>
<tr><td colspan="2">손잡이 부분의 길이(mm)</td><td>20</td></tr>
<tr><td rowspan="5">손잡이
부분의
모양·치수</td><td>모 양</td><td>인벌류트 세레이션</td></tr>
<tr><td>모 듈</td><td>0.75</td></tr>
<tr><td>압력각(°)</td><td>45</td></tr>
<tr><td>잇 수</td><td>40</td></tr>
<tr><td>큰 지름</td><td>30.75</td></tr>
<tr><td colspan="2">스프링 상수(N·m/도)</td><td>35.8±1.1</td></tr>
<tr><td rowspan="2">표 준</td><td>토크(N·m)</td><td>1270</td></tr>
<tr><td>응력(N/mm²)</td><td>500</td></tr>
<tr><td rowspan="2">최 대</td><td>토크(N·m)</td><td>2190</td></tr>
<tr><td>응력(N/mm²)</td><td>855</td></tr>
<tr><td colspan="2">경도 HBW</td><td>415~495</td></tr>
<tr><td rowspan="3">표면 처리</td><td>재료의 표면가공</td><td>연 삭</td></tr>
<tr><td>성형 후의 표면가공</td><td>쇼트 피닝</td></tr>
<tr><td>방청 처리</td><td>흑색 에나멜 도장</td></tr>
</table>

[비고] 1. 기타 항목: 세팅한다.(세팅 방향을 지정하는 경우에는 방향을 명기한다.)
2. 1N/mm^2 =1MPa

⑫ 벌류트 스프링

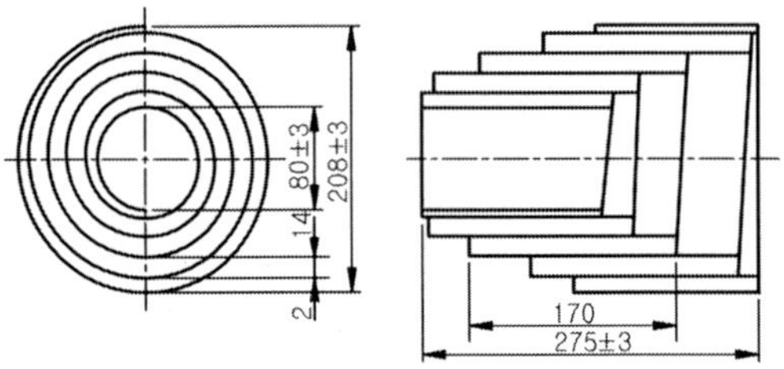

[그림 5-24] 벌류트 스프링 제도

[표 5-12] 벌류트 스프링 요목표

재 료		SPS9 또는 SPS 9A
재료 사이즈(판나비×판두께)(mm)		170×14
안 지 름(mm)		80±3
바깥지름(mm)		208±3
총 감김수		4.5
자리 감김수		각 0.75
유효 감김수		3
감김 방향		오른쪽
자유 길이(mm)		275±3
스프링 상수(처음 접착까지)(N/mm)		1290
지 정	하 중(N)	–
	하중시의 길이(mm)	–
	길 이(1)(mm)	245
	길이시의 하중(N)	39230±15%
	응 력(N/mm^2)	390
최 대 압 축	하 중(N)	–
	하중시의 길이(mm)	–
	길 이(1)(mm)	194
	길이시의 하중(N)	111800
	응 력(N/mm^2)	980
처음 접합 하중(N)		85710
경도 HBW		341~444
표면 처리	성형 후의 표면 가공	쇼트 피닝
	방청 처리	흑색 에나멜 도장

[비고] 1. 기타항목: 세팅한다.
2. 용도 또는 사용 조건: 상온, 반복 하중
3. $1N/mm^2 = 1MPa$

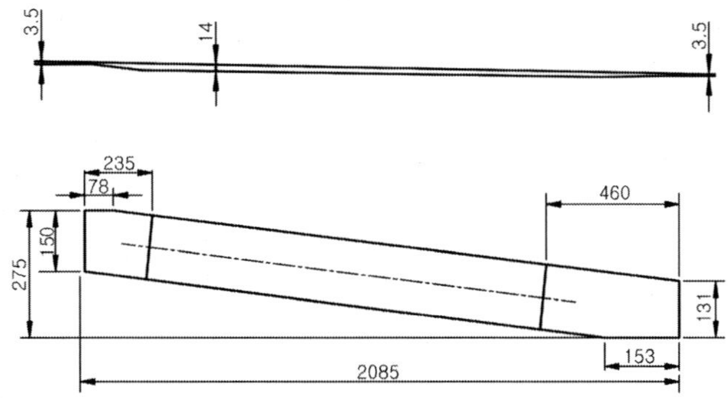

[그림 5-25] 벌류트 스프링 재료 전개 모양

[그림 5-26] 벌류트 스프링(간략도)

⑬ 스파이럴 스프링

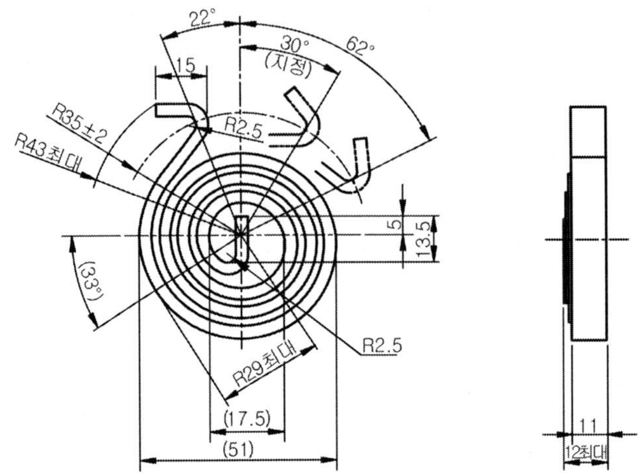

[그림 5-27] 스파이럴 스프링

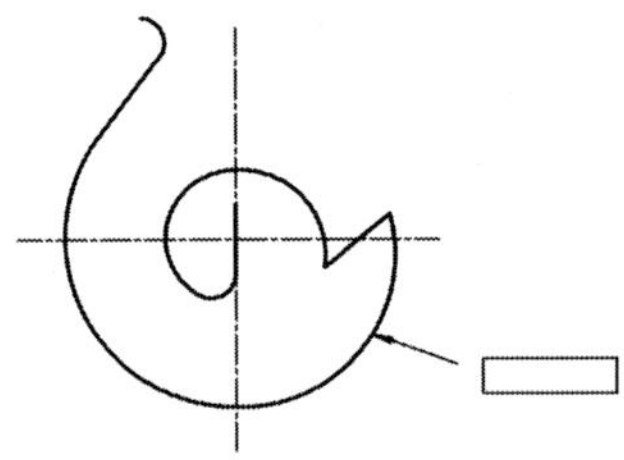

[그림 5-28] 스파이럴 스프링(간략도)

[표 5-13] 스파이럴 스프링 요목표

재 료		HSWR 62A
판 두 께(mm)		3.4
판 나 비(mm)		11
감 김 수		약 3.3
전 체 길 이(mm)		410
축 지 름(mm)		Ø14
사 용 범 위 도		30~62
지 정	토 크(N · m)	7.9±4.0
	응 력(N/mm²)	764
경 도 HRC		35~43
표 면 처 리		인산염 피막

[비고] $1N/mm^2 = 1MPa$

⑭ S자형 스파이럴 스프링

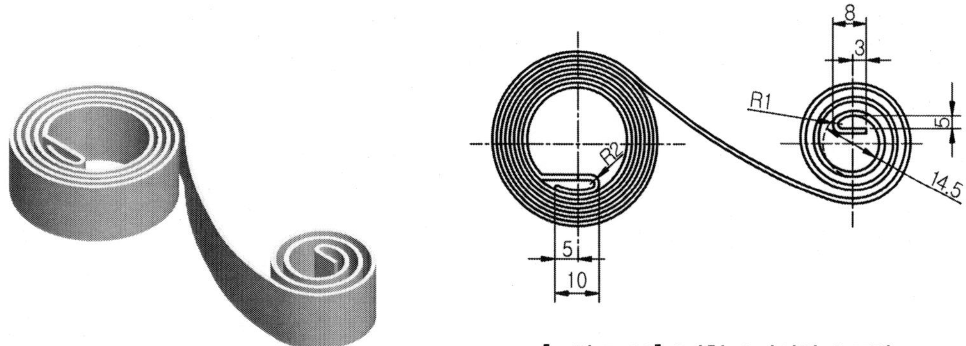

[그림 5-29] S자형 스파이럴 스프링

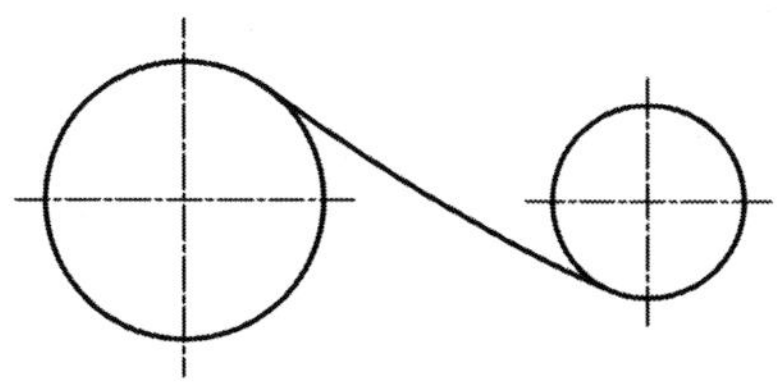

[그림 5-30] S자형 스파이럴 스프링(간략도)

[표 5-14] S자형 스파이럴 스프링 요목표

재 료	STS301-CSP
판 두 께(mm)	0.2
판 나 비(mm)	7.0
전 체 길 이(mm)	4000
경 도	490 이상
10 회전시 되감기 토크(N · mm)	69.6
10 회전시의 응력(N/mm^2)	1486
감김 축지름(mm)	14
스프링 상자의 안지름(mm)	50
표 면 처 리	–

[비고] 1N/mm^2 = 1MPa

제 6 장

유압 · 공기압 도면기호

6-1 적용범위

6-2 용어의 뜻

6-3 기본사항

6-4 기호의 구성요소

6-5 관로 및 접속구

6-6 조작기구

6-7 에너지의 변환과 저장

6-8 에너지의 제어와 조정

6-9 유체의 저장과 조정

6-10 보조 기기

6-11 회전형 에너지 변환기기

유압·공기압 도면기호

6-1 적용범위

이 규격은 유압 및 공기압 기기 또는 장치의 기능을 표시하기 위한 도면기호에 대하여 규정한다.

비고 이 규격은 배관공사 등의 도면에 사용하는 기호에 대하여는 규정하지 않는다.

6-2 용어의 뜻

이 규격에서 사용되는 주된 용어의 뜻은 다음에 따른다.

(1) **기호요소**: 기기, 장치, 유로 등의 종류를 기호로 표시할 때 사용하는 기본적인 선 또는 도형

(2) **기능요소**: 기기·장치의 특성, 작동 등을 기호로 표시할 때 사용하는 기본적인 선 또는 도형

(3) **간략기호**: 제도의 간략화를 위하여, 기호의 일부를 생략하거나 또는 다른 간단한 기호로 대체시키는 경우에 사용하는 기호

(4) **일반기호**: 기기·장치의 상세한 기능·형식 등을 명시할 필요가 없는 경우에 사용하는 대표적인 기호

(5) **상세기호**: 기호를 간략화 또는 일반화시키지 않고, 기능을 상세히 명시하는 경우에 사용되는 기호

(6) **선택 조작**: 2개 이상의 조작방식 중 어느 하나에 의하여 조작하는 방식

(7) **순차 조작**: 2개 이상의 조작방식을 사용하여 조작하는 방식

(8) **2단 파일럿 조작**: 2개의 파일럿 조작에 의한 순차 조작

(9) **1차 조작**: 순차 조작에 따라 기기를 조작할 경우 최초의 조작. 일반적으로 1차 조작 수단은 인력, 기계 또는 전기 방식으로 조작

(10) **내부 파일럿**: 파일럿 조작용 유체를 조작하는 기기의 내부로부터 공급하는 방식

(11) **외부 파일럿**: 파일럿 조작용 유체를 조작하는 기기의 외부로부터 공급하는 방식

(12) **내부 드레인**: 드레인 유로를 기기 내부에 있는 귀환 유로에 접속시켜 드레인이 귀환 유체에 합류되는 방식

(13) **외부 드레인**: 드레인이 단독으로 기기의 드레인 포트로부터 밖으로 빼내지는 방식

(14) **단동 솔레노이드**: 코일을 여자시킬 때 1방향만으로 작동하는 전자 액추에이터

(15) **복동 솔레노이드**: 코일의 여자방법을 변경시킴으로써 작동방향을 변화시키는 액추에이터

(16) **가변식 전자 액추에이터**: 입력 전기신호의 변화에 따라 출력 또는 변위량이 변화하는 전자 액추에이터

(17) **가변행정 제한기구**: 밸브의 개도 또는 교축 정도 등을 변화시키기 위하여 스풀의 이동량을 규제하는 조정기구

6-3 기본사항

유압·공기압 표시방법과 해석의 기본 상항은 다음에 따른다.

(1) 기호는 기능, 조작 방법 및 외부 접속구를 표시한다.

(2) 기호가 기기의 실제 구조를 나타내는 것은 아니다.

(3) 복잡한 기능을 나타내는 기호는 원칙적으로 [표 6-1]의 기호요소와 [표 6-2]의 기능요소를 조합하여 구성한다. 단, 이들 요소로 표시되지 않는 기능에 대하여는 특별한 기호를 그 용도에 한정시켜 사용하여도 좋다.

(4) 기호는 원칙적으로 통상의 운휴 상태 또는 기능적인 중립 상태를 나타낸다. 단, 회로도에서는 예외도 인정된다.

(5) 기호는 해당기기의 외부포트의 존재를 표시하지만, 그 실제 위치를 나타낼 필요는 없다.

(6) 포트는 관로와 기호요소의 접점으로 나타낸다.

(7) 포위선 기호를 사용하고 있는 기기의 외부포트는 관로와 포위선의 접점으로 나타낸다.

(8) 복잡한 기호의 경우 기능상 사용되는 접속구만을 나타내면 된다. 단, 식별하기 위한 목적으로 기기에 표시하는 기호는 모든 접속구를 나타내야 한다.

(9) 숫자를 제외한 기호 속의 문자는 기호의 일부분이다.

(10) 기호의 표시법은 한정되어 있는 것을 제외하고 어떤 방향이라도 좋으나, 90° 방향마다 쓰는 것이 바람직하다. 또한, 표시방법에 따라 기호의 의미가 달라지는 것은 아니다.

(11) 기호는 압력, 유량 등의 수치 또는 기기의 설정값을 표시하는 것은 아니다.

(12) 간략기호는 그 규격에 표시되어 있는 것과 규격의 규정에 따라 고안해 낼 수 있는 것에 한하여 사용해도 좋다.

(13) 2개 이상의 기호가 1개의 유닛에 포함되어 있는 경우에는, 특정한 것을 제외하고, 전체를 1점 쇄선의 포위선 기호로 둘러싼다. 단, 단일기능의 간략기호는 일반적으로, 포위선을 필요로 하지 않는다.

(14) 회로도 중에서, 동일 형식의 기기가 여러 곳에 사용되는 경우에는, 제도를 간략화하기 위하여, 각 기기를 간단한 기호요소로 대표시킬 수가 있다. 단, 기호요소 중에는 적당한 부호를 기입하고, 회로도 속에 부품란과 그 기기의 완전한 기호를 나타내는 기호표를 별도로 붙여서 대조할 수 있게 한다.

6-4 기호의 구성요소

(1) 기호요소

기호를 구성하는 기본적 요소는 [표 6-1]에 따른다.

[표 6-1] 기호요소

번 호	명 칭	기 호	용 도	비 고
1-1	선			
1-1.1	실선	————	(1) 주관로 (2) 파일럿 밸브에의 공급관로 (3) 전기신호선	• 귀환관로를 포함 • 2-3.1을 부기하여 관로와의 구별을 명확히 한다.
1-1.2	파선	------	(1) 파일럿 조작관로 (2) 드레인 관로 (3) 필터 (4) 밸브의 과도위치	• 내부 파일럿 • 외부 파일럿
1-1.3	1점 쇄선	—·—·—	포위선	• 2개 이상의 기능을 갖는 유닛을 나타내는 포위선
1-1.4	복선	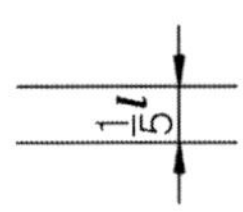	기계적 결합	• 회전축, 레버 피스톤로드 등
1-2	원			
1-2.1	대원		에너지 변환기기	• 펌프, 압축기, 전동기 등
1-2.2	중간원	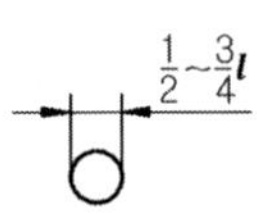	(1) 계측기 (2) 회전이음	
1-2.3	소원	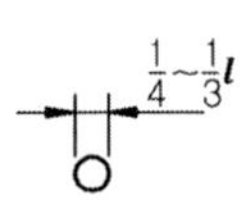	(1) 체크밸브 (2) 링크 (3) 롤러	• 롤러: 중앙에 점을 찍는다. 
1-2.4	점	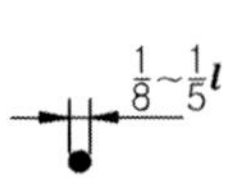	(1) 관로의 접속 (2) 롤러의 축	
1-3	반원		회전 각도가 제한을 받는 펌프 또는 액추에이터	

[표 6-1] 기호요소(계속)

번 호	명 칭	기 호	용 도	비 고
1-4	정사각형			
1-4.1		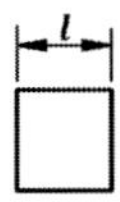	(1) 제어기기 (2) 전동기 이외의 원동기	• 접속구가 변과 수직으로 교차한다. • 접속구가 각을 두고 변과 교차한다.
1-4.2		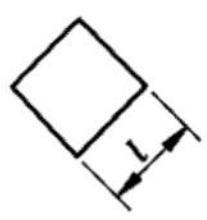	유체 조정기기	• 필터, 드레인 분리기, 주유기, 열교환기 등
1-4.3		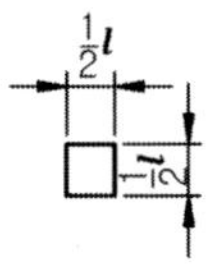	(1) 실린더 내의 쿠션 (2) 어큐뮬레이터 내의 추	
1-5	직사각형			
1-5.1		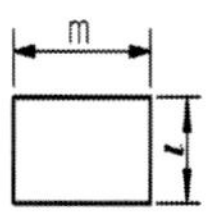	(1) 실린더 (2) 밸브	• $m > l$
1-5.2		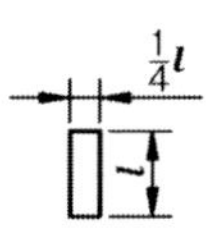	피스톤	
1-5.3		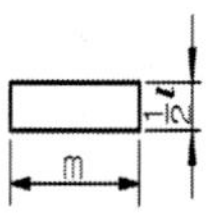	특정의 조작방법	• $l \leqq m \leqq 2l$ • [표 8-6] 참조
1-6	기타			
1-6.1	요형(대)	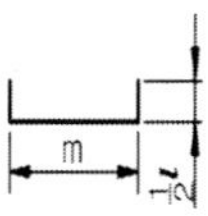	유압유 탱크(통기식)	• $m > l$
1-6.2	요형(소)	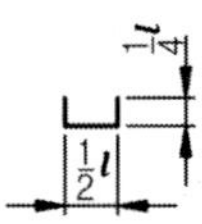	유압유 탱크(통기식)의 국소 표시	
1-6.3	캡슐형	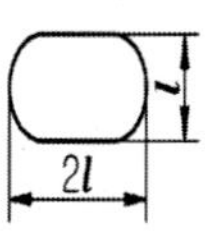	(1) 유압유 탱크(밀폐식) (2) 공기압 탱크 (3) 어큐뮬레이터 (4) 보조가스용기	• 접속구는 [표 8-10] 과 [표 8-17] 참조

[비고] 치수 l 은 공통의 기준치수로 그 크기는 임의로 정하여도 좋다. 또 필요상 부득이한 경우에는 기준치수를 대상에 따라 변경하여도 좋다.

(2) 기능요소

기능을 나타내는 요소는 [표 6-2]에 따른다.

[표 6-2] 기능요소

번 호	명 칭	기 호	용 도	비 고
2-1	정삼각형			• 유체 에너지의 방향 • 유체의 종류 • 에너지원의 표시
2-1.1	흑	▶	유압	
2-1.2	백	▷	공기압 또는 기타의 기체압	• 대기중에의 배출을 포함
2-2	화살표 표시			
2-2.1	직선 또는 사선	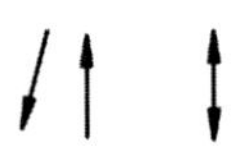	(1) 직선 운동 (2) 밸브 내의 유체의 경로와 방향 (3) 열류의 방향	
2-2.2	곡선	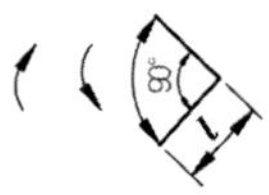	회전운동	• 화살표는 축의 자유단에서 회전방향을 표시
2-2.3	사선		가변조작 또는 조정수단	• 적당한 길이로 비스듬히 그린다. • 펌프, 스프링, 가변식전자 액추에이터

[표 6-2] 기능요소(계속)

번 호	명 칭	기 호	용 도	비 고
2-3	기타			
2-3.1			전기	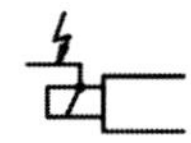
2-3.2			폐로 또는 폐쇄 접속구	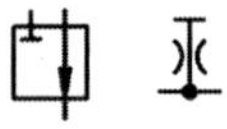
2-3.3			전자 액추에이터	
2-3.4			온도지시 또는 온도 조정	
2-3.5		M	원동기	
2-3.6			스프링	• 1-3, 11-14 참조 • 산의 수는 자유
2-3.7			교축	
2-3.8		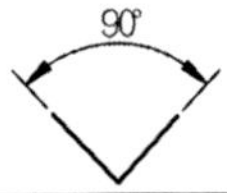	체크밸브의 간략기호의 밸브 시트	

6-5 관로 및 접속구

(1) 관로

[표 6-3] 관로

번호	명칭	기호	비고
3-1.1	접속	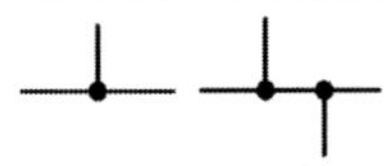	
3-1.2	교차	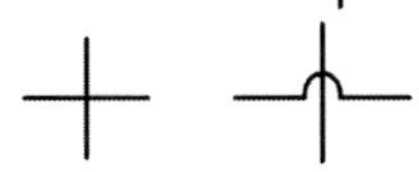	• 접속하고 있지 않음
3-1.3	처짐 관로		• 호스(통상 가동부분에 접속된다)

(2) 접속구

[표 6-4] 접속구

번호	명칭	기호	비고
4-1	공기구멍		
4-1.1			• 연속적으로 공기를 빼는 경우
4-1.2			• 어느 시기에 공기를 빼고 나머지 시간은 닫아놓는 경우
4-1.3		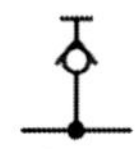	• 필요에 따라 체크 기구를 조작하여 공기를 빼는 경우
4-2	배기구		• 공기압 전용
4-2.1			• 접속구가 없는 경우
4-2.2		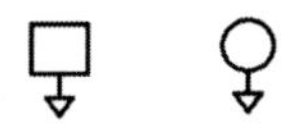	• 접속구가 있는 경우
4-3	급속이음		
4-3.1		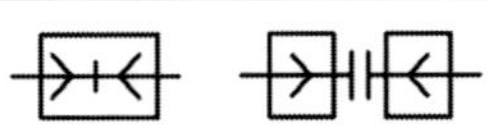	• 체크밸브 없음
4-3.2		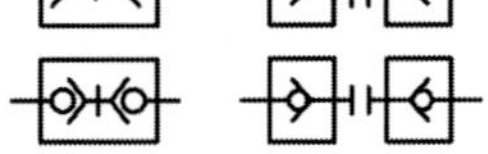 접속상태 떨어진 상태	• 체크밸브 붙이(셀프실 이음)
4-4	회전이음		• 스위블 조인트 및 로터리 조인트
4-4.1	1관로	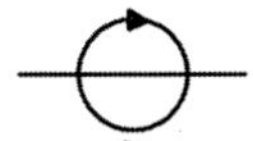	• 1방향 회전
4-4.2	3관로	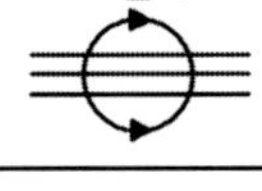	• 2방향 회전

6-6 조작기구

(1) 단일 조작기구와 기기의 관계

① 조작기호를 도시하는 크기의 비율은 [**표** 6-1]에 따른다.[**그림** 6-1].

② 밸브의 조작기호는 조작하는 기호요소에 접하는 임의의 위치에 써도 좋다[**그림** 6-1].

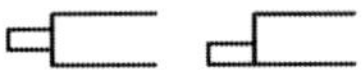

[그림 6-1]

③ 가변기기의 가변조작을 나타내는 화살표는, 조작기호와 관련되어 있으면 늘리거나 구부려도 좋다[**그림** 6-2].

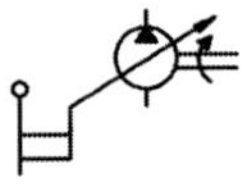

[그림 6-2]

④ 2방향 조작의 조작요소가 실제로 하나인 경우에는, 조작기호는 원칙적으로 하나밖에 쓰지 않는다[**그림** 6-3].

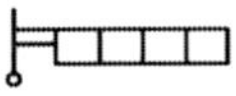

[그림 6-3]

또한, 복동 솔레노이드로 조작되는 밸브의 기호에서 전기신호와 밸브의 상태와의 관계를 명확히 할 필요가 있는 경우에는 복동 솔레노이드의 기호[**표** 6-6**의** 6-3.1.2]를 사용하지 않고 2개의 단동 솔레노이드의 기호[**표** 6-6 **의** 6-3.1.1]을 사용하여 그린다[**그림** 6-4].

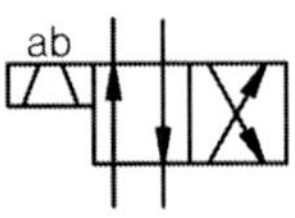

(a) 전기신호와의 관계를 나타낼 필요가 없는 경우

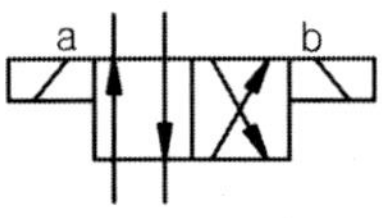

(b) 전기신호와의 관계를 나타낼 필요가 있는 경우

[그림 6-4] 복동 솔레노이드로 조작되는 밸브의 기호

(2) 복합 조작기구와 기기의 관계

① 1방향 조작의 조작기호는 조작하는 기호요소에 인접해 쓴다[**그림 6-5**].

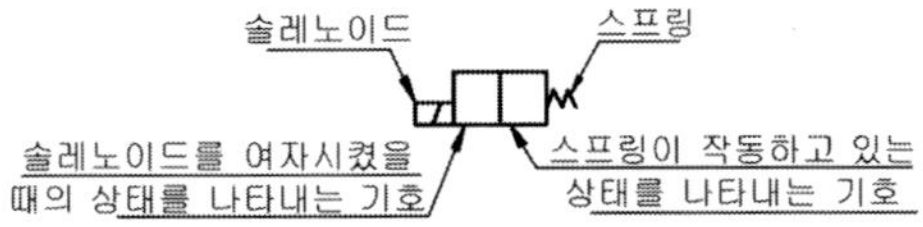

[그림 6-5] 복합 조작기구와의 관계

② 3개 이상 스풀 위치를 갖는 밸브의 중립위치 조작은, 중립위치를 나타내는 직사각형의 경계선을 위 또는 아래로 연장하고, 여기에 적절한 조작기호를 기입함으로써 명확히 할 수가 있다[**그림 6-6**].

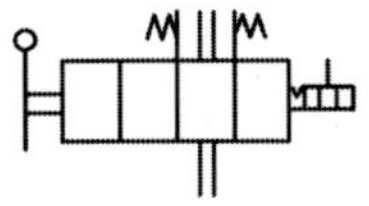

[그림 6-6]

③ 3위치 밸브의 중앙위치 조작기호는 외측 직사각형의 양쪽 끝 면에 기입해도 좋다[**그림 6-7**].

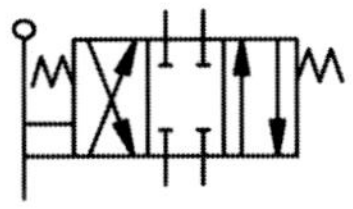

[그림 6-7]

④ 프레셔 센터의 중앙위치의 조작기호는, 기능요소의 정삼각형[**표 6-2의 번호 2-1.1 또는 2-1.2**]을 사용하여 나타내고, 외측의 직사각형 양쪽 끝 면에 삼각형의 정점이 접하도록 그린다[**그림 6-8**].

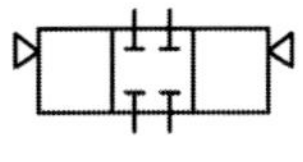

[그림 6-8]

⑤ 간접 파일럿 조작기기의 내부 파일럿과 내부 드레인 관로 표시는 간략기호에서 생략한다[**그림 6-9**].

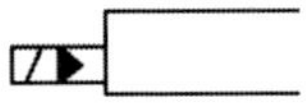

[그림 6-9]

⑥ 간접 파일럿 조작기기에 1개의 외부 파일럿 포트와 1개의 외부 드레인 포트가 있는 경우, 관로 표시는 간략기호에서 한쪽 끝에만 표시한다. 이외에 다른 외부 파일럿과 외부 드레인 포트가 있는 경우에는 이것을 다른 끝에 표시하며, 기기에 표시하는 기호는 모든 외부 접속구를 표시할 필요가 있다[**그림 6-10**].

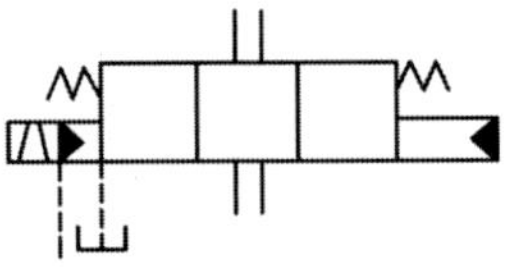

[그림 6-10]

⑦ 선택 조작의 조작기호는 나란히 병렬로 표시하거나, 필요에 따라 직사각형의 경계선을 연장하여 표시해도 좋다. [**그림 6-11**]은 솔레노이드나 누름버튼 스위치에 의하여 각각 독립적으로 조작될 수 있는 밸브를 나타낸다.

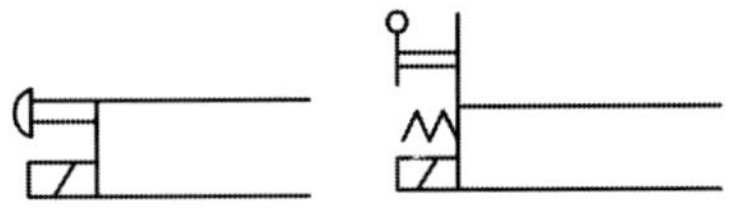

[그림 6-11]

⑧ 순차 조작의 경우에는 조작기호를 조작되는 순서에 따라 직렬로 표시한다. [**그림 6-12**]는 솔레노이드가 파일럿 밸브를 조작하고, 이어서 그 파일럿 압력으로 주밸브를 작동시키는 밸브를 나타낸다.

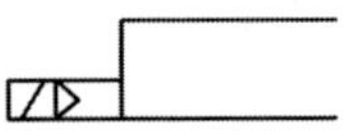

[그림 6-12]

⑨ 멈춤쇠는 스풀의 위치와 같은 수로 그리면서 분할하여 표시한다[**그림 6-13**]. 고정용 그루브의 위치는 고정하는 위치에만 표시하고 밸브의 스풀 위치에 대응시켜 고정구를 나타내는 선을 표시한다.

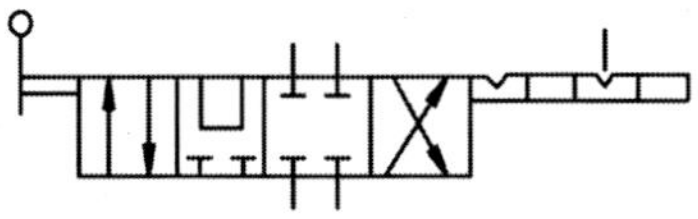

[그림 6-13]

(3) 기호 보기

[표 6-5] 기계식 구성부품

번 호	명 칭	기 호	비 고
5-1	로드	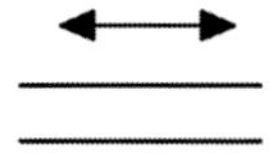	• 2방향 조작 • 화살표의 기입은 임의
5-2	회전축	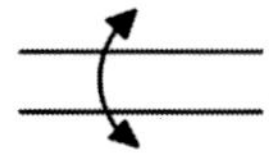	• 2방향 조작 • 화살표의 기입은 임의
5-3	멈춤쇠	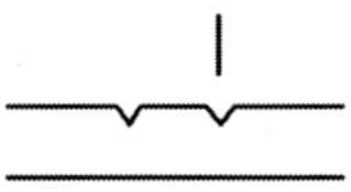	• 2방향 조작 • 고정용 그루브 위에 그린 세로선은 고정구를 나타낸다.
5-4	래치	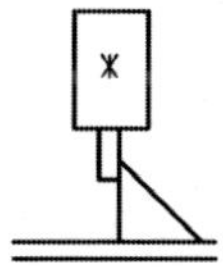	• 1방향 조작 • ⁎ 해제의 방법을 표시하는 기호
5-5	오버센터 기구	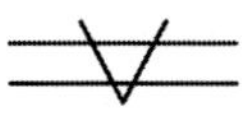	• 2방향 조작

[표 6-6] 조작방식

번호	명칭	기호	비고
6-1	인력 조작		• 조작방법을 지시하지 않은 경우나, 조작 방향의 수를 특별히 지정하지 않은 경우의 일반기호
6-1.1	누름버튼		• 1방향 조작
6-1.2	당김버튼	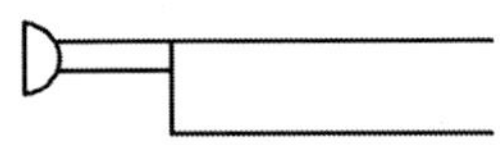	• 1방향 조작
6-1.3	누름-당김버튼	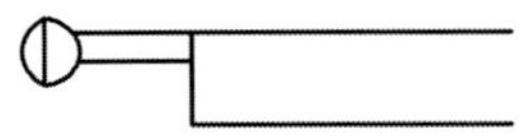	• 2방향 조작
6-1.4	레버	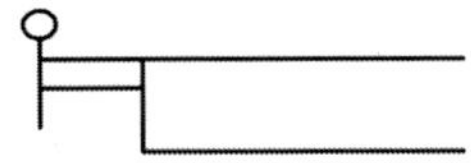	• 2방향 조작(회전운동을 포함)
6-1.5	페달	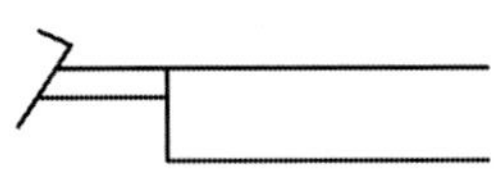	• 1방향 조작(회전운동을 포함)
6-1.6	2방향 페달	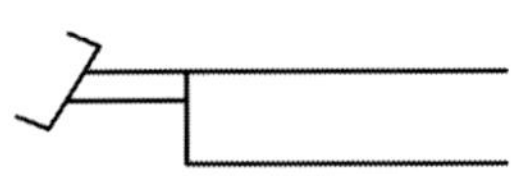	• 2방향 조작(회전운동을 포함)
6-2	기계조작		
6-2.1	플런저	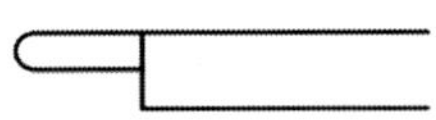	• 1방향 조작
6-2.2	가변행정제한기구	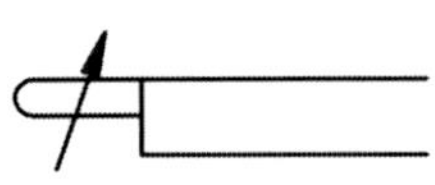	• 2방향 조작
6-2.3	스프링	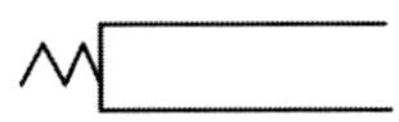	• 1방향 조작
6-2.4	롤러	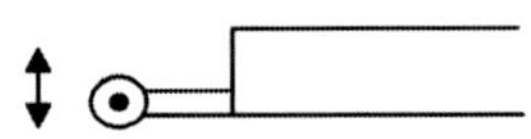	• 2방향 조작
6-2.5	편측작동 롤러	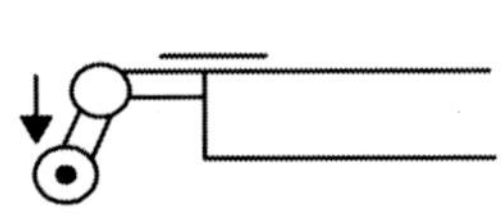	• 화살표는 유효조작 방향을 나타낸다. 기입을 생략하여도 좋다. • 1방향 조작

[표 6-6] 조작방식(계속)

번 호	명 칭	기 호	비 고
6-3	전기조작		
6-3.1	직선형 전기 액추에이터		• 솔레노이드, 토크모터 등
6-3.1.1	단동 솔레노이드	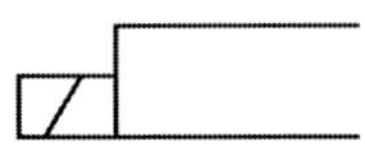	• 1방향 조작 • 사선은 우측으로 비스듬히 그려도 좋다.
6-3.1.2	복동 솔레노이드	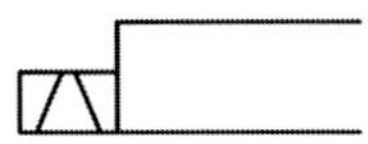	• 2방향 조작 • 사선은 위로 넓어져도 좋다.
6-3.1.3	단동 가변식 전자 액추에이터	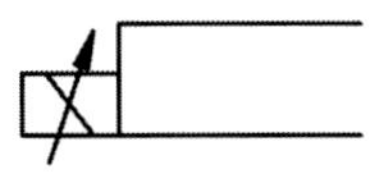	• 1방향 조작 • 비례식 솔레노이드, 포스모터 등
6-3.1.4	복동 가변식 전자 액추에이터	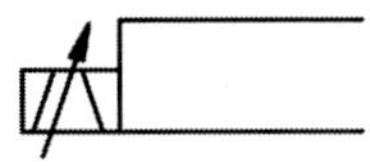	• 2방향 조작 • 토크모터
6-3.2	회전형 전기 액추에이터	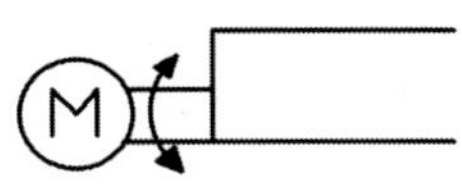 	• 2방향 조작 • 전동기
6-4	파일럿 조작		
6-4.1	직접파일럿 조작	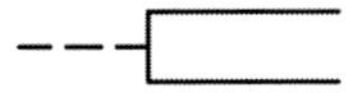	
6-4.1.1			
6-4.1.2		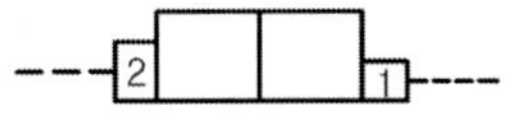 	• 수압면적이 다른 경우, 필요에 따라 면적비를 나타내는 숫자를 직사각형 속에 기입한다.
6-4.1.3	내부 파일럿	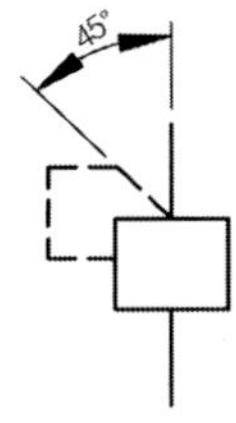 	• 조작유로는 기기의 내부에 있음
6-4.1.4	외부 파일럿	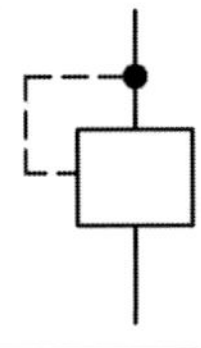	• 조작유로는 기기의 외부에 있음

[표 6-6] 조작방식(계속)

번 호	명 칭	기 호	비 고
6-4.2	간접파일럿 조작		
6-4.2.1	압력을 가하여 조작하는 방식		
(1)	공기압 파일럿	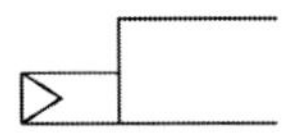	• 내부 파일럿 • 1차 조작 없음
(2)	유압 파일럿	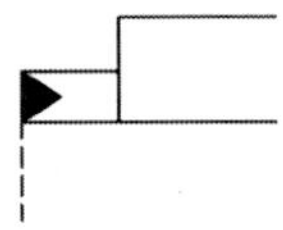	• 외부 파일럿 • 1차 조작 없음
(3)	유압2단 파일럿	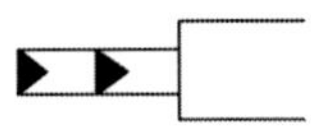	• 내부 파일럿, 내부 드레인 • 1차 조작 없음
(4)	공기압· 유압 파일럿	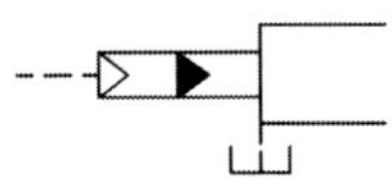	• 외부 공기압 파일럿, 내부 유압 파일럿, 외부 드레인 • 1차 조작 없음
(5)	전자· 공기압 파일럿	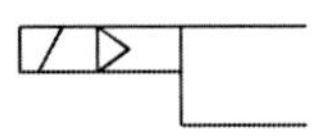	• 단동 솔레노이드에 의한 1차 조작붙이 • 내부 파일럿
(6)	전자· 유압 파일럿	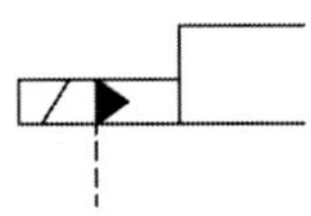	• 단동 솔레노이드에 의한 1차 조작붙이 • 외부 파일럿, 내부 드레인
6-4.2.2	압력을 빼내어 조작하는 방식		
(1)	유압 파일럿	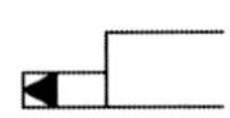 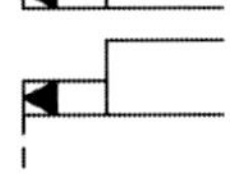	• 내부 파일럿, 내부 드레인 • 1차 조작 없음 • 내부 파일럿 • 원격조작용 벤트포트 붙이
(2)	전자· 유압 파일럿	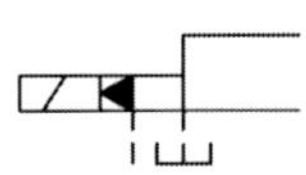	• 단동 솔레노이드에 의한 1차 조작붙이 • 외부 파일럿, 외부 드레인
(3)	파일럿 작동형 압력제어 밸브	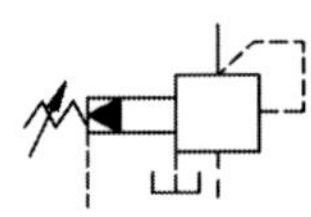	• 압력조정용 스프링 붙이 • 외부 드레인 • 원격조작용 벤트포트 붙이
(4)	파일럿 작동형 비례전자식 압력 제어 밸브	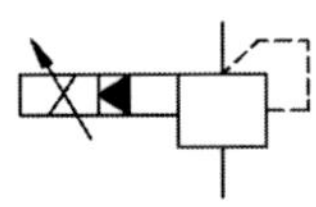	• 단동 비례식 액추에이터 • 내부 드레인

번 호	명 칭	기 호	비 고
6-5	피드백		
6-5.1	전기식 피드백	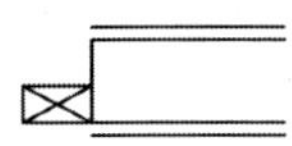	• 일반기호 • 전위차계, 차동변압기 등의 위치검출기
6-5.2	기계식 피드백	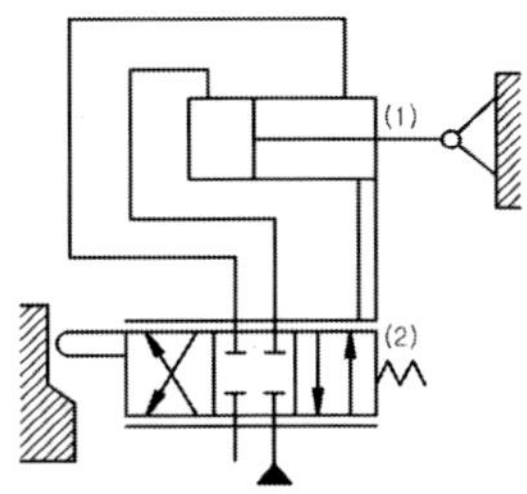	• 제어대상과 제어요소의 가동부분 간의 기계적 접속은 1-1.4 및 [그림 8-20]에 표시 (1) 제어대상 (2) 제어요소

6-7 에너지의 변환과 저장

(1) 펌프 및 모터

펌프 및 모터의 기호 표시법은 다음에 따른다.

[표 6-7] 펌프 및 모터

번 호	명 칭	기 호	비 고
7-1	펌프 및 모터	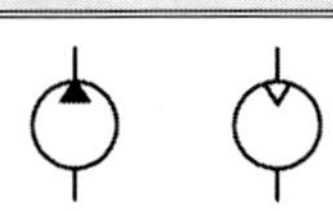 유압펌프 공기압펌프	일반기호
7-2	유압 펌프	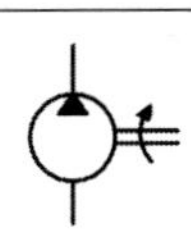	• 1방향 유동 • 정용량형 • 1방향 회전형
7-3	유압 모터	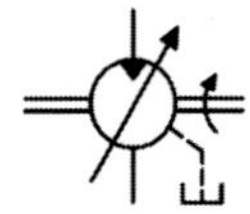	• 1방향 유동 • 가변용량형 • 조작기구를 특별히 지정하지 않는 경우 • 외부드레인 • 1방향 회전형 • 양축형

[표 6-7] 펌프 및 모터(계속)

번 호	명 칭	기 호	비 고
7-4	공기압 모터	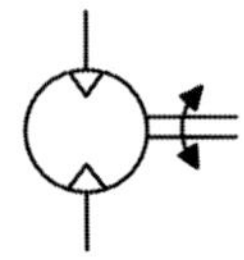	• 2방향 유동 • 정용량형 • 2방향 회전형
7-5	정용량형 펌프 · 모터	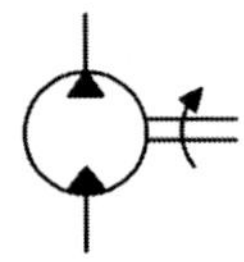	• 1방향 유동 • 정용량형 • 1방향 회전형
7-6	가변용량형 펌프 · 모터 (인력조작)	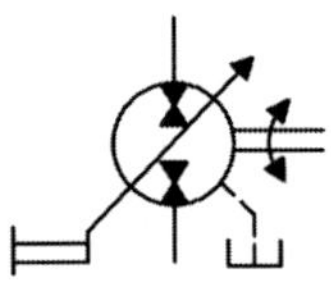	• 2방향 유동 • 가변용량형 • 외부 드레인 • 2방향 회전형
7-7	요동형 액추에이터	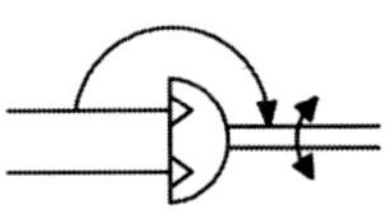	• 공기압 • 정각도 • 2방향 요동형 • 축 회전방향과 유동방향과의 관계를 나타내는 화살표 기입은 임의로 표시함 (본문 8-11 참조)
7-8	유압 전도장치	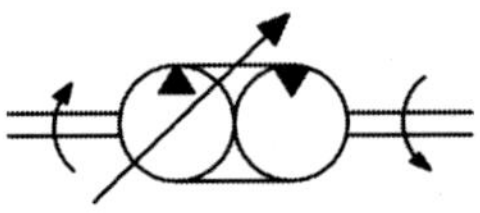	• 1방향 회전형 • 가변용량형 펌프 • 일체형
7-9	가변용량형 펌프 (압력보상제어)	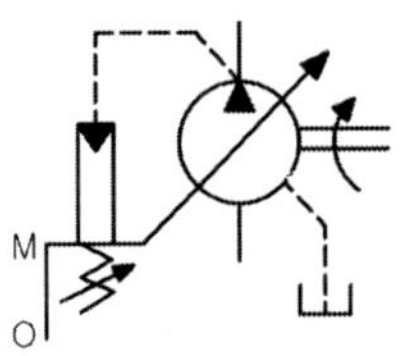	• 1방향 유동 • 압력조정 가능 • 외부 드레인(본문 8-11 참조)
7-10	가변용량형 펌프 · 모터 (파일럿 조작)	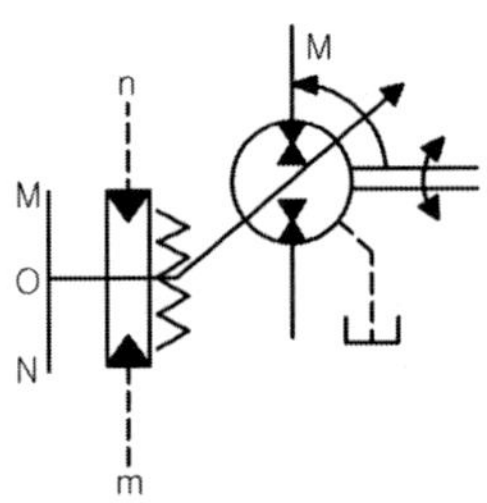	• 2방향 유동 • 2방향 회전형 • 스프링 힘에 의하여 중앙위치(배제용적 0)로 되돌아 오는 방식 • 파일럿 조작 • 외부 드레인 • 신호 m은 M 방향으로 변위를 발생시킴 (본문 8-11 참조)

(2) 실린더

[표 6-8] 실린더

번 호	명 칭	기 호	비 고
8-1	단동 실린더	상세기호 간략기호 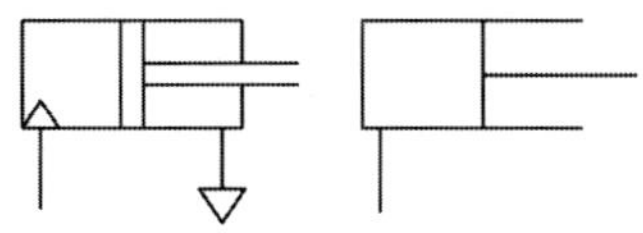	• 공기압 ·압출형 • 편로드형 • 대기중의 배기(유압의 경우는 드레인)
8-2	단동 실린더 (스프링 붙이)	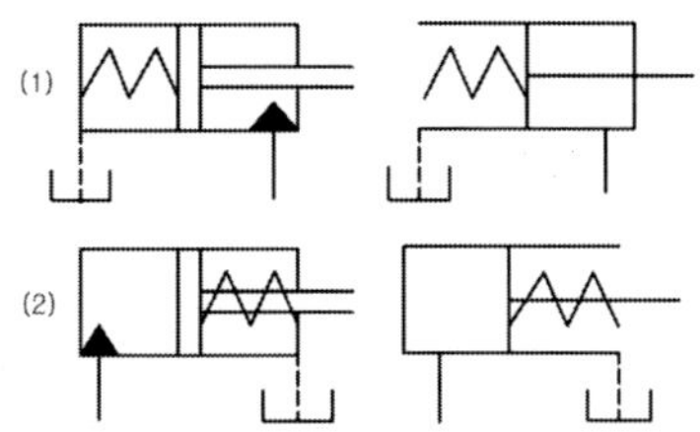	• 유압 • 편로드형 • 드레인측은 유압유 탱크에 개방 (1) 스프링 힘으로 로드 압출 (2) 스프링 힘으로 로드 흡인
8-3	복동 실린더	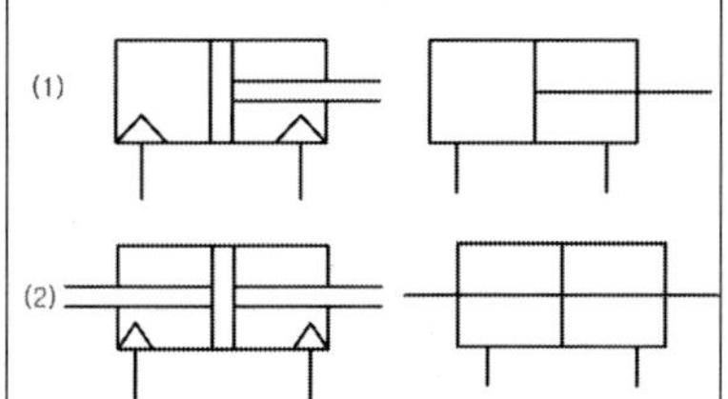	(1) • 편로드 • 공기압 (2) • 양로드 • 공기압
8-4	복동 실린더 (쿠션붙이)	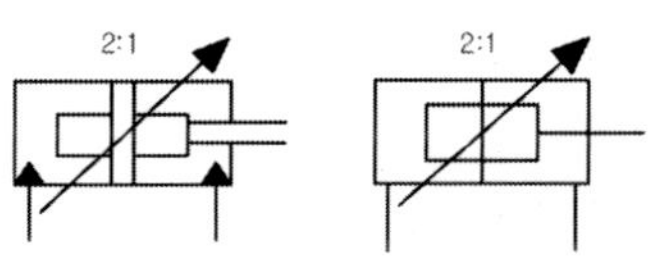	• 유압 • 편로드형 • 양 쿠션, 조정형 • 피스톤 면적비 2 : 1
8-5	단동 텔레스코프형 실린더	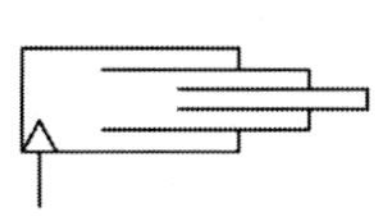	• 공기압
8-6	복동 텔레스코프형 실린더	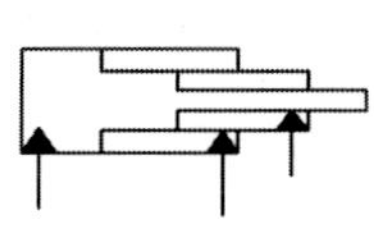	• 유압

(3) 특수 에너지-변환기기

[표 6-9] 특수 에너지-변환기기

번 호	명 칭	기 호	비 고
9-1	공기유압 변환기	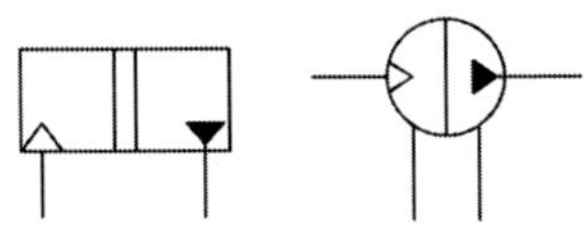 단동형 연속형	
9-2	증압기	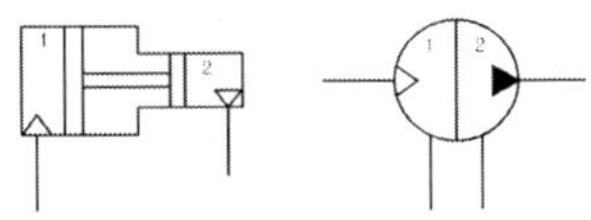 단동형 연속형	• 압력비 1 : 2 • 2종 유체용

(4) 에너지-용기[어큐뮬레이터(축압기), 가스용기 및 공기탱크]

[표 6-10] 에너지-용기

번 호	명 칭	기 호	비 고
10-1	어큐뮬레이터		• 일반기호 • 항상 세로형으로 표시 • 부하의 종류를 지시하지 않는 경우
10-2	어큐뮬레이터	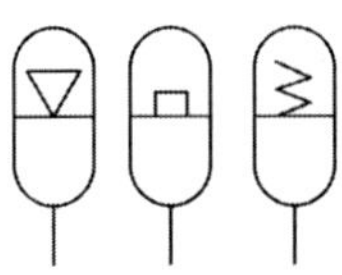 기체식 중량식 스프링식	• 부하의 종류를 지시하는 경우
10-3	보조 가스용기	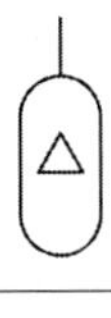	• 항상 세로형으로 표시 • 어큐뮬레이터와 조합하여 사용하는 보급용 가스용기
10-4	공기 탱크		

(5) 동력원

동력원의 기호는 기호요소와 기능요소를 사용하여 구성하며 아래와 같이 표시한다.

[표 6-11] 동력원

번 호	명 칭	기 호	비 고
11-1	유압(동력)원		• 일반기호
11-2	공기압(동력)원		• 일반기호
11-3	전동기	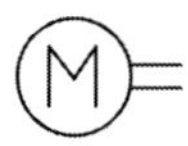	
11-4	원동기	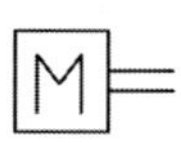	(전동기를 제외)

6-8 에너지의 제어와 조정

(1) 에너지의 제어와 조정의 기호 표시법

① 에너지의 제어와 조정의 기호는 **기호요소([표 6-1]의 번호 1-4.1 또는 1-5.1)**을 사용한다.

② 제어기기의 주기호는 1개의 직사각형(정사각형 포함) 또는 서로 인접한 복수의 직사각형으로 구성한다.

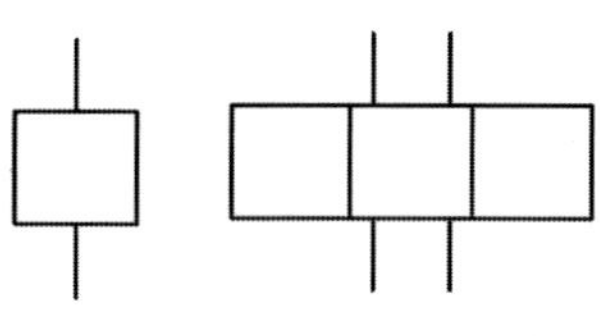

[그림 6-14]

③ 유로, 접속점, 체크 밸브, 교축 등의 기능은 특정기호를 제외하고, 대응하는 기능기호를 주기호 속에 표시한다[**그림 6-15**].

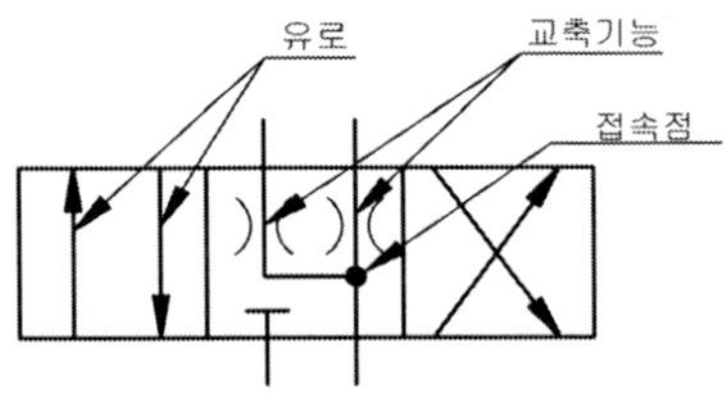

[그림 6-15]

④ 작동위치에서 형성되는 유로 등의 상태는 조작기호에 의하여 눌려진 직사각형이 이동되어 그 유로가 외부 접속구와 일치되는 소정의 상태가 되도록 표시한다[**그림 6-16**].

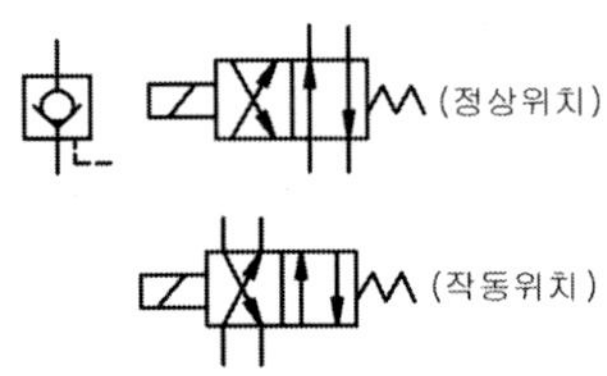

[그림 6-16]

⑤ 외부 접속구는 도시한 바와 같이 통상, 일정간격으로 직사각형과 교차되도록 표시한다. 단, 2포트 밸브의 경우는 직사각형의 중앙에 표시한다[**그림 6-17**].

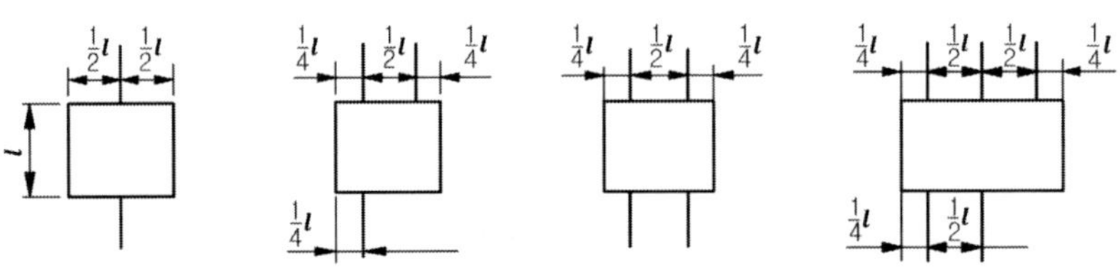

[그림 6-17]

⑥ 드레인 접속구는 도시한 바와 같이, 드레인 관로기호를 직사각형의 모서리에 접하도록 그려 나타낸다. 단, 회전형 에너지 변환기기의 경우는 주관로 접속구로부터 45°의 방향에서 주기호(대원)와 교차하도록 표시한다[**그림 6-18**]

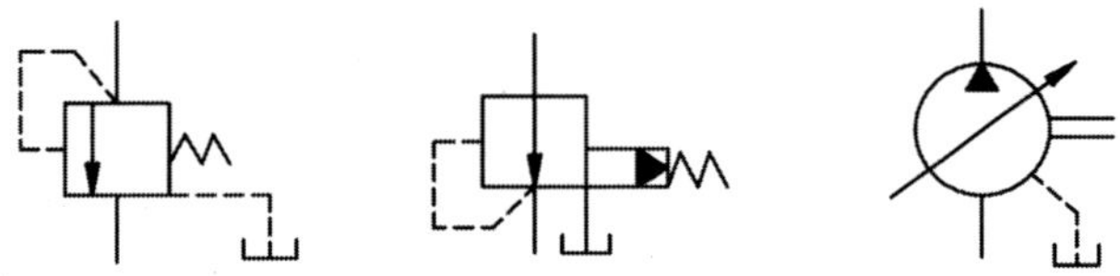

[그림 6-18]

⑦ 과도위치를 나타내고자 할 경우에는 도시한 바와 같이 명백한 작동위치를 표시하고 있는 인접 두 직사각형을 분리시키고, 그 중간에 상하변을 파선으로 하는 직사각형을 삽입시켜 표시한다[**그림 6-19**].

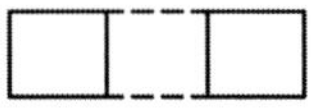

[그림 6-19]

⑧ 여러 개의 명백한 작동위치가 있고, 교축 정도가 연속적으로 변화하는 중간위치를 갖는 밸브는 도시한 바와 같이 직사각형 바깥쪽에 평행선으로 기입한다[**그림 6-20**]. 명백한 작동위치가 2개 있는 밸브는 통상 다음과 같은 일반기호로 표시하며, 기호를 완성시키려면 유동방향을 나타내는 화살표도 기입한다.

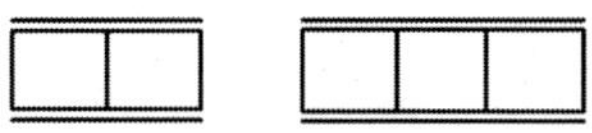

[그림 6-20]

[표 6-12] 밸브기호

번호	명칭	상세기호	일반기호	비고
(a)	2포트 밸브	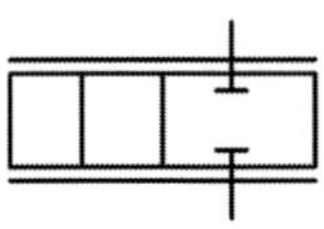	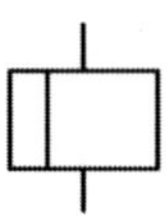	• 항상 닫힘 • 가변교축
(b)	2포트 밸브	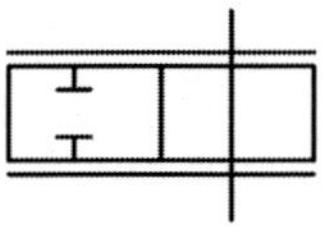	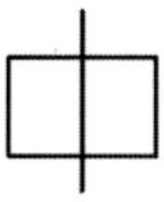	• 항상 열림 • 가변교축
(c)	3포트 밸브	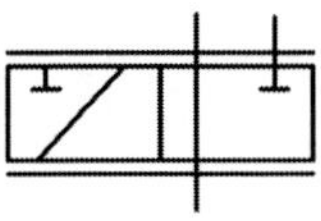	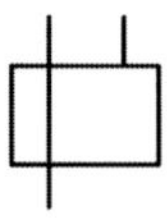	• 항상 열림 • 가변교축

(2) 전환 밸브

[표 6-13] 전환 밸브

번 호	명 칭	기 호	비 고
12-1	2포트 수동 전환 밸브	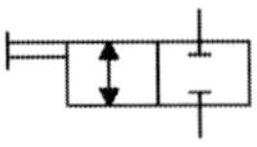	• 2위치 • 폐지 밸브
12-2	3포트 전자 전환 밸브		• 2위치 • 1과도 위치 • 전자조작 스프링 리턴
12-3	5포트 파일럿 전환 밸브	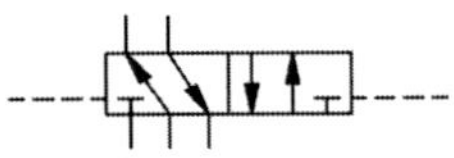	• 2위치 • 2방향 파일럿 조작
12-4	4포트 전자파일럿 전환 밸브	상세기호 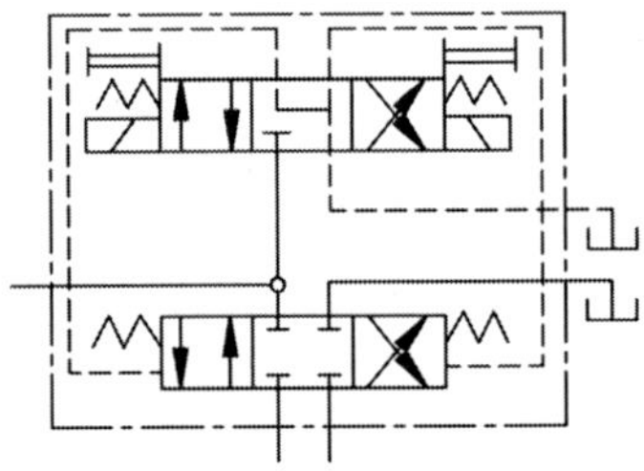 간략기호 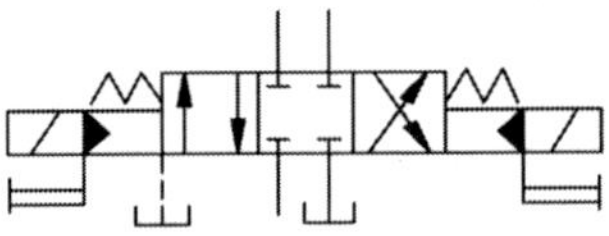	• 주 밸브 3위치 스프링센터 내부파일럿 • 파일럿 밸브 4포트 3위치 스프링센터 전자조작 (단동 솔레노이드) 수동 오버라이드 조작 붙이 외부 드레인
12-5	4포트 전자파일럿 전환 밸브	상세기호 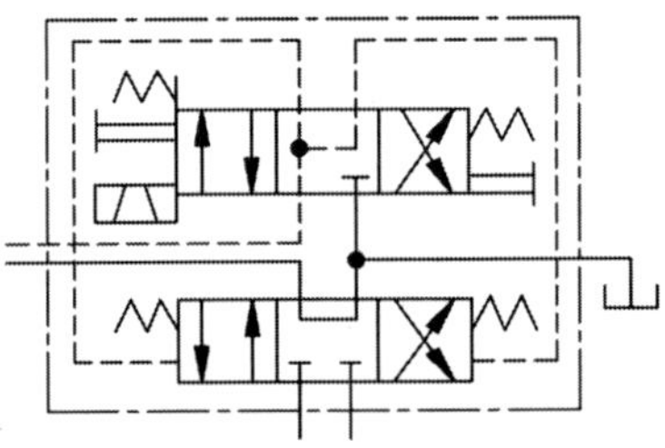 간략기호 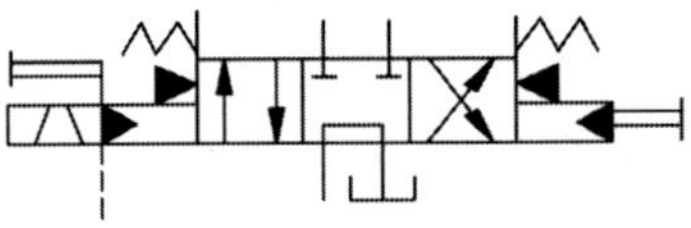	• 주 밸브 3위치 프레셔 센터 (스프링센터 겸용) 파일럿압을 제거할 때 작동 위치로 전환된다. • 파일럿 밸브 4포트 3위치 스프링센터 전자조작 (복동 솔레노이드) 수동 오버라이드 조작 붙이 외부 파일럿 내부 드레인

[표 6-13] 전환 밸브(계속)

번 호	명 칭	기 호	비 고
12-6	4포트 교축 전환 밸브	중앙위치언더랩 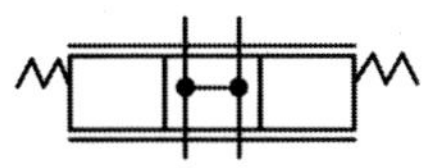 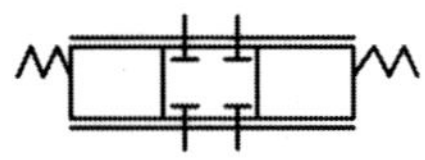 중앙위치오버랩	• 3위치 • 스프링센터 • 무단계 중간위치
12-7	서보 밸브	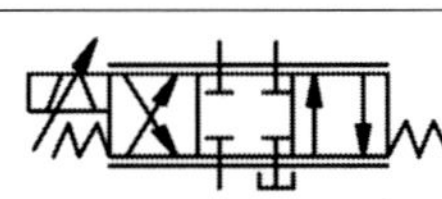	• 대표 보기

(3) 체크 밸브, 셔틀 밸브, 배기 밸브

[표 6-14] 체크 밸브, 셔틀 밸브, 배기 밸브

번 호	명 칭	기 호	비 고
13-1	첵 밸브	상세기호 간략기호 (1) (2) 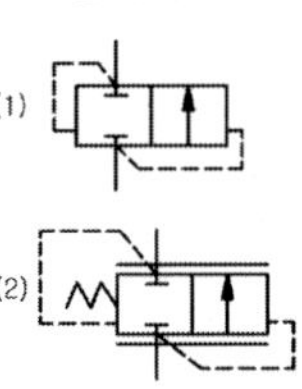 	(1) 스프링 없음 (2) 스프링 붙이
13-2	파일럿 조작 첵 밸브	상세기호 간략기호 (1) (2) 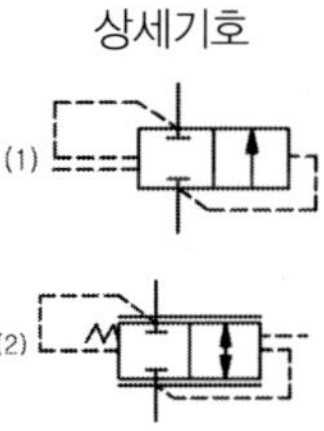 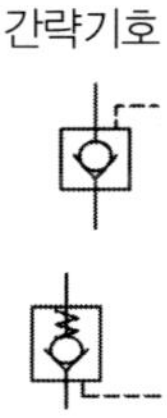	(1) • 파일럿 조작에 의하여 밸브 폐쇄 • 스프링 없음 (2) • 파일럿 조작에 의하여 밸브 열림 • 스프링 붙이
13-3	고압 우선형 셔틀 밸브	상세기호 간략기호 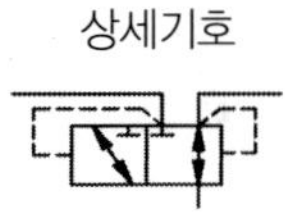 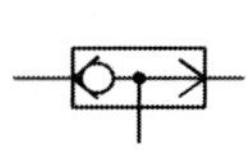	• 고압쪽 측의 입구가 출구에 접속되고, 저압쪽 측의 입구가 폐쇄된다.
13-4	저압 우선형 셔틀 밸브	상세기호 간략기호 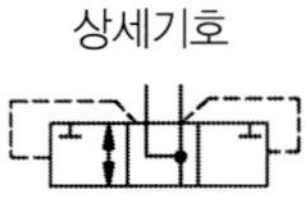 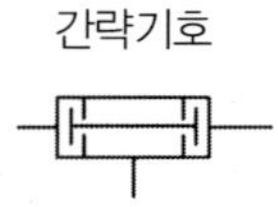	• 저압쪽 측의 입구가 저압우선 출구에 접속되고, 고압쪽 측의 입구가 폐쇄된다.
13-5	급속 배기 밸브	상세기호 간략기호 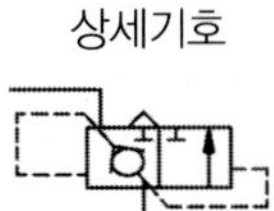 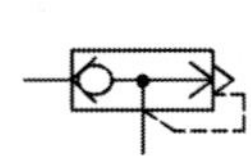	

(4) 압력 제어 밸브

[표 6-15] 압력 제어 밸브

번 호	명 칭	기 호	비 고
14-1	릴리프 밸브	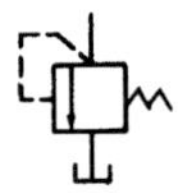	• 작동형 또는 일반기호
14-2	파일럿 작동형 릴리프 밸브	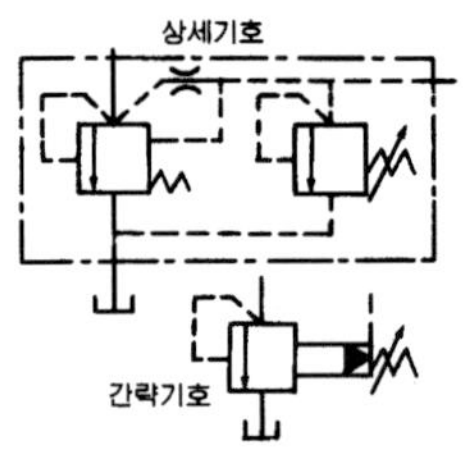	• 원격조작용 벤트포트 붙이
14-3	전자 밸브 장착(파일럿 작동형)릴리프 밸브	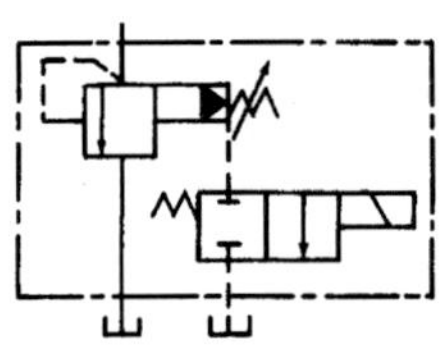	• 전자 밸브의 조작에 의하여 벤트포트가 열려 무부하로 된다.
14-4	비례전자식 릴리프 밸브 (파일럿 작동형)	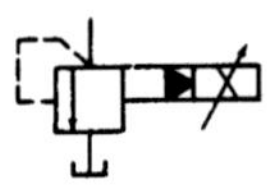	• 대표 보기
14-5	감압 밸브	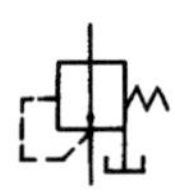	• 직동형 또는 일반기호
14-6	파일럿 작동형 감압 밸브	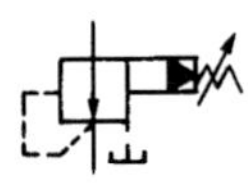	• 외부 드레인
14-7	릴리프 붙이 감압 밸브	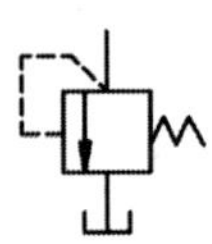	• 공기압용
14-8	비례전자식 릴리프 감압 밸브(파일럿 작동형)	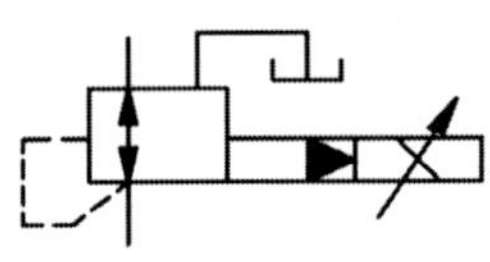	• 유압용 • 대표 보기

[표 6-15] 압력 제어 밸브(계속)

번 호	명 칭	기 호	비 고
14-9	일정비율 감압 밸브	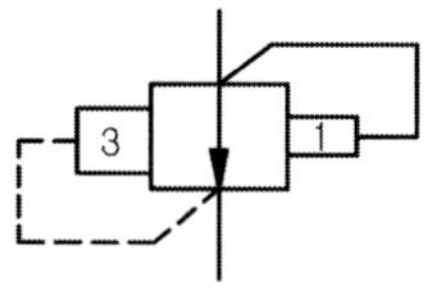	• 감압비: $\frac{1}{3}$
14-10	시퀀스 밸브	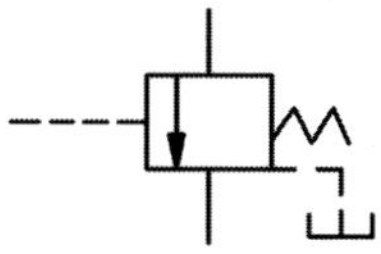	• 직동형 또는 일반기호 • 외부 파일럿 • 외부 드레인
14-11	시퀀스 밸브 (보조조작 장치)	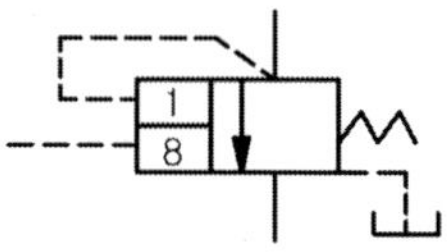	• 직동형 • 내부 파일럿 또는 외부 파일럿 조작에 의하여 밸브가 작동됨 • 파일럿의 수압 면적비가 1 : 8인 경우 • 외부 드레인
14-12	파일럿 작동형 시퀀스 밸브	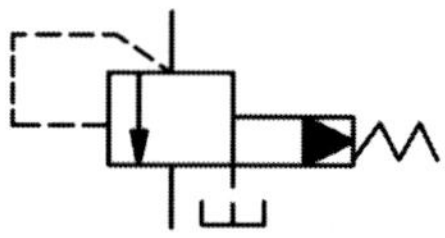	• 내부 파일럿 • 외부 드레인
14-13	무부하 밸브	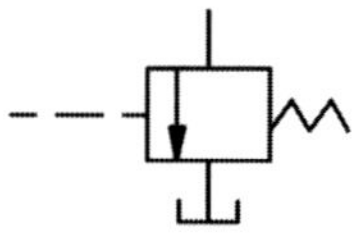	• 직동형 또는 일반기호 • 내부 드레인
14-14	카운터 밸런스 밸브	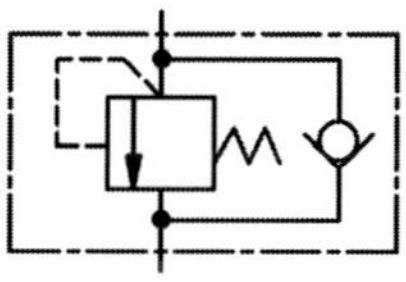	
14-15	무부하 릴리프 밸브	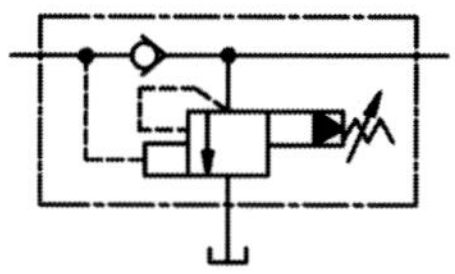	
14-16	양방향 릴리프 밸브	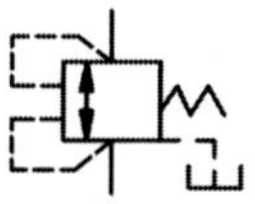	• 직동형 • 외부 드레인
14-17	브레이크 밸브	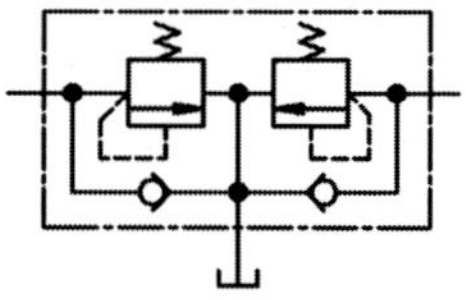	• 대표 보기

(5) 유량 제어 밸브

[표 6-16] 유량 제어 밸브

번 호	명 칭	기 호	비 고
15-1 15-1.1	교축 밸브 가변 교축 밸브	상세기호 간략기호 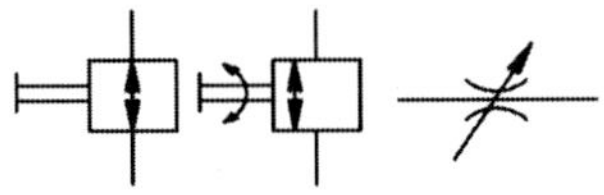	• 간략기호에서는 조작 방법 및 밸브 상태가 표시되어 있지 않음 • 통상, 완전히 닫혀진 상태는 없음
15-1.2	스톱 밸브		
15-1.3	감압밸브(기계조작 가변교축 밸브)	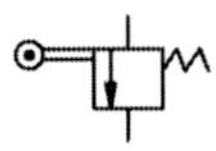	• 롤러에 의한 기계조작 • 스프링 부하
15-1.4	1방향 교축 밸브 속도 제어 밸브 (공기압)	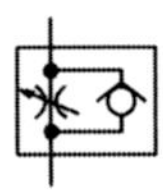	• 가변 교축 장착 • 1방향으로 자유유동, 반대방향으로는 제어유동
15-2 15-2.1	유량조정 밸브 직렬형 유량조정 밸브	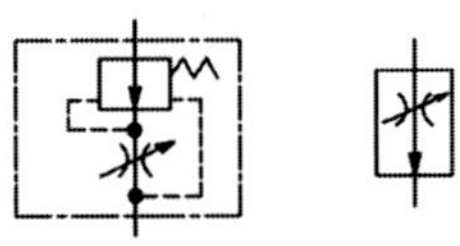	• 간략기호에서 유로의 화살표는 압력의 보상을 나타낸다.
15-2.2	직렬형 유량조정 밸브 (온도보상 붙이)	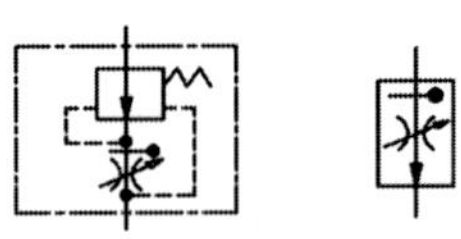	• 온도보상은 2-3, 4에 표시한다. • 간략기호에서 유로의 화살표는 압력의 보상을 나타낸다.
15-2.3	바이패스형 유량조정 밸브	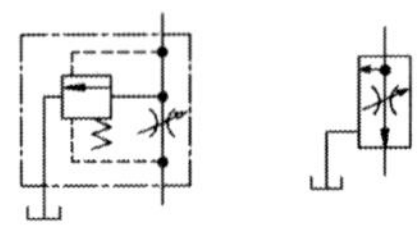	• 간략기호에서 유로의 화살표는 압력의 보상을 나타낸다.
15-2.4	체크밸브 붙이 유량조정 밸브 (직렬형)	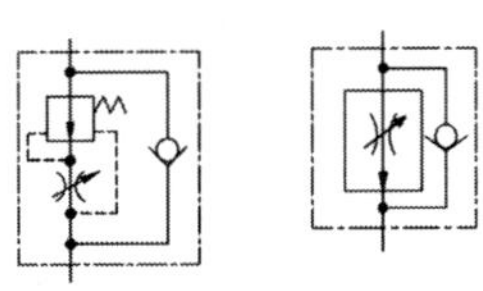	• 간략기호에서 유로의 화살표는 압력의 보상을 나타낸다.
15-2.5	분류 밸브	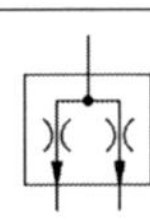	• 화살표는 압력 보상을 나타낸다.
15-2.6	집류 밸브	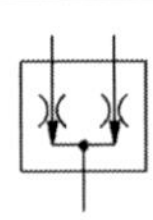	• 화살표는 압력 보상을 나타낸다.

6-9 유체의 저장과 조정

① 기름 탱크

[표 6–17] 기름 탱크

번 호	명 칭	기 호	비 고
16–1	기름 탱크 (통기식)	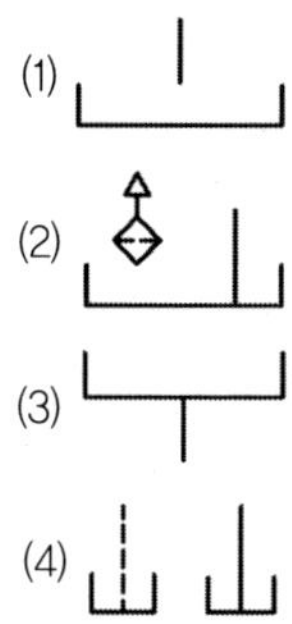	(1) 관 끝을 액체 속에 넣지 않는 경우 (2) • 관 끝을 액체 속에 넣는 경우 • 통기용 필터(17 – 1)가 있는 경우 (3) 관 끝을 밑 바닥에 접속하는 경우 (4) 국소 표시 기호
16–2	기름 탱크 (밀폐식)	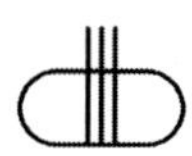	• 3관로의 경우 • 가압 또는 밀폐된 것 • 각관 끝을 액체 속에 집어 넣는다. • 관로는 탱크의 긴 벽에 수직

② 유체조정 기기

[표 6–18] 유체조정 기기

번 호	명 칭	기 호	비 고
17–1	필 터	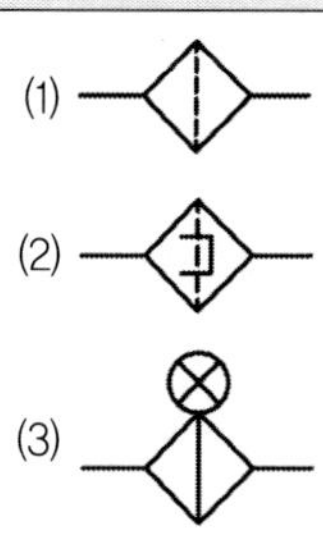	(1) 일반기호 (2) 자석 붙이 (3) 눈막힘 표시기 붙이
17–2	드레인 배출기	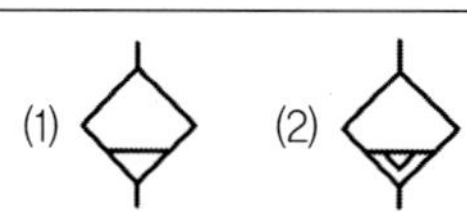	(1) 수동 배출 (2) 자동 배출
17–3	드레인 배출기 붙이 필터	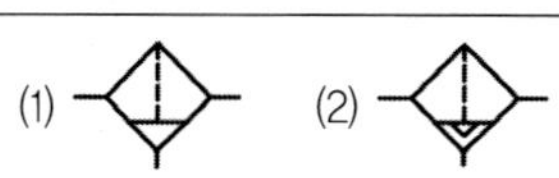	(1) 수동 배출 (2) 자동 배출
17–4	기름분무 분리기	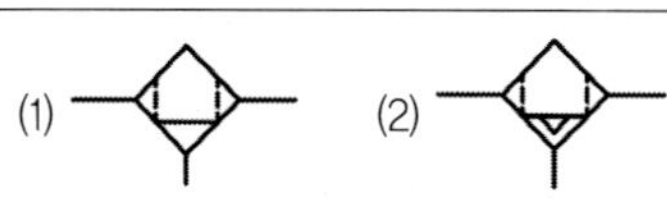	(1) 수동 배출 (2) 자동 배출

[표 6-18] 유체조정 기기(계속)

번 호	명 칭	기 호	비 고
17-5	에어드라이어	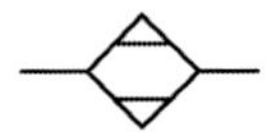	
17-6	루브리케이터	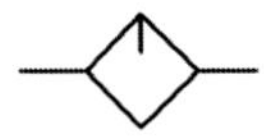	
17-7	공기압 조정 유닛	상세기호 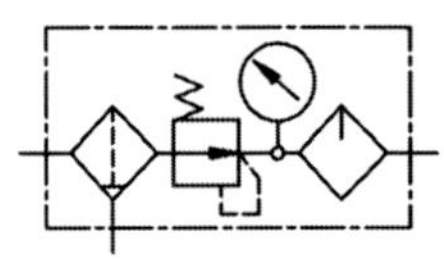 간략기호 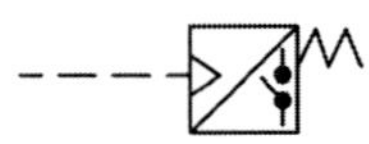	• 수직 화살표는 배출기를 나타낸다.
17-8 17-8.1	열교환기 냉각기	(1) 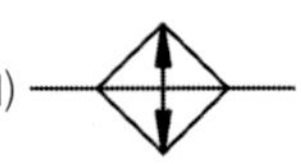 (2) 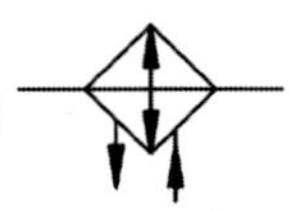	(1) 냉각액용 관로를 표시하지 않는 경우 (2)냉각액용 관로를 표시하는 경우
17-8.2	가열기	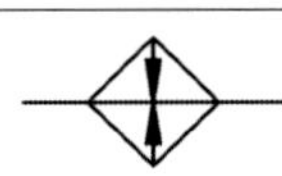	
17-8.3	온도 조절기	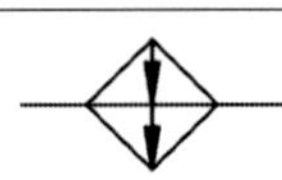	• 가열 및 냉각

6-10 보조 기기

(1) 계측기와 표시기

[표 6-19] 보조 기기

번호	명칭	기호	비고
18-1 18-1.1	압력 계측기 압력 표시기	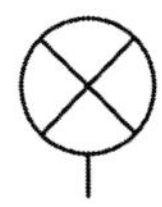	• 계측은 되지 않고 단지 지시만 하는 표시기
18-1.2	압력계		
18-1.3	차압계		
18-2	유면계	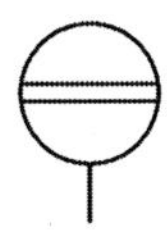	• 평행선은 수평으로 표시
18-3	온도계	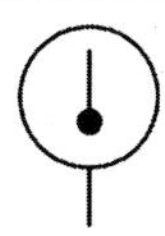	
18-4 18-4.1	유량 계측기 검류기	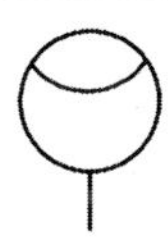	
18-4.2	유량계	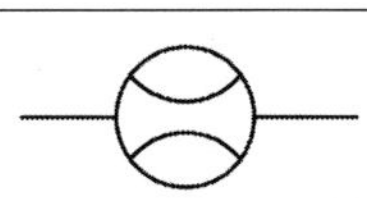	
18-4.3	적산 유량계	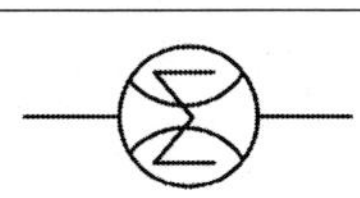	
18-5	회전 속도계	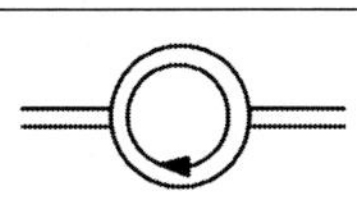	
18-6	토크계	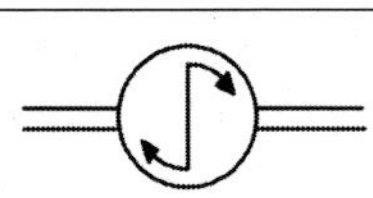	

(2) 기타의 기기

[표 6–20] 기타의 기기

번 호	명 칭	기 호	비 고
19–1	압력 스위치	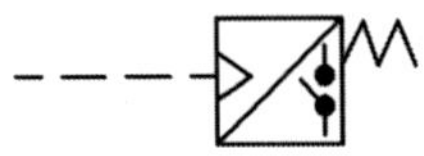	오해의 염려가 없는 경우에는 다음과 같이 표시하여도 좋다. 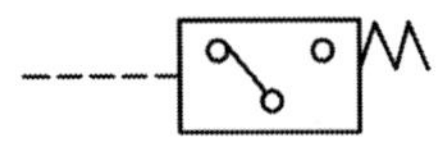
19–2	리밋 스위치	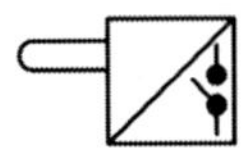	오해의 염려가 없는 경우에는 다음과 같이 표시하여도 좋다. 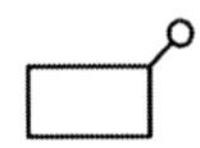
19–3	아날로그 변환기	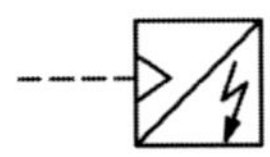	• 공기압
19–4	소음기	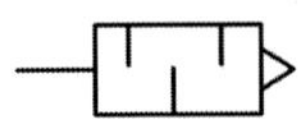	• 공기압
19–5	경음기		• 공기압용
19–6	마그넷 세퍼레이터	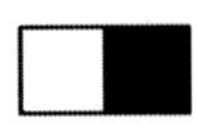	

6-11 회전형 에너지 변환기기

회전형 에너지 변환기기에 대한 회전방향, 유동방향 및 조립 내장된 조작 요소의 위치 상호 관계는 다음과 같은 그림 기호를 사용하여 표시한다.

[표 6-21] 에너지 변환기기의 표시법

번 호	명 칭	기 호	비 고
A-1	정용량형 유압모터	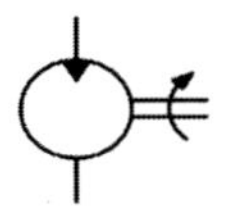	(1) 1방향 회전형 (2) 입구 포트가 고정되어 있으므로, 유동방향과의 관계를 나타내는 회전방향 화살표는 필요 없음
A-2	정용량형 유압펌프 또는 유압모터 (1) 가역 회전형 펌프 (2) 가역 회전형 모터	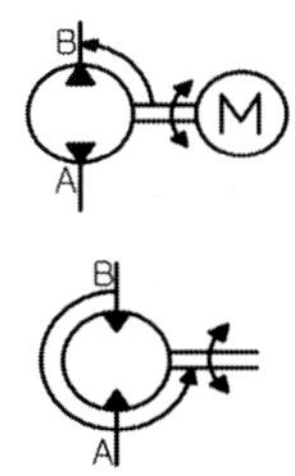	• 2방향 회전·양축형 • 입력축이 좌회전할 때 B포트가 송출구로 된다. • B포트가 유입구일 때 출력축은 좌회전이 된다.
A-3	가변용량형 유압펌프	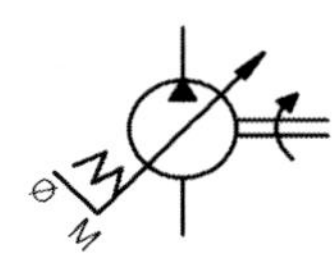	(1) 1방향 회전형 (2) 유동방향과의 관계를 나타내는 회전방향 화살표는 필요 없음 (3) 조작요소의 위치표시는 기능을 명시하기 위한 것으로서, 생략하여도 좋다.
A-4	가변용량형 유압 모터	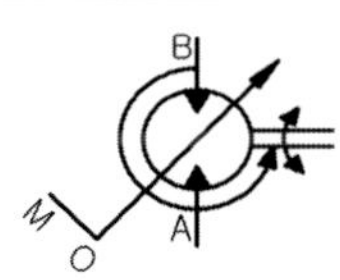	• 2방향 회전형 • B포트가 유입구일 때 출력축은 좌회전이 된다.
A-5	가변용량형 유압 오버센터 펌프	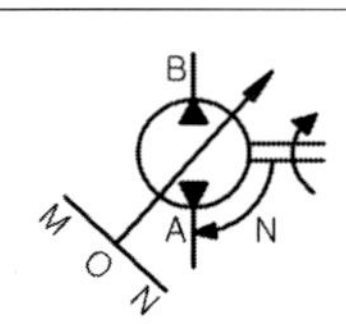	• 1방향 회전형 • 조작요소의 위치를 N의 방향으로 조작하였을 때 A포트가 송출구가 된다.

[표 6-21] 에너지 변환기기의 표시법(계속)

번 호	명 칭	기 호	비 고
A-6	가변용량형 유압펌프 또는 유압 모터 (1) 가역 회전형 펌프 (2) 가역 회전형 모터	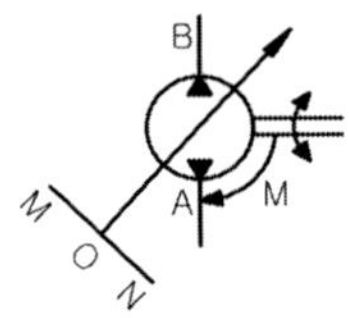 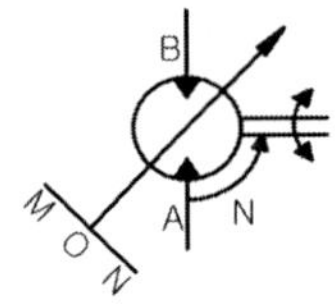	• 2방향 회전형 • 입력축이 우회전할 때 A포트가 송출구로 되고, 가변조작은 조작요소의 위치 M의 방향으로 된다. • A포트가 유입구일 때, 출력축은 좌회전이 되고, 가변조작은 조작요소의 위치 N 방향으로 된다.
A-7	정용량형 유압펌프·모터	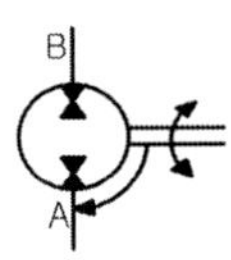	• 2방향 회전형 • 펌프 기능을 하는 경우, 입력축이 우회전할 때 A포트가 송출구로 된다.
A-8	가변용량형 유압펌프·모터	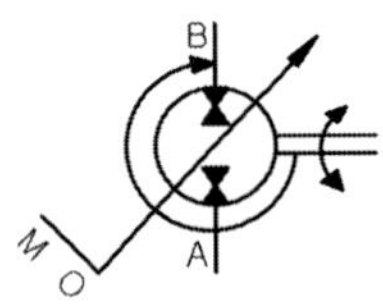	• 2방향 회전형 • 펌프 기능을 하고 있는 경우, 입력축이 우회전할 때 B포트가 송출구로 된다.
A-9	가변용량형 유압펌프·모터	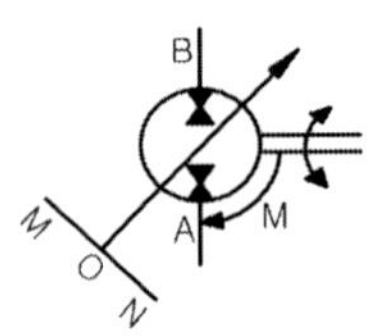	• 1방향 회전형 • 펌프 기능을 하고 있는 경우, 입력축이 우회전할 때 A포트가 송출구가 되고, 이때의 가변조작은 조작요소의 위치 M 방향이 된다.
A-10	가변용량형 가역회전형 펌프·모터	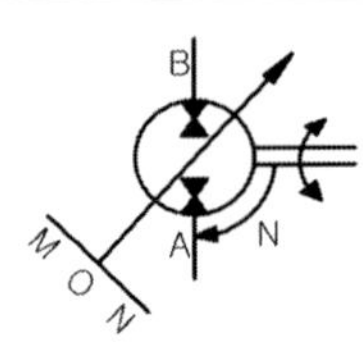	• 2방향 회전형 • 펌프 기능을 하고 있는 경우, 입력축이 우회전할 때 A포트가 송출구가 되고, 이때의 가변 조작은 조작요소의 위치 N 방향이 된다.
A-11	정용량·가변용량 변환식 가역회전형 펌프	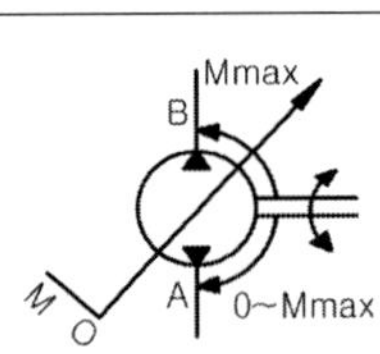	• 2방향 회전형 • 입력축이 우회전일 때는 A포트를 송출구로 하는 가변용량 펌프가 되고, 좌회전인 경우에는 최대 배제용적의 정용량 펌프가 된다.

이봉구

- 연세대학교 기계공학과 학사
- 연세대학교 기계공학과 석사
- 연세대학교 기계공학과 박사
- 한국생산기술연구원 연구원
- 영남이공대학교 기계계열 교수
- 대림대학교 기계공학과 교수
- 현)세종사이버대학교 기계공학과 교수

[주요경력사항]

–2000 ~ 2002	한국생산기술연구원 나노 가공팀 연구원
– 2004	충주대학교 기계설계과 시간강사
– 2004 ~ 2011	인덕대학 기계설계과, 기계자동차학과 시간강사
– 2005	홍익대학교 기계시스템 디자인학과 시간강사
– 2006	서울 산업대학교 안전공학과 시간강사
– 2007	경기 공업대 기계설계과 시간강사

기계제도

1판 1쇄 발행 2026년 1월 20일

저자 이봉구
펴낸이 박 용
펴낸곳 도서출판 세화
주소 경기도 파주시 회동길 325-22(서패동469-2)
영업부 (031)955-9331~2
편집부 (031)955-9333
FAX (031)955-9334
등록 1978년 12월 26일 제1-338호

인지

ISBN 978-89-317-1362-6 (93560)

정가 **25,000원**

※ 이 책은 세종사이버대학교의 출판 지원사업으로 제작되었습니다.